实用技巧快学速查手册

Excel 办公高手应用技巧500例

2010版

柏松 编著

北京日报出版社

图书在版编目（CIP）数据

Excel办公高手应用技巧500例 / 柏松编著. -- 北京:
北京日报出版社, 2016.6
ISBN 978-7-5477-2045-5

Ⅰ. ①E… Ⅱ. ①柏… Ⅲ. ①表处理软件 Ⅳ.
① TP391.13

中国版本图书馆CIP数据核字(2016)第058068号

Excel办公高手应用技巧500例

出版发行：北京日报出版社
地　　址：北京市东城区东单三条8-16号 东方广场东配楼四层
邮　　编：100005
电　　话：发行部：（010）65255876
　　　　　总编室：（010）65252135
印　　刷：北京永顺兴望印刷厂
经　　销：各地新华书店
版　　次：2016年6月第1版
　　　　　2016年6月第1次印刷
开　　本：787毫米×1092毫米　1/16
印　　张：21
字　　数：525千字
定　　价：48.00元（随书赠送光盘一张）

前 言

❑ 丛书简介

目前，学习已进入高效化、快餐化时代，应用是学习的主要目的，为了让大家的学习变得快捷、方便，我们精心编写了这套“实用技巧快学速查手册”，书中提供了数百个各类实用技巧，供读者快速索引、查询与应用，并通过重点案例的多媒体教学视频，让读者快速上手，掌握软件技能与应用。

❑ 内容导读

本书作为一本Excel办公高手应用技巧手册，主要从Excel办公的角度，讲解了Excel 2010的各类核心知识点与实际应用，具体内容包括初识Excel 2010、Excel 2010的基本操作、工作簿的应用技巧、工作表的应用技巧、单元格的应用技巧、数据处理技巧、数据有效性的设置技巧、排序与筛选应用技巧、分类汇总与合并计算、数据透视表的应用技巧、公式的应用技巧、函数的应用技巧、函数的高级应用、数组公式入门秘技、图片的插入与编辑技巧、图表的应用技巧、Excel分析与预测、VBA应用技巧、宏的应用技巧以及Excel的打印技巧等。

❑ 主要特色

本书最大的特点是“实用＋速学＋快查”，让读者花最少的时间，快速掌握最实用的内容，大家还可以根据自己的当前需要，通过目录查找相关知识，迅速解决当前的棘手问题。全书的具体特色如下：

1．内容实用，全面详细

全书注重知识与实例的合理安排，尽量从日常工作和生活的各方面精选实用性强的内容，全面详细地进行讲解，通过入门篇＋进阶篇＋提高篇＋精通篇，读者可以完全从零开始，掌握软件的核心应用与高级技巧，通过实战教学的方法，从入门到精通软件。

2．快学速通，高效有成

本书体例新颖，以500个技巧的方式，精解了软件的重点操作，读者可以由浅入深，迅速掌握软件的使用方法，并通过数百个案例的实战演练，在短时间内精通软件的各个层面，高效学习，轻松掌握。

3．快捷查询，即学即用

本书通过“功能+实例”的方式进行诠释，知识全面、讲解细致，读者完全可以根据工作中的实际需求，方便、快捷地查询到相应的知识点与案例，并将所学知识马上应用到实际工作当中。

4．全程图解，一看就会

全书采用 1500 多张图片，对软件的使用方法、实例的操作进行了全程式的图解，通过这些辅助图片，实例内容变得更加通俗易懂，读者可以快速领会，大大提高了学习的效率，且印象深刻。

5．视频演示，轻松自学

为了更加方便读者学习，作者还为书中的重点技能实例录制了带语音讲解的视频演示文件，重现书中案例的制作过程，大家可以结合书本，边看边学，也可以独立观看视频演示，像看电影一样进行学习。

❑ 适用读者

本书讲解了 Excel 2010 办公操作的实用技巧，着重提高初学者的实际操作与运用能力，非常适合以下读者：

（1）没有任何基础想学习 Excel 软件的读者。

（2）想在短期内提高 Excel 实战技巧的读者。

（3）各类行政办公与管理人员。

（4）商务、人事、财务及统计人员。

❑ 售后服务

本书由柏松编著，同时参与编写的人员还有谭贤、刘东姣、刘嫔、杨闰艳、颜勤勤、苏高、郭领艳等人。由于时间仓促，书中难免存在疏漏与不妥之处，欢迎广大读者来信咨询指正，联系网址：http://www.china-ebooks.com。

❑ 版权声明

编　者

入门篇

进 阶 篇

第9章 分类汇总与合并计算……151

第10章 数据透视表的应用技巧……164

提 高 篇

第 14 章 数组公式入门秘技……218

第 15 章 图片的插入与编辑技巧……227

第 16 章 图表的应用技巧……244

精 通 篇

初识 Excel 2010

学前提示

Excel 2010 是 Office 中最重要的组件之一，也是目前市场上功能强大、技术先进、使用方便以及操作灵活的电子表格软件。利用该软件，用户不仅可以制作各类精美的电子表格，还可以用来组织、计算和分析各种类型的数据，方便用户制作复杂的图表和财务统计表。

本章知识重点

- 探秘 Excel 2010 的新增功能
- 体验 Excel 2010 的工作界面
- “文件”按钮的强大功能
- 快捷方式启动 Excel
- 快速定位文件夹
- 妙用 Excel 文档主题
- 自定义文档主题
- Excel 编辑语言巧设置
- 轻松设置 Excel 资源更新
- 共享主题有妙招

学完本章后你会做什么

- 熟悉 Excel 2010 工作界面的组成
- 掌握 Excel 2010 的新增功能
- 掌握 Excel 2010 的自定义操作

视频演示

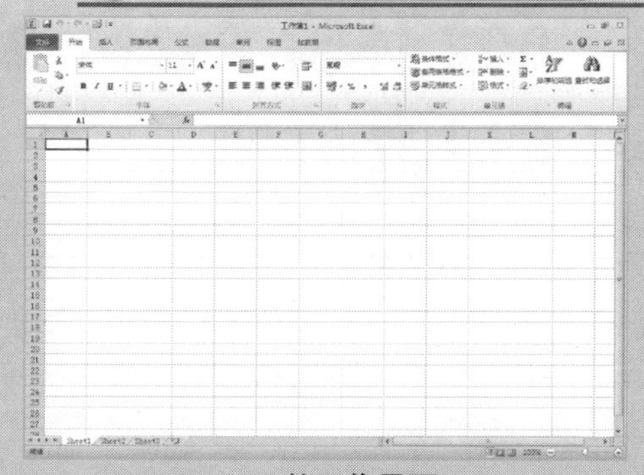

Excel 2010 的工作界面

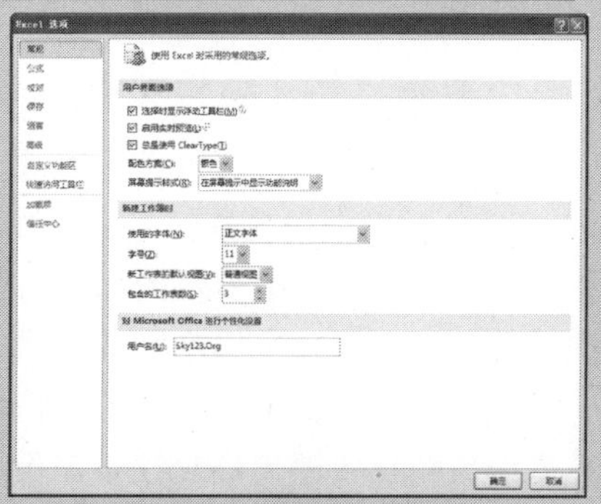

“Excel 选项”对话框

001 探秘 Excel 2010 的新增功能

最新版本的 Excel 2010，与以往的各种版本相比，在功能方面更加完善，不仅可以用它制作电子表格，完成复杂的数据运算，进行数据分析、预测、制作图表和打印，而且增强了筛选功能、数据图表、数据透视图功能。另外，Excel 2010 拥有更卓越的表格命名选项、图表元素的宏录制等功能。

1．增强的数据筛选功能

使用 Excel 2010 的新增功能，在工作表中能够更轻松地设置数据格式、组织和显示数据，在表格中筛选数据时，可以直接使用筛选器界面中的“搜索”框搜索文本和数字。在 Excel 2010 中启用筛选后，表格列中不仅显示表格标题，还显示“自动筛选”按钮▾，这样可以很方便地对数据进行快速排序和筛选。

2．优秀的数据图表功能

在 Excel 2010 中可以更方便地更改图表的布局或样式，新增功能提供了更多有用的预定义布局和样式，不仅可以快速将其应用于图表中，而且还可以通过手动更改单个图表元素的布局和样式来进一步自定义布局或样式。

在以前 Excel 的版本中，对于二维图表，数据系列中最多可具有 32,000 个数据点，但在 Excel 2010 中，数据系列中的数据点数目仅受可用内存限制。这样，可以更有效地可视化和分析大型数据。

3．卓越的照片编辑功能

在 Excel 2010 中，可以使用照片、绘图或 SmartArt 图形布局等来创建具有整洁、专业外观的图像。照片编辑新增和改进的艺术效果功能可以对图片应用不同的艺术效果，使其看起来更像素描、绘图或绘画作品。新增艺术效果包括铅笔素描、线条图形、水彩海绵、马赛克气泡、玻璃、蜡笔平滑、塑封、影印、画图笔划等，而且有更好的压缩和裁剪功能可以更好地控制图像质量和压缩之间的取舍，以便选择工作簿将适用的相应介质。

Excel 2010 中新增的 SmartArt 图形是信息和观点的视觉表示形式，可以通过从多种不同布局中进行选择来创建 SmartArt 图形，从而快速、轻松、有效地传达信息。

4．出色的数据透视图功能

Excel 2010 中新增和改进的数据透视图功能，可以获取重要的关键信息，并采用便于理解的醒目方式呈现这些关键信息，如可以使用迷你图方式来汇总趋势和数据。新增的切片器功能提供了一种可视性极强的筛选方法以筛选数据透视表中的数据。

5．图表元素的宏录制功能

宏是可运行任意次数的一个操作或一组操作。在 Excel 2010 中，可以使用宏录制器对图表和其他对象的格式进行设置与更改。创建宏就是录制鼠标单击操作和键盘按键操作，宏可自动执行经常使用的任务，从而节省击键和鼠标操作的时间。

6．方便的条件格式设置功能

Excel 2010 中的条件格式设置功能是通过为设置数据应用条件格式，只需快速浏览即可立即识别一系列数值中存在的差异。使用条件格式可以帮助用户直观地查看和分析数据、发现关键问题以及识别模式和趋势。Excel 2010 可以对单元格区域、表格或数据透视表应用条件格式。

002 体验 Excel 2010 的工作界面

启动 Microsoft Excel 2010 后，将显示 Excel 2010 的整个工作界面，主要包括快速访问工具栏、标题栏、状态栏、功能面板、视图栏、数据编辑栏和数据编辑区等部分，如下图所示。

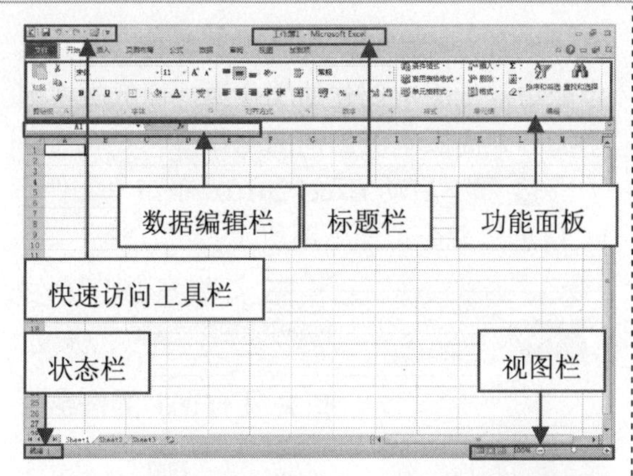

003 “文件”按钮的强大功能

在操作界面的左上角有一个绿色的矩形标志按钮 文件 ，称之为“文件”按钮，单击该按钮可弹出菜单列表，在其中包含“保存”、“打开”、“关闭”以及“新建”等命令，如下图所示。选择“新建”命令可执行相应的操作，在该菜单的右侧列出了 Excel 可用的模板，选择相应的模板后，单击右下角的“创建”按钮，即可新建一个工作簿。

004 Excel 2010 面板七十二变

在 Excel 2010 中，菜单栏上包括“开始”、“插入”、“页面布局”、“公式”、“数据”、“审阅”、“视图”和“加载项”等 8 个菜单，单击某个菜单，即可切换至相应的功能面板，每个功能面板都是通过其对应的属性选项板上的操作命令来完成各种功能。如下图所示为“开始”面板。

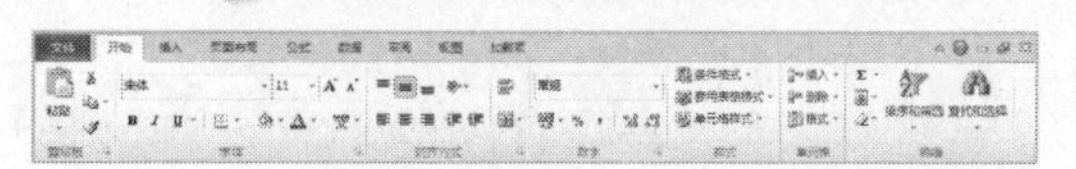

005 传统启动 Excel

使用 Excel 2010 时，可以以传统的方式启动 Excel 2010 应用程序。

步骤 01　在桌面上单击“开始”|“所有程序”|Microsoft Office|Microsoft Excel 2010 命令（如下图所示），即可启动 Excel 2010 应用程序。

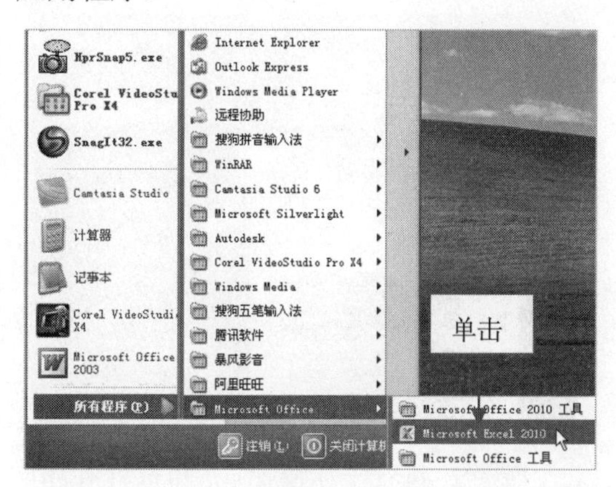

006 快捷方式启动 Excel

在使用 Excel 2010 时，还可以通过双击桌面上的 Excel 快捷方式图标启动 Excel，以便迅速开展工作。

步骤 01　在桌面上双击 Microsoft Excel 2010 的快捷方式图标，如下图所示，即可快速启动 Excel 应用程序。

007 快速启动 Excel 并打开文件

使用 Excel 2010 时，可以通过打开已存在的 Excel 工作簿，快速启动 Excel 并打开相应的工作簿文件。

步骤01 在桌面上选择 Excel 文件，单击鼠标右键，在弹出的快捷菜单中选择“打开”选项，如下图所示。

步骤02 执行上述操作后，即可打开相应的 Excel 工作簿文件，如下图所示。

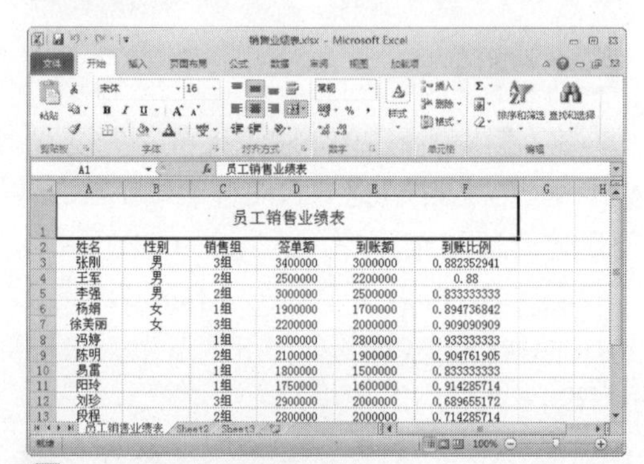

姓名	性别	销售组	签单额	到账额	到账比例
张刚	男	3组	3400000	3000000	0.882352941
王军	男	2组	2500000	2200000	0.88
李强	男	2组	3000000	2500000	0.833333333
杨娟	女	1组	1900000	1700000	0.894736842
徐美丽	女	3组	2200000	2000000	0.909090909
冯婷		1组	3000000	2800000	0.933333333
陈明		2组	2100000	1900000	0.904761905
易雷		1组	1800000	1500000	0.833333333
阳玲		1组	1750000	1600000	0.914285714
刘珍		3组	2900000	2000000	0.689655172
段程		2组	2800000	2000000	0.714285714

专家提醒

用户也可以通过双击相应的 Excel 文件，来快速启动 Excel 并打开文件。

008 在 Excel 2010 中使用兼容模式工作

在 Excel 2010 中，打开早期版本的 Excel 文档时，该文档将会自动在兼容模式下运行。具体地讲，该兼容模式是向下兼容，即高版本能访问低版本创建的工作簿，而低版本则不能打开高版本所创建的工作簿。

步骤01 启动 Excel 2010，单击“文件”|“信息”命令，如下图所示。

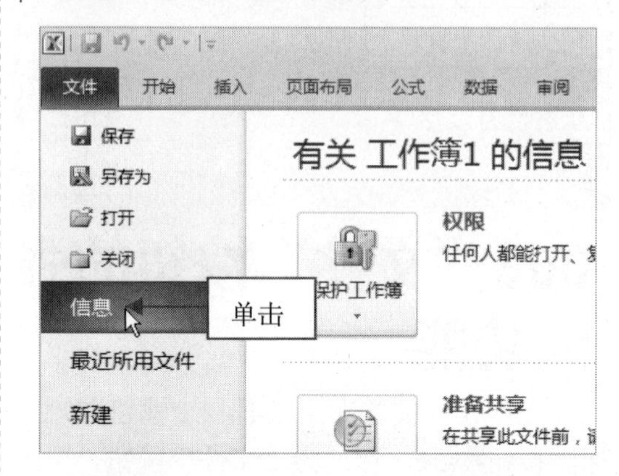

步骤02 在右侧窗口中单击“检查问题”按钮，在弹出的列表框中选择“检查兼容性”选项，如下图所示。

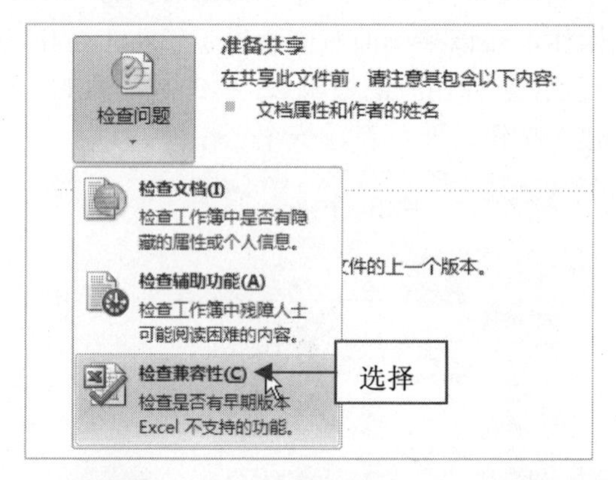

步骤03 执行上述操作后，即可弹出“兼容性检查器”对话框，如下图所示，在其中可查看低版本 Excel 不支持此工作簿的说明。

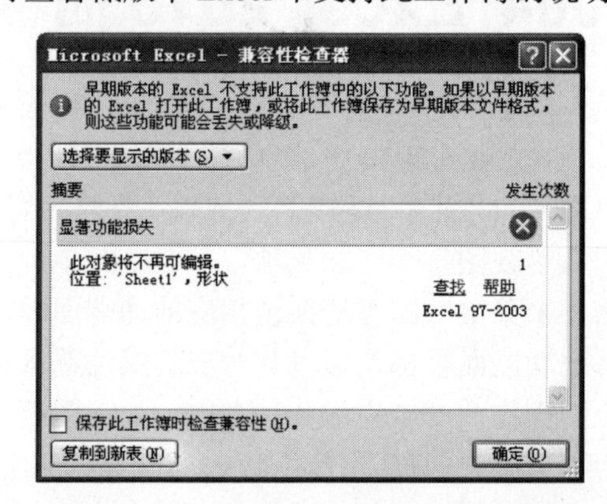

在兼容模式下，Excel 2010 的很多特性将无法正常实现。例如，新版本中工作表的最大行数和最大列数分别为 220 和 214；而兼容模式文档的最大行数和最大列数均维持在 Excel 2003 水平，即分别为 216 和 228。

需要注意的是，若在兼容模式中使用了 Excel 2010 新增的功能，再用早期 Excel 版本打开时，可能会造成数据丢失或其他意外损失等情况。

009 随时查看 Excel 2010 帮助文件

Excel 帮助文件就是用于辅助说明该应用程序的使用方法，以及对常见的疑难问题进行解答的文档。一般在安装 Excel 软件时会自动将帮助文件安装在电脑中。

步骤 01　启动 Excel 2010，单击窗口右上角的“帮助”按钮，如下图所示。

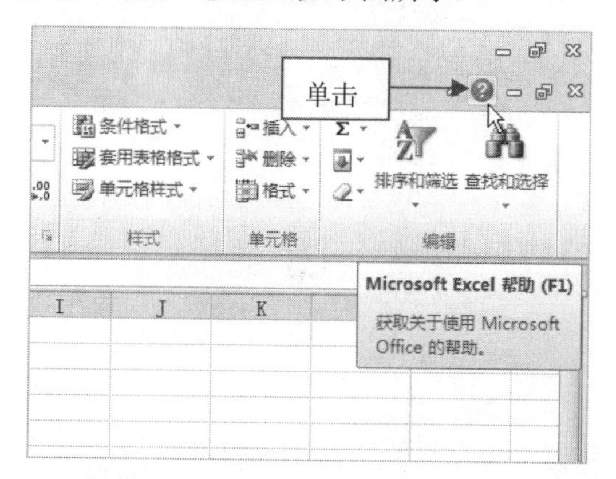

步骤 02　执行上述操作后，即可弹出“Excel 帮助”窗口，如下图所示，在其中可根据需要查看帮助信息。

在 Excel 工作界面中，还可以按【F1】键快速打开“Excel 帮助”窗口。

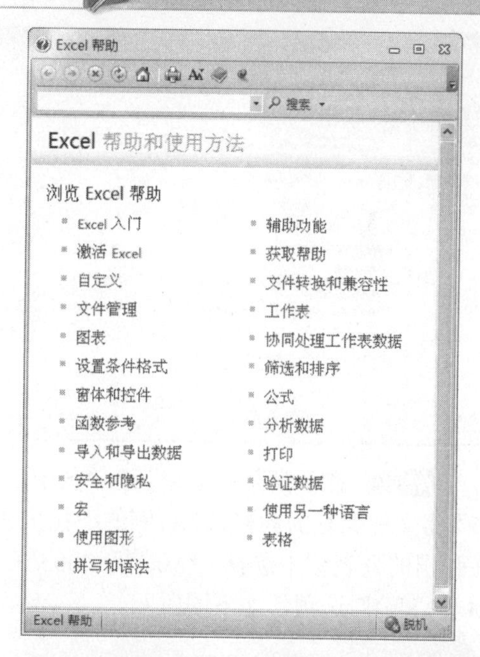

010 默认文件保存类型巧设置

Excel 2010 默认的保存类型为“Excel 工作簿”，这种类型的文件在低版本的 Excel 中是无法打开的。为了在不同用户间能够共享 Excel 数据，常常会将 Excel 2010 所创建的工作簿保存类型设置为“Excel 97-2003 工作簿”格式。

步骤 01　启动 Excel 2010，单击“文件”|“选项”命令，如下图所示。

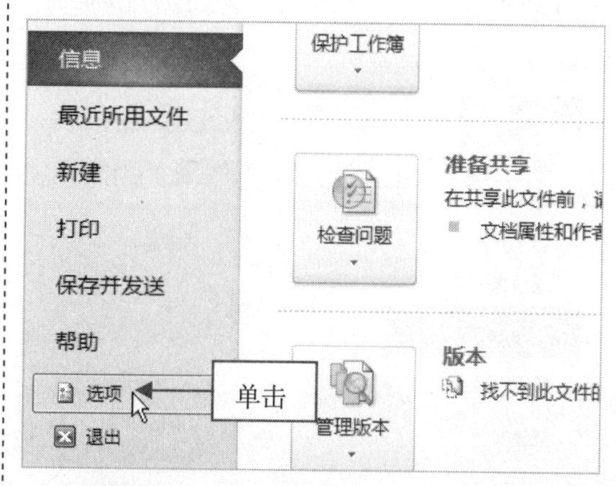

步骤 02　弹出“Excel 选项”对话框，在其中单击“保存”标签，切换至“保存”选项卡，如下图所示。

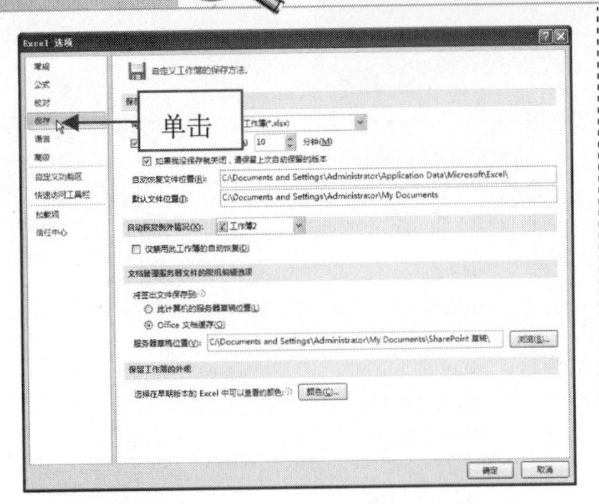

步骤03 在“保存工作簿”选项区中，单击“将文件保存为此格式”右侧的下拉按钮，在弹出的列表框中选择“Excel 97-2003 工作簿（*.xls）”选项，如下图所示。

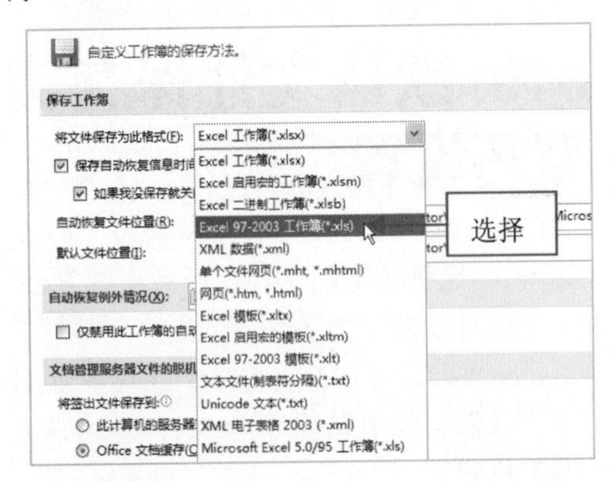

步骤04 设置完成后，单击“确定”按钮，然后在界面中单击“文件”|“保存”命令，如下图所示。

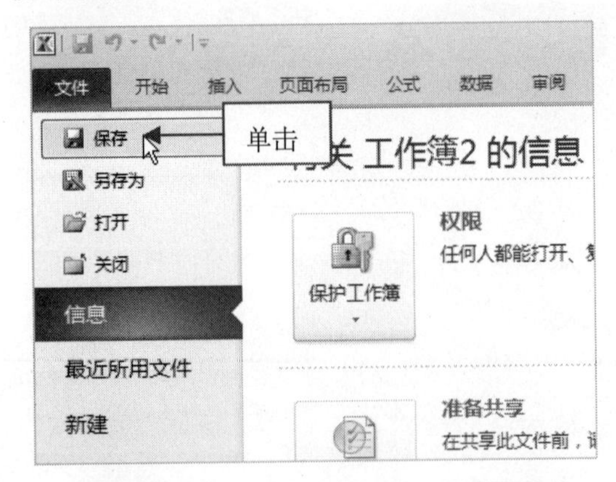

步骤05 即可弹出“另存为”对话框，在其中可以看到“保存类型”为所设置的类型，如下图所示。

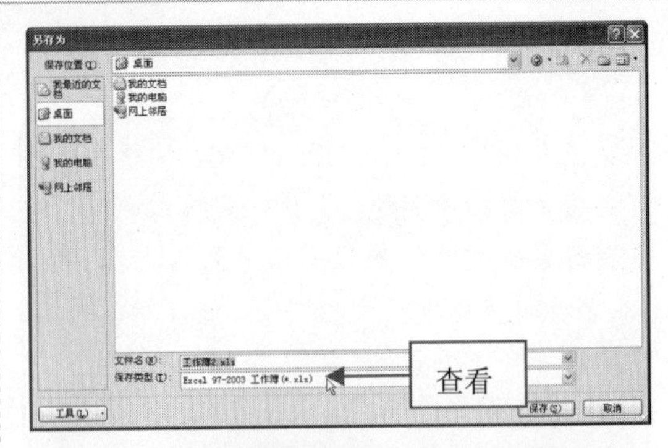

011 早期格式与新版格式的快速转换

在 Excel 2010 中打开早期版本的工作簿文件时，该文件将自动运行在兼容模式下，此时 Excel 2010 的新功能和新特性的使用会受到很大限制。如果用户不再希望在早期版本中使用该工作簿文件，可以将该工作簿转换为 Excel 2010 文件格式。

步骤01 启动 Excel 2010，单击“文件”|“另存为”命令，如下图所示。

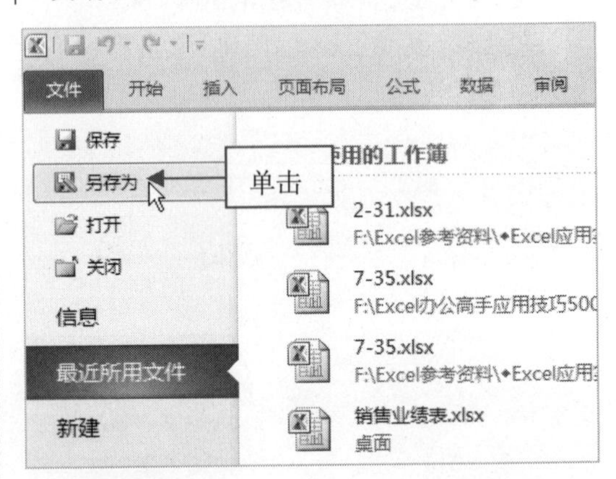

步骤02 弹出“另存为”对话框，在其中设置“保存类型”为“Excel 工作簿”，如下图所示。

在 Excel 2010 界面中，按【F12】键也可快速弹出“另存为”对话框。

使用“另存为”方式生成的 Excel 2010 工作簿文件依旧运行于兼容模式，只有关闭再重新打开后才能在正常模式下运行。

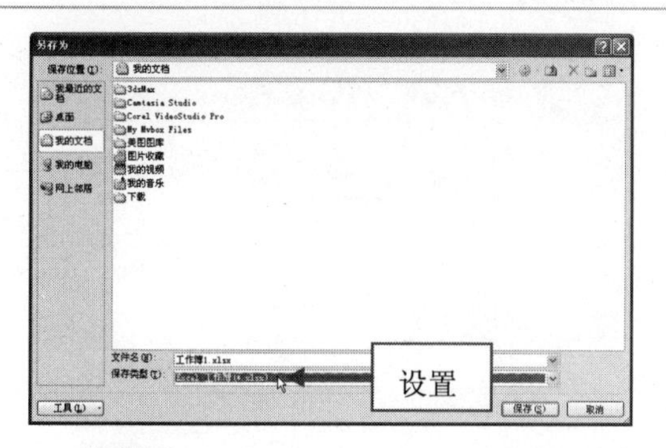

步骤03 单击“保存”按钮，关闭对话框，即可生成 Excel 2010 格式的工作簿文件，完成新版本格式的转换。

012 创建启用宏的工作簿文件

普通的 Excel 2010 工作簿文件（.xlsx）不能包含代码，因此在保存为普通工作簿文件类型时所有的宏代码将被剔除。要创建可包含宏代码的工作簿文件，可以将目标工作簿保存为“启用宏的工作簿”类型。

步骤01 启动 Excel 2010，新建一个工作簿，然后单击“文件”|“保存”命令，如下图所示。

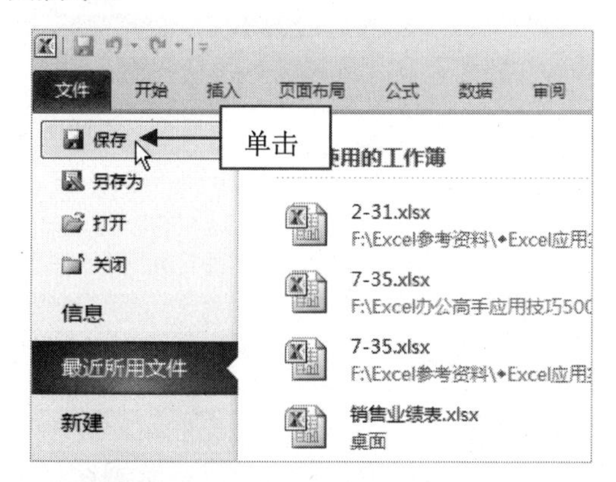

步骤02 弹出“另存为”对话框，单击“保存类型”右侧的下拉按钮，在弹出的下拉列表框中选择“Excel 启用宏的工作簿（.xlsm）”选项，如下图所示。

步骤03 单击“保存”按钮，关闭对话框，即可完成启用宏的工作簿文件的创建，使工作簿具有二次开发能力，生成更具自动化和智能性的电子表格。

013 启动时自动打开指定的工作簿

很多用户每天都会对同一个工作簿进行编辑，如会计用的财务报表等。为了提高工作效率，可以对 Excel 2010 进行设置，让 Excel 在启动时自动打开相应的工作簿。

步骤01 启动 Excel 2010，单击“文件”|“选项”命令，如下图所示。

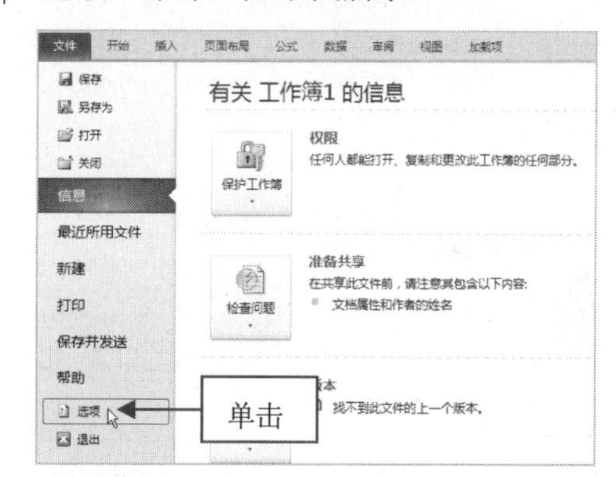

步骤02 弹出“Excel 选项”对话框，在其中单击“高级”标签，切换至“高级”选项卡，如下图所示。

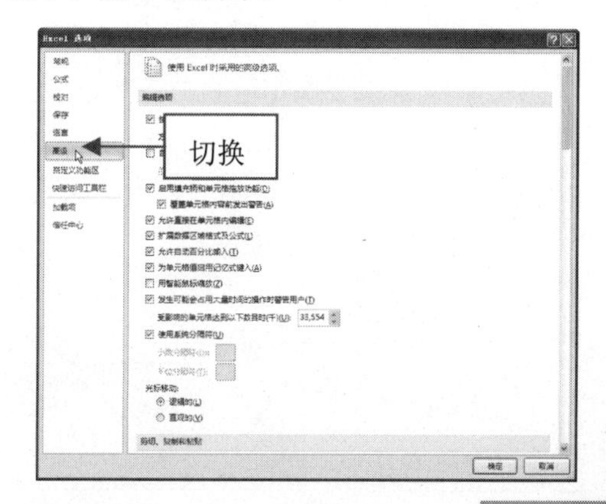

步骤03 拖曳滚动条，在“常规”选项区的“启动时打开此目录中的所有文件：”文本框中输入相应路径，如下图所示。

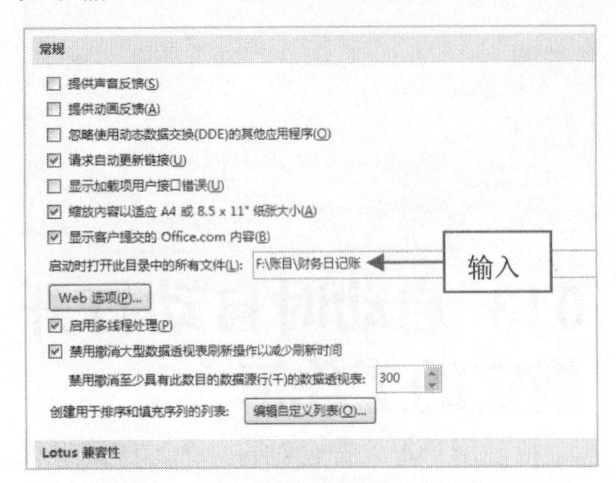

步骤04 设置完成后，单击“确定”按钮，关闭对话框，即可完成操作。

专家提醒

Excel 2010 也可利用系统自带的启动文件夹打开指定的工作簿。在 Excel 中有一个默认的启动文件夹 XLSTART，任何存放在该文件夹内的工作簿文件均可在 Excel 启动时自动打开。通常，该文件夹的存放路径为：C:\Program Files\Microsoft Office\Office 14\XLSTART。利用 Windows 的搜索功能也可以查找到名称为 XLSTART 的文件夹。

014 快速定位文件夹

当本地计算机所保存的文件很多时，要想快速定位目标文件夹并不十分容易，用户往往花费很长的时间后才能找到需要的文件。因此，快速、准确定位目标文件夹是十分重要的。

步骤01 启动 Excel 2010，单击“文件”|“打开”命令，如下图所示。

在 Excel 2010 中，也可以按【Ctrl + O】组合键来快速弹出“打开”对话框。

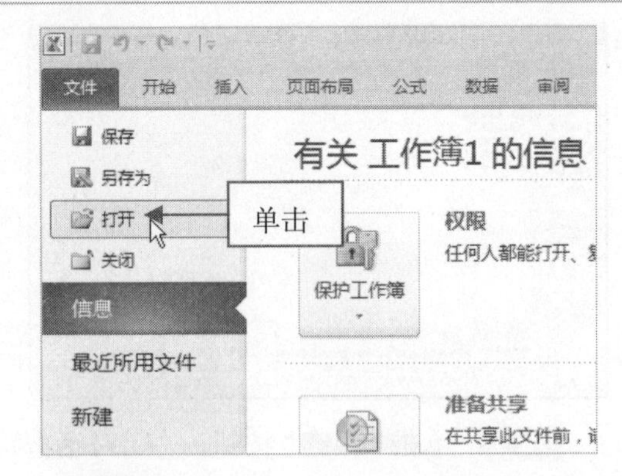

步骤02 弹出“打开”对话框，在其中定位到目标位置，如下图所示。

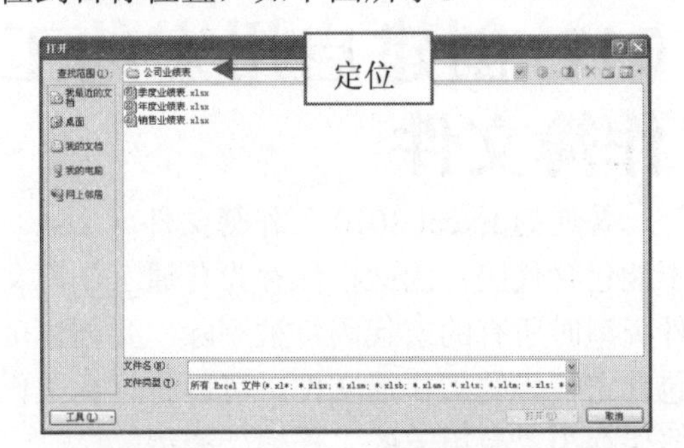

步骤03 然后在左侧窗格的空白位置处，单击鼠标右键，在弹出的快捷菜单中选择“添加‘公司业绩表’”选项，如下图所示。

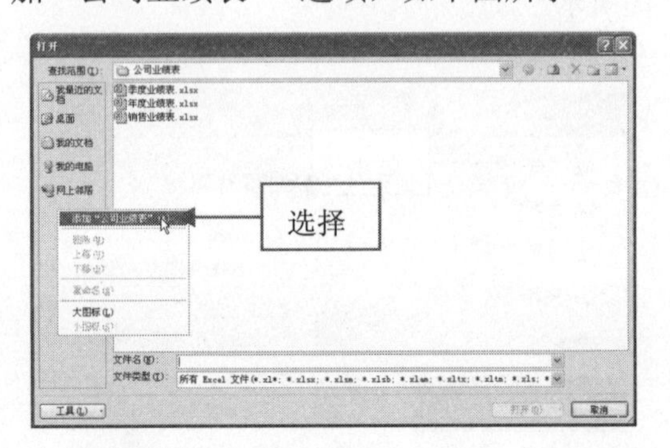

步骤04 执行上述操作后，即可在左侧面板中添加一个相应的文件夹，如下图所示。用户只要在左侧面板中单击该文件夹按钮，即可快速定位到需要的文件位置。

如果不再需要该文件夹，可以在该文件夹上单击鼠标右键，在弹出的快捷菜单中选择“删除”选项即可。

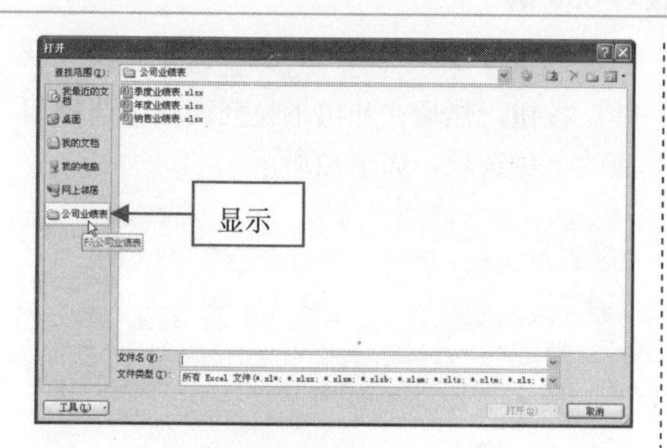

在“打开”对话框中进行的设置会同步更新到“另存为”对话框，在 Excel 2010 中打开“另存为”对话框，在其左侧的窗格上也可以看到该文件夹按钮。

015 妙用 Excel 文档主题

所谓主题，其实是一组格式选项，包括一组主题颜色、一组主题字体（包括标题字体和正文字体）和一组主题效果（包括线条和填充效果）。通过应用工作簿主题，可以使文档具有专业统一的外观。

步骤 01 打开一个 Excel 文件，单击“页面布局”标签，切换至“页面布局”选项卡，如下图所示。

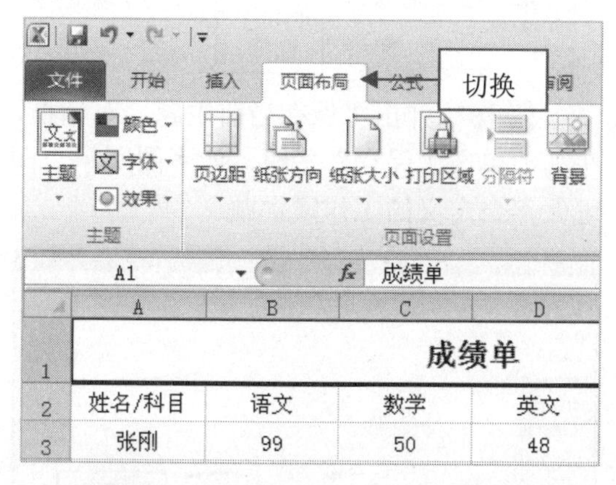

步骤 02 在“主题”选项面板中单击“主题”按钮，在弹出的下拉列表框中选择相应的主题选项，如下图所示。

步骤 03 在“主题”选项面板中单击“字体”按钮，在弹出下拉列表框中选择“新建主题字体”选项，如下图所示。

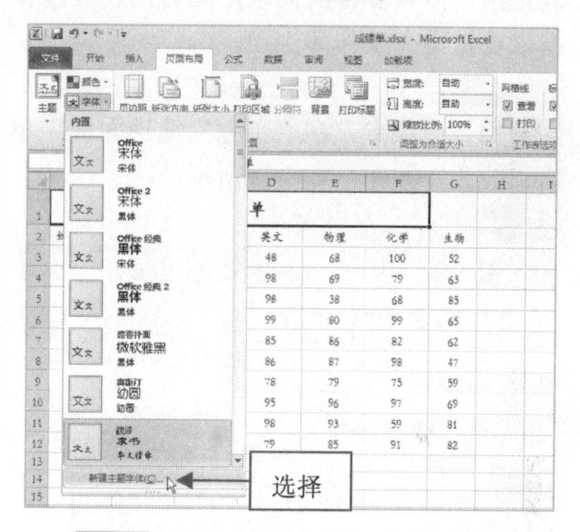

步骤 04 弹出“新建主题字体”对话框，在其中设置标题字体和正文字体的样式，如下图所示。

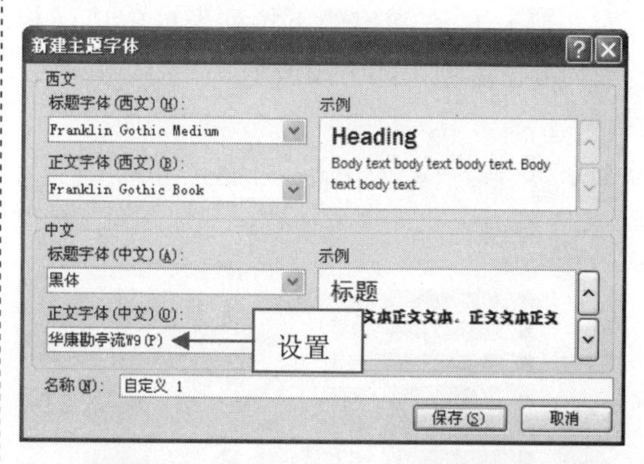

步骤 05 设置完成后，单击“保存”按钮，即可完成 Excel 工作簿主题的应用，效果如下图所示。

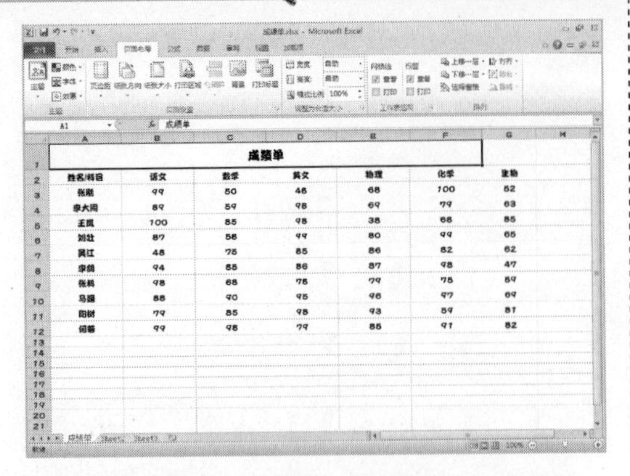

016 自定义文档主题

Excel 2010 内置的工作簿主题往往难以满足用户多种多样的需求，此时用户可以根据需要自定义工作簿主题。

步骤 01 打开一个 Excel 文件，切换至"页面布局"选项卡，在"主题"选项面板中单击"颜色"按钮，如下图所示。

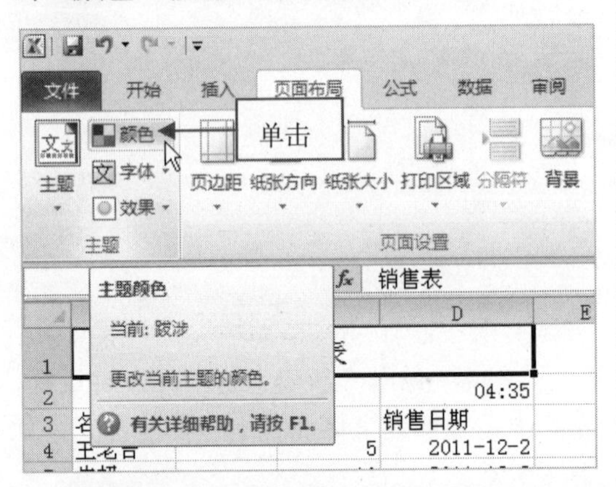

步骤 02 在弹出的下拉列表框中选择相应的颜色选项，如下图所示。

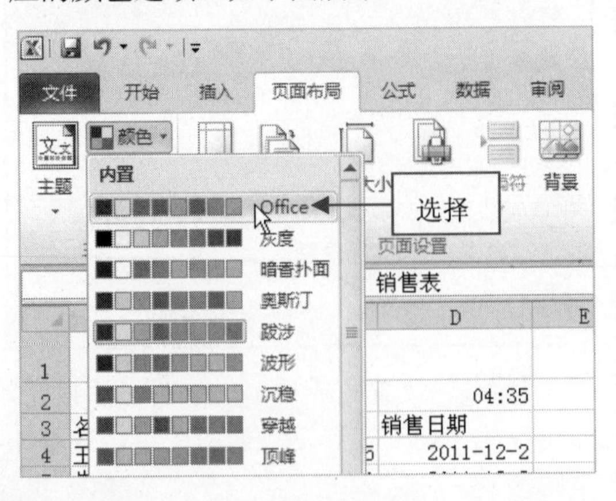

步骤 03 在"主题"选项面板中单击"字体"按钮，然后在弹出下拉列表框中选择相应的字体选项，如下图所示。

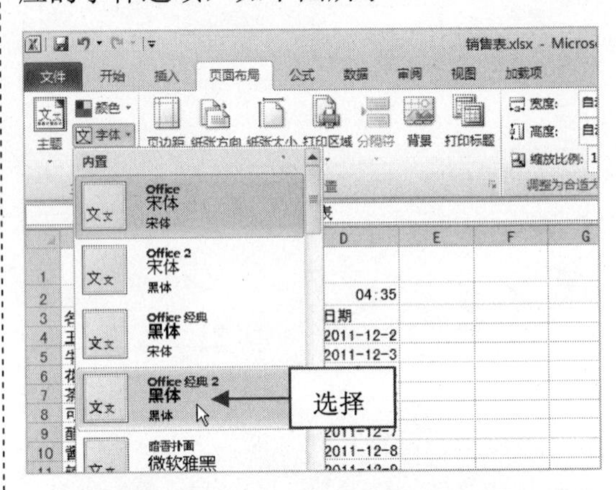

步骤 04 单击"主题"按钮，在弹出的下拉列表框中选择"保存当前主题"选项，如下图所示。

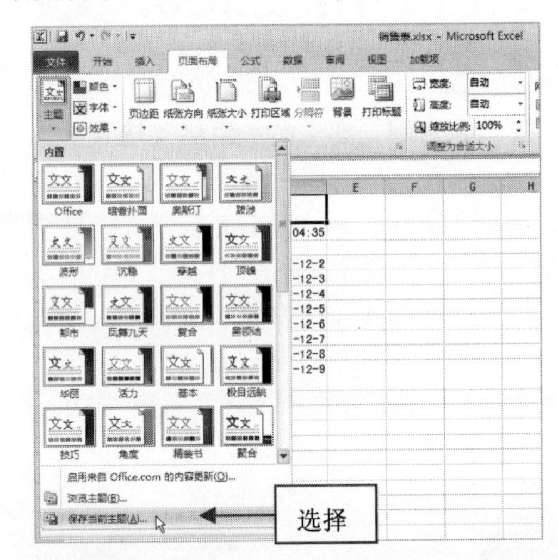

步骤 05 弹出"保存当前主题"对话框，在其中单击"保存"按钮，如下图所示，即可保存自定义的工作簿主题。

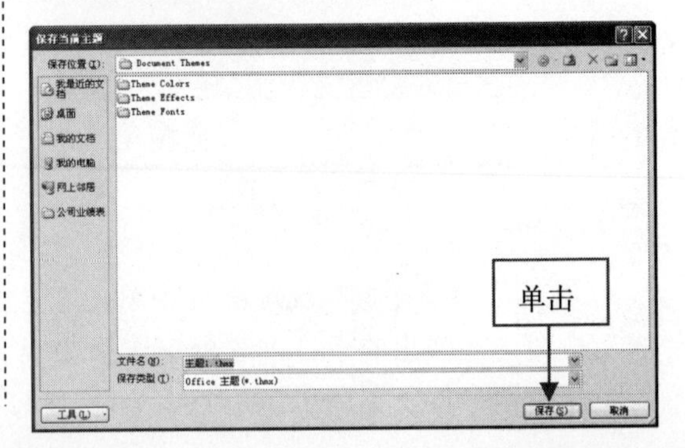

017 Excel 编辑语言巧设置

在日常工作中，常常需要编辑一些非简体中文的文件，而 Excel 默认的编辑语言是简体中文。遇到上述问题，可能会出现 Excel 无法正常工作的情况，用户可以根据需要在“Excel 选项”对话框中设置 Excel 编辑语言的类型。

步骤 01　启动 Excel 2010，单击“文件”|“选项”命令，如下图所示。

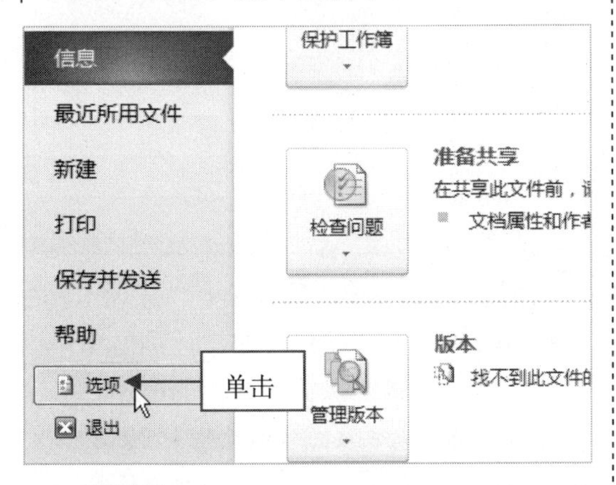

步骤 02　弹出“Excel 选项”对话框，在其中单击“语言”标签，切换至“语言”选项卡，如下图所示。

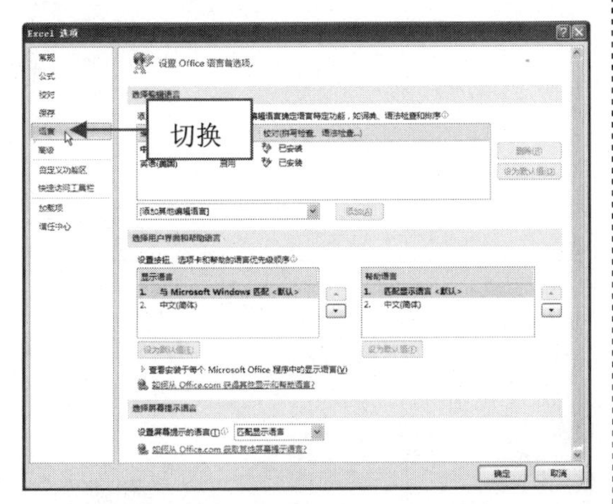

步骤 03　在“选择编辑语言”选项区中，单击“添加其他编辑语言”右侧的下拉按钮，在弹出的下拉列表框中选择“法语（法国）”选项，如下图所示。

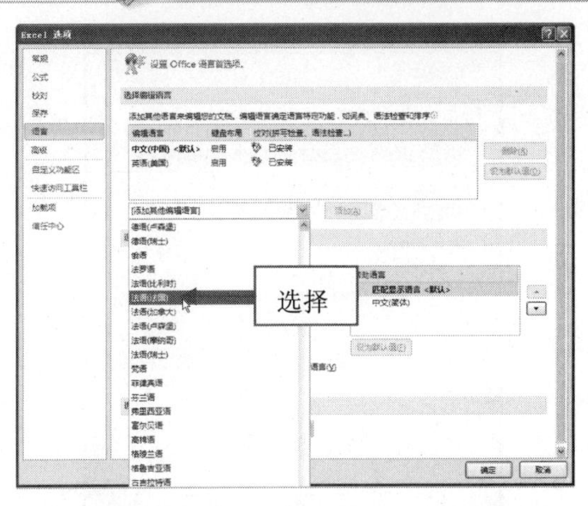

步骤 04　设置完成后，单击右侧的“添加”按钮，如下图所示。

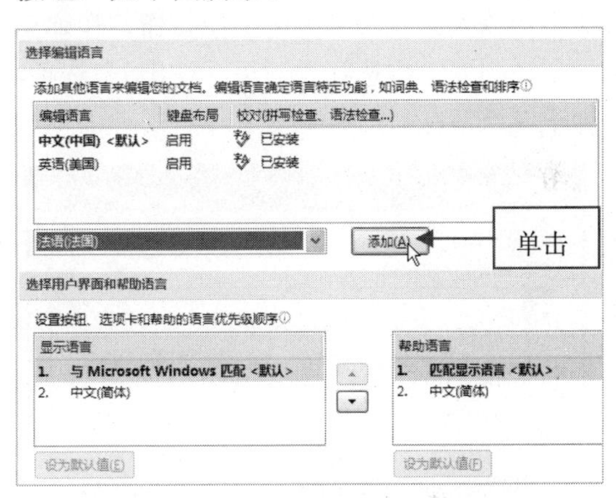

步骤 05　执行上述操作后，即可在上方的列表框中显示添加的语言选项，在其中单击“未启用”超链接，如下图所示。

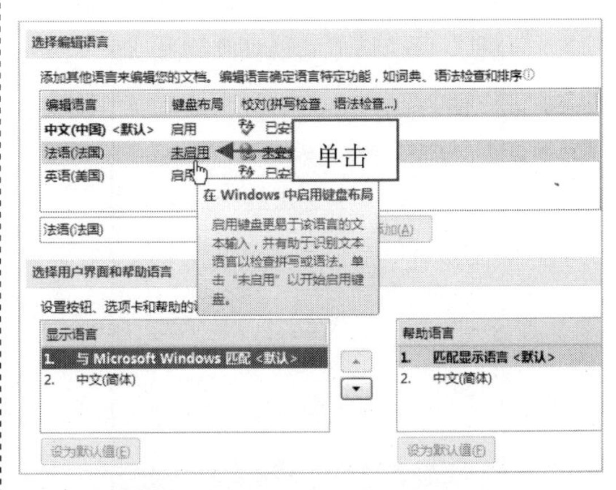

步骤 06　即可弹出“文字服务和输入语言”对话框，在其中单击“添加”按钮，如下图所示。

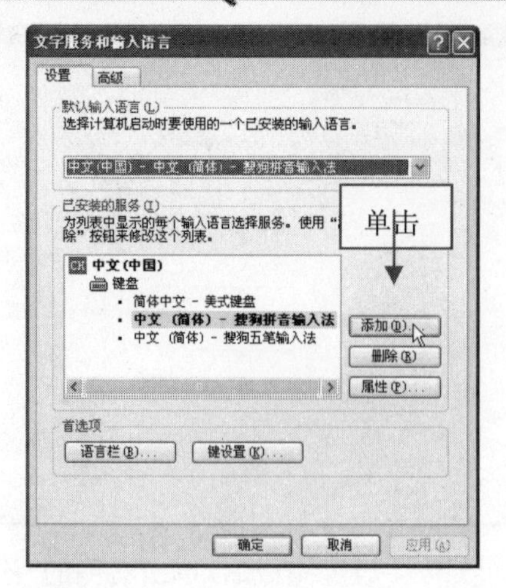

步骤07 弹出“添加输入语言”对话框，单击“输入语言”下方的下拉按钮，在弹出的下拉列表框中选择“法语（法国）”选项，如下图所示。

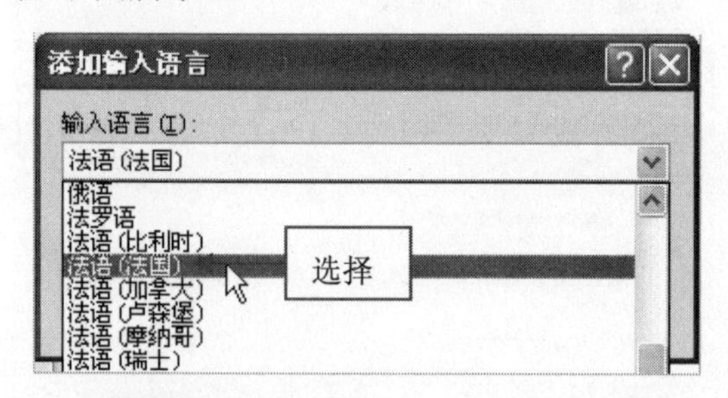

步骤08 设置完成后，单击“确定”按钮，返回“文字服务和输入语言”对话框，在其中的列表框中即可显示添加的相应选项，如下图所示。

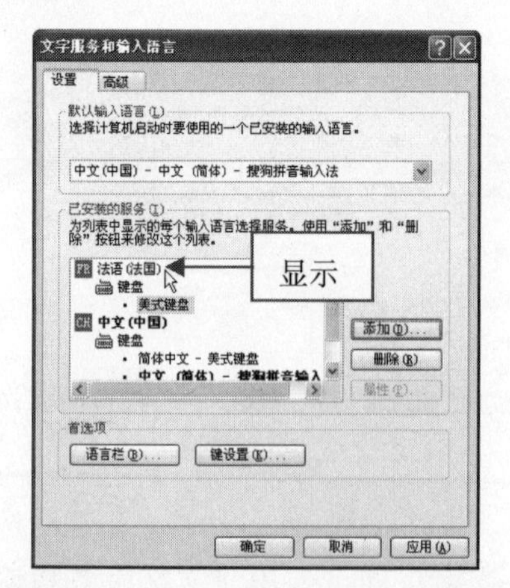

步骤09 设置完成后，依次单击“确定”按钮，即可完成编辑语言的设置。

018 取消消息栏警报

当用户确定打开的 Excel 文件绝对安全时，可以取消消息栏的警报提示音。

步骤01 启动 Excel 2010，单击“文件”|“选项”命令，弹出“Excel 选项”对话框，如下图所示。

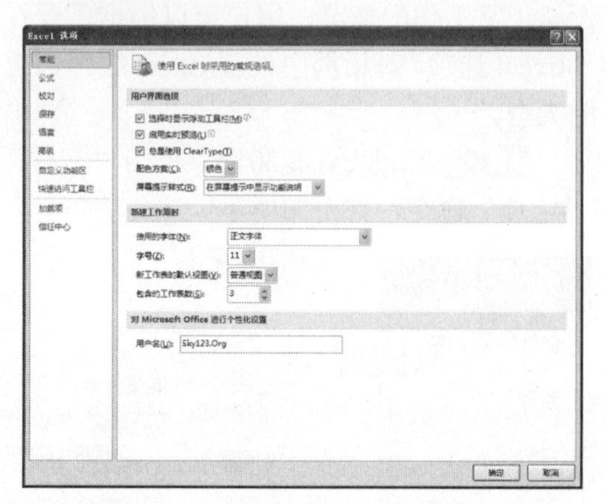

步骤02 切换至“信任中心”选项卡，在“Microsoft Excel 信任中心”选项区中单击“信任中心设置”按钮，如下图所示。

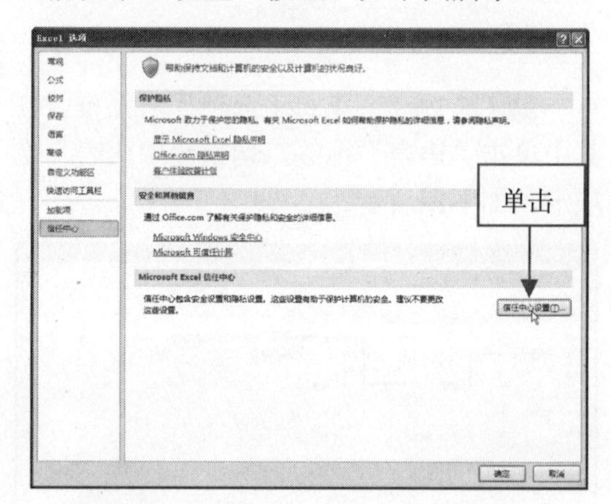

步骤03 弹出“信任中心”对话框，在“显示消息栏”选项区中，选中“从不显示有关被阻止内容的信息”单选按钮，如下图所示。

专家提醒

在“信任中心”对话框中，可以选中下方的“启用信任中心日志记录”复选框，启用日志记录功能。

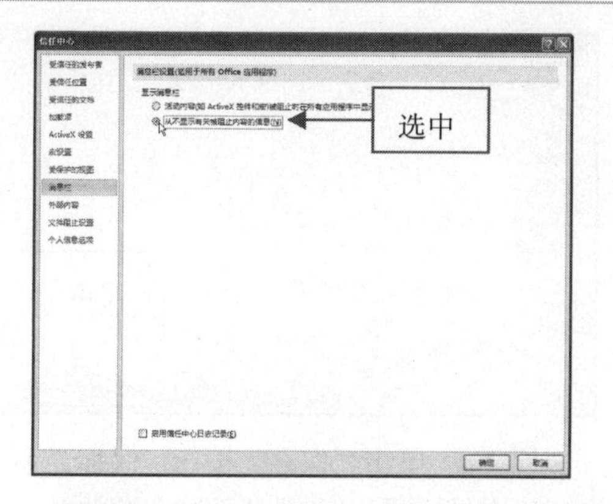

步骤 04　设置完成后，单击“确定”按钮，即可取消消息栏的警报。

019 轻松设置 Excel 资源更新

Excel 2010 提供了资源更新功能，通过更新可以获取程序上的最新资源，以确保 Excel 可以正常可靠地运行。

步骤 01　启动 Excel 2010，单击“文件”|“帮助”命令，如下图所示。

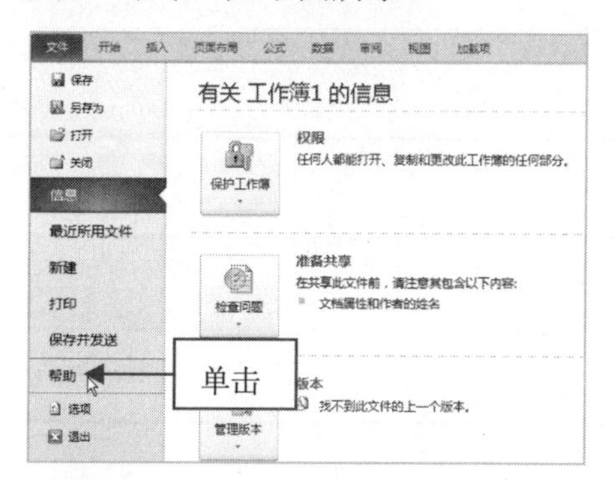

步骤 02　然后在右侧的“设置 Office 的工具”选项区中选择“检查更新”选项，如下图所示。

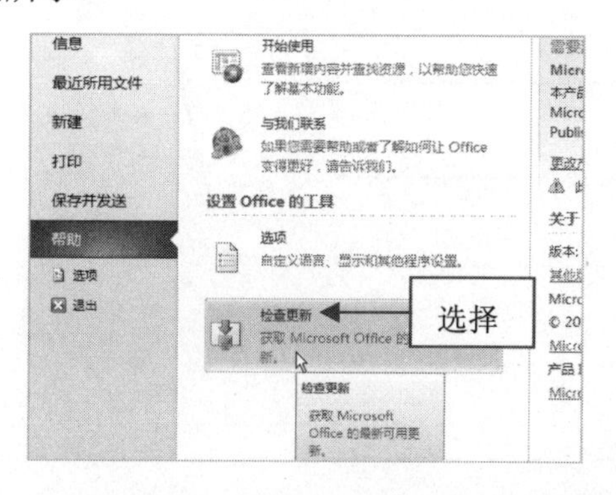

步骤 03　即可打开相应网页，显示相关资源的更新信息。

020 共享主题有妙招

所谓共享主题，就是共同享用已经创建好的工作簿主题。这样可以避免重复自定义主题，从而节省时间，提高工作效率。工作簿主题不仅可以在不同的工作簿中进行共享，还可以在网络中不同的计算机之间进行共享。

步骤 01　启动 Excel 2010，切换至“页面布局”选项卡，在“主题”选项面板中单击“主题”按钮，如下图所示。

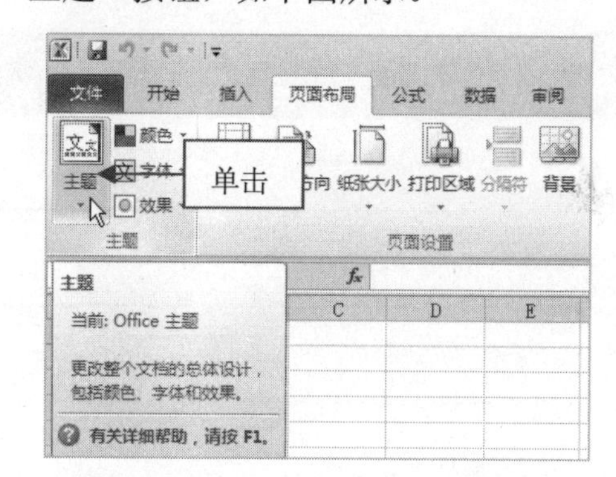

步骤 02　在弹出的下拉列表框中选择“浏览主题”选项，如下图所示。

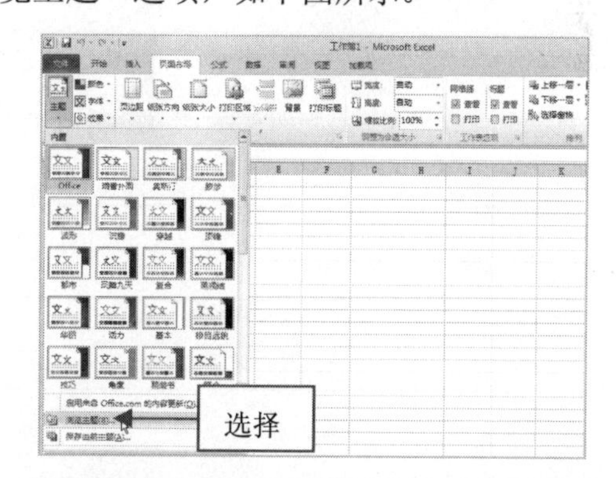

步骤 03　弹出“选择主题或主题文档”对话框，在其中选择主题文件，如下图所示。

在 Excel 中共享主题时，除了可以共享系统提供的默认主题外，还可以共享自定义的工作簿主题。

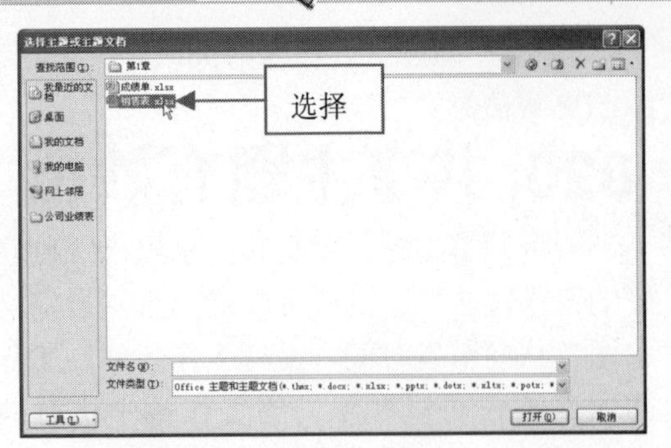

步骤04 单击“打开”按钮，返回工作界面，单击“主题”按钮，在弹出的下拉列表框中选择“保存当前主题”选项，即可弹出“保存当前主题”对话框，如下图所示。

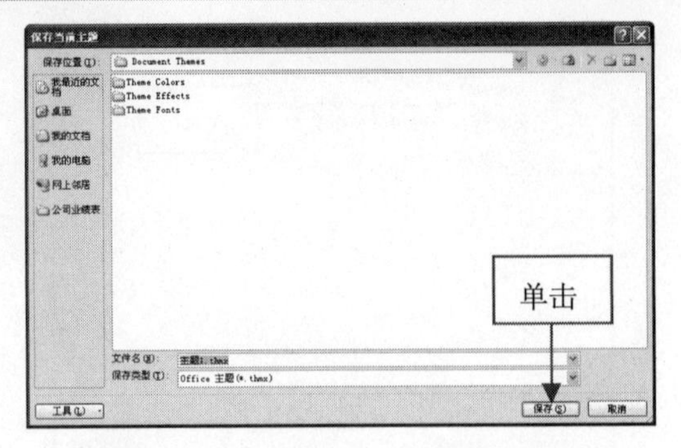

步骤05 单击“保存”按钮，保存当前工作簿的文档主题，完成对目标主题的共享。

● 读书笔记

02 Excel 2010 的基本操作

学前提示

Excel 2010 是一款功能强大的电子表格制作软件，在使用 Excel 时，需要先掌握 Excel 2010 的基本操作，包括使用键盘执行 Excel 命令、自定义快速访问工具栏以及更改视图显示方式等。熟练掌握 Excel 的基本操作，是学习和使用 Excel 2010 的基础。

本章知识重点

- 使用键盘执行 Excel 命令
- 自定义快速访问工具栏
- 调整快速访问工具栏的显示位置
- 更改视图的显示方式
- 自定义视图
- 全屏显示视图
- 快速调整工作表的显示比例
- 功能面板七十二变技巧
- 应用选择性粘贴
- 清除剪贴板中的内容

学完本章后你会做什么

- 掌握快速访问工具栏的自定义操作方法
- 掌握视图的四种显示方式
- 掌握选择性粘贴的操作方法

视频演示

页面布局视图

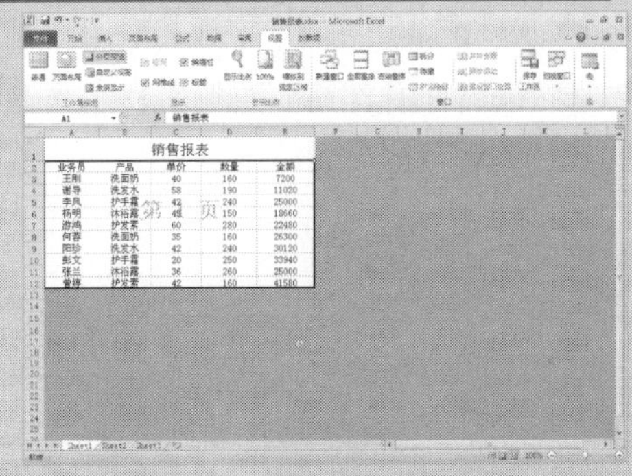

分布预览视图

021 使用键盘执行 Excel 命令

Office 办公软件的各项操作除了可以使用鼠标执行外，还可以使用键盘进行操作，Excel 2010 也不例外。使用键盘执行 Excel 命令可以有效地提高用户的工作效率。

步骤 01 打开一个 Excel 文件，在工作表中选择目标单元格，如下图所示。

步骤 02 在 Excel 窗口中按【Alt】键，此时快速访问工具栏和各选项卡将显示按键提示，如下图所示。

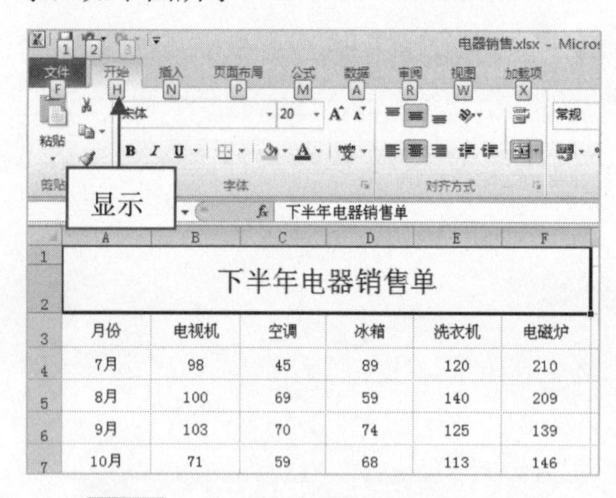

步骤 03 根据提示按【H】键，切换至“开始”选项卡，此时在功能面板中显示各个操作的按键提示，如下图所示。

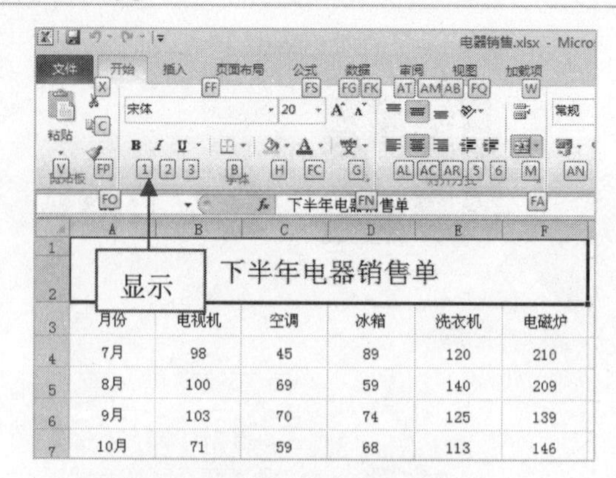

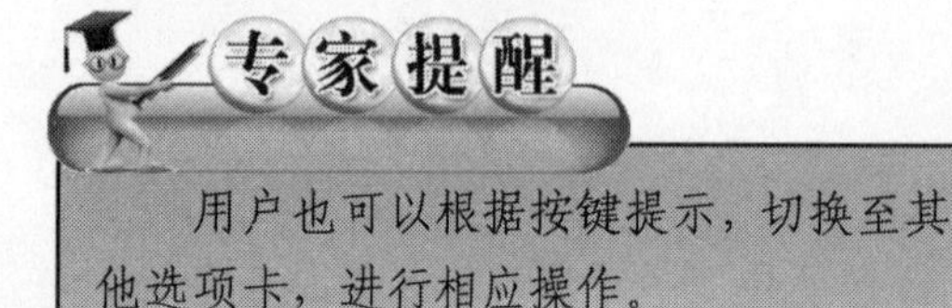

用户也可以根据按键提示，切换至其他选项卡，进行相应操作。

步骤 04 根据按键提示按【1】键，设置标题字体为加粗，效果如下图所示。

步骤 05 运用上述方法，按【3】键激活下划线功能，即可弹出列表框，如下图所示。

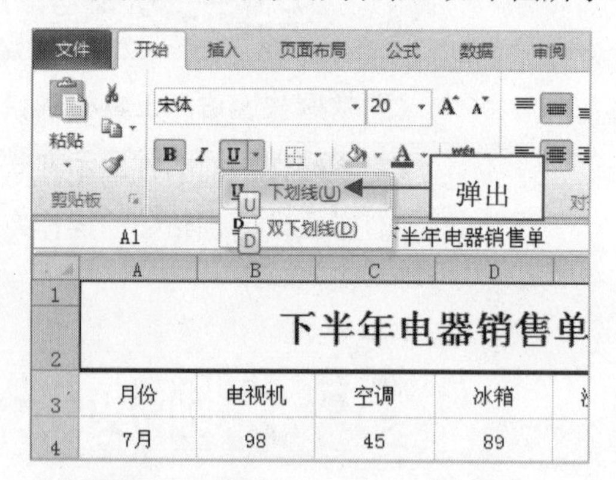

步骤 06 按【D】键，即可为标题字体添加双下划线，效果如下图所示。

在 Excel 2010 中选择目标文本，按【Ctrl + B】组合键可以快速加粗文字，按【Ctrl + U】组合键可以快速添加下划线。

月份	电视机	空调	冰箱	洗衣机	电磁炉
7月	98	45	89	120	210
8月	100	69	59	140	209
9月	103	70	74	125	139
10月	71	59	68	113	146
11月	95	82	82	96	185
12月	125	130	76	126	200

下半年电器销售单

022 自定义快速访问工具栏

在 Excel 2010 中，可以对快速访问工具栏进行自定义，以便更加丰富地设置快速访问工具栏中的按钮，提高制作表格的速度和办公效率。

步骤 01 启动 Excel 2010，单击“文件”菜单，在弹出的“文件”菜单列表中单击“选项”命令，如下图所示。

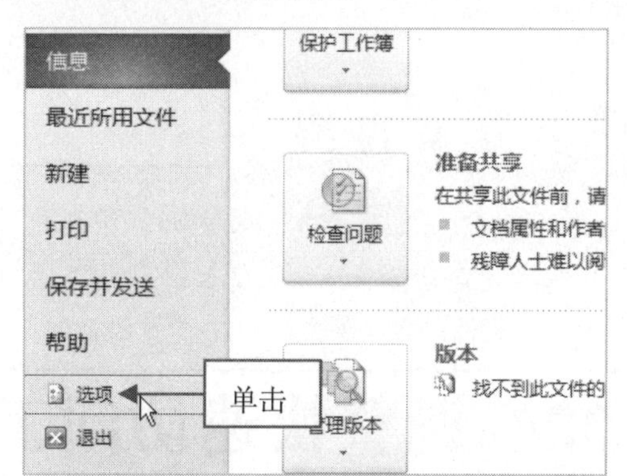

步骤 02 弹出“Excel 选项”对话框，单击“快速访问工具栏”标签，如下图所示。

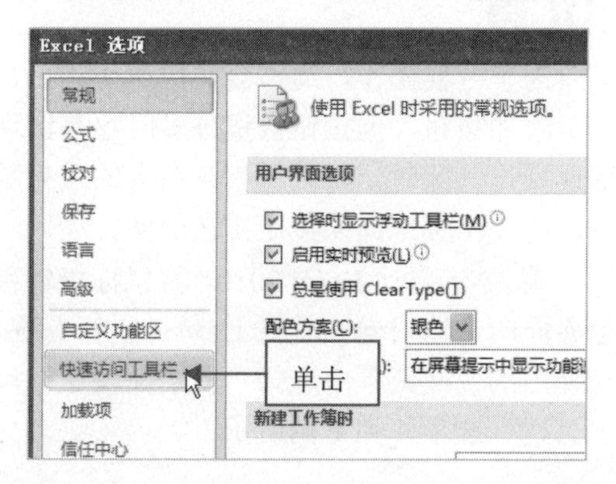

步骤 03 在“快速访问工具栏”选项面板中选择左侧的命令，单击“添加”按钮，即可将选择的选项添加至右侧的选项区中，如下图所示。

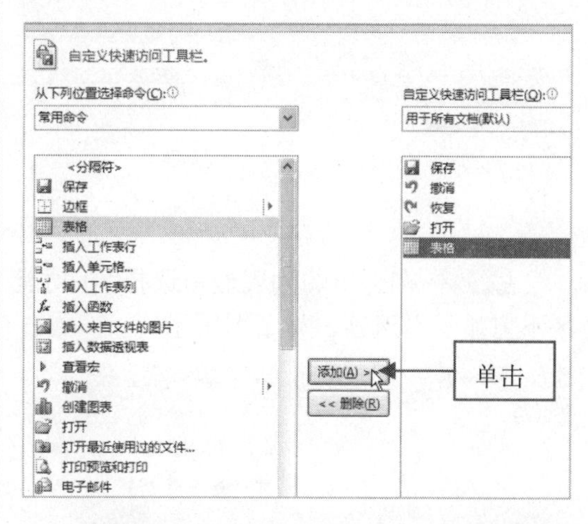

步骤 04 单击“确定”按钮，即可将选择的命令添加到快速访问工具栏中，效果如下图所示。

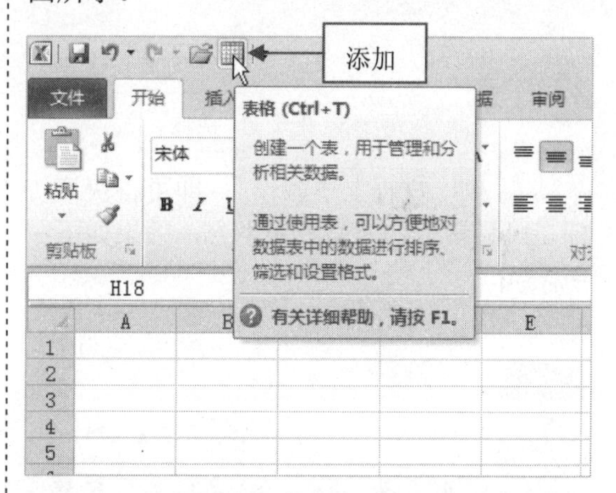

023 调整快速访问工具栏的显示位置

快速访问工具栏是一组可定义的命令集合，用户不但可以自由添加和删除该组合中的命令，还可以调整快速访问工具栏的显示位置，以适合不同用户的需求。

步骤 01 启动 Excel 2010，在界面的左上角单击“自定义快速访问工具栏”按钮，如下图所示。

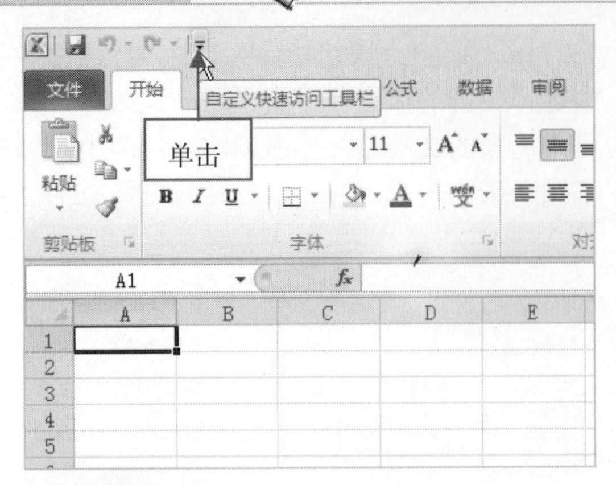

步骤 02 在弹出的列表框中选择“在功能区下方显示”选项，如下图所示。

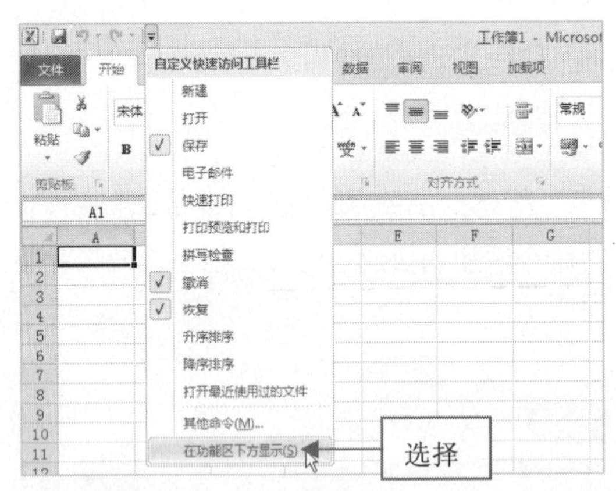

步骤 03 执行上述操作后，即可将快速访问工具栏移至功能面板的下方，效果如下图所示。

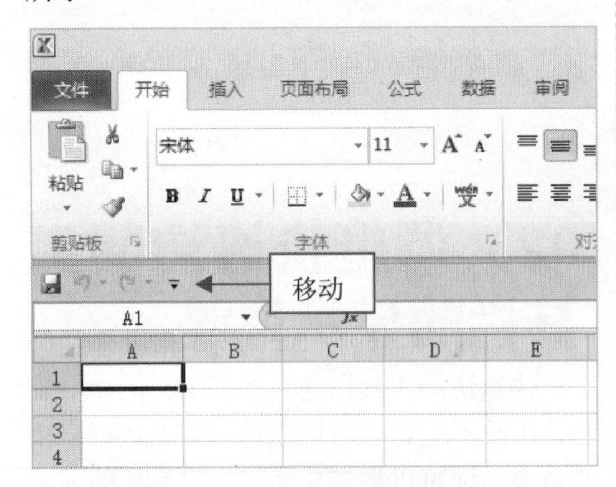

步骤 04 在功能面板下方的快速访问工具栏上，单击鼠标右键，在弹出的快捷菜单中选择“在功能区上方显示快速访问工具栏”选项，如下图所示。

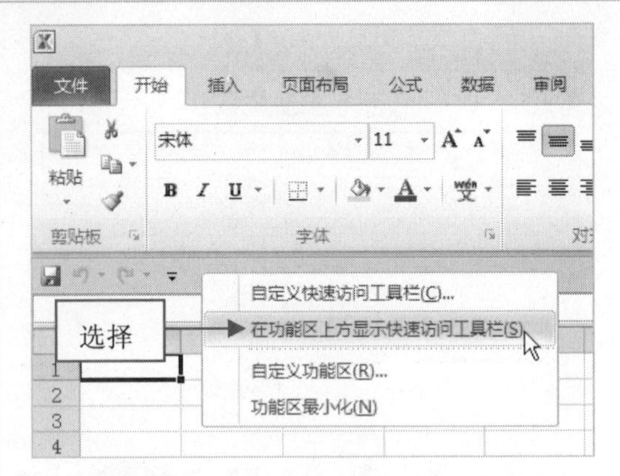

步骤 05 执行上述操作后，快速访问工具栏即可返回原位，如下图所示。

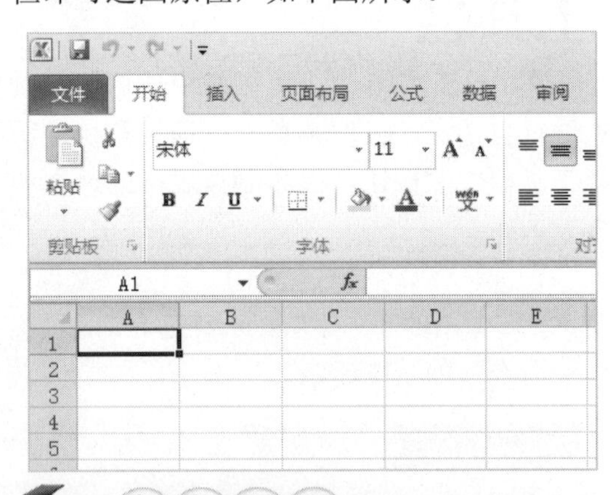

专家提醒

在“Excel 选项”对话框中，用户可以选中“在功能区下方显示快速访问工具栏”复选框，调整快速访问工具栏的位置。

024 调整快速访问工具栏中各命令的显示位置

为了方便操作，通常会在快速访问工具栏中添加按钮，但按钮数量过多时容易出现错误操作，此时，可以调整各命令的排列顺序，将使用频率高的按钮排在前面。

步骤 01 启动 Excel 2010，将鼠标指针移至界面的快速访问工具栏上，单击鼠标右键，在弹出的快捷菜单中选择“自定义快速访问工具栏”选项，如下图所示。

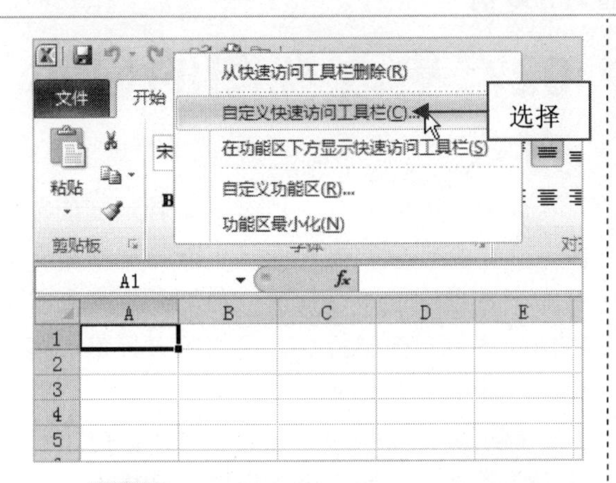

步骤 02 执行上述操作后，即可弹出“Excel 选项”对话框，如下图所示。

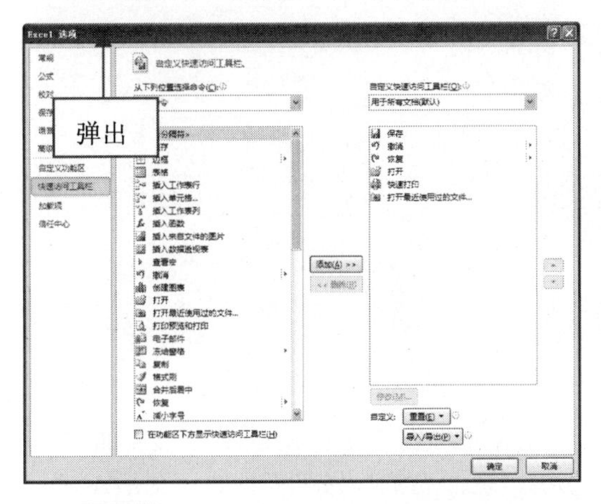

步骤 03 在右侧的列表框中选择常用的“打开”按钮，然后单击右侧的“上移”按钮，如下图所示。

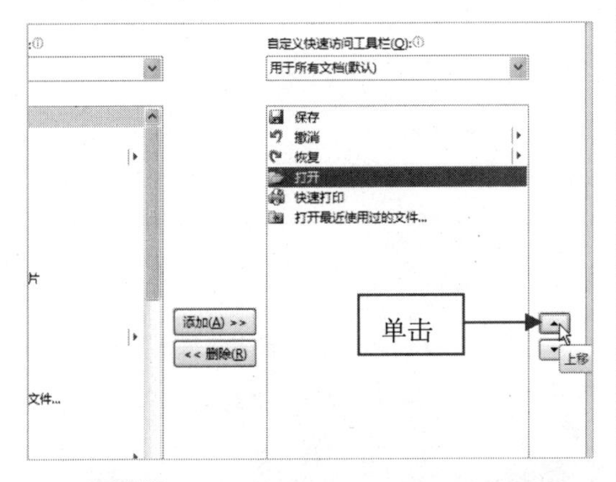

步骤 04 选择的按钮即可上移一层，然后再单击“上移”按钮，移至“保存”按钮下方，单击“确定”按钮，即可完成按钮位置的调整，效果如下图所示。

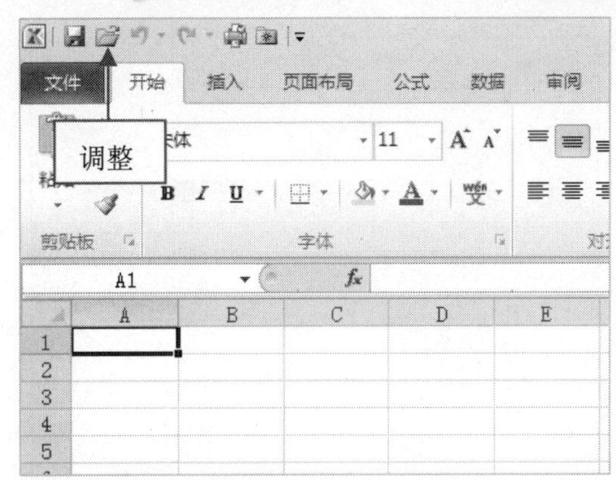

专家提醒

在 Excel 2010 中，可以通过“Excel 选项”对话框中的“导入/导出”功能，将自定义的快速访问工具栏应用到其他计算机中，以省去重新设置的麻烦。

025 在快速访问工具栏中添加其他按钮

在工作中有许多常用到的按钮，并没有添加到自定义快速访问工具栏中，用户可以根据需要将一些常用的按钮添加至快速访问工具栏中。

步骤 01 启动 Excel 2010，在界面左上角单击“自定义快速访问工具栏”按钮，在弹出的列表框中选择“其他命令”选项，如下图所示。

步骤 02 即可弹出“Excel 选项”对话框，在其中添加需要的按钮，如下图所示。

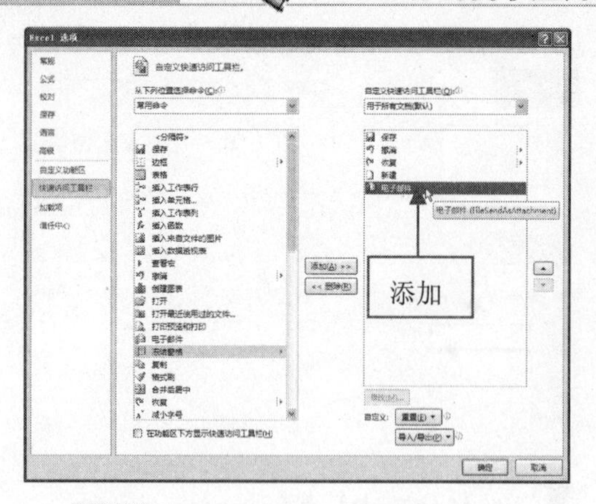

步骤 03 设置完成后，单击“确定”按钮即可。

026 删除快速访问工具栏中的按钮

当用户觉得快速访问工具栏中的某些按钮不再需要时，可将其删除。

步骤 01 启动 Excel 2010，在快速访问工具栏中选择不需要的按钮，单击鼠标右键，在弹出的快捷菜单中选择“从快速访问工具栏删除”选项，如下图所示。

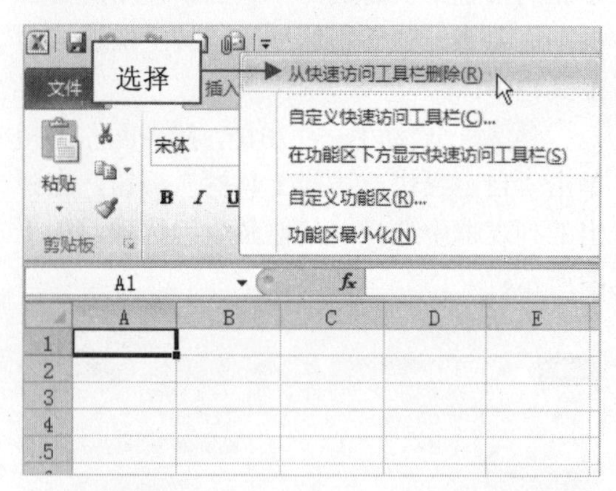

步骤 02 执行上述操作后，即可在快速访问工具栏中删除不需要的按钮。

专家提醒

在“Excel 选项”对话框中，切换至“快速访问工具栏”选项卡，在右侧列表框中选择需要删除的按钮，然后单击“删除”按钮即可。

027 更改视图的显示方式

在 Excel 2010 中，提供了 4 种不同的视图方式，分别是普通视图、页面布局视图、分布预览视图以及全屏显示视图，它们都有不同的特点和使用技巧，用户可以根据需要更改视图的显示方式。

步骤 01 打开一个 Excel 文件，此时工作簿为普通视图，切换至“视图”选项卡，如下图所示。

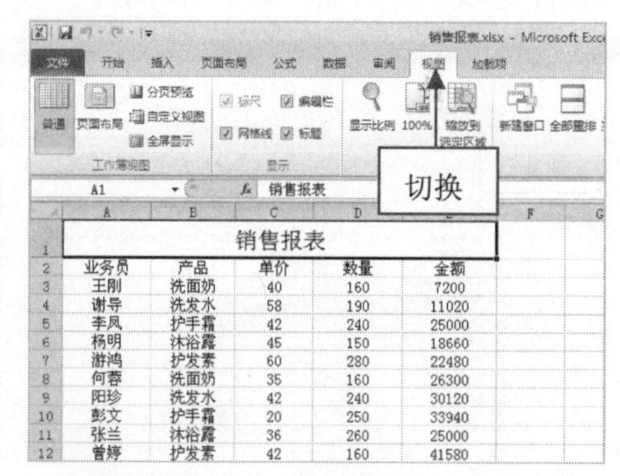

步骤 02 在“工作簿视图”选项面板中，单击“页面布局”按钮，如下图所示。

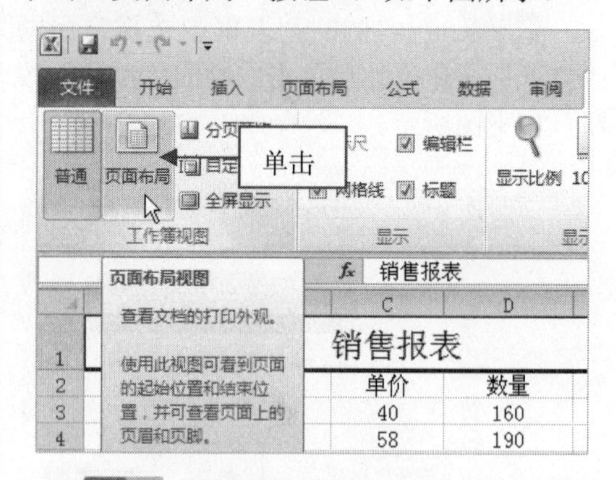

步骤 03 执行上述操作后，即可将视图方式更改为页面布局视图，效果如下图所示。

专家提醒

更改视图方式后，在“工作簿视图”选项面板中再单击“普通”按钮，即可切换至原来的普通视图。

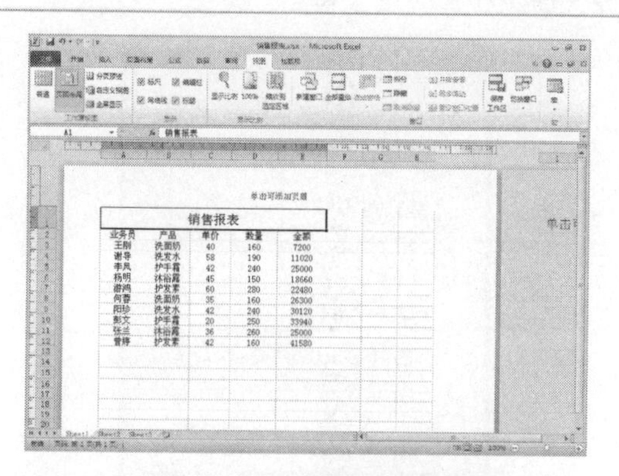

028 分页预览视图

在 Excel 2010 中，单击“工作簿视图”选项面板中的“分页预览”按钮，或者单击状态栏中的“分页预览”按钮，即可切换至分页预览视图。在分页预览视图下，显示了一些蓝色线将工作表分成几部分，如下图所示，这些线是打印时分页的位置。

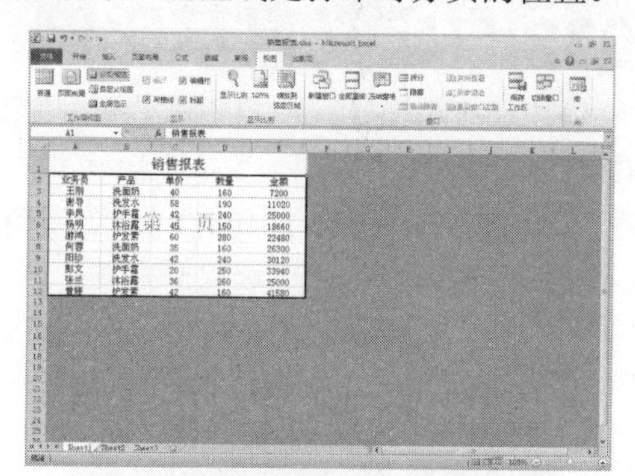

029 全屏显示视图

在全屏显示视图中，只显示表格的内容，以及列标和行标，其他面板状态栏和视图栏等都被隐藏了，这样更方便用户查看 Excel 内容，如下图所示。

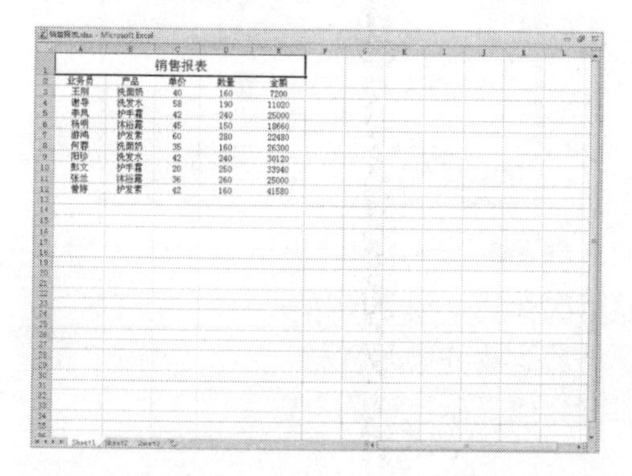

030 自定义视图

在 Excel 2010 中，可以使用自定义视图保存工作表的特定显示设置和打印设置，如列宽、行高等，以便可以在需要时将这些设置快速地应用到工作表中。在自定义视图中还可以包含特定的打印区域。

步骤 01 打开一个 Excel 文件，切换至“视图”选项卡，在“工作簿视图”选项面板中单击“自定义视图”按钮，如下图所示。

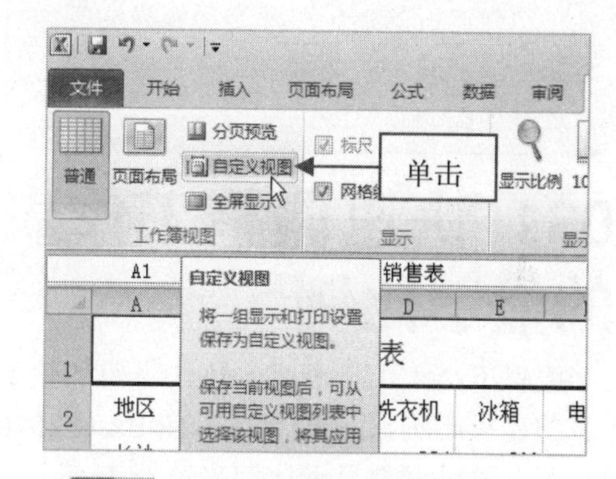

步骤 02 弹出“视图管理器”对话框，在其中单击“添加”按钮，如下图所示。

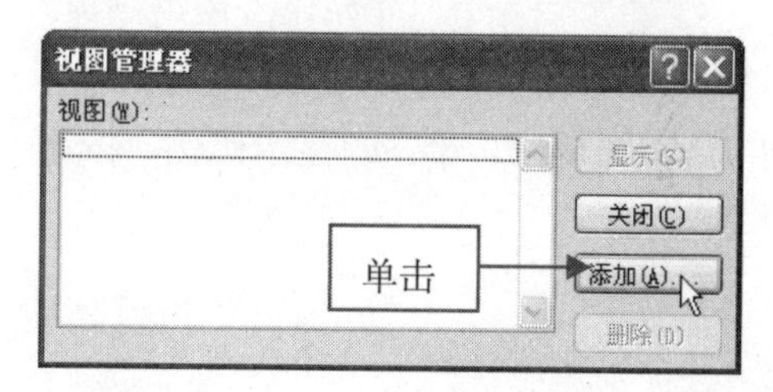

步骤 03 即可弹出“添加视图”对话框，在“名称”右侧的文本框中输入视图名称，如下图所示。

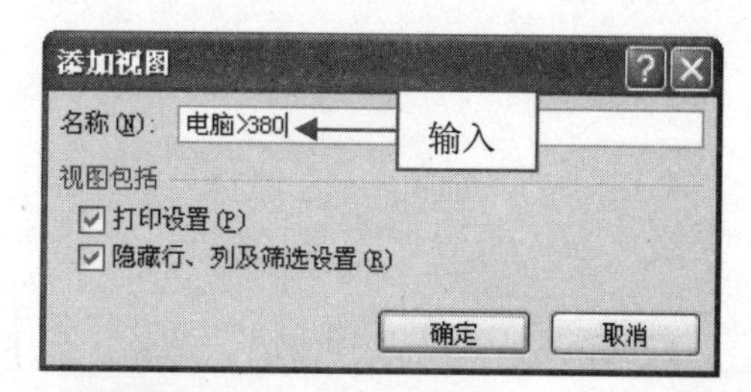

步骤 04 单击“确定”按钮，打开“视图管理器”对话框，在其中即可看到自定义的视图，如下图所示。

专家提醒

在Excel 2010中，可以在每张工作表中创建多个自定义视图，并应用到创建该自定义视图时活动的工作表中。如果不再需要自定义视图，可以在“视图管理器”中将其删除。

031 快速调整工作表的显示比例

编辑Excel工作表时，往往需要调整工作表的显示比例，以便于操作。在Excel 2010中，可以通过调整显示比例来查看Excel工作表的内容。

步骤01 启动Excel 2010，单击“视图”标签，切换至“视图”选项卡，在“显示比例”选项面板中，单击“显示比例”按钮，如下图所示。

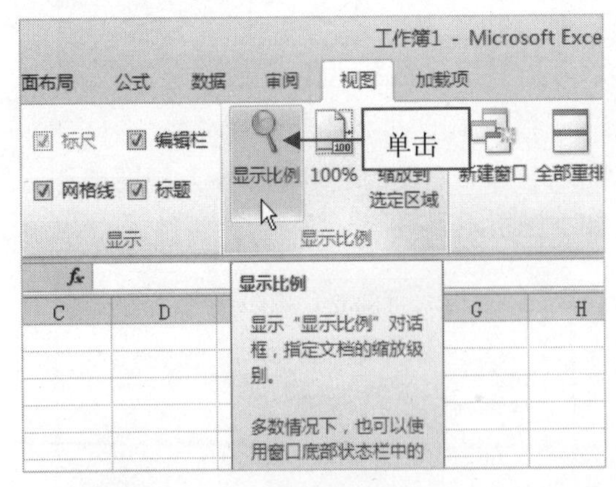

步骤02 弹出“显示比例”对话框，如下图所示，在该对话框中提供了几种显示比例值，用户可根据需要选择相应的比例值，然后单击“确定”按钮即可。

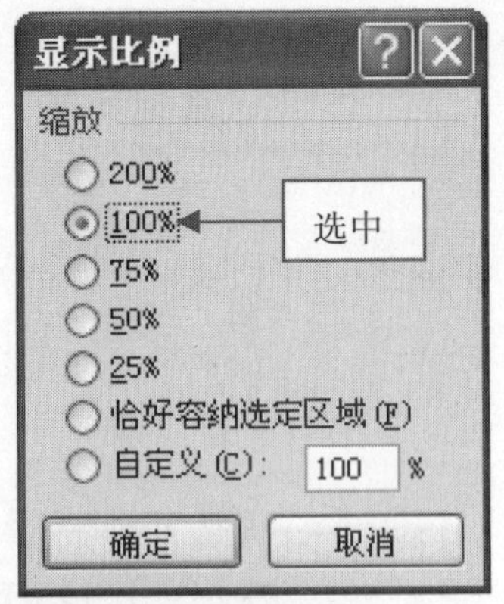

专家提醒

除了以上方法外，用户还可以通过拖动状态栏中的缩放滑块来调整显示比例，或按住【Ctrl】键的同时滚动鼠标滚轮来放大或缩小显示比例。

032 自定义显示比例

在Excel 2010中，用户还可以根据需要自定义显示比例。

步骤01 启动Excel 2010，切换至“视图”选项卡，在“显示比例”选项板中单击“显示比例”按钮，弹出“显示比例”对话框，选中“自定义”单选按钮，如下图所示。

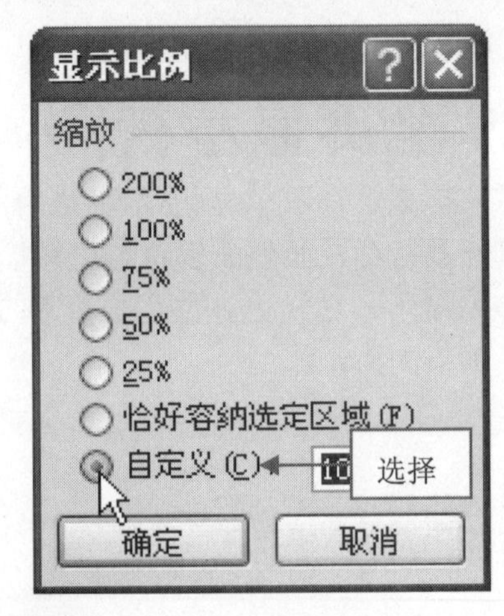

步骤02 在右侧的数值框中输入需要的显示比例值，如下图所示。

步骤03 设置完成后，单击“确定”按钮，即可完成显示比例的自定义。

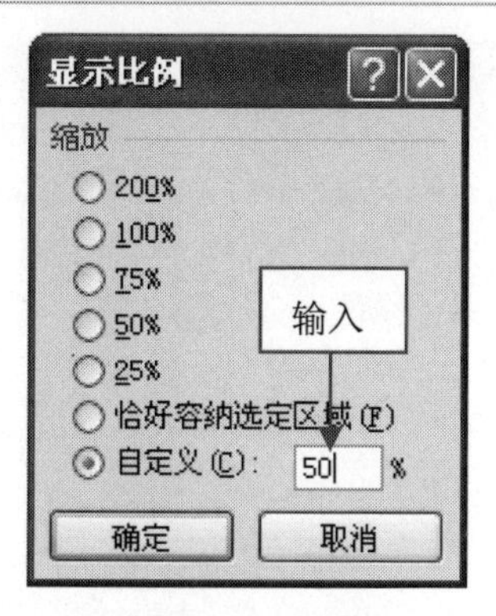

033 功能面板七十二变技巧

若当前工作表的数据内容比较多时，为了更方便地查看内容，通常可以将功能面板隐藏起来。当需要对工作表进行编辑，还可以再显示功能面板。

步骤01 启动 Excel 2010，单击界面右上角的“功能区最小化”按钮，如下图所示。

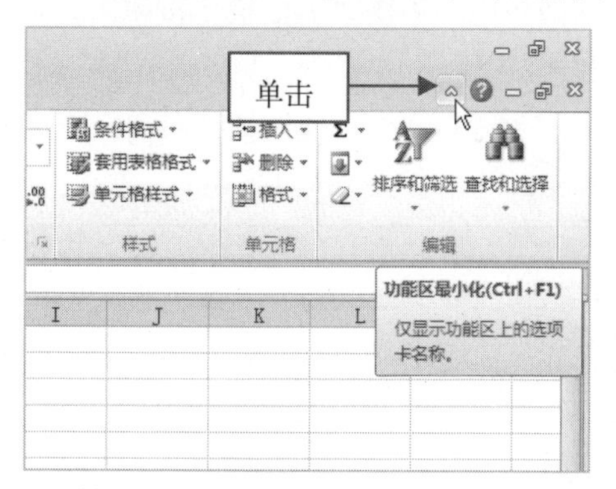

步骤02 执行上述操作后，即可隐藏功能面板，当需要还原功能面板时，单击界面右上角的“展开功能区”按钮，如下图所示，即可显示功能面板。

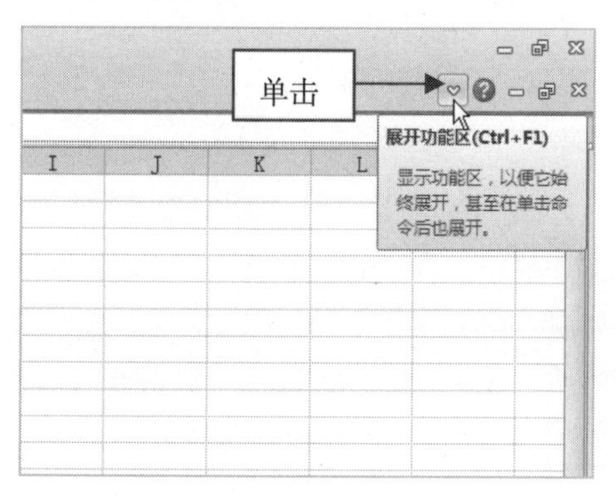

专家提醒

在 Excel 2010 中，还可以按【Ctrl + F1】组合键快速隐藏或显示功能面板。另外，在全屏显示模式下，功能面板将全部被隐藏，包括各菜单的名称。

034 应用选择性粘贴

选择性粘贴是根据需要进行有选择的粘贴，如在复制时只复制内容不复制格式，或者只将源单元格的格式、公式以及有效性验证复制到目标单元格。

步骤01 打开一个 Excel 文件，选择相应的单元格区域，如下图所示。

账务表

日期	姓名	用途	金额
2011-12-15	张捷	主板	800
2011-12-16	贺芳	显示器	1200
2011-12-17	李凤	网卡	125
2011-12-18	王婷	光驱	500
2011-12-19	莫凡	内存条	200
2011-12-20	陈博	键盘	28
2011-12-21	李刚	机箱	200
2011-12-22	黄明	显卡	320
2011-12-23	孙洁	鼠标	20

步骤02 切换至“开始”选项卡，在“剪贴板”选项面板中单击“复制”按钮，如下图所示。

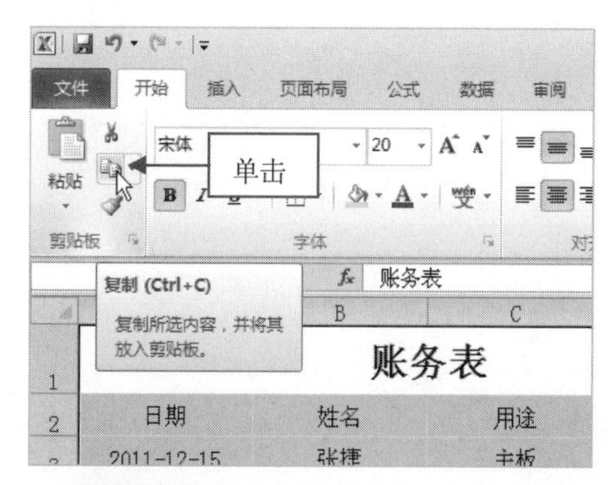

步骤03 选择目标单元格，然后在“剪贴板”选项面板中单击“粘贴”按钮，如下图所示。

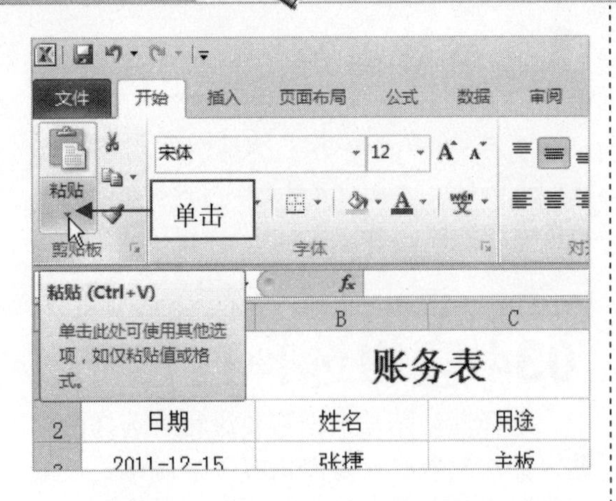

步骤 04 在弹出的列表框中选择“选择性粘贴”选项，如下图所示。

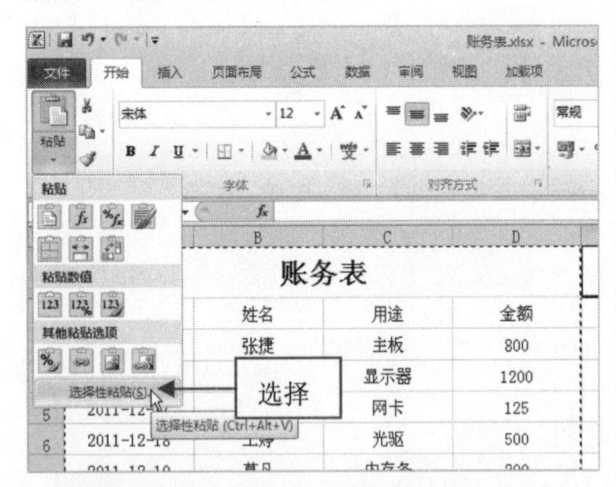

步骤 05 即可弹出“选择性粘贴”对话框，在“粘贴”选项区中选中“数值”单选按钮，如下图所示。

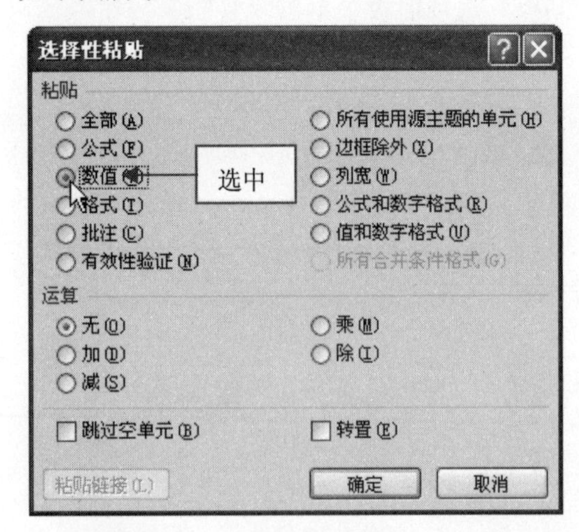

步骤 06 单击“确定”按钮，即可粘贴选择的数值内容，效果如下图所示。

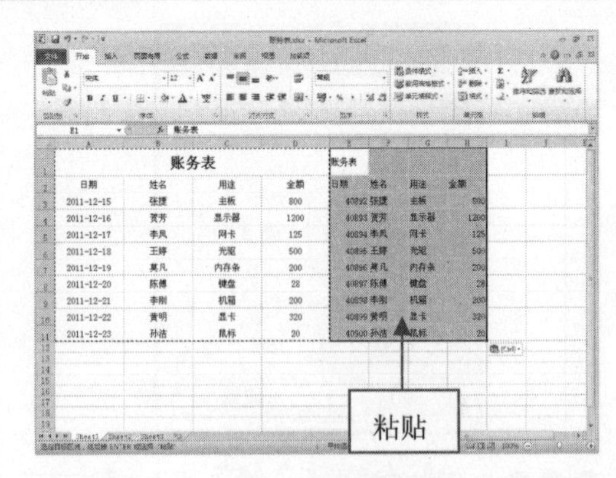

035 巧用剪贴板复制内容

剪贴板是一个临时存储区域，当用户进行复制操作时，可以将每次复制的内容临时保存在计算机的内存中，当再次需要时，只需从剪贴板中调用即可。

步骤 01 启动 Excel 2010，在“剪贴板”选项面板中，单击“剪贴板”按钮，如下图所示。

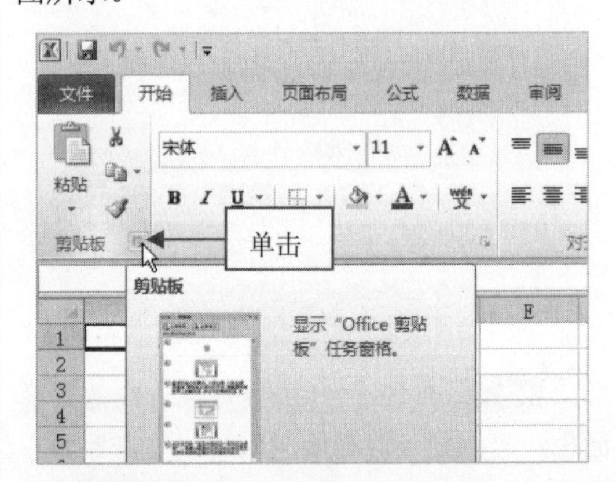

步骤 02 即可在界面的左侧弹出“剪贴板”窗格，如下图所示。

专家提醒

在 Excel 2010 的工作界面中，按两次【Ctrl + C】组合键后，即可显示 Office 剪贴板。单击剪贴板上的“全部清空”按钮 全部清空，即可清除剪贴板上的所有内容，单击“全部粘贴”按钮，即可粘贴剪贴板中的所有内容。

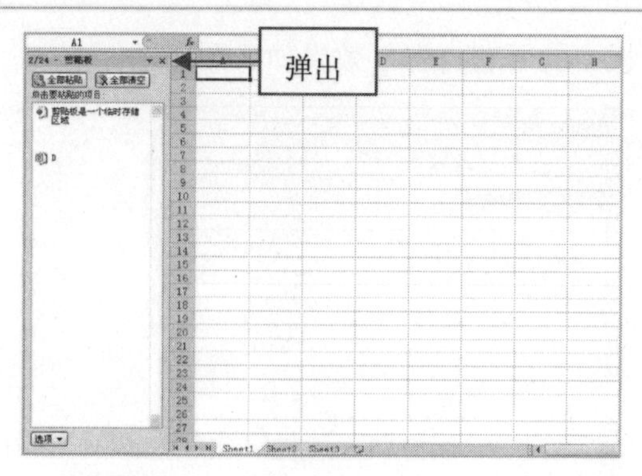

步骤 03　在下方的列表框中，选择并单击相应内容，即可在右侧的工作表中粘贴该内容，如下图所示。

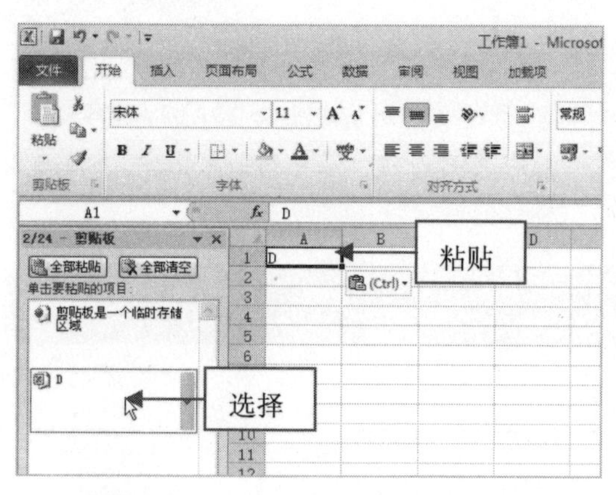

步骤 04　执行上述操作后，单击剪贴板左下角的“选项”按钮，即可弹出列表框，如下图所示，在其中可对剪贴板进行相应设置。

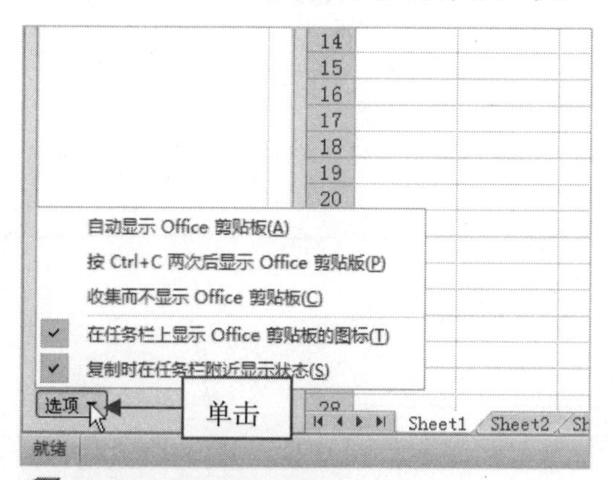

专家提醒

在弹出的列表框中选择“自动显示 Office 剪贴板”选项后，下次启动 Excel 时，剪贴板将会自动启动。

036 清除剪贴板中的内容

为了节省内存空间，可以将剪贴板中的内容删除，不过，从剪贴板中删除的内容不能被恢复。

步骤 01　启动 Excel 2010，在“剪贴板”选项面板中单击“剪贴板”按钮，打开“剪贴板”窗格，如下图所示。

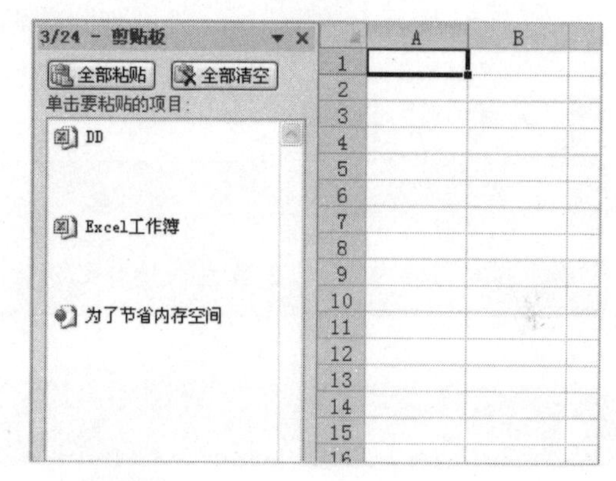

步骤 02　在其中单击需要删除的内容右侧的下三角按钮，在弹出的列表框中选择“删除”选项，如下图所示。

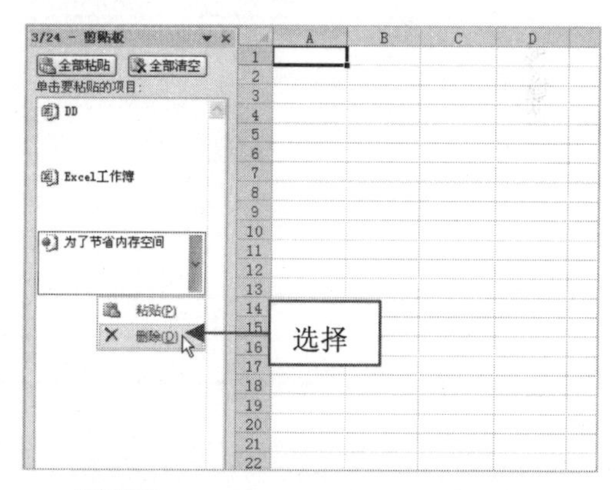

步骤 03　执行上述操作后，即可删除所选择的内容。单击窗格上方的“全部清空”按钮，如下图所示。

在剪贴板窗格中单击右上角的下三角按钮，在弹出的列表框中选择“移动”选项，可以移动剪贴板窗格的位置。

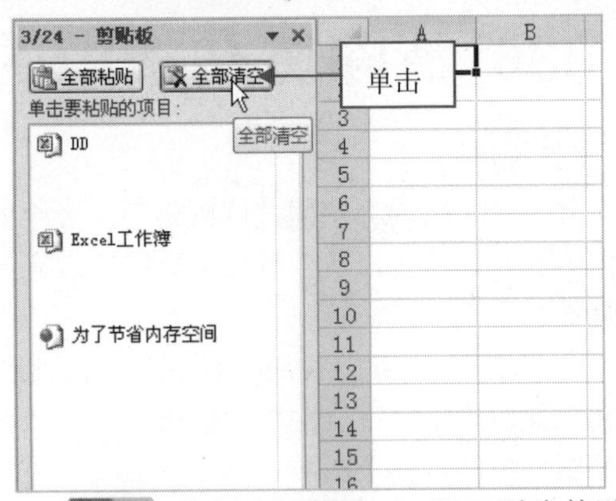

步骤04 执行上述操作后，即可删除剪贴板中的所有内容，效果如下图所示。

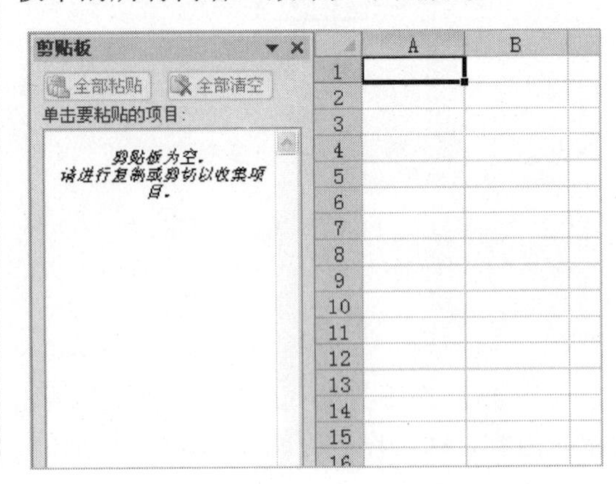

专家提醒

在剪贴板中最多能够保存24次复制的内容，除了可以复制Excel文档中的内容外，用户还可以将Word、记事本、图片编辑器以及网页中复制的内容保存到剪贴板中。

读书笔记

03 工作簿的应用技巧

学前提示

在 Excel 2010 中，工作簿是计算和存储数据的文件，一个工作簿中可以包含多个工作表。因此，可以在一个工作簿文件中管理各种类型的相关信息。掌握工作簿的常用应用技巧，是学习和使用 Excel 2010 的必备技能之一。

本章知识重点

- 利用命令新建工作簿
- 利用模板新建工作簿
- 通过按钮快速保存工作簿
- 另存为工作簿
- 设置自动保存工作簿
- 设置工作簿密码
- 共享工作簿
- 快速关闭工作簿
- 繁简转换一招搞定
- 减小 Excel 文件的体积

学完本章后你会做什么

- 掌握工作簿的新建、保存和打开等操作
- 掌握查看工作簿属性的方法
- 掌握在不同工作簿中快速切换工作簿的方法

视频演示

利用模板新建工作簿

员工工资表					
姓名	部門	基本工資	奖金	其他扣款	实发工资
白雲	行政	1650	100	50	1700
馬珊	人事	1200	300	20	1480
朱興	行政	1500	250	80	1670
李龍	企劃	1800	200	60	1940
田峰	人事	1530	180	100	1610
曾省城	銷售	1200	200	10	1390
王超	行政	1650	50	60	1640
胡白日	企劃	1722	100	0	1822
楊明	企劃	1850	200	30	2020
孫虹	銷售	1000	500	60	1440
朱雄	設計	1580	200	75	1705
陳豔	人事	1920	100	55	1965
蘇黃進	企劃	2000	150	82	2068
趙潔	設計	1200	80	60	1220

繁简转换

037 利用命令新建工作簿

当用户启动Excel文件时，系统会自动新建一个工作簿，如果有需要，用户还可以新建其他工作簿。

步骤01 启动Excel 2010，单击“文件”|“新建”命令，如下图所示。

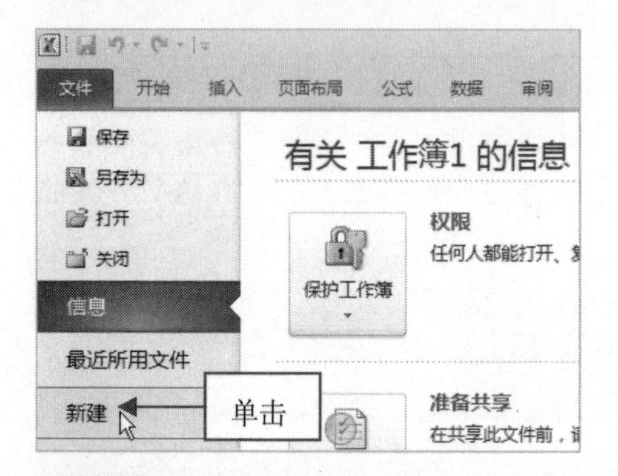

步骤02 在“可用模板”选项区中，单击“空白工作簿”按钮，如下图所示。

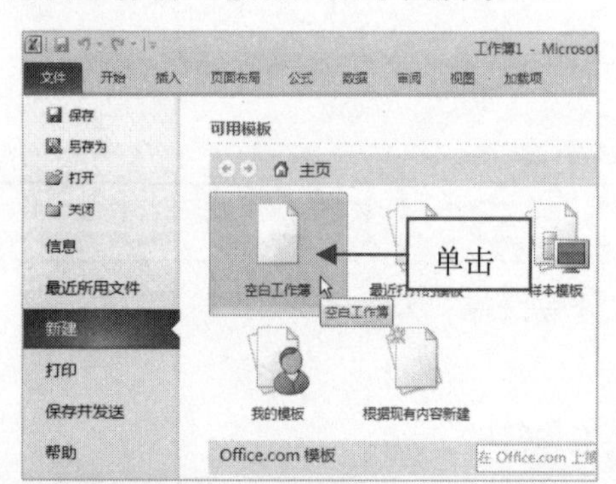

步骤03 执行上述操作后，单击右侧的“创建”按钮，如下图所示，即可新建一个工作簿。

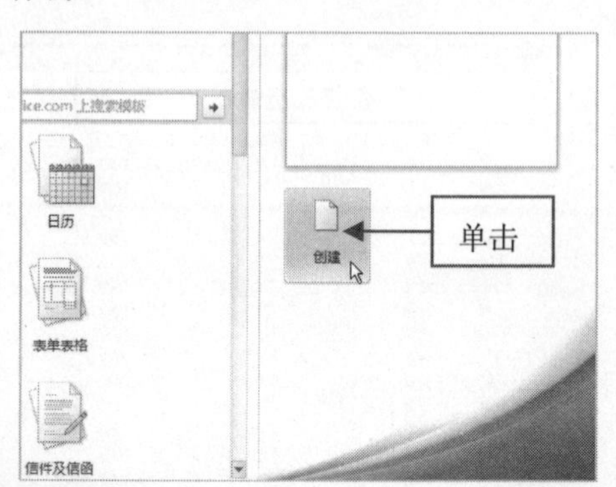

038 利用选项快速新建工作簿

通过“我的电脑”窗口打开目标文件夹，在文件夹的空白处单击鼠标右键，在弹出的快捷菜单中选择“新建”|“Microsoft Excel工作表”选项（如下图所示），即可在目标文件夹中创建一个新的空白工作簿文件。

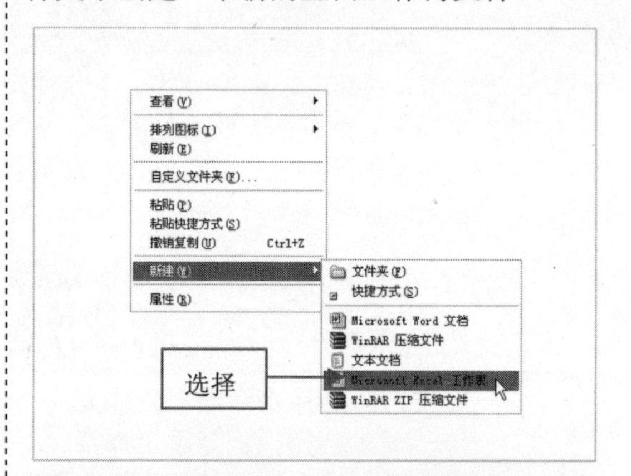

039 通过快捷键新建工作簿

启动Microsoft Excel 2010后，若需要再新建一个空白的工作簿，可以按【Ctrl+N】组合键，这是最常用也是最快捷的方法，效果如下图所示。

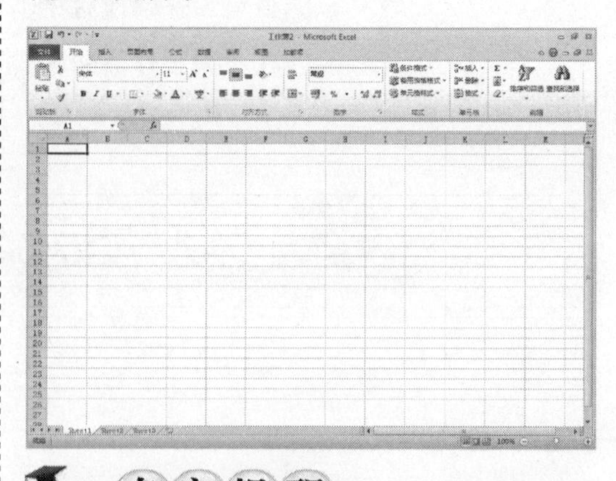

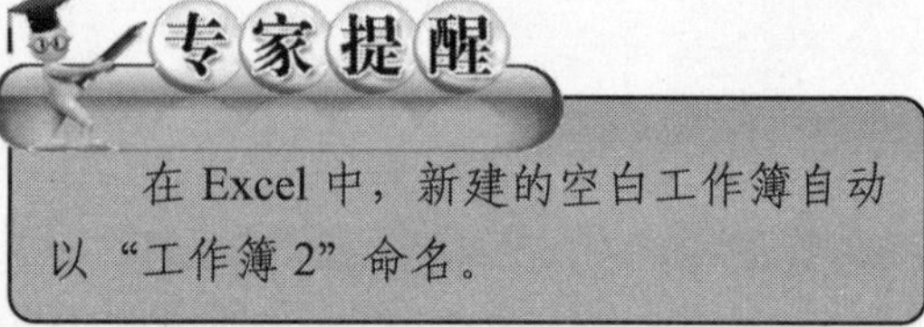

专家提醒

在Excel中，新建的空白工作簿自动以“工作簿2”命名。

040 利用按钮新建工作簿

在 Excel 2010 中，还可以利用按钮新建一个空白工作簿。在工作界面中单击左上角的“自定义快速访问工具栏”按钮，在弹出的列表框中选择“新建”选项，如下图所示，即可将“新建”图标添加至快速访问工具栏中，然后单击“新建”按钮，即可新建一个空白工作簿。

041 利用模板新建工作簿

在 Excel 2010 中，系统自带了很多丰富的工作簿模板，通过这些模板可以快速创建各种具有专业表格样式的工作簿，从而为用户节省工作时间，提高工作效率。

步骤 01 启动 Excel 2010，单击“文件”|“新建”命令，在“可用模板”选项区中单击“样本模板”按钮，如下图所示。

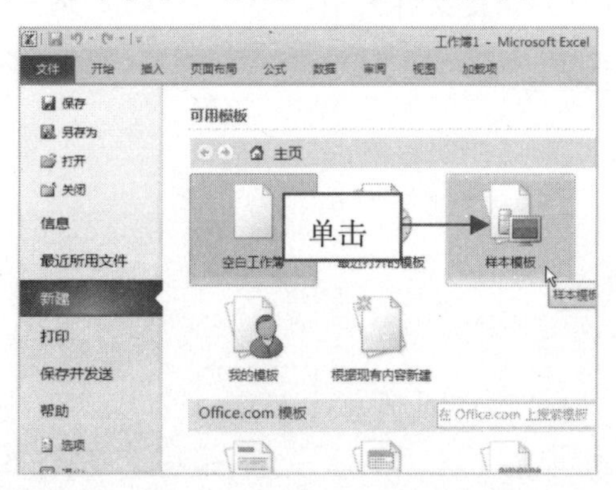

步骤 02 即可进入“样本模板”选项区，在其中的列表框中选择“账单”选项，如下图所示。

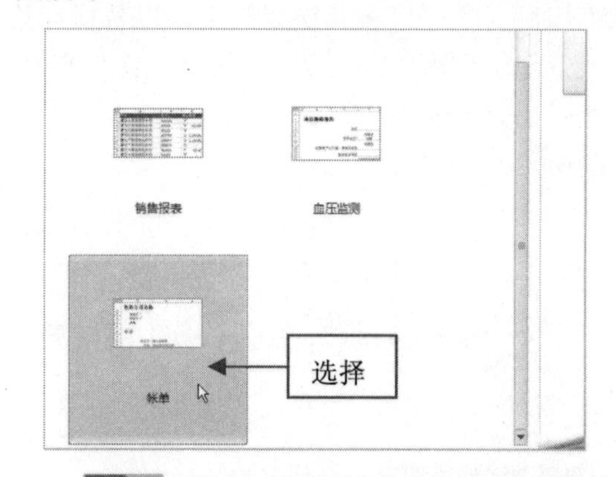

步骤 03 执行上述操作后，单击右侧的“创建”按钮，如下图所示。

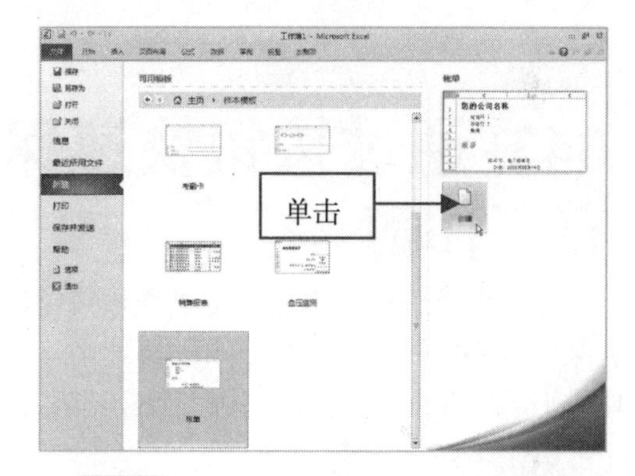

步骤 04 即可根据“账单”模板新建一个工作簿，效果如下图所示。

专家提醒

在 Excel 2010 的模板工作簿中，系统提供了许多不同类型的模板，用户可以根据需要自行选择。

042 快速保存工作簿

制作一份电子表格或完成工作簿的编辑工作后，就可以将其保存起来，以备日后修改或编辑使用，方法是：单击“文件”菜单，在弹出菜单列表中单击“保存”命令（如下图所示），即可保存该工作簿。

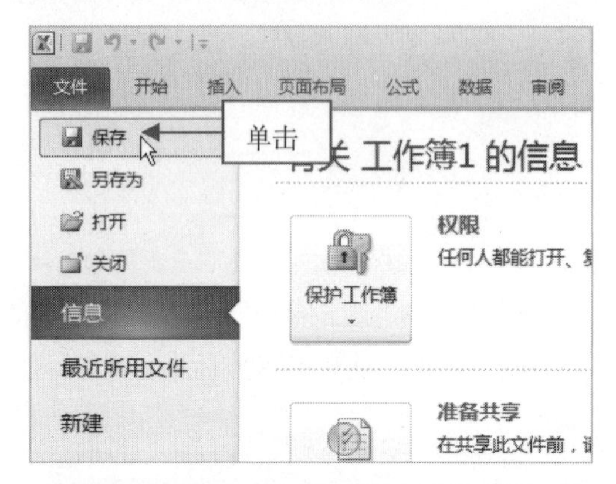

043 通过按钮快速保存工作簿

对工作簿进行编辑后，可以通过按钮快速保存该工作簿。方法是：单击快速访问工具栏上的“保存”按钮（如下图所示），即可快速保存工作簿。

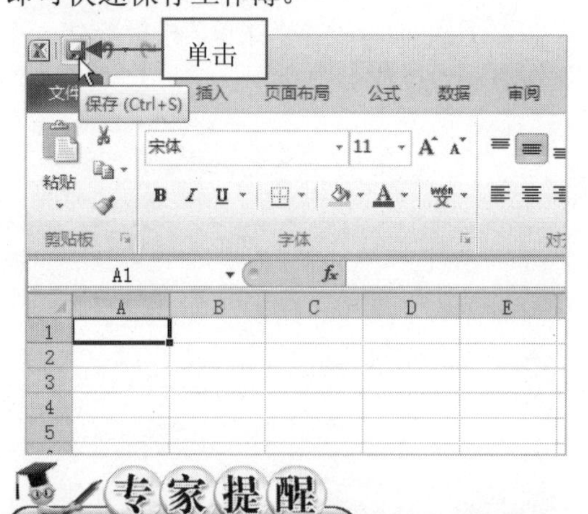

专家提醒

若在快速访问工具栏上找不到“保存”按钮，可以单击“自定义快速访问工具栏”按钮，在弹出的列表框中选择“保存”选项即可。

044 利用快捷键保存工作簿

利用快捷键保存工作簿既方便、又快捷，在这里向读者介绍3种方法。

- 按【Ctrl+S】组合键。
- 按【Shift+F12】组合键。
- 依次按【Alt】、【F】、【S】键。

045 另存为工作簿

在Excel 2010中，对已有工作簿进行修改后，若既希望原有的工作簿内容不变，又需要保存现在的工作簿，可以将其另存为工作簿。

步骤01 打开一个Excel文件，对其进行编辑后，单击“文件”|“另存为”命令，如下图所示。

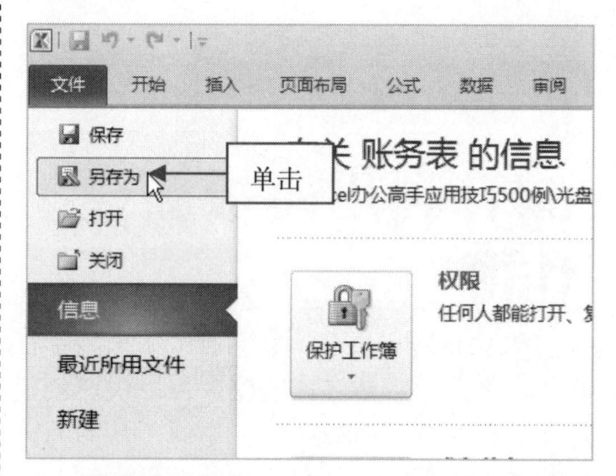

步骤02 弹出“另存为”对话框，如下图所示，在其中设置工作簿的名称和保存路径后，然后单击“保存”按钮，即可将工作簿保存至指定文件夹中。

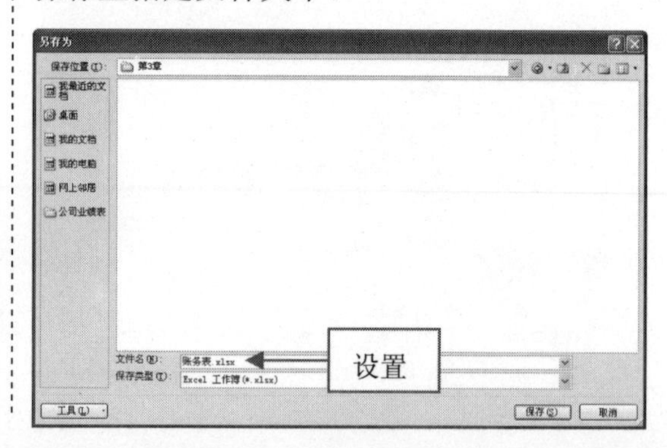

046 保存为二进制工作簿

为了方便保存 Excel 2010 工作簿，可以将工作簿保存为二进制工作簿，以提高和加快保存速度，方法是：单击“文件”|“另存为”命令，弹出“另存为”对话框，单击“保存类型”右侧的下拉按钮，在弹出的列表框中选择“Excel 二进制工作簿”选项，如下图所示。单击“保存”按钮，即可将文件保存为二进制工作簿。

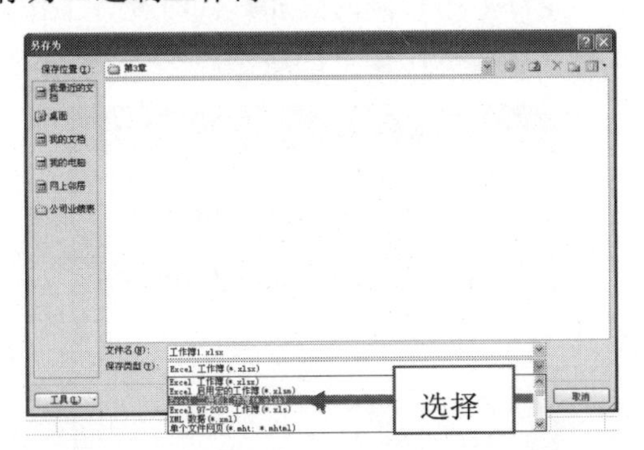

047 设置自动保存工作簿

编辑工作簿时难免会遇到停电、电脑死机等意外情况，用户给工作簿设置自动保存功能，可以在指定的时间间隔之后，自动保存所有打开的工作簿，这样可以将数据丢失的损失降低到最小。

步骤01 启动 Excel 2010，单击“文件”|“选项”命令，弹出“Excel 选项”对话框，如下图所示。

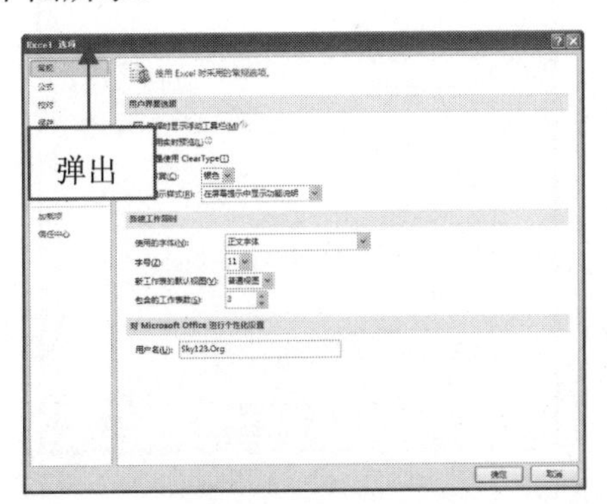

步骤02 切换至“保存”选项卡，在“保存工作簿”选项区中选中“保存自动恢复信息时间间隔”复选框，在右侧的数值框中输入保存时间的间隔，如下图所示。

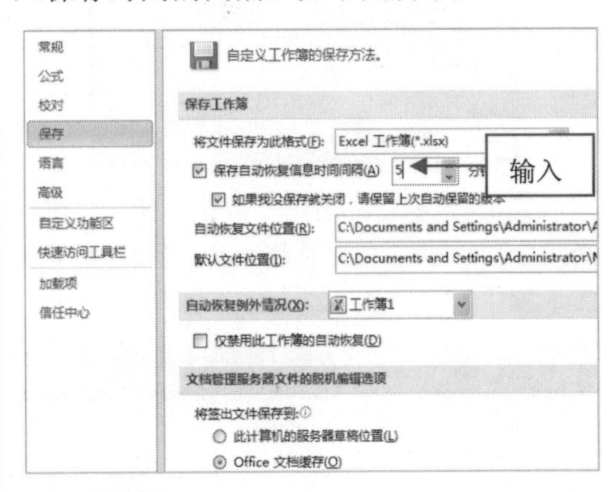

步骤03 单击“确定”按钮，即可启用自动保存工作簿功能。

048 设置工作簿密码

在 Excel 2010 中，为工作簿设置密码，可限制其他用户对工作簿进行访问与修改，利用这些限制，可以防止其他用户更改工作簿中的内容。

步骤01 打开一个 Excel 文件，单击“审阅”标签，切换至“审阅”选项卡，在“更改”选项区中单击“保护工作簿”按钮，如下图所示。

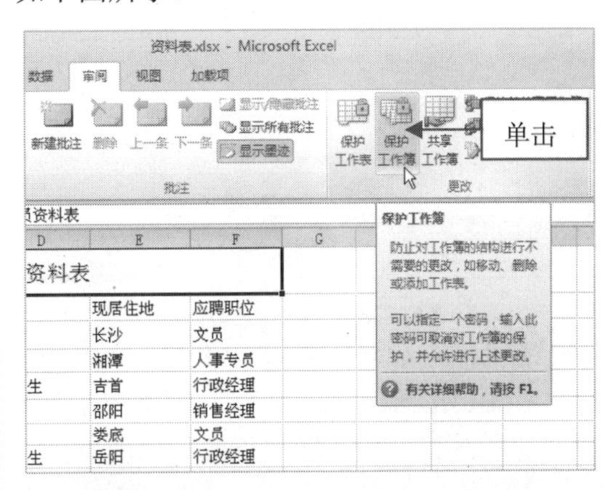

步骤02 弹出“保护结构和窗口”对话框，在“保护工作簿”选项区中选中“结构”和“窗口”复选框，在“密码”下方的文本框中输入 123，如下图所示。

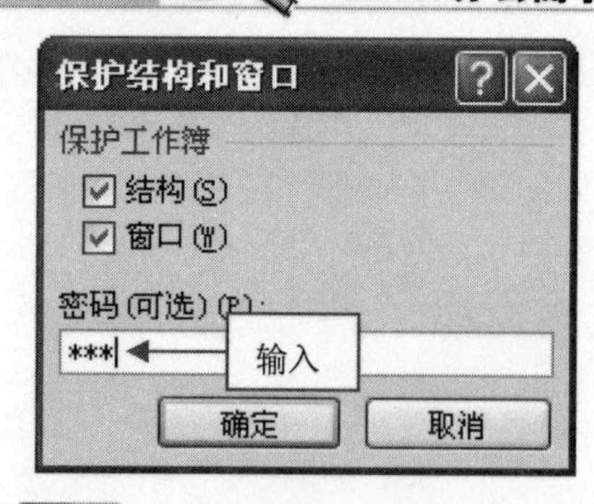

步骤03 单击“确定”按钮，弹出“确认密码”对话框，在“重新输入密码”下方的文本框中再次输入123，如下图所示。

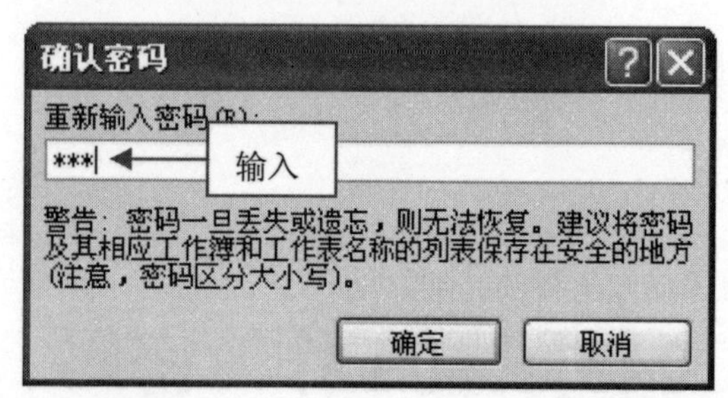

步骤04 单击“确定”按钮，即可设置工作簿密码，在工作表标签处单击鼠标右键，弹出快捷菜单，在其中可以发现不能对工作表进行编辑操作，如下图所示。

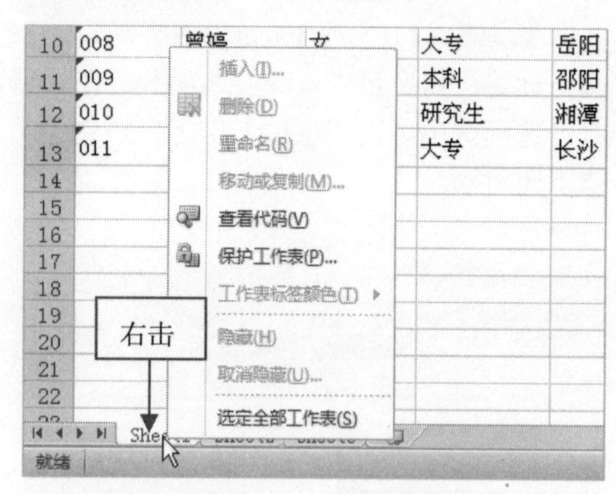

049 共享工作簿

在Excel 2010中，共享工作簿允许多人同时进行编辑，便于管理更改频繁的表格。

步骤01 打开一个Excel文件，单击“审阅”标签，切换至“审阅”选项卡，在“更改”选项区中单击“共享工作簿”按钮，如下图所示。

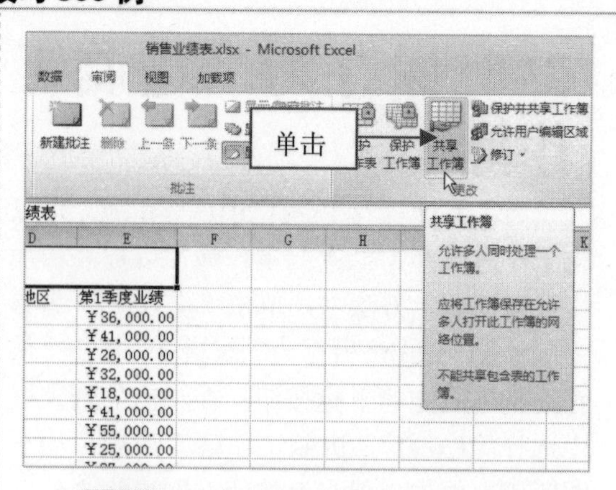

步骤02 弹出“共享工作簿”对话框，选中“允许多用户同时编辑，同时允许工作簿合并”复选框，如下图所示。

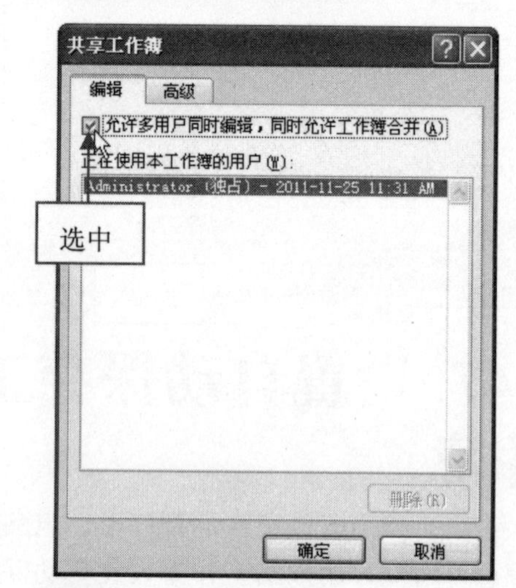

步骤03 切换至“高级”选项卡，在其中设置相应选项，如下图所示。

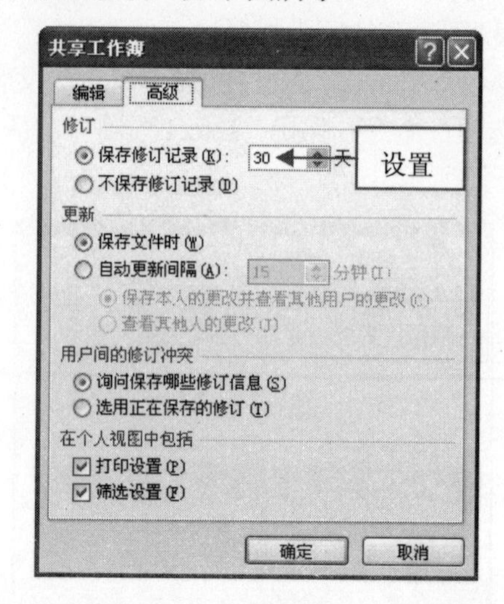

步骤 04 单击“确定”按钮，弹出提示信息框，如下图所示。

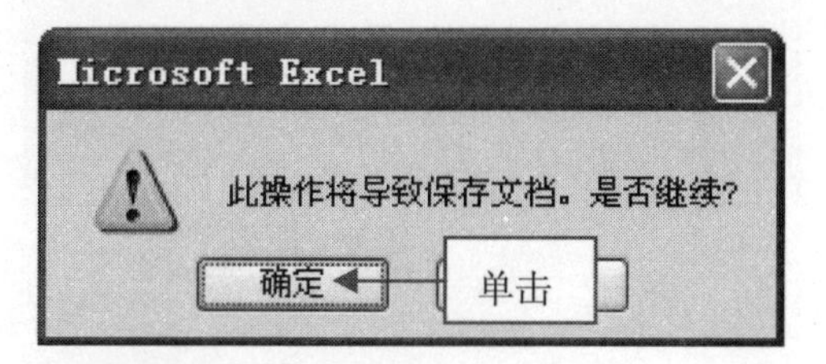

步骤 05 单击“确定”按钮，即可共享工作簿，在工作簿的标题栏上将显示其状态，如下图所示。

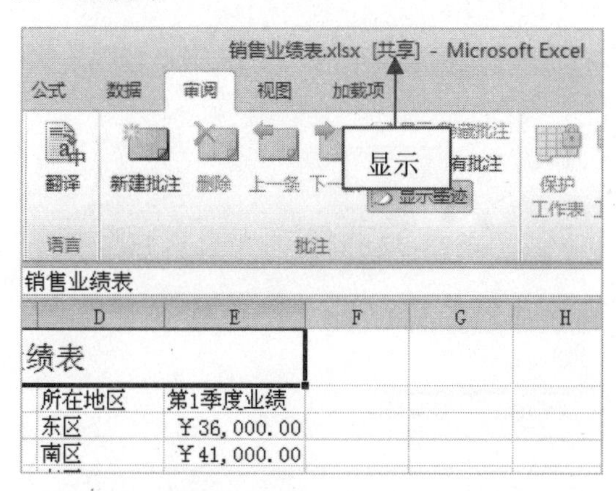

050 快速打开工作簿

在 Excel 2010 中，如果需要对已经保存过的工作簿进行浏览或编辑操作，用户可以直接打开工作簿。

步骤 01 启动 Excel 2010，单击“文件”|“打开”命令，弹出“打开”对话框，在其中选择需要打开的工作簿，如下图所示。

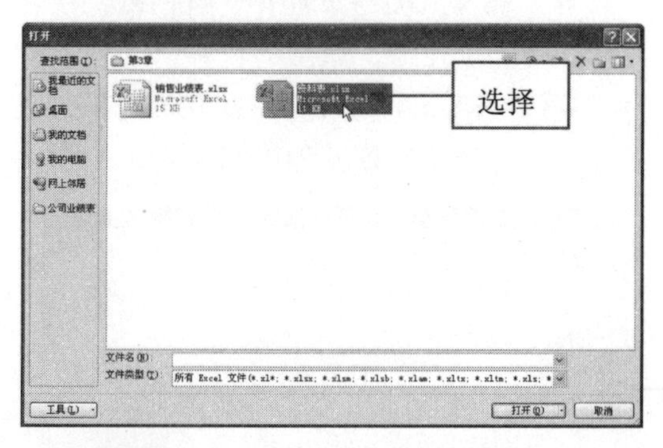

步骤 02 单击“打开”按钮，即可打开选择的工作簿。

051 利用按钮快速打开工作簿

在 Excel 2010 中，可以通过按钮来快速打开工作簿，在工作界面中单击快速访问工具栏中的“打开”按钮，如下图所示，即可弹出“打开”对话框，选择要打开的工作簿，单击“确定”按钮，即可打开相应工作簿。这种方法非常简单，方便用户操作。

052 利用快捷键打开工作簿

利用快捷键打开工作簿，也是一种方便快捷的方法，这里向读者介绍 3 种方法。

- 按【Ctrl+O】组合键。
- 按【Ctrl+F12】组合键。
- 依次按【Alt】、【F】、【O】键。

053 一次打开多个工作簿

在 Excel 2010 中，当用户对多个工作簿的数据进行处理时，可以将其同时打开。

步骤 01 启动 Excel 2010，单击“文件”|“打开”命令，弹出“打开”对话框，在其中按住【Ctrl】键的同时选中多个需要打开的 Excel 文件，如下图所示。

步骤 02 单击“打开”按钮，即可一次性打开多个工作簿。

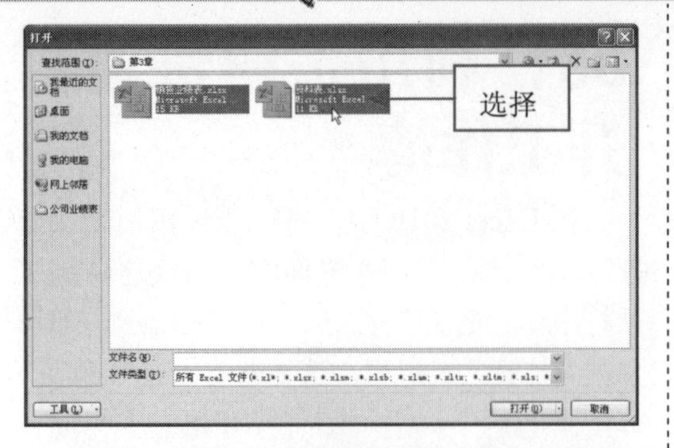

054 打开最近使用的工作簿

在 Excel 2010 中，常常需要打开最近使用的工作簿。在 Excel 中单击“文件”|“最近所用文件”命令，在“最近使用的工作簿”列表框中列出了最近使用过的文件，如下图所示。在其中直接单击所需的文件名，即可快速打开文件。

055 设置工作簿以只读方式打开

在 Excel 2010 中，为了防止对工作簿的内容进行修改，用户可以通过以只读方式打开已有的 Excel 工作簿。

步骤 01 启动 Excel 2010，单击“文件”|“打开”命令，弹出“打开”对话框，选择需要打开的工作簿，单击“打开”按钮右侧的下三角按钮，在弹出的列表框中选择“以只读方式打开”选项，如下图所示。

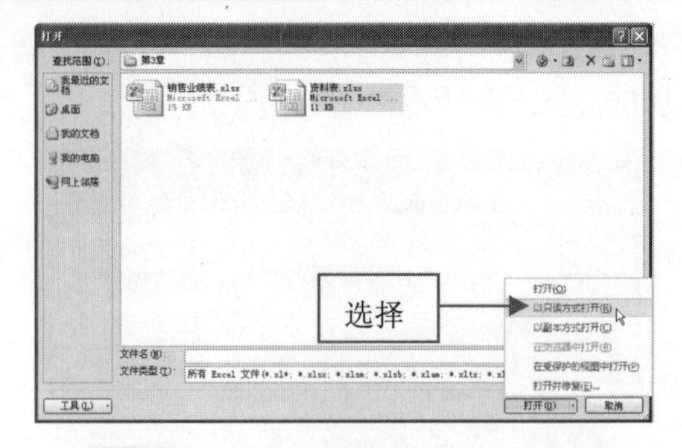

步骤 02 执行上述操作后，即可以只读方式打开工作簿，在标题栏上将显示其状态，如下图所示。

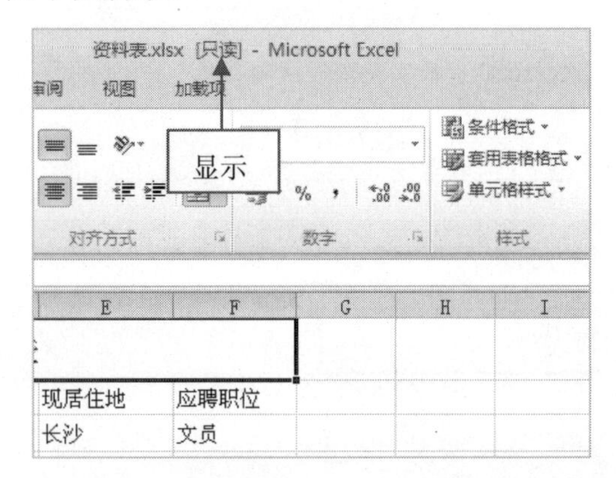

056 设置工作簿以副本方式打开

在 Excel 2010 中，以副本方式打开工作簿表示选择打开的源文件会以生成一个副本文件的方式打开，而源文件不被打开。

步骤 01 启动 Excel 2010，单击“文件”|“打开”命令，弹出“打开”对话框，选择需要打开的工作簿，单击“打开”按钮右侧的下三角按钮，在弹出的列表框中选择“以副本方式打开”选项，如下图所示。

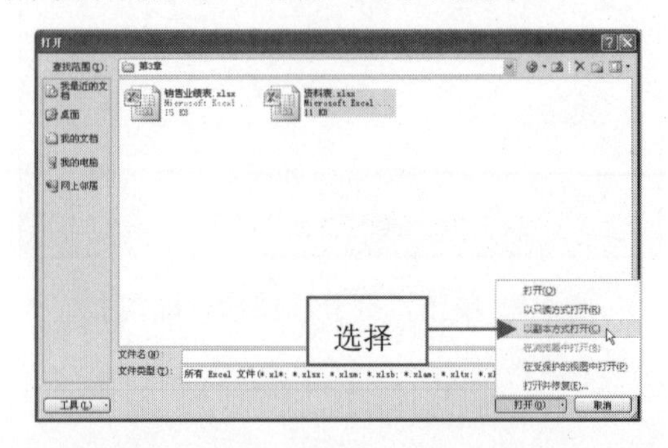

步骤 02　执行上述操作后，即可以副本方式打开工作簿，在标题栏上将显示其状态，如下图所示。

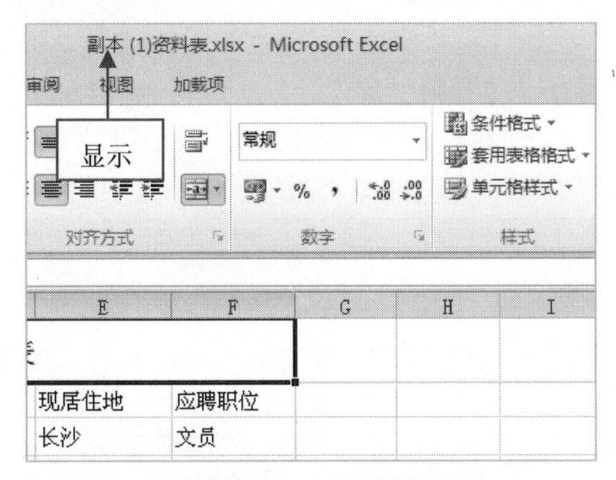

057　设置工作簿以打开并修复方式打开

在 Excel 2010 中，当工作簿被破坏时，可以选择以打开并修复的方式来打开工作簿，将工作簿还原。

步骤 01　启动 Excel 2010，单击“文件”|“打开”命令，弹出“打开”对话框，选择需要打开的工作簿，单击“打开”按钮右侧的下三角按钮，在弹出的列表框中选择“打开并修复”选项，如下图所示。

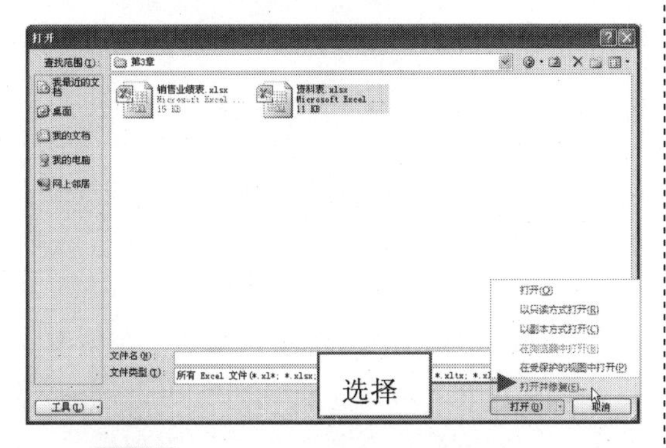

步骤 02　执行上述操作后，将弹出提示信息框，如下图所示。

步骤 03　若单击“修复”按钮，则弹出相应对话框，如下图所示。

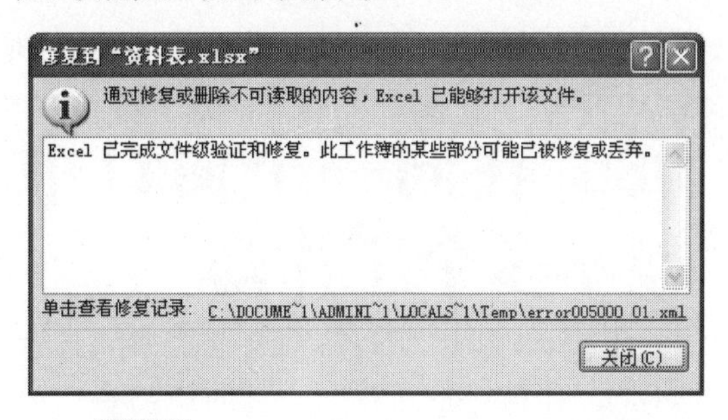

步骤 04　单击“关闭”按钮，在标题栏上将显示其修复状态，如下图所示。

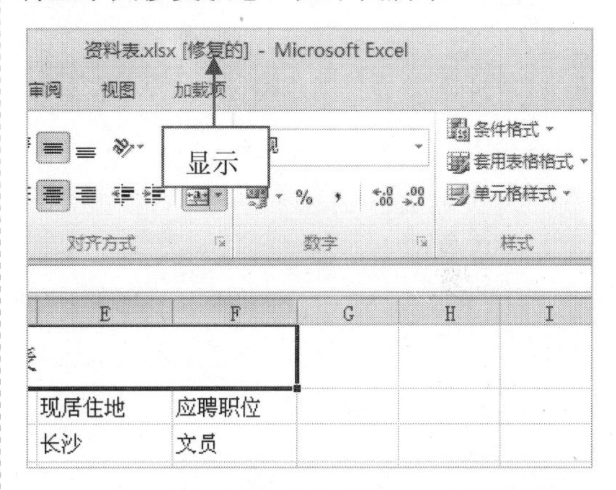

058　快速关闭工作簿

在 Excel 2010 中，当打开多个工作簿时，每个工作簿都要耗费一定数量的系统资源（如内存）和运行速度，用户可以将不再需要的 Excel 文件关闭，下面介绍 4 种方法。

- 单击“文件”|“关闭”命令。
- 单击“文件”|“退出”命令。
- 双击左上角的“Excel 按钮”。
- 单击标题栏右侧的“关闭”按钮。

059　利用快捷键关闭工作簿

这里介绍 5 种利用快捷键关闭 Excel 工作簿的方法。

- 按【Alt+F4】组合键。
- 按【Ctrl+W】组合键。
- 按【Ctrl+F4】组合键。
- 依次按【Alt】、【F】、【C】键。

✿ 依次按【Alt】、【F】、【X】键。

用户可任选一种方法，即可快速关闭当前工作簿。

060 在同一个窗口中显示多个工作簿

在Excel 2010中，用户有时需要同时查阅不同工作簿中的工作表，此时就需要在窗口中显示多个工作簿。

步骤01 启动Excel 2010，切换至“视图”选项卡，在“窗口”选项面板中单击“全部重排”按钮，如下图所示。

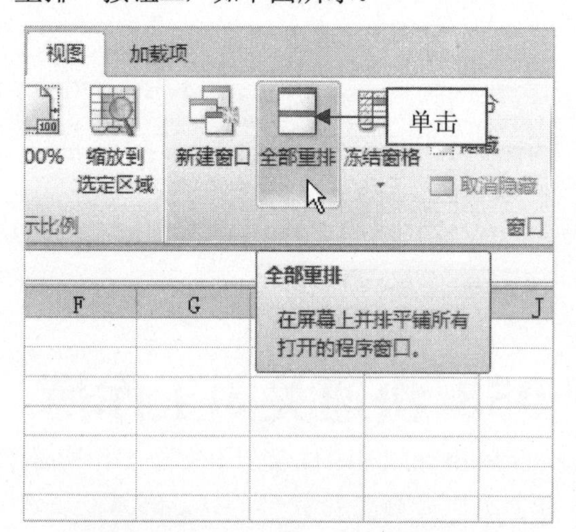

步骤02 弹出“重排窗口”对话框，在“排序方式”选项区中，可根据需要设置排列工作簿的方式，如下图所示。

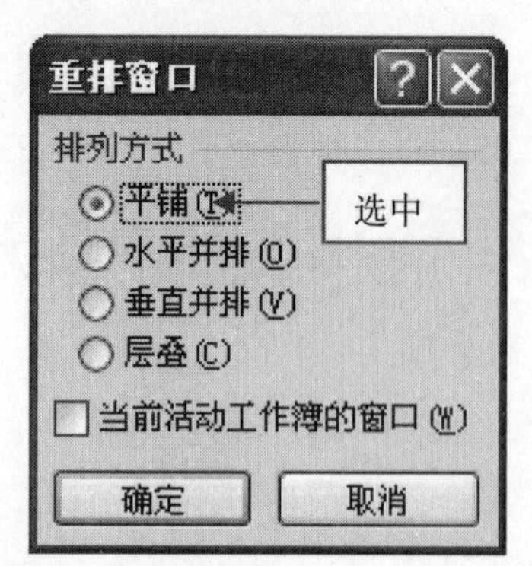

步骤03 设置完成后，单击“确定”按钮，即可完成在同一个窗口中显示多个工作簿的设置。

061 查看当前工作簿的属性

在Excel 2010中，用户可以根据需要查看当前工作簿的属性。

步骤01 启动Excel 2010，单击“文件”|“信息”命令，如下图所示。

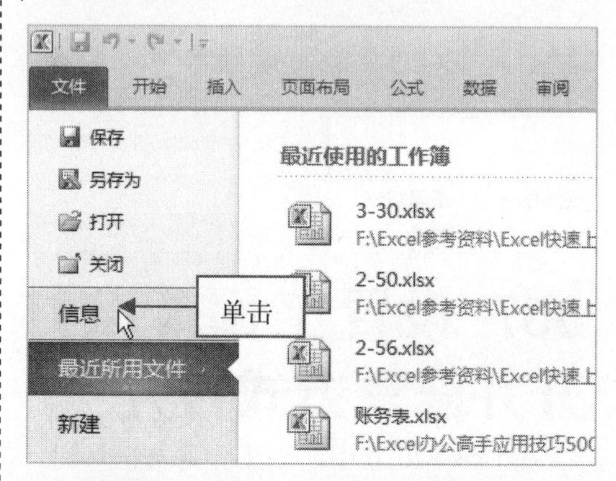

步骤02 切换至“信息”选项卡，在右侧单击“属性”按钮，在弹出的列表框中选择“高级属性”选项，如下图所示。

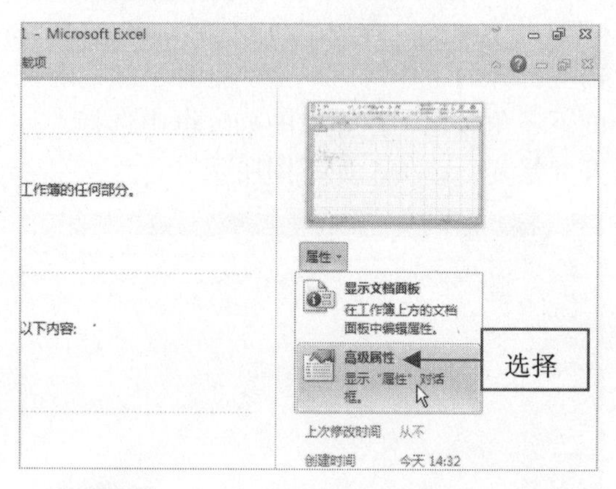

步骤03 弹出“工作簿1属性”对话框，切换至“摘要”选项卡，在其中可根据需要设置工作簿的相应属性，如下图所示。

专家提醒

启动Excel 2010后，系统会生成一个新工作簿，该工作簿包含了很多默认的设置，如文档属性等，用户可对这些属性进行查看和编辑。

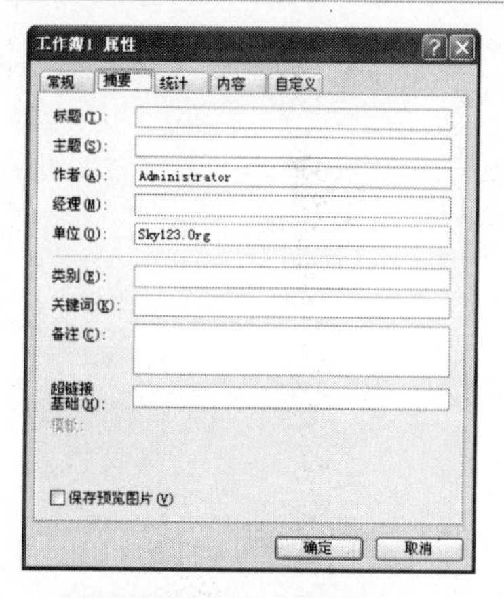

062 简繁转换技巧

在 Excel 2010 中，内置有简繁转换功能，利用该功能可以轻松地在简体中文与繁体中文之间进行转换。其中，不但可以精确地对目标单元格或单元格区域中的文本内容进行转换，还可以实现整个工作簿内容的转换。

步骤 01 打开一个 Excel 文件，在其中选择需要转换的单元格区域，如下图所示。

员工工资表					
姓名	部门	基本工资	奖金	其他扣款	实发工资
白云	行政	1650	100	50	1700
马珊	人事	1200	300	20	1480
朱兴	行政	1500	250	80	1670
李龙	企划	1800	200	60	1940
田峰	人事	1530	180	100	1610
曾省坡	销售	1200	200	10	1390
王超	行政	1650	50	60	1640
胡白日	企划	1722	100	0	1822
杨明	企划	1850	200	30	2020
孙虹	销售	1000	500	60	1440
朱雄	设计	1580	200	75	1705
陈艳	人事	1920	100	55	1965
苏黄进	企划	2000	150	82	2068
赵洁	设计	1200	80	60	1220

步骤 02 切换至“审阅”选项卡，在“中文简繁转换”选项面板中单击“简繁转换”按钮 简繁转换，如下图所示。

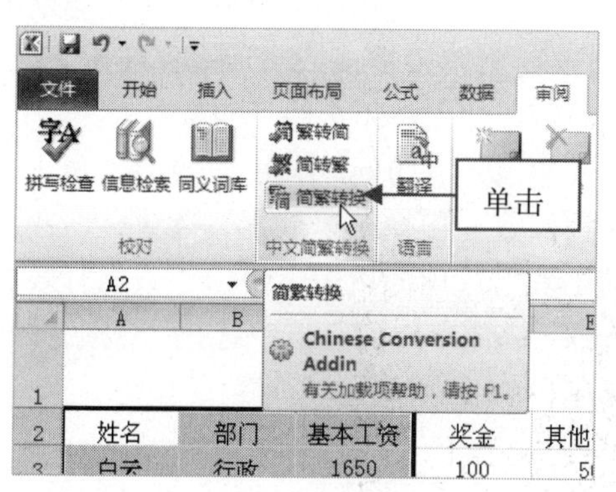

步骤 03 弹出“中文简繁转换”对话框，在其中设置相应选项，如下图所示。

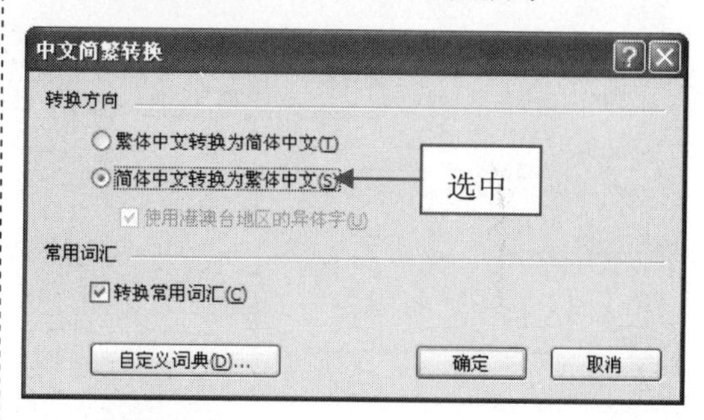

步骤 04 执行上述操作后，单击“确定”按钮，即可完成文本内容的简繁转换，效果如下图所示。

员工工资表					
姓名	部門	基本工資	奖金	其他扣款	实发工资
白雲	行政	1650	100	50	1700
馬珊	人事	1200	300	20	1480
朱興	行政	1500	250	80	1670
李龍	企劃	1800	200	60	1940
田峰	人事	1530	180	100	1610
曾省坡	銷售	1200	200	10	1390
王超	行政	1650	50	60	1640
胡白日	企劃	1722	100	0	1822
楊明	企劃	1850	200	30	2020
孫虹	銷售	1000	500	60	1440
朱雄	設計	1580	200	75	1705
陳豔	人事	1920	100	55	1965
蘇黃進	企劃	2000	150	82	2068
趙潔	設計	1200	80	60	1220

063 找个翻译助手

使用 Excel 的过程中，有时需要将其中的文本内容翻译为其他语言，这时就可以应用内置的翻译功能。不过，若想很好地实现翻译功能，最好使本地计算机与互联网处于有效连接状态。

步骤 01 打开一个 Excel 文件，在其中选择需要翻译的文本，切换至“审阅”选项卡，在“语言”选项面板中，单击“翻译”按钮，如下图所示。

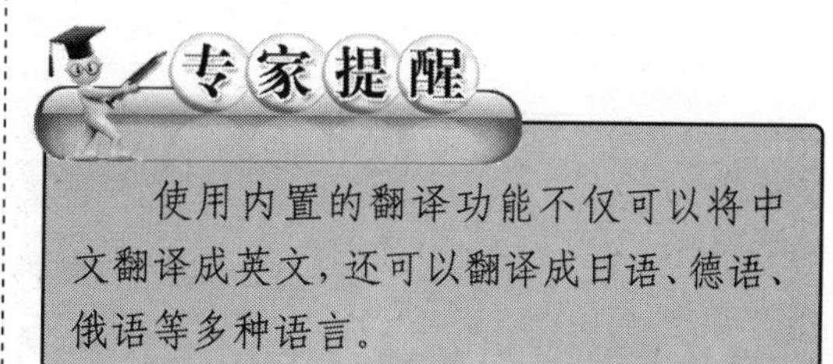

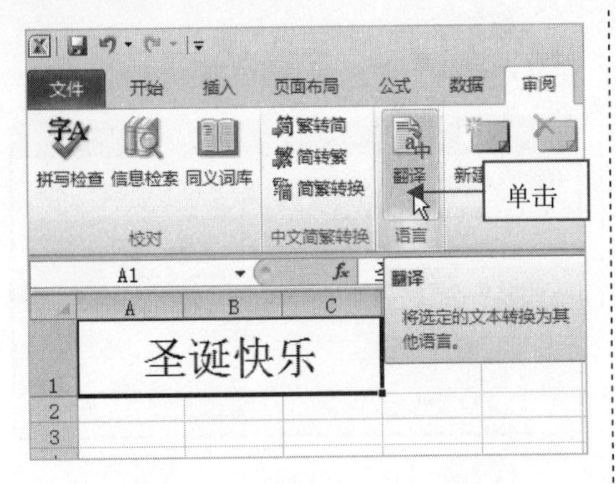

步骤02 即可在右侧打开“信息检索”窗格，在其中设置翻译前后的语言类型，单击“开始搜索”按钮，即可在正文显示翻译结果，如下图所示。

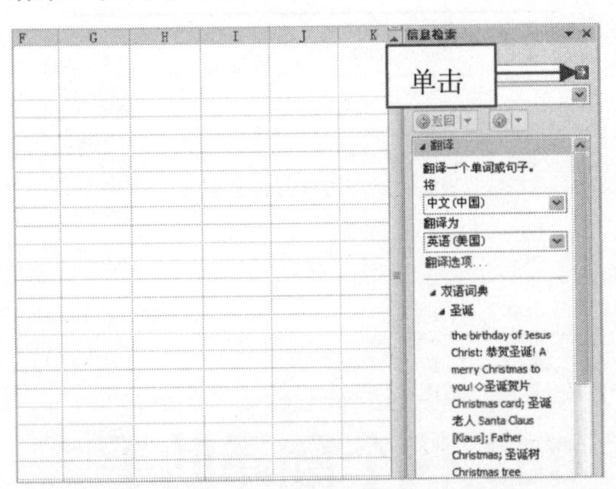

064 在不同的工作簿中进行快速切换

使用 Excel 工作簿的过程中，常常需要在多个工作簿中来回切换，以便进行数据的查看和编辑。

步骤01 打开两个Excel文件，切换至“视图”选项卡，在“窗口”选项面板中单击“切换窗口”按钮，如下图所示。

专家提醒

在编辑结束后，可以在按住【Shift】键的同时单击标题栏右侧的“关闭”按钮，即可关闭当前打开的所有 Excel 窗口。

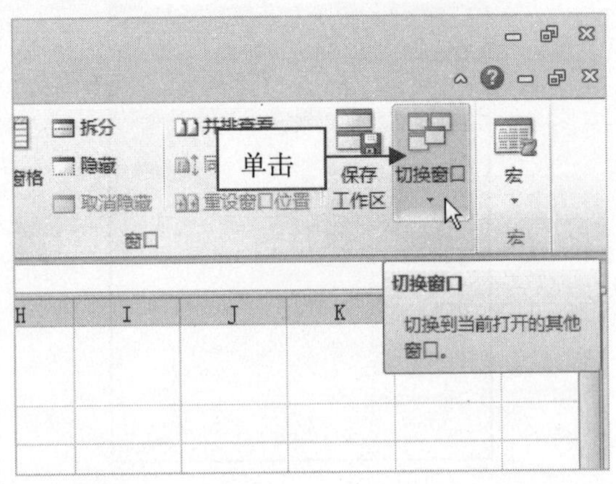

步骤02 在弹出的列表框中选择需要切换的目标工作簿选项，如下图所示，即可快速切换至目标工作簿。

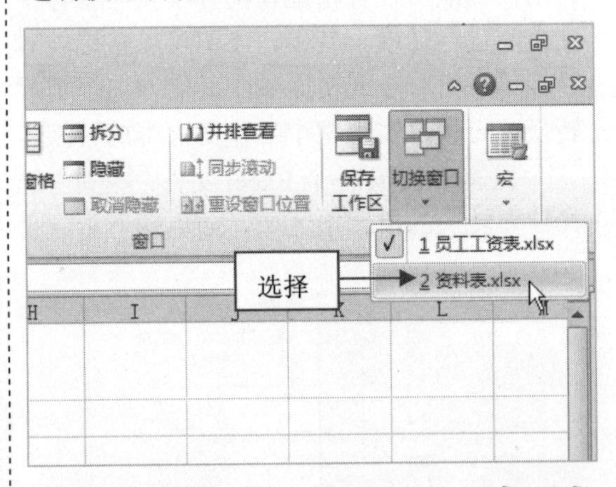

065 减小 Excel 文件的体积

使用 Excel 工作簿的过程中，不断向 Excel 工作簿中输入数据、设置条件格式、创建公式等，会使工作簿的体积不断增加。在随后的访问过程中，其响应速度会逐渐降低，并时常发生错误或出现丢失数据等现象，此时可以为 Excel 文件“瘦身”。

步骤01 打开一个 Excel 文件，单击“数据”标签，切换至“数据”选项卡，在“数据工具”选项面板中，单击“数据有效性”按钮，在弹出的列表框中选择“数据有效性”选项，如下图所示。

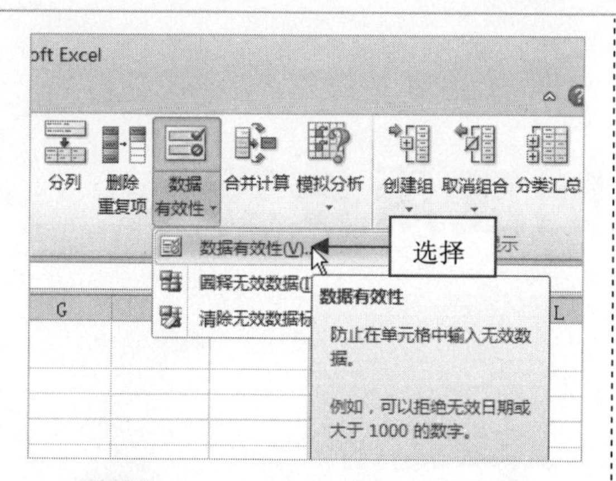

步骤 02 弹出“数据有效性”对话框，在其中设置相应选项，并单击“全部清除”按钮，如下图所示。

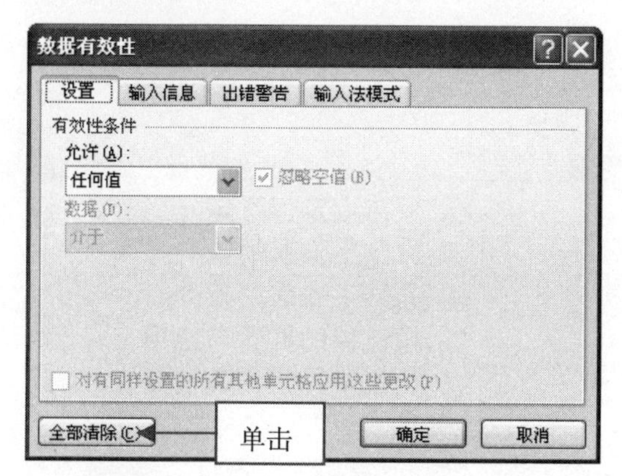

步骤 03 执行上述操作后，单击“确定”按钮，然后在工作表中选择相应单元格区域，如下图所示。

	A	B	C	D
1	数据单			
2	¥10,000.00	¥2,003.00	¥1,206.00	¥850.00
3	¥10,001.00	¥2,004.00	¥1,207.00	¥851.00
4	¥10,002.00	¥2,005.00	¥1,208.00	¥852.00
5	¥10,003.00	¥2,006.00	¥1,209.00	¥853.00
6	¥10,004.00	¥2,007.00	¥1,210.00	¥854.00
7	¥10,005.00	¥2,008.00	¥1,211.00	¥855.00
8	¥10,006.00	¥2,009.00	¥1,212.00	¥856.00
9	¥10,007.00	¥2,010.00	¥1,213.00	¥857.00
10	¥10,008.00	¥2,011.00	¥1,214.00	¥858.00
11	¥10,009.00	¥2,012.00	¥1,215.00	¥859.00
12	¥10,010.00	¥2,013.00	¥1,216.00	¥860.00
13	¥10,011.00	¥2,014.00	¥1,217.00	¥861.00

步骤 04 切换至“开始”选项卡，在“样式”选项面板中，单击“条件格式”按钮，如下图所示。

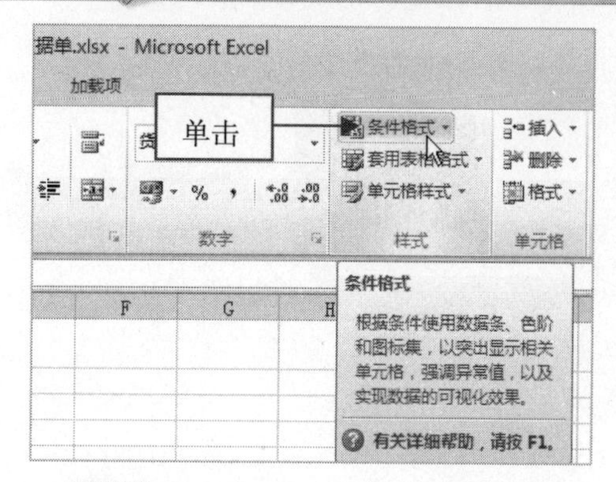

步骤 05 在弹出的下拉列表框中选择“清除规则”|“清除所选单元格的规则”选项，如下图所示。

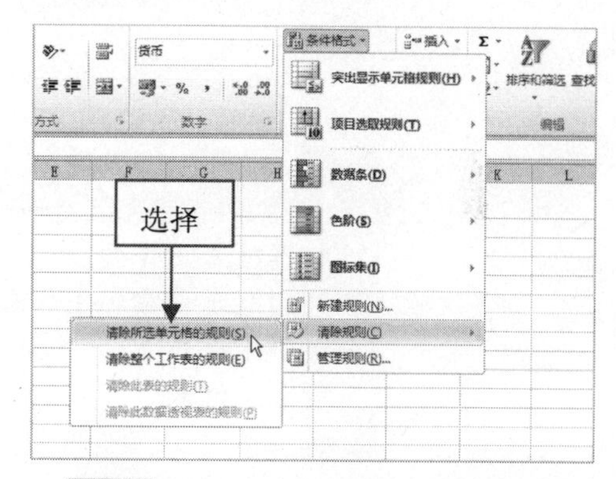

步骤 06 执行上述操作后，即可清除所选单元格的规则，减小 Excel 文件的体积，如下图所示。

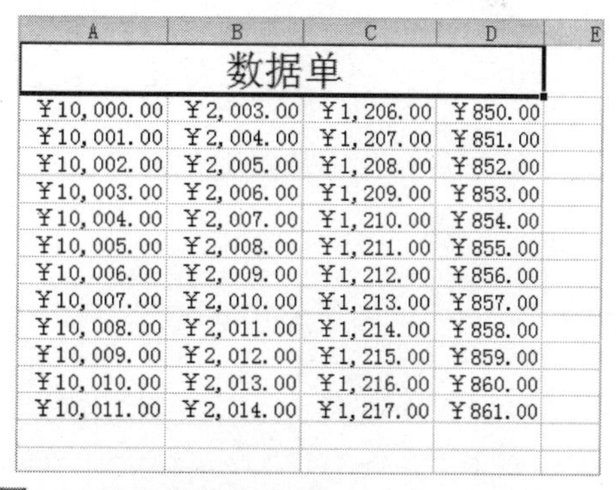

A	B	C	D
数据单			
¥10,000.00	¥2,003.00	¥1,206.00	¥850.00
¥10,001.00	¥2,004.00	¥1,207.00	¥851.00
¥10,002.00	¥2,005.00	¥1,208.00	¥852.00
¥10,003.00	¥2,006.00	¥1,209.00	¥853.00
¥10,004.00	¥2,007.00	¥1,210.00	¥854.00
¥10,005.00	¥2,008.00	¥1,211.00	¥855.00
¥10,006.00	¥2,009.00	¥1,212.00	¥856.00
¥10,007.00	¥2,010.00	¥1,213.00	¥857.00
¥10,008.00	¥2,011.00	¥1,214.00	¥858.00
¥10,009.00	¥2,012.00	¥1,215.00	¥859.00
¥10,010.00	¥2,013.00	¥1,216.00	¥860.00
¥10,011.00	¥2,014.00	¥1,217.00	¥861.00

专家提醒

在 Excel 中，用户还可以将表格中多余的图形或背景图片删除，从而减小 Excel 文件的体积。

04 工作表的应用技巧

学前提示

在 Excel 2010 中，工作表是存储处理数据的基础，是组成工作薄的基本单位。工作表由若干行、若干列组成。掌握工作表的应用技巧，是学习和使用 Excel 2010 的必备技能之一。

本章知识重点

- 快速插入工作表
- 通过双击重命名工作表
- 删除工作表
- 复制工作表
- 选择多个不连续的工作表
- 保持指定行可见
- 冻结工作表的首行
- 冻结工作表的首列
- 超链接的创建与应用
- 美化修饰工作表背景

学完本章后你会做什么

- 掌握工作表的插入、移动和复制等操作方法
- 掌握工作表的冻结、拆分与保护等操作方法
- 掌握美化修饰工作表背景的操作方法

视频演示

联系表

ID	姓名	职位	出生日期	联系电话
3	张显	前台	05-Feb-79	13125683582
5	陈琳	总经理助理	03-Oct-82	15369542154
7	刘信	总经理	20-May-76	13206841264
8	郑军	副总经理	07-Aug-79	13626012853

快速插入多行

销售人员收入核算

2011年11月

销售人员	基本工资	本月销售额	销售提成	应得收入
李明	¥1,250.00	¥10,000.00	¥200.00	¥1,450.00
张凤	¥1,100.00	¥9,000.00	¥180.00	¥1,280.00
孙超	¥1,200.00	¥12,000.00	¥240.00	¥1,440.00
黎辉	¥1,300.00	¥14,000.00	¥280.00	¥1,580.00

美化修饰工作表背景

066 快速插入工作表

在 Excel 2010 中，首次创建一个新工作簿时，默认状态下，工作簿中只有 3 个工作表，但在实际应用中，用户所需的工作表数目可能各不相同，有时需要向工作簿中快速插入工作表。

步骤 01 启动 Excel 2010，单击工作表标签上的“插入工作表”按钮，如下图所示。

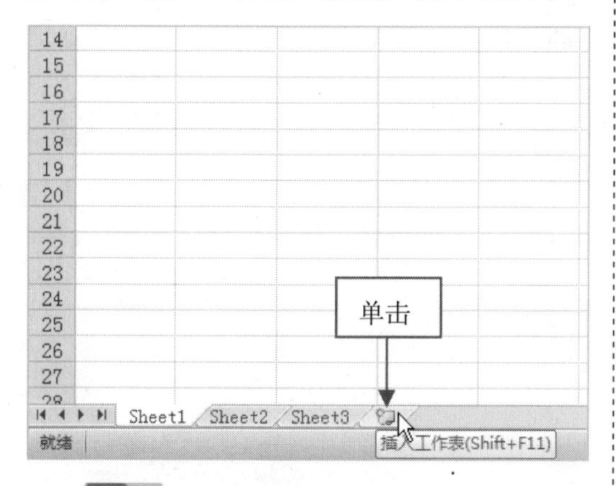

步骤 02 即可快速插入一个工作表，效果如下图所示。

067 利用选项插入工作表

在 Excel 2010 中，用户还可以利用选项来插入工作表。

步骤 01 启动 Excel 2010，切换至“开始”选项卡，在“单元格”选项面板中单击“插入”右侧的下三角按钮，如下图所示。

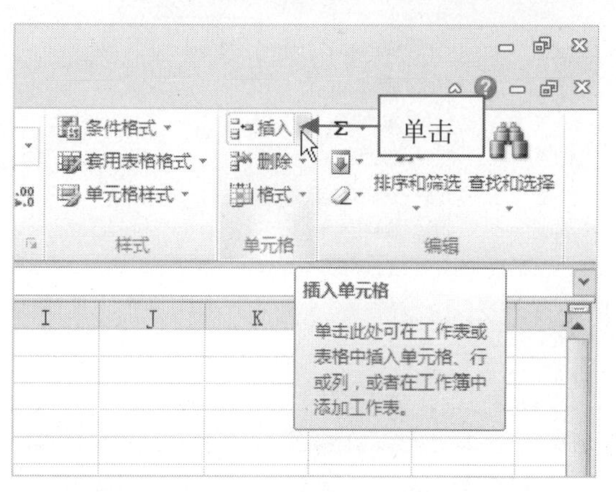

步骤 02 在弹出的列表框中选择“插入工作表”选项，如下图所示。

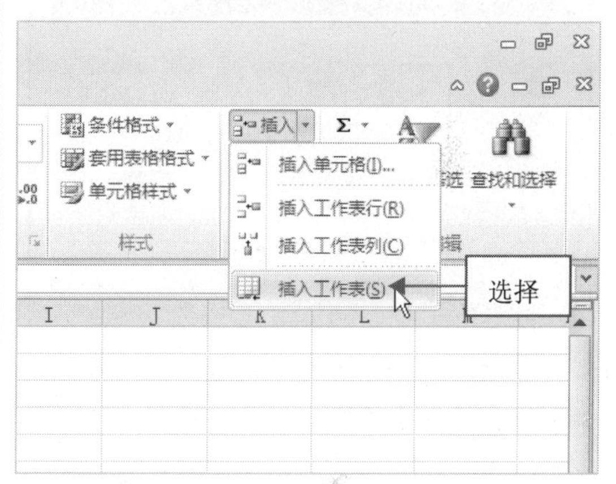

步骤 03 执行上述操作后，即可插入一个工作表。

在 Excel 2010 中，还可以根据需要按【Shift + F11】组合键，快速插入一个工作表。

068 利用对话框插入工作表

在 Excel 2010 中，还可以利用对话框来快速插入工作表。

步骤 01 启动 Excel 2010，在工作表标签上单击鼠标右键，在弹出的快捷菜单中选择“插入”选项，如下图所示。

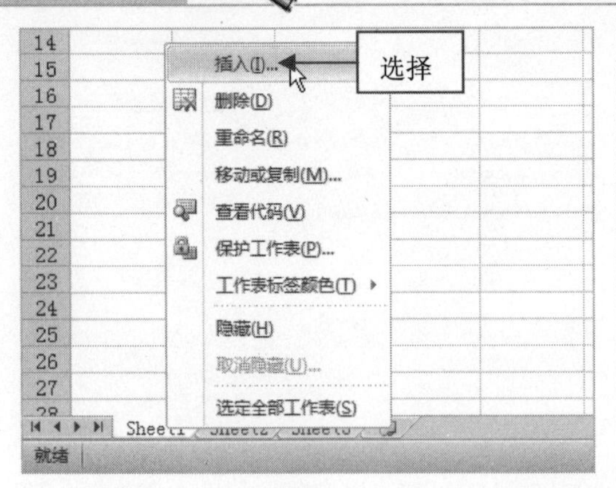

步骤02 弹出“插入”对话框，在“常用”选项卡中选择“工作表”选项，如下图所示。

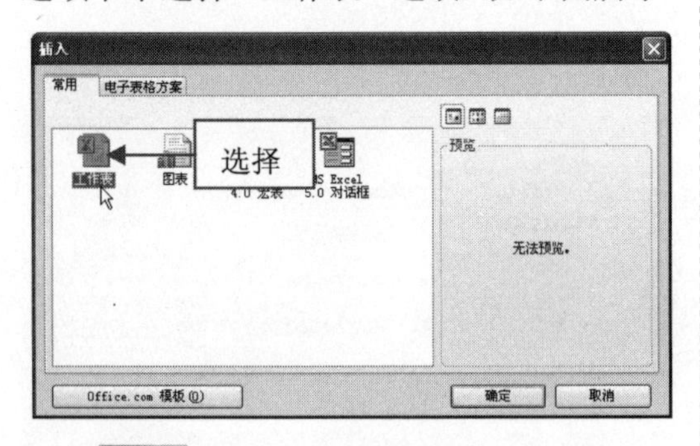

步骤03 单击“确定”按钮，即可插入一个工作表，如下图所示。

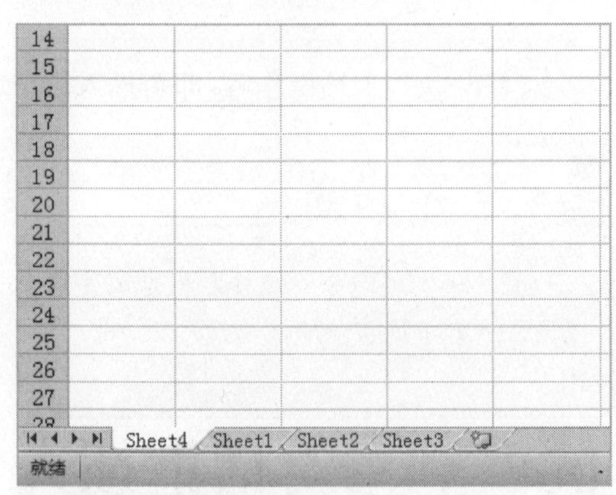

069 通过双击重命名工作表

在 Excel 2010 中，系统在创建一个新的工作簿时，所有的工作表都是以 Sheet1、Sheet2、Sheet3……来命名的，用户可根据需要重命名工作表。

步骤01 启动 Excel 2010，双击第 1 张工作表标签，将其激活，如下图所示。

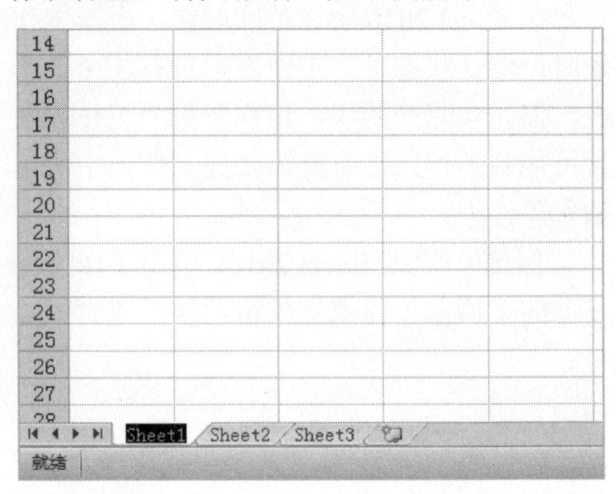

步骤02 输入新的名称，按【Enter】键确认，即可重命名工作表，如下图所示。

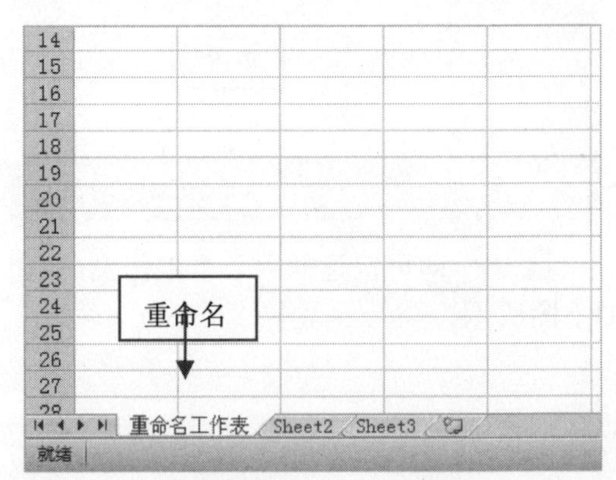

070 通过右键菜单重命名工作表

当一个工作簿中包含多张工作表时，为了能够很容易地对各个工作表进行辨识，可以对工作表进行重命名。用户不仅可以双击重命名，还可以通过右键菜单重命名。

步骤01 启动 Excel 2010，在第 1 张工作表标签上单击鼠标右键，在弹出的快捷菜单中选择“重命名”选项，如下图所示。

在同一工作簿中，不能为工作表取相同的名称，只有在不同的工作簿中，才能为工作表取相同的名称。

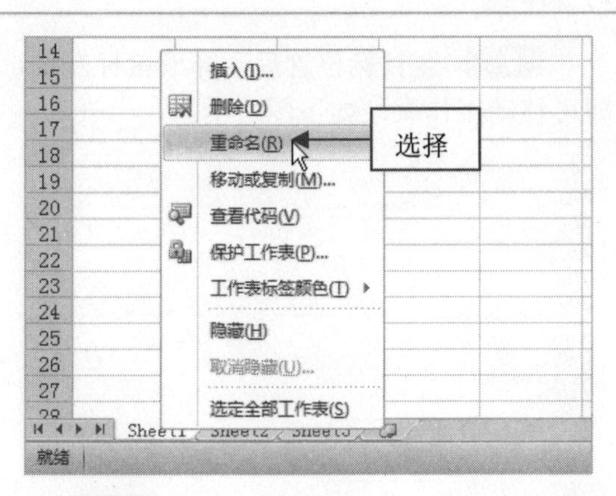

步骤 02　执行上述操作后，工作表标签呈可编辑状态，如下图所示。

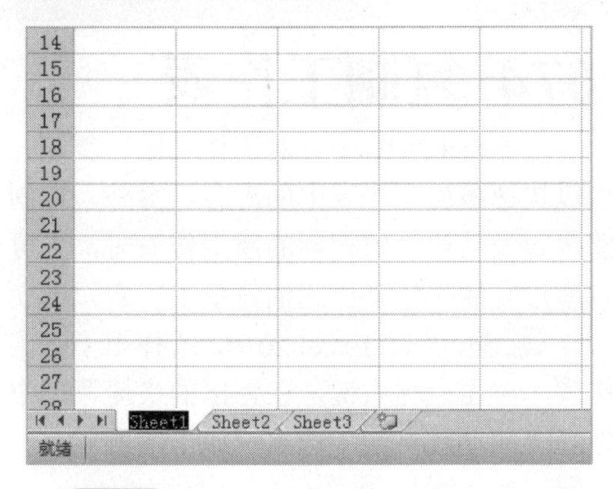

步骤 03　在工作表标签中输入工作表的新名称，按【Enter】键确认，即可重命名工作表，如下图所示。

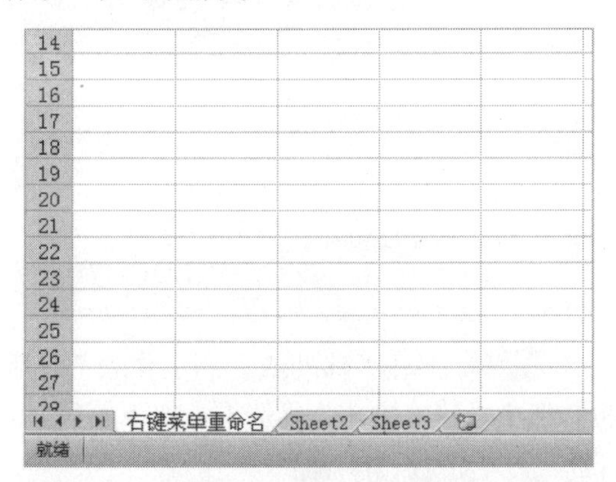

071 通过按钮重命名工作表

在 Excel 2010 中，用户还可以通过功能面板中的按钮来重命名工作表。

步骤 01　启动 Excel 2010，切换至“开始”选项卡，在“单元格”选项面板中单击“格式”按钮，如下图所示。

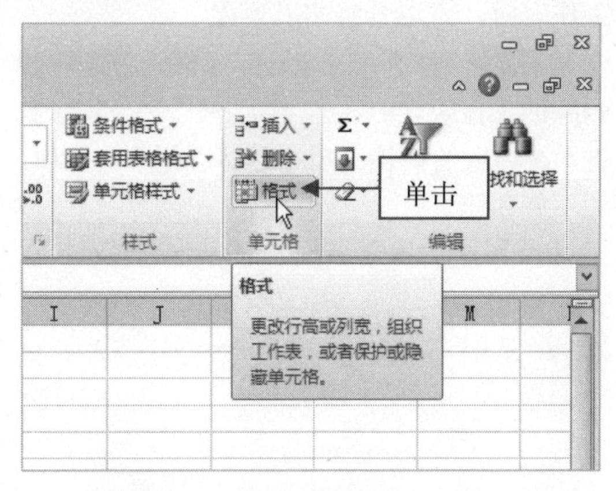

步骤 02　即可弹出列表框，在“组织工作表”选项区中选择“重命名工作表”选项，如下图所示。

步骤 03　即可激活工作表标签，输入工作表的新名称，并按【Enter】键确认，即可重命名工作表，如下图所示。

072 删除工作表

在Excel 2010中，当用户不再需要某张工作表时，可以选择将其删除。

步骤01 打开一个Excel文件，选择需要删除的工作表，在工作表标签上单击鼠标右键，在弹出的快捷菜单中选择“删除”选项，如下图所示。

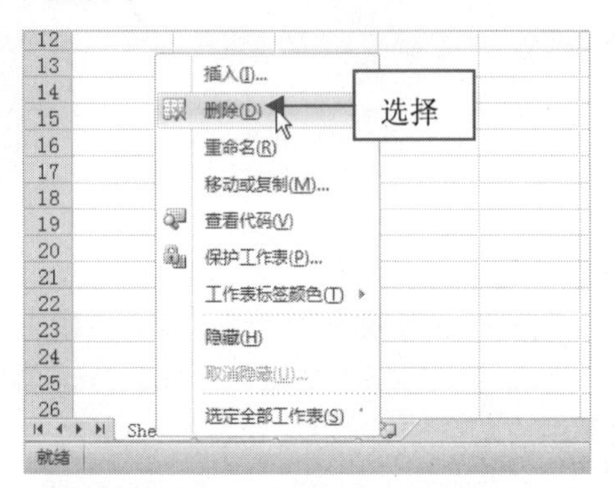

步骤02 弹出提示信息框，提示用户是否永久删除这些数据，单击“删除”按钮，如下图所示，即可删除工作表。

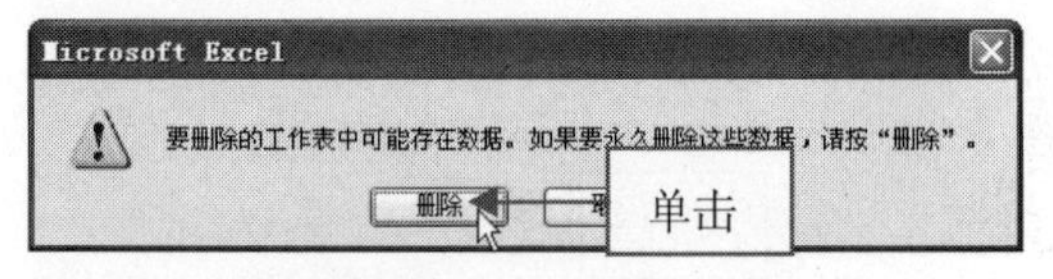

073 移动工作表

在Excel 2010中，当建立了多张工作表后，可以通过移动工作表的方法，调整各工作表之间的顺序。

步骤01 启动Excel 2010，在其中选择第1张工作表，单击鼠标左键并向右拖曳，如下图所示。

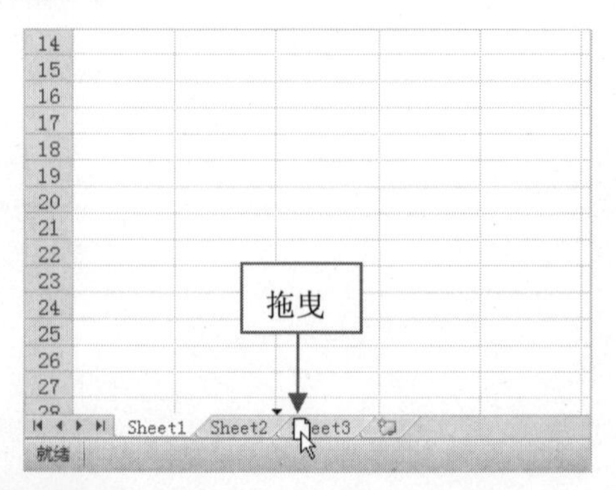

步骤02 至目标位置后，释放鼠标左键，即可移动工作表，如下图所示。

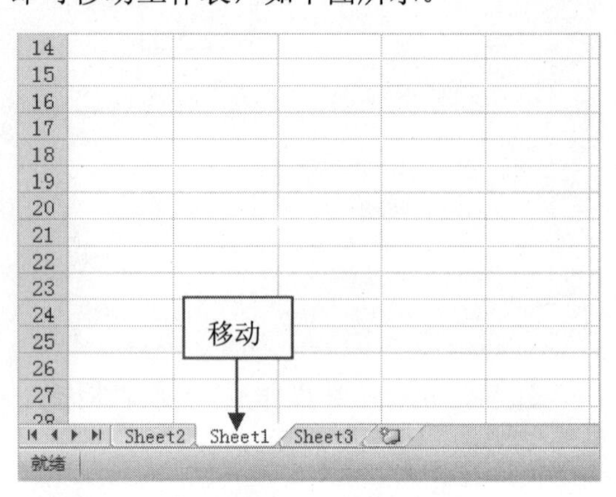

074 复制工作表

在Excel 2010中，对工作表进行复制，可以快速备份工作表中的内容。另外，在创建内容及结构大致相同的新工作表时，也可以通过复制工作表快速创建新工作表。

步骤01 启动Excel 2010，选择第1张工作表，单击鼠标右键，在弹出的快捷菜单中选择“移动或复制”选项，如下图所示。

步骤02 弹出“移动或复制工作表”对话框，选中“建立副本”复选框，如下图所示。

专家提醒

在Excel 2010中，用户还可以在按住【Ctrl】键的同时选择需要复制的工作表，单击鼠标左键并拖曳，至目标位置后释放鼠标左键即可。

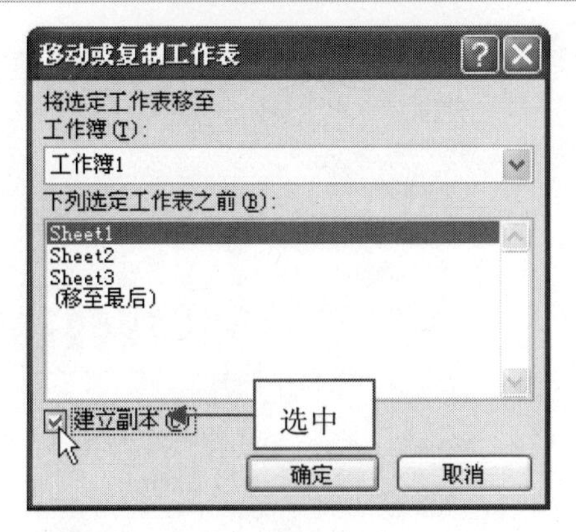

步骤03 单击“确定”按钮，即可复制一个工作表，如下图所示。

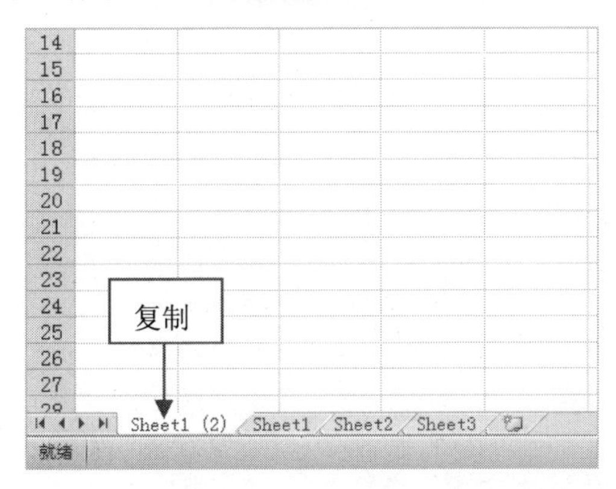

075 选择多个连续的工作表

在 Excel 2010 中，单击某个工作表标签，可以选择该工作表为活动工作表，其中，白色工作表标签表示当前的活动工作表，用户可以根据需要选择多个连续的工作表。

步骤01 启动 Excel 2010，选择第 1 张工作表，如下图所示。

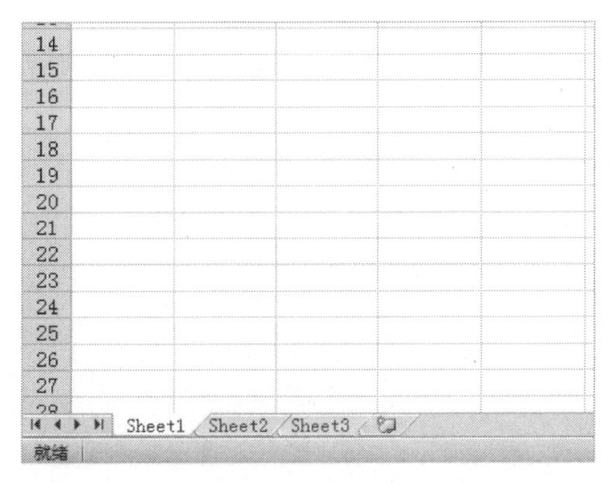

步骤02 按住【Shift】键的同时，单击最后 1 张工作表，即可选择多个连续的工作表，如下图所示。

076 选择多个不连续的工作表

在 Excel 2010 中，用户有时需要同时选择多个不连续的工作表，以方便对工作表进行编辑。方法是：启动 Excel 2010，选择第 1 个工作表标签，按住【Ctrl】键的同时单击其他工作表标签（如下图所示），即可选择多个不连续的工作表。

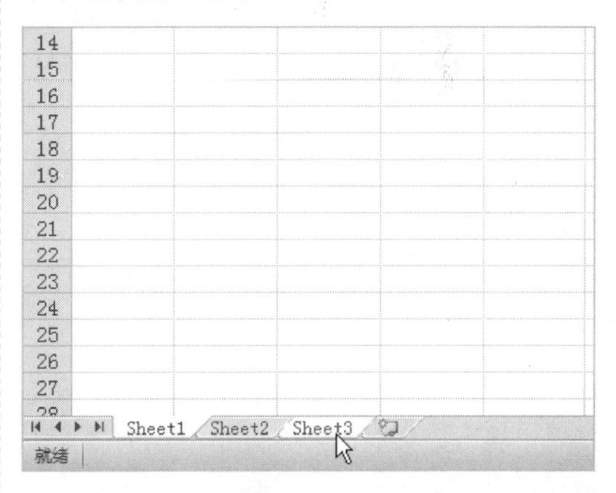

077 一秒钟选择全部工作表

在 Excel 2010 中，有时为了方便对工作表进行修改，需要一次性选择当前工作簿中的全部工作表。

步骤01 启动 Excel 2010，选择第 2 张工作表，单击鼠标右键，在弹出的快捷菜单中选择“选定全部工作表”选项，如下图所示。

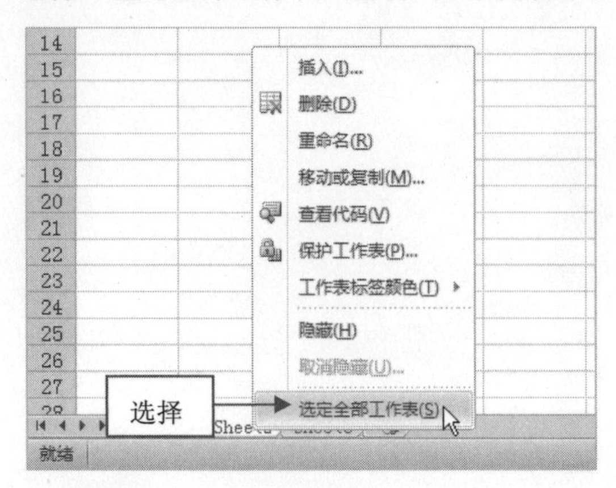

步骤02 执行上述操作后，即可选中该工作簿中的全部工作表，如下图所示。

078 设置工作表标签的颜色

在 Excel 2010 中，为了让工作表突出显示，可以为工作表标签添加颜色。

步骤01 启动 Excel 2010，选择第 1 张工作表，单击鼠标右键，在弹出的快捷菜单中选择“工作表标签颜色”选项，在展开的颜色面板中选择相应颜色，如下图所示。

在展开的颜色面板中，用户还可以选择“其他颜色”选项，弹出“颜色”对话框，在其中选择合适的颜色。

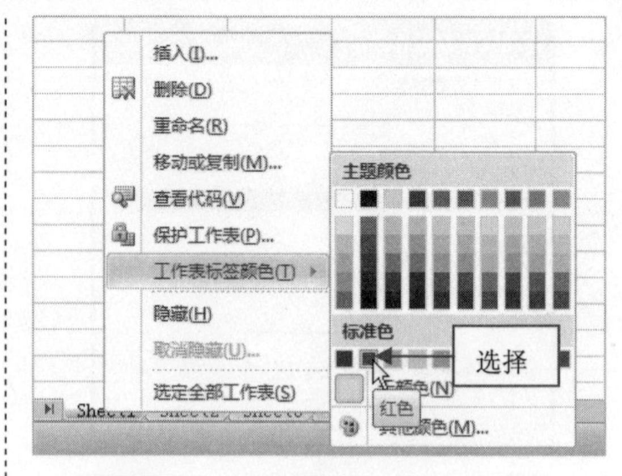

步骤02 执行上述操作后，即可设置工作表标签的颜色，如下图所示。

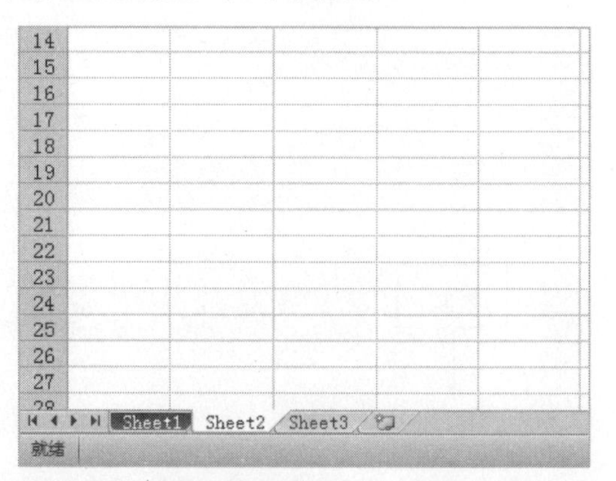

079 隐藏窗口底部的工作表标签

在 Excel 2010 中，用户也可以根据需要将工作表标签隐藏起来。

步骤01 启动 Excel 2010，单击“文件”|“选项”命令，弹出“选项”对话框，切换至“高级”选项卡，如下图所示。

步骤02 拖动滚动条，在“此工作簿的显示选项”选项区中，取消选择“显示工作表标签”复选框，如下图所示。

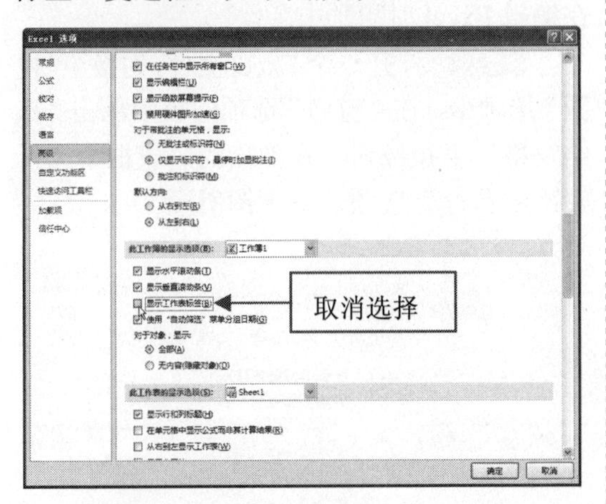

步骤03 执行上述操作后，单击“确定”按钮，即可隐藏窗口底部的工作表标签，如下图所示。

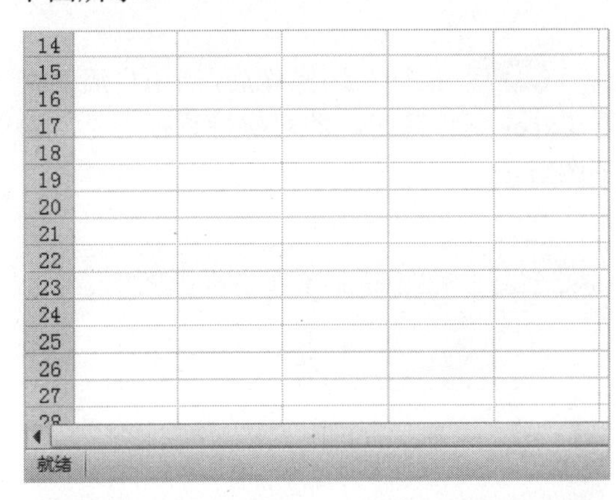

080 隐藏工作表中的内容

在实际应用中，有时需要将工作表中的部分内容隐藏起来，以防止其他用户查看。

步骤01 打开一个Excel文件，在其中选择需要隐藏的数据，如下图所示。

在Excel 2010中，用户还可以将需要隐藏的单元格区域填充为黑色，这样也可以隐藏工作表中的内容。

E2 fx 80

	A	B	C	D	E
1	姓名	语文	化学	数学	平时成绩
2	李刚	77	88	77	80
3	陈芳	80	59	85	76
4	胡克强	82	95	77	84
5	杨明	100	77	98	81
6	孙洁	80	95	90	75
7	陈倩	97	94	99	61
8	赵雨	82	100	95	50
9	周婷	59	77	80	65
10	李凤	90	60	75	89
11					
12					

步骤02 在“开始”选项卡的“字体”选项面板中单击“字体颜色”下拉按钮，在弹出的颜色面板中选择白色，如下图所示。

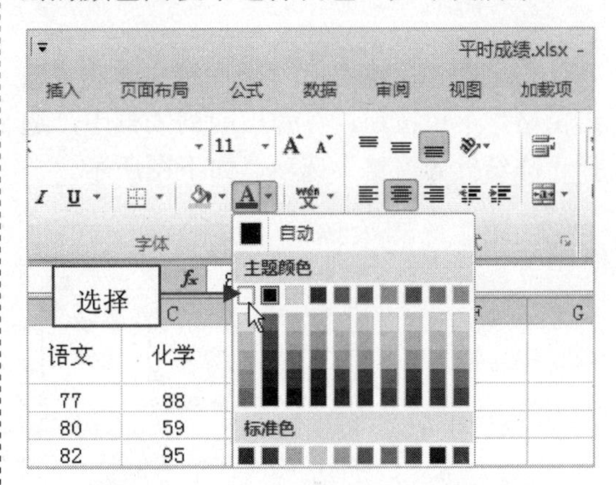

步骤03 执行上述操作后，即可隐藏工作表中的相应内容，如下图所示。

A1 fx 姓名

	A	B	C	D	E
1	姓名	语文	化学	数学	平时成绩
2	李刚	77	88	77	
3	陈芳	80	59	85	
4	胡克强	82	95	77	
5	杨明	100	77	98	
6	孙洁	80	95	90	
7	陈倩	97	94	99	
8	赵雨	82	100	95	
9	周婷	59	77	80	
10	李凤	90	60	75	
11					
12					

081 保持指定行可见

在浏览数据时，为了能够在数据间形成对比，常常需要使某几行数据随时处于可见状态。

步骤01 打开一个 Excel 文件，在其中选择 E4 单元格，切换至“视图”选项卡，如下图所示。

步骤02 在“窗口”选项面板中单击“冻结窗格”下拉按钮，在弹出的列表框中，选择“冻结拆分窗格”选项，如下图所示。

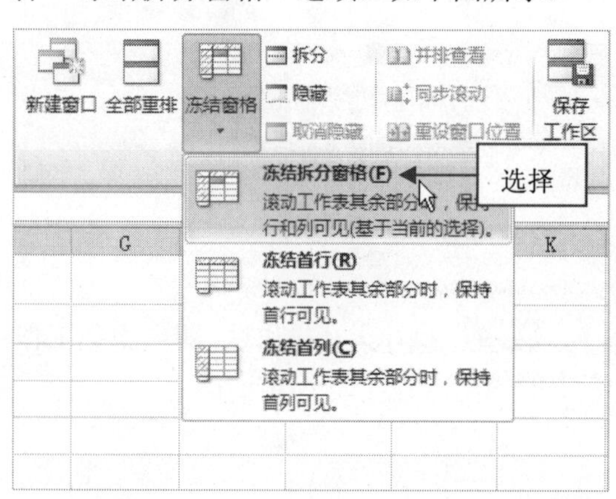

步骤03 执行上述操作后，即可冻结拆分窗格，使指定的行保持可见，如下图所示。

E4 =PRODUCT(C4:D4)

	A	B	C	D	E
1	一月产品销售数据				
2	编号	产品名称	单价	销售数量	销售总额
3	1	产品01	450	450	202500
4	2	产品02	260	522	135720
5	3	产品03	200	330	66000
6	4	产品04	300	250	75000
7	5	产品05	260	400	104000
8	6	产品06	200	360	72000
9	7	产品07	320	280	89600
10	8	产品08	250	600	150000
11	9	产品09	240	410	98400
12	10	产品10	350	290	101500

082 冻结工作表首行

在 Excel 2010 中，冻结首行可以让用户在编辑 Excel 时更加方便。

步骤01 打开一个 Excel 文件，切换至“视图”选项卡，在“窗口”选项面板中单击“冻结窗格”下拉按钮，在弹出的列表框中选择“冻结首行”选项，如下图所示。

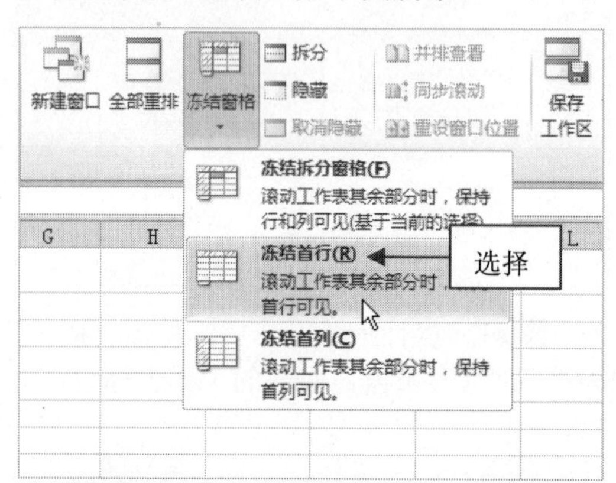

步骤02 执行上述操作后，当用户滚动查看 Excel 工作簿时，即可保持首行可见，如下图所示。

A1 学号

	A	B	C	D	E	F
1	学号	姓名	语文	数学	英语	总分成绩
5	4	刘志赋	98	80	84	262
6	5	王延辉	78	97	85	260
7	6	李玉	96	87	85	268
8	7	叶洁	86	84	85	255
9	8	洪峰	89	78	85	252

083 冻结工作表首列

在 Excel 2010 中，冻结工作表的首列是指将工作表的首列冻结在窗口中，使其始终保持可见性。

步骤01 打开一个 Excel 文件，切换至“视图”选项卡，在“窗口”选项面板中单击“冻结窗格”下拉按钮，在弹出的列表框中选择“冻结首列”选项，如下图所示。

冻结拆分窗格(F)　滚动工作表其余部分时，保持行和列可见(基于当前的选择)。
冻结首行(R)　滚动工作表其余部分时，保持首行可见。
冻结首列(C)　滚动工作表其余部分时，保持首列可见。
选择

2011年度生产预算表

三月	四月	五月	[illegible]	[illegible]	[illegible]	九月
2560	1200	7040	1500	1780	2560	1200
2560	1200	7040	1500	1780	2560	1200
120	150	150	178	256	120	150
2680	1350	7190	1678	2036	2680	450
256	120	150	150	178	256	120
2424	1230	7040	1528	1858	2424	460

步骤 02 执行上述操作后，单击水平滚动条并向右拖曳，即可查看不同区域的内容，此时首列并不随着水平滚动条的移动而移动，如下图所示。

2011年度生产预算表

季度 / 项目	三月	四月	五月	六月	七月
2010年销售量(件)	2560	1200	7040	1500	1780
预计销售量(件)	2560	1200	7040	1500	1780
预计期末存货量(件)	120	150	150	178	256
预计需要量合计(件)	2680	1350	7190	1678	2036
期初存货量(件)	256	120	150	150	178
预计产量(件)	2424	1230	7040	1528	1858
直接材量消耗:(千克)	3878.4	1968	11264	2444.8	620
直接人工消耗:(工时)	12120	6150	35200	7640	9290
					总结

084 拆分工作表

在编辑一些较大的工作表中不同区域的数据时，要单独查看或滚动工作表的不同部分，可以将工作簿窗口按水平或垂直方向拆分多个单独的窗口，以便查看工作表不同部分的内容。在 Excel 中的“拆分”按钮可以将当前工作表窗口拆分至少两个、最多四个的编辑窗口，并且每个窗口都可以进行编辑操作。

步骤 01 打开一个 Excel 文件，选择需要拆分的单元格，如下图所示。

期中考试成绩表

姓名	语文	数学	英语	物理	化学	生物
李黎	80	55	88	74	85	85
陈向	79	89	55	72	75	95
王亮	82	70	67	97	59	79
刘晓	80	66	84	85	74	90
郭平	89	63	75	45	84	96

将工作表进行拆分后，再次单击“拆分”按钮，即可取消工作表的拆分。

步骤 02 单击“视图”标签，切换至“视图”选项卡，在“窗口”选项面板中单击“拆分”按钮，如下图所示。

单击
拆分
将窗口拆分为多个大小可调的窗格，内含工作表视图。
可以使用此功能同时查看分隔较远的工作表部分。

物理	化学	生物
74	85	85
72	75	95
97	59	79
85	74	90

步骤 03 执行上述操作后，即可在选定位置将工作表拆分，如下图所示。

期中考试成绩表

姓名	语文	数学	英语	物理	化学	生物
李黎	80	55	88	74	85	85
陈向	79	89	55	72	75	95
王亮	82	70	67	97	59	79
刘晓	80	66	84	85	74	90
郭平	89	63	75	45	84	96

085 保护工作表

在 Excel 2010 中，为了防止其他用户随意更改工作表的内容，可以为工作表设置密码，以保护工作表。

步骤01 打开一个 Excel 文件，选择需要设置密码的工作表，在标签上单击鼠标右键，在弹出的快捷菜单中选择“保护工作表”选项，如下图所示。

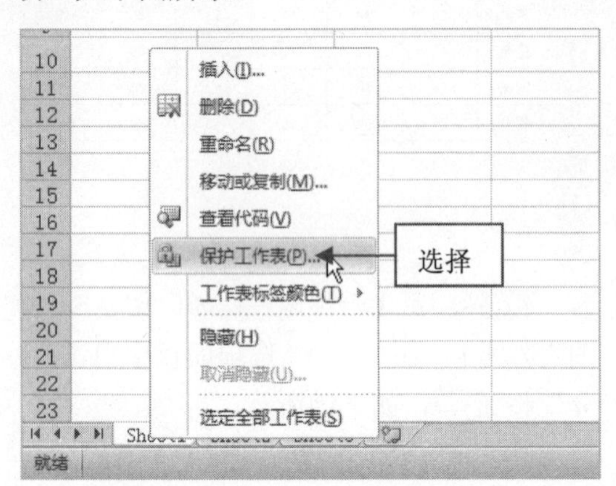

步骤02 弹出“保护工作表”对话框，在文本框中输入设置的密码，此时密码以*号表示，如下图所示。

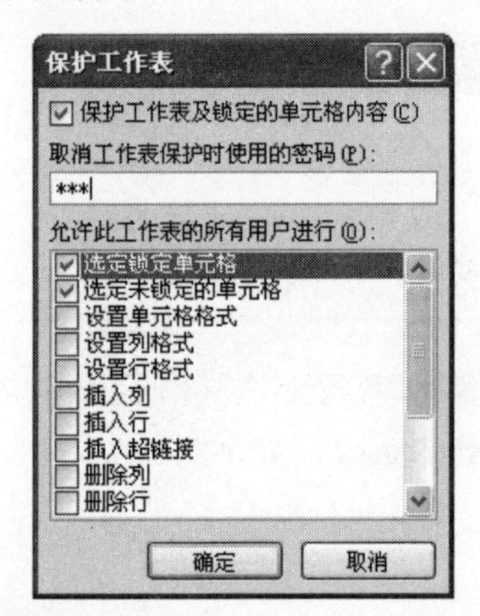

步骤03 单击“确定”按钮，即可弹出“确认密码”对话框，在其中再次输入密码，如下图所示。

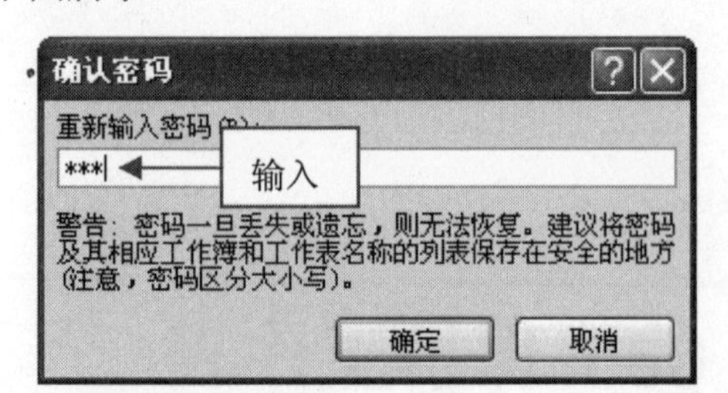

步骤04 执行上述操作后，单击“确定”按钮，即可完成对工作表密码的设置，保护工作表，如下图所示。

A1 | 员工工资表

员工工资表				
姓名	部门	基本工资	加班费	总计
杨明	销售部	800.00	200.00	1000.00
宁江	财务部	1000.00	450.00	1450.00
蒋孝严	销售部	850.00	200.00	1050.00
王琴	销售部	1500.00	300.00	1800.00
李先国	销售部	1300.00	300.00	1600.00
张清	公关部	1250.00	250.00	1500.00

086 在工作表中设置不显示零值

在 Excel 2010 中，若不想使 0 值或 0.00 值出现在工作表中，可以通过设置 Excel 选项使其从表格中消失。

步骤01 打开一个 Excel 文件，单击“文件”|“选项”命令，弹出“选项”对话框，切换至“高级”选项卡，如下图所示。

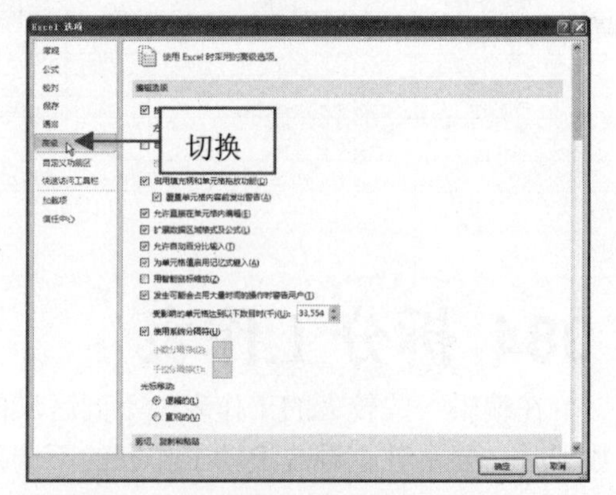

步骤02 拖动滚动条，在“此工作表的显示选项”选项区中，取消选择“在具有零值的单元格中显示零”复选框，如下图所示。

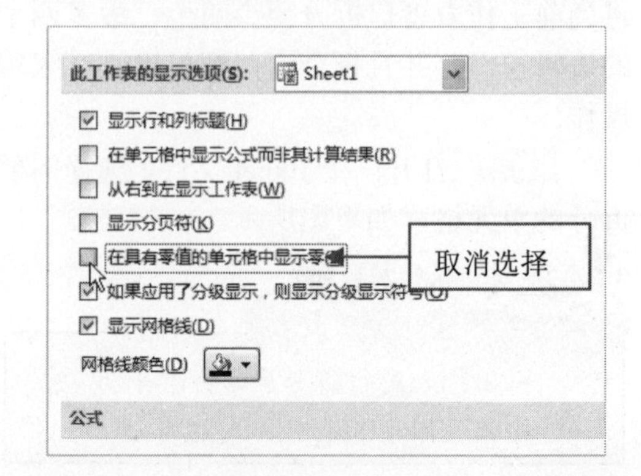

步骤 03 执行上述操作后，单击“确定”按钮，即可完成在工作表中不显示零值的设置，效果如下图所示。

考勤表			
工号	出勤（天）	加班（小时）	其他
20110010	25	6	
20110011	26	8	
20110012	20		
20110013	18	3	
20110014	22	6	
20110015	23		
20110016	28	1	
20110017	20	5	
20110018	16	2	
20110019	25		
20110020	26	3	

087 指定工作表中的可编辑区域

在 Excel 2010 中保护工作表后，默认情况下系统会锁定所有单元格，这意味着将无法编辑这些单元格。为了能够编辑单元格，同时只将部分单元格锁定，可以设置允许编辑区域。

步骤 01 在 Excel 2010 中，打开一个 Excel 文件，选择允许用户编辑的单元格区域，如下图所示。

公司职工表				
编号	姓名	年龄	部门	工龄
0010	杨明	23	销售部	2
0011	李凤	25	广告部	4
0012	张依	34	生产部	5
0013	汪洋	26	生产部	6
0014	陈玲	27	生产部	3
0015	孙庆	31	销售部	9
0016	方林	30	生产部	6
0017	吕毅	24	生产部	2
0018	李一	25	广告部	3
0019	赵铁	27	销售部	5
0020	罗力	21	生产部	1

步骤 02 单击“审阅”标签，切换至“审阅”选项卡，然后在“更改”选项面板中，单击“允许用户编辑区域”按钮，如下图所示。

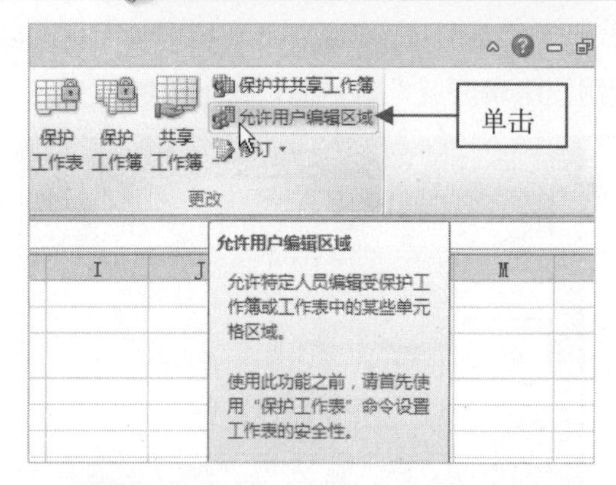

步骤 03 执行上述操作后，弹出“允许用户编辑区域”对话框，如下图所示。

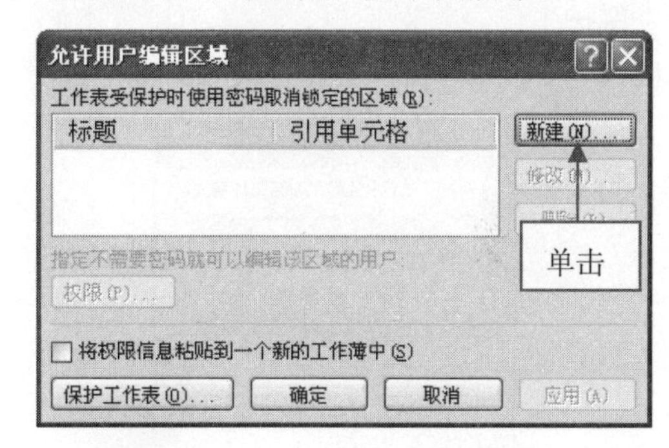

步骤 04 单击“新建”按钮，弹出“新区域”对话框，在“区域密码”下方的文本框中输入 123 作为密码，如下图所示。

新区域
标题(T):
区域1
引用单元格(R):
=$A$4:$E$9
区域密码(P):
***
权限(E)... 确定 取消

步骤 05 单击“确定”按钮，弹出“确认密码”对话框，在“重新输入密码”下方的文本框中再次输入密码，如下图所示。

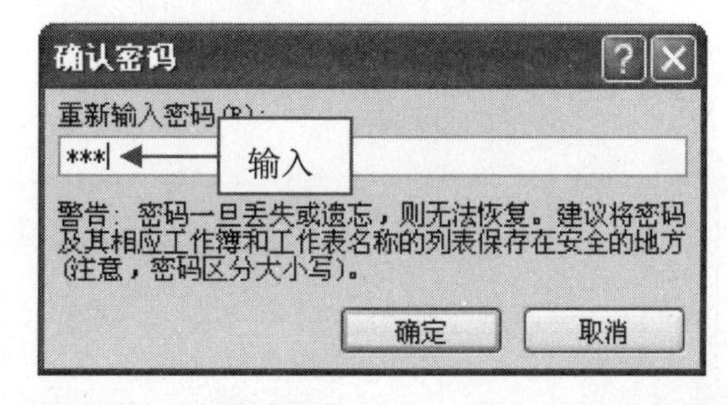

步骤06 单击"确定"按钮，返回"允许用户编辑区域"对话框，如下图所示。

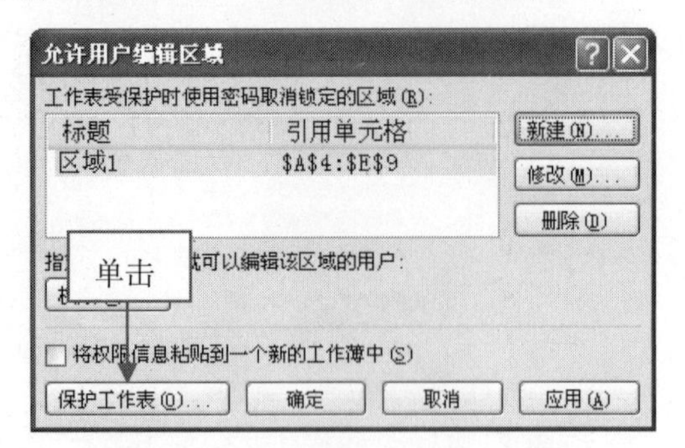

步骤07 单击"保护工作表"按钮，弹出"保护工作表"对话框，在其中设置密码为123，如下图所示。

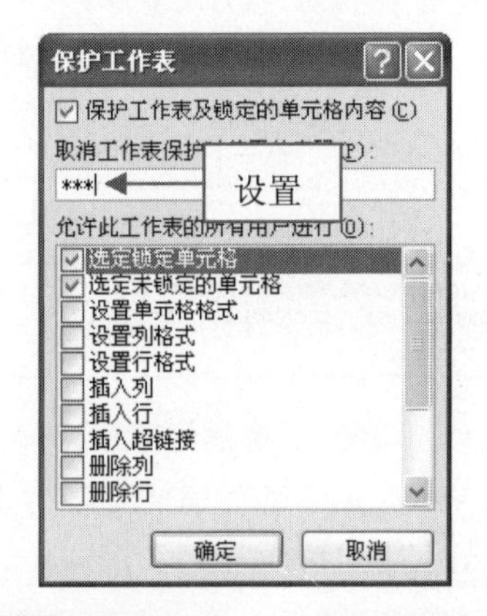

步骤08 单击"确定"按钮，即可弹出"确认密码"对话框，在其中再次输入密码，如下图所示。

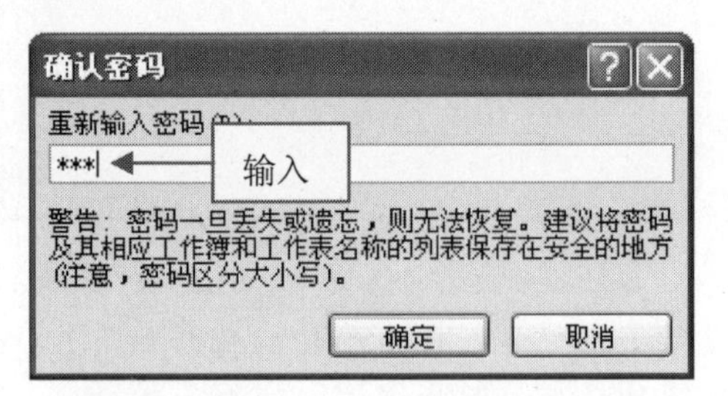

步骤09 单击"确定"按钮，即可完成允许编辑区域的设置。

专家提醒

当用户编辑设置的单元格区域时，会弹出"取消锁定区域"对话框，在其中输入密码，即可编辑选定的区域。

088 超链接的创建与应用

在Excel 2010中，超链接就是指从一个单元格指向另一个单元格的指向关系、定位关系。

步骤01 打开一个Excel文件，选择需要设置超链接的单元格，如下图所示。

C4 　 2组

员工销售业绩表

员工编号	姓名	销售组	签单额	到账额	到账比例
1	张三	1组	￥3,400,000	￥3,000,000	88.24%
2	李内	2组	￥3,000,000	￥2,500,000	83.33%
3	冯丽	1组	￥3,000,000	￥2,800,000	93.33%
4	杨克	1组	￥1,750,000	￥1,600,000	91.43%
5	凌霖	2组	￥2,900,000	￥2,000,000	68.97%
6	王澜	1组	￥3,900,000	￥3,700,000	94.87%
7	王澜	1组	￥3,900,000	￥3,700,000	94.87%

步骤02 切换至"插入"选项卡，在"链接"选项面板中，单击"超链接"按钮，如下图所示。

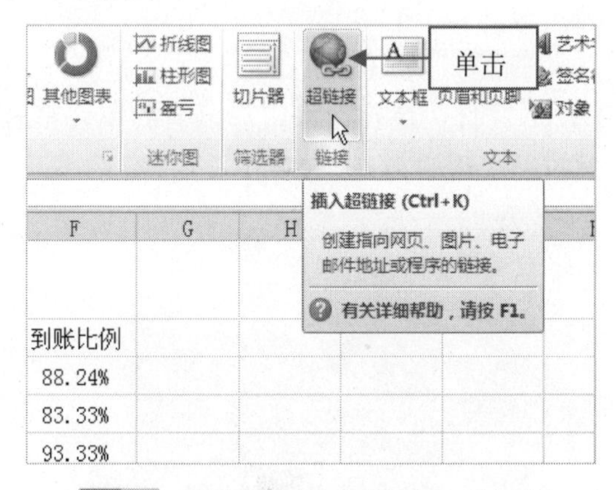

步骤03 弹出"插入超链接"对话框，在左侧的"链接到"选项区中，选择"本文档中的位置"选项，如下图所示。

在Excel 2010中，还可以通过按【Ctrl+K】组合键来快速打开"插入超链接"对话框。

步骤 04　在右侧的“请键入单元格引用”下方的文本框中输入被链接单元格的位置，如下图所示。

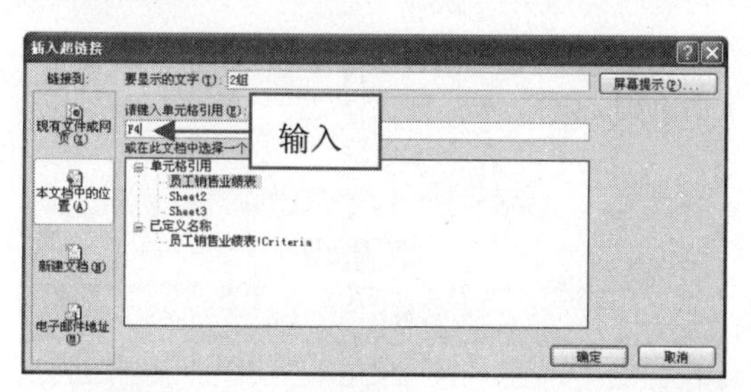

步骤 05　执行上述操作后，单击“确定”按钮，返回工作表编辑区域，选择的单元格内容将以带下划线的蓝色显示，如下图所示。

C4　f_x　2组

员工编号	姓名	销售组	签单额	到账额	到账比例
1	张三	1组	￥3, 400, 000	￥3, 000, 000	88. 24%
2	李内	2组	￥3, 000, 000	￥2, 500, 000	83. 33%
3	冯丽	1组	￥3, 000, 000	￥2, 800, 000	93. 33%
4	杨克	1组	￥1, 750, 000	￥1, 600, 000	91. 43%
5	凌霖	2组	￥2, 900, 000	￥2, 000, 000	68. 97%
6	王澜	1组	￥3, 900, 000	￥3, 700, 000	94. 87%
7	王澜	1组	￥3, 900, 000	￥3, 700, 000	94. 87%

步骤 06　在工作表中单击创建的超链接，F4 单元格将被选中，如下图所示。

F4　f_x　=E4/D4

员工编号	姓名	销售组	签单额	到账额	到账比例
1	张三	1组	￥3, 400, 000	￥3, 000, 000	88. 24%
2	李内	2组	￥3, 000, 000	￥2, 500, 000	83. 33%
3	冯丽	1组	￥3, 000, 000	￥2, 800, 000	93. 33%
4	杨克	1组	￥1, 750, 000	￥1, 600, 000	91. 43%
5	凌霖	2组	￥2, 900, 000	￥2, 000, 000	68. 97%
6	王澜	1组	￥3, 900, 000	￥3, 700, 000	94. 87%
7	王澜	1组	￥3, 900, 000	￥3, 700, 000	94. 87%

089 快速激活目标工作表

在 Excel 2010 中，如果工作簿包含的工作表较多，目标工作表标签不在显示之列时，可以通过“活动文档”对话框快速激活目标工作表。

步骤 01　打开一个 Excel 文件，选择第 1 张工作表，如下图所示。

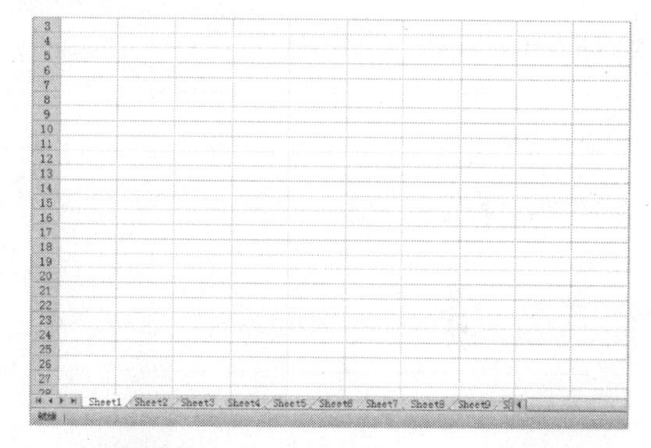

步骤 02　执行上述操作后，在左侧的“工作表导航栏”上单击鼠标右键，在弹出的快捷菜单中选择“其他工作表”选项，如下图所示。

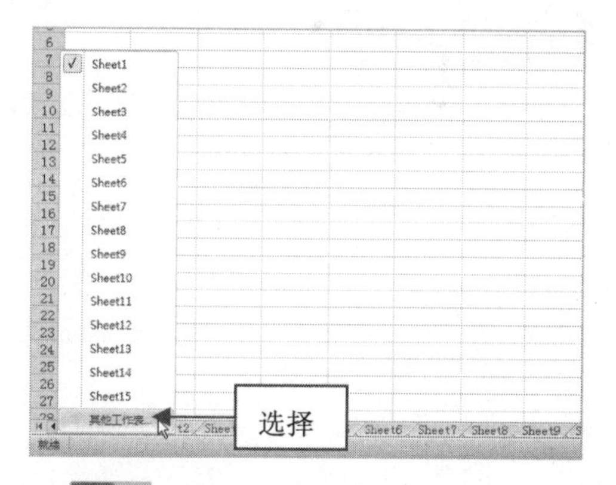

步骤 03　弹出“活动文档”对话框，在其中的下拉列表框中选择需要激活的目标工作表，如下图所示。

专家提醒

此外，还可以使用【Ctrl + PageUp】组合键或【Ctrl + PageDown】组合键来快速切换活动工作表。

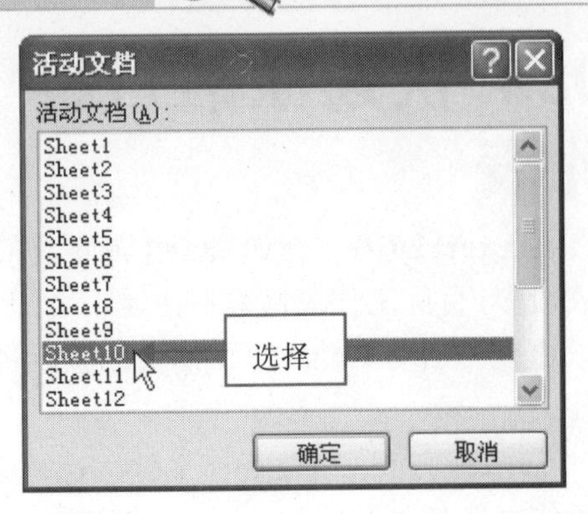

步骤04 单击“确定”按钮，即可激活选择的工作表，如下图所示。

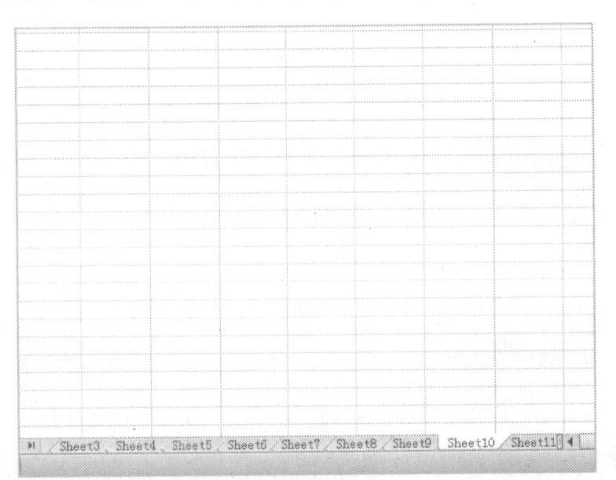

090 快速插入多个空行或空列

在Excel 2010中，可以根据需要在工作表中快速插入多个空行或空列。

步骤01 打开一个Excel文件，选择多个空行，如下图所示。

ID	姓名	职位	出生日期	联系电话
3	张昱	前台	05-Feb-79	13125683582
5	陈琳	总经理助理	03-Oct-82	15369542154
7	刘信	总经理	20-May-76	13206841264
8	郑军	副总经理	07-Aug-79	13626012853

步骤02 按【Ctrl+C】组合键，复制选择的空行，边框呈虚线显示，如下图所示。

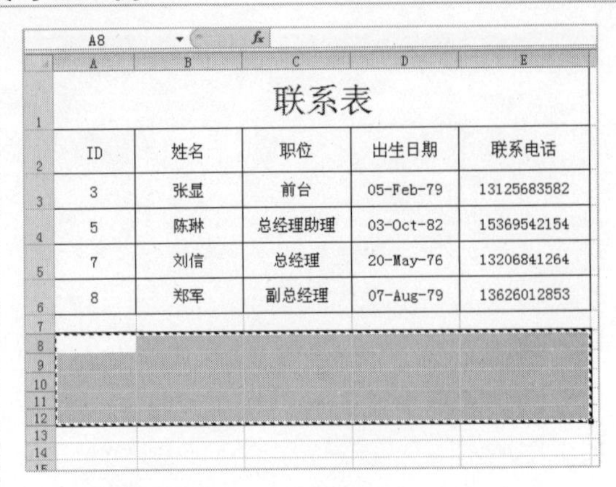

联系表

ID	姓名	职位	出生日期	联系电话
3	张昱	前台	05-Feb-79	13125683582
5	陈琳	总经理助理	03-Oct-82	15369542154
7	刘信	总经理	20-May-76	13206841264
8	郑军	副总经理	07-Aug-79	13626012853

步骤03 执行上述操作后，选中第2行，如下图所示。

联系表

ID	姓名	职位	出生日期	联系电话
3	张昱	前台	05-Feb-79	13125683582
5	陈琳	总经理助理	03-Oct-82	15369542154
7	刘信	总经理	20-May-76	13206841264
8	郑军	副总经理	07-Aug-79	13626012853

步骤04 按【Ctrl+Shift+=】组合键，即可弹出“插入粘贴”对话框，在其中选中“活动单元格下移”单选按钮，如下图所示。

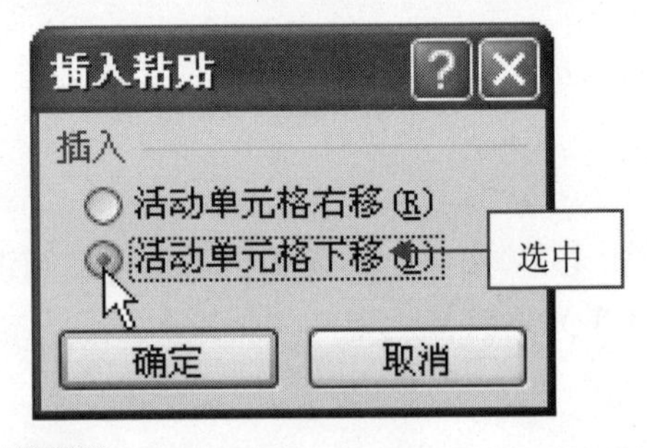

步骤05 单击“确定”按钮，即可快速插入多个空行，效果如下图所示。

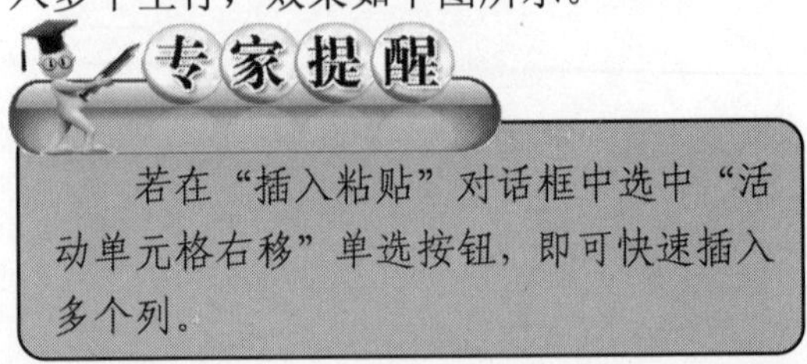

专家提醒

若在“插入粘贴”对话框中选中“活动单元格右移”单选按钮，即可快速插入多个列。

联系表

ID	姓名	职位	出生日期	联系电话
3	张显	前台	05-Feb-79	13125683582
5	陈琳	总经理助理	03-Oct-82	15369542154
7	刘信	总经理	20-May-76	13206841264
8	郑军	副总经理	07-Aug-79	13626012853

091 快速删除所有的空行

在 Excel 2010 中，如果工作表中的数据区域中有大量的空行，可以快速将其找出并删除。

步骤 01 打开一个 Excel 文件，选择相应的单元格区域，如下图所示。

电器销售单

	电视机	电冰箱	空调	洗衣机	热水器
1月	124		192	156	220
2月					
3月	100	163	168	167	174
4月	95	125		190	
5月		160	187	156	165
6月	125	167		160	200
7月	95	125	149	190	158
8月					
9月	125	167	197		200

步骤 02 切换至“数据”选项卡，在“排序和筛选”选项面板中单击“筛选”按钮，如下图所示。

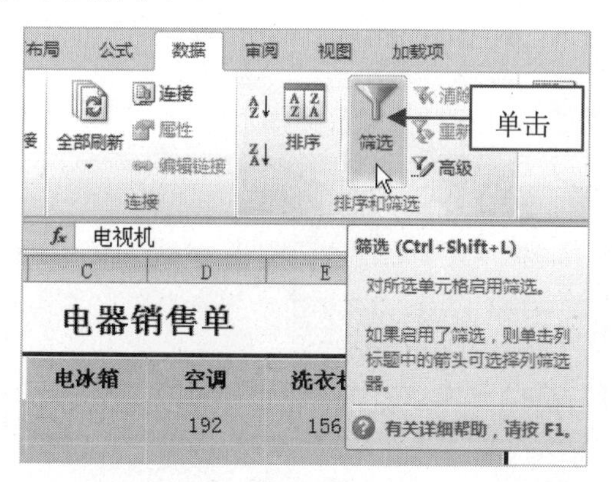

步骤 03 执行上述操作后，单击“电视机”右侧的下拉按钮，在弹出的列表框中只选中“空白”复选框，如下图所示。

步骤 04 用与上述相同的方法，依次在每一列的筛选条件下拉列表框中，只选中“空白”复选框，即可筛选出所有的空行，如下图所示。

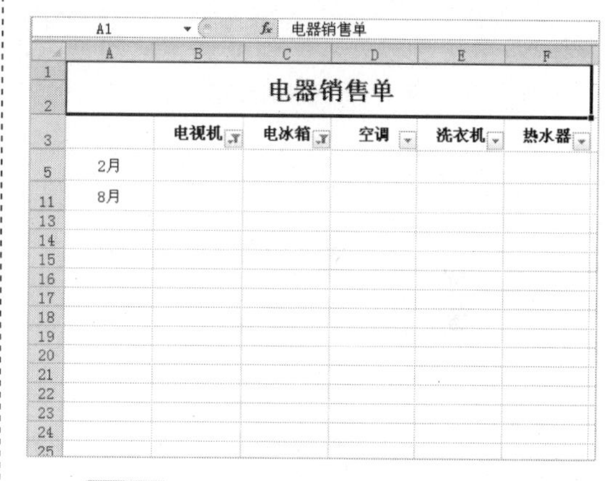

步骤 05 选中工作表中蓝色行号的行，单击鼠标右键，在弹出的快捷菜单中选择“删除行”选项，如下图所示。

步骤06 执行上述操作后，即可删除所有的空行，再次单击“筛选”按钮，取消自动筛选，得到的效果如下图所示。

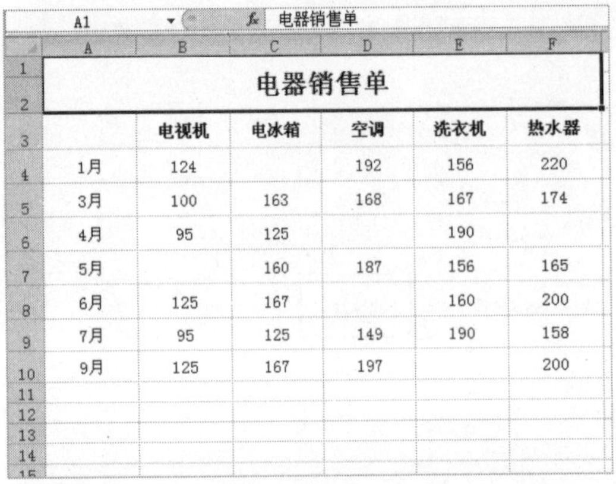

A1 电器销售单

	A	B	C	D	E	F
1-2	电器销售单					
3		电视机	电冰箱	空调	洗衣机	热水器
4	1月	124		192	156	220
5	3月	100	163	168	167	174
6	4月	95	125		190	
7	5月		160	187	156	165
8	6月	125	167		160	200
9	7月	95	125	149	190	158
10	9月	125	167	197		200

092 快速设置合适的列宽

在 Excel 2010 中，为了将报表修饰得更加美观，常常需要为数据列设置合适的列宽，以求列宽与数据的宽度相匹配。

步骤01 打开一个 Excel 文件，选中包含数据的列，如下图所示。

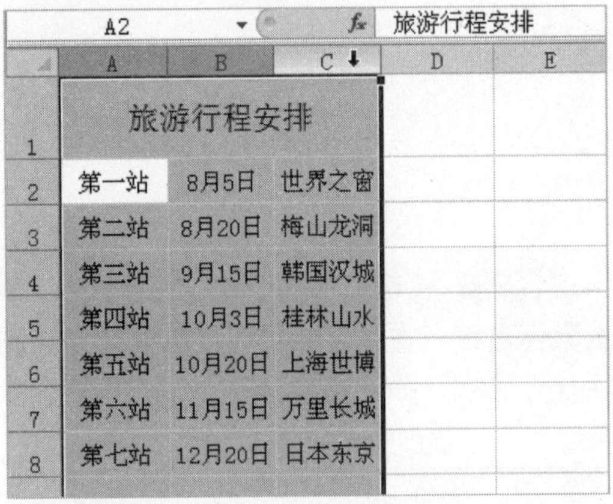

A2 旅游行程安排

	A	B	C
1	旅游行程安排		
2	第一站	8月5日	世界之窗
3	第二站	8月20日	梅山龙洞
4	第三站	9月15日	韩国汉城
5	第四站	10月3日	桂林山水
6	第五站	10月20日	上海世博
7	第六站	11月15日	万里长城
8	第七站	12月20日	日本东京

步骤02 将光标移至列标间隔处，此时光标呈双向箭头显示，如下图所示。

A2 旅游行程安排

	A	B	C
1	旅游行程安排		
2	第一站	8月5日	世界之窗
3	第二站	8月20日	梅山龙洞
4	第三站	9月15日	韩国汉城
5	第四站	10月3日	桂林山水
6	第五站	10月20日	上海世博
7	第六站	11月15日	万里长城
8	第七站	12月20日	日本东京

专家提醒

除了上述方法以外，还可以在列标上单击鼠标右键，在弹出的快捷菜单中选择“自动调整列宽”选项即可。

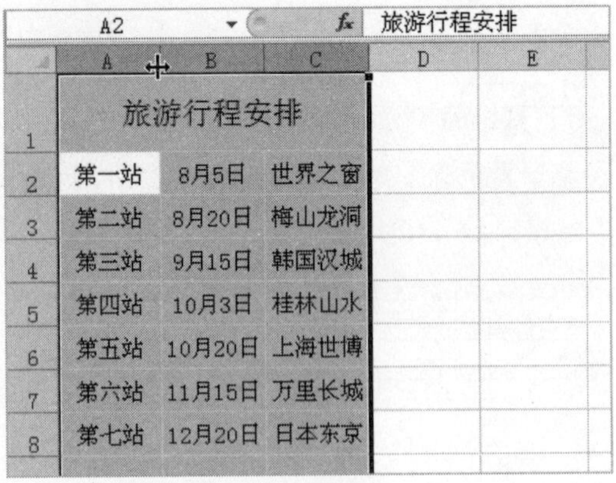

步骤03 单击鼠标左键并向右拖曳，至宽度为 10，如下图所示。

A2 宽度: 10.00 (85 像素) 旅游行程安排 拖曳

	A	B	C
1	旅游行程安排		
2	第一站	8月5日	世界之窗
3	第二站	8月20日	梅山龙洞
4	第三站	9月15日	韩国汉城
5	第四站	10月3日	桂林山水
6	第五站	10月20日	上海世博
7	第六站	11月15日	万里长城
8	第七站	12月20日	日本东京

步骤04 释放鼠标左键，即可将选中的列自动调整为合适的列宽，如下图所示。

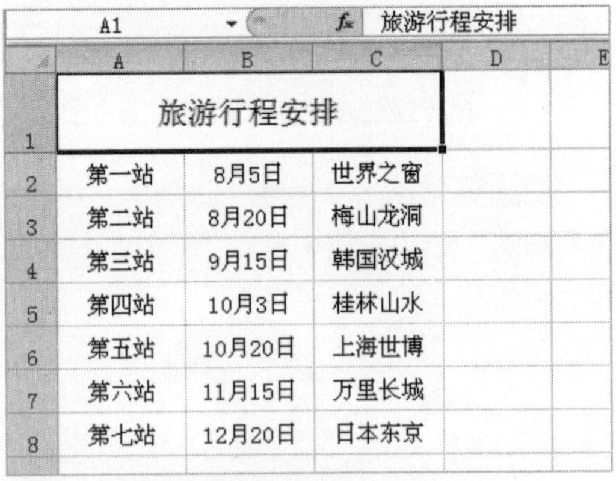

A1 旅游行程安排

	A	B	C
1	旅游行程安排		
2	第一站	8月5日	世界之窗
3	第二站	8月20日	梅山龙洞
4	第三站	9月15日	韩国汉城
5	第四站	10月3日	桂林山水
6	第五站	10月20日	上海世博
7	第六站	11月15日	万里长城
8	第七站	12月20日	日本东京

专家提醒

在 Excel 2010 中，用户也可以根据上述方法，给需要设置的行设置合适的行高。

093 美化修饰工作表背景

在 Excel 2010 中，可以给工作表添加一个背景，设置工作表背景不仅可以突出重点内容，还可以达到美化工作表的效果。

步骤01 打开一个 Excel 文件，选择需要添加背景的工作表，如下图所示。

销售人员收入核算				
2011年11月				
销售人员	基本工资	本月销售额	销售提成	应得收入
李明	¥1,250.00	¥10,000.00	¥200.00	¥1,450.00
张凤	¥1,100.00	¥9,000.00	¥180.00	¥1,280.00
孙超	¥1,200.00	¥12,000.00	¥240.00	¥1,440.00
黎辉	¥1,300.00	¥14,000.00	¥280.00	¥1,580.00

步骤02 切换至“页面布局”选项卡，在“页面设置”选项面板中单击“背景”按钮，如下图所示。

步骤03 即可弹出的“工作表背景”对话框，在其中选择需要添加的背景图片，如下图所示。

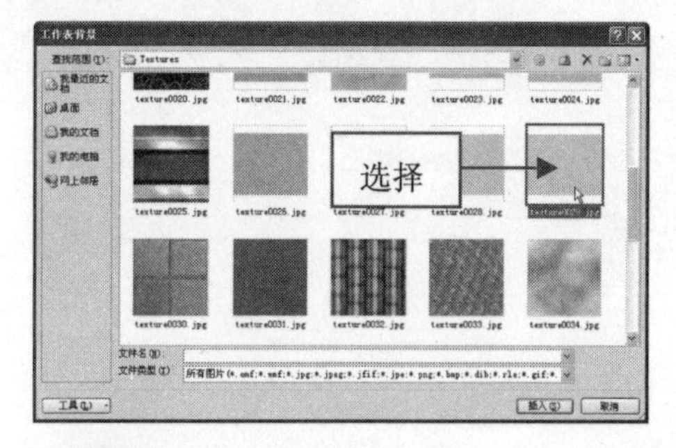

步骤04 执行上述操作后，单击“插入”按钮，即可为工作表添加了一个背景效果，如下图所示。

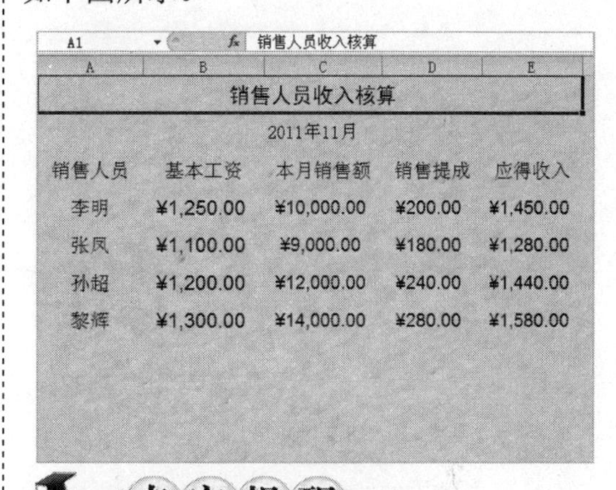

销售人员收入核算				
2011年11月				
销售人员	基本工资	本月销售额	销售提成	应得收入
李明	¥1,250.00	¥10,000.00	¥200.00	¥1,450.00
张凤	¥1,100.00	¥9,000.00	¥180.00	¥1,280.00
孙超	¥1,200.00	¥12,000.00	¥240.00	¥1,440.00
黎辉	¥1,300.00	¥14,000.00	¥280.00	¥1,580.00

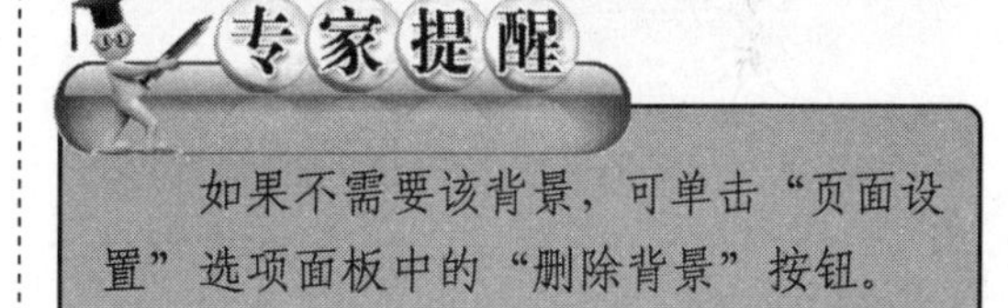

如果不需要该背景，可单击“页面设置”选项面板中的“删除背景”按钮。

05 单元格的应用技巧

学前提示

单元格是工作表中的小方格，它是工作表的基本元素，也是Excel独立操作的最小单位，在Excel 2010中，绝大部分的操作都是针对单元格进行的，用户可以向单元格中输入文字、数据和公式，也可以为单元格设置各种格式。

本章知识重点

- 选择单个单元格
- 选定整行或整列
- 插入多行或多列
- 设置单元格合并后居中
- 跨越合并单元格
- 快速绘制斜线
- 定位选择单元格
- 超快速套用单元格样式
- 为单元格区域设置边框
- 设置单元格填充效果

学完本章后你会做什么

- 掌握单元格的选择、插入、合并、拆分等操作方法
- 掌握快速查找或替换单元格内容的操作方法
- 掌握设置单元格边框样式、设置填充效果的操作方法

视频演示

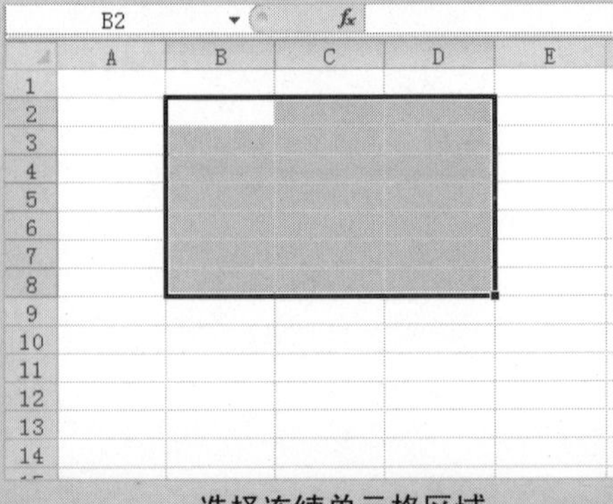

选择连续单元格区域

设置边框线条颜色

094 选定单个单元格

在 Excel 2010 中，单元格是构成工作表的基本元素，对打开工作表的操作都是建立在单元格或单元格区域的基础上。选择单个单元格最常用的方法是用鼠标选择，即将鼠标移至相应单元格上，单击鼠标左键，即可选择该单元格，如下图所示。

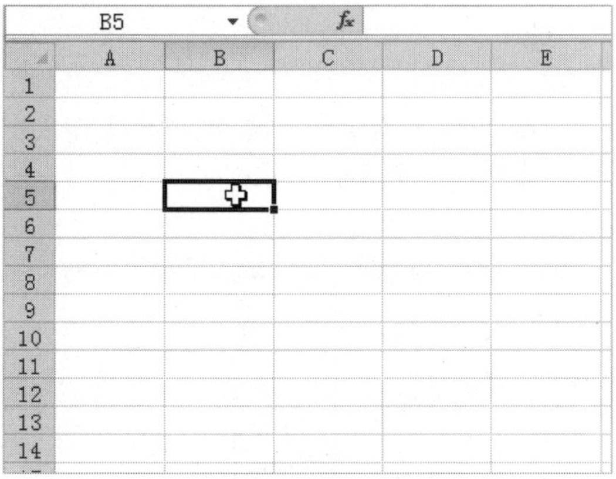

095 选择连续单元格区域

在 Excel 2010 中，可以根据需要选择连续的单元格区域

步骤 01 启动 Excel 2010，单击“编辑栏”左侧的“名称框”，即可激活该名称框，如下图所示。

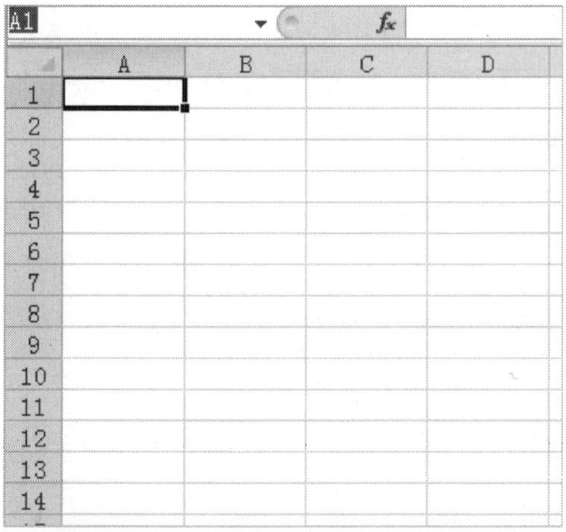

步骤 02 在“名称框”中输入单元格区域 B2:D8，如下图所示。

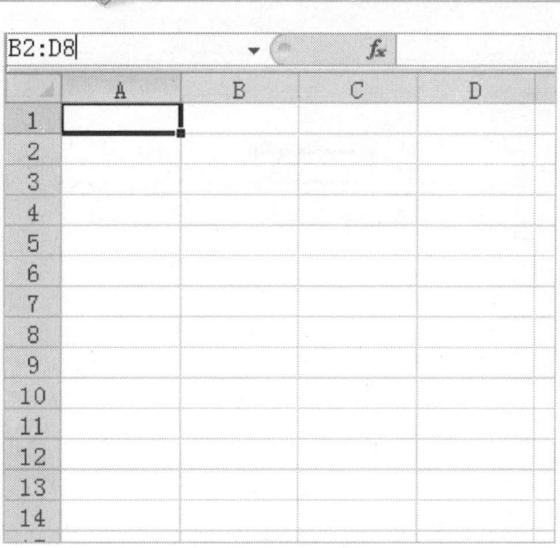

步骤 03 按【Enter】键确认，即可选择连续的单元格区域，如下图所示。

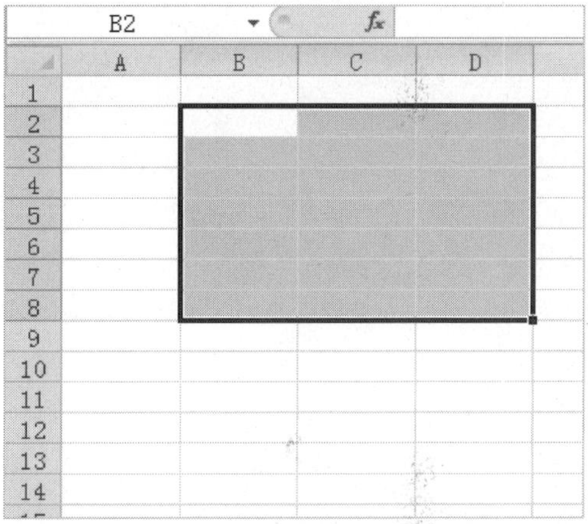

专家提醒

在 Excel 2010 中，用户还可以通过拖曳鼠标选择连续的单元格区域。另外，也可以先选择一个单元格，再按住【Shift】键的同时，选择目标单元格，即可选择连续的单元格区域。

096 选择不连续的单元格

在 Excel 2010 中，用户还可以根据需要选择不连续的单元格。

步骤 01 启动 Excel 2010，在工作表中选择一个单元格，如下图所示。

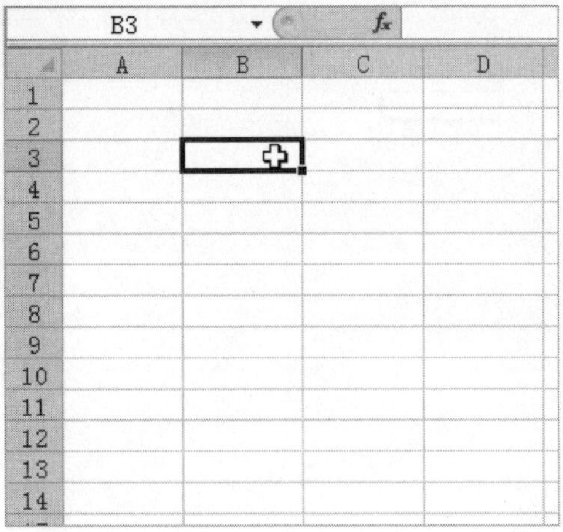

步骤02 按住【Ctrl】键的同时，选择其他相应单元格，即可选择不连续的多个单元格，如下图所示。

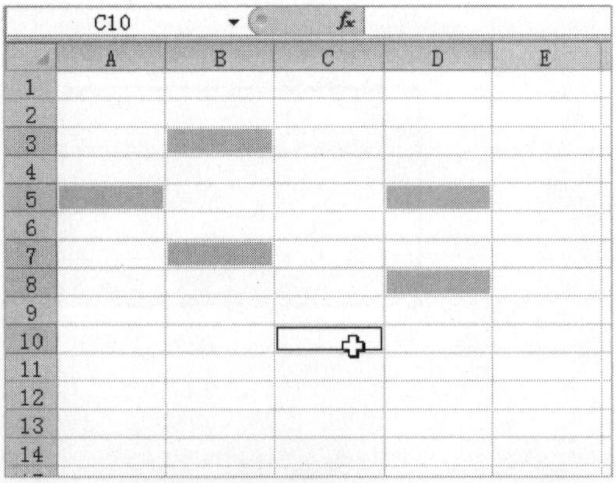

专家提醒

除了上述方法以外，在"编辑栏"左侧的"名称框"中，输入需要选择单元格的列标和行号，如A1、B3、C5，并以逗号隔开，然后按【Enter】键确认，也可选择不连续的单元格。

097 选定整行或整列

在Excel 2010中，有时需要直接选择工作表中的整行或整列。

步骤01 启动Excel 2010，将鼠标指针移至需要选定整行或整列单元格的行标或列标上，这里移至C列上，此时鼠标指针呈⬇形状（移至行标上将呈➡形状），如下图所示。

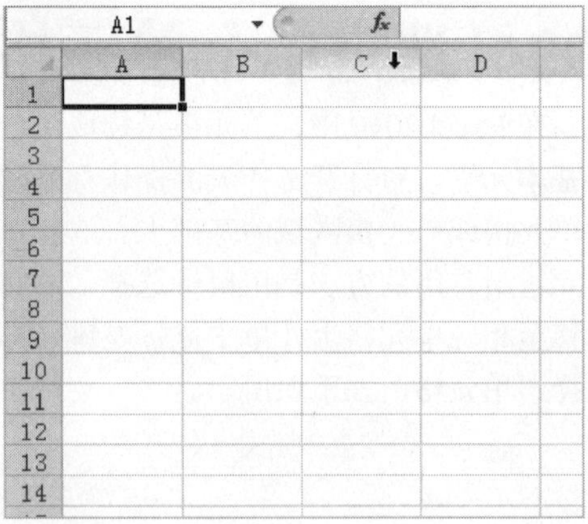

步骤02 单击鼠标左键，即可在工作表中选定该列，如下图所示。

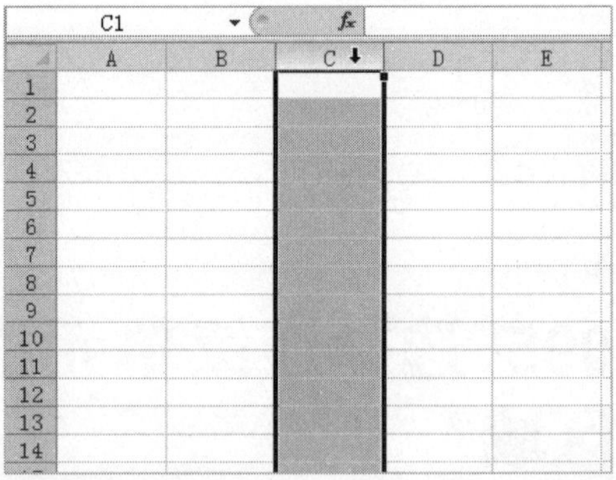

098 选定工作表中所有单元格

在Excel 2010中，可以选定工作表中的所有单元格来进行相应操作。

步骤01 启动Excel 2010，在工作表中单击左上角行标和列标交叉处的按钮，如下图所示。

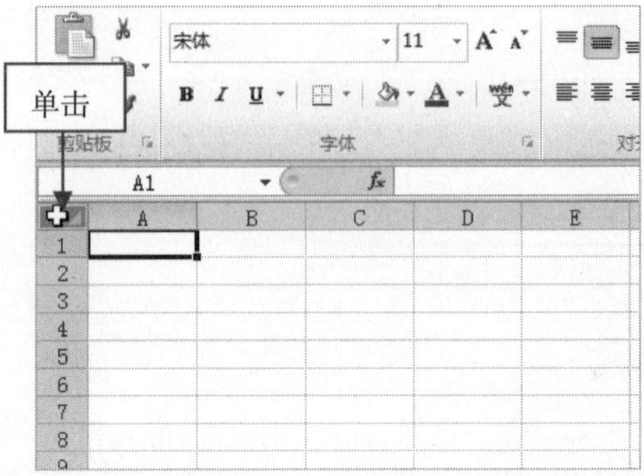

步骤 02　执行上述操作后，即可选定工作表中的所有单元格，如下图所示。

099 插入行或列

在 Excel 2010 中编辑工作表时，常常需要对已添加数据的表格进行修改，如插入某行或某列，以便在工作表的适当位置增加新的内容。

步骤 01　打开一个 Excel 文件，在工作表中选择需要插入行的单元格，如下图所示。

2011年下半年支出表				
时间	策划部	设计部	人事部	财务部
7月	1000	900	800	1500
8月	1500	800	700	1000
10月	1400	1000	900	1200
11月	1000	900	600	1300
12月	1200	850	1000	1500

步骤 02　单击鼠标右键，在弹出的快捷菜单中选择“插入”选项，如下图所示。

步骤 03　弹出“插入”对话框，在其中选中“整行”单选按钮，如下图所示。

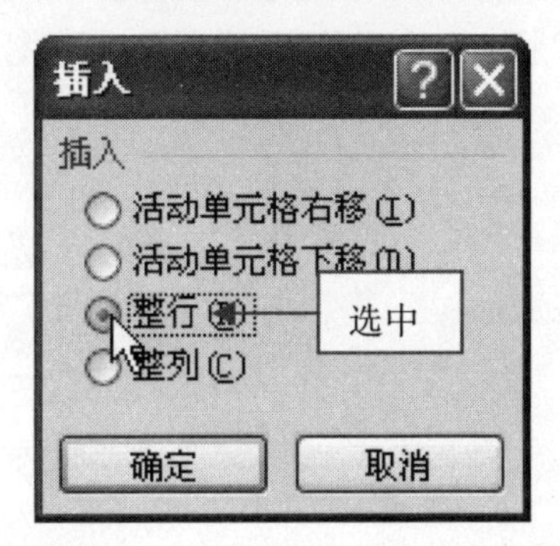

步骤 04　单击“确定”按钮，即可在当前位置插入一行，原有的行会自动下移一行，如下图所示。

2011年下半年支出表				
时间	策划部	设计部	人事部	财务部
7月	1000	900	800	1500
8月	1500	800	700	1000
10月	1400	1000	900	1200
11月	1000	900	600	1300
12月	1200	850	1000	1500

100 插入多行或多列

在 Excel 2010 中，如果用户需要插入的行或列比较多时，就没必要一行一行的插入，可选择多行或多列后再插入。

步骤 01　打开一个 Excel 文件，在工作表中选择需要插入数量的行或列，这里选择 5 行，如下图所示。

一班图书借阅表					
编号	借阅人	借阅日期	书号	类别	归还日期
1	杨明	11-9-12	1054321004501	计算机	11-10-12
2	孙清	11-9-12	1054321004761	计算机	11-10-12
3	江林	11-9-15	1054321005124	文学类	11-10-15
4	孙薏	11-9-20	1054321002924	工具书	11-10-20
5	江林	11-9-22	1054321003462	政治类	11-10-22
6	李其	11-9-18	1054321002635	工具书	11-10-[illegible]
7	孙意	11-10-3	1054321003168	政治类	11-11-3
8	李沁	11-10-10	1054321003936	政治类	11-11-11
9	谢燕	11-10-15	1054321005126	文学类	11-11-15
10	江林	11-10-20	1054321004628	计算机	11-11-20
11	刘清义	11-10-22	1054321002938	工具书	11-11-22
12	李其	11-10-26	1054321001968	外语类	11-11-26
13	陈想	11-11-13	1054321001640	外语类	11-12-13
14	黎灵	11-11-24	1054321002938	工具书	11-12-24
15	邓露	11-12-10	1054321001968	外语类	12-1-10
16	孙祥	11-12-26	1054321001640	外语类	12-1-26

步骤 02 在“单元格”选项面板中单击“插入”右侧的下三角按钮，在弹出的列表框中选择“插入工作表行”选项，如下图所示。

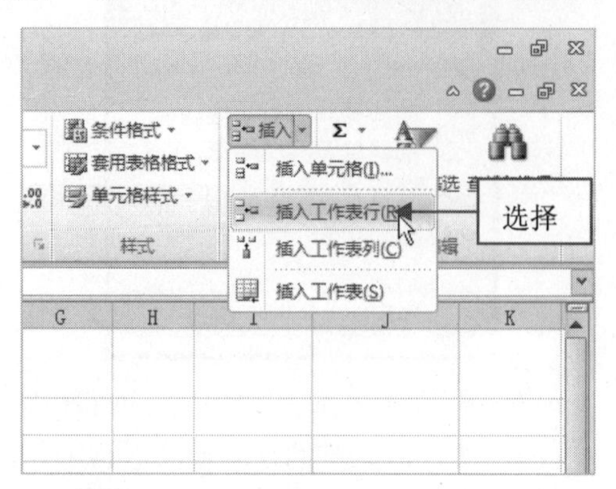

步骤 03 执行上述操作后，即可在选择的位置插入 5 行，如下图所示。

一班图书借阅表					
编号	借阅人	借阅日期	书号	类别	归还日期
1	杨明	11-9-12	1054321004501	计算机	11-10-12
2	孙洁	11-9-12	1054321004761	计算机	11-10-12
3	江林	11-9-15	1054321005124	文学类	11-10-15
4	孙意	11-9-20	1054321002924	工具书	11-10-20
5	江林	11-9-22	1054321003462	政治类	11-10-22
6	李其	11-9-18	1054321002635	工具书	11-10-18
7	孙意	11-10-3	1054321003168	政治类	11-11-3
8	李沁	11-10-10	1054321003936	政治类	11-11-11
9	谢燕	11-10-15	1054321005126	文学类	11-11-15
10	江林	11-10-20	1054321004628	计算机	11-11-20
11	刘清义	11-10-22	1054321002938	工具书	11-11-22
12	李其	11-10-26	1054321001968	外语类	11-11-26

101 插入单元格

在 Excel 2010 的操作过程中，如果发现制作的表格中有被遗漏的数据，可以根据需要在工作表中重新插入单元格，添加数据。

步骤 01 打开一个 Excel 文件，在工作表中选择 C11 单元格，如下图所示。

2011年度生产预算表			
季度 / 项目	第一季度	第二季度	第三季度
2010年销售量(件)	10000	12000	13000
预计销售量(件)	12000	15000	18000
预计期末存货量(件)	10000	10000	10000
预计需要量合计(件)	22000	25000	28000
期初存货量(件)	20000	20000	20000
预计产量(件)	20000	20000	20000
直接材量消耗:(千克)			
直接人工消耗:(工时)			

步骤 02 单击鼠标右键，在弹出的快捷菜单中选择“插入”选项，如下图所示。

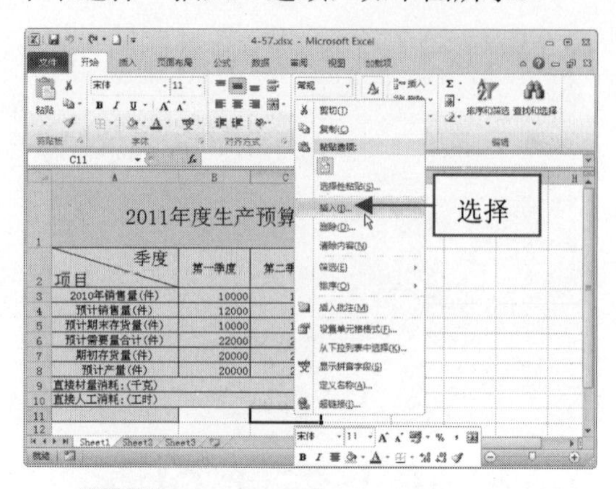

步骤 03 弹出“插入”对话框，选中“活动单元格下移”单选按钮，如下图所示。

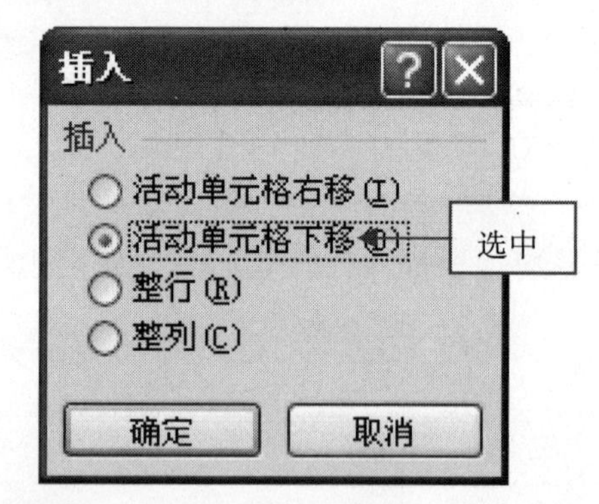

步骤 04 单击“确定”按钮，即可在选择的位置插入一个单元格，如下图所示。

102 删除单元格

在 Excel 2010 中，当工作表中的单元格不再需要时，可以将其删除，删除的单元格及单元格内容将一起从工作表中消失。

步骤 01 打开一个 Excel 文件，选择需要删除的单元格，如下图所示。

超市营业员销售报表				
营业员	销售产品	产品单价	数量	销售金额
杨明	护发素	40	200	8000
王义	沐浴露	45	180	8100
曾芳	洗面奶	20	100	2000
张丽	护发素	25	300	7500
谢意	洗发水	30	150	4500
李傅	护手霜	10	300	3000
丁宁	洗发水	30	100	3000
林佳	护手霜	15	240	3600
江燕	洗面奶	35	100	3500
刘敏	沐浴露	40	180	7200

步骤 02 在“单元格”选项面板中单击“删除”右侧的下三角按钮，在弹出的列表框中选择“删除单元格”选项，如下图所示。

步骤 03 弹出“删除”对话框，选中“下方单元格上移”单选按钮，如下图所示。

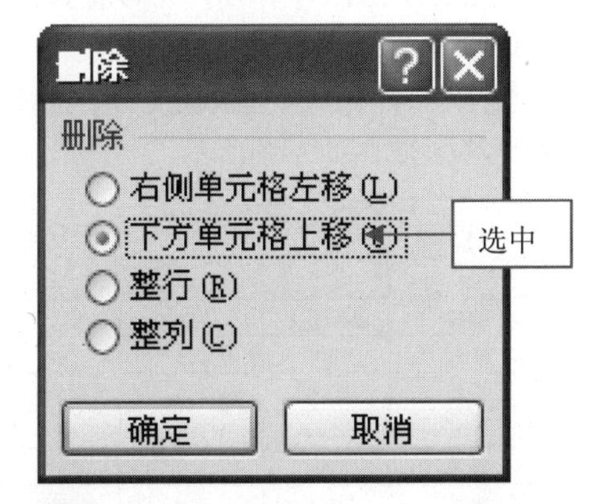

步骤 04 单击“确定”按钮，即可删除选中的单元格，如下图所示。

超市营业员销售报表				
营业员	销售产品	产品单价	200	销售金额
杨明	护发素	40	180	8000
王义	沐浴露	45	100	8100
曾芳	洗面奶	20	300	2000
张丽	护发素	25	150	7500
谢意	洗发水	30	300	4500
李傅	护手霜	10	100	3000
丁宁	洗发水	30	240	3000
林佳	护手霜	15	100	3600
江燕	洗面奶	35	180	3500
刘敏	沐浴露	40		7200

103 合并单元格

在编辑工作表时，需要将占用多个单元格的内容放在多个单元格之间，这就需要将多个单元格合并成一个单元格才能实现。

步骤 01 在 Excel 2010 中，打开一个 Excel 文件，如下图所示。

金鑫电脑有限公司账务表			
日期	姓名	用途	金额
2011-12-15	张捷	主板	800
2011-12-16	贺芳	显示器	1200
2011-12-17	李凤	网卡	125
2011-12-18	王婷	光驱	500
2011-12-19	莫凡	内存条	200
2011-12-20	陈傅	键盘	28
2011-12-21	李刚	机箱	200
2011-12-22	黄明	显卡	320
2011-12-23	孙洁	鼠标	20

步骤 02 选择 A1:C1 单元格区域，单击鼠标右键，在弹出的快捷菜单中选择“设置单元格格式”选项，如下图所示。

步骤 03 弹出“设置单元格格式”对话框，切换至“对齐”选项卡，选中“合并单元格”复选框，如下图所示。

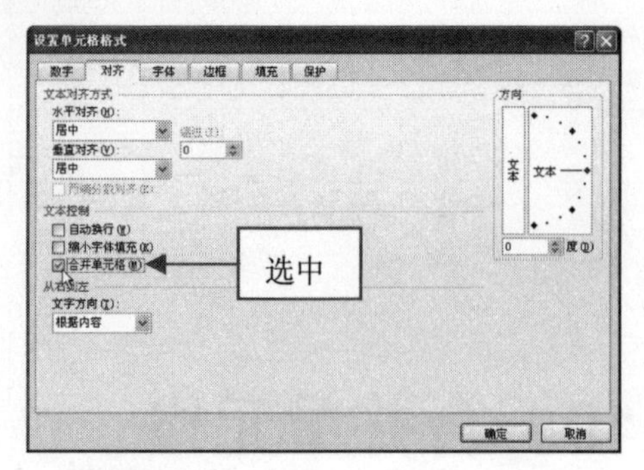

步骤 04 单击“确定”按钮，即可对选中的单元格进行合并操作，如下图所示。

	A	B	C	D
1	金鑫电脑有限公司账务表			
2	日期	姓名	用途	金额
3	2011-12-15	张捷	主板	800
4	2011-12-16	贺芳	显示器	1200
5	2011-12-17	李凤	网卡	125
6	2011-12-18	王婷	光驱	500
7	2011-12-19	莫凡	内存条	200
8	2011-12-20	陈傅	键盘	28
9	2011-12-21	李刚	机箱	200
10	2011-12-22	黄明	显卡	320
11	2011-12-23	孙洁	鼠标	20

104 快速合并单元格

在 Excel 2010 中，除了可以通过“设置单元格格式”对话框合并单元格外，还可以单击相应按钮合并单元格。

步骤 01 打开一个 Excel 文件，选择需要合并的单元格区域，如下图所示。

	A	B	C
1	学生成绩表		
2	学号	姓名	体育
3	010	李凤	84
4	011	王刚	61
5	012	杨明	89
6	013	郭浑	78
7	014	田海	96
8	015	陈芳	61
9	016	赵娟	77

步骤 02 切换至“开始”选项卡，在“对齐方式”选项面板中单击“合并后居中”右侧的下拉按钮，在弹出的列表框中选择“合并单元格”选项，如下图所示。

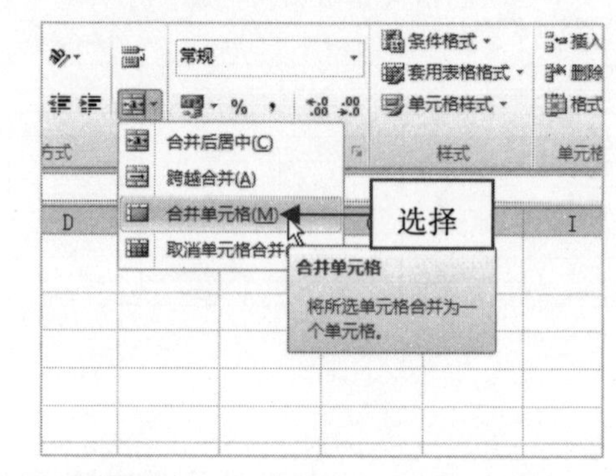

步骤 03 执行上述操作后，即可快速合并选择的单元格，效果如下图所示。

	A	B	C
1	学生成绩表		
2	学号	姓名	体育
3	010	李凤	84
4	011	王刚	61
5	012	杨明	89
6	013	郭浑	78
7	014	田海	96
8	015	陈芳	61
9	016	赵娟	77

105 设置单元格合并后居中

在 Excel 2010 中，用户可以根据需要将单元格设置为合并后居中显示方式。

步骤 01 打开一个 Excel 文件，选择需要的单元格区域，如下图所示。

A	B	C	D
工资预算			
姓名	基本工资	奖金	总工资
杨明	1500	100	1600
李玉	3600	230	3830
郭涯	1500	100	1600
赵芳	3200	200	3400
曾婷	2500	300	2800
张雨	1200	100	1300
范冰红	3000	200	3200

步骤02 切换至“开始”选项卡，在“对齐方式”选项面板中单击“合并后居中”按钮，如下图所示。

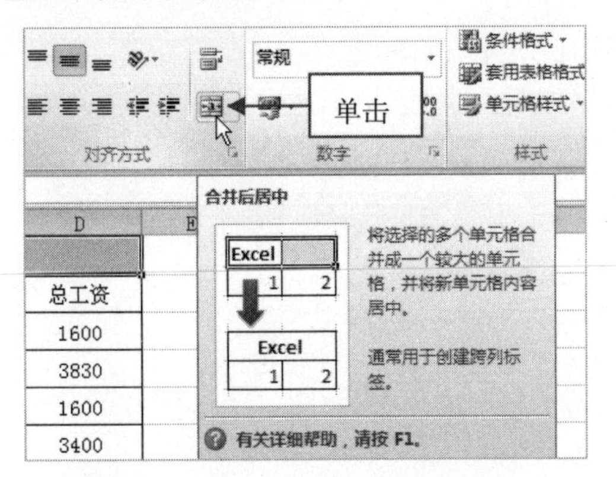

步骤03 执行上述操作后，即可将选择的单元格区域设置为合并后居中显示方式，如下图所示。

工资预算			
姓名	基本工资	奖金	总工资
杨明	1500	100	1600
李玉	3600	230	3830
郭涯	1500	100	1600
赵芳	3200	200	3400
曾婷	2500	300	2800
张雨	1200	100	1300
范冰红	3000	200	3200

106 跨越合并单元格

在 Excel 2010 中制作数据清单时，用户可以根据需要将单元格跨越合并。

步骤01 打开一个 Excel 文件，在其中选择需要跨越合并的单元格区域，如下图所示。

	A	B	C	D	E
1	产品名称				
2	牛奶				
3	苹果				
4	香蕉				
5	可乐				
6	啤酒				
7	雪碧				
8	花生				

步骤02 切换至“开始”选项卡，在“对齐方式”选项面板中单击“合并后居中”右侧的下拉按钮，在弹出的列表框中选择“跨越合并”选项，如下图所示。

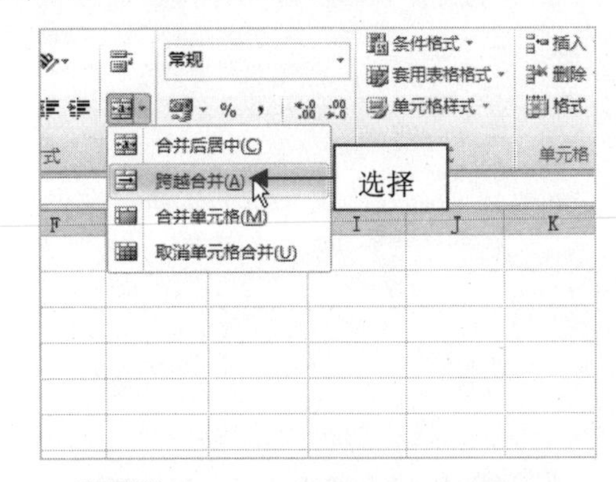

步骤03 执行上述操作后，即可跨越合并选择的单元格区域，如下图所示。

	A	B	C	D	E
1	产品名称				
2	牛奶				
3	苹果				
4	香蕉				
5	可乐				
6	啤酒				
7	雪碧				
8	花生				

107 拆分单元格

在 Excel 2010 中，用户在制作表格时，可以根据需要将已经合并的单元格，再次拆分为多个独立的单元格。

步骤01 打开上一例的效果文件，在其中选择需要拆分的单元格区域，如下图所示。

	A	B	C	D	E
1	产品名称				
2	牛奶				
3	苹果				
4	香蕉				
5	可乐				
6	啤酒				
7	雪碧				
8	花生				

步骤 02 切换至“开始”选项卡，在“对齐方式”选项面板中单击“合并后居中”右侧的下拉按钮，在弹出的列表框中选择“取消单元格合并”选项，如下图所示。

步骤 03 执行上述操作后，即可拆分选择的单元格区域，如下图所示。

108 给单元格快速添加斜线

在 Excel 2010 中，可以根据需要在表格中的相应位置使用斜线将单元格分割。

步骤 01 启动 Excel 2010 中，选择需要添加斜线的单元格，如下图所示。

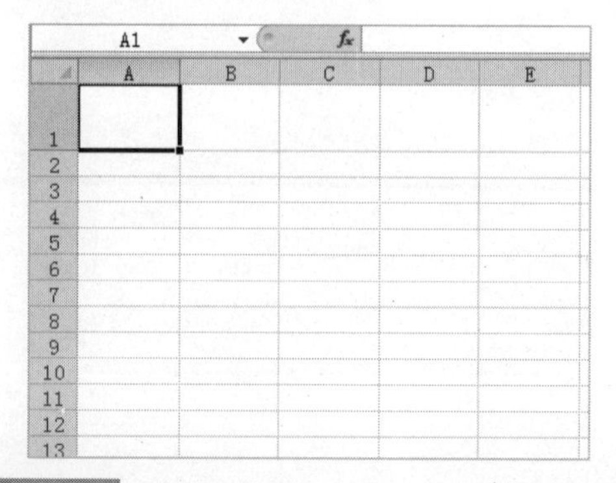

步骤 02 单击鼠标右键，在弹出的快捷菜单中选择“设置单元格格式”选项，如下图所示。

步骤 03 弹出“设置单元格格式”对话框，切换至“边框”选项卡，如下图所示。

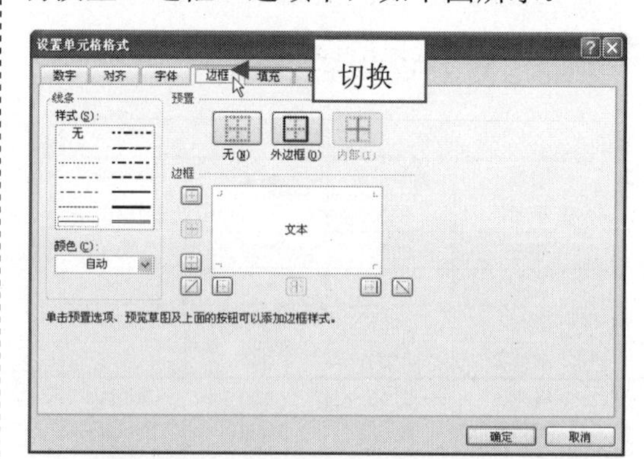

步骤 04 在“边框”选项区中单击“斜线”按钮，在中间的“文本”框中可预览效果，如下图所示。

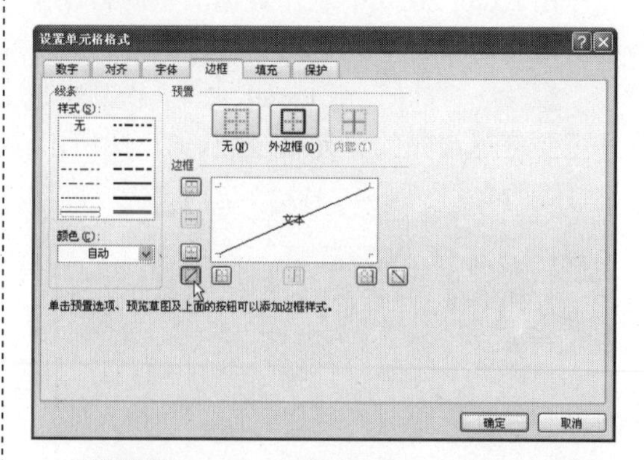

步骤 05 执行上述操作后，单击“确定”按钮，即可给选择的单元格添加斜线，如下图所示。

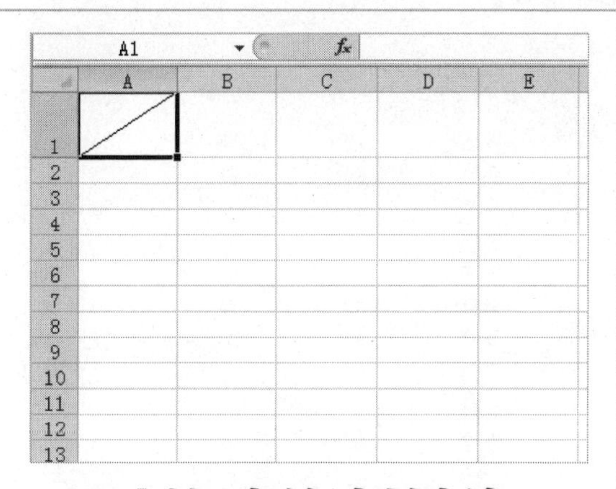

109 快速绘制斜线

在 Excel 2010 中，用户可以根据需要在表格中的相应位置快速绘制斜线。

步骤01 启动 Excel 2010，选择需要绘制斜线的单元格，切换至“插入”选项卡，在“插图”选项面板中单击“形状”按钮，如下图所示。

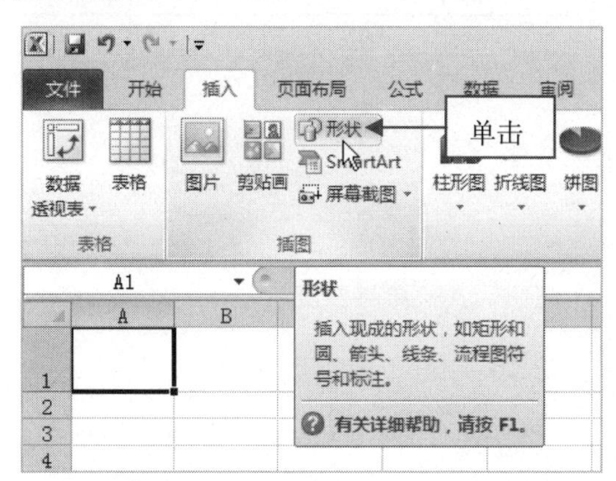

步骤02 弹出列表框，在“线条”选项区中选择“直线”选项，如下图所示。

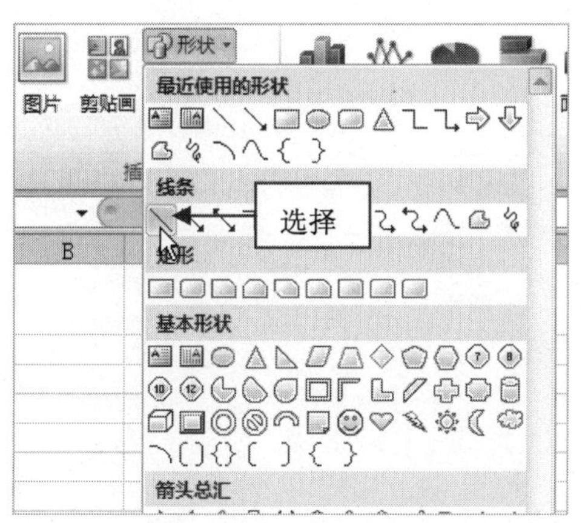

步骤03 当鼠标指针呈十形状时，将鼠标移至需要添加斜线的单元格左上角，单击鼠标左键并向单元格右下角拖曳，释放鼠标左键后即可快速绘制斜线，如下图所示。

110 在斜线格中添加文字技巧

在 Excel 2010 中，当用户直接在添加斜线的单元格内输入文字时，文字将会穿过斜线，而不会分散在斜线的两侧，这样文字就显得不美观，如果用户需要在斜线格输入文字，又要使文字美观，可以通过文本框的形式在斜线格内添加文字。

步骤01 打开一个 Excel 文件，选择需要添加文字的单元格，如下图所示。

	A	B	C	D
1		语 文	数 学	英语
2	孙洁	77	59	86
3	李凤	96	81	85
4	周滟	81	92	92
5	李娟	85	92	81
6	张洁	91	92	82
7	李芳	92	77	59
8	孙琴	59	85	81
9	杨明	81	72	77
10	赵静	90	34	92
11	曾婷	85	92	59

步骤02 切换至“插入”选项卡，在“文本”选项面板中单击“文本框”按钮，在弹出的列表框中选择“横排文本框”选项，如下图所示。

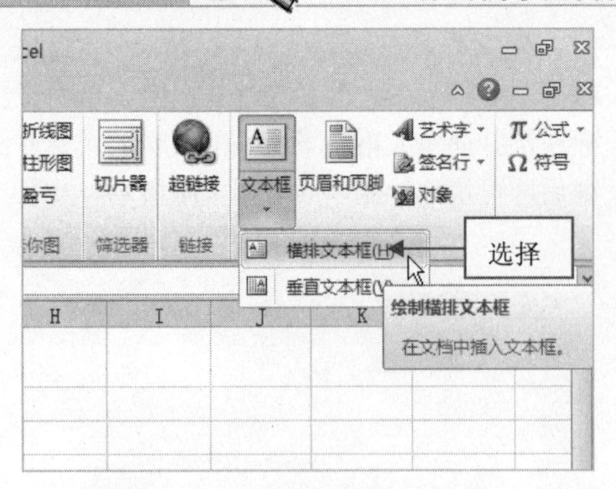

步骤 03 在单元格斜线的上方单击鼠标左键并拖曳，绘制一个文本框，如下图所示。

TextBox 1

	A	B	C	D
1		语 文	数 学	英语
2	孙洁	77	59	86
3	李凤	96	81	85
4	周滟	81	92	92
5	李娟	85	92	81
6	张洁	91	92	82
7	李芳	92	77	59
8	孙琴	59	85	81
9	杨明	81	72	77

步骤 04 在绘制的文本框中输入相应文字，然后调整文本框的位置和大小，并设置文本框的“形状轮廓”为“无轮廓”，效果如下图所示。

	A	B	C	D
1	科目	语 文	数 学	英语
2	孙洁	77	59	86
3	李凤	96	81	85
4	周滟	81	92	92
5	李娟	85	92	81
6	张洁	91	92	82
7	李芳	92	77	59
8	孙琴	59	85	81
9	杨明	81	72	77
10	赵静	90	34	92
11	曾婷	85	92	59

步骤 05 用与上述相同的方法，在斜线的下方再绘制一个文本框，在其中输入相应文本并调整其位置和大小，得到的最终效果如下图所示。

	A	B	C	D
1	科目 姓名	语 文	数 学	英语
2	孙洁	77	59	86
3	李凤	96	81	85
4	周滟	81	92	92
5	李娟	85	92	81
6	张洁	91	92	82
7	李芳	92	77	59
8	孙琴	59	85	81
9	杨明	81	72	77
10	赵静	90	34	92
11	曾婷	85	92	59

111 定位选择单元格

在 Excel 2010 中，编辑大型数据表格时，可以通过快速定位单元格来编辑数据。

步骤 01 打开一个 Excel 文件，选择需要定位单元格的工作表，如下图所示。

员工销售业绩表

	A	B	C	D	E	F
2	员工编号	姓名	销售组	签单额	到账额	到账比例
3	4k1001	杨明	1组	￥3, 400, 000	￥3, 000, 000	88. 24%
4	4k1002	王军	2组	￥2, 500, 000	￥2, 200, 000	88. 00%
5	4k1003	李霞	4组	￥3, 600, 000	￥2, 500, 000	69. 44%
6	4k1004	刘黎	1组	￥1, 900, 000	￥1, 700, 000	89. 47%
7	4k1005	阳琴	1组	￥2, 200, 000	￥2, 000, 000	90. 91%
8	4k1006	冯丽	3组	￥2, 500, 000	￥2, 800, 000	86. 36%
9	4k1007	胡强	2组	￥2, 100, 000	￥1, 900, 000	90. 48%
10	4k1008	马娟	1组	￥1, 800, 000	￥1, 500, 000	83. 33%
11	4k1009	杨高	1组	￥14, 000, 000	￥1, 600, 000	11. 43%
12	4k1010	曾凤	2组	￥2, 900, 000	￥2, 000, 000	68. 97%
13	4k1011	陈婷	4组	￥1, 200, 000	￥2, 000, 000	166. 67%
14	4k1012	程芳	1组	￥4, 500, 000	￥4, 000, 000	88. 89%
15	4k1013	刘姣	3组	￥3, 900, 000	￥3, 700, 000	94. 87%

步骤 02 切换至“开始”选项卡，在“编辑”选项面板中单击“查找和选择”按钮，在弹出的列表框中选择“转到”选项，如下图所示。

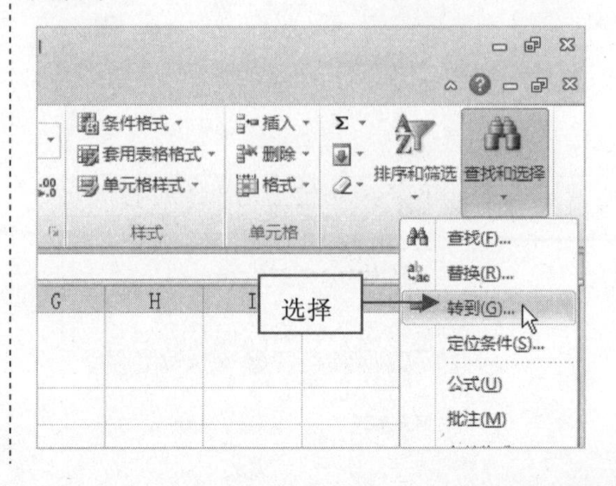

步骤 03　弹出“定位”对话框，在“引用位置”下方的文本框中，输入需要定位的单元格，如下图所示。

步骤 04　单击“确定”按钮，即可定位到选择的单元格，如下图所示。

员工销售业绩表					
员工编号	姓名	销售组	签单额	到账额	到账比例
4k1001	杨明	1组	￥3,400,000	￥3,000,000	88.24%
4k1002	王军	2组	￥2,500,000	￥2,200,000	88.00%
4k1003	李霞	4组	￥3,600,000	￥2,500,000	69.44%
4k1004	刘黎	1组	￥1,900,000	￥1,700,000	89.47%
4k1005	阳琴	1组	￥2,200,000	￥2,000,000	90.91%
4k1006	冯丽	3组	￥2,500,000	￥2,800,000	86.36%
4k1007	胡强	2组	￥2,100,000	￥1,900,000	90.48%
4k1008	马娟	1组	￥1,800,000	￥1,500,000	83.33%
4k1009	杨高	1组	￥14,000,000	￥1,600,000	11.43%
4k1010	曾凤	2组	￥2,900,000	￥2,000,000	68.97%
4k1011	陈婷	4组	￥1,200,000	￥2,000,000	166.67%
4k1012	程芳	1组	￥4,500,000	￥4,000,000	88.89%
4k1013	刘姣	3组	￥3,900,000	￥3,700,000	94.87%

112 快速查找单元格内容

在 Excel 2010 中，当用户在工作簿中输入的内容较多时，如果需要在其中找某个字或某个词，仅通过眼睛查找会有点困难，这时可以通过查找功能来查找单元格内容。

步骤 01　打开一个 Excel 文件，选择需要快速查找单元格内容的工作表，如下图所示。

专家提醒

在 Excel 2010 中，还可以通过按【Ctrl + F】组合键快速打开“查找和替换”对话框。

高三一班期末成绩表							
姓名	语文	数学	英语	化学	物理	生物	总分
林小林	85	85	89	57	83	76	475
王心	76	64	83	76	81	86	466
王义清	86	45	86	73	79	87	456
李一	79	87	78	76	81	86	487
林佳	68	89	84	73	79	87	480
谢林	79	76	81	86	89	76	487
曾奥	81	73	79	87	88	86	494
丁力	86	89	86	79	79	86	505
江风	87	88	73	76	86	76	486
石林林	79	79	58	59	63	59	397
张丽	76	86	79	76	86	79	482

步骤 02　切换至“开始”选项卡，在“编辑”选项面板中单击“查找和选择”按钮，在弹出的列表框中选择“查找”选项，如下图所示。

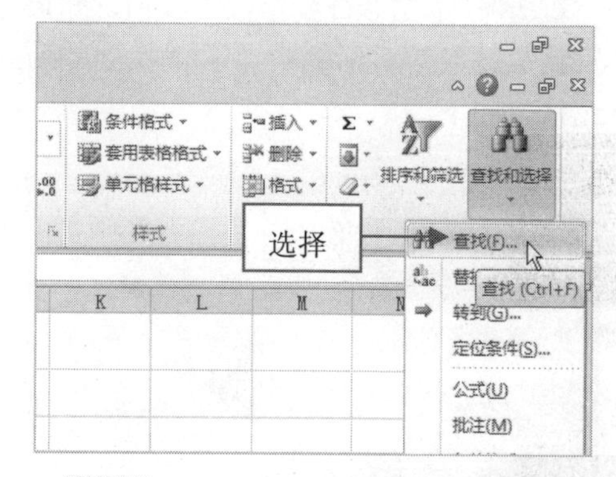

步骤 03　弹出“查找和替换”对话框，在文本框中输入查找内容，如下图所示。

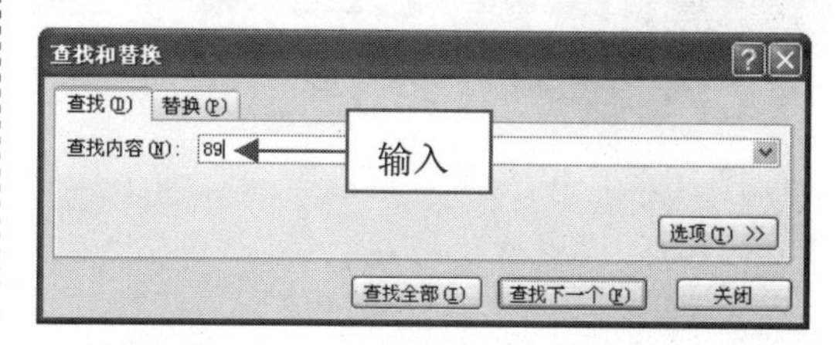

步骤 04　单击“查找下一个”按钮，即可找到包含查找内容的单元格，如下图所示。

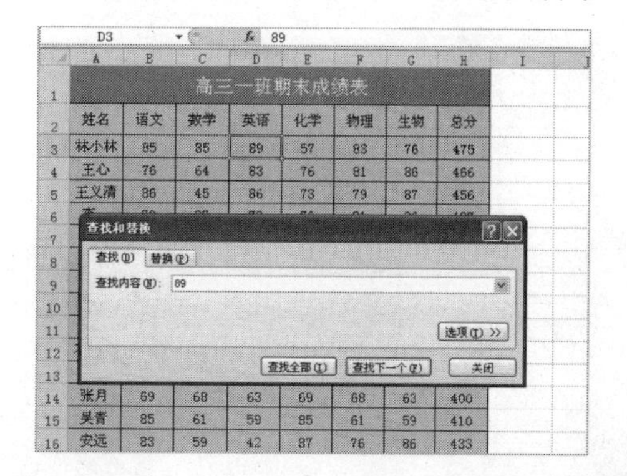

步骤05 如果要查找的内容在工作表中不止出现一次，可以继续单击“查找下一个”按钮，直至全部查找出来为止，如下图所示。

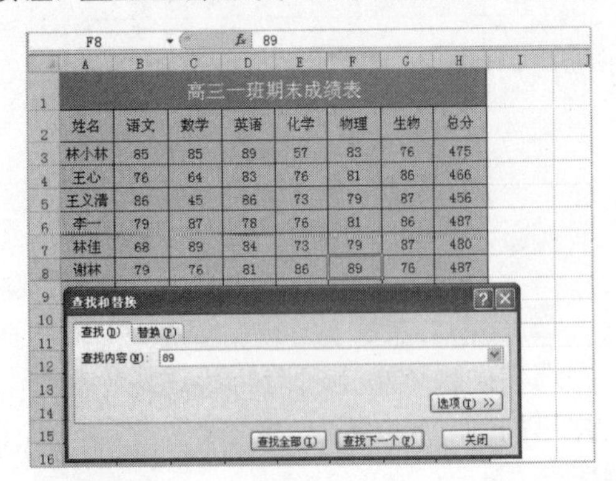

高三一班期末成绩表

姓名	语文	数学	英语	化学	物理	生物	总分
林小林	85	85	89	57	83	76	475
王心	76	64	83	76	81	86	466
王义清	86	45	86	73	79	87	456
李一	79	87	78	76	81	86	487
林佳	68	89	84	73	79	87	480
谢林	79	76	81	86	89	76	487

步骤06 单击“查找全部”按钮，即可在“查找和替换”对话框中显示查找到的所有单元格，如下图所示。

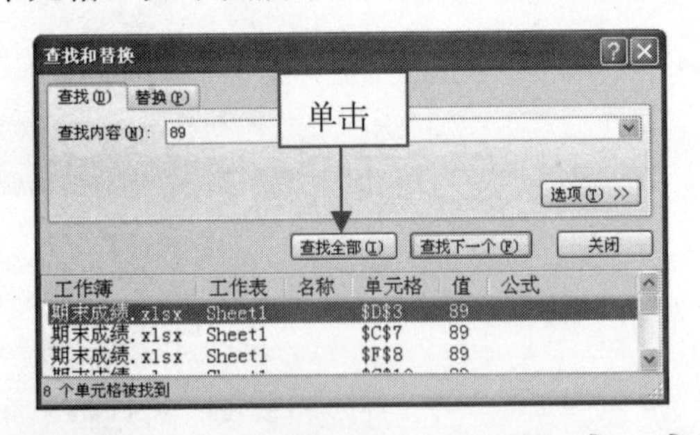

113 在特定区域中查找内容

在Excel 2010中查找内容时，为了提高查找效率，可以指定查找的范围。

步骤01 打开一个Excel文件，选择要查找内容的单元格区域，如选中C列，如下图所示。

C7 客户信息表

	A	B	C	D	E	F	G
7	5	2007-10-19	客户信息表	杨倩			
8	6	2007-10-21	员工档案表	黄林林	核对		
9	7	2007-11-1	当月工作计划	李仪			
10	8	2007-11-5	员工通讯录	黄林林			
11	9	2007-11-16	财产登记表	杨倩			
12	10	2007-11-20	固定资产报表	刘珊			
13	11	2007-11-21	当月工作计划	李仪			
14	12	2007-11-22	员工档案表	黄林林			
15	13	2007-11-23	资产折旧表	杨倩			
16	14	2007-11-24	会议通知	李笑			
17	15	2007-11-25	会议记录	袁小莉	李总主持		
18	16	2007-11-26	公司制度表	李仪			
19	17	2007-11-27	资金预算表	刘珊			
20	18	2007-11-28	客户信息表	杨倩			
21	19	2007-11-29	员工档案表	刘珊	核对		
22	20	2007-11-30	当月工作计划	李仪			
23	21	2007-12-1	员工通讯录	黄林林			
24	22	2007-12-2	财产登记表	杨倩			
25	23	2007-12-3	固定资产报表	孙洁			
26	24	2007-12-4	员工档案表	李仪			
27	25	2007-12-5	资产负债表	孙洁			
28	26	2007-12-6	资产折旧表	杨倩			

步骤02 在“编辑”选项面板中单击“查找和选择”按钮，在弹出的列表框中选择“查找”选项，如下图所示。

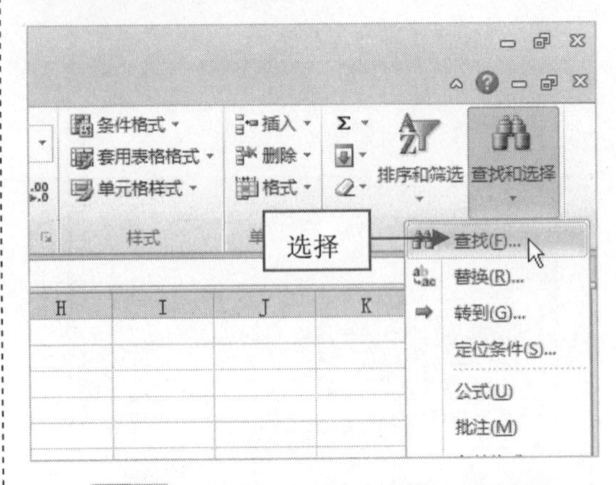

步骤03 弹出“查找和替换”对话框，在文本框中输入“员工档案表”，并单击“选项”按钮，如下图所示。

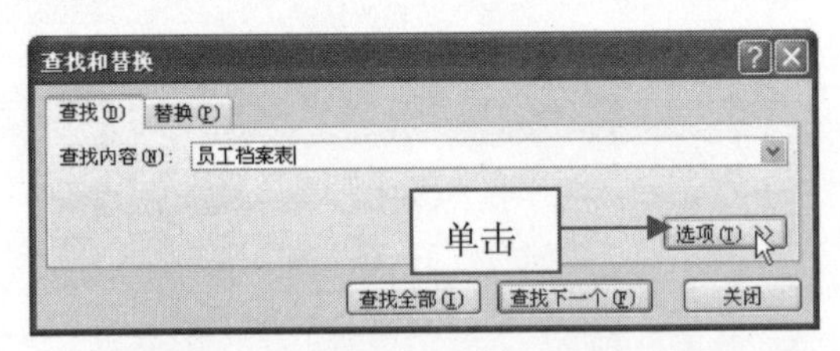

步骤04 在弹出的面板中单击“搜索”右侧的下拉按钮，在弹出的列表框中选择“按列”选项，如下图所示。

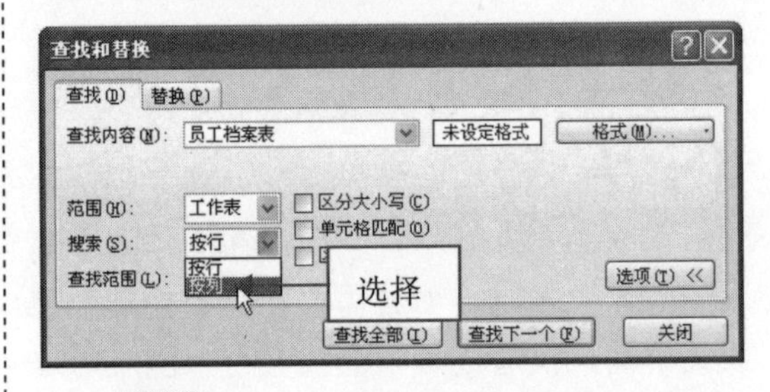

步骤05 执行上述操作后，单击“查找全部”按钮，即可在特定区域中查找需要的内容，如下图所示。

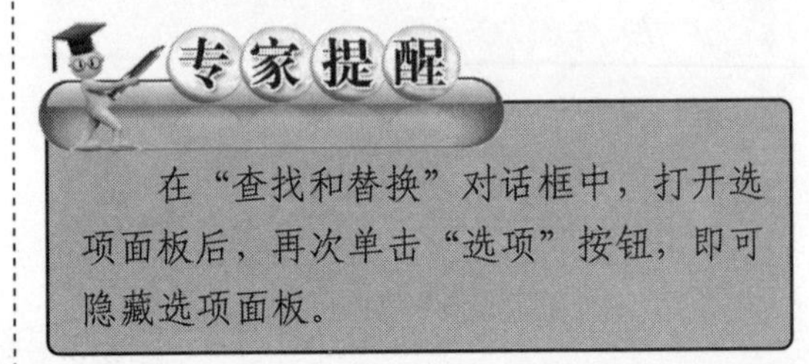

在“查找和替换”对话框中，打开选项面板后，再次单击“选项”按钮，即可隐藏选项面板。

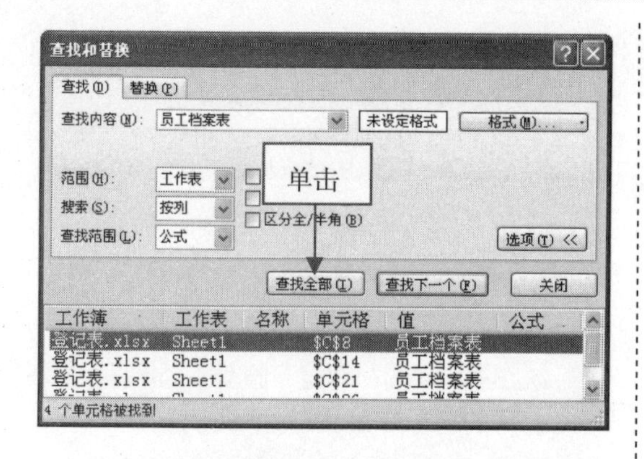

114 模糊查找很实用

在 Excel 2010 的查找过程中，有时并不能准确确定所要查找的内容，此时就可以采用模糊查找方式对相近的内容进行定位，在该过程中将会使用到 Excel 中的通配符。

步骤 01 打开一个 Excel 文件，在“编辑”选项面板中单击“查找和选择”按钮，在弹出的列表框中选择“查找”选项，弹出“查找和替换”对话框，在文本框中输入“*计划”文本内容，如下图所示。

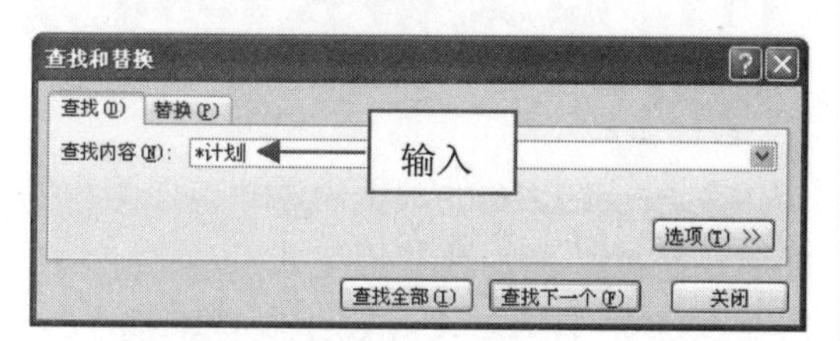

步骤 02 单击“查找全部”按钮，即可查看所查找到的内容，如下图所示。

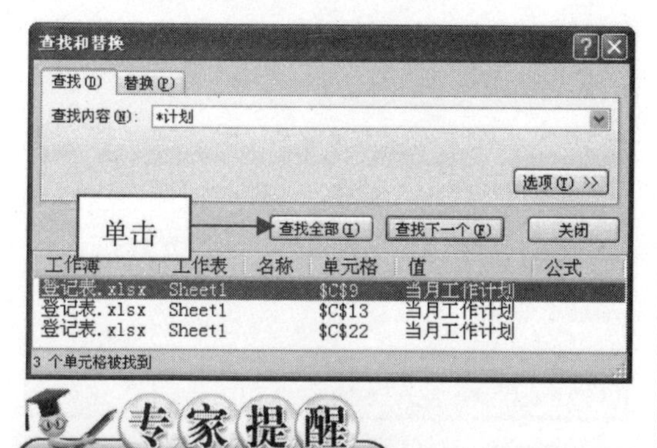

专家提醒

在 Excel 中，可以在搜索条件中使用通配符，包括星号（*）和问号（?）等。

115 快速替换内容

在 Excel 2010 中，替换功能方便用户对单元格内容进行更改替换操作，该方法可以在一瞬间将目标内容替换成所需的内容，从而提高工作效率。

步骤 01 打开一个 Excel 文件，在“编辑”选项面板中单击“查找和选择”按钮，在弹出的列表框中，选择“替换”选项，如下图所示。

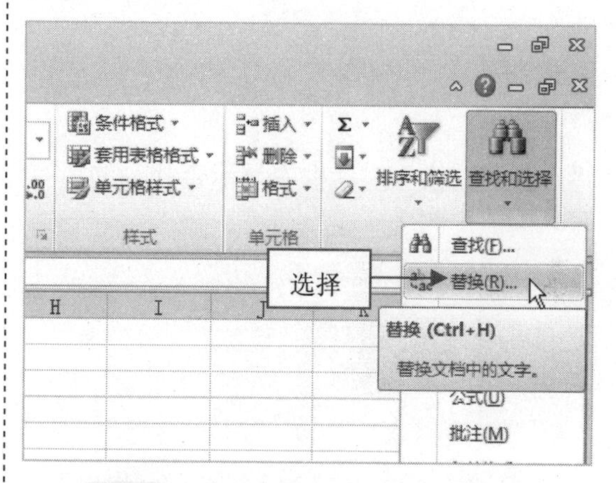

步骤 02 弹出“查找和替换”对话框，在“查找内容”和“替换为”右侧的文本框中分别输入相应的内容，如下图所示。

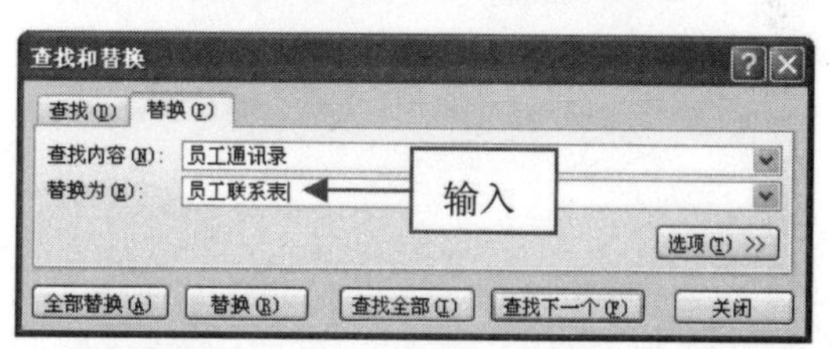

步骤 03 执行上述操作后，单击“全部替换”按钮，即可弹出信息提示框，提示完成替换，如下图所示。

步骤 04 单击“确定”按钮，即可完成内容的快速替换。

116 巧用区分大小写功能进行替换

在 Excel 2010 中，替换字母内容时，除了要指定执行替换操作的数据区域外，还需要设置“区分大小写”选项，以提高操作的准确率。

步骤01 打开一个Excel文件，选择A列，如下图所示。

A2 图书销售表

	A	B	C	D
1		图书销售表		
2	图书编号	图书类型	销售地区	销售额
3	A	编程类	天心区	4530
4	B	计算机基础	天心区	3600
5	C	图形图像类	开福区	2500
6	A	编程类	天心区	6900
7	D	机械类	岳麓区	8700
8	A	编程类	岳麓区	4530
9	E	摄影类	天心区	9500
10	B	计算机基础	天心区	8600
11	A	编程类	岳麓区	4900
12	D	机械类	岳麓区	6700
13	c	图形图像类	开福区	2500
14	E	摄影类	开福区	6700
15	c	图形图像类	天心区	7300
16	E	摄影类	天心区	9500
17	B	计算机基础	天心区	4530
18	A	编程类	岳麓区	4900
19	D	机械类	岳麓区	6700

步骤02 按【Ctrl+H】组合键，弹出“查找和替换”对话框，在“查找内容”和“替换为”右侧的文本框中分别输入相应的内容，如下图所示。

步骤03 单击“选项”按钮，然后在弹出的选项面板中选中“区分大小写”复选框，如下图所示。

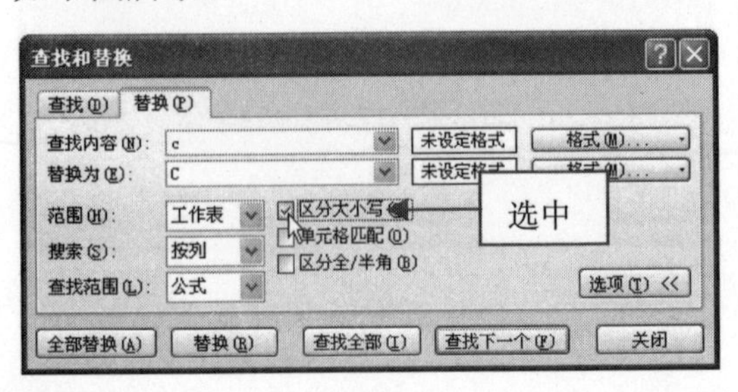

步骤04 单击“全部替换”按钮，弹出信息提示框，如下图所示。

步骤05 单击“确定”按钮，即可完成字母大小写的替换，效果如下图所示。

	A	B	C	D
1	图书销售表			
2	图书编号	图书类型	销售地区	销售额
3	A	编程类	天心区	4530
4	B	计算机基础	天心区	3600
5	C	图形图像类	开福区	2500
6	A	编程类	天心区	6900
7	D	机械类	岳麓区	8700
8	A	编程类	岳麓区	4530
9	E	摄影类	天心区	9500
10	B	计算机基础	天心区	8600
11	A	编程类	岳麓区	4900
12	D	机械类	岳麓区	6700
13	C	图形图像类	开福区	2500
14	E	摄影类	开福区	6700
15	C	图形图像类	天心区	7300
16	E	摄影类	天心区	9500
17	B	计算机基础	天心区	4530
18	A	编程类	岳麓区	4900
19	D	机械类	岳麓区	6700

117 原来格式也可以替换

在 Excel 2010 的数据表中，可以根据需要通过替换功能快速替换格式。

步骤01 打开一个 Excel 文件，按【Ctrl+H】组合键，弹出“查找和替换”对话框，在各文本框中分别输入相应的文本内容，单击“选项”按钮，然后单击右侧的“格式”按钮，如下图所示。

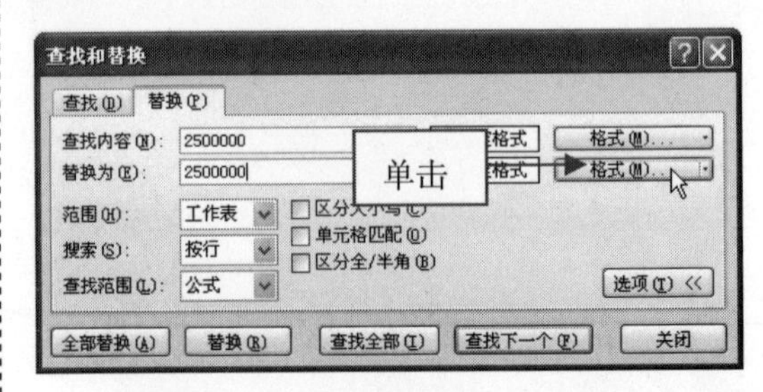

步骤02 弹出“替换格式”对话框，在“数字”选项卡的“分类”列表框中选择“货币”选项，如下图所示。

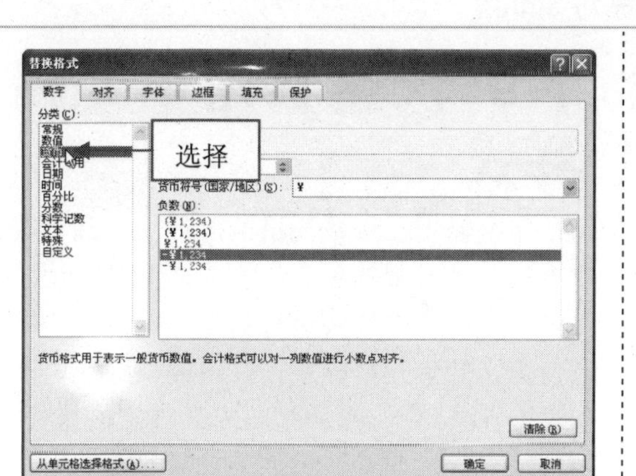

步骤 03　在右侧设置“货币符号”为美元、“小数位数”为 0，并在“负数”列表框中选择相应格式，如下图所示。

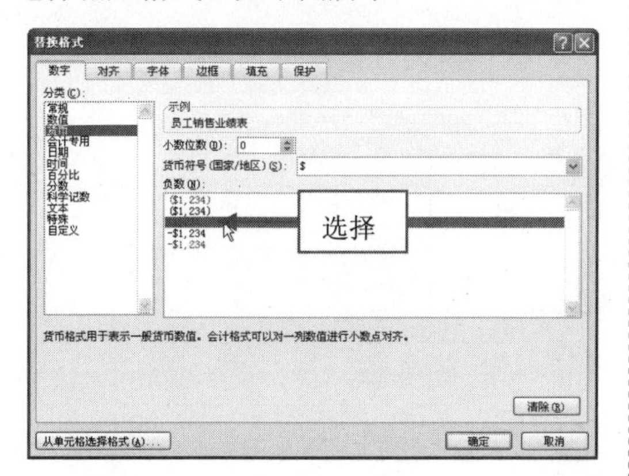

步骤 04　切换至“字体”选项卡，单击“颜色”下方的下拉按钮，在弹出的颜色面板中选择红色，如下图所示。

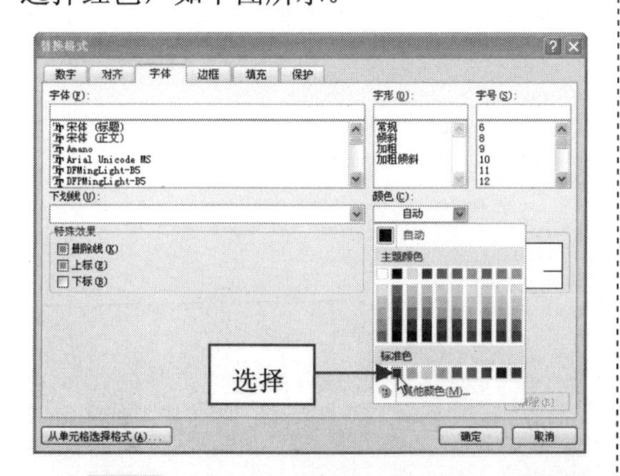

步骤 05　执行上述操作后，单击“确定”按钮，返回“查找和替换”对话框，在其中显示预览标识，选中“单元格匹配”复选框，如下图所示。

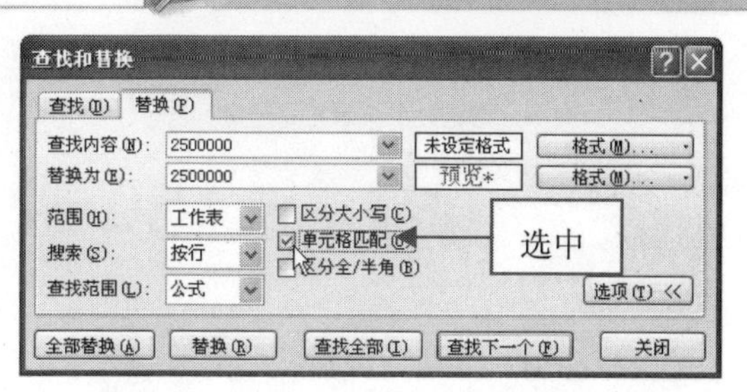

步骤 06　单击“全部替换”按钮，弹出信息提示框，如下图所示。

步骤 07　单击“确定”按钮，即可完成格式的替换，效果如下图所示。

员工销售业绩表					
员工编号	姓名	销售组	签单额	到账额	到账比例
4k1001	杨明	1组	￥3,400,000	￥3,000,000	88.24%
4k1002	王军	2组	$2,500,000	￥2,200,000	88.00%
4k1003	李霞	4组	￥3,600,000	$2,500,000	69.44%
4k1004	刘黎	1组	￥1,900,000	￥1,700,000	89.47%
4k1005	阳琴	1组	￥2,200,000	￥2,000,000	90.91%
4k1006	冯丽	3组	$2,500,000	￥2,800,000	86.36%
4k1007	胡强	2组	￥2,100,000	￥1,900,000	90.48%
4k1008	马娟	1组	￥1,800,000	￥1,500,000	83.33%
4k1009	杨高	1组	￥14,000,000	￥1,600,000	11.43%
4k1010	曾凤	2组	￥2,900,000	￥2,000,000	68.97%
4k1011	陈婷	4组	￥1,200,000	￥2,000,000	166.67%
4k1012	程芳	1组	￥4,500,000	￥4,000,000	88.89%
4k1013	刘姣	3组	￥3,900,000	￥3,700,000	94.87%

118 关闭工作簿的自动替换功能

在编辑 Excel 工作表的过程中，经常会出现自动替换的现象，可以根据需要关闭自动替换功能。

步骤 01　启动 Excel 2010，单击“文件”|“选项”命令，如下图所示。

专家提醒

在 Excel 2010 中，可能是系统的自动更正功能，或对单元格格式进行过相应设置，造成了自动替换的结果。

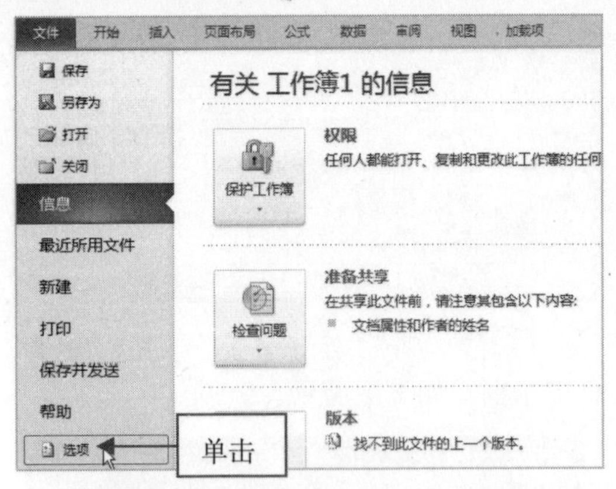

步骤02 弹出“Excel 选项”对话框，切换至“校对”选项卡，在右侧单击“自动更正选项”按钮，如下图所示。

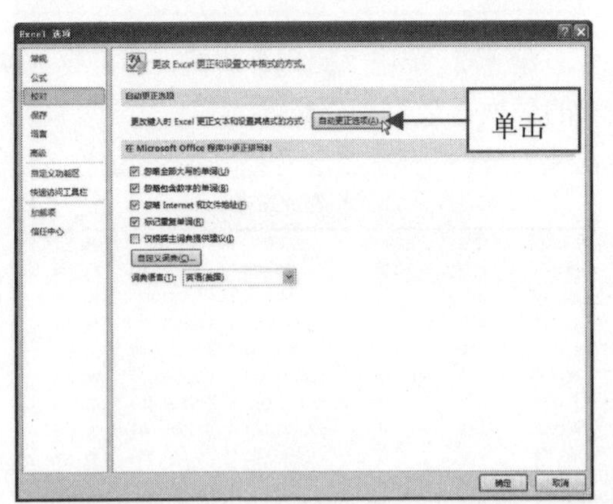

步骤03 弹出“自动更正”对话框，在其中取消选择“键入时自动替换”复选框，如下图所示。

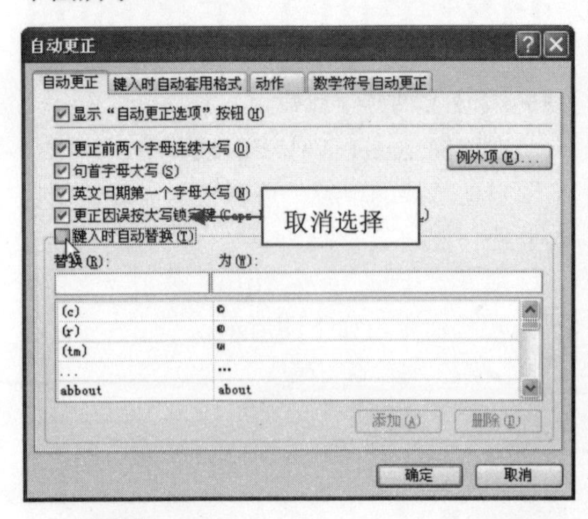

步骤04 单击“确定”按钮，即可关闭 Excel 的自动替换功能。

119 快速套用单元格样式

在编辑 Excel 单元格的过程中，通常会使用到系统内置的单元格样式，此外，用户也可以对单元格样式进行自定义。利用内置或自定义的单元格样式，都可以快速统一所有表格样式，使制作和打印出来的表格统一、规范。

步骤01 打开一个 Excel 文件，选择需要设置的单元格，如下图所示。

A1 fx 2011年上学期1班数学成绩表

	A	B	C	D
1	2011年上学期1班数学成绩表			
2	学号	姓名	班级	成绩
3	010	杨明	1班	55
4	011	王义	1班	96
5	012	李斯	1班	78
6	013	张丽	1班	91
7	014	谢天意	1班	98
8	015	曾小宁	1班	83
9	016	王傅	1班	54
10	017	林佳	1班	75
11	018	江燕	1班	95
12				
13				

步骤02 切换至“开始”选项卡，在“样式”选项面板中单击“单元格样式”按钮 单元格样式，弹出列表框，在“标题”选项区中选择“标题 1”选项，如下图所示。

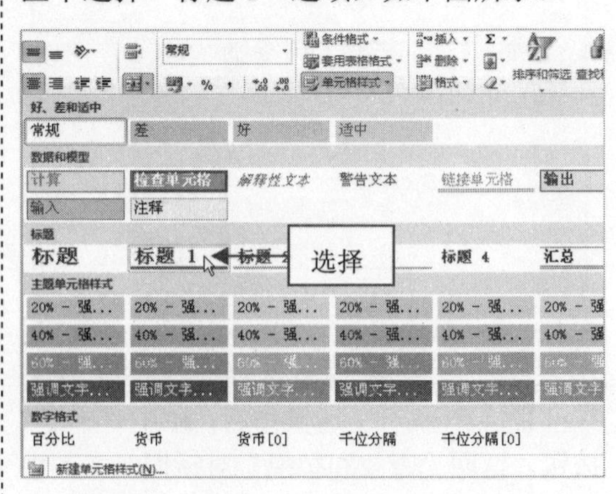

步骤03 执行上述操作后，即可设置单元格的标题样式，效果如下图所示。

A1 2011年上学期1班数学成绩表

2011年上学期1班数学成绩表			
学号	姓名	班级	成绩
010	杨明	1班	55
011	王义	1班	96
012	李斯	1班	78
013	张丽	1班	91
014	谢天意	1班	98
015	曾小宁	1班	83
016	王傅	1班	54
017	林佳	1班	75
018	江燕	1班	95

步骤04 用与上述相同的方法，设置其他单元格的样式，最终效果如下图所示。

A1 2011年上学期1班数学成绩表

2011年上学期1班数学成绩表			
学号	姓名	班级	成绩
010	杨明	1班	55
011	王义	1班	96
012	李斯	1班	78
013	张丽	1班	91
014	谢天意	1班	98
015	曾小宁	1班	83
016	王傅	1班	54
017	林佳	1班	75
018	江燕	1班	95

120 复制格式到新单元格技巧

在 Excel 2010 中，利用 Excel 提供的复制和粘贴功能，可以快速复制单元格格式到新单元格中，为用户节省大量工作时间。

步骤01 打开上一例效果文件，在其中选择需要复制格式的单元格，按【Ctrl+C】组合键进行复制，如下图所示。

D4 96

2011年上学期1班数学成绩表			
学号	姓名	班级	成绩
010	杨明	1班	55
011	王义	1班	96
012	李斯	1班	78
013	张丽	1班	91
014	谢天意	1班	98
015	曾小宁	1班	83
016	王傅	1班	54
017	林佳	1班	75
018	江燕	1班	95

步骤02 将鼠标移至目标单元格，单击鼠标右键，在弹出的快捷菜单中选择“选择性粘贴”选项，如下图所示。

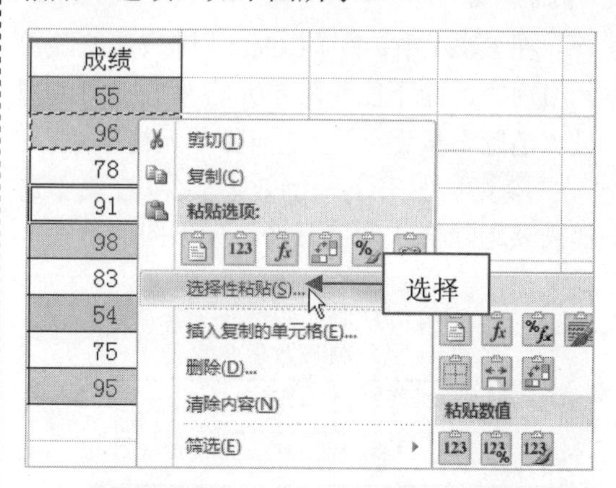

步骤03 弹出“选择性粘贴”对话框，在“粘贴”选项区中选中“格式”单选按钮，如下图所示。

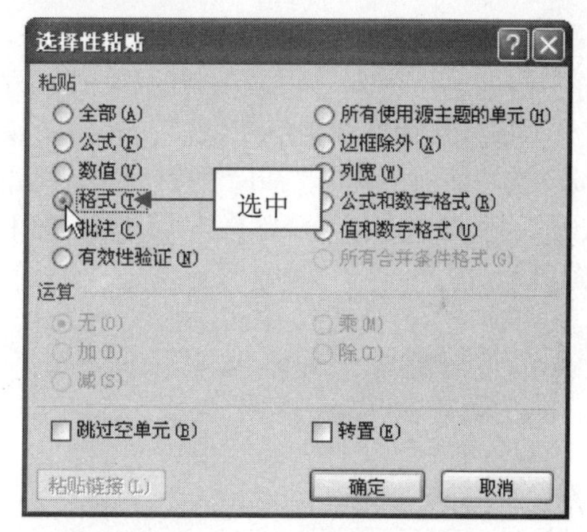

步骤04 执行上述操作后，单击“确定”按钮，即可复制格式到新单元格中，效果如下图所示。

D6 91

2011年上学期1班数学成绩表			
学号	姓名	班级	成绩
010	杨明	1班	55
011	王义	1班	96
012	李斯	1班	78
013	张丽	1班	91
014	谢天意	1班	98
015	曾小宁	1班	83
016	王傅	1班	54
017	林佳	1班	75
018	江燕	1班	95

121 快速清除单元格格式

在 Excel 中，按【Delete】键只能删除单元格内容，而不能清除单元格格式，只能通过“清除”按钮才能清除单元格格式。

步骤 01 打开上一例效果文件，在其中选择需要删除格式的单元格，如下图所示。

D9 54

	A	B	C	D
1	2011年上学期1班数学成绩表			
2	学号	姓名	班级	成绩
3	010	杨明	1班	55
4	011	王义	1班	96
5	012	李斯	1班	78
6	013	张丽	1班	91
7	014	谢天意	1班	98
8	015	曾小宁	1班	83
9	016	王傅	1班	54
10	017	林佳	1班	75
11	018	江燕	1班	95

步骤 02 切换至“开始”选项卡，在“编辑”选项面板中单击“清除”按钮，在弹出的列表框中选择“清除格式”选项，如下图所示。

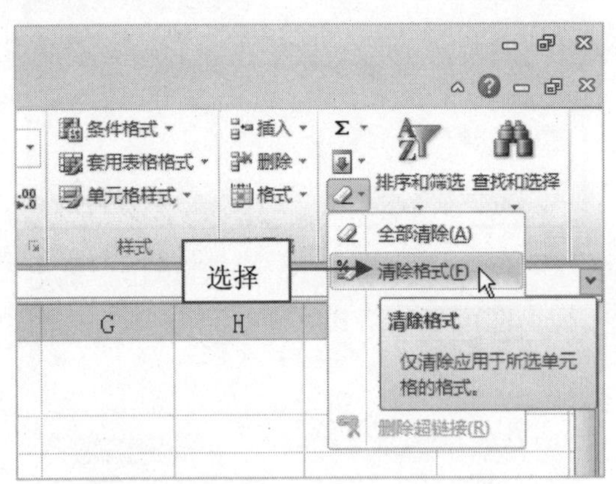

步骤 03 执行上述操作后，即可快速清除单元格格式，效果如下图所示。

在 Excel 中单击“清除”按钮，在弹出的列表框中选择“全部清除”选项，可清除单元格中的所有内容。

A1 2011年上学期1班数学成绩表

	A	B	C	D
1	2011年上学期1班数学成绩表			
2	学号	姓名	班级	成绩
3	010	杨明	1班	55
4	011	王义	1班	96
5	012	李斯	1班	78
6	013	张丽	1班	91
7	014	谢天意	1班	98
8	015	曾小宁	1班	83
9	016	王傅	1班	54
10	017	林佳	1班	75
11	018	江燕	1班	95

122 套用表格样式

在 Excel 2010 中提供了多种表格样式，用户可以根据需要套用表格的样式。

步骤 01 打开一个 Excel 文件，在工作表中选择要套用表格样式的单元格区域，如下图所示。

A2 设备名称

	A	B	C	D	E
1	公司数据报表				
2	设备名称	品牌	进价	卖价	购买日期
3	电话机	步步高	200	300	2011-5-20
4	打印机	佳能	2000	2500	2011-7-1
5	笔记本电脑	华硕	8000	9500	2011-7-6
6	传真机	夏普	1100	1700	2011-8-10
7	复印机	理光	5000	6200	2011-8-21
8	扫描仪	清华紫光	800	1500	2011-9-2
9	空调	格力	5000	6000	2011-1-12
10	刻录机	惠普	500	800	2011-3-1
11	打印机	联想	1800	2500	2011-3-25
12	数码相机	柯达	3000	3700	2011-8-12
13	台式电脑	三星	3500	4500	2011-10-2
14	笔记本电脑	东芝	6000	7500	2011-2-3
15	扫描仪	爱普生	1000	1800	2011-3-16
16	复印机	理光	4000	4800	2011-6-13

步骤 02 切换至“开始”选项卡，在“样式”选项面板中单击“套用表格格式”按钮套用表格格式，在弹出的下拉列表框中选择相应样式，如下图所示。

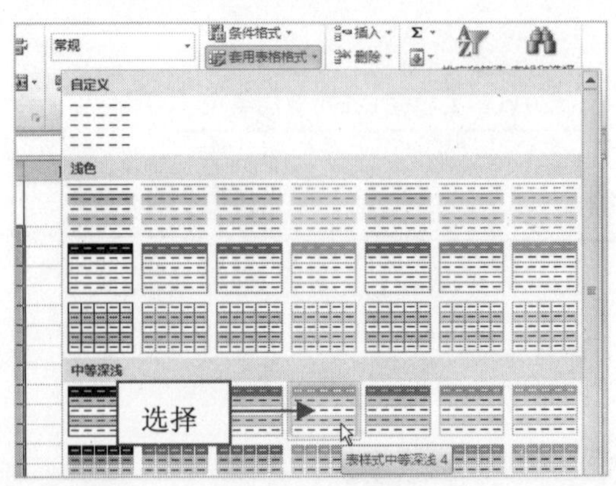

步骤 03　弹出“套用表格式”对话框，保持系统默认设置，如下图所示。

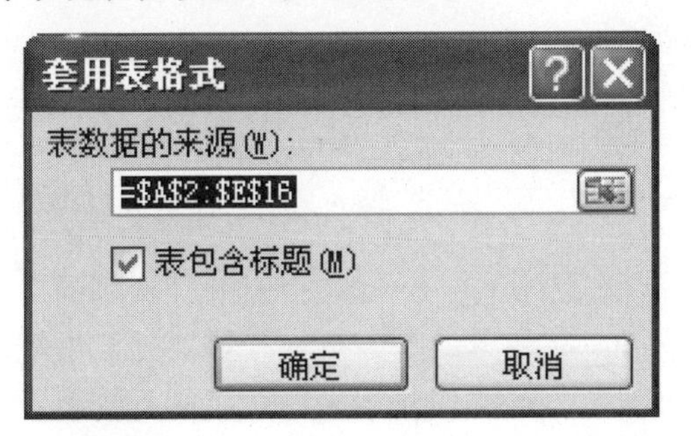

步骤 04　单击“确定”按钮，即可完成表格格式的套用，效果如下图所示。

公司数据报表

设备名称	品牌	进价	卖价	购买日期
电话机	步步高	200	300	2011-5-20
打印机	佳能	2000	2500	2011-7-1
笔记本电脑	华硕	8000	9500	2011-7-6
传真机	夏普	1100	1700	2011-8-10
复印机	理光	5000	6200	2011-8-21
扫描仪	清华紫光	800	1500	2011-9-2
空调	格力	5000	6000	2011-1-12
刻录机	惠普	500	800	2011-3-1
打印机	联想	1800	2500	2011-3-25
数码相机	柯达	3000	3700	2011-8-12
台式电脑	三星	3500	4500	2011-10-2
笔记本电脑	东芝	6000	7500	2011-2-3
扫描仪	爱普生	1000	1800	2011-3-16
复印机	理光	4000	4800	2011-6-13

123 为单元格区域设置边框

一般情况下，Excel 默认的表格边框是灰色的，用户也可根据喜好自行设置，为单元格区域设置不同的边框效果。

步骤 01　启动 Excel 2010，选择需要设置边框的单元格区域，如下图所示。

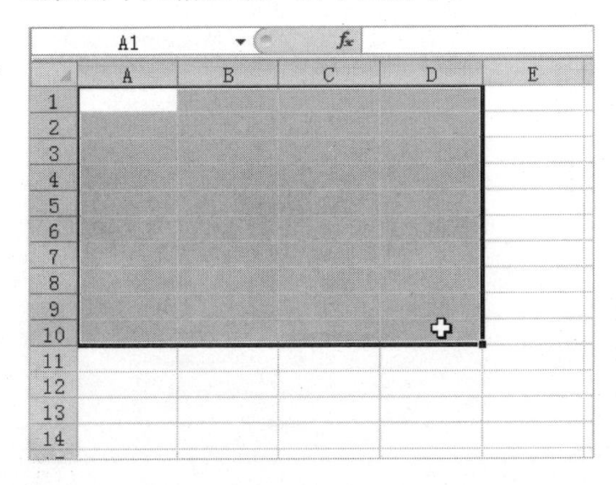

步骤 02　切换至“开始”选项卡，在“字体”选项板中单击“边框”右侧的下拉按钮，在弹出的列表框中选择“所有框线”选项，如下图所示。

步骤 03　执行上述操作后，即可为选择的单元格区域设置边框，效果如下图所示。

124 快速设置所有单元格的边框

在 Excel 2010 中，用户还可以根据需要设置工作表中所有单元格的边框。

步骤 01　启动 Excel 2010，单击工作表中左上角行标和列标交叉处的按钮，选择所有单元格，如下图所示。

专家提醒

在 Excel 2010 中，除了上述方法选择所有单元格以外，还可以按【Ctrl + A】组合键，快速选择整个表格。

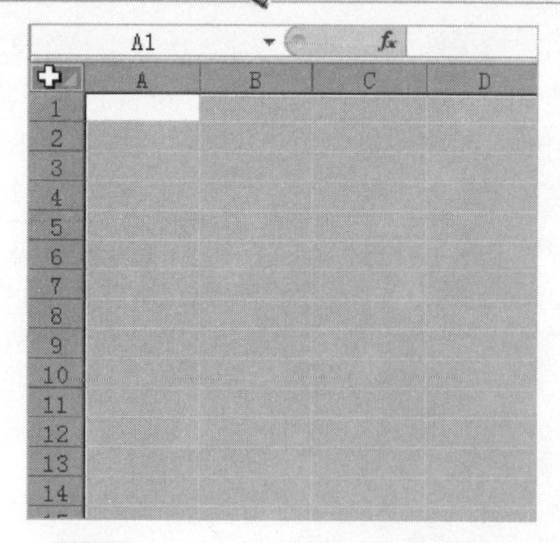

步骤02 在“字体”选项板中单击“边框”右侧的下拉按钮，在弹出的列表框中选择“所有框线”选项，如下图所示。

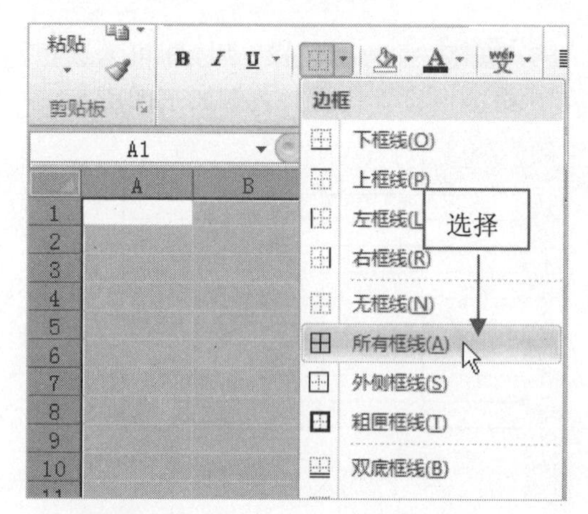

步骤03 执行上述操作后，即可为所有单元格设置边框，效果如下图所示。

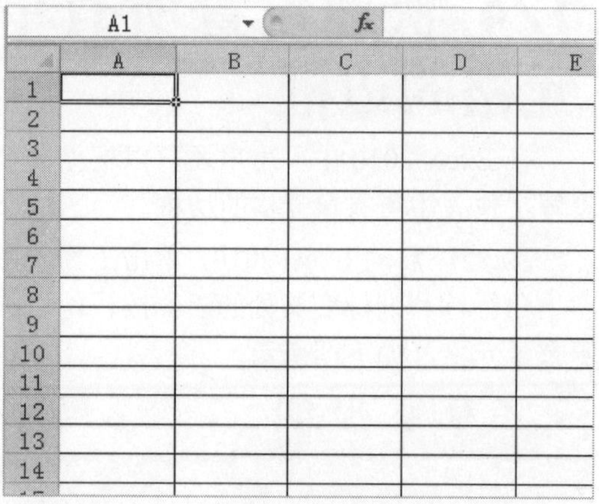

在Excel中，用户也可以根据需要，为单元格区域添加外边框而不添加内边框。

步骤01 启动Excel 2010，选择需要添加外边框的单元格区域，单击鼠标右键，将自动显示浮动面板，如下图所示。

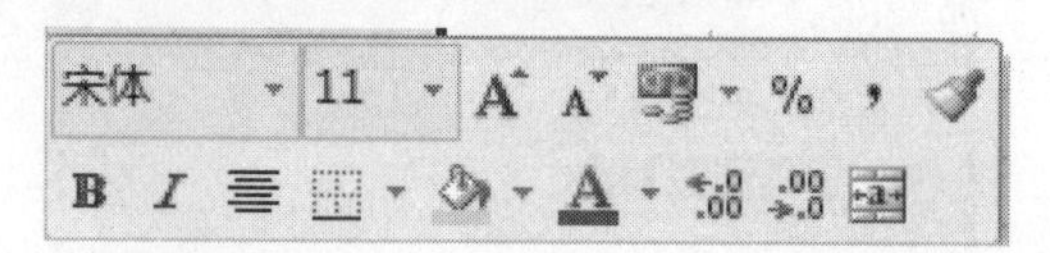

步骤02 在其中单击“边框”右侧的下拉按钮，在弹出的列表框中选择“外侧框线”选项，即可添加外边框，效果如下图所示。

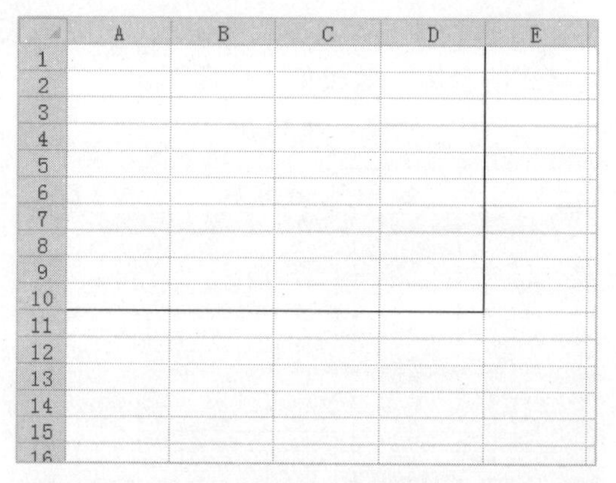

125 手动绘制单元格外边框

在Excel 2010中，系统提供了手动绘制外边框的功能，用户可以根据需要手动绘制单元格外边框。

步骤01 启动Excel 2010，在“字体”选项板中单击“边框”右侧的下拉按钮，弹出列表框，在“绘制边框”选项区中选择“绘图边框”选项，如下图所示。

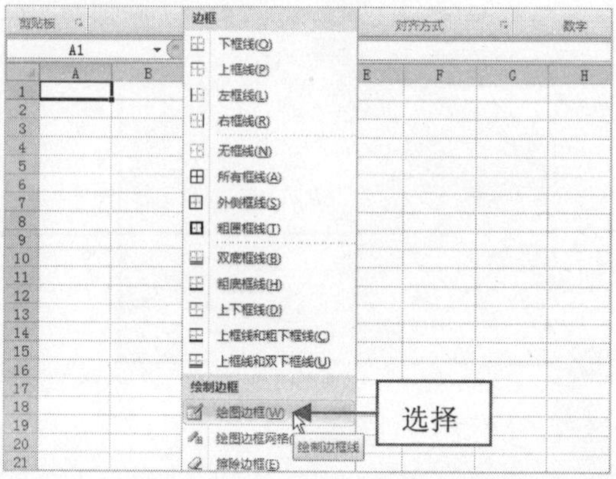

步骤 02　当鼠标指针呈✎形状时，将鼠标移至需要绘制的单元格区域上，单击鼠标左键并拖曳，到目标位置释放鼠标左键即可，如下图所示。

专家提醒

在 Excel 2010 中，单击“边框”右侧的下拉按钮，在弹出的列表框中选择“无框线”选项，即可删除单元格中的边框线。

126 设置边框线条的颜色

在 Excel 2010 中，用户不仅可以为单元格添加边框，还可为单元格设置边框颜色。

步骤 01　启动 Excel 2010，在相应单元格区域添加边框，然后选择需要设置边框颜色的单元格区域，如下图所示。

步骤 02　单击鼠标右键，弹出快捷菜单，选择“设置单元格格式”选项，如下图所示。

步骤 03　即可弹出“设置单元格格式”对话框，在该对话框中单击“颜色”下方的下拉按钮，在弹出的颜色面板中选择红色，如下图所示。

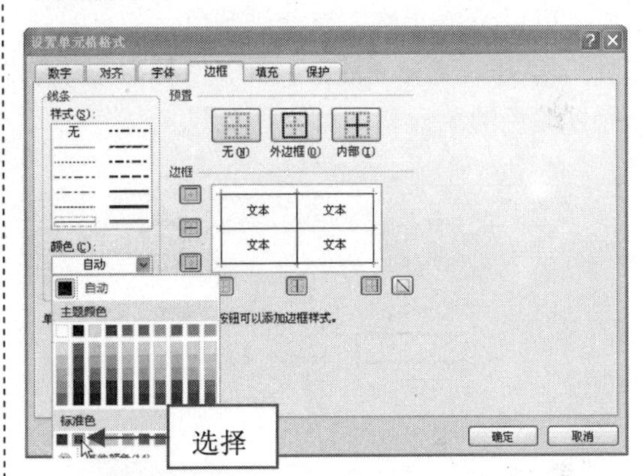

步骤 04　在“预置”选项区中，单击“外边框”和“内部”按钮，即可在下方预览其颜色，如下图所示。

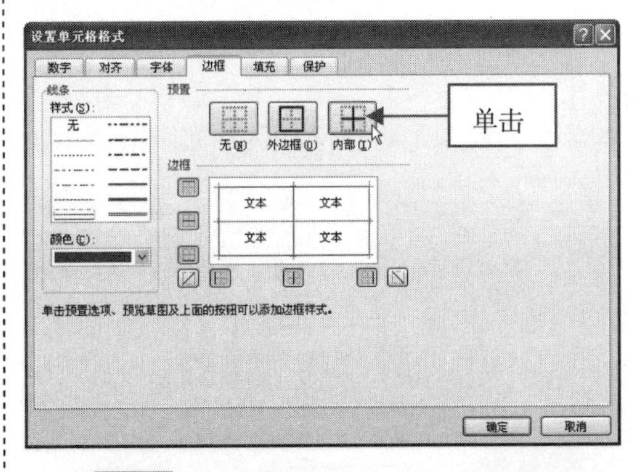

步骤 05　设置完成后，单击“确定”按钮，即可完成边框线条颜色的设置，效果如下图所示。

127 为单元格填充背景颜色

在 Excel 2010 中，为了让单元格更加美观，可以为单元格填充背景颜色。

步骤01 启动 Excel 2010，选择需要填充背景颜色的单元格，如下图所示。

步骤02 在“开始”面板的“字体”选项区中，单击“填充颜色”下拉按钮，在弹出的颜色面板中选择相应颜色，如下图所示。

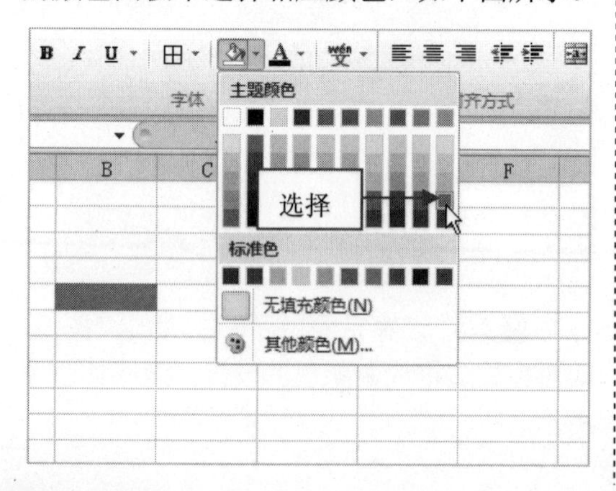

步骤03 执行上述操作后，即可为选择的单元格填充背景颜色，如下图所示。

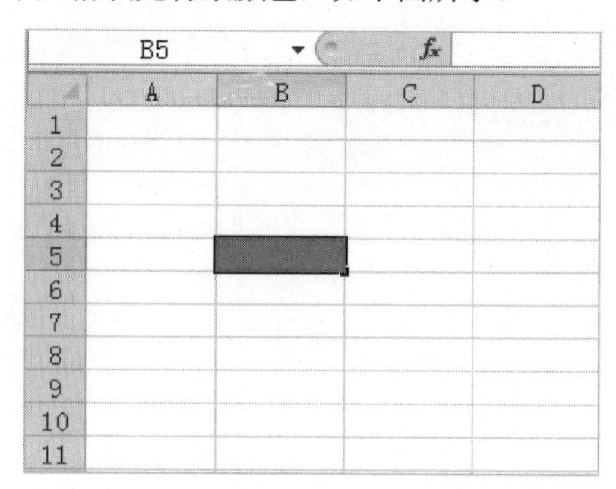

128 设置单元格填充效果

在 Excel 2010 中，为了让单元格样式多姿多彩，可为单元格背景设置渐变填充效果。

步骤01 启动 Excel 2010，选择需要填充背景颜色的单元格，单击鼠标右键，在弹出的快捷菜单中选择“设置单元格格式”选项，如下图所示。

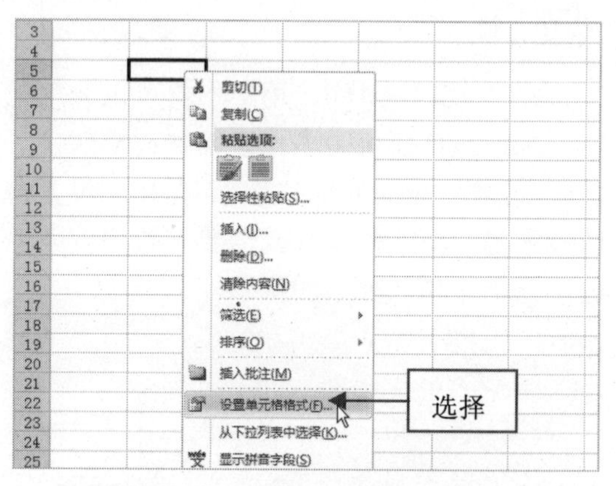

步骤02 弹出“设置单元格格式”对话框，切换至“填充”选项卡，在其中单击“填充效果”按钮，如下图所示。

专家提醒

在弹出的“设置单元格格式”对话框中，还可以单击“其他颜色”按钮，弹出“颜色”对话框，在其中设置颜色样式。

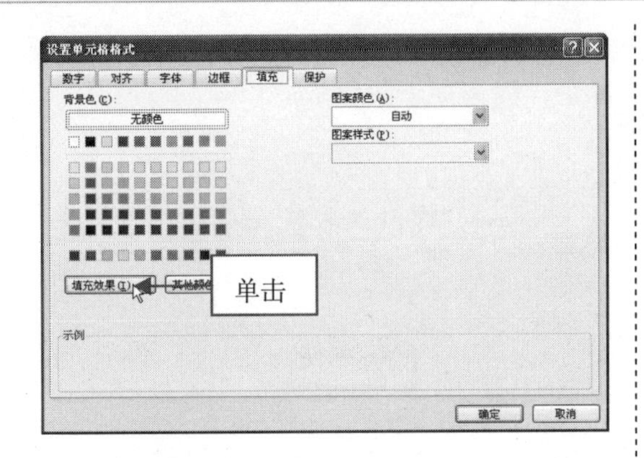

步骤03 弹出“填充效果”对话框，在“底纹样式”选项区中选中“斜上”单选按钮，如下图所示。

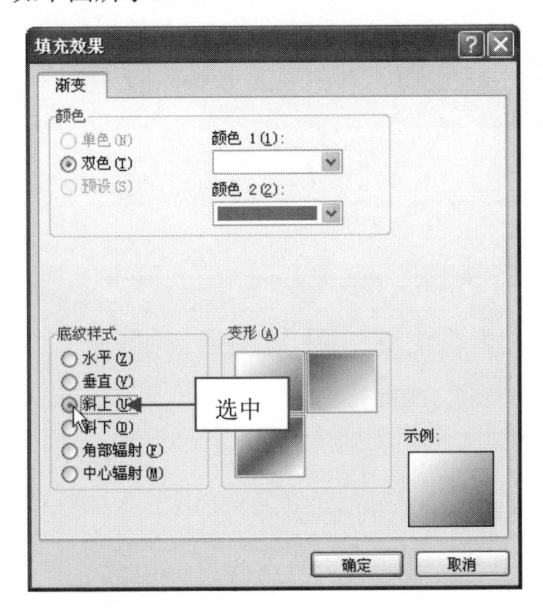

步骤04 设置完成后，单击“确定”按钮，返回“设置单元格格式”对话框，单击“确定”按钮即可，效果如下图所示。

129 设置单元格图案填充

在 Excel 2010 中，除了以颜色填充背景效果外，还可以利用图案填充单元格背景。方法是：在工作表中选择需要设置图案填充的单元格，调出“设置单元格格式”对话框，切换至“填充”选项卡，在“图案颜色”下拉列表框中，选择一种图案填充的颜色，在“图案样式”下拉列表框中，选择一种图案样式，在“示例”列表框中可以预览效果，如下图所示。设置完成后，单击“确定”按钮，即可完成单元格图案的设置。

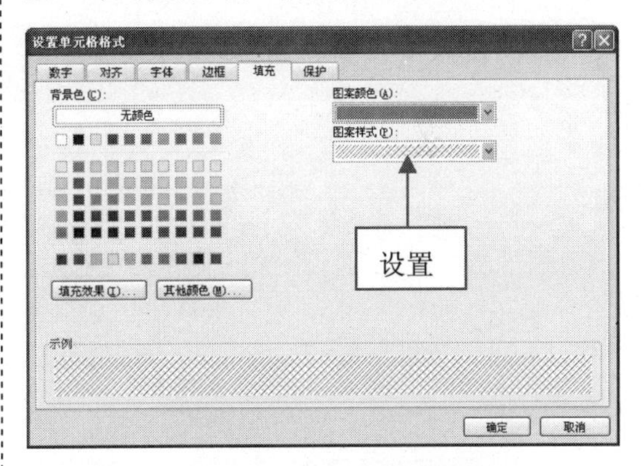

130 清除背景颜色

在 Excel 2010 中，当单元格中的背景颜色不再需要时，可将其删除。

步骤01 启动 Excel 2010，在相应单元格中设置背景颜色，并选择该单元格，如下图所示。

步骤02 在“字体”选项区中单击“填充颜色”下拉按钮，在弹出颜色面板中选择“无填充颜色”选项，如下图所示。

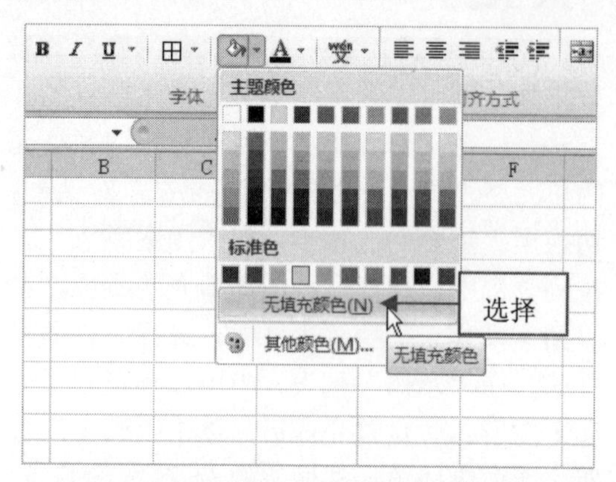

步骤03 执行上述操作后，即可清除背景颜色，效果如下图所示。

B5 fx

	A	B	C	D
1				
2				
3				
4				
5				
6				
7				
8				
9				
10				
11				

● 读书笔记

06 数据处理技巧

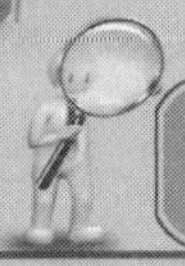

学前提示

在 Excel 2010 中，不仅要掌握 Excel 的基本操作，还要掌握数据的处理技巧，包括输入文本数据、填充序列、自定义填充序列，以及文本的对齐方式等。本章主要介绍数据的处理技巧。

本章知识重点

- 轻松输入文本
- 输入货币符号
- 设置日期类型
- 自定义数字类型
- 记忆性填充功能的妙用
- 设置自动填充等差序列
- 输入循环序列值
- 巧用格式刷
- 清除单元格数据
- 设置标题为水平居中对齐

学完本章后你会做什么

- 掌握文本、货币符号、日期时间等的输入方法
- 掌握自动填充功能的应用技巧
- 掌握格式刷的应用技巧

视频演示

保留数字前面的零

设置日期序列填充

131 轻松输入文本

在 Excel 2010 中，将鼠标指针移至需要输入文本的单元格中，单击鼠标左键，即可在其中输入相应文本，如下图所示。

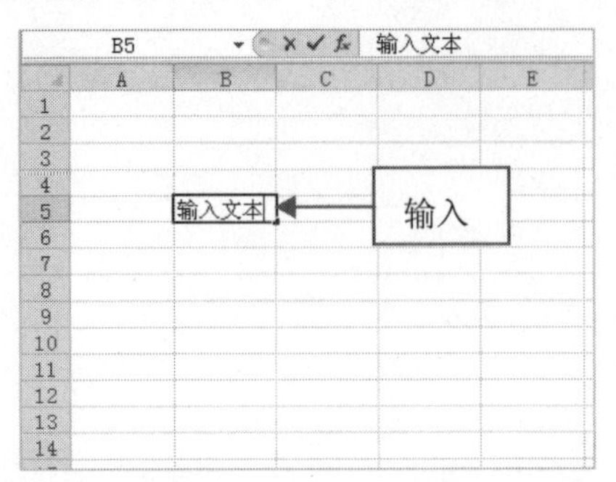

132 同时在多个单元格中输入相同的内容

在 Excel 2010 中，为了节省时间，提高工作效率，可以同时在多个单元格中输入相同的内容。

步骤01 启动 Excel 2010，在工作表中按住【Ctrl】键的同时，选择需要输入相同内容的单元格，如下图所示。

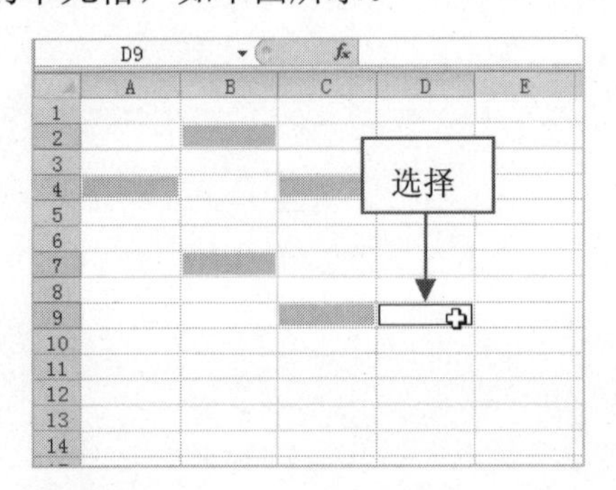

步骤02 选择后在其中某个单元格中输入文本内容，如下图所示。

步骤03 按【Ctrl＋Enter】组合键，即可在多个单元格中同时输入相同的内容，如下图所示。

133 添加或减少小数位数

在 Excel 2010 中，当用户对数据进行处理时，如财务核算，就需对数据的小数位数进行精确调整。

步骤01 启动 Excel 2010，在工作表中选择需要添加或减少小数位数的单元格，如下图所示。

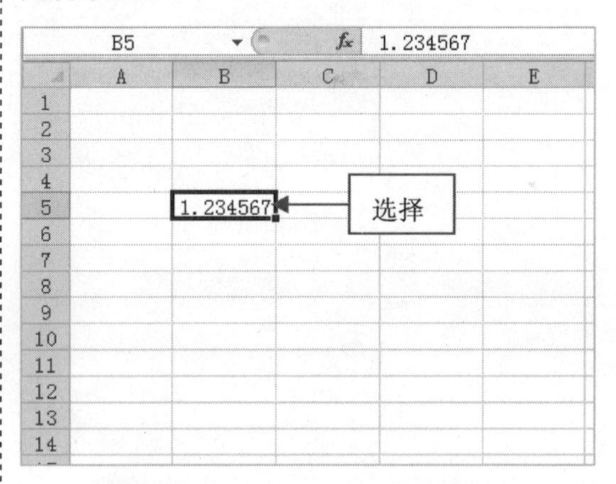

步骤02 切换至“开始”选项卡，在“数字”选项面板中单击“减少小数位数”按钮 ，如下图所示。

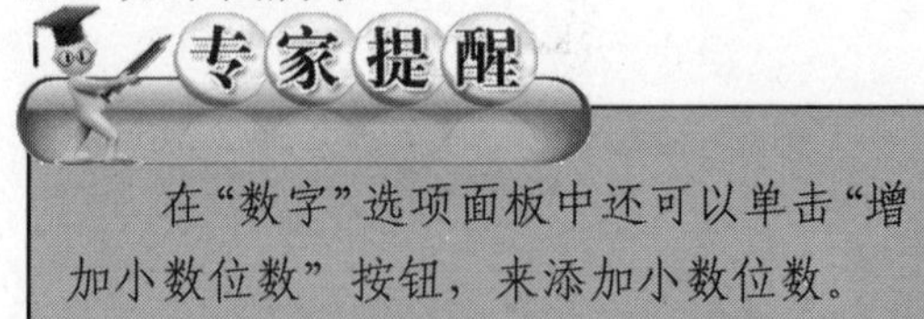

专家提醒

在“数字”选项面板中还可以单击“增加小数位数”按钮，来添加小数位数。

步骤03 执行上述操作后，即可减少单元格中数据的小数位数，如下图所示。

134 输入货币符号

在 Excel 2010 中，提供了方便快捷的方法输入各种不同的货币符号，让资金值带上货币符号显示。

步骤01 启动 Excel 2010，切换至“开始”选项卡，单击“数字”选项面板右下角的按钮，如下图所示。

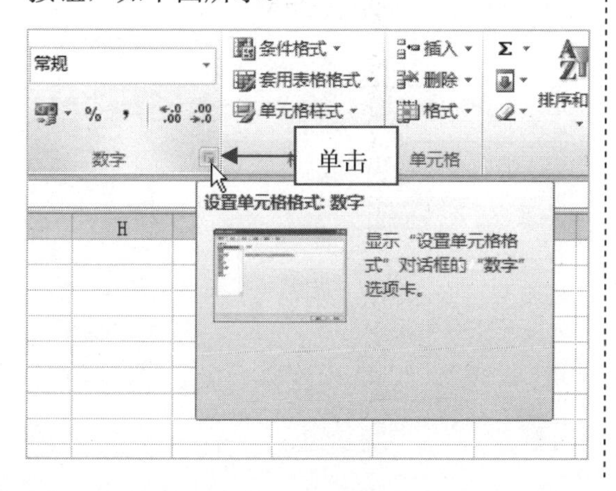

步骤02 弹出“设置单元格格式”对话框，切换至“数字”选项卡，在“分类”列表框中选择“货币”选项，如下图所示。

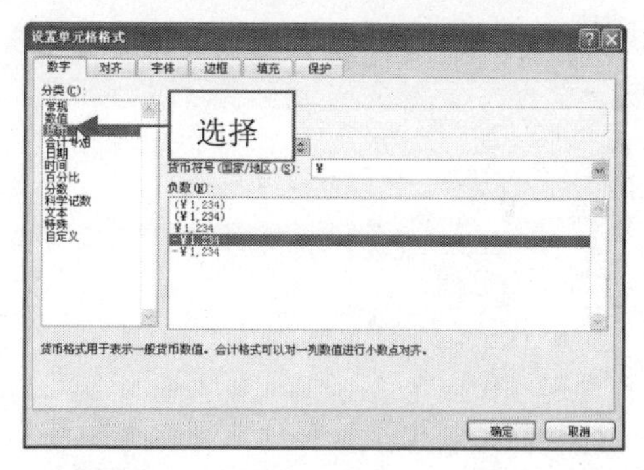

步骤03 单击“货币符号”右侧的下拉按钮，在弹出的列表框中选择相应的货币符号，如下图所示。

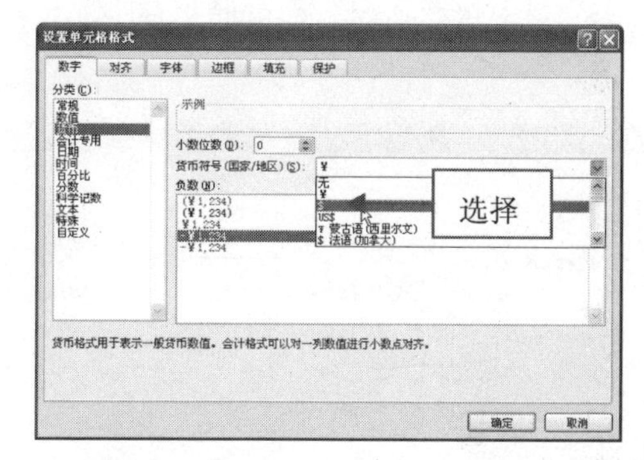

步骤04 设置完成后，单击“确定”按钮，在该单元格中输入相应数字，即可以带有货币符号形式显示，如下图所示。

135 设置日期类型

在 Excel 2010 中，系统有默认的日期类型，用户也可根据需要设置其他的日期类型。

步骤 01 启动 Excel 2010，选择需要设置日期类型的单元格，调出“设置单元格格式”对话框，在“分类”列表框中选择“日期”选项，如下图所示。

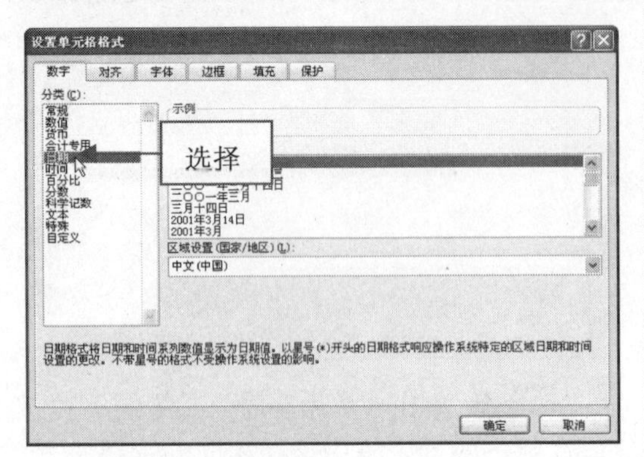

步骤 02 然后在右侧的“类型”下拉列表框中，根据需要选择一种日期类型，如下图所示。

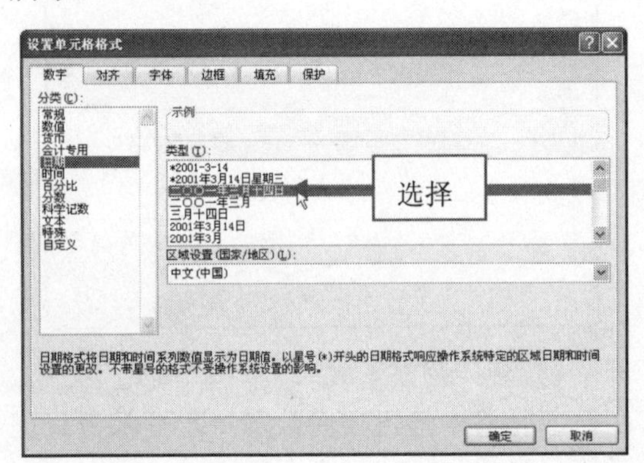

步骤 03 设置完成后，单击“确定”按钮，在目标单元格中输入日期，即可以选择的日期类型显示，如下图所示。

136 设置时间类型

在 Excel 2010 中，系统提供了多种时间类型，可供用户选择。

步骤 01 启动 Excel 2010，选择需要设置时间类型的单元格，调出“设置单元格格式”对话框，在“分类”列表框中选择“时间”选项，如下图所示。

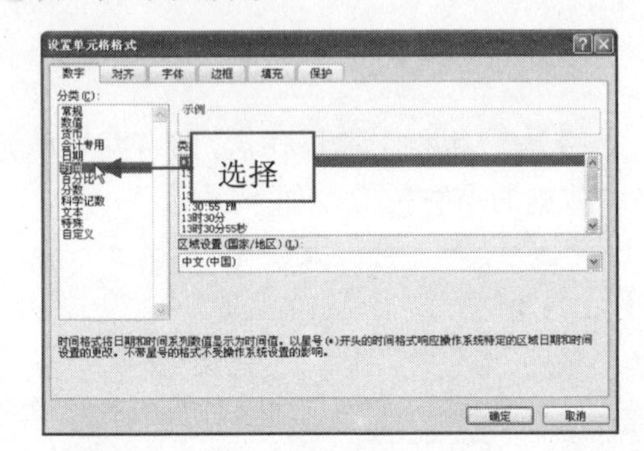

步骤 02 然后在右侧的“类型”下拉列表框中，根据需要选择一种时间类型，如下图所示。

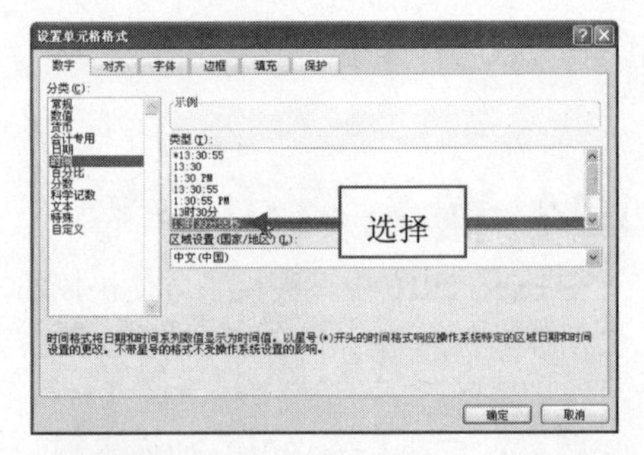

步骤 03 设置完成后，单击“确定”按钮，在目标单元格中输入时间，即可以选择的时间类型显示，如下图所示。

137 添加会计用的单下划线

在使用 Excel 处理财务数据时，可以为数据添加单下划线，突出显示数据的重要性。

步骤 01　启动 Excel 2010，选择需要添加单下划线的数据，如下图所示。

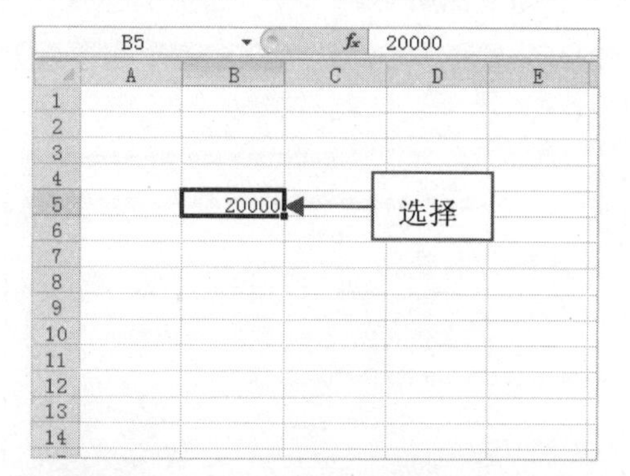

步骤 02　调出“设置单元格格式”对话框，切换至“字体”选项卡，单击“下划线”下拉按钮，在弹出的列表框中选择“会计用单下划线”选项，如下图所示。

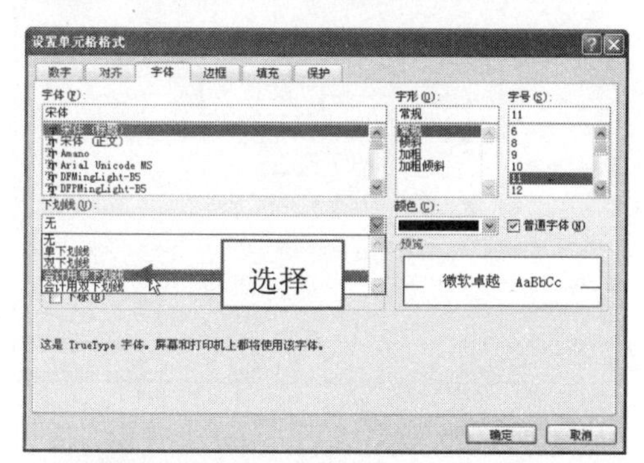

步骤 03　设置完成后，单击“确定”按钮，即可添加会计用的单下划线，如下图所示。

	A	B	C	D
1				
2				
3				
4				
5		20000		
6				
7				
8				
9				
10				
11				
12				

138 添加会计用的双下划线

在 Excel 2010 中，用户还可以根据需要为数据添加会计用的双下划线。

步骤 01　启动 Excel 2010，选择需要添加双下划线的数据，如下图所示。

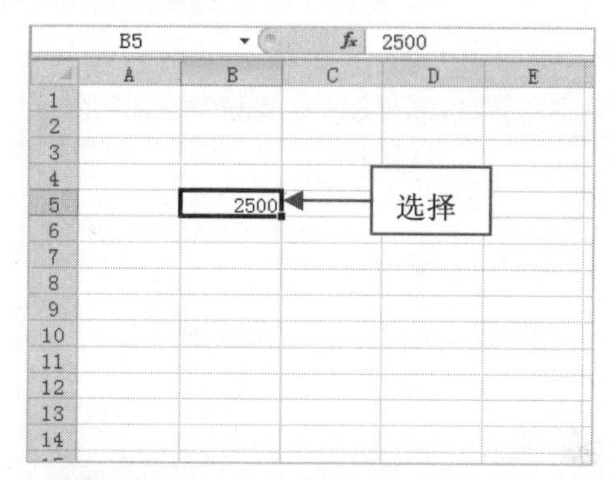

步骤 02　调出“设置单元格格式”对话框，切换至“字体”选项卡，单击“下划线”下拉按钮，在弹出的列表框中选择“会计用双下划线”选项，如下图所示。

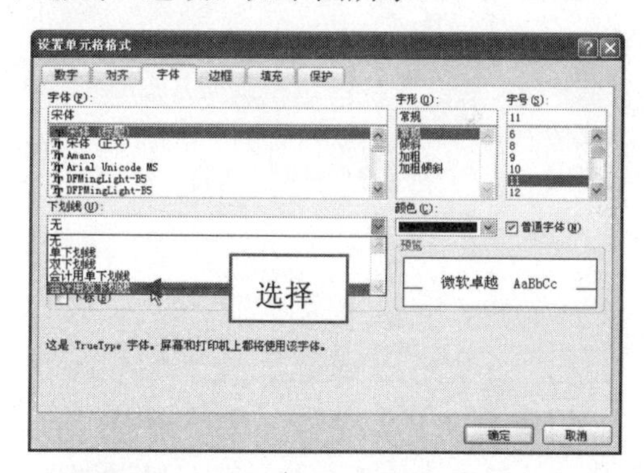

步骤 03　设置完成后，单击“确定”按钮，即可添加会计用的双下划线，如下图所示。

	A	B	C	D
1				
2				
3				
4				
5		2500		
6				
7				
8				
9				
10				
11				
12				

139 设置分数类型

在 Excel 2010 中制作表格时，通常需要输入分数。因此在输入之前，需要设置分数在单元格中的显示格式。

步骤 01 启动 Excel 2010，选择需要输入分数的单元格，调出“设置单元格格式”对话框，在“分类”列表框中选择“分数”选项，如下图所示。

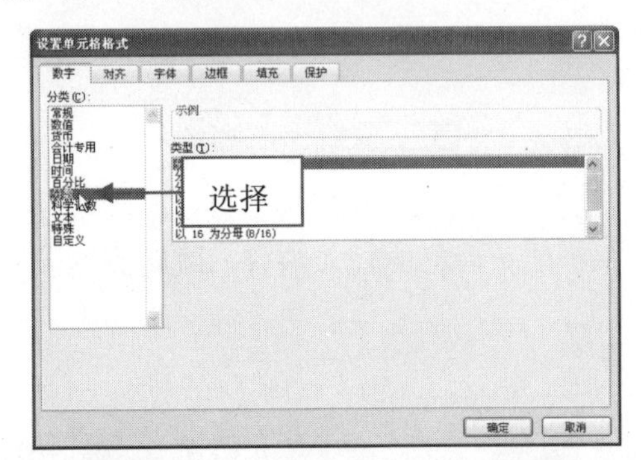

步骤 02 在右侧的“类型”下拉列表框中，根据需要选择一种分数类型，如下图所示。

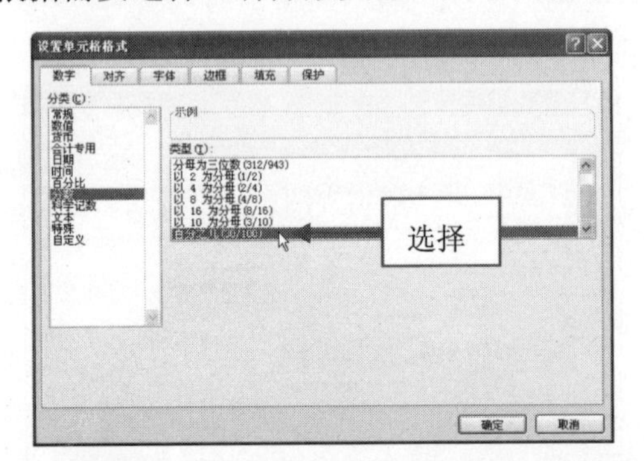

步骤 03 设置完成后，单击“确定”按钮，在目标单元格中输入分数，即可以设置的分数类型显示，如下图所示。

B5 | fx 0.2

	A	B	C	D	E
1					
2					
3					
4					
5		20/100			
6					
7					
8					
9					
10					
11					
12					
13					
14					

140 自定义数字类型

当 Excel 2010 提供的数字类型不能满足用户需求时，还可以自定义数字类型。

步骤 01 启动 Excel 2010，选择需要输入数字的单元格，调出“设置单元格格式”对话框，在“分类”列表框中选择“自定义”选项，如下图所示。

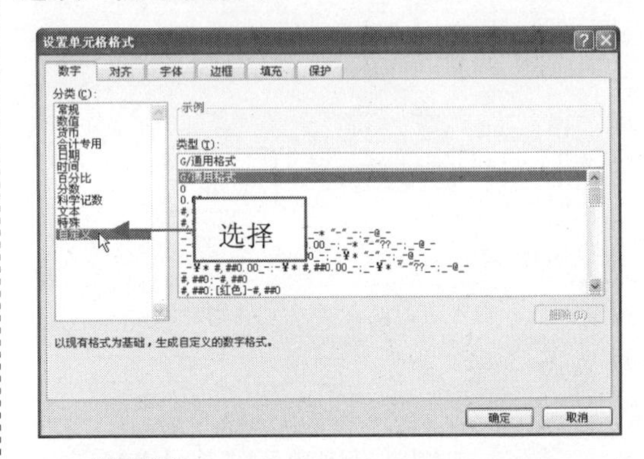

步骤 02 在“类型”下方的文本框中，自定义设置数字类型，如下图所示。

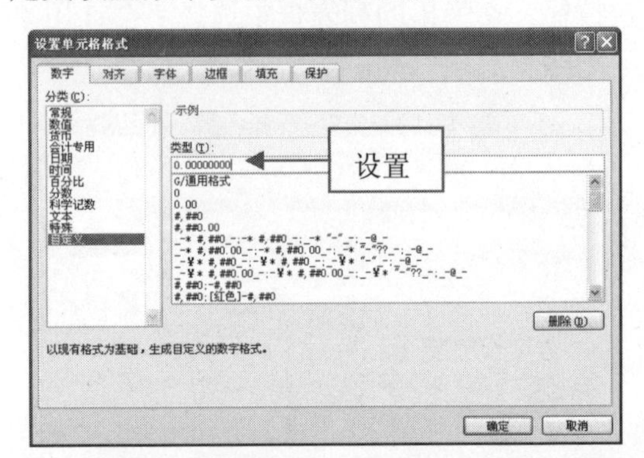

步骤 03 设置完成后，单击“确定”按钮，在目标单元格中输入相应数字，即可以自定义的数字类型显示，如下图所示。

B5 | fx 12345

	A	B	C	D
1				
2				
3				
4				
5		12345.00000000		
6				
7				
8				
9				
10				
11				
12				
13				
14				

141 设置保留数字前面的零

在 Excel 2010 中输入数据时，当输入首位为 0 的数据后，系统将会自动取消首位 0 值的显示，此时需要对单元格进行特殊的设置，才能保留数字前面的 0。

步骤 01 启动 Excel 2010，选择需要输入数字的单元格，调出“设置单元格格式”对话框，在“分类”列表框中选择“文本”选项，如下图所示。

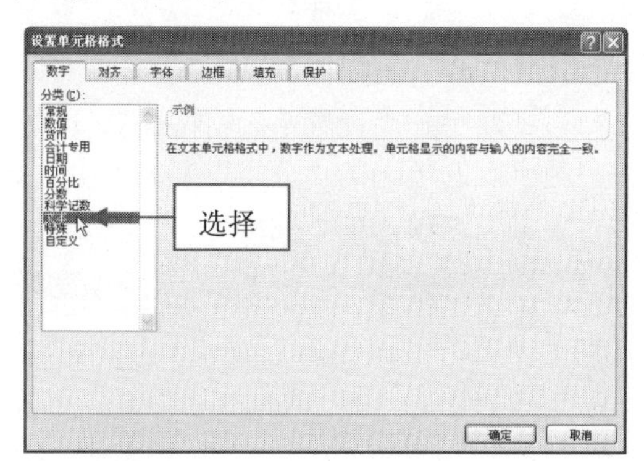

步骤 02 设置完成后，单击“确定”按钮，然后在目标单元格中输入以 0 开头的数字时，将保留数字前面的 0，且单元格的左上角将显示绿色的小三角形，如下图所示。

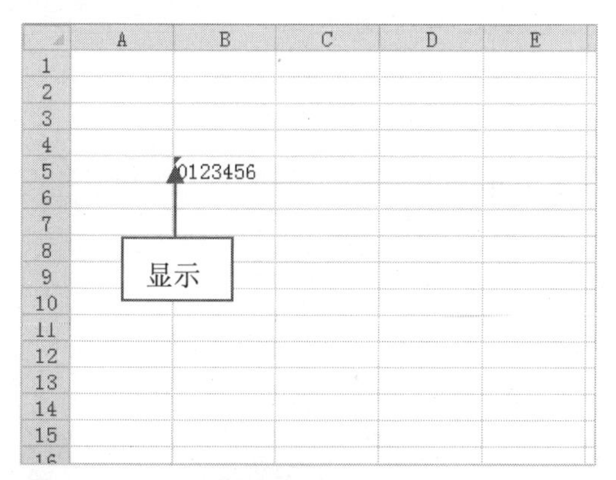

专家提醒

在 Excel 2010 的单元格中，输入一个英文状态下的单引号，再输入首位为 0 的数字，也可以保留数字前面的 0。

142 快速输入日期和时间

在 Excel 2010 中，如果用户要输入当前日期，按【Ctrl+;】组合键；如果要输入当前时间，则按【Ctrl+Shift+;】组合键；如果要同时输入当前日期和时间，先按【Ctrl+;】组合键后，输入一个空格，再按【Ctrl+Shift+;】组合键，即可快速输入当前日期和时间。

143 更改回车键功能

在 Excel 2010 中，回车键默认的功能是结束当前单元格的输入内容，跳转到同一列下一行的单元格中，用户也可以根据需要更改回车键的功能。

步骤 01 启动 Excel 2010，单击“文件”|“选项”命令，如下图所示。

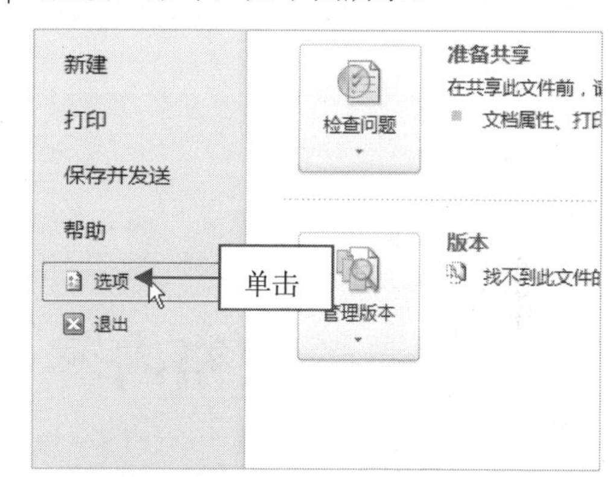

步骤 02 弹出“Excel 选项”对话框，在其中切换至“高级”选项卡，如下图所示。

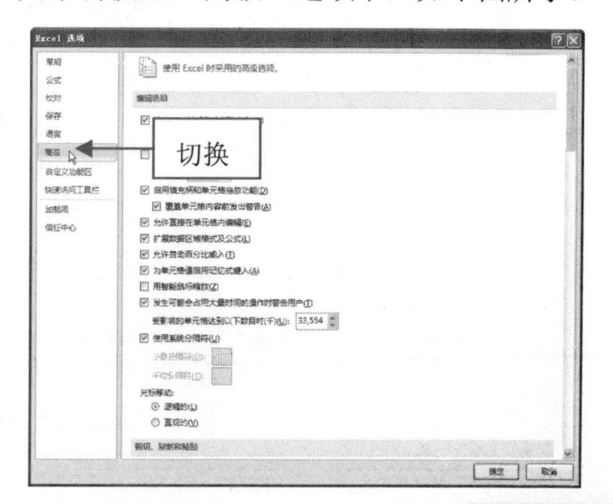

步骤 03 在右侧的“编辑选项”选项区中单击“方向”右侧的下拉按钮，在弹出的列表框中选择“向右”选项，如下图所示。

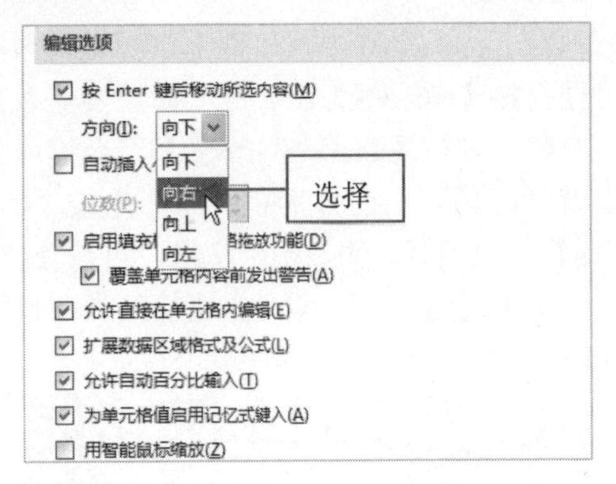

步骤 04 设置完成后，单击“确定”按钮，在工作表中按【Enter】键，即可选择右侧的单元格，如下图所示。

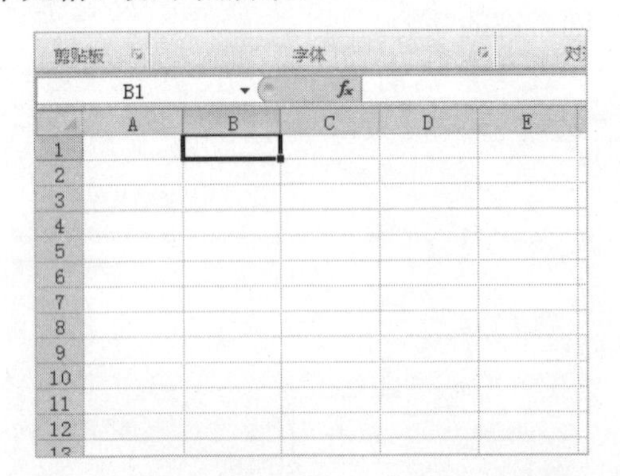

144 隐藏单元格内容

在 Excel 2010 中，当单元格中的数据过多时，用户可将暂时没用到的数据进行隐藏，从而提高视觉效果。

步骤 01 打开一个 Excel 文件，在其中选择需要隐藏的单元格，如下图所示。

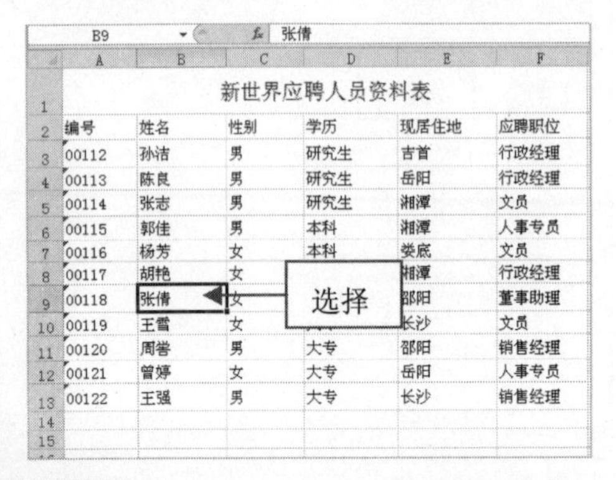

步骤 02 单击鼠标右键，在弹出的快捷菜单中选择“设置单元格格式”选项，如下图所示。

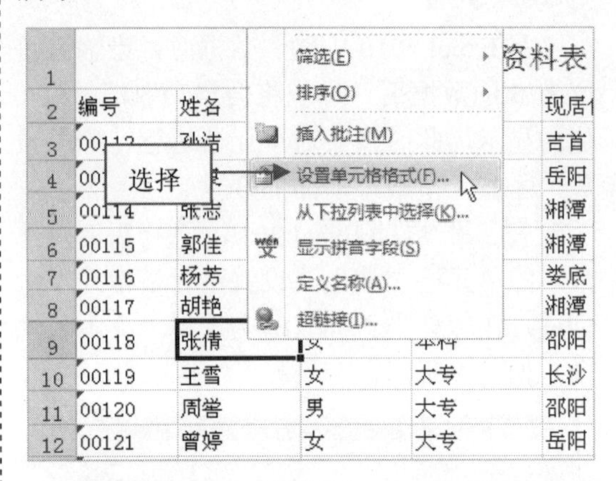

步骤 03 弹出“设置单元格格式”对话框，在“数字”选项卡的“分类”列表框中选择“自定义”选项，如下图所示。

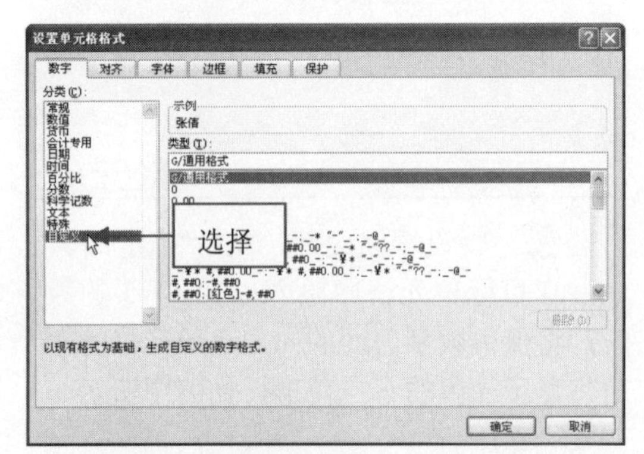

步骤 04 在右侧“类型”下方的文本框中，输入“;;;”，如下图所示。

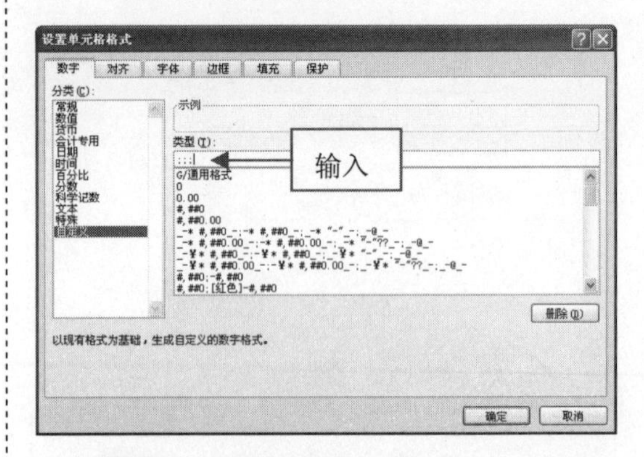

步骤 05 设置完成后，单击“确定”按钮，即可隐藏目标单元格中的内容，效果如下图所示。

新世界应聘人员资料表					
编号	姓名	性别	学历	现居住地	应聘职位
00112	孙洁	男	研究生	吉首	行政经理
00113	陈良	男	研究生	岳阳	行政经理
00114	张志	男	研究生	湘潭	文员
00115	郭佳	男	本科	湘潭	人事专员
00116	杨芳	女	本科	娄底	文员
00117	胡艳	女		湘潭	行政经理
00118		女		邵阳	董事助理
00119	王雪	女		长沙	文员
00120	周誉	男	大专	邵阳	销售经理
00121	曾婷	女	大专	岳阳	人事专员
00122	王强	男	大专	长沙	销售经理

隐藏

145 记忆性填充功能的妙用

在编辑 Excel 工作表的过程中，当需要录制大量数据时，通常会出现相近或相同数据的输入情况，为了避免重复操作，可以通过记忆性填充的方法实现数据的快速录入。

步骤01 启动 Excel 2010，单击“文件”|“选项”命令，如下图所示。

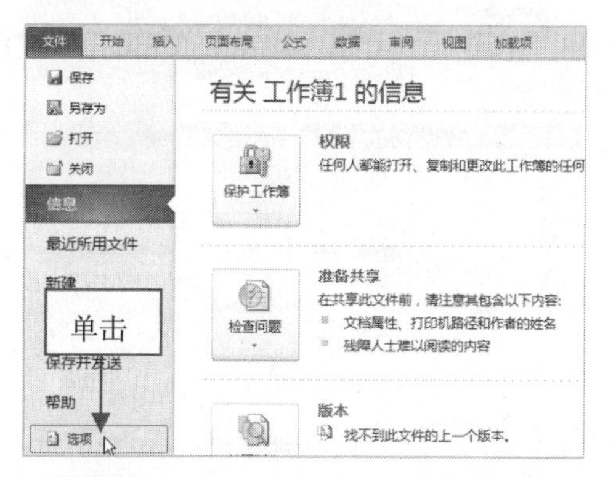

步骤02 弹出“Excel 选项”对话框，切换至“高级”选项卡，如下图所示。

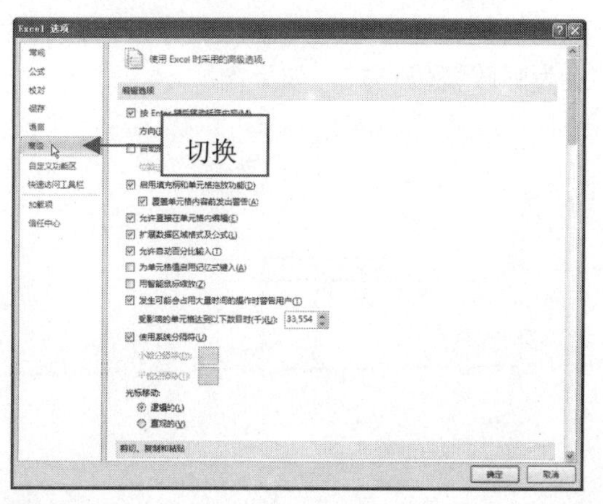

步骤03 在右侧的“编辑选项”选项区中，选中“为单元格值启用记忆式键入”复选框，如下图所示。

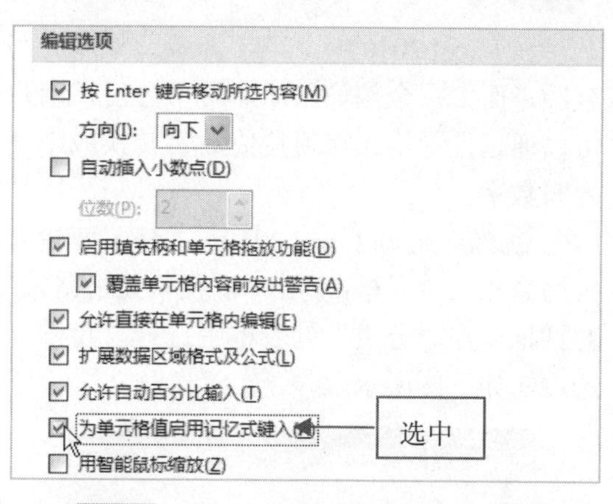

步骤04 单击“确定”按钮，在单元格中输入相同内容，文档将会自动进行填充，如下图所示。

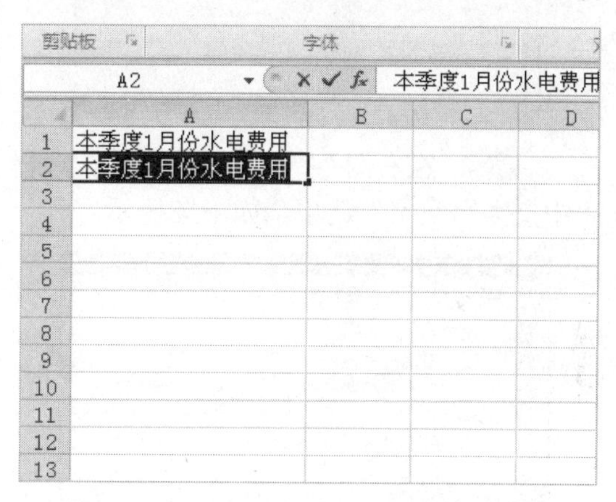

步骤05 填充完成后，只需将 1 改为 2，即可实现快速录入，如下图所示。

剪贴板　字体　对齐

A2　f_x　本季度2月份水电费用

	A	B	C	D
1	本季度1月份水电费用			
2	本季度2月份水电费用			
3				
4				
5				
6				
7				
8				
9				
10				
11				
12				
13				

146 中文大写数字的输入

在 Excel 2010 中，经常会涉及输入大写金额，而大写金额输入却非常不方便，用户可以通过设置格式将阿拉伯数字转换成中文大写数字。

步骤01 启动 Excel 2010，选择需要输入大写金额的单元格，调出“设置单元格格式”对话框，在“分类”列表框中选择“特殊”选项，如下图所示。

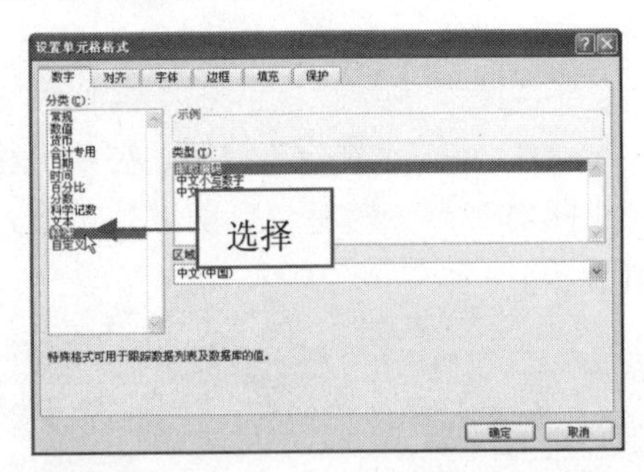

步骤02 在右侧“类型”列表框中，选择“中文大写数字”选项，如下图所示。

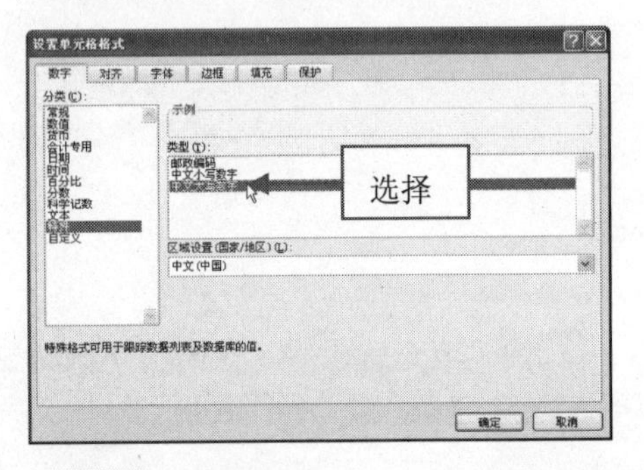

步骤03 设置完成后，单击“确定”按钮，在目标单元格中输入数字，即可自动转换为中文大写形式，如下图所示。

147 输入邮政编码

在 Excel 2010 中输入邮政编码时，Excel会自动将录入的数字变成科学计数形式，因此需要通过设置将数据转换为邮政编码形式。

步骤01 启动 Excel 2010，选择需要输入邮政编码的单元格，调出“设置单元格格式”对话框，在“分类”列表框中选择“特殊”选项，如下图所示。

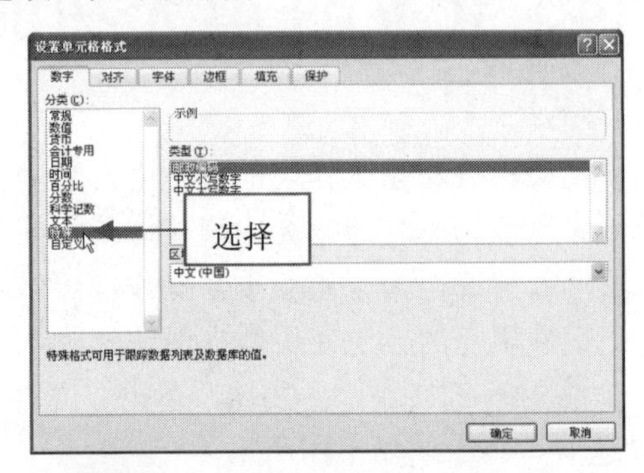

步骤02 在右侧“类型”列表框中，选择“邮政编码”选项，如下图所示。

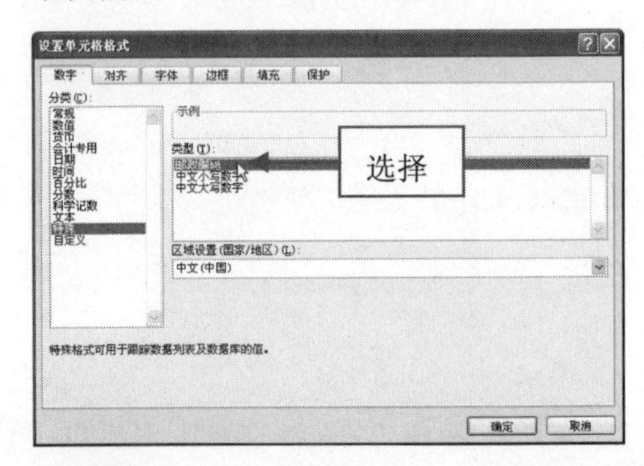

步骤03 设置完成后，单击“确定”按钮，在目标单元格中输入数字，即可将其自动转换为邮政编码形式，如下图所示。

148 输入键盘上没有的符号

在 Excel 2010 中，当用户在单元格中输入特殊符号时，如果键盘上没有，可以通过特定的符号对话框插入特殊符号。

步骤01 启动 Excel 2010，选择需要插入符号的单元格，切换至“插入”选项卡，在“符号”选项面板中单击“符号”按钮，如下图所示。

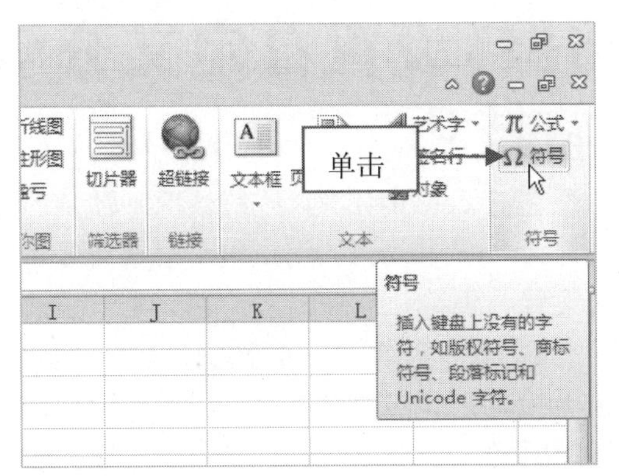

步骤02 弹出“符号”对话框，切换至“特殊字符”选项卡，在“字符”下拉列表框中选择相应符号，如下图所示。

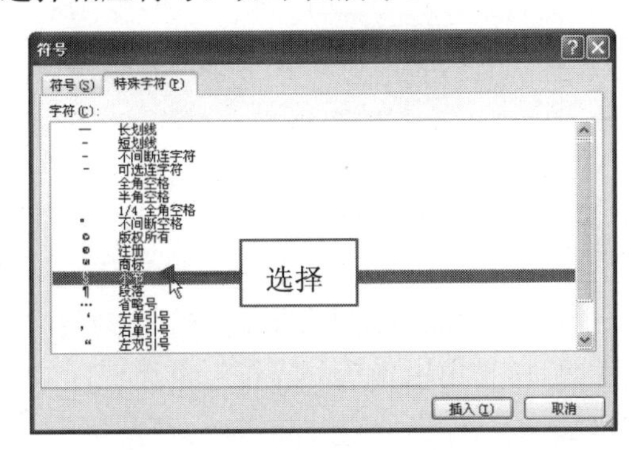

步骤03 单击“插入”按钮，并单击“关闭”按钮，关闭“符号”对话框，即可在目标单元格中插入选择的符号，如下图所示。

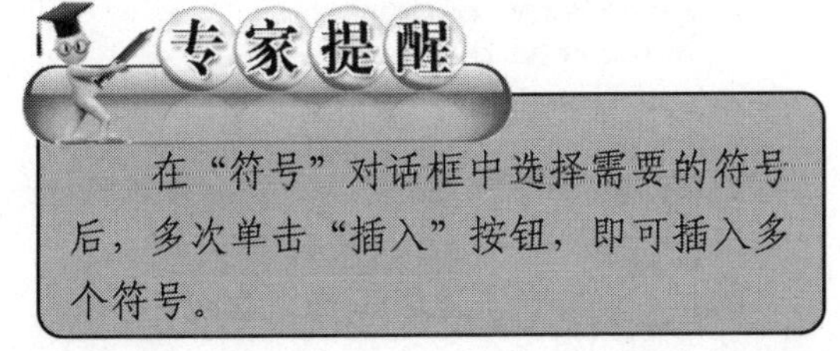

专家提醒

在“符号”对话框中选择需要的符号后，多次单击“插入”按钮，即可插入多个符号。

149 添加数据分隔符

在 Excel 2010 中，在数据中添加数据分隔符，可以清楚地显示出数据的位数与大小，还能使用户轻松读出数字的具体数目。

步骤01 启动 Excel 2010，选择需要设置分隔符的单元格，如下图所示。

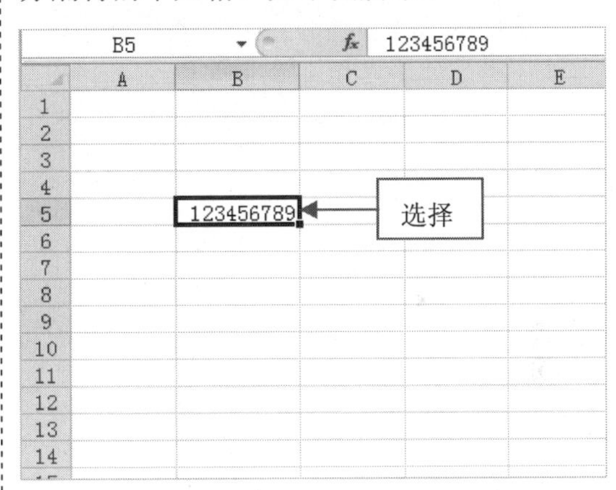

步骤02 切换至“开始”选项卡，在“数字”选项面板中单击“千分位分隔样式”按钮，如下图所示。

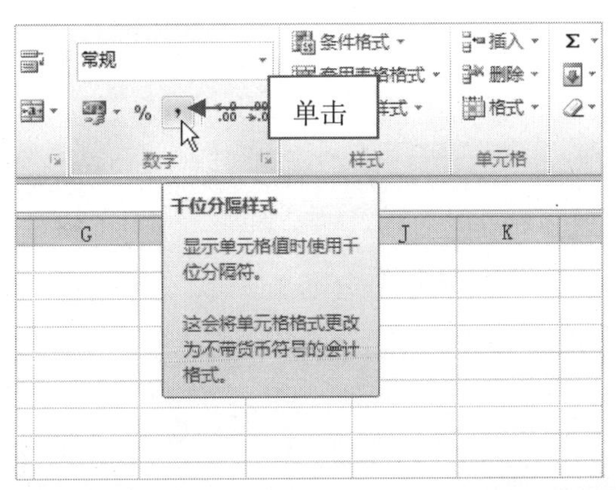

步骤03 执行上述操作后，即可为数据添加千分位分隔符，效果如下图所示。

150 设置数据百分比显示

在 Excel 2010 中，可以将数据快速设置为百分比显示。

步骤01 启动 Excel 2010，选择需要设置百分比显示的单元格，如下图所示。

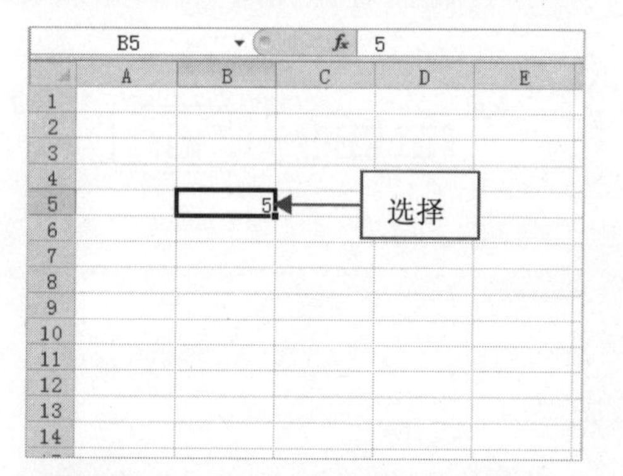

步骤02 切换至“开始”选项卡，在“数字”选项面板中单击“百分比样式”按钮%，如下图所示。

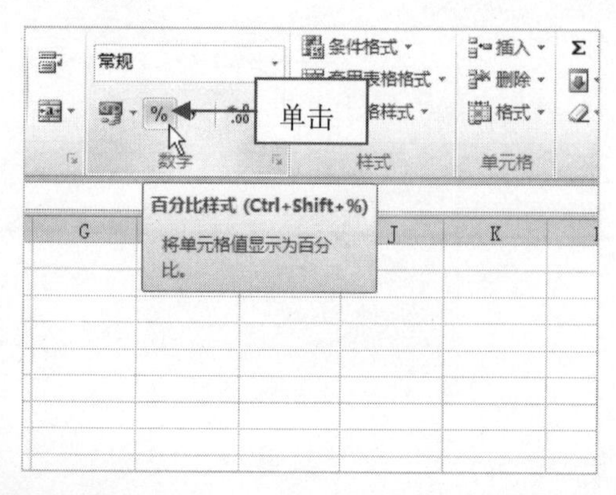

步骤03 执行上述操作后，即可设置数据为百分比显示，如下图所示。

151 设置自定义分隔符技巧

在 Excel 2010 中，一般情况下默认的分隔符为“,”和“.”，用户也可根据需要自定义设置分隔符。

步骤01 启动 Excel 2010，调出“Excel 选项”对话框，切换至“高级”选项卡，如下图所示。

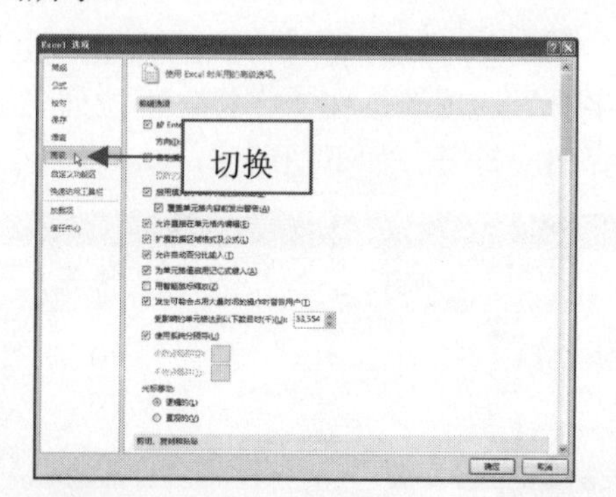

步骤02 然后在“编辑选项”选项区中，取消选择“使用系统分隔符”复选框，如下图所示。

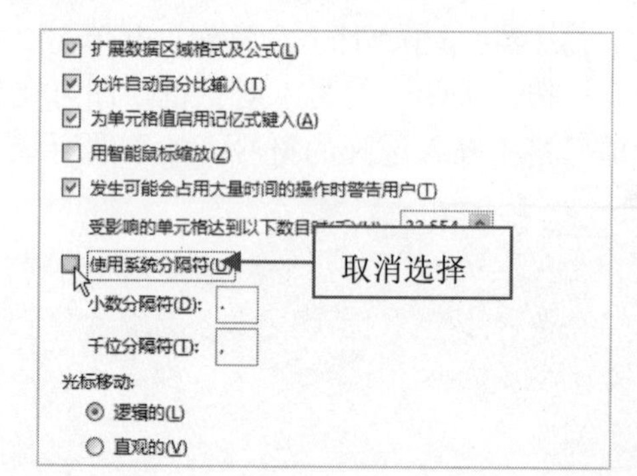

步骤 03　在“小数分隔符”和“千位分隔符”文本框中，用户可自定义设置新的小数分隔符与千位分隔符，设置完成后，单击“确定”按钮即可完成自定义分隔符的设置。

152 设置数据倾斜

在 Excel 2010 中，当用户在制作表格时，需要输入一些倾斜的数据，可以将数据设置为倾斜样式。

步骤 01　在 Excel 2010 中，选择需要倾斜数据的单元格，如下图所示。

步骤 02　切换至“开始”选项卡，在“对齐方式”选项面板中单击“方向”按钮，如下图所示。

步骤 03　在弹出的列表框中选择“逆时针角度”选项，如下图所示。

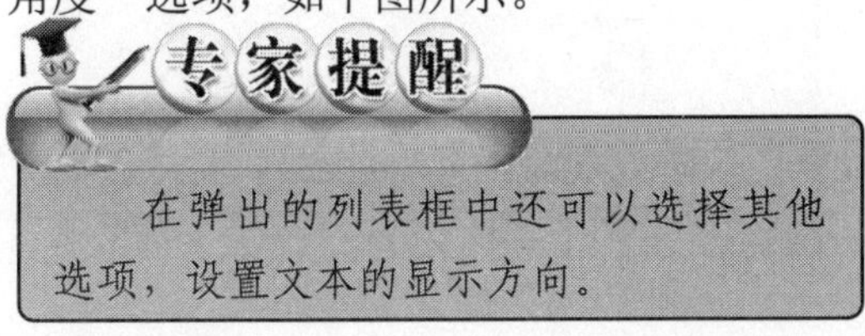

在弹出的列表框中还可以选择其他选项，设置文本的显示方向。

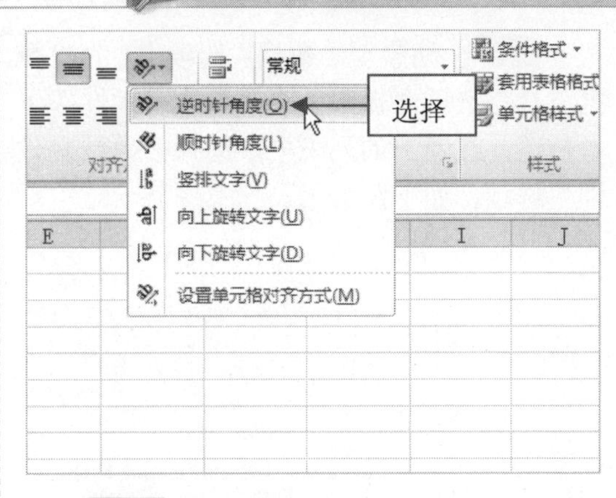

步骤 04　执行上述操作后，即可设置数据倾斜效果，如下图所示。

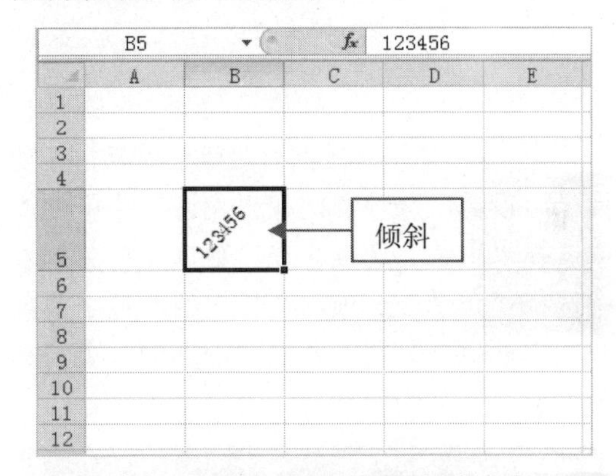

153 控制数据输入范围

在 Excel 2010 中，通过对数据输入范围的设置，可以控制用户在单元格内输入数据的范围。

步骤 01　启动 Excel 2010，在工作表中选择需要设置控制范围的单元格区域，如下图所示。

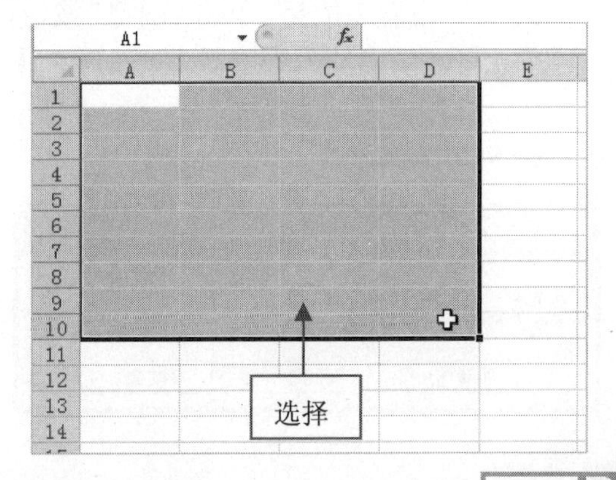

步骤02 切换至“数据”选项卡，在“数据工具”选项面板中单击“数据有效性”下拉按钮，在弹出的列表框中选择“数据有效性”选项，如下图所示。

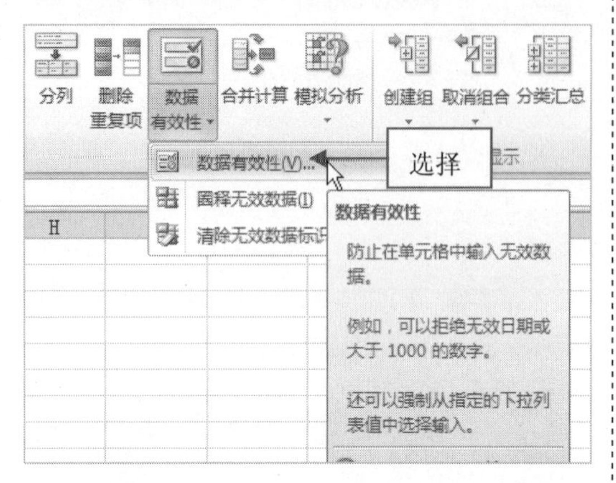

步骤03 弹出“数据有效性”对话框，切换至“设置”选项卡，在“允许”菜单列表中选择“小数”选项，在“数据”菜单列表中选择“介于”选项，在最大值和最小值两个文本框中，分别输入允许输入的最小值和最大值，如下图所示。

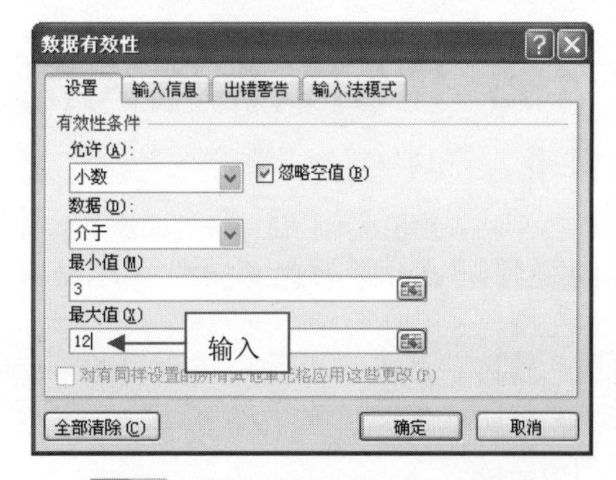

步骤04 设置完成后，单击“确定”按钮，在该单元格区域中输入数字2，按【Enter】键确认，将弹出提示信息框，提示输入值非法，如下图所示。

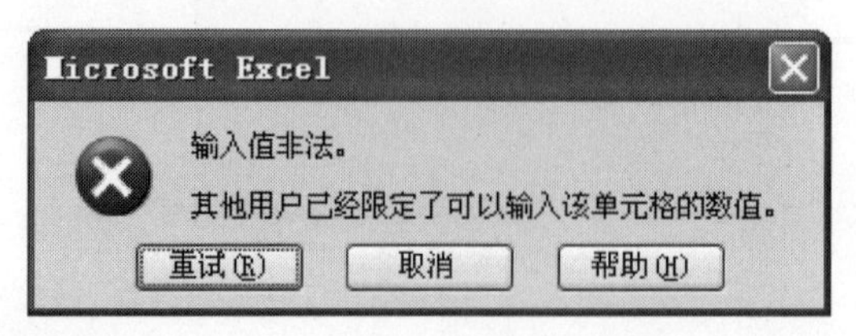

154 取消已设置的数据范围

在Excel 2010中，如果用户不再需要对单元格进行数据范围限制，可取消该设置。方法是：在Excel中选择取消数据范围限制的单元格区域，调出“数据有效性”对话框，在“设置”选项卡中，单击“全部清除”按钮（如下图所示），即可取消已设置的数据范围限制。

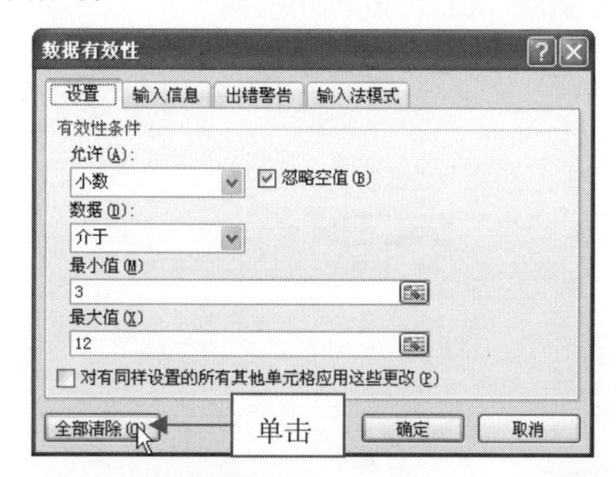

155 设置Excel出错警告样式

在Excel 2010中，在单元格中输入无效数据时，将显示出错警告，用户也可以设置其警告的样式。

步骤01 在Excel 2010中选择已经设置有效数据的单元格区域，调出“数据有效性”对话框，在其中切换至“出错警告”选项卡，如下图所示。

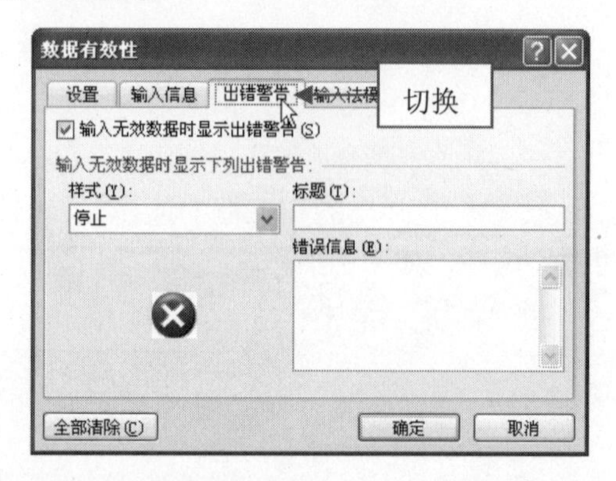

步骤02 单击“样式”下方的下拉按钮，在弹出的列表框中选择“信息”选项，如下图所示。

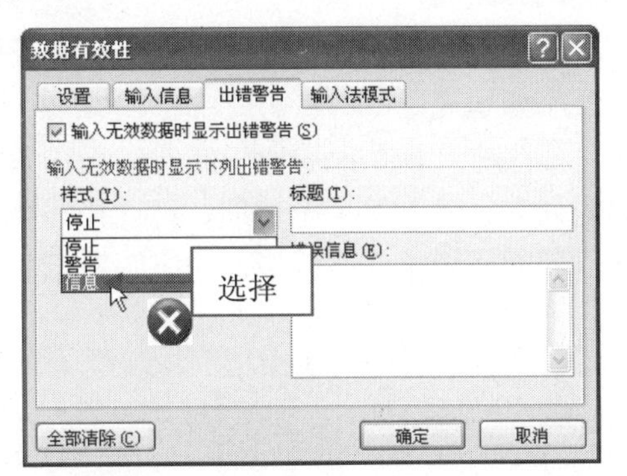

步骤03 设置完成后，单击“确定”按钮，在该单元格区域中输入数字 2，按【Enter】键确认，将弹出已设置的出错警告样式提示信息框，如下图所示。

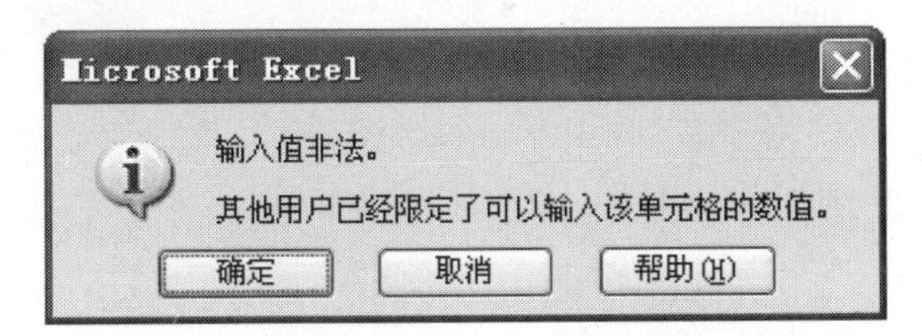

156 设置自动填充等差数列

在 Excel 2010 中，当用户在工作表中需要输入等差数据时，可通过自动填充功能实现，从而提高工作效率。

步骤01 启动 Excel 2010，在需要输入等差数列的列首行输入一个数据，再选择整列，如下图所示。

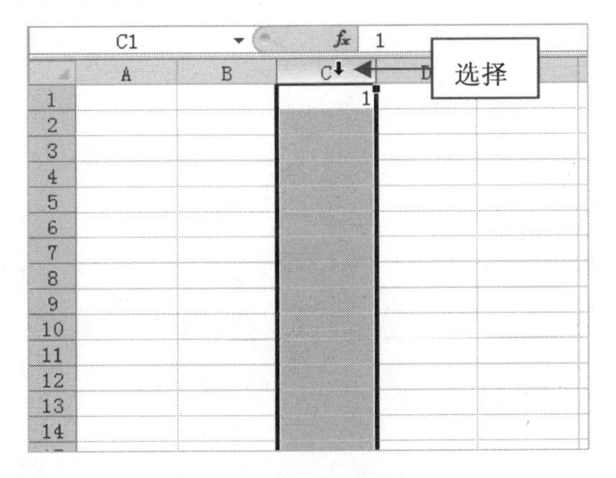

步骤02 切换至“开始”选项卡，在“编辑”选项面板中单击“填充”下拉按钮，在弹出的列表框中选择“系列”选项，如下图所示。

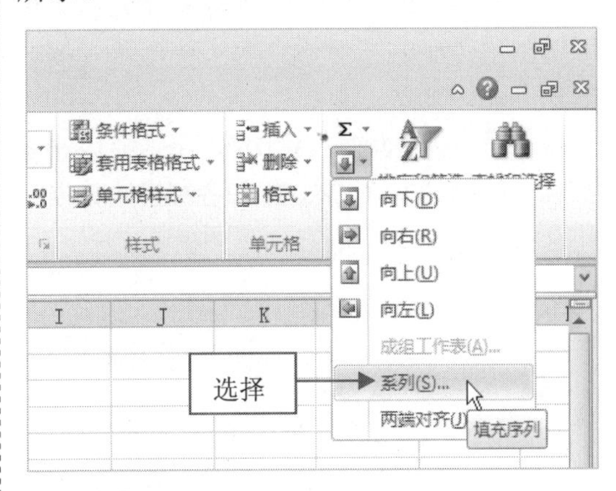

步骤03 弹出“序列”对话框，在“类型”选项区中选中“等差序列”单选按钮，在“步长值”文本框中输入连续值之间的差值，在“终止值”文本框中输入序列值终止的数值，如下图所示。

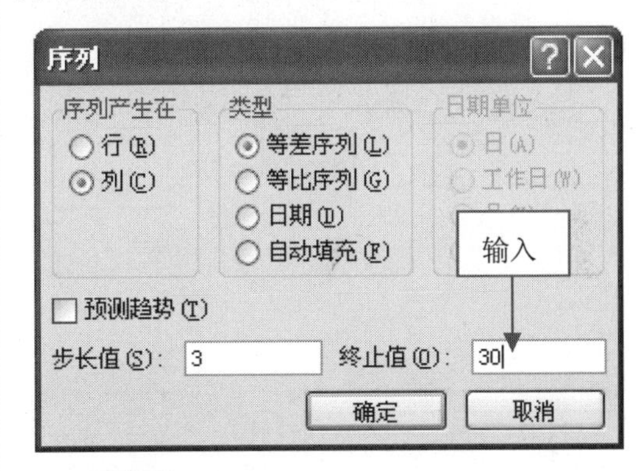

步骤04 设置完成后，单击“确定”按钮，即可自动填充等差数列，效果如下图所示。

	A	B	C	D	E
1			1		
2			4		
3			7		
4			10		
5			13		
6			16		
7			19		
8			22		
9			25		
10			28		
11					
12					
13					
14					

填充

157 快速填充等差序列值

在 Excel 2010 中，设置等差序列值不仅可以利用“序列”对话框来实现，还可快速填充等差序列值。

步骤 01 启动 Excel 2010，在需要填充等差数列的连续两个单元格中输入起始数据，并选择这两个单元格，如下图所示。

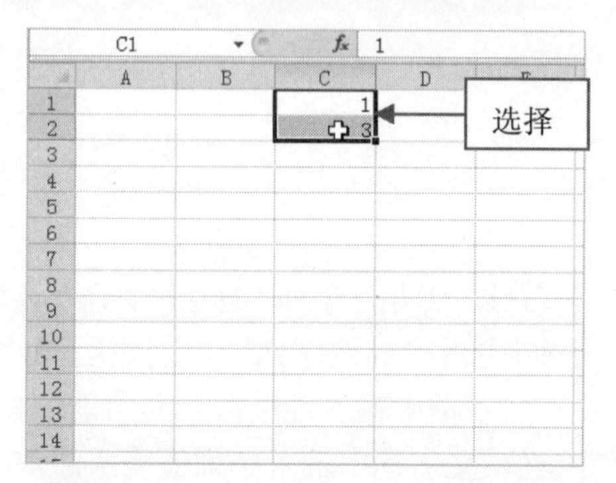

步骤 02 将鼠标指针移至 C2 单元格右下角，此时鼠标指针呈+形状，如下图所示。

步骤 03 单击鼠标左键并向下拖曳，至目标位置后释放鼠标左键，则选取范围内的单元格将自动填充等差序列，如下图所示。

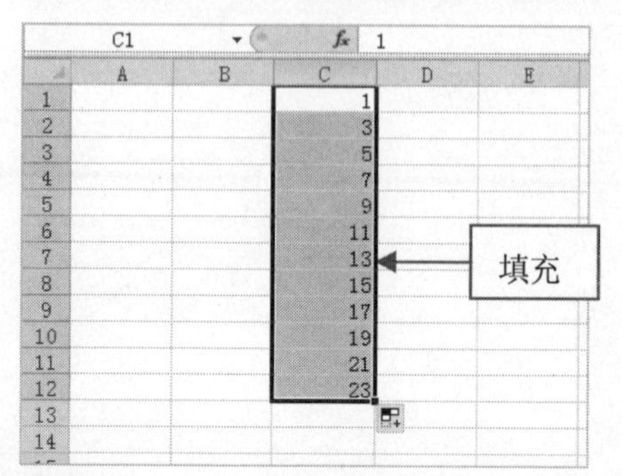

158 设置填充日期序列技巧

在 Excel 2010 中，还可以根据需要设置日期序列填充。

步骤 01 启动 Excel 2010，在需要输入日期的列首行输入第 1 个日期，再选择需要填充日期的连续单元格区域，如下图所示。

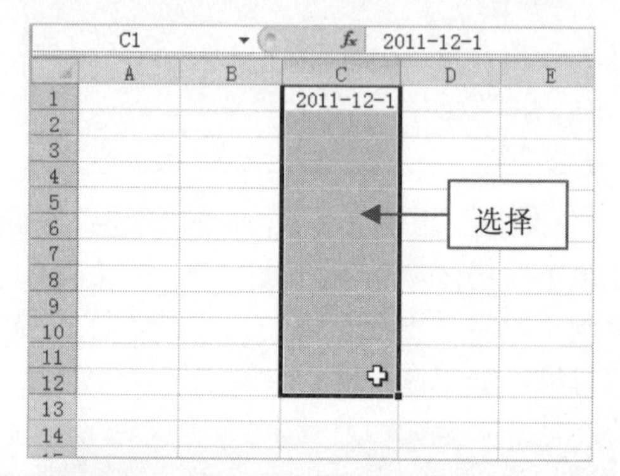

步骤 02 调出“序列”对话框，在“类型”选项区中选中“日期”单选按钮，在“日期单位”选项区中选中“日”单选按钮，在“步长值”文本框中输入 2，如下图所示。

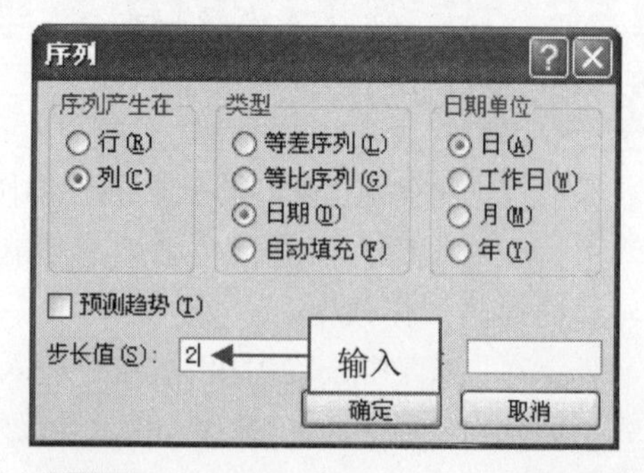

步骤 03 设置完成后，单击“确定”按钮，即可完成日期序列的填充，如下图所示。

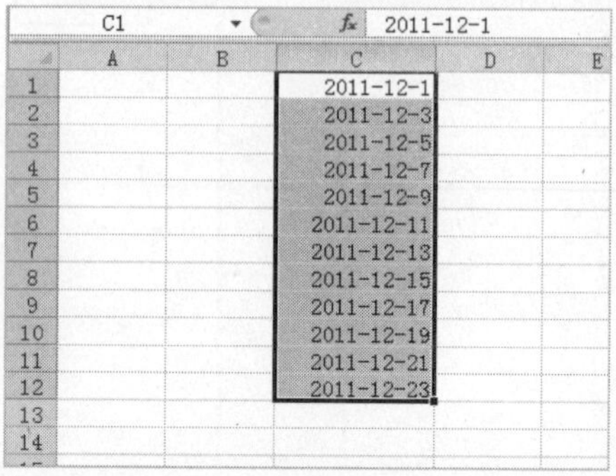

159 快速填充日期

在 Excel 2010 中，用户也可以使用鼠标拖曳的方法，快速设置填充日期。

步骤01 启动 Excel 2010，在需要填充序列的连续两个单元格中输入起始日期，并选择这两个单元格，如下图所示。

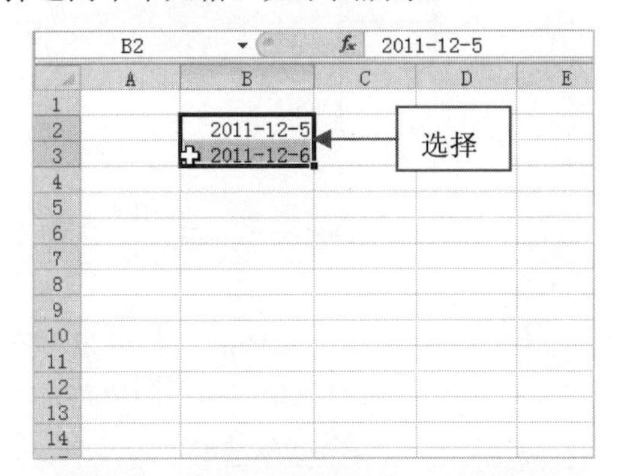

步骤02 将鼠标指针移至 B3 单元格右下角，当鼠标指针呈+形状，单击鼠标左键并向下拖曳，至目标位置释放鼠标左键，此时选取范围内的单元格将自动填充日期，如下图所示。

	A	B	C	D	E
1					
2		2011-12-5			
3		2011-12-6			
4		2011-12-7			
5		2011-12-8			
6		2011-12-9			
7		2011-12-10			
8		2011-12-11			
9		2011-12-12			
10		2011-12-13			
11		2011-12-14			
12		2011-12-15			
13					
14					

160 快速填充等比序列技巧

在 Excel 2010 中，除了可以通过公式进行数值计算，还可以使用填充功能设置等比序列，进行乘法计算。

步骤01 启动 Excel 2010，在需要输入等比序列的列首行输入一个数据，然后再选择相应的单元格区域，如下图所示。

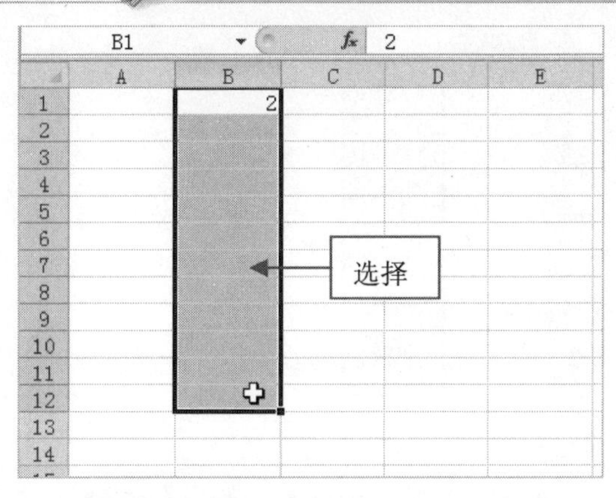

步骤02 切换至“开始”选项卡，在“编辑”选项面板中单击“填充”下拉按钮，然后在弹出的列表框中选择“系列”选项，如下图所示。

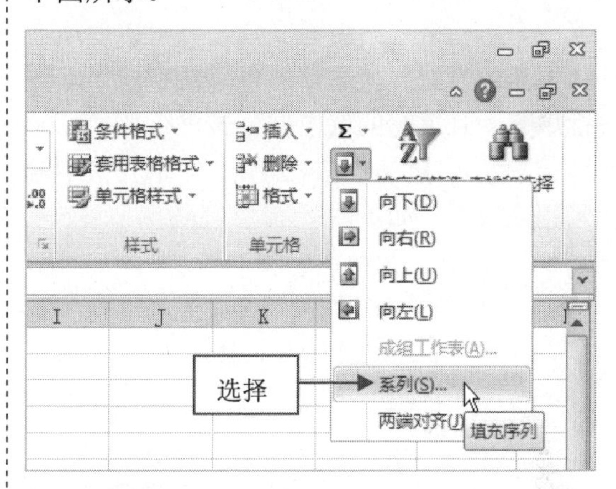

步骤03 弹出“序列”对话框，在“类型”选项区中选中“等比序列”单选按钮，在“步长值”文本框中输入连续值之间的差值，如下图所示。

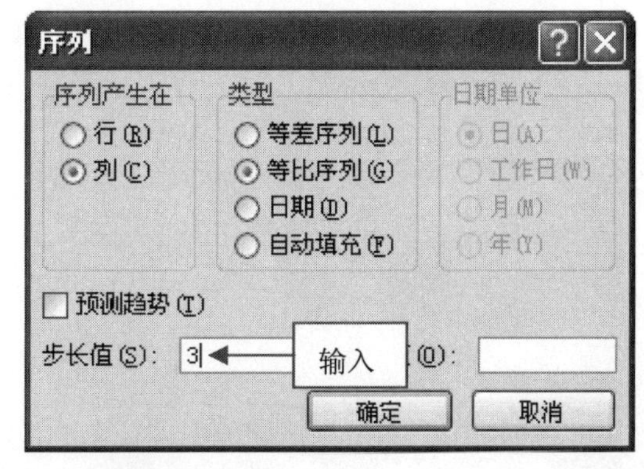

步骤04 设置完成后，单击“确定”按钮，即可快速填充等比序列，如下图所示。

B1 | fx 2

	A	B	C	D	E
1		2			
2		6			
3		18			
4		54			
5		162			
6		486			
7		1458			
8		4374			
9		13122			
10		39366			
11		118098			
12		354294			
13					
14					

161 原来公式也可以被填充

在 Excel 2010 中进行数据填充操作时，若一个单元格已经编写好公式，可以使用自动填充的方法，使选中的单元格都能自动进行填充，且填充的值根据公式进行变换。

步骤01 启动 Excel 2010，在单元格中输入相应数据，如下图所示。

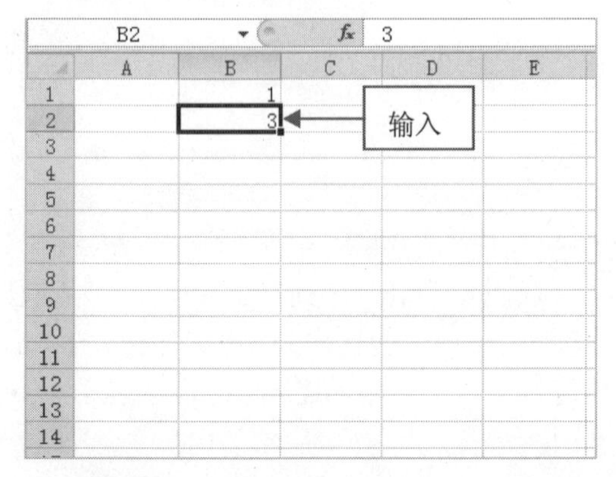

步骤02 选择 B3 单元格，在其中输入相应公式，如下图所示。

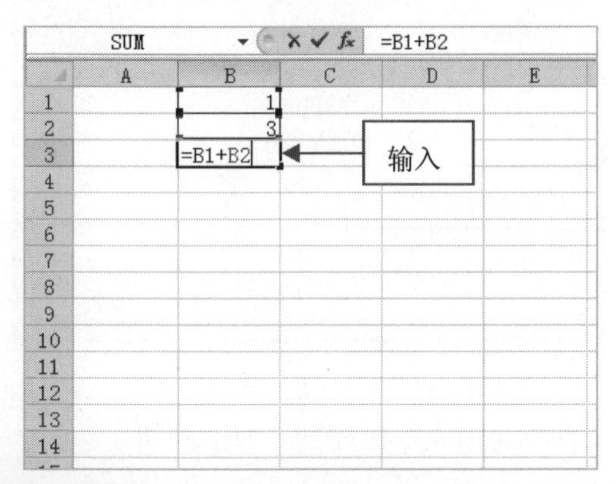

步骤03 输入完成后，按【Enter】键确认，选择 B3 单元格，将光标置于该单元格的右下角，按住鼠标左键并向下拖曳，如下图所示。

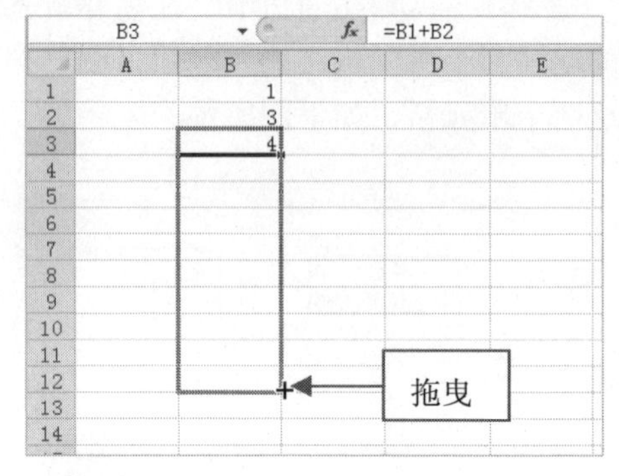

步骤04 至目标单元格后，释放鼠标左键，即可完成公式的填充，如下图所示。

B3 | fx =B1+B2

	A	B	C	D	E
1		1			
2		3			
3		4			
4		7			
5		11			
6		18			
7		29			
8		47			
9		76			
10		123			
11		199			
12		322			
13					
14					

162 保存 Excel 中的时间为当天日期

在 Excel 2010 中，用户可将时间设置为永远显示在当天。

步骤01 启动 Excel 2010，在目标单元格中输入函数“=TODAY（）”，如下图所示。

SUM | × ✓ fx =TODAY()

	A	B	C	D	E
1					
2					
3					
4					
5		=TODAY()	输入		
6					
7					
8					
9					
10					
11					
12					
13					
14					

步骤 02　按【Enter】键确认，即可填充当天日期，如下图所示。

163 在单元格中输入相同数据

在 Excel 2010 中，在单元格中输入相同的数据除了复制粘贴方法外，还有另一种快捷的方法。

步骤 01　启动 Excel 2010，在需要输入相同数据的某一个单元格中输入数据，如下图所示。

步骤 02　将鼠标指针移至该单元格右下角，当鼠标指针呈+形状，单击鼠标左键并向下拖曳，至目标位置释放鼠标左键，此时选取范围内的单元格都会被填充为相同的数据，效果如下图所示。

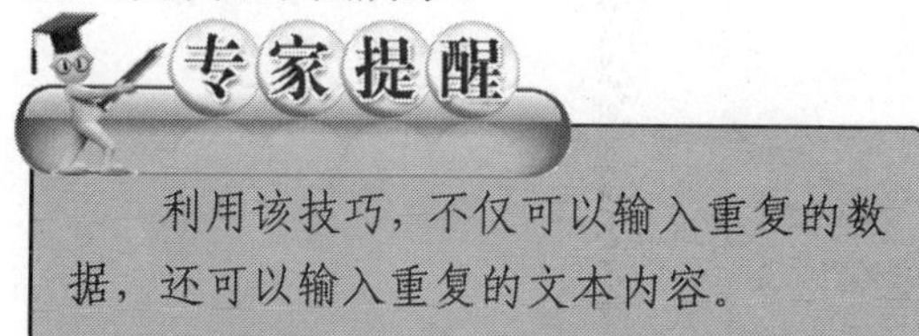

利用该技巧，不仅可以输入重复的数据，还可以输入重复的文本内容。

164 在多个工作表中同时输入相同数据

在编辑 Excel 工作表时，为了做好数据备份，可以在多个工作表中同时输入相同数据，来节省时间，从而提高工作效率。

步骤 01　打开一个 Excel 文件，在工作表中选择相应的单元格区域，如下图所示。

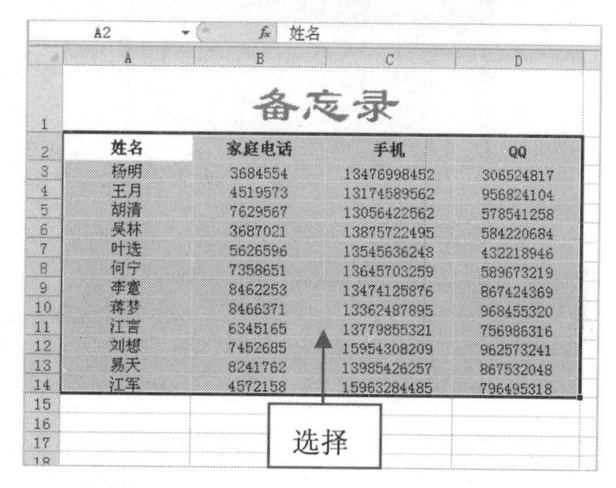

备忘录

姓名	家庭电话	手机	QQ
杨明	3684554	13476998452	306524817
王月	4519573	13174589562	956824104
胡清	7629567	13056422562	578541258
吴林	3687021	13875722495	584220684
叶选	5626596	13545636248	432218946
何宁	7358651	13645703259	589673219
李意	8462253	13474125876	867424369
蒋梦	8466371	13362487895	968455320
江言	6345165	13779855321	756986316
刘想	7452685	15954308209	962573241
易天	8241762	13985426257	867532048
江军	4572158	15963284485	796495318

步骤 02　在按住【Ctrl】键的同时，单击要填充数据的其他多个工作表标签，如下图所示。

步骤03 切换至“开始”选项卡，在“编辑”选项面板中单击“填充”按钮，在弹出的列表框中选择“成组工作表”选项，如下图所示。

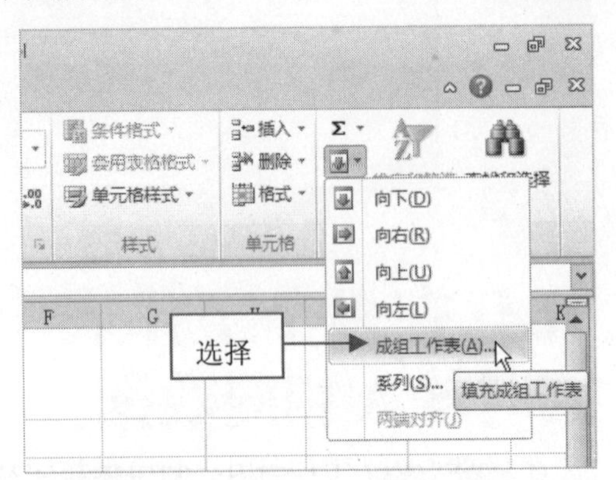

步骤04 弹出“填充成组工作表”对话框，在“填充”选项区中选中“全部”单选按钮，如下图所示。

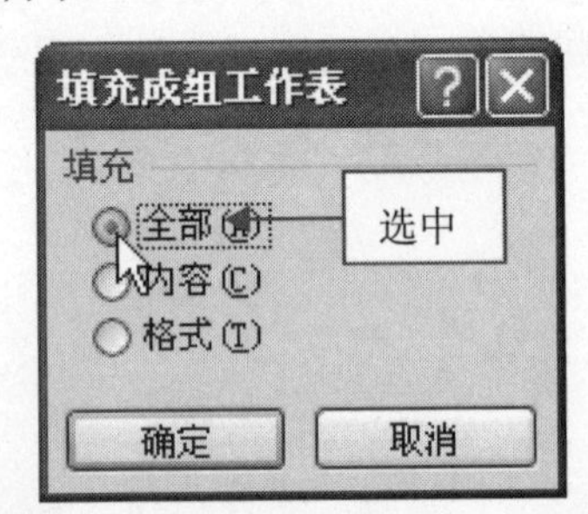

步骤05 单击“确定”按钮，切换至其他工作表，即可查看复制的数据，如下图所示。

	A	B	C	D
1				
2	姓名	家庭电话	手机	QQ
3	杨明	3684554	13476998452	306524817
4	王月	4519573	13174589562	956824104
5	胡清	7629567	13056422562	578541258
6	吴林	3687021	13875722495	584220684
7	叶选	5626596	13545636248	432218946
8	何宁	7358651	13645703259	589673219
9	李意	8462253	13474125876	867424369
10	蒋梦	8466371	13362487895	968455320
11	江言	6345165	13779855321	756986316
12	刘想	7452685	15954308209	962573241
13	易天	8241762	13985426257	867532048
14	江军	4572158	15963284485	796495318
15				

165 输入循环序列值

在Excel 2010中，当用户需要在单元格中输入循环序列值时，可以利用自动填充功能进行填充。

步骤01 启动Excel 2010，在单元格列中输入循环序列值1、2、3，并选择这3个循环序列值，如下图所示。

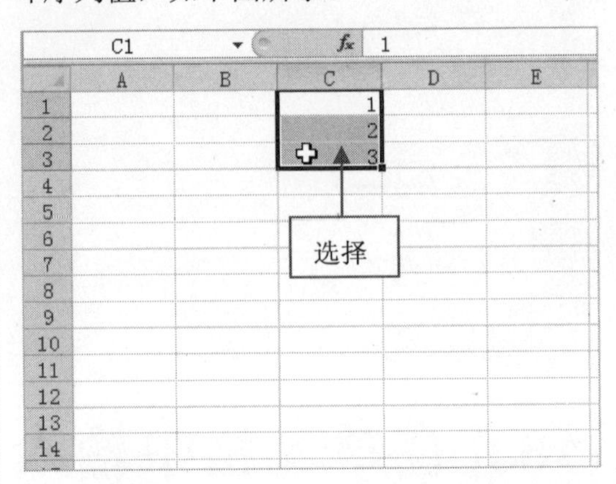

步骤02 将鼠标指针移至单元区域的右下角，当鼠标指针呈+形状时，按住【Ctrl】键的同时，单击鼠标左键并向下拖曳，至目标位置后释放鼠标左键，此时选取范围内的单元格都会被填充为循环数值，效果如下图所示。

	A	B	C	D	E
1			1		
2			2		
3			3		
4			1		
5			2		
6			3		
7			1		
8			2		
9			3		
10			1		
11			2		
12			3		
13					
14					

166 不带格式填充数据技巧

在Excel 2010中，当用户进行填充序列时，如果起始单元格中带有特殊格式，用户可以根据需要只填充单元格中的数据而不填充这些格式。

步骤01 启动Excel 2010，在单元格中输入相应数据，并设置数据颜色为红色，如下图所示。

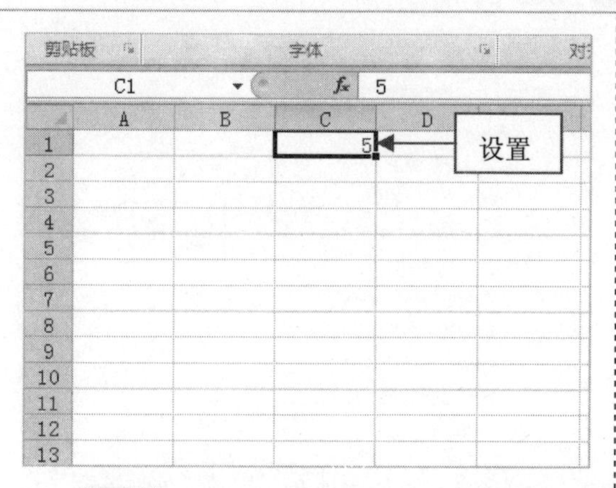

步骤02 将鼠标指针移至该单元格右下角，当鼠标指针呈+形状，单击鼠标左键并向下拖曳，至目标位置后释放鼠标左键，效果如下图所示。

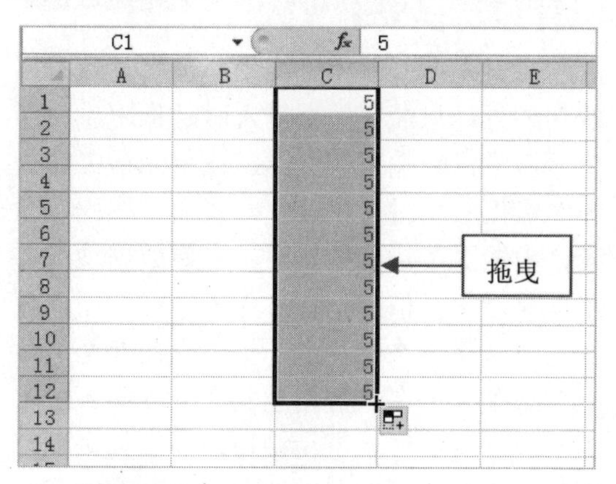

步骤03 完成填充后，单击单元格旁边的"智能"按钮，在弹出的列表框中选中"不带格式填充"单选按钮，如下图所示。

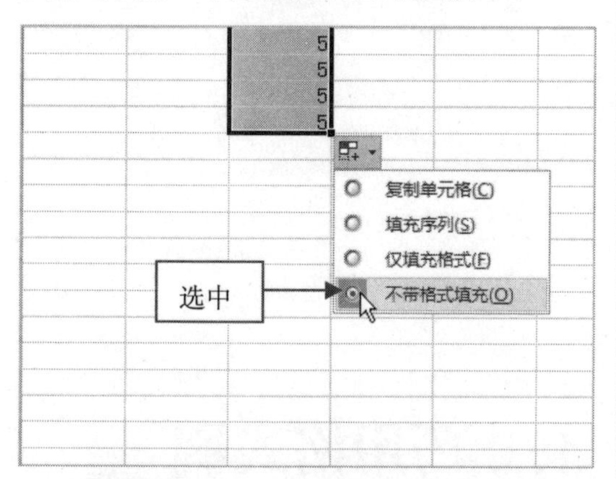

步骤04 执行上述操作后，即可完成不带格式填充数据操作，效果如下图所示。

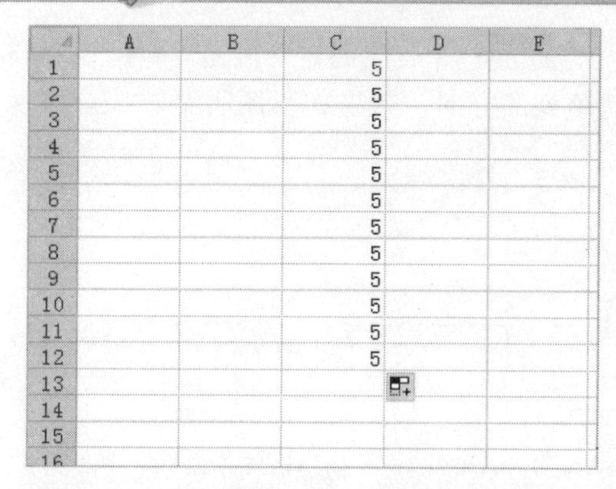

167 设置自动填充的方向

在 Excel 2010 中，当用户利用填充序列功能填充数据时，如果只选择了其中一个单元格，可以根据需要设置填充的方向。

步骤01 启动 Excel 2010，选择需要设置填充方向的单元格区域，如下图所示。

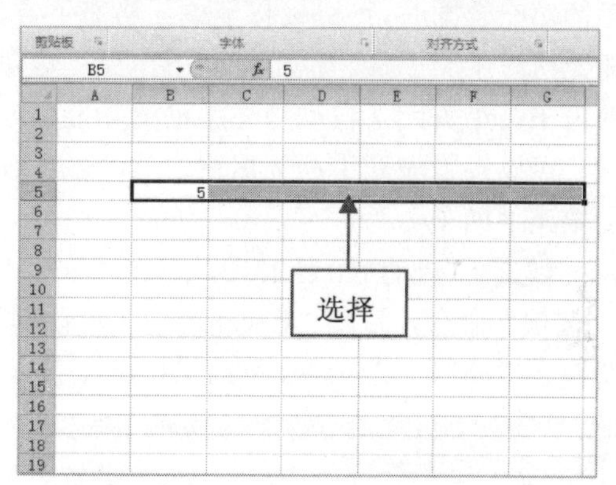

步骤02 调出"序列"对话框，在"序列产生在"选项区中可设置单元格自动填充的方向，如下图所示。

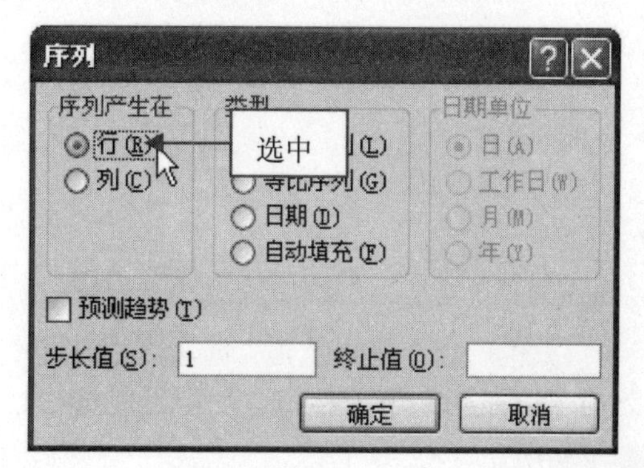

步骤03 单击“确定”按钮，即可设置自动填充的方向，效果如下图所示。

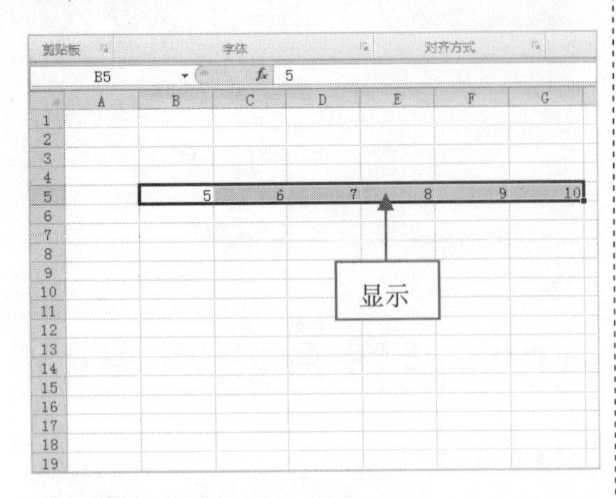

168 解决无法显示填充手柄的方法

在 Excel 2010 中，当用户使用自动填充手柄填充数据时，将鼠标移至单元格右下方，却无法显示+形状，也不能向下拖曳，这是因为 Excel 关闭了自动填充手柄的功能，此时，可以设置填充手柄为启用方式，就可使用填充手柄了。

步骤01 启动 Excel 2010，单击“文件”|“选项”命令，弹出“Excel 选项”对话框，切换至“高级”选项卡，如下图所示。

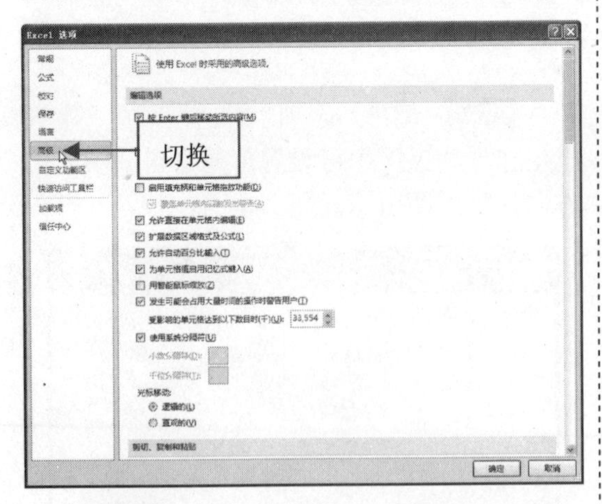

步骤02 在“编辑选项”选项区中，选中“启用填充柄和单元格拖放功能”复选框，如下图所示。

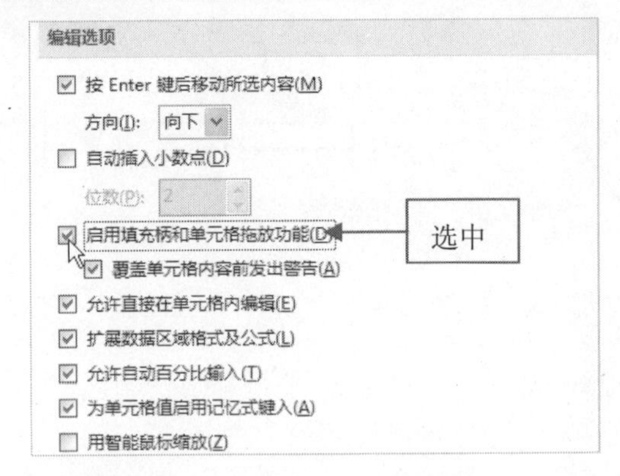

步骤03 设置完成后，单击“确定”按钮，即可启用填充手柄。

169 在工作表中标识错误数据

在 Excel 2010 中，当用户使用有效数据的功能时，只能在数据输入时起作用，而当单元格中已经输入了数据，或单元格中的公式对错误数据进行了计算，或通过编程在单元格中输入了错误数据时，有效数据功能并不会显示出错信息。在工作表中标识错误数据的方法是：在 Excel 工作表中切换至“数据”选项卡，在“数据工具”选项面板中单击“数据有效性”下拉按钮，弹出列表框，选择“圈释无效数据”选项（如下图所示），即可在工作簿中圈释出无效数据。

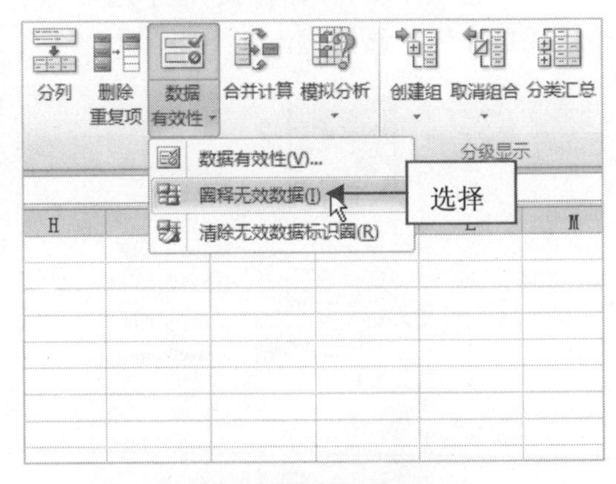

170 巧用格式刷

在 Excel 2010 中，利用格式刷可以将复制的格式应用到另一个位置。

步骤01 打开一个 Excel 文件，选择需要复制其格式的单元格，如下图所示。

饮食安排			
	早餐	中餐	晚餐
星期一	酸奶	酸辣鸡丁	西红柿蛋汤
星期二	面条	酸辣鸡丁	冬瓜排骨汤
星期三	面条	蚂蚁上树	鱼香肉丝
星期四	牛奶	麻婆豆腐	辣椒炒蛋
星期五	面包	土豆丝炒肉	香辣鱿鱼
星期六	包子	酸豆角炒肉	酸辣鸡丁
星期日	馒头	香辣鱿鱼	麻婆豆腐

步骤02 切换至“开始”选项卡，在“剪贴板”选项面板中单击“格式刷”按钮，如下图所示。

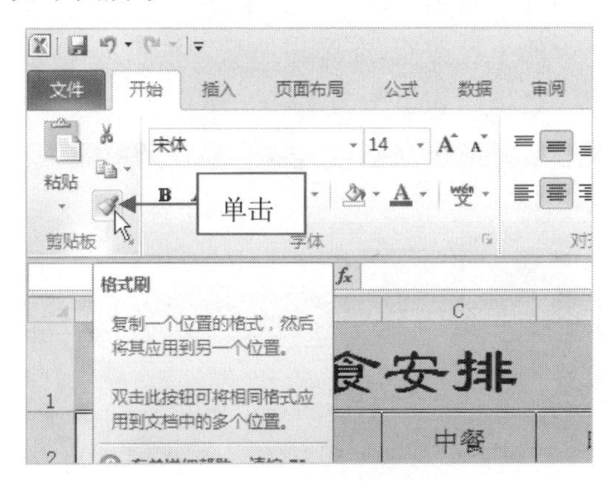

步骤03 当鼠标指针呈刷子形状时，单击鼠标左键并拖曳，选择需要复制格式的单元格区域，如下图所示。

饮食安排			
	早餐	中餐	晚餐
星期一	酸奶	酸辣鸡丁	西红柿蛋汤
星期二	面条	酸辣鸡丁	冬瓜排骨汤
星期三	面条	蚂蚁上树	鱼香肉丝
星期四	牛奶	麻婆豆腐	辣椒炒蛋
星期五	面包	土豆丝炒肉	香辣鱿鱼
星期六	包子	酸豆角炒肉	酸辣鸡丁
星期日	馒头	香辣鱿鱼	麻婆豆腐

步骤04 选择完成后，释放鼠标左键即可，效果如下图所示。

饮食安排			
	早餐	中餐	晚餐
星期一	酸奶	酸辣鸡丁	西红柿蛋汤
星期二	面条	酸辣鸡丁	冬瓜排骨汤
星期三	面条	蚂蚁上树	鱼香肉丝
星期四	牛奶	麻婆豆腐	辣椒炒蛋
星期五	面包	土豆丝炒肉	香辣鱿鱼
星期六	包子	酸豆角炒肉	酸辣鸡丁
星期日	馒头	香辣鱿鱼	麻婆豆腐

171 运用格式刷技巧

在 Excel 2010 中运用格式刷复制格式时，单击“格式刷”按钮，只能复制一次格式；双击“格式刷”按钮，可多次复制格式；按【Esc】键或再次单击“格式刷”按钮，即可取消格式刷操作。

172 清除单元格数据

在 Excel 2010 中，如果单元格中数据输入错误或不再需要时，可将其删除。

步骤01 打开一个 Excel 文件，选择需要删除的数据，如下图所示。

盈利表				
编号	名称	月销售额	成本	盈利
01	哇哈哈	10000	4000	6000
02	康师傅	12000	6000	6000
03	统一	13000	6000	7000
04	太平	8000	3000	5000
05	可口可乐	15000	6000	9000
06	汇源	7000	2000	5000
07	百事	9000	3000	6000
08	百事	9000	3000	6000

步骤02 切换至“开始”选项卡，在“编辑”选项面板中单击“清除”下拉按钮，在弹出的列表框中选择“清除内容”选项，如下图所示。

专家提醒

在 Excel 中清除单元格数据，只能清除内容，单元格的格式依然会保留。

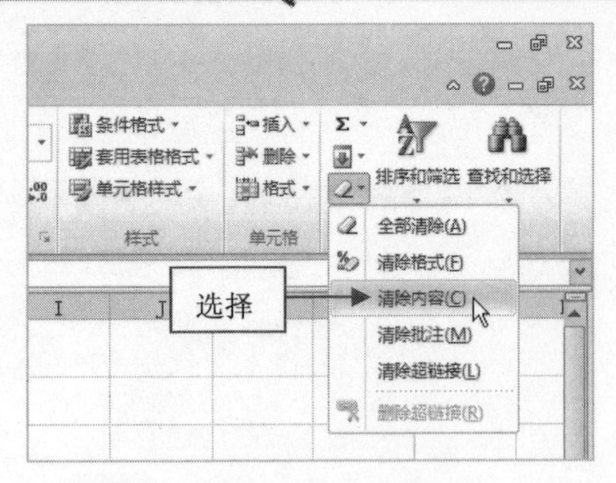

步骤 03 执行上述操作后，即可清除单元格中的数据，效果如下图所示。

盈利表				
编号	名称	月销售额	成本	盈利
01	哇哈哈	10000	4000	6000
02	康师傅	12000	6000	6000
03	统一	13000	6000	7000
04	太平	8000	3000	5000
05	可口可乐	15000	6000	9000
06	汇源	7000	2000	5000
07	百事			
08	百事			

173 设置标题为水平居中对齐

在 Excel 2010 中，默认状态下，单元格中的文字是左对齐，而数字则是右对齐，逻辑值和错误值居中对齐，为了使工作表美观和易于阅读，用户可以根据需要设置标题为水平居中对齐。

步骤 01 打开一个 Excel 文件，选择需要设置水平居中对齐的单元格，如下图所示。

会员资料					
编号	姓名	年龄	持卡时间	等级	消费次数
0018	杨明	30	三个月	普通会员	6
0019			1年	黄钻VIP	122
0020			3年	绿钻VIP	325
0021	赵铁	27	半年	普通会员	5
0022	罗力	21	1年	黄钻VIP	160
0023	余山	32	两个月	普通会员	8
0024	林清	34	两个月	普通会员	9
0025	石林	28	三个月	黄钻VIP	12
0026	黄小云	29	3年	绿钻VIP	430

选择

步骤 02 单击鼠标右键，在弹出的快捷菜单中选择"设置单元格格式"选项，如下图所示。

会员资料			
编号	姓名	等级	消费次数
0018	杨明	通会员	6
0019	吕毅	钻VIP	122
0020	许飞	钻VIP	325
0021	赵铁	通会员	5
0022	罗力	钻VIP	160
0023	余山	通会员	8
0024	林清	通会员	9
0025	石林	钻VIP	12
0026	黄小云		

剪切(T)
复制(C)
粘贴选项:
选择性粘贴(S)...
插入(I)...
删除(D)...
清除内容(N)
筛选(E)
排序(O)
插入批注(M)
设置单元格格式(F)...
从下拉列表中选择(K)...
显示拼音字段(S)
定义名称(A)...
选择

步骤 03 弹出"设置单元格格式"对话框，切换至"对齐"选项卡，单击"水平对齐"下方的下拉按钮，在弹出的列表框中选择"居中"选项，如下图所示。

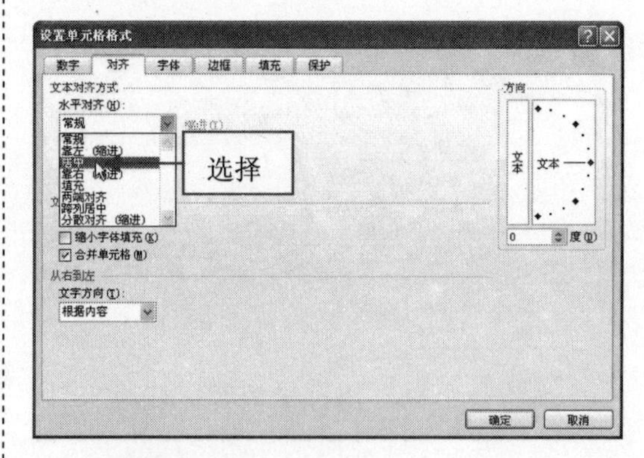

步骤 04 设置完成后，单击"确定"按钮，即可设置标题为水平居中对齐，效果如下图所示。

会员资料					
编号	姓名	年龄	持卡时间	等级	消费次数
0018	杨明			普通会员	6
0019	吕毅			黄钻VIP	122
0020	许飞			绿钻VIP	325
0021	赵铁	27	半年	普通会员	5
0022	罗力	21	1年	黄钻VIP	160
0023	余山	32	两个月	普通会员	8
0024	林清	34	两个月	普通会员	9
0025	石林	28	三个月	黄钻VIP	12
0026	黄小云	29	3年	绿钻VIP	430

显示

174 设置文本的垂直对齐方式

在 Excel 2010 中，用户还可以根据需要设置文本的垂直对齐方式。方法是：在 Excel 中选择需要设置垂直对齐的文本，调出“设置单元格格式”对话框，在“对齐”选项卡中单击“垂直对齐”下拉按钮，在弹出的菜单列表中提供了多种垂直对齐方式，如下图所示。用户可根据需要进行选择，设置文本的垂直对齐方式。

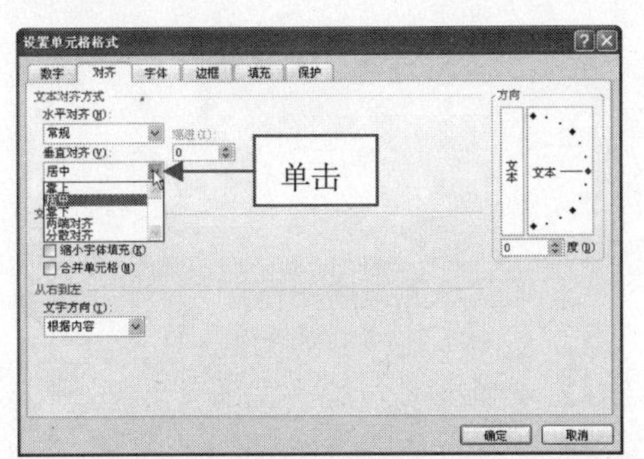

175 对文本缩进量进行设置

在 Excel 2010 中，当 Excel 为用户提供的缩进量不能满足用户的需求时，可以自定义设置缩进量。方法是：在 Excel 中选择需要设置缩进量的文本，切换至“开始”选项卡，在“对齐方式”选项面板中单击“增加缩进量”按钮（如下图所示），即可为文本增加缩进量。

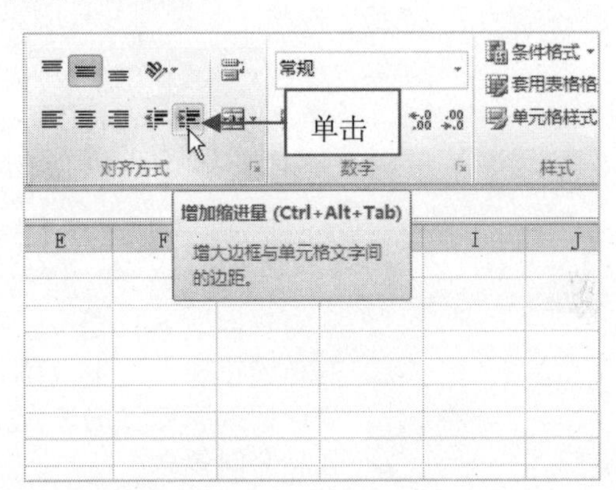

读书笔记

07 数据有效性的设置技巧

学前提示

在 Excel 2010 中，数据有效性通常用来限制单元格的输入数据类型或范围，为单元格设置数据有效性可以防止用户输入无效数据。另外，添加批注可以对单元格进行注释，当用户在某个单元格中添加批注后，系统自动在该单元格的右上角显示一个红色三角标记，只需将鼠标指针移至该单元格，就可显示所添加的批注内容。

本章知识重点

- 限制只能输入日期
- 在单元格中创建下拉菜单
- 快速切换有效性的来源
- 强制序时录入
- 为单元格添加批注
- 编辑单元格中的批注
- 复制单元格中的批注
- 设置批注为显示状态
- 修改批注的字体大小
- 快速清除单元格批注

学完本章后你会做什么

- 掌握数据有效性设置的操作方法
- 掌握在单元格中创建下拉菜单的操作方法
- 掌握批注的添加、编辑与修改等操作方法

视频演示

B2

	A	B	C	D	E
1	姓名	性别		男	
2	张三			女	
3	李四	男			
4	王五	女			

在单元格中创建下拉菜单

备注 1

课程表

	星期一	星期二	星期三	星期四	星期五
第1节	语文	英语	[illegible]	[illegible]	英语
第2节	数学	数学	[illegible]	[illegible]	语文
第3节	政治	化学	政治	英语	数学
第4节	物理	语文	英语	物理	化学
第5节	英语	物理	化学	历史	政治
第6节	美术	历史	体育	音乐	自习
第7节	自习	自习	自习	自习	自习

Administrator:
孙琴讲师，本节课重点进行口语练习。

为单元格添加批注

176 设置在规定区域内只能输入数字

在 Excel 2010 中，向工作表中进行数据录入时，常会出现各种错误，可以通过设置数据的有效性来避免这种错误。

步骤 01 打开一个 Excel 文件，在工作表中选择需要设置数据有效性的单元格，如下图所示。

	成绩统计表				
2	学号	姓名	语文	数学	平时成绩
3	001	王刚	77	88	80
4	002	陈芳	55	59	50
5	003	胡克强	82		
6	004	谢志			
7	005	姚表			
8	006	陈倩			
9	007	李清			
10	008	周婷			
11	009	赵芳			

选择

步骤 02 切换至“数据”选项卡，在“数据工具”选项面板中单击“数据有效性”按钮，在弹出的列表框中选择“数据有效性”选项，如下图所示。

步骤 03 弹出“数据有效性”对话框，在“设置”选项卡中，单击“允许”下方的下拉按钮，在弹出的列表框中选择“自定义”选项，如图 7-3 所示。

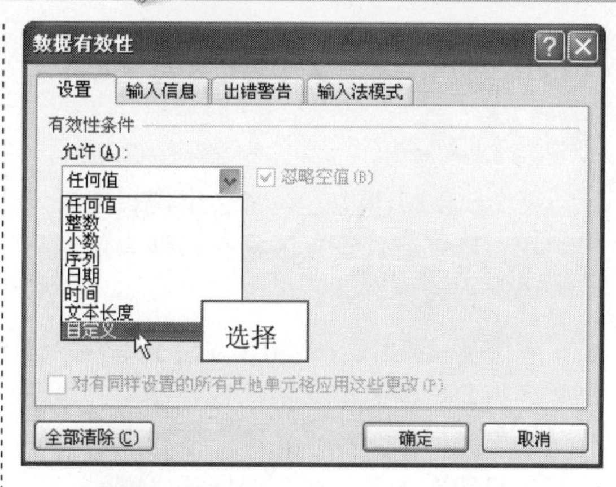

步骤 04 在“公式”下方的文本框中输入=ISNUMBER(C6)，该函数用于测试输入的是否为数值，是则返回 true，否则返回 flase，如下图所示。

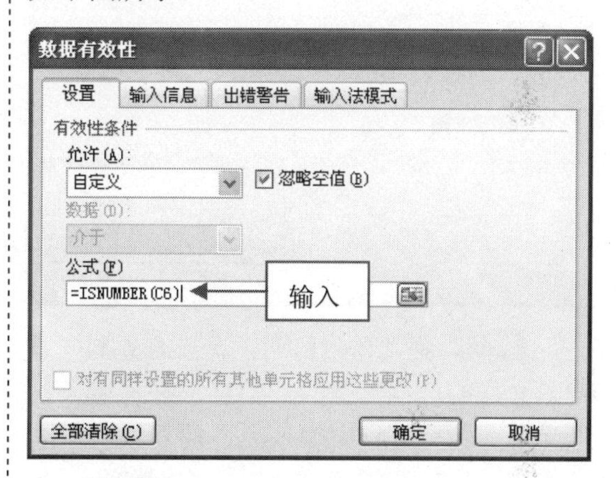

步骤 05 设置完成后，单击“确定”按钮，在单元格中输入数据进行测试，若输入的不是数字，将弹出相应的警告信息（如下图所示），单击“重试”或“取消”按钮完成操作。

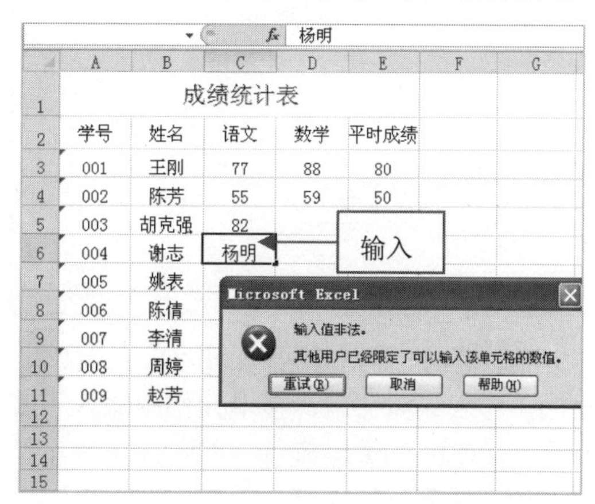

177 限制只能输入日期格式

在 Excel 2010 中，经常会出现日期项或时间项，可以通过设置数据有效性来保证日期的输入合法且有效。

步骤 01 启动 Excel 2010，在工作表中选择需要设置日期的单元格区域，调出“数据有效性”对话框，在“允许”下拉列表框中选择“日期”选项，如下图所示。

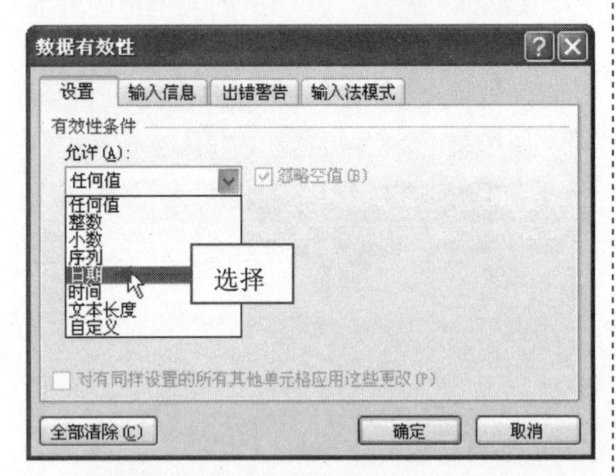

步骤 02 在“开始日期”下方的文本框中输入允许的日期范围的起始点，在“结束日期”下方的文本框中输入允许的日期范围的截止点，如下图所示。

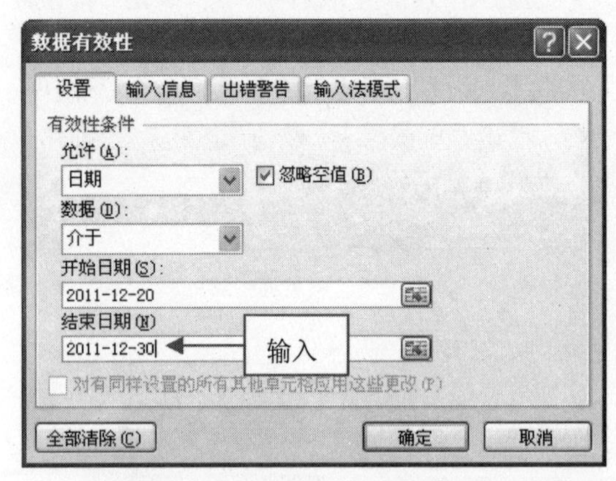

步骤 03 设置完成后，单击“确定”按钮，返回工作表编辑窗口，在单元格中输入相应日期，按【Enter】键确认，即可弹出警告信息，如下图所示。

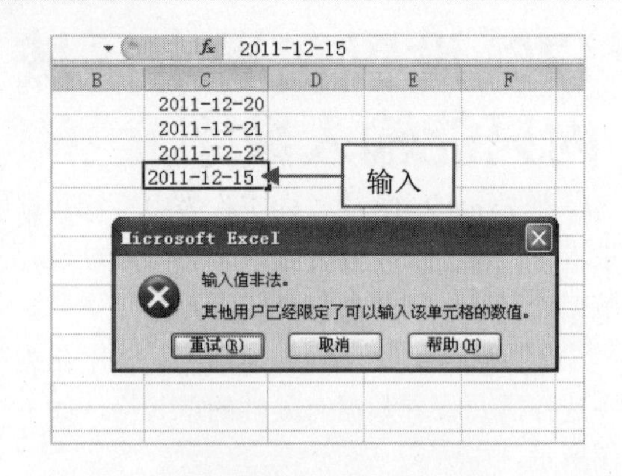

178 限制只能输入固定电话号码

在 Excel 2010 中，用户还可以根据需要设置数据有效性来限制单元格，使其只能输入固定的电话号码。

步骤 01 启动 Excel 2010，在工作表中选择需要设置的单元格区域，调出“数据有效性”对话框，在“允许”下拉列表框中选择“整数”选项，如下图所示。

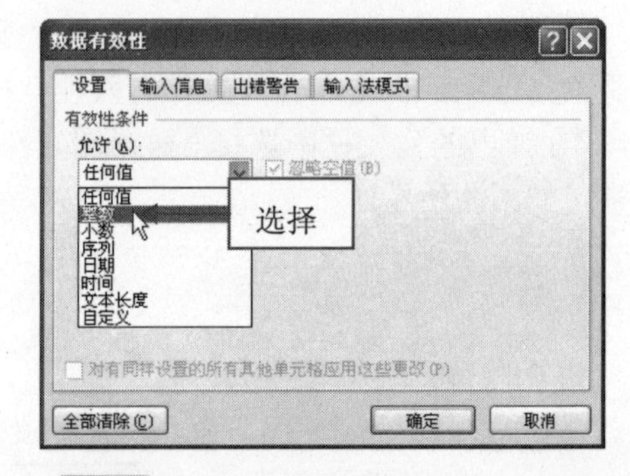

步骤 02 在“最小值”下方的文本框中输入 10000000，在“最大值”下方的文本框中输入 89999999，如下图所示。

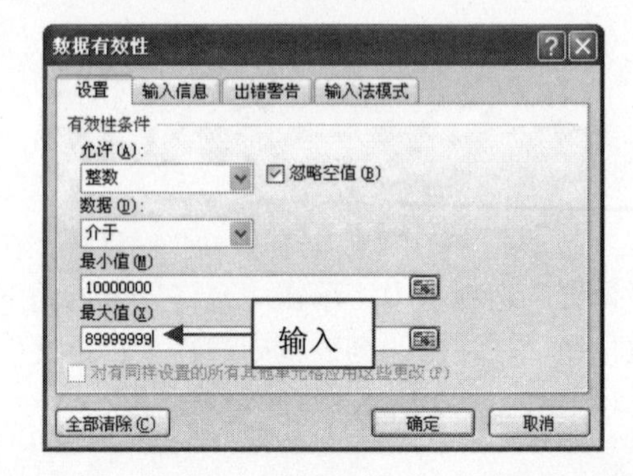

步骤03 设置完成后，单击“确定”按钮，返回工作表编辑窗口，在单元格中输入固定的电话号码，按【Enter】键确认，即可弹出相应的警告信息，如下图所示。

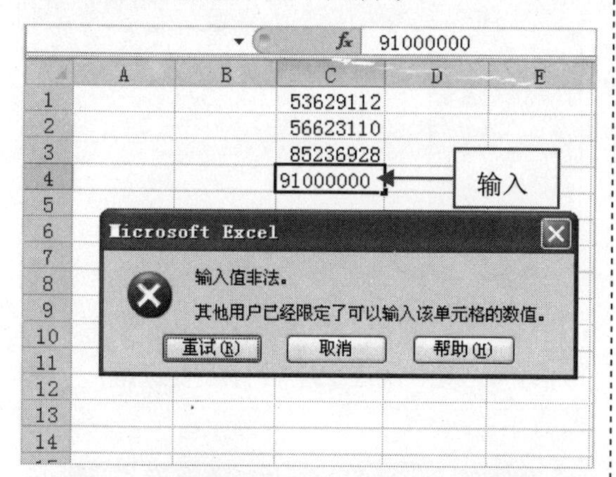

179 在单元格中创建下拉菜单

在 Excel 单元格中，用户可以根据需要创建下拉菜单，其最大优点就是当需要多次输入某些特定内容时，可以采用下拉菜单进行选择。

步骤01 打开一个 Excel 文件，在工作表的连续单元格区域输入下拉菜单中的所有项目，如下图所示。

步骤02 选择 B2 单元格，调出“数据有效性”对话框，在“允许”下拉列表框中选择“序列”选项，单击“来源”右侧的按钮，如下图所示。

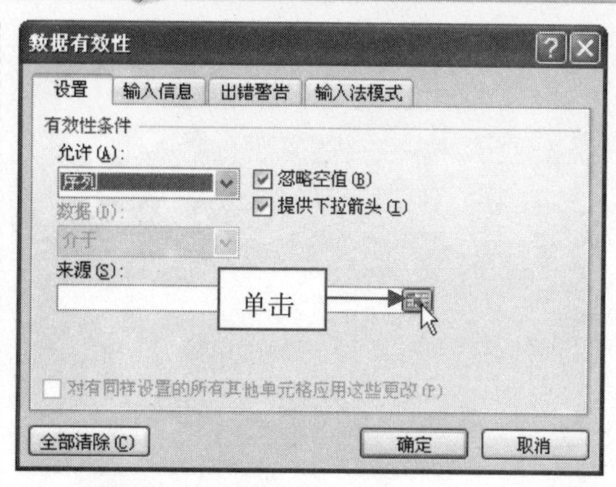

步骤03 在工作表中选择相应的单元格区域，如下图所示。

步骤04 按【Enter】键确认，返回“数据有效性”对话框，在其中单击“确定”按钮，如下图所示。

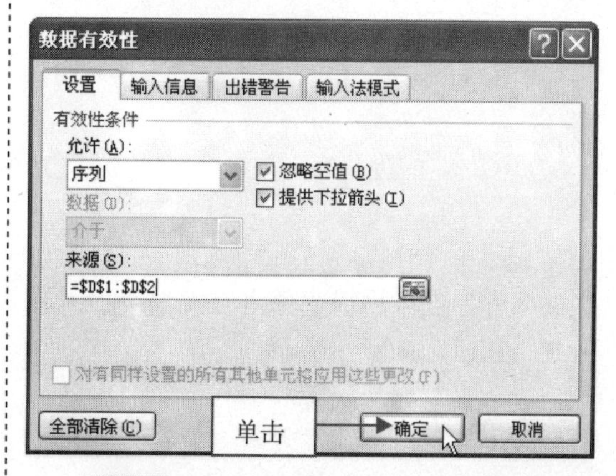

步骤05 在单元格中单击右侧的下拉按钮，即可完成下拉菜单的设置，如下图所示。

180 快速切换有效性的来源

在 Excel 2010 中，一般情况下，当用户使用数据有效性时，只能处理一组数据来源，而在某些工作表中，数据来源不仅是一组，而是可选择的两组或两组以上，这时就可以在这些数据来源间进行切换。

步骤 01 打开一个 Excel 文件，在工作表中选择相应的单元格区域，如下图所示。

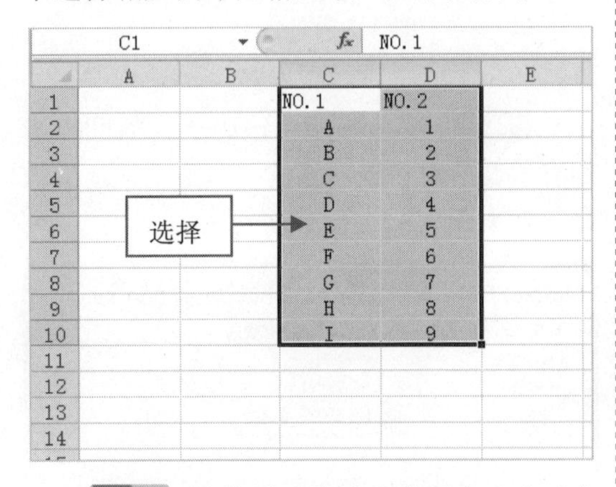

步骤 02 切换至“公式”选项卡，在“定义的名称”选项面板中单击“根据所选内容创建”按钮，如下图所示。

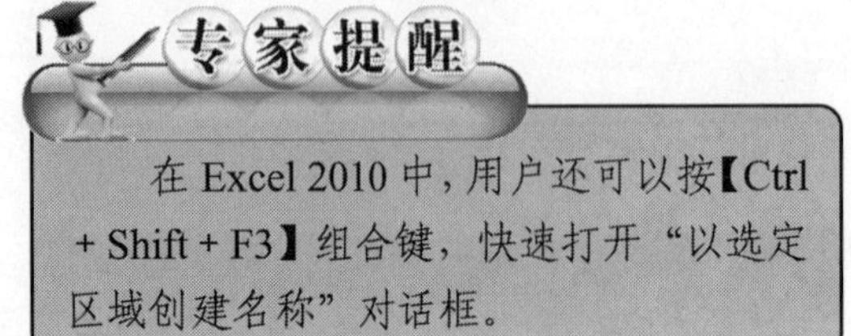

专家提醒

在 Excel 2010 中，用户还可以按【Ctrl + Shift + F3】组合键，快速打开“以选定区域创建名称”对话框。

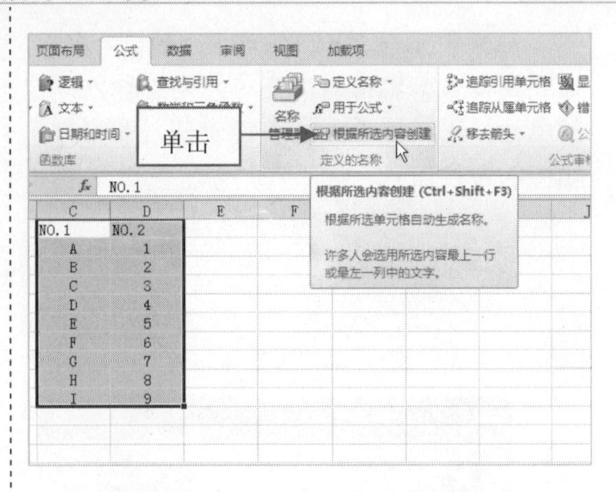

步骤 03 弹出“以选定区域创建名称”对话框，在其中仅选中“首行”复选框，如下图所示。

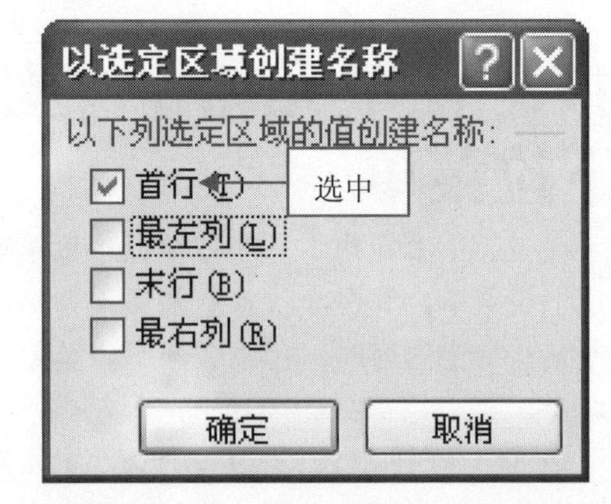

步骤 04 单击“确定”按钮，返回工作表编辑窗口，选择 A2 单元格，如下图所示。

步骤 05 切换至“数据”选项卡，在“数据工具”选项面板中单击“数据有效性”按钮，在弹出的列表框中选择“数据有效性”选项，如下图所示。

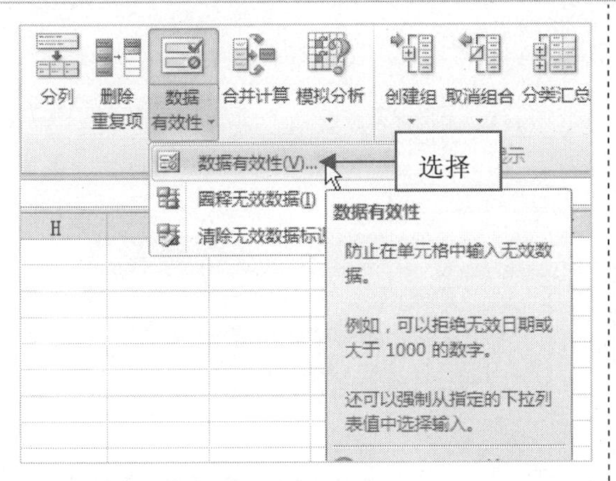

步骤06　执行上述操作后，即可弹出“数据有效性”对话框，在“允许”下拉列表框中选择“序列”选项，在右侧取消选择“忽略空值”复选框，然后在“来源”下方的文本框中输入：=OFFSET(NO.1,,A1-1)，如下图所示。

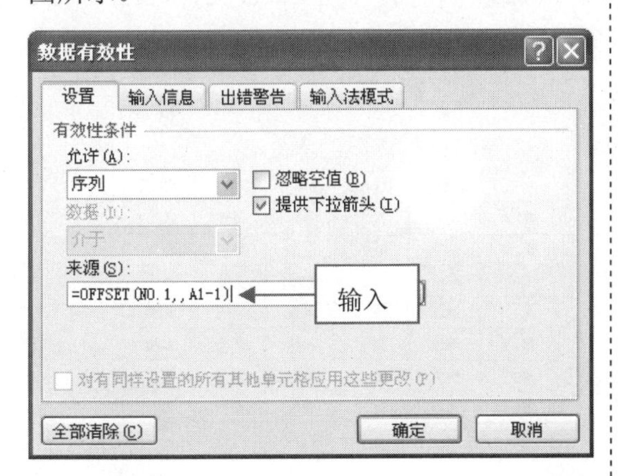

步骤07　设置完成后，单击“确定”按钮，返回工作表编辑窗口，在 A2 单元格的右侧即可显示下三角按钮，如下图所示。

A2

	A	B	C	D	E
1				NO.2	
2			显示	1	
3				2	
4			C	3	
5			D	4	
6			E	5	
7			F	6	
8			G	7	
9			H	8	
10			I	9	
11					
12					
13					
14					

步骤08　在 A1 单元格中输入数字 1，单击 A2 单元格右侧的下三角按钮，即可弹出下拉列表框，如下图所示。

A2

	A	B	C	D	E
1	1			NO.2	
2			单击	1	
3	A			2	
4	B		C	3	
5	C		D	4	
6	D		E	5	
7	E		F	6	
8	F		G	7	
9	G		H	8	
10	H		I	9	
11					
12					
13					
14					

步骤09　在 A1 单元格中输入数字 2，再单击 A2 单元格右侧的下三角按钮，即可切换到另一个下拉列表框，如下图所示。

A2

	A	B	C	D	E
1	2			NO.2	
2			单击	1	
3	1			2	
4	2		C	3	
5	3		D	4	
6	4		E	5	
7	5		F	6	
8	6		G	7	
9	7		H	8	
10	8		I	9	
11					
12					
13					
14					

181 强制序时录入

在 Excel 2010 中，用户输入数据时，经常需要遵循序时录入的规则，即新录入数据的日期绝不能早于已有记录的最大日期。此时，可以利用 Excel 的数据有效性来设置强制序时录入。

步骤01　启动 Excel 2010，选择输入日期的单元格区域，然后按【Ctrl+1】组合键打开“设置单元格格式”对话框，在其中切换至“数字”选项卡，在“分类”列表框中选择“日期”选项，如下图所示。

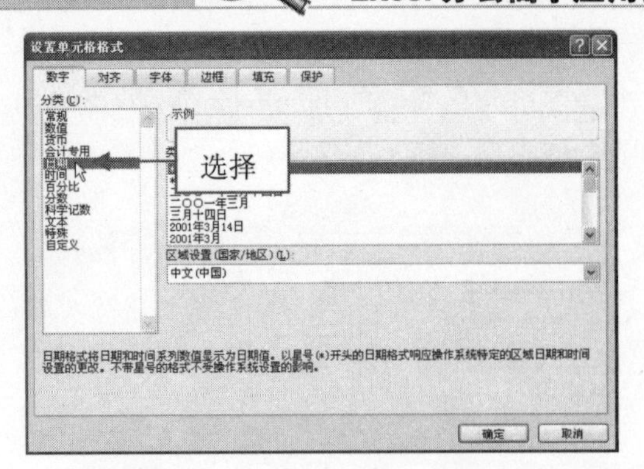

步骤02 在右侧的“类型”下拉列表框中选择相应的日期类型，如下图所示。

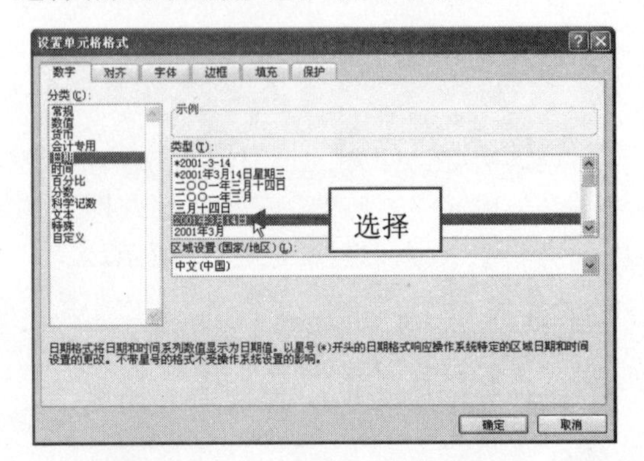

步骤03 单击“确定”按钮，返回工作表编辑窗口，然后调出“数据有效性”对话框，在“允许”下拉列表框中选择“日期”选项，在“数据”下拉列表框中选择“大于或等于”选项，在“开始日期”下方的文本框中输入：=MAX($B$1:$B1)，如下图所示。

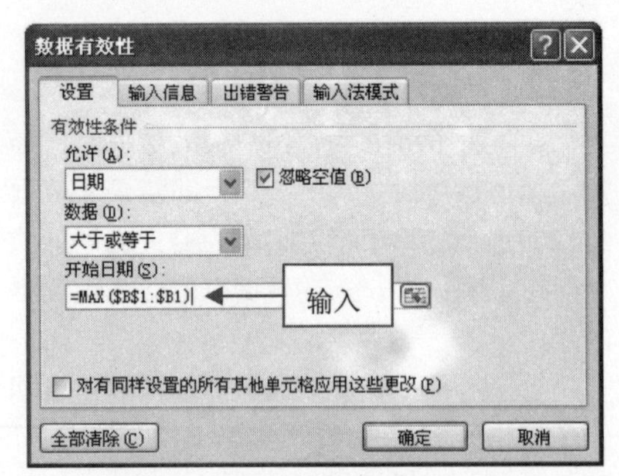

步骤04 设置完成后，单击“确定”按钮，返回工作表编辑窗口，在选择的单元格区域中输入相应日期值，当输入的日期小于前一日期值时，将弹出警告信息，如下图所示。

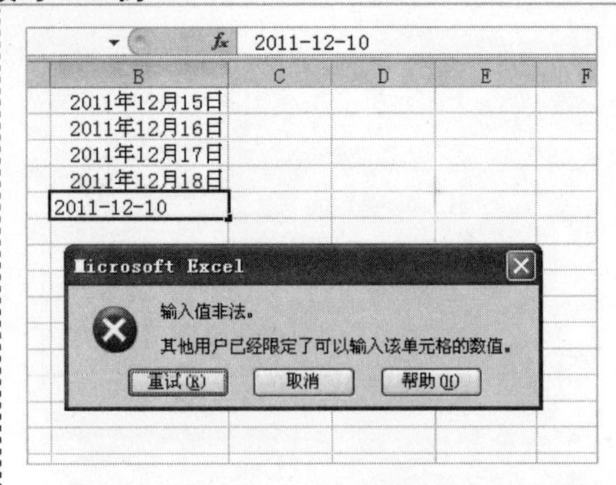

182 为单元格添加批注技巧

在 Excel 2010 中，在单元格中添加批注，可以对工作表起到解释、说明的作用。

步骤01 打开一个 Excel 文件，选择需要添加批注的单元格，如下图所示。

	星期一	星期二	星期三	星期四	星期五
第1节	语文	英语	数学	语文	英语
第2节	数学	数学	语文	数学	语文
第3节	政治	化学	政治	英语	数学
第4节	物理	语文	英语	物理	化学
第5节	英语	物理	化学	历史	政治
第6节	美术	历史	体育	音乐	自习
第7节	自习	自习	自习	自习	自习

步骤02 切换至“审阅”选项卡，在“批注”选项面板中单击“新建批注”按钮，如下图所示。

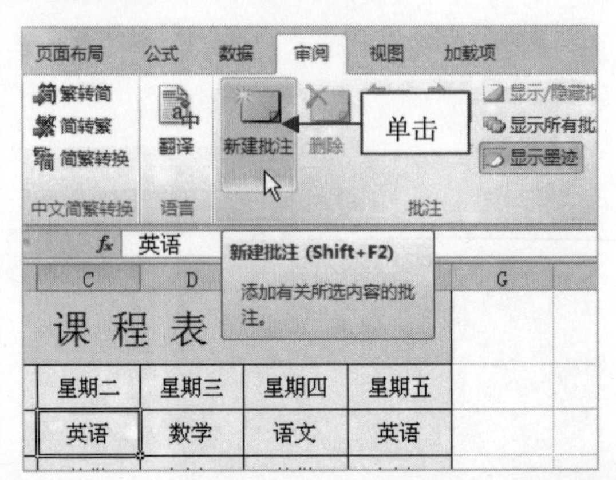

步骤03 执行上述操作后，在选定单元格旁即可弹出一个黄色的批注文本框，在该文本框中可输入相应文本，如下图所示。

课程表					
	星期一	星期二	星期三	星期四	星期五
第1节	语文	英语	Administrator: 孙琴讲师，本节课重点进行口语练习。		英
第2节	数学	数学			语
第3节	政治	化学	政治	英语	数学
第4节	物理	语文	英语	物理	化学
第5节	英语	物理	化学	历史	政治
第6节	美术	历史	体育	音乐	自习
第7节	自习	自习	自习	自习	自习

输入

步骤04 将鼠标移至其他地方，该单元格右上角将显示红色标记，如下图所示。

课程表					
	星期一	星期二	星期三	星期四	星期五
第1节	语文	英语	数学	语文	英语
第2节	数学	数学	语文	数学	语文
第3节	政治	化学	政治	英语	数学
第4节	物理	语文	英语	物理	化学
第5节	英语	物理	化学	历史	政治
第6节	美术	历史	体育	音乐	自习
第7节	自习	自习	自习	自习	自习

183 调整批注文本框大小

在 Excel 2010 中，可以根据需要调整批注文本框的大小。

步骤01 打开上一例效果文件，选择批注文本框，如下图所示。

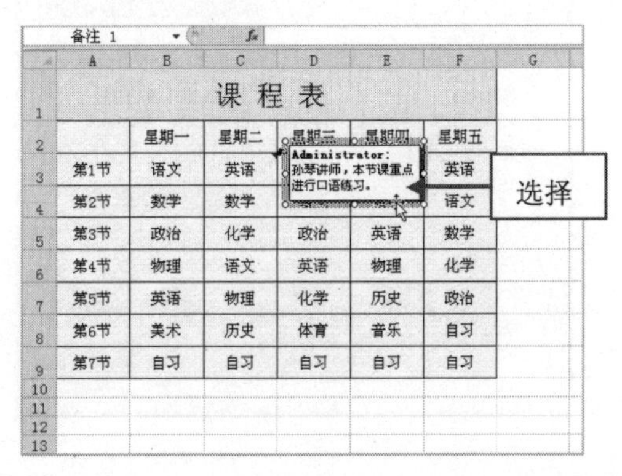

步骤02 将鼠标指针移到边框的相应控制点上，当鼠标指针呈双向箭头形状时，单击鼠标左键并拖曳，如下图所示。

课程表				
星期一	星期二	星期三	星期四	星期五
语文	英语	Administrator: 孙琴讲师，本节课重点进行口语练习。		英语
数学	数学			语文
政治	化学	政治	英语	数学
物理	语文	英语	物理	化学
英语	物理	化学	历史	政治
美术	历史	体育		自习
自习	自习	自习	自习	自习

拖曳

步骤03 至合适位置后，释放鼠标左键，即可调整批注文本框的大小，如下图所示。

课程表					
	星期一	星期二	星期三	星期四	星期五
第1节	语文	英语	Administrator: 孙琴讲师，本节课重点进行口语练习。		英语
第2节	数学	数学			语文
第3节	政治	化学			数学
第4节	物理	语文	英语	物理	化学
第5节	英语	物理	化学	历史	政治
第6节	美术	历史	体育	音乐	自习
第7节	自习	自习	自习	自习	自习

184 编辑单元格中的批注

在 Excel 2010 中，当用户需要添加或删除批注文本框中的内容时，就必须对单元进行编辑操作。

步骤01 打开上一例效果文件，选择需要编辑批注的单元格，切换至“审阅”选项卡，在“批注”选项面板中单击“编辑批注”按钮，如下图所示。

专家提醒

在 Excel 2010 中，当用户新建批注后，“批注”选项面板中的“新建批注”按钮将转换为“编辑批注”按钮。

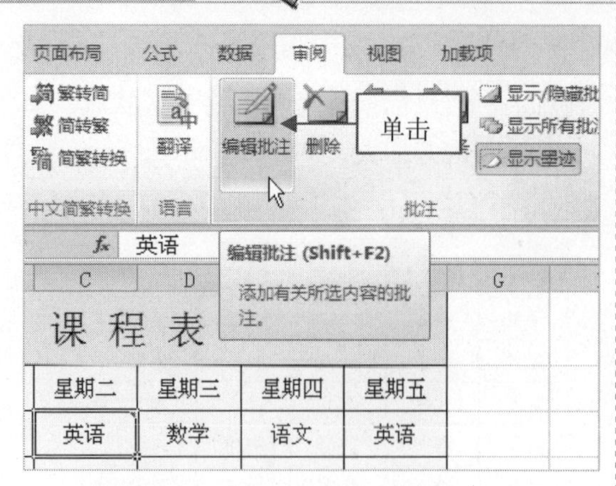

步骤02 即可选中批注的文本框，在其中添加相应文本内容（如下图所示），即可完成单元格批注的编辑操作。

	A	B	C	D	E	F
1	课 程 表					
2		星期一	星期二	星期三	星期四	星期五
3	第1节	语文	英语			英语
4	第2节	数学	数学			
5	第3节	政治	化学			数学
6	第4节	物理	语文	英语	物理	化学
7	第5节	英语	物理	化学	历史	政治
8	第6节	美术	历史	体育	音乐	自习
9	第7节	自习	自习	自习	自习	自习

Administrator:
孙琴讲师，本节课重点进行口语练习。
请大家每人提前准备一个五分钟的自我介绍。
添加

185 利用快捷键打开批注文本框

在 Excel 2010 中，用户还可以利用快捷键快速打开批注文本框。方法是：在 Excel 表格中选择需要打开的批注文本框，按【Shift＋F2】组合键即可打开批注文本框，这种方法更方便、更快捷，为用户提高了工作效率。

186 复制单元格中的批注

在 Excel 2010 中，还可以根据需要复制单元格中的批注。

步骤01 打开上一例效果文件，选择需要复制批注的原单元格，按【Ctrl＋C】组合键复制批注，如下图所示。

1	课 程 表				
2		星期一	星期二	星期三	星期四
3		语文	英语		
4	第2节	数学	数学		
5	第3节	政治	化学		
6	第4节	物理	语文	英语	物理
7	第5节	英语	物理	化学	历史
8	第6节	美术	历史	体育	音乐
9	第7节	自习	自习	自习	自习

复制
Administrator:
孙琴讲师，本节课重点进行口语练习。
请大家每人提前准备一个五分钟的自我介绍。

步骤02 将鼠标移至需要复制批注的目标单元格，单击鼠标右键，在弹出的快捷菜单中选择“选择性粘贴”选项，如下图所示。

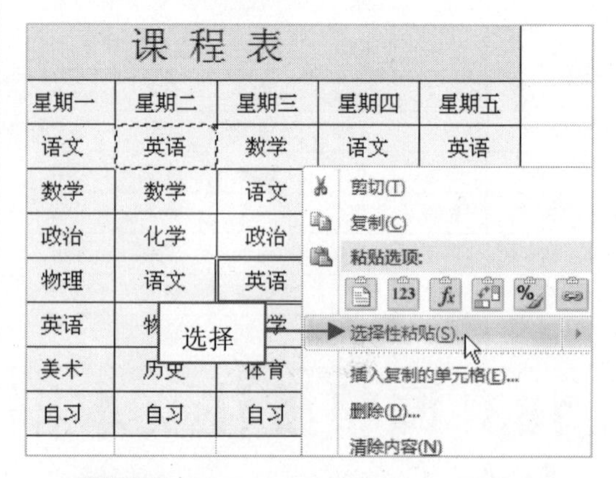

步骤03 弹出“选择性粘贴”对话框，在“粘贴”选项区中选中“批注”单选按钮，如下图所示。

选择性粘贴
粘贴
全部(A)　所有使用源主题的单元(H)
公式(F)　边框除外(X)
数值(V)　列宽(W)
格式(T)　公式和数字格式(R)
批注(C)　值和数字格式(U)
有效性验证(N)　所有合并条件格式(G)
选中
运算
无(O)　乘(M)
加(D)　除(I)
减(S)
跳过空单元(B)　转置(E)
粘贴链接(L)　确定　取消

步骤 04　单击“确定”按钮，即可复制单元格中的批注，效果如下图所示。

D6　英语

	A	B	C	D	E	F
1	课 程 表					
2		星期一	星期二	星期三	星期四	星期五
3	第1节	语文	英语	数学	语文	英语
4	第2节	数学	数学	语文	数学	语文
5	第3节	政治	化学	政治	英语	数学
6	第4节	物理	语文	英语		
7	第5节	英		化学		
8	第6节	美术	历史	体育		
9	第7节	自习	自习	自习	自习	自习

复制

Administrator:
孙琴讲师，本节课重点进行口语练习。
请大家每人提前准备一个五分钟的自我介绍。

187 快速在批注间进行切换

在 Excel 2010 中，创建多个批注后，需要在多个批注间进行切换查看。

步骤 01　打开上一例效果文件，切换至“审阅”选项卡，在“批注”选项面板中单击“下一条”按钮，如下图所示。

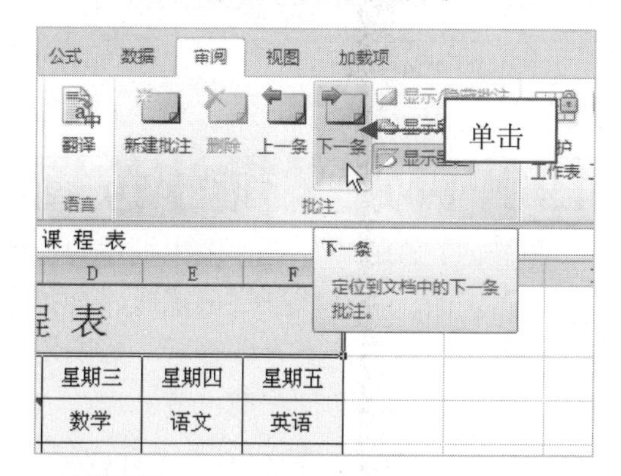

步骤 02　即可显示工作表中的一个批注，如下图所示。

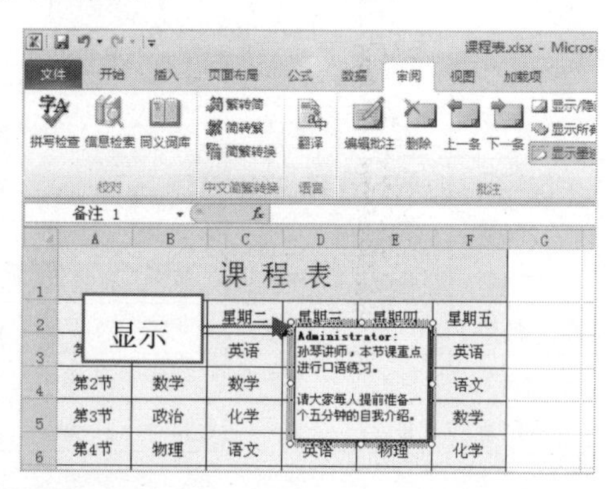

步骤 03　在“批注”选项面板中再次单击“下一条”按钮，即可切换至表格中的下一个批注，如下图所示。

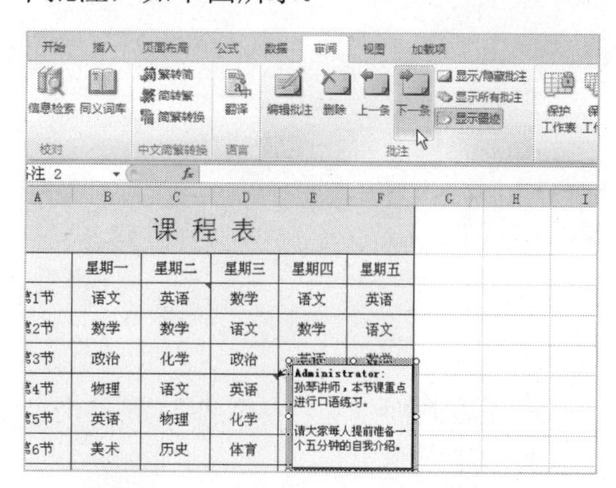

步骤 04　执行上述操作后，再单击“下一个”按钮，如果表格中已无批注，将弹出提示信息框，如下图所示。

188 设置批注为显示状态

在 Excel 中，一般情况下只有当用户将鼠标移至单元格上，批注才会显示，将鼠标移开，批注又自动隐藏起来，用户可以根据需要设置批注为显示状态，这样方便查看和修改。

步骤 01　打开上一例效果文件，选择需要设置批注为显示状态的单元格，如下图所示。

1	课 程 表				
2		星期一	星期二	星期三	星期四
3	第1节	语文	英语	数学	
4	第2节	数学	数学	语文	数学
5	第3节	政治	化学	政治	英语
6	第4节	物理	语文	英语	物理
7	第5节	英语	物理	化学	历史
8	第6节	美术	历史	体育	音乐
9	第7节	自习	自习	自习	自习

选择

步骤02 切换至“审阅”选项卡，在“批注”选项面板中单击“显示/隐藏批注”按钮，如下图所示。

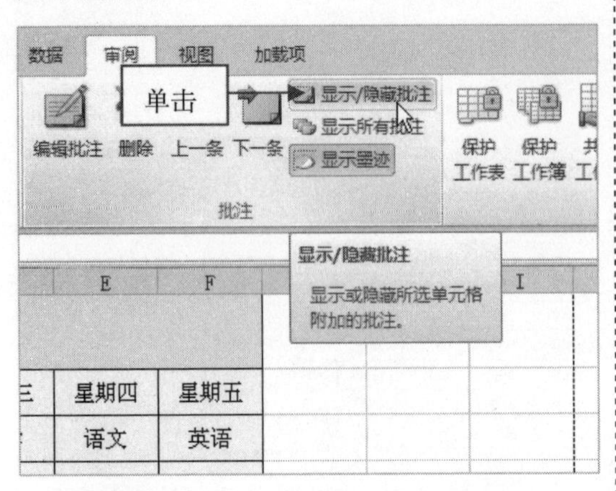

步骤03 执行上述操作后，即可设置该批注为显示状态，如下图所示。

	课 程 表			
	星期一	星期二	星期三	星期四
第1节	语文	英语		
第2节	数学	数学		
第3节	政治	化学		
第4节	物理	语文	英语	物理
第5节	英语	物理	化学	历史
第6节	美术	历史	体育	音乐
第7节	自习	自习	自习	自习

Administrator:
孙琴讲师，本节课重点进行口语练习。

请大家每人提前准备一个五分钟的自我介绍。

189 显示添加的所有批注

在 Excel 2010 中，如果用户需要对单元格中的多处批注进行修改，可先将所有批注全部显示出来。

步骤01 打开上一例的效果文件，切换至“审阅”选项卡，在“批注”选项面板中单击“显示所有批注”按钮，如下图所示。

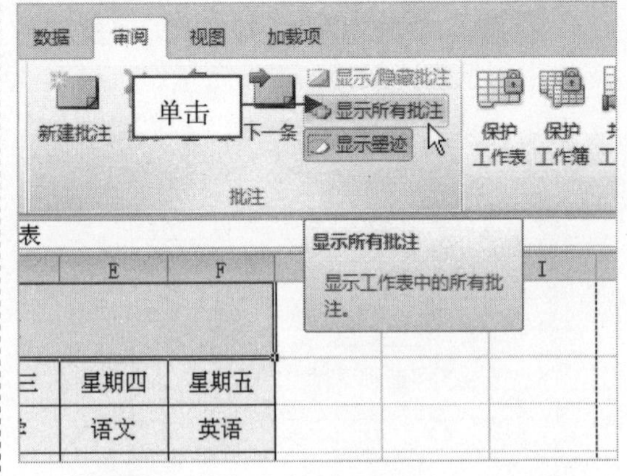

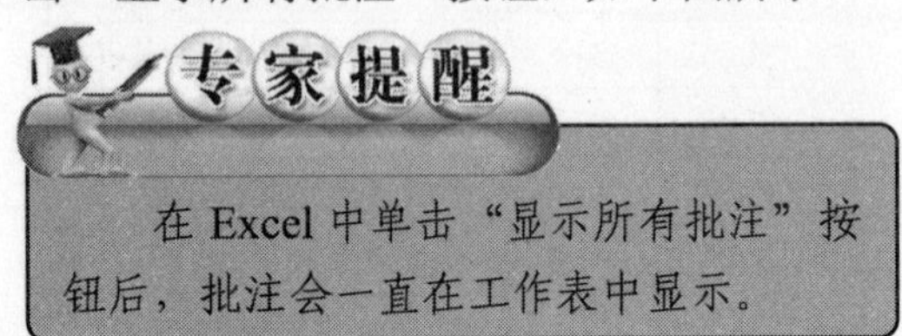
专家提醒

在 Excel 中单击“显示所有批注”按钮后，批注会一直在工作表中显示。

步骤02 执行上述操作后，即可显示工作表中的所有批注，如下图所示。

	课 程 表				
	星期一	星期二	星期三	星期四	星期五
第1节	语文	英语			英语
第2节	数学	数学			语文
第3节					数学
第4节			英语		
第5节	英语	物理	化学		
第6节	美术	历史	体育		
第7节	自习	自习	自习	自习	自习

显示

Administrator:
孙琴讲师，本节课重点进行口语练习。

请大家每人提前准备一个五分钟的自我介绍。

190 自定义批注位置

在 Excel 2010 中，工作表中批注的位置并不是固定的，当有些批注显示时，会挡住单元格中相邻数据，不方便查看，影响用户阅读，此时就可移动批注的位置。

步骤01 打开上一例的效果文件，选择需要移动的批注文本框，如下图所示。

	课 程 表			
	星期一	星期二	星期三	星期四
第1节	语文	英语		
第2节	数学			
第3节	政治	化学		
第4节	物理	语文	英语	物理
第5节	英语	物理	化学	历史
第6节	美术	历史	体育	音乐
第7节	自习	自习	自习	自习

选择

Administrator:
孙琴讲师，本节课重点进行口语练习。

请大家每人提前准备一个五分钟的自我介绍。

步骤02 将鼠标指针移至边框的相应控制点上，当指针呈四向箭头形状时，单击鼠标左键并拖曳，如下图所示。

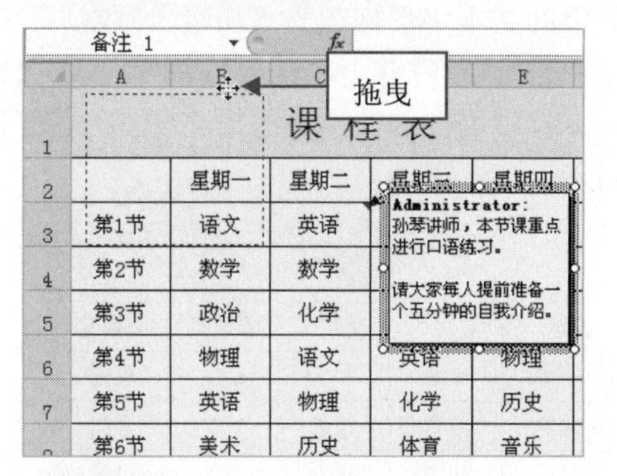

步骤03 至合适位置后，释放鼠标左键，即可移动批注的位置，如下图所示。

191 修改批注字体

在 Excel 2010 中，在批注框中输入的文字，默认情况下的“字体”为“宋体”，用户也可根据需要进行修改。

步骤01 打开上一例效果文件，选择批注文本框中需要修改字体的批注内容，如下图所示。

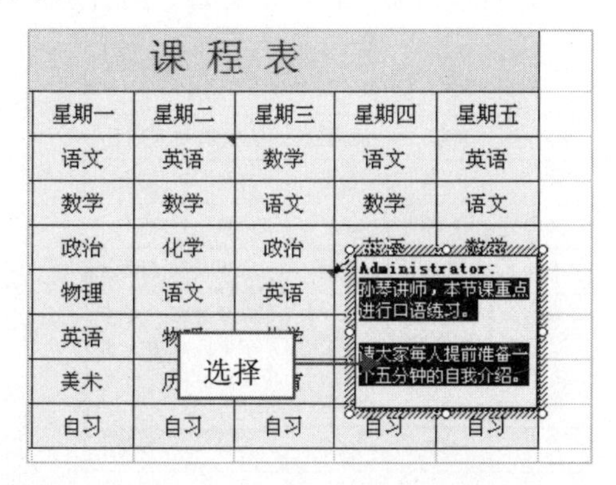

步骤02 单击鼠标右键，然后在弹出的快捷菜单中选择“设置批注格式”选项，如下图所示。

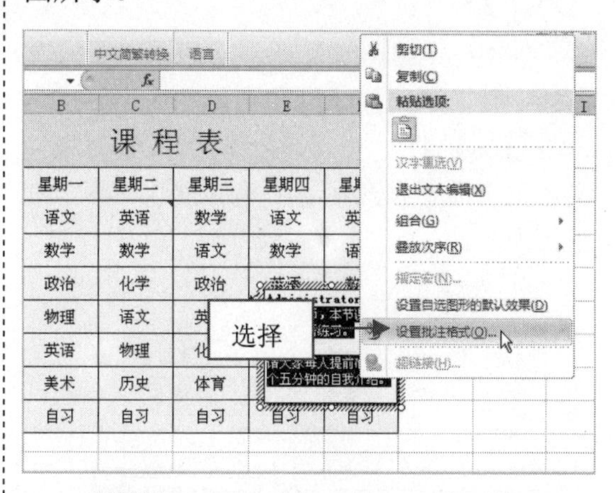

步骤03 弹出“设置批注格式”对话框，在“字体”下拉列表框中选择“华文行楷”选项，如下图所示。

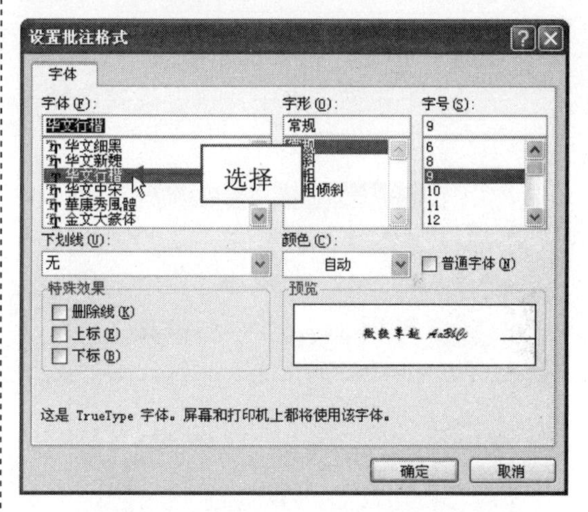

步骤04 设置完毕后，单击“确定”按钮，即可修改批注的字体，效果如下图所示。

192 修改批注的字体大小

在 Excel 2010 中，除了可以修改批注文本的字体，还可修改批注字体的大小。

步骤01 打开上一例效果文件，选择批注文本框中需要修改字号大小的批注内容，如下图所示。

课 程 表				
星期一	星期二	星期三	星期四	星期五
语文	英语	数学	语文	英语
数学	数学	语文	数学	语文
政治	化学	政治		
物理				
英语				
美术	历史	体育		
自习	自习	自习	自习	自习

步骤02 调出“设置批注格式”对话框，在“字号”下拉列表框中，根据需要选择相应的字号，如下图所示。

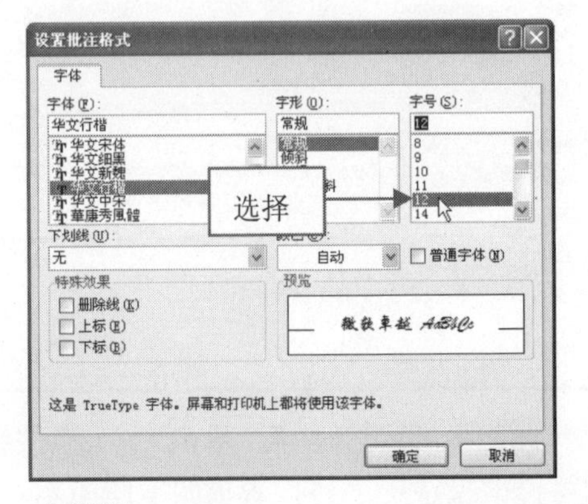

步骤03 设置完成后，单击“确定”按钮，即可修改批注的字体大小，效果如下图所示。

课 程 表				
星期一	星期二	星期三	星期四	星期五
语文	英语	数学	语文	英语
数学	数学	语文	数学	语文
政治	化学	政治		
物理	语文	英语		
英语	物理	化学		
美术	历史	体育		
自习	自习	自习	自习	自习

193 修改批注字形

在 Excel 2010 中，可以根据需要将批注框中的文本字形修改为“加粗、倾斜”。

步骤01 打开上一例效果文件，选择批注文本框中需要修改字形的批注文本，如下图所示。

课 程 表				
星期一	星期二	星期三	星期四	星期五
语文	英语	数学	语文	英语
数学	数学	语文	数学	语文
政治	化学	政治		
物理	语文	英语		
英语				
美术	历史	体育		
自习	自习	自习	自习	自习

步骤02 调出“设置批注格式”对话框，在“字形”列表框中用户可根据需要选择相应的字形，如下图所示。

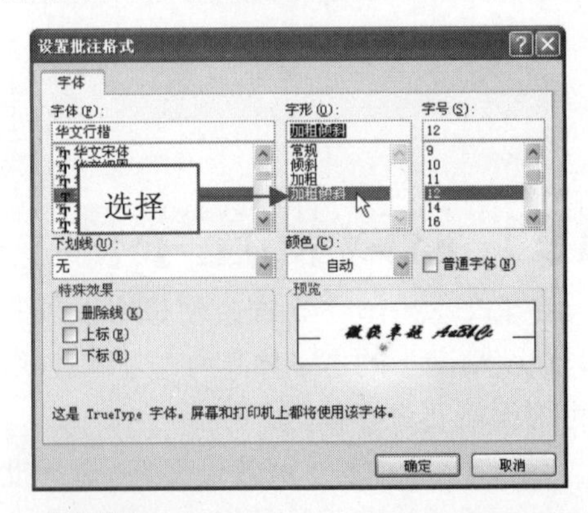

步骤03 设置完成后，单击“确定”按钮，即可修改批注的字形，效果如下图所示。

课 程 表				
星期一	星期二	星期三	星期四	星期五
语文	英语	数学	语文	英语
数学	数学	语文	数学	语文
政治	化学	政治		
物理	语文	英语		
英语	物理	化学		
美术	历史	体育		
自习	自习	自习	自习	自习

194 为批注添加下划线技巧

在 Excel 2010 中输入批注的时候，有些批注内容需要突出显示，此时可为批注内容添加下划线。

步骤 01 打开上一例效果文件，选择批注文本框中需要添加下划线的批注内容，如下图所示。

课程表				
星期一	星期二	星期三	星期四	星期五
语文	英语	数学	语文	英语
数学	数学	语文	数学	语文
政治	化学	政治		
物理	语文	英语		
英语				
美术		体育		
自习	自习	自习	自习	自习

选择

步骤 02 调出“设置批注格式”对话框，单击“下划线”下方的下拉按钮，弹出列表框，选择一种下划线样式，如下图所示。

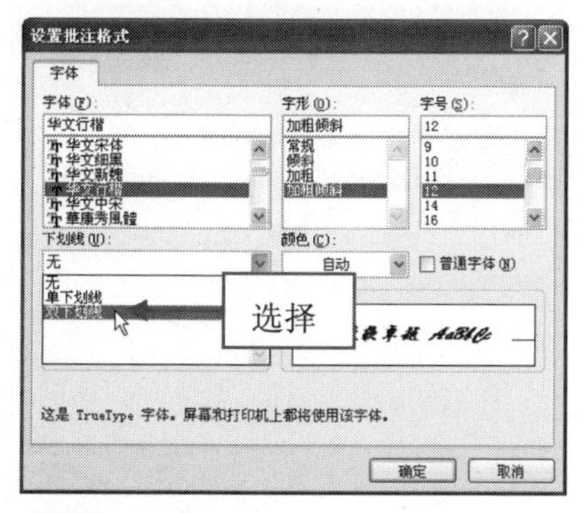

步骤 03 设置完成后，单击“确定”按钮，即可为批注添加下划线，效果如下图所示。

课程表				
星期一	星期二	星期三	星期四	星期五
语文	英语	数学	语文	英语
数学	数学	语文	数学	语文
政治	化学	政治		
物理	语文	英语		
英语	物理	化学		
美术	历史	体育		
自习	自习	自习	自习	自习

Administrator:

195 修改批注颜色

在 Excel 2010 中，一般情况下默认的批注字体颜色为黑色，用户也可根据需要修改批注字体颜色。

步骤 01 打开上一例效果文件，选择批注文本框中需要修改颜色的批注内容，如下图所示。

课程表				
星期一	星期二	星期三	星期四	星期五
语文	英语	数学	语文	英语
数学	数学	语文	数学	语文
政治	化学	政治		
物理	语文	英语		
英语				
美术		体育		
自习	自习	自习	自习	自习

选择

步骤 02 调出“设置批注格式”对话框，单击“颜色”按钮，弹出颜色面板，在其中选择一种颜色，如下图所示。

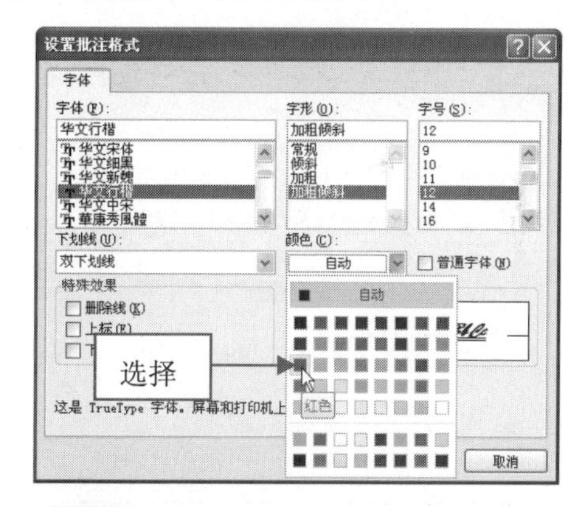

步骤 03 设置完成后，单击“确定”按钮，即可为批注修改颜色，效果如下图所示。

课程表				
星期一	星期二	星期三	星期四	星期五
语文	英语	数学	语文	英语
数学	数学	语文	数学	语文
政治	化学	政治		
物理	语文	英语		
英语	物理	化学		
美术	历史	体育		
自习	自习	自习	自习	自习

Administrator:

196 为批注添加删除线技巧

在 Excel 2010 中，有时需要为批注文本框中的批注内容添加删除线。

步骤 01 打开上一例效果文件，选择批注文本框中需要添加删除线的批注内容，如下图所示。

课 程 表				
星期一	星期二	星期三	星期四	星期五
语文	英语	数学	语文	英语
数学	数学	语文	数学	语文
政治	化学	政治		
物理	语文	英语		
英语				
美术				
自习	自习	自习	自习	自习

选择

步骤 02 调出“设置批注格式”对话框，在“特殊效果”选项区中选中“删除线”复选框，如下图所示。

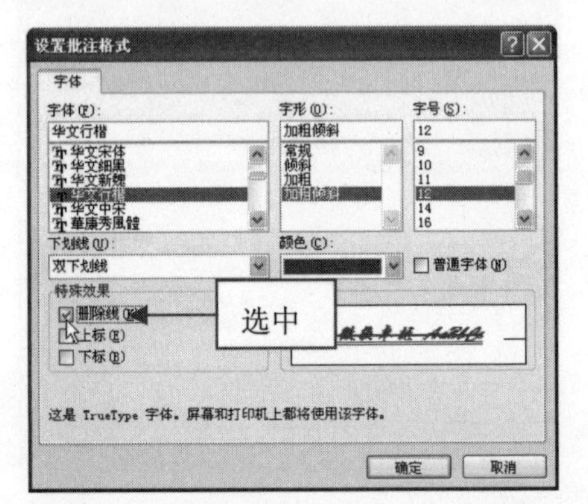

步骤 03 设置完成后，单击“确定”按钮，即可为批注添加删除线，效果如下图所示。

课 程 表				
星期一	星期二	星期三	星期四	星期五
语文	英语	数学	语文	英语
数学	数学	语文	数学	语文
政治	化学	政治		
物理	语文	英语		
英语	物理	化学		
美术	历史	体育		
自习	自习	自习	自习	自习

Administrator:

197 设置批注为上标或下标

在 Excel 2010 中，还可以根据需要设置批注文本框中的批注内容为上标或下标。

步骤 01 打开一个 Excel 文件，选择批注文本框中需要设置上标或下标的批注内容，如下图所示。

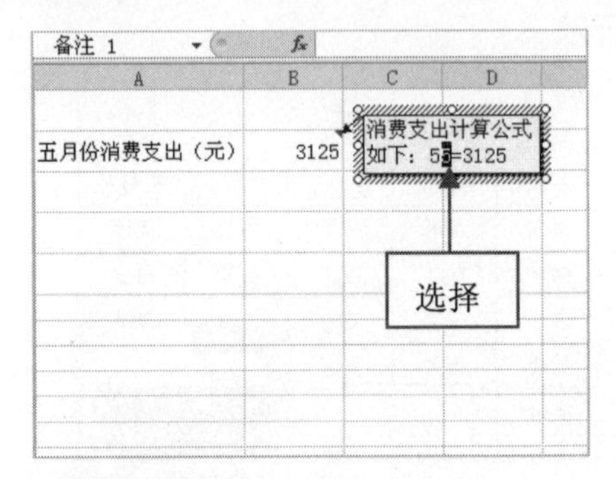

步骤 02 调出“设置批注格式”对话框，在“特殊效果”选项区中选中“上标”复选框，如下图所示。用户也可以根据需要选中“下标”复选框，设置下标。

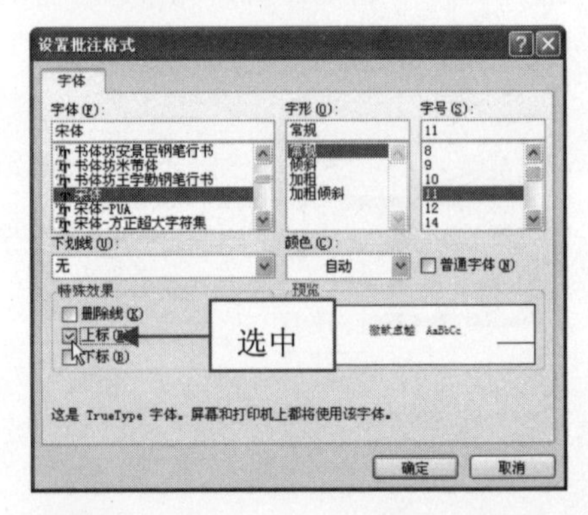

步骤 03 设置完成后，单击“确定”按钮，即可设置批注为上标，效果如下图所示。

备注 1

五月份消费支出（元） 3125

消费支出计算公式
如下：5^5=3125

上标

198 删除单元格批注

在 Excel 2010 中，如果单元格中的批注不再需要，可将其删除。

步骤 01 打开上一例效果文件，在工作表中选择需要删除的批注，如下图所示。

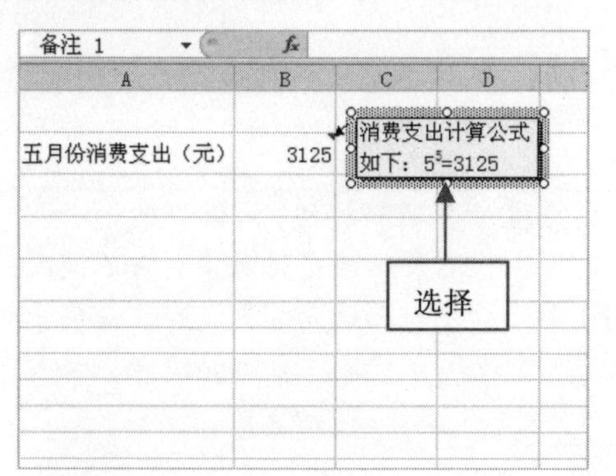

步骤 02 切换至“审阅”选项卡，在“批注”选项面板中单击“删除”按钮，如下图所示。

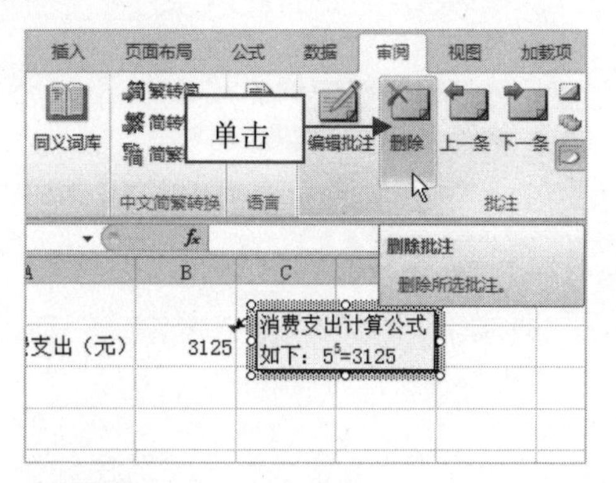

步骤 03 执行上述操作后，该单元格右上角的红色三角标记会消失，表示此单元格中的批注已被删除，如下图所示。

199 快速清除单元格批注

在 Excel 2010 中，还有一种快捷的方法可以删除单元格中的批注。

步骤 01 打开一个 Excel 文件，选择工作表中需要删除批注的单元格，如下图所示。

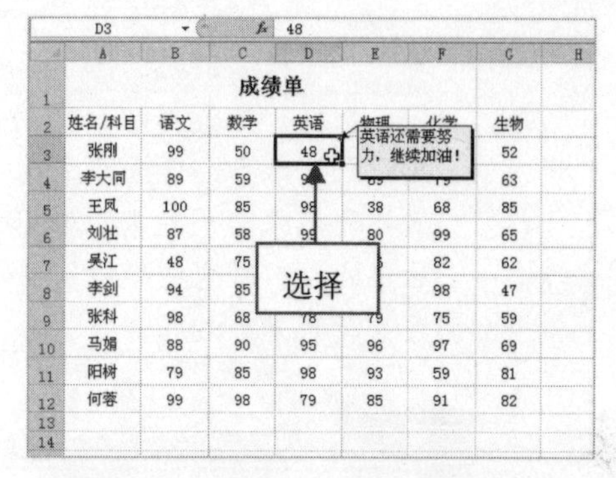

步骤 02 切换至“开始”选项卡，在“编辑”选项面板中单击“清除”按钮，弹出列表框，选择“清除批注”选项，如下图所示。

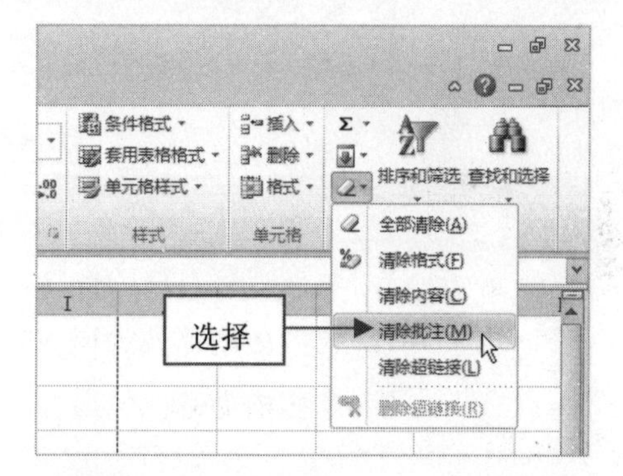

步骤 03 执行上述操作后，即可完成单元格批注的清除，如下图所示。

成绩单

姓名/科目	语文	数学	英语	物理	化学	生物
张刚	99	50	48	68	100	52
李大同	89	59	98	69	79	63
王凤	100	85	98	38	68	85
刘壮	87	58	99	80	99	65
吴江	48	75	85	86	82	62
李剑	94	85	86	87	98	47
张科	98	68	78	79	75	59
马娟	88	90	95	96	97	69
阳树	79	85	98	93	59	81
何蓉	99	98	79	85	91	82

08 排序与筛选应用技巧

学前提示

数据排序是指按一定的规则对数据进行整理和排列，为数据的进一步处理做好准备，数据筛选就是将满足条件的记录显示在页面中，将不满足条件的记录隐藏起来。在 Excel 2010 中，排序与筛选功能是 Excel 最突出的功能，利用这些功能，可以很方便地管理和分析数据，为管理者提供可靠及时而充分的信息。

本章知识重点

- 对数据进行升序排序
- 套用表格格式进行排序
- 随机排列工作表中的数据
- 自定义排序
- 区分大小写进行排序
- 对数据进行简单筛选
- 快速清除筛选有妙招
- 对数据进行高级筛选
- 筛选出表格中的非重复值
- 将筛选结果快速输出

学完本章后你会做什么

- 掌握数据排序的操作方法
- 掌握数据筛选的操作方法
- 掌握模糊筛选的操作方法

视频演示

调查数据表

列1	城市A	城市B	城市C
最小值	4	6.5	4
25%分位数	5.5	7.5	6.6
50%分位数	7.5	9.3	7.3
平均值	7.9	10	7.9
75%分位数	9.5	9.5	6.7
最大值	11.5	11.2	7.6

套用表格格式进行排序

总成绩表

学号	姓名	语文	数学	英语	总成绩
0012	李益	79	96	84	259
0013	张想	87	78	78	243
0015	江娟	87	92	65	244
0016	宁和	85	83	86	254
0017	李全	93	84	98	275
0019	江小燕	84	68	88	240

对数据进行高级筛选

200 掌握数据清单

在 Excel 2010 中，数据清单是指包含一组相关数据的一系列工作表数据行，Excel 在对数据清单进行管理时，一般将数据清单看作是一个数据库。

数据清单中的行相当于数据库中的记录，行标题相当于记录名；数据清单中的列相当于数据库中的字段，列标题相当于数据序中的字段名。

201 创建数据清单

在 Excel 2010 中，用户可以通过创建数据清单对数据进行管理。

步骤 01 选择当前工作簿中的某张工作表，存放要建立的数据清单，输入标题、各列标志以及记录内容，如下图所示。

步骤 02 切换至“开始”选项卡，在“字体”选项面板中设置文本的字体、字号、边框以及底纹等，如下图所示，完成数据清单的创建。

A1　产品统计表

	A	B	C	D	E	F	G
1	产品统计表						
2	型号	产品名称	规格	单价	进货统计	销货统计	存货统计
3	ZWX-0120	液晶显示器	19寸	3000	230	160	70
4	ZWX-0121	液晶显示器	21寸	3500	230	130	100
5	ZWX-0122	屏幕	17寸	2400	160	100	60
6	ZWX-0123	屏幕	21寸	3200	240	130	110
7	ZWX-0124	手写板	4X6	3500	1300	640	660
8	ZWX-0125	绘图板	6X8	4100	160	100	60
9	ZWX-0126	扫描仪	600X600	1800	240	160	80
10	ZWX-0127	智能扫描仪	1200X1200	2600	160	100	60
11	QWZ-0212	韩语教学软件	平装版	199	160	80	80
12	QWZ-0213	日语教学软件	CD附书	199	160	75	85
13	QWZ-0214	日常英语	平装版	199	160	96	64
14	QWZ-0215	英语等级考试丛书	CD附书	199	160	100	60
15	QWZ-0216	托福初级	平装版	199	800	400	400
16	QWZ-0217	托福进阶	平装版	199	1000	500	500
17	QWZ-0218	GRE初级	平装版	199	1300	1000	300
18	QWZ-0219	GRE进阶	平装版	199	160	30	130
19	WKX-3120	商用软件	CD附书	300	800	500	300
20	WKX-3121	英语教学软件	双CD附书	399	800	500	300
21	WKX-3122	日语教学软件	平装版	399	1300	500	800
22	WKX-3123	观光英语	双CD附书	399	160	80	80
23	WKX-3124	观光日语	平装版	399	800	500	300
24	WKX-3125	托福初级	CD附书	299	1000	500	500
25	WKX-3126	托福进阶	CD附书	299	1200	1000	200

202 对数据进行升序排序

在 Excel 2010 中，排序是指把一组杂乱无章的数据按照大小顺序排列，排序包括整数、实数、字符及字符串排序。

步骤 01 打开上一例效果文件，在工作表中选择 A3:G27 单元格区域，如下图所示。

3	ZWX-0120	液晶显示器	19寸	3000	230	160
4	ZWX-0121	液晶显示器	21寸	3500	230	130
5	ZWX-0122	屏幕	17寸	2400	160	100
6	ZWX-0123	屏幕	21寸	3200	240	130
7	ZWX-0124	手写板	4X6	3500	1300	640
8	ZWX-0125	绘图板	6X8	4100	160	100
9	ZWX-0126	扫描仪	600X600	1800	240	160
10	ZWX-0127	智能扫描仪	1200X1200	2600	160	100
11	QWZ-0212	韩语教学软件	平装版	199	160	80
12	QWZ-0213	日语教学软件	CD附书	199	160	75
13	QWZ-0214	日常英语	平装版	199	160	96
14	QWZ-0215	英语等级考试丛书	CD附书	199	160	100
15	QWZ-0216	托福初级	平装版	199	800	400
16	QWZ-0217	托福进阶	平装版	199	1000	500
17	QWZ-0218	GRE初级	平装版	199	1300	1000
18	QWZ-0219	GRE进阶	平装版	199	160	30
19	WKX-3120	商用软件	CD附书	300	800	500
20	WKX-3121	英语教学软件	双CD附书	399	800	500
21	WKX-3122	日语教学软件	平装版	399	1300	500
22	WKX-3123	观光英语	双CD附书	399	160	80
23	WKX-3124	观光日语	平装版	399	800	500
24	WKX-3125	托福初级	CD附书	299	1000	500
25	WKX-3126	托福进阶	CD附书	299	1200	1000
26	WKX-3127	GRE初级	CD附书	299	1200	1000
27	WKX-3128	GRE进阶	CD附书	299	600	500

步骤 02 切换至“开始”选项卡，在“编辑”选项面板中单击“排序和筛选”按钮，在弹出的列表框中选择“升序”选项，如下图所示。

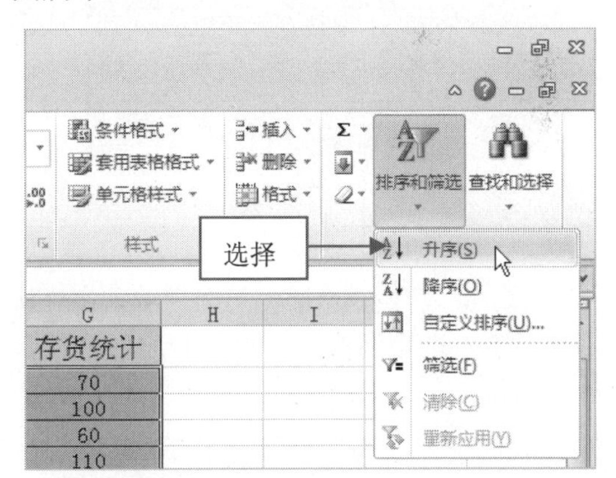

步骤 03 执行上述操作后，即可完成对选择数据的升序排序操作，效果如下图所示。

专家提醒

在 Excel 2010 中，还可以依次按【Alt】、【H】、【S】、【S】键，来快速对需要排序的数据进行升序排序。

	A	B	C	D	E	F	G
1	产品统计表						
2	型号	产品名称	规格	单价	进货统计	销货统计	存货统计
3	QWZ-0212	韩语教学软件	平装版	199	160	80	80
4	QWZ-0213	日语教学软件	CD附书	199	160	75	85
5	QWZ-0214	日常英语	平装版	199	160	96	64
6	QWZ-0215	英语等级考试丛书	CD附书	199	160	100	60
7	QWZ-0216	托福初级	平装版	199	800	400	400
8	QWZ-0217	托福进阶	平装版	199	1000	500	500
9	QWZ-0218	GRE初级	平装版	199	1300	1000	300
10	QWZ-0219	GRE进阶	平装版	199	160	30	130
11	WKX-3120	商用软件	CD附书	300	800	500	300
12	WKX-3121	英语教学软件	双CD附书	399	800	500	300
13	WKX-3122	日语教学软件	平装版	399	1300	500	800
14	WKX-3123	观光英语	双CD附书	399	160	80	80
15	WKX-3124	观光日语	平装版	399	800	500	300
16	WKX-3125	托福初级	CD附书	299	1000	500	500
17	WKX-3126	托福进阶	CD附书	299	1200	1000	200
18	WKX-3127	GRE初级	CD附书	299	1200	1000	200
19	WKX-3128	GRE进阶	CD附书	299	600	500	100
20	ZWX-0120	液晶显示器	19寸	3000	230	160	70
21	ZWX-0121	液晶显示器	21寸	3500	230	130	100
22	ZWX-0122	屏幕	17寸	2400	160	100	60
23	ZWX-0123	屏幕	21寸	3200	240	130	110
24	ZWX-0124	手写板	4X6	3500	1300	640	660
25	ZWX-0125	绘图板	6X8	4100	160	100	60

203 通过“数据”面板对数据进行升序排序

在 Excel 2010 中，除了在“开始”面板中可对数据进行排序外，还可通过“数据”面板对数据进行排序。

步骤01 打开一个 Excel 文件，选择需要排序的单元格区域，如下图所示。

	A	B	C	D	E	F
1	数码产品进货表					
2	产品名称	品牌	单价	数量	购买日期	使用时间
3	电话机	联想	100	30	2010-5-20	2
4	笔记本电脑	华硕	200	10	2010-7-6	3
5	传真机	夏普	400	1	2010-8-10	3
6	复印机	理光	500	2	2010-8-21	2
7	空调	格力	300	2	2010-1-12	2.5
8	刻录机	惠普	500	1	2010-3-1	2.5
9	打印机	联想	150	1	2010-3-25	2.5
10	台式电脑	三星	250	20	2010-10-2	2
11	笔记本电脑	东芝	450	5	2010-2-3	1.5
12	扫描仪	爱普生	650	1	2010-3-16	1.5
13	复印机	理光	630	1	2010-6-13	2
14	传真机	三星	720	1	2010-7-21	2
15	空调	海尔	640	1	2010-2-16	0.5

选择

步骤02 切换至“数据”选项卡，在“排序和筛选”选项面板中单击“升序”按钮，如下图所示。

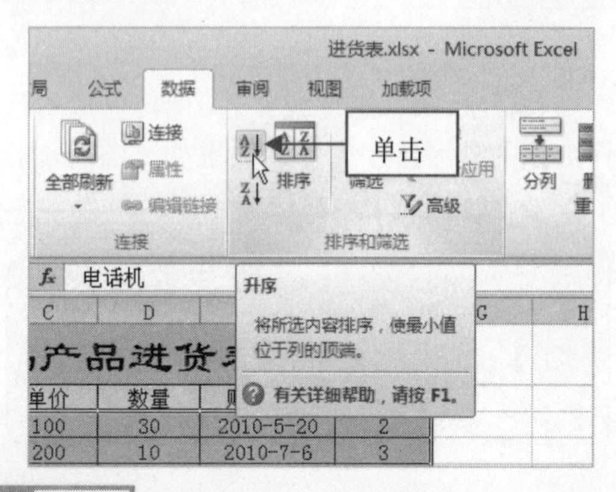

步骤03 执行上述操作后，即可对选择的单元格区域进行升序排序，效果如下图所示。

	A	B	C	D	E	F
1	数码产品进货表					
2	产品名称	品牌	单价	数量	购买日期	使用时间
3	笔记本电脑	华硕	200	10	2010-7-6	3
4	笔记本电脑	东芝	450	5	2010-2-3	1.5
5	传真机	夏普	400	1	2010-8-10	3
6	传真机	三星	720	1	2010-7-21	2
7	打印机	联想	150	1	2010-3-25	2.5
8	电话机	联想	100	30	2010-5-20	2
9	复印机	理光	500	2	2010-8-21	2
10	复印机	理光	630	1	2010-6-13	2
11	刻录机	惠普	500	1	2010-3-1	2.5
12	空调	格力	300	2	2010-1-12	2.5
13	空调	海尔	640	1	2010-2-16	0.5
14	扫描仪	爱普生	650	1	2010-3-16	1.5
15	台式电脑	三星	250	20	2010-10-2	2

升序

204 套用表格格式进行排序

在 Excel 2010 中，系统内置了多种表格格式，用户可直接进行套用，对数据进行排序操作。

步骤01 打开一个 Excel 文件，选择需要排序的单元格区域，如下图所示。

	A	B	C	D
1	调查数据表			
2		城市A	城市B	城市C
3	最小值	4	6.5	4
4	25%分位数	5.5	7.5	6.6
5	平均值	7.9	10	7.9
6	50%分位数	7.5	9.3	7.3
7	75%分位数	9.5	9.5	6.7
8	最大值	11.5	11.2	7.6

选择

步骤02 切换至“开始”选项卡，在“样式”选项面板中单击“套用表格格式”按钮，弹出下拉列表框，选择“表样式浅色 11”选项，如下图所示。

在 Excel 2010 中，还可以依次按【Alt】、【H】、【T】键，快速打开该下拉列表框。

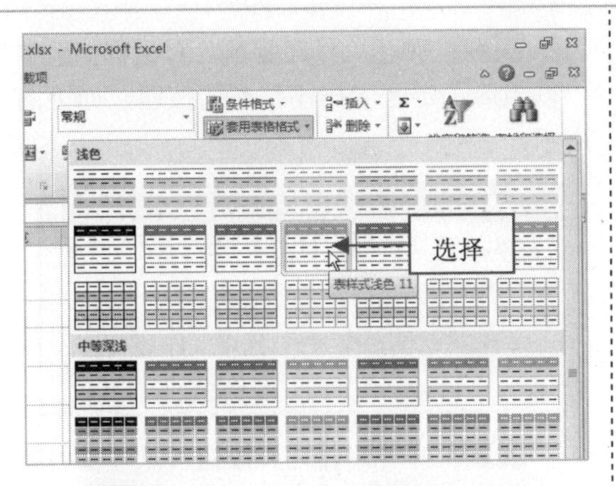

步骤03 弹出“套用表格式”对话框，选中“表包含标题”复选框，如下图所示。

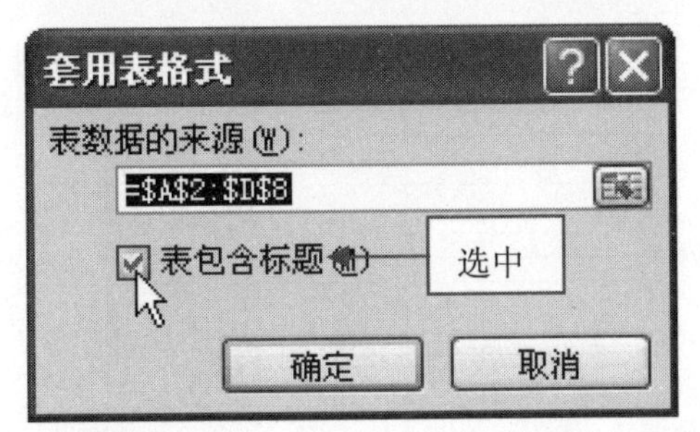

步骤04 单击“确定”按钮，此时“城市A”单元格右侧即可显示下拉按钮，单击该按钮，在弹出列表框中选择“升序”选项，如下图所示。

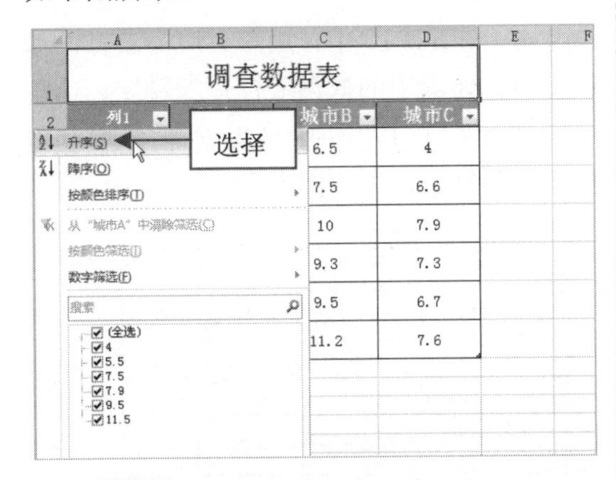

步骤05 执行上述操作后，即可套用表格格式进行升序排序，效果如下图所示。

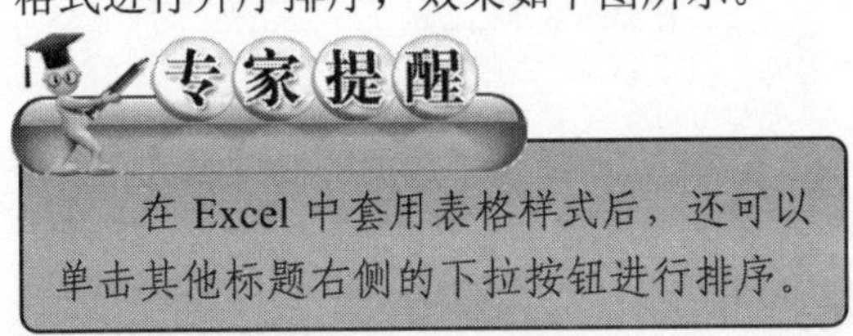

在 Excel 中套用表格样式后，还可以单击其他标题右侧的下拉按钮进行排序。

调查数据表

列1	城市A	城市B	城市C
最小值	4	6.5	4
25%分位数	5.5	7.5	6.6
50%分位数	7.5	9.3	7.3
平均值	7.9	10	7.9
75%分位数	9.5	9.5	6.7
最大值	11.5	11.2	7.6

205 对数据降序排序

在 Excel 2010 中，不仅可对数据进行升序排序，还可根据需要对数据进行降序排序。

步骤01 打开一个 Excel 文件，选择需要排序的单元格区域，如下图所示。

员工学历表

姓名	性别	民族	年龄	最高学历
杨明	男	汉	21	专科
王宁	男	汉	22	专科
刘丽	女	藏	25	高中
汪洋	男	汉	26	研究生
朱珍	女	汉	28	硕士
陈玲	女	苗	28	初中
张依	女	汉	30	本科
方林	男	汉	23	本科
吕毅	女		23	高中

步骤02 切换至“数据”选项卡，在“排序和筛选”选项面板中单击“降序”按钮，如下图所示。

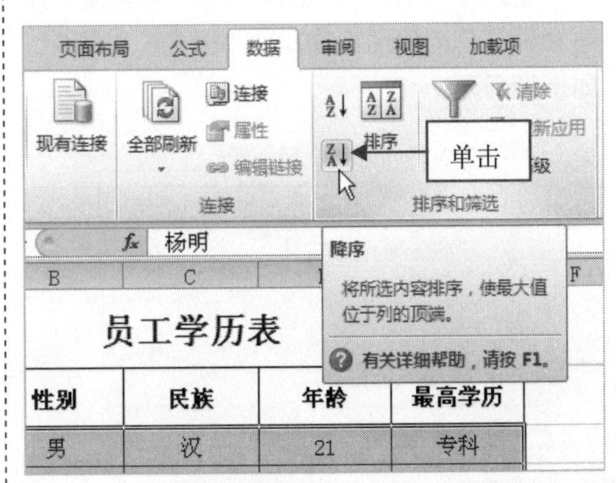

步骤 03 执行上述操作后，即可对选择的数据进行降序排序，效果如下图所示。

员工学历表				
姓名	性别	民族	年龄	最高学历
朱珍	女	汉	28	硕士
张依	女	汉	30	本科
杨明	男	汉	21	专科
王宁	男	汉	22	专科
汪洋	男	汉	26	研究生
吕毅	女	汉	23	高中
刘丽	女	藏	25	高中
方林	男	汉	23	本科
陈玲	女	苗	28	初中

206 以当前选定的区域进行排序

在 Excel 2010 中，用户也可以只对数据清单中的某一部分数据进行排序，而其他内容则原地不动。

步骤 01 打开一个 Excel 文件，选择相应单元格区域，如下图所示。

年度销售分布表			
月份	电视机（万）	洗衣机(万)	电冰箱（万）
1	452	560	462
2	780	732	480
3	920	813	496
4	845	[illegible]	512
5	962	[illegible]	763
6	785	[illegible]	673
7	862	861	634
8	873	763	612
9	643	912	532
10	512	835	732
11	632	751	762
12	810	762	361

选择

步骤 02 切换至“数据”选项卡，在“排序和筛选”选项面板中单击“升序”按钮，如下图所示。

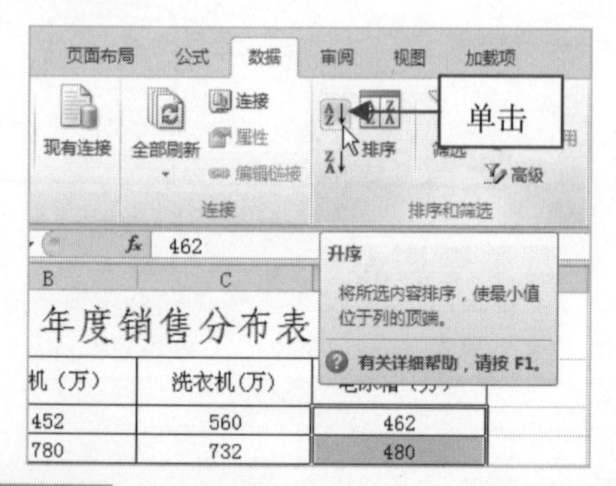

步骤 03 弹出“排序提醒”对话框，选中“以当前选定区域排序”单选按钮，如下图所示。

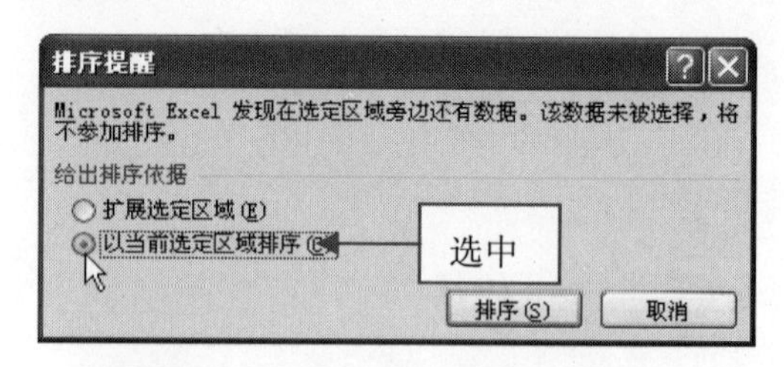

步骤 04 单击“排序”按钮，即可以当前选定的区域进行升序排序，效果如下图所示。

年度销售分布表			
月份	电视机（万）	洗衣机(万)	电冰箱（万）
1	452	560	361
2	780	732	462
3	920	813	480
4	845	762	496
5	962	653	512
6	785	721	532
7	862	861	612
8	873	763	634
9	643	912	673
10	512	835	732
11	632	751	762
12	810	762	763

207 扩展排列工作表中的数据

在 Excel 2010 中，用户有时需要打乱顺序，对工作表中的数据进行扩展排序。

步骤 01 打开上一例效果文件，选择相应的单元格区域，如下图所示。

年度销售分布表			
月份	电视机（万）	洗衣机(万)	电冰箱（万）
1	452	560	361
2	780	732	462
3	920	813	480
4	845	762	496
5	962	[illegible]	512
6	785	[illegible]	532
7	862	[illegible]	612
8	873	763	634
9	643	912	673
10	512	835	732
11	632	751	762
12	810	762	763

选择

步骤 02 切换至“数据”选项卡，在“排序和筛选”选项面板中单击“降序”按钮，如下图所示。

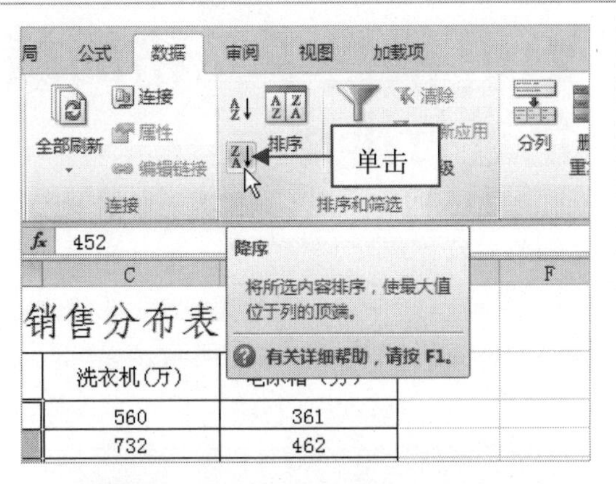

步骤03 弹出“排序提醒”对话框，选中“扩展选定区域”单选按钮，如下图所示。

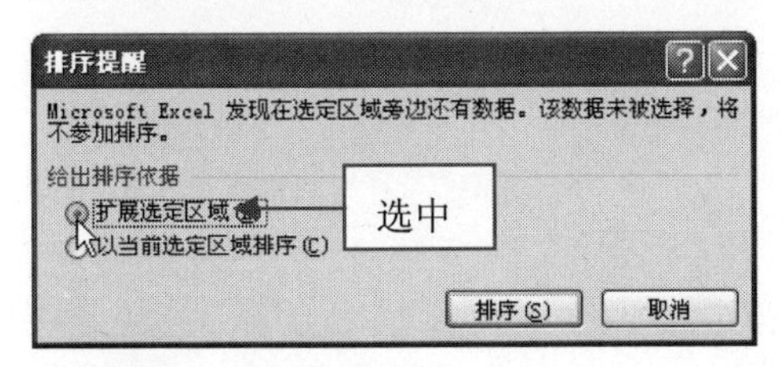

步骤04 单击“排序”按钮，即可随机排列工作表中的数据，效果如下图所示。

年度销售分布表			
月份	电视机（万）	洗衣机(万)	电冰箱（万）
5	962	653	512
3	920	813	480
8	873	763	634
7	862	861	612
4	845	762	496
12	810	762	763
6	785	721	532
2	780	732	462
9	643	912	673
11	632	751	762
10	512	835	732
1	452	560	361

208 自定义排序

在 Excel 2010 中，用户还可根据需要自定义排序。

步骤01 打开一个 Excel 文件，选择需要排序的单元格区域，如下图所示。

在 Excel 中，还可以依次按【Alt】、【A】、【S】、【S】键，快速弹出“排序”对话框。

销售计算				
销售人员	基本工资	本月销售额	销售提成	应得收入
王瑞	¥1,200.00	¥10,000.00	¥200.00	¥1,400.00
李平	¥1,200.00	¥9,000.00	¥180.00	¥1,380.00
陈杰	¥1,200.00	¥12,000.00	¥240.00	¥1,440.00
黎辉	¥1,200.00	¥14,000.00	¥280.00	¥1,480.00

选择

步骤02 切换至“数据”选项卡，在“排序和筛选”选项面板中单击“排序”按钮，如下图所示。

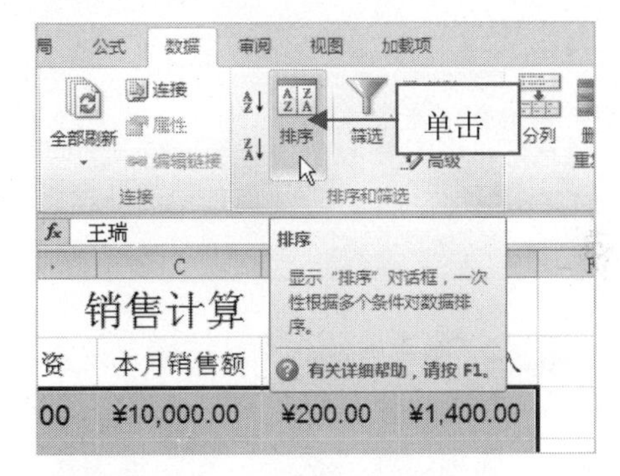

步骤03 弹出“排序”对话框，在“主要关键字”列表框中选择排序的主要关键字，如下图所示。

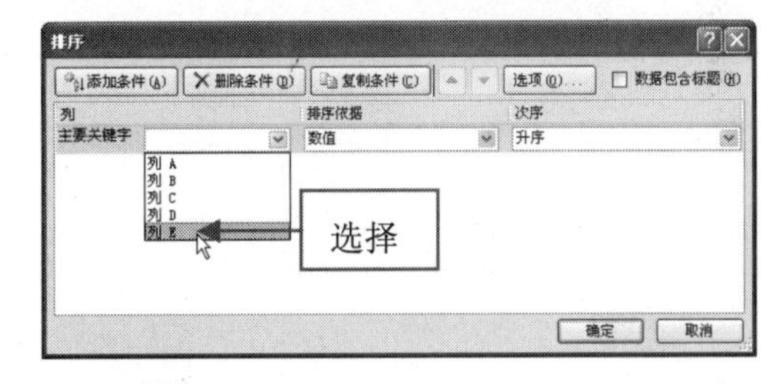

步骤04 单击“确定”按钮，即可完成自定义排序，效果如下图所示。

销售计算				
销售人员	基本工资	本月销售额	销售提成	应得收入
李平	¥1,200.00	¥9,000.00	¥180.00	¥1,380.00
王瑞	¥1,200.00	¥10,000.00	¥200.00	¥1,400.00
陈杰	¥1,200.00	¥12,000.00	¥240.00	¥1,440.00
黎辉	¥1,200.00	¥14,000.00	¥280.00	¥1,480.00

209 根据字体颜色进行排序

在 Excel 2010 中，不仅可对数值的大小进行排序，还可根据字体颜色进行排序。

步骤 01 打开一个 Excel 文件，选择需要排序的单元格区域，如下图所示。

股票交易数据					
日期	成交量（元）	开盘价（元）	最高价（元）	最低价（元）	收盘价（元）
4月19日	809623	26.98	29.78	23.54	27.89
4月20日	876834	28.09	31.83	25.43	29.84
4月21日	1288934	29.43	31.34	26.34	30.28
4月1日	878493	21.89	26.87	17.54	24.78
4月2日	465645	23.89	24.56	20.87	22.45
4月3日	536434	22.78	25.63	18.54	21.84
4月4日	989724	21.78	22.38	20.38	21.89
4月5日	847832	22.01	24.89	18.89	23.9
4月6日	989820	23.98	25.68	21.89	22.89
4月7日	897862	23.09	28.5	21.2	24.56
4月8日	709348	25.07	30.84	24.93	28.89
4月9日	495082	28.98	32.45	27.85	29.87
4月10日	347874	30.96	33.38	29.87	31.87
4月11日	977162	29.87	30.87	25.83	28.46
4月12日	1197807	28.23	30.87	25.78	26.75
4月13日	984034	25.47	29.87	25.53	26.46
4月14日	700485	26.54	26.43	23.43	25.43
4月15日	600834	25.68	26.98	23.49	24.58
4月16日	448734	24.87	26.87	23.64	25.89
4月17日	898634	24.87	27.84	23.45	25.87
4月18日	808634	25.97	30.84	24.53	26.98

步骤 02 调出“排序”对话框，设置主要关键字，在“排序依据”列表框中选择“字体颜色”选项，在“次序”列表框中选择红色，如下图所示。

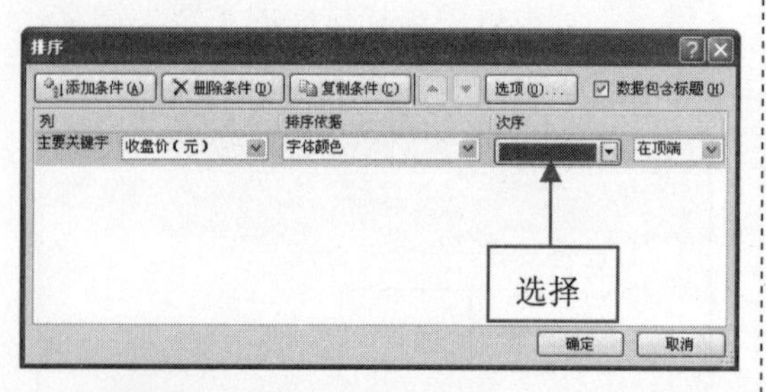

步骤 03 单击“确定”按钮，即可根据字体颜色进行排序，如下图所示。

股票交易数据					
日期	成交量（元）	开盘价（元）	最高价（元）	最低价（元）	收盘价（元）
4月21日	1288934	29.43	31.34	26.34	30.28
4月10日	347874	30.96	33.38	29.87	31.87
4月19日	809623	26.98	29.78	23.54	27.89
4月20日	876834	28.09	31.83	25.43	29.84
4月1日	878493	21.89	26.87	17.54	24.78
4月2日	465645	23.89	24.56	20.87	22.45
4月3日	536434	22.78	25.63	18.54	21.84
4月4日	989724	21.78	22.38	20.38	21.89
4月5日	847832	22.01	24.89	18.89	23.9
4月6日	989820	23.98	25.68	21.89	22.89
4月7日	897862	23.09	28.5	21.2	24.56
4月8日	709348	25.07	30.84	24.93	28.89
4月9日	495082	28.98	32.45	27.85	29.87
4月11日	977162	29.87	30.87	25.83	28.46
4月12日	1197807	28.23	30.87	25.78	26.75
4月13日	984034	25.47	29.87	25.53	26.46
4月14日	700485	26.54	26.43	23.43	25.43
4月15日	600834	25.68	26.98	23.49	24.58
4月16日	448734	24.87	26.87	23.64	25.89
4月17日	898634	24.87	27.84	23.45	25.87
4月18日	808634	25.97	30.84	24.53	26.98

210 根据单元格的颜色进行排序

在 Excel 2010 中，有时需要根据单元格的颜色进行排序。

步骤 01 打开上一例效果文件，选择需要排序的单元格区域，如下图所示。

股票交易数据					
日期	成交量（元）	开盘价（元）	最高价（元）	最低价（元）	收盘价（元）
4月21日	1288934	29.43	31.34	26.34	30.28
4月10日	347874	30.96	33.38	29.87	31.87
4月19日	809623	26.98	29.78	23.54	27.89
4月20日	876834	28.09	31.83	25.43	29.84
4月1日	878493	21.89	26.87	17.54	24.78
4月2日	465645	23.89	24.56	20.87	22.45
4月3日	536434	22.78	25.63	18.54	21.84
4月4日	989724	21.78	22.38	20.38	21.89
4月5日	847832	22.01	24.89	18.89	23.9
4月6日	989820	23.98	25.68	21.89	22.89
4月7日	897862	23.09	28.5	21.2	24.56
4月8日	709348	25.07	30.84	24.93	28.89
4月9日	495082	28.98	32.45	27.85	29.87
4月11日	977162	29.87	30.87	25.83	28.46
4月12日	1197807	28.23	30.87	25.78	26.75
4月13日	984034	25.47	29.87	25.53	26.46
4月14日	700485	26.54	26.43	23.43	25.43
4月15日	600834	25.68	26.98	23.49	24.58
4月16日	448734	24.87	26.87	23.64	25.89
4月17日	898634	24.87	27.84	23.45	25.87
4月18日	808634	25.97	30.84	24.53	26.98

步骤 02 调出“排序”对话框，设置主要关键字，在“排序依据”列表框中选择“单元格颜色”选项，在“次序”列表框中选择黄色，如下图所示。

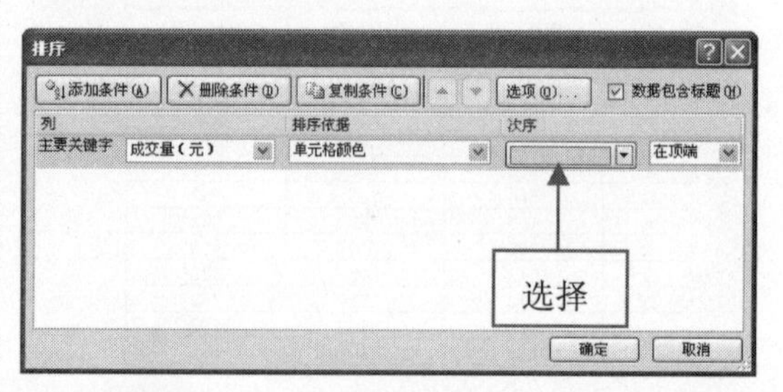

步骤 03 单击“确定”按钮，即可根据单元格颜色进行排序，如下图所示。

股票交易数据					
日期	成交量（元）	开盘价（元）	最高价（元）	最低价（元）	收盘价（元）
4月21日	1288934	29.43	31.34	26.34	30.28
4月12日	1197807	28.23	30.87	25.78	26.75
4月10日	347874	30.96	33.38	29.87	31.87
4月19日	809623	26.98	29.78	23.54	27.89
4月20日	876834	28.09	31.83	25.43	29.84
4月1日	878493	21.89	26.87	17.54	24.78
4月2日	465645	23.89	24.56	20.87	22.45
4月3日	536434	22.78	25.63	18.54	21.84
4月4日	989724	21.78	22.38	20.38	21.89
4月5日	847832	22.01	24.89	18.89	23.9
4月6日	989820	23.98	25.68	21.89	22.89
4月7日	897862	23.09	28.5	21.2	24.56
4月8日	709348	25.07	30.84	24.93	28.89
4月9日	495082	28.98	32.45	27.85	29.87
4月11日	977162	29.87	30.87	25.83	28.46
4月13日	984034	25.47	29.87	25.53	26.46
4月14日	700485	26.54	26.43	23.43	25.43
4月15日	600834	25.68	26.98	23.49	24.58
4月16日	448734	24.87	26.87	23.64	25.89
4月17日	898634	24.87	27.84	23.45	25.87
4月18日	808634	25.97	30.84	24.53	26.98

211 自定义序列

在 Excel 2010 中，如果系统提供的排序顺序不能满足用户的需求，此时可自定义排序顺序。

步骤 01　打开一个 Excel 文件，选择需要排序的单元格区域，如下图所示。

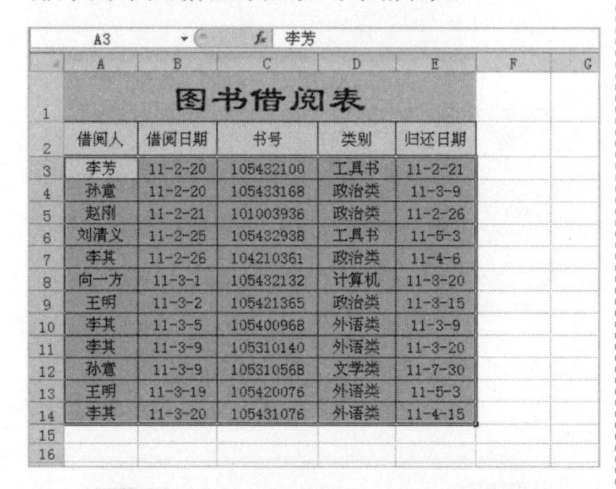

图书借阅表				
借阅人	借阅日期	书号	类别	归还日期
李芳	11-2-20	105432100	工具书	11-2-21
孙意	11-2-20	105433168	政治类	11-3-9
赵刚	11-2-21	101003936	政治类	11-2-26
刘清义	11-2-25	105432938	工具书	11-5-3
李其	11-2-26	104210361	政治类	11-4-6
向一方	11-3-1	105432132	计算机	11-3-20
王明	11-3-2	105421365	政治类	11-3-15
李其	11-3-5	105400968	外语类	11-3-9
李其	11-3-9	105310140	外语类	11-3-20
孙意	11-3-9	105310568	文学类	11-7-30
王明	11-3-19	105420076	外语类	11-5-3
李其	11-3-20	105431076	外语类	11-4-15

步骤 02　调出“排序”对话框，设置主要关键字，在“次序”列表框中选择“自定义序列”选项，如下图所示。

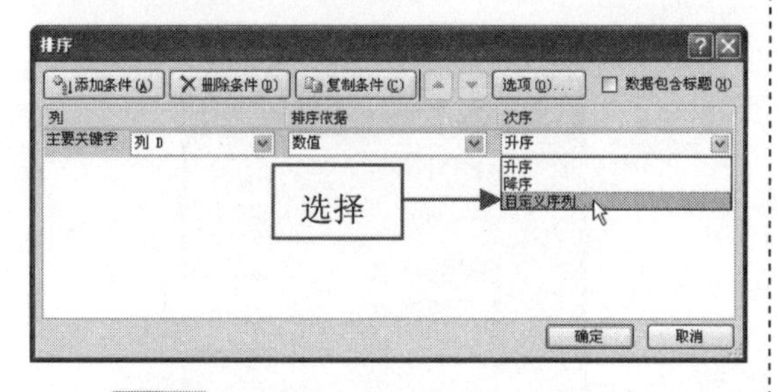

步骤 03　执行上述操作后，即可弹出“自定义序列”对话框，在“输入序列”下方的文本框中输入自定义的序列，然后单击“添加”按钮，如下图所示。

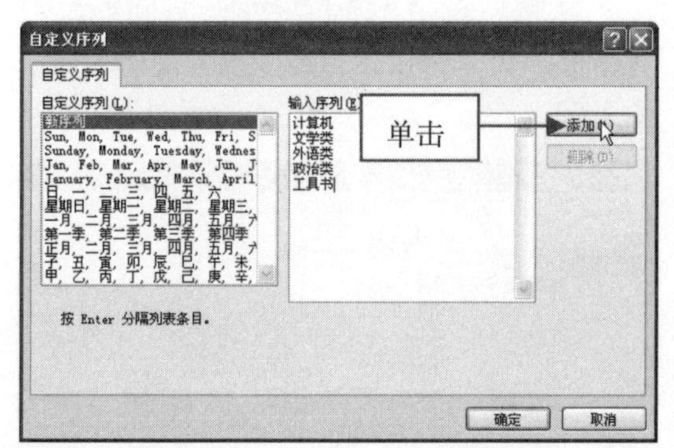

步骤 04　即可将输入的序列添加至左侧的“自定义序列”列表框中，如下图所示。

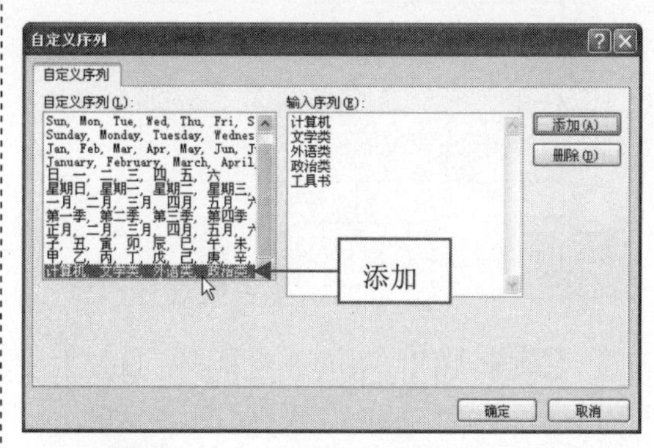

步骤 05　单击“确定”按钮，返回“排序”对话框，如下图所示。

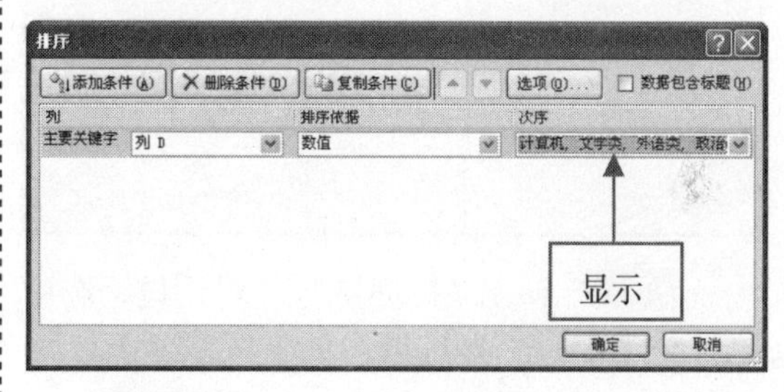

步骤 06　单击“确定”按钮，即可完成自定义序列的排序，效果如下图所示。

图书借阅表				
借阅人	借阅日期	书号	类别	归还日期
向一方	11-3-1	105432132	计算机	11-3-20
孙意	11-3-9	105310568	文学类	11-7-30
李其	11-3-5	105400968	外语类	11-3-9
李其	11-3-9	105310140	外语类	11-3-20
王明	11-3-19	105420076	外语类	11-5-3
李其	11-3-20	105431076	外语类	11-4-15
孙意	11-2-20	105433168	政治类	11-3-9
赵刚	11-2-21	101003936	政治类	11-2-26
李其	11-2-26	104210361	政治类	11-4-6
王明	11-3-2	105421365	政治类	11-3-15
李芳	11-2-20	105432100	工具书	11-2-21
刘清义	11-2-25	105432938	工具书	11-5-3

212 区分大小写进行排序

在 Excel 2010 中进行排序时，还可以区分大小写进行排序。

步骤 01　打开一个 Excel 文件，选择需要排序的单元格区域，如下图所示。

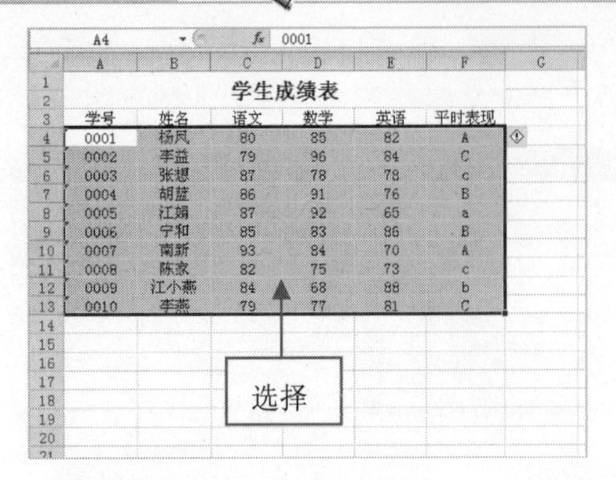

步骤02 调出“排序”对话框，设置主要关键字，单击“选项”按钮，如下图所示。

步骤03 弹出“排序选项”对话框，选中“区分大小写”复选框，如下图所示。

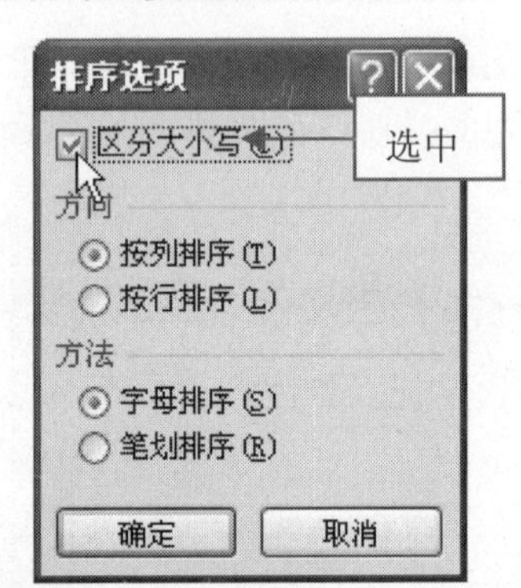

步骤04 执行上述操作后，依次单击“确定”按钮，即可完成区分大小写进行排序的操作，效果如下图所示。

213 选择排序的方向

在 Excel 2010 中，一般情况下，对数据是按列进行排序的，如果有需要，也可选择按行进行排序。

步骤01 打开上一例效果文件，选择需要排序的单元格区域，如下图所示。

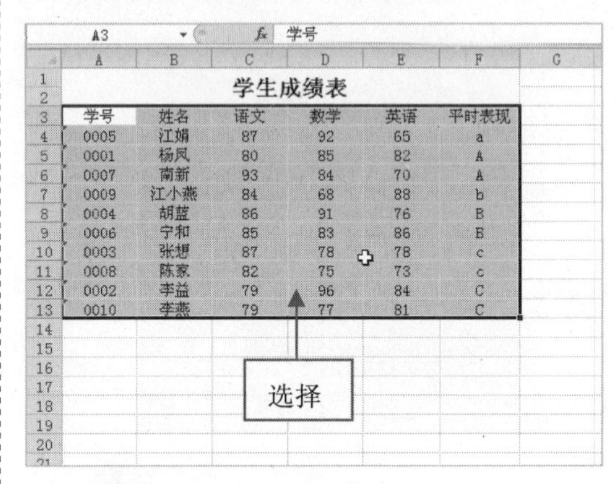

步骤02 调出“排序”对话框，单击“选项”按钮，弹出“排序选项”对话框，在“方向”选项区中选中“按行排序”单选按钮，如下图所示。

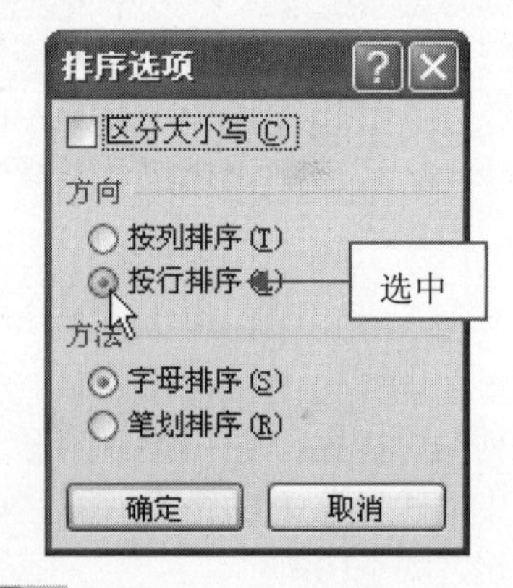

步骤03 单击“确定”按钮，返回“排序”对话框，在其中设置行的主要关键字，如下图所示。

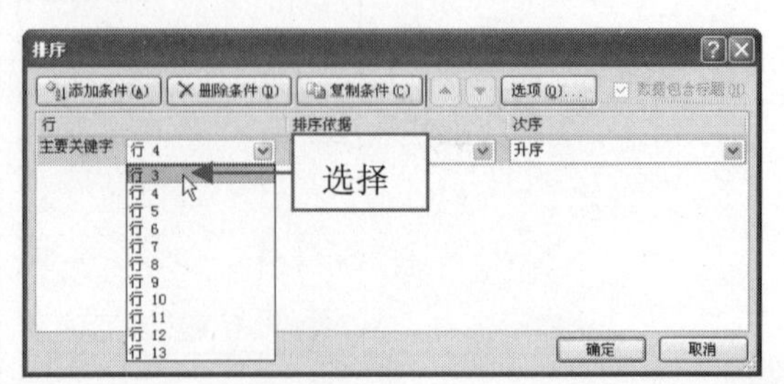

步骤 04　执行上述操作后，单击“确定”按钮，即可完成以行方向排序的操作，效果如下图所示。

	A	B	C	D	E	F
1-2	学生成绩表					
3	平时表现	数学	姓名	学号	英语	语文
4	a	92	江娟	0005	65	87
5	A	85	杨凤	0001	82	80
6	A	84	南新	0007	70	93
7	b	68	江小燕	0009	88	84
8	B	91	胡蓝	0004	76	86
9	B	83	宁和	0006	86	85
10	c	78	张想	0003	78	87
11	c	75	陈家	0008	73	82
12	C	96	李益	0002	84	79
13	C	77	李燕	0010	81	79

214 选择排序的方法

在 Excel 2010 中，不仅可按字母排序，还可按笔划进行排序。

步骤 01　打开上一例效果文件，选择需要排序的单元格区域，如下图所示。

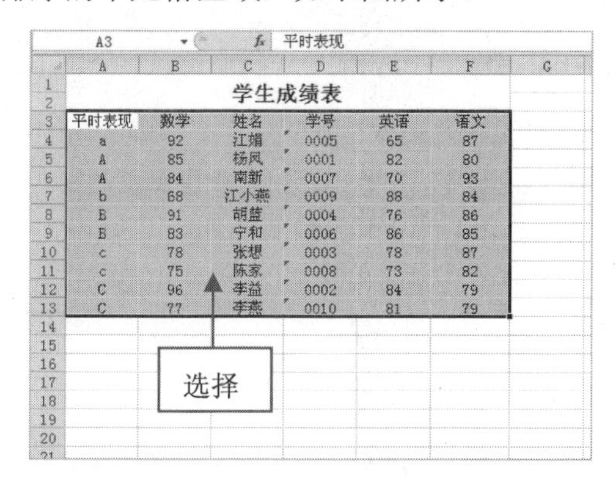

	A	B	C	D	E	F
1-2	学生成绩表					
3	平时表现	数学	姓名	学号	英语	语文
4	a	92	江娟	0005	65	87
5	A	85	杨凤	0001	82	80
6	A	84	南新	0007	70	93
7	b	68	江小燕	0009	88	84
8	B	91	胡蓝	0004	76	86
9	B	83	宁和	0006	86	85
10	c	78	张想	0003	78	87
11	c	75	陈家	0008	73	82
12	C	96	李益	0002	84	79
13	C	77	李燕	0010	81	79

步骤 02　调出“排序”对话框，单击“选项”按钮，弹出“排序选项”对话框，分别选中“按列排序”和“笔划排序”单选按钮，如下图所示。

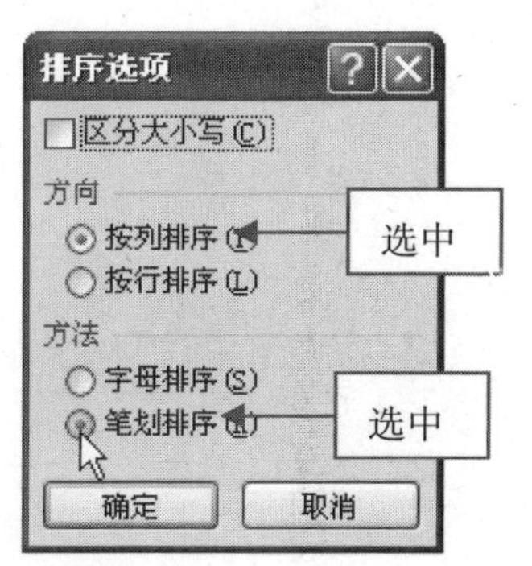

步骤 03　单击“确定”按钮，返回“排序”对话框，在其中设置列的主要关键字，如下图所示。

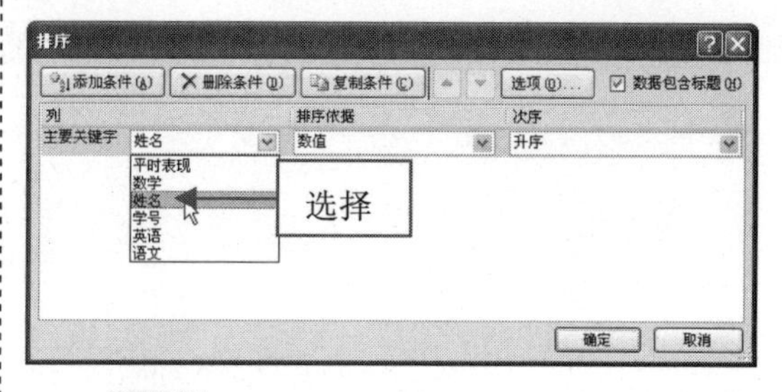

步骤 04　执行上述操作后，单击“确定”按钮，即可按笔划多少进行排序，效果如下图所示。

	A	B	C	D	E	F
1-2	学生成绩表					
3	平时表现	数学	姓名	学号	英语	语文
4	B	83	宁和	0006	86	85
5	b	68	江小燕	0009	88	84
6	a	92	江娟	0005	65	87
7	c	78	张想	0003	78	87
8	C	96	李益	0002	84	79
9	C	77	李燕	0010	81	79
10	A	85	杨凤	0001	82	80
11	c	75	陈家	0008	73	82
12	A	84	南新	0007	70	93
13	B	91	胡蓝	0004	76	86

215 复制排序的条件

在 Excel 2010 中，用户还可以根据需要复制主要关键字所设置的条件，然后再进行排序。

步骤 01　打开一个 Excel 文件，选择需要排序的单元格区域，如下图所示。

	A	B	C	D	E	F
1	现金支出统计表					
2	序号	日期	姓名	部门	摘要	金额
3	0001	2011-1-4	王喜	财务部	购买办公用品	¥380.00
4	0003	2011-1-5	李华	销售部	出差欲借款	¥5,000.00
5	0004	2011-1-10	李刚	采购部	出差欲借款	¥8,000.00
6	0005	2011-1-8	田华	人事部	购买办公用品	¥380.00
7	0006	2011-1-12	刘娜	人事部	购买办公用品	¥230.00
8	0007	2011-1-9	孟风	供应部	培训费	¥3,200.00
9	0008	2011-1-6	夏雪	采购部	培训费	¥2,200.00
10	0009	2011-1-4	李琼	人事部	出差欲借款	¥1,000.00
11	0010	2011-1-12	曹磊	采购部	出差欲借款	¥5,000.00
12	0011	2011-1-7	丁奇	财务部	购买办公用品	¥480.00
13	0012	2011-1-11	单信	销售部	业务招待费	¥800.00
14	0021	2011-1-4	马琼	人事部	出差欲借款	¥1,000.00
15	0023	2011-1-8	陈华	人事部	购买办公用品	¥380.00
16	0030	2011-1-5	董华	销售部	出差欲借款	¥5,000.00
17	0032	2011-1-12	李娜	财务部	购买办公用品	¥230.00
18	0035	2011-1-7	丽奇	财务部	购买办公用品	¥480.00
19	0039	2011-1-11	陈信	销售部	业务招待费	¥800.00

步骤02 调出“排序”对话框，设置列的主要关键字，单击“复制条件”按钮，如下图所示。

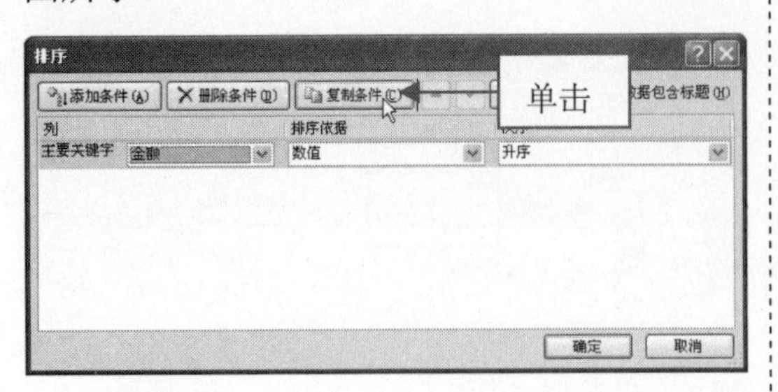

步骤03 执行上述操作后，该对话框中多了一条被复制的条件，设置其排序依据和次序，如下图所示。

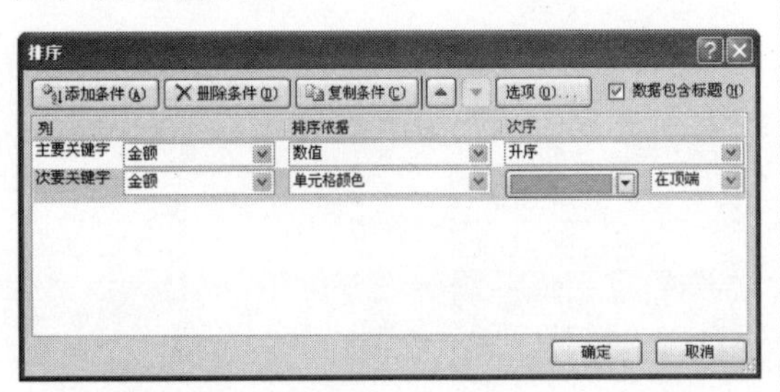

步骤04 设置完成后，单击“确定”按钮，即可通过复制排序条件来进行双重条件排序，效果如下图所示。

A1 现金支出统计表

序号	日期	姓名	部门	摘要	金额
0006	2011-1-12	刘娜	人事部	购买办公用品	¥230.00
0032	2011-1-12	李娜	财务部	购买办公用品	¥230.00
0001	2011-1-4	王喜	财务部	购买办公用品	¥380.00
0005	2011-1-8	田华	人事部	购买办公用品	¥380.00
0023	2011-1-8	陈华	人事部	购买办公用品	¥380.00
0011	2011-1-7	丁奇	财务部	购买办公用品	¥480.00
0035	2011-1-7	丽奇	财务部	购买办公用品	¥480.00
0012	2011-1-11	单信	销售部	业务招待费	¥800.00
0039	2011-1-11	陈信	销售部	业务招待费	¥800.00
0009	2011-1-4	李琼	人事部	出差欲借款	¥1,000.00
0021	2011-1-4	马琼	人事部	出差欲借款	¥1,000.00
0008	2011-1-6	夏雪	采购部	培训费	¥2,200.00
0007	2011-1-9	孟风	供应部	培训费	¥3,200.00
0010	2011-1-12	曹磊	采购部	出差欲借款	¥5,000.00
0003	2011-1-5	李华	销售部	出差欲借款	¥5,000.00
0030	2011-1-5	章华	销售部	出差欲借款	¥5,000.00
0004	2011-1-10	李刚	采购部	出差欲借款	¥8,000.00

216 添加排序的条件

在Excel 2010中，用户可根据需要在“排序”对话框中添加多个排序的条件后，再对数据进行排序。

步骤01 打开上一例效果文件，选择需要排序的单元格区域，如下图所示。

A2 序号

序号	日期	姓名	部门	摘要	金额
0006	2011-1-12	刘娜	人事部	购买办公用品	¥230.00
0032	2011-1-12	李娜	财务部	购买办公用品	¥230.00
0001	2011-1-4	王喜	财务部	购买办公用品	¥380.00
0005	2011-1-8	田华	人事部	购买办公用品	¥380.00
0023	2011-1-8	陈华	人事部	购买办公用品	¥380.00
0011	2011-1-7	丁奇	财务部	购买办公用品	¥480.00
0035	2011-1-7	丽奇	财务部	购买办公用品	¥480.00
0012	2011-1-11	单信	销售部	业务招待费	¥800.00
0039	2011-1-11	陈信	销售部	业务招待费	¥800.00
0009	2011-1-4	李琼	人事部	出差欲借款	¥1,000.00
0021	2011-1-4	马琼	人事部	出差欲借款	¥1,000.00
0008	2011-1-6	夏雪	采购部	培训费	¥2,200.00
0007	2011-1-9	孟风	供应部	培训费	¥3,200.00
0010	2011-1-12	曹磊	采购部	出差欲借款	¥5,000.00
0003	2011-1-5	李华	销售部	出差欲借款	¥5,000.00
0030	2011-1-5	章华	销售部	出差欲借款	¥5,000.00
0004	2011-1-10	李刚	采购部	出差欲借款	¥8,000.00

步骤02 调出“排序”对话框，单击“添加条件”按钮，如下图所示。

步骤03 执行上述操作后，该对话框中多了一条被添加的条件，设置其次要关键字，如下图所示。

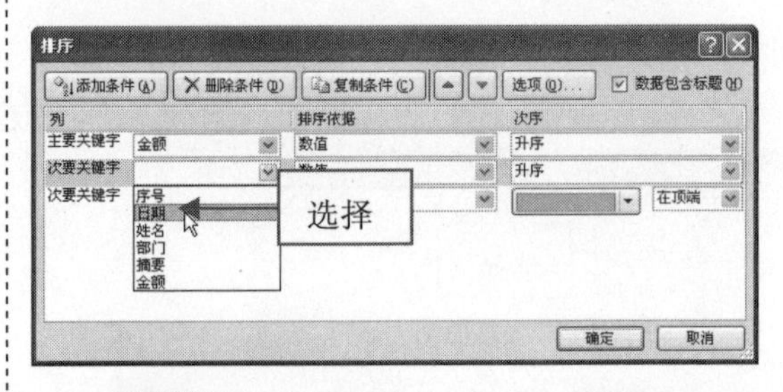

步骤04 单击“确定”按钮，即可添加多个排序条件来进行排序，效果如下图所示。

A1 现金支出统计表

序号	日期	姓名	部门	摘要	金额
0006	2011-1-12	刘娜	人事部	购买办公用品	¥230.00
0032	2011-1-12	李娜	财务部	购买办公用品	¥230.00
0001	2011-1-4	王喜	财务部	购买办公用品	¥380.00
0005	2011-1-8	田华	人事部	购买办公用品	¥380.00
0023	2011-1-8	陈华	人事部	购买办公用品	¥380.00
0011	2011-1-7	丁奇	财务部	购买办公用品	¥480.00
0035	2011-1-7	丽奇	财务部	购买办公用品	¥480.00
0012	2011-1-11	单信	销售部	业务招待费	¥800.00
0039	2011-1-11	陈信	销售部	业务招待费	¥800.00
0009	2011-1-4	李琼	人事部	出差欲借款	¥1,000.00
0021	2011-1-4	马琼	人事部	出差欲借款	¥1,000.00
0008	2011-1-6	夏雪	采购部	培训费	¥2,200.00
0007	2011-1-9	孟风	供应部	培训费	¥3,200.00
0003	2011-1-5	李华	销售部	出差欲借款	¥5,000.00
0030	2011-1-5	章华	销售部	出差欲借款	¥5,000.00
0010	2011-1-12	曹磊	采购部	出差欲借款	¥5,000.00
0004	2011-1-10	李刚	采购部	出差欲借款	¥8,000.00

217 删除排序的条件

在 Excel 2010 中，当用户给工作表添加多个排序条件后，如果有些排序条件不再需要时，可以将其删除。

步骤 01 打开上一例效果文件，在工作表中选择需要删除排序条件的单元格区域，如下图所示。

A2　序号

现金支出统计表

序号	日期	姓名	部门	摘要	金额
0006	2011-1-12	刘娜	人事部	购买办公用品	¥230.00
0032	2011-1-12	李娜	财务部	购买办公用品	¥230.00
0001	2011-1-4	王喜	财务部	购买办公用品	¥380.00
0005	2011-1-8	田华	人事部	购买办公用品	¥380.00
0023	2011-1-8	陈华	人事部	购买办公用品	¥380.00
0011	2011-1-7	丁奇	财务部	购买办公用品	¥480.00
0035	2011-1-7	丽奇	财务部	购买办公用品	¥480.00
0012	2011-1-11	单信	销售部	业务招待费	¥800.00
0039	2011-1-11	陈信	销售部	业务招待费	¥800.00
0009	2011-1-4	李琼	人事部	出差欲借款	¥1,000.00
0021	2011-1-4	马琼	人事部	出差欲借款	¥1,000.00
0008	2011-1-6	夏雪	采购部	培训费	¥2,200.00
0007	2011-1-9	孟风	供应部	培训费	¥3,200.00
0003	2011-1-5	李华	销售部	出差欲借款	¥5,000.00
0030	2011-1-5	章华	销售部	出差欲借款	¥5,000.00
0010	2011-1-12	曹磊	采购部	出差欲借款	¥5,000.00
0004	2011-1-10	李刚	采购部	出差欲借款	¥8,000.00

步骤 02 调出“排序”对话框，选择需要删除的条件项，单击“删除条件”按钮，如下图所示。

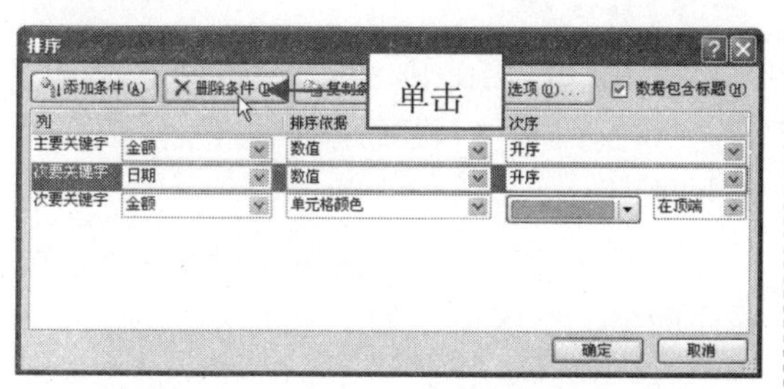

步骤 03 执行上述操作后，即可删除选择的排序条件，然后单击“确定”按钮，如下图所示。

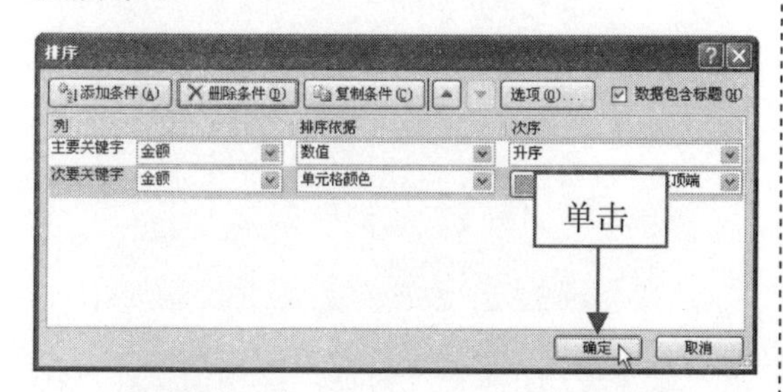

步骤 04 即可将选择的单元格区域重新排序，如下图所示。

A1　现金支出统计表

现金支出统计表

序号	日期	姓名	部门	摘要	金额
0006	2011-1-12	刘娜	人事部	购买办公用品	¥230.00
0032	2011-1-12	李娜	财务部	购买办公用品	¥230.00
0001	2011-1-4	王喜	财务部	购买办公用品	¥380.00
0005	2011-1-8	田华	人事部	购买办公用品	¥380.00
0023	2011-1-8	陈华	人事部	购买办公用品	¥380.00
0011	2011-1-7	丁奇	财务部	购买办公用品	¥480.00
0035	2011-1-7	丽奇	财务部	购买办公用品	¥480.00
0012	2011-1-11	单信	销售部	业务招待费	¥800.00
0039	2011-1-11	陈信	销售部	业务招待费	¥800.00
0009	2011-1-4	李琼	人事部	出差欲借款	¥1,000.00
0021	2011-1-4	马琼	人事部	出差欲借款	¥1,000.00
0008	2011-1-6	夏雪	采购部	培训费	¥2,200.00
0007	2011-1-9	孟风	供应部	培训费	¥3,200.00
0010	2011-1-12	曹磊	采购部	出差欲借款	¥5,000.00
0003	2011-1-5	李华	销售部	出差欲借款	¥5,000.00
0030	2011-1-5	章华	销售部	出差欲借款	¥5,000.00
0004	2011-1-10	李刚	采购部	出差欲借款	¥8,000.00

218 通过按钮快速选择排序条件

在 Excel 2010 中，在“排序”对话框中可通过按钮快速选择排序条件。

步骤 01 打开上一例效果文件，在工作表中选择需要调整排序顺序的单元格区域，如下图所示。

A2　序号

现金支出统计表

序号	日期	姓名	部门	摘要	金额
0006	2011-1-12	刘娜	人事部	购买办公用品	¥230.00
0032	2011-1-12	李娜	财务部	购买办公用品	¥230.00
0001	2011-1-4	王喜	财务部	购买办公用品	¥380.00
0005	2011-1-8	田华	人事部	购买办公用品	¥380.00
0023	2011-1-8	陈华	人事部	购买办公用品	¥380.00
0011	2011-1-7	丁奇	财务部	购买办公用品	¥480.00
0035	2011-1-7	丽奇	财务部	购买办公用品	¥480.00
0012	2011-1-11	单信	销售部	业务招待费	¥800.00
0039	2011-1-11	陈信	销售部	业务招待费	¥800.00
0009	2011-1-4	李琼	人事部	出差欲借款	¥1,000.00
0021	2011-1-4	马琼	人事部	出差欲借款	¥1,000.00
0008	2011-1-6	夏雪	采购部	培训费	¥2,200.00
0007	2011-1-9	孟风	供应部	培训费	¥3,200.00
0010	2011-1-12	曹磊	采购部	出差欲借款	¥5,000.00
0003	2011-1-5	李华	销售部	出差欲借款	¥5,000.00
0030	2011-1-5	章华	销售部	出差欲借款	¥5,000.00
0004	2011-1-10	李刚	采购部	出差欲借款	¥8,000.00

步骤 02 调出“排序”对话框，在其中单击“下移”按钮，如下图所示。

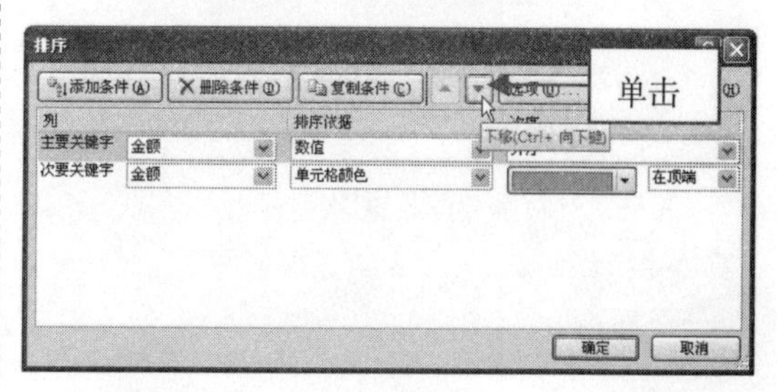

步骤 03 执行上述操作后，即可调换排序条件的顺序，如下图所示。

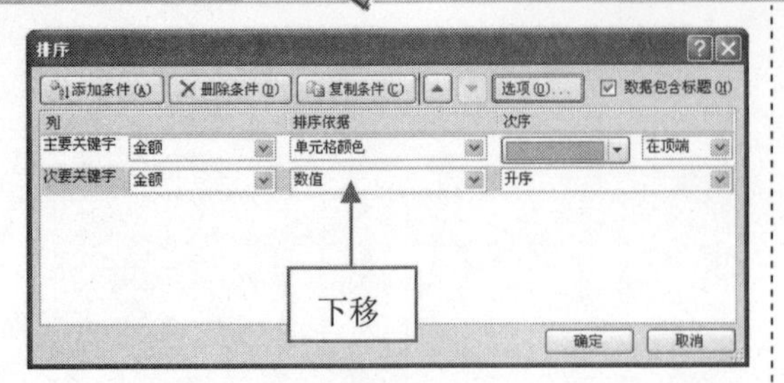

步骤04 执行上述操作后，单击“确定”按钮，即可将单元格区域重新进行排序，效果如下图所示。

A1 现金支出统计表

	A	B	C	D	E	F
1	现金支出统计表					
2	序号	日期	姓名	部门	摘要	金额
3	0010	2011-1-12	曹磊	采购部	出差欲借款	¥5,000.00
4	0006	2011-1-12	刘娜	人事部	购买办公用品	¥230.00
5	0032	2011-1-12	李娜	财务部	购买办公用品	¥230.00
6	0001	2011-1-4	王喜	财务部	购买办公用品	¥380.00
7	0005	2011-1-8	田华	人事部	购买办公用品	¥380.00
8	0023	2011-1-8	陈华	人事部	购买办公用品	¥380.00
9	0011	2011-1-7	丁奇	财务部	购买办公用品	¥480.00
10	0035	2011-1-7	丽奇	财务部	购买办公用品	¥480.00
11	0012	2011-1-11	单信	销售部	业务招待费	¥800.00
12	0039	2011-1-11	陈信	销售部	业务招待费	¥800.00
13	0009	2011-1-4	李琼	人事部	出差欲借款	¥1,000.00
14	0021	2011-1-4	马琼	人事部	出差欲借款	¥1,000.00
15	0008	2011-1-6	夏雪	采购部	培训费	¥2,200.00
16	0007	2011-1-9	孟风	供应部	培训费	¥3,200.00
17	0003	2011-1-5	李华	销售部	出差欲借款	¥5,000.00
18	0030	2011-1-5	章华	销售部	出差欲借款	¥5,000.00
19	0004	2011-1-10	李刚	采购部	出差欲借款	¥8,000.00
20						
21						

219 不包含标题进行排序

在 Excel 2010 中，对数据进行排序时，可设置不包含标题排序。

步骤01 打开上一例效果文件，选择需要排序的单元格区域，如下图所示。

A2 序号

	A	B	C	D	E	F
1	现金支出统计表					
2	序号	日期	姓名	部门	摘要	金额
3	0010	2011-1-12	曹磊	采购部	出差欲借款	¥5,000.00
4	0006	2011-1-12	刘娜	人事部	购买办公用品	¥230.00
5	0032	2011-1-12	李娜	财务部	购买办公用品	¥230.00
6	0001	2011-1-4	王喜	财务部	购买办公用品	¥380.00
7	0005	2011-1-8	田华	人事部	购买办公用品	¥380.00
8	0023	2011-1-8	陈华	人事部	购买办公用品	¥380.00
9	0011	2011-1-7	丁奇	财务部	购买办公用品	¥480.00
10	0035	2011-1-7	丽奇	财务部	购买办公用品	¥480.00
11	0012	2011-1-11	单信	销售部	业务招待费	¥800.00
12	0039	2011-1-11	陈信	销售部	业务招待费	¥800.00
13	0009	2011-1-4	李琼	人事部	出差欲借款	¥1,000.00
14	0021	2011-1-4	马琼	人事部	出差欲借款	¥1,000.00
15	0008	2011-1-6	夏雪	采购部	培训费	¥2,200.00
16	0007	2011-1-9	孟风	供应部	培训费	¥3,200.00
17	0003	2011-1-5	李华	销售部	出差欲借款	¥5,000.00
18	0030	2011-1-5	章华	销售部	出差欲借款	¥5,000.00
19	0004	2011-1-10	李刚	采购部	出差欲借款	¥8,000.00
20						
21						

步骤02 调出“排序”对话框，取消选择“数据包含标题”复选框，如下图所示。

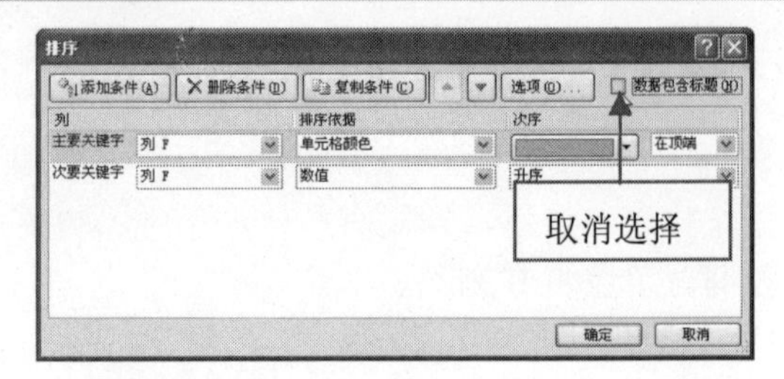

步骤03 执行上述操作后，单击“确定”按钮，即可进行不包含标题的排序，效果如下图所示。

A1 现金支出统计表

	A	B	C	D	E	F
1	现金支出统计表					
2	0010	2011-1-12	曹磊	采购部	出差欲借款	¥5,000.00
3	0006	2011-1-12	刘娜	人事部	购买办公用品	¥230.00
4	0032	2011-1-12	李娜	财务部	购买办公用品	¥230.00
5	0001	2011-1-4	王喜	财务部	购买办公用品	¥380.00
6	0005	2011-1-8	田华	人事部	购买办公用品	¥380.00
7	0023	2011-1-8	陈华	人事部	购买办公用品	¥380.00
8	0011	2011-1-7	丁奇	财务部	购买办公用品	¥480.00
9	0035	2011-1-7	丽奇	财务部	购买办公用品	¥480.00
10	0012	2011-1-11	单信	销售部	业务招待费	¥800.00
11	0039	2011-1-11	陈信	销售部	业务招待费	¥800.00
12	0009	2011-1-4	李琼	人事部	出差欲借款	¥1,000.00
13	0021	2011-1-4	马琼	人事部	出差欲借款	¥1,000.00
14	0008	2011-1-6	夏雪	采购部	培训费	¥2,200.00
15	0007	2011-1-9	孟风	供应部	培训费	¥3,200.00
16	0003	2011-1-5	李华	销售部	出差欲借款	¥5,000.00
17	0030	2011-1-5	章华	销售部	出差欲借款	¥5,000.00
18	0004	2011-1-10	李刚	采购部	出差欲借款	¥8,000.00
19	序号	日期	姓名	部门	摘要	金额
20						
21						

220 让某些数据不参与排序

在 Excel 2010 中，当用户选择单元格区域进行排序时，可设置区域中的某些数据不参与排序。

步骤01 打开一个 Excel 文件，选择需要排序的单元格区域，如下图所示。

A2 编号

	A	B	C	D	E	F	G
1	销售业绩表						
2	编号	姓名	所在部门	职位	性别	年龄	第一季度业绩
3	12	马兵	市场部	普通员工	男	22	45000
4	10	江鹏	市场部	普通员工	男	23	40000
5	11	马涛	市场部	普通员工	男	20	40000
6	8	吕晓	市场部	部长	男	30	100000
7	7	陈迪	市场部	副部长	女	28	85000
8	21	刘涛	市场部	部长	男	32	110000
9	15	翟程	市场部	部长	男	34	115000
10	14	刘华	市场部	部长	男	32	120000
11	13	岳臣	市场部	普通员工	男	24	38000
12	5	王胜	市场部	普通员工	男	26	40000
13	3	赵党	市场部	部长	男	40	100000
14	9	乐航	市场部	普通员工	女	23	38000
15	32	张剑	市场部	普通员工	男	24	42000
16	1	关明	市场部	普通员工	男	23	38000
17	30	杨蕾	市场部	普通员工	女	22	46000
18	28	彭杰	市场部	普通员工	男	25	50000
19	26	刘艳	市场部	副部长	女	27	100000
20	27	司研	市场部	普通员工	女	23	40000
21							

步骤02 切换至“数据”选项卡，在“排序和筛选”选项面板中单击“筛选”按钮，如下图所示。

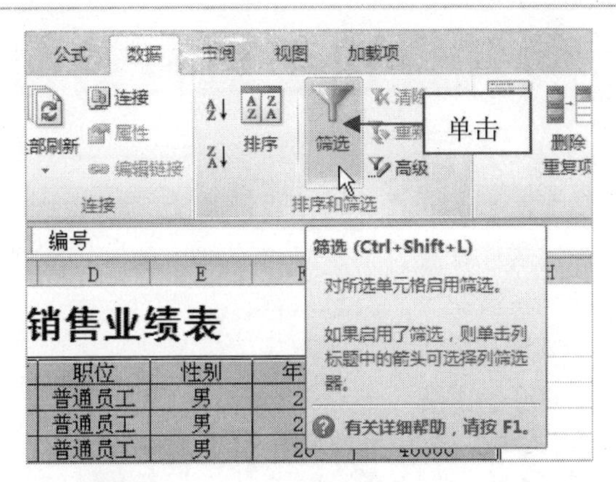

步骤 03　执行上述操作后，标题单元格即可显示下拉按钮，单击“编号”右侧的下拉按钮，在弹出的列表框中取消选择相应复选框，如下图所示。

取消选择

步骤 04　执行上述操作后，单击“确定”按钮，此时取消选择的复选框在工作表中对应的数据将被隐藏，如下图所示。

销售业绩表

编号	姓名	所在部门	职位	性别	年龄	第一季度业绩
12	马兵	市场部	普通员工	男	22	45000
10	江鹏	市场部	普通员工	男	23	40000
11	马涛	市场部	普通员工	男	20	40000
21	刘涛	市场部	部长	男	32	110000
15	翟程	市场部	部长	男	34	115000
14	刘华	市场部	部长	男	32	120000
13	岳臣	市场部	普通员工	男	24	38000
32	张剑	市场部	普通员工	男	24	42000
30	杨菁	市场部	普通员工	女	22	46000
28	彭杰	市场部	普通员工	男	25	50000
26	刘艳	市场部	副部长	女	27	100000
27	司研	市场部	普通员工	女	23	40000

步骤 05　单击“编号”右侧的下拉按钮，在弹出的列表框中选择“升序”选项，如下图所示。

选择

步骤 06　执行上述操作后，即可对选择的数据进行排序，如下图所示。

销售业绩表

编号	姓名	所在部门	职位	性别	年龄	第一季度业绩
10	江鹏	市场部	普通员工	男	23	40000
11	马涛	市场部	普通员工	男	20	40000
12	马兵	市场部	普通员工	男	22	45000
13	岳臣	市场部	普通员工	男	24	38000
14	刘华	市场部	部长	男	32	120000
15	翟程	市场部	部长	男	34	115000
21	刘涛	市场部	部长	男	32	110000
26	刘艳	市场部	副部长	女	27	100000
27	司研	市场部	普通员工	女	23	40000
28	彭杰	市场部	普通员工	男	25	50000
30	杨菁	市场部	普通员工	女	22	46000
32	张剑	市场部	普通员工	男	24	42000

221 删除数据中的空白行

在 Excel 2010 中，当用户对数据进行统计时，如果数据中包含了很多的空白行，则会影响数据的统计，这时可以将数据中的空白行进行删除。

步骤 01　打开一个 Excel 文件，选择需要删除空白行的单元格区域，如下图所示。

工资表

编号	姓名	部门	底薪	奖金	工资
001	陈双	人事部	1000	400	1400
002	张宁	销售部	600	200	800
003	赵刚		600	200	[illegible]
004	余益	人事部	600	200	[illegible]
005	姚林	销售部	600	200	800
006	曾明	销售部	600	200	800
007	谢意		600	200	800
008	丁祥	销售部	600	200	800
009	刘屏	销售部	600	200	800

选择

步骤02 切换至“数据”选项卡，在“排序和筛选”选项面板中单击“筛选”按钮，如下图所示。

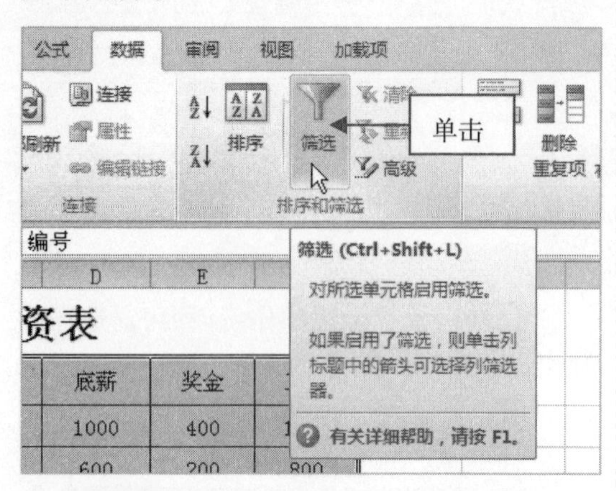

步骤03 执行上述操作后，标题单元格中显示了下拉按钮，单击“部门”右侧的下拉按钮，在弹出的列表框中取消选择“空白”复选框，如下图所示。

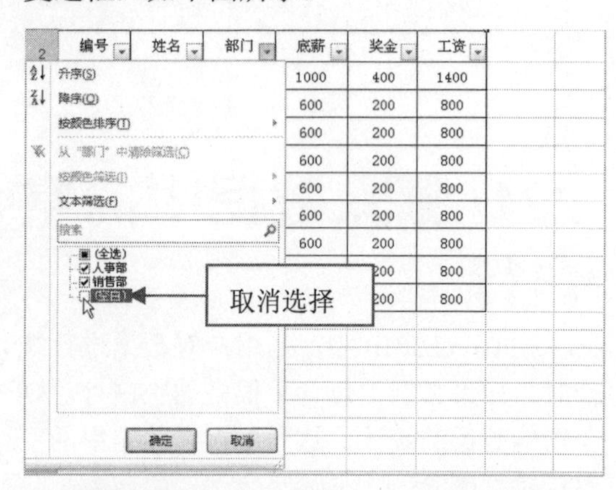

步骤04 单击“确定”按钮，即可删除数据中的空白行，如下图所示。

工资表

编号	姓名	部门	底薪	奖金	工资
001	陈双	人事部	1000	400	1400
002	张宁	销售部	600	200	800
004	余益	人事部	600	200	800
005	姚林	销售部	600	200	800
006	曾明	销售部	600	200	800
008	丁祥	销售部	600	200	800
009	刘屏	销售部	600	200	800

222 快速了解自动筛选功能

在Excel 2010中，自动筛选一般用于简单的条件筛选，筛选时将不满足条件的数据暂时隐藏起来，只显示符合条件的数据。一般情况下，自动筛选就能够满足数据操作中大部分的需要。

223 快速掌握解高级筛选功能

在Excel 2010中，高级筛选一般用于复杂的条件筛选，其筛选的结果可显示在原数据表格中，不符合条件的记录被隐藏起来；用户也可以在新的位置显示筛选结果，不符合条件的记录同时保留在数据表中而不会被隐藏起来，以便于进行数据的对比。

224 对数据进行简单筛选

使用Excel 2010的数据筛选功能，可以在工作表中只显示出符合特定筛选条件的某些数据行，不满足筛选条件的数据行将自动隐藏。

步骤01 打开一个Excel文件，选择需要筛选的单元格区域，如下图所示。

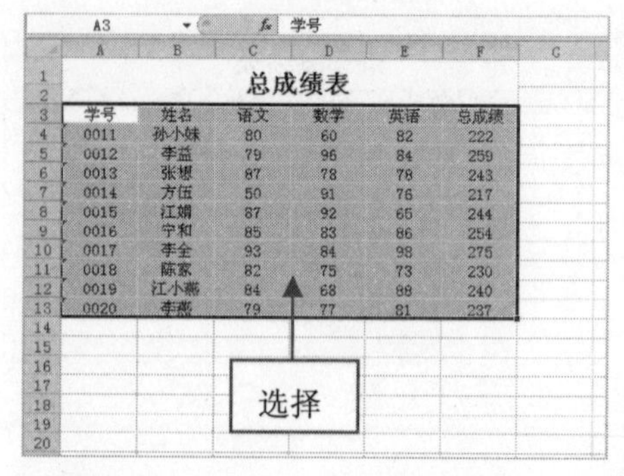
总成绩表

学号	姓名	语文	数学	英语	总成绩
0011	孙小妹	80	60	82	222
0012	李益	79	96	84	259
0013	张想	87	78	78	243
0014	方伍	50	91	76	217
0015	江娟	87	92	65	244
0016	宁和	85	83	86	254
0017	李全	93	84	98	275
0018	陈家	82	75	73	230
0019	江小燕	84	68	88	240
0020	李燕	79	77	81	237

步骤02 切换至“开始”选项卡，在“编辑”选项面板中单击“排序和筛选”按钮，在弹出的列表框中选择“筛选”选项，如下图所示。

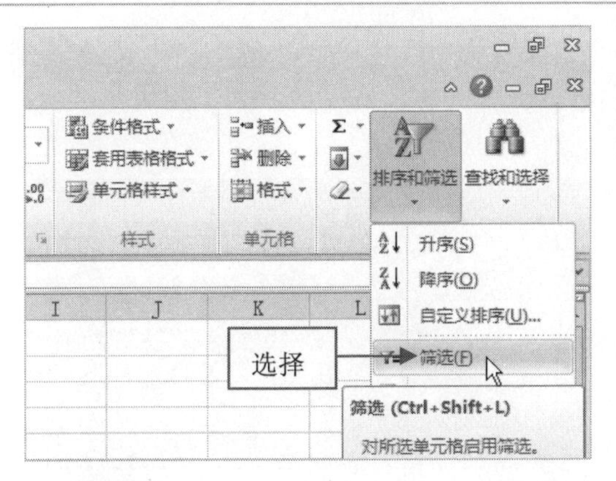

步骤 03 执行上述操作后，每个标题单元格即可显示下拉按钮，单击“总成绩”右侧的下拉按钮，在弹出的列表框中取消选择相应复选框，如下图所示。

步骤 04 单击“确定”按钮，即可对数据进行简单筛选，如下图所示。

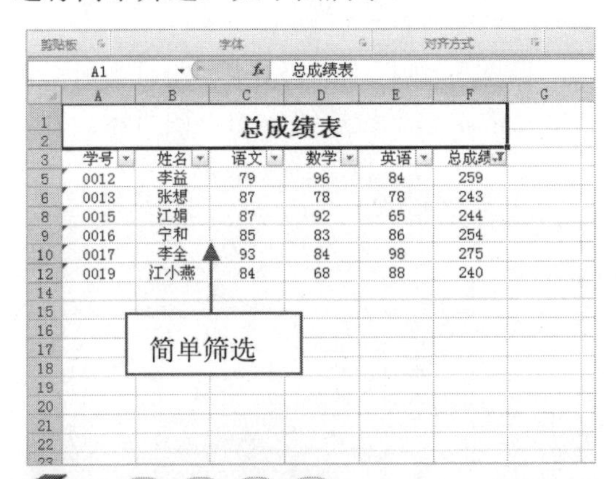

总成绩表

学号	姓名	语文	数学	英语	总成绩
0012	李益	79	96	84	259
0013	张想	87	78	78	243
0015	江娟	87	92	65	244
0016	宁和	85	83	86	254
0017	李全	93	84	98	275
0019	江小燕	84	68	88	240

专家提醒

在 Excel 中，还可以按【Ctrl + Shift + L】组合键，快速为标题添加筛选按钮。

225 通过下拉按钮清除筛选

在 Excel 2010 中，对数据进行筛选后，可以根据需要将其清除。

步骤 01 打开上一例效果文件，单击“总成绩”右侧的下拉按钮，在弹出的列表框中选择“从‘总成绩’中清除筛选”选项，如下图所示。

步骤 02 执行上述操作后，即可清除筛选，如下图所示。

总成绩表

学号	姓名	语文	数学	英语	总成绩
0011	孙小妹	80	60	82	222
0012	李益	79	96	84	259
0013	张想	87	78	78	243
0014	方伍	50	91	76	217
0015	江娟	87	92	65	244
0016	宁和	85	83	86	254
0017	李全	93	84	98	275
0018	陈家	82	75	73	230
0019	江小燕	84	68	88	240
0020	李燕	79	77	81	237

清除筛选

226 通过取消选项清除筛选

在 Excel 2010 中，对数据进行筛选后，还可以通过取消选择“筛选”选项，来清除数据的筛选。方法是：在“开始”选项卡的“编辑”选项面板中，单击“排序和筛选”

按钮，在弹出的列表框中取消选择“筛选”选项，即可清除筛选。这种方法可完全清除筛选，各个标题单元格右侧的下拉按钮也会消失。

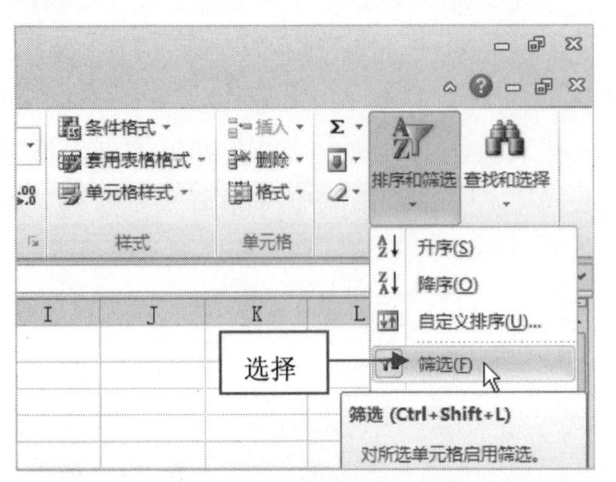

227 快速清除筛选有妙招

在 Excel 2010 中，除了以上方法，用户还可以通过选择“清除”选项，来清除数据筛选。方法是：在“开始”选项卡的“编辑”选项面板中，单击“排序和筛选”按钮，在弹出的列表框中选择“清除”选项，即可清除筛选。

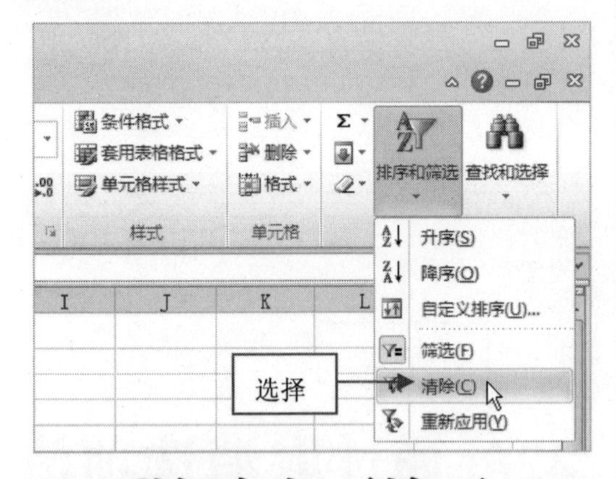

228 筛选出不等于 100 分的学生

在 Excel 2010 中，用户还可套用 Excel 内置的“不等于”条件，对学生的成绩进行筛选。

步骤 01 打开一个 Excel 文件，选择需要进行筛选的单元格区域，如下图所示。

A3 学号

	A	B	C	D	E	F
1	期末成绩表					
3	学号	姓名	语文	数学	英语	日语
4	1	杨明	58	98	30	60
5	2	方小刚	89	65	19	80
6	3	维妙	100	87	80	80
7	4	李知	37	38	67	65
8	5	晓莲	60	60	100	100
9	6	孙洁	58	98	30	30
10	7	小王	89	65	19	100
11	8	李刚	100	87	80	80
12	9	知晓	37	38	67	60
13	10	王明	60	60	100	100

选择

步骤 02 切换至“数据”选项卡，在“排序和筛选”选项面板中单击“筛选”按钮，如下图所示。

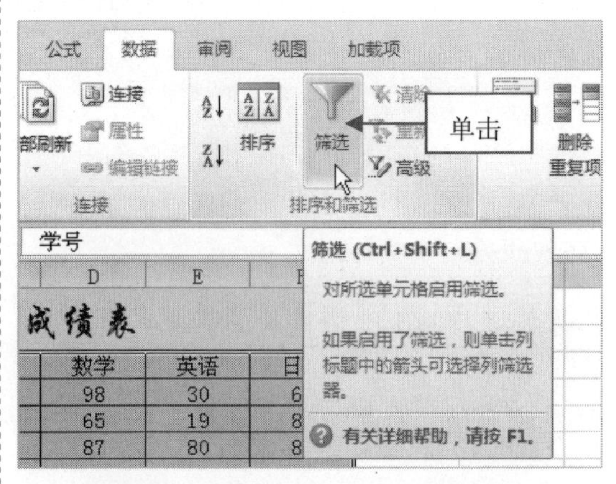

步骤 03 执行上述操作后，即可为每个标题单元格添加下拉按钮，如下图所示。

A1 期末成绩表

	A	B	C	D	E	F
1	期末成绩表					
3	学号	姓名	语文	数学	英语	日语
4	1	杨明	58	98	30	60
5	2	方小刚	89	65	19	80
6	3	维妙	100	87	80	80
7	4	李知	37	[illegible]	[illegible]	65
8	5	晓莲	60	[illegible]	[illegible]	100
9	6	孙洁	58	98	30	30
10	7	小王	89	65	19	100
11	8	李刚	100	87	80	80
12	9	知晓	37	38	67	60
13	10	王明	60	60	100	100

添加

步骤 04　单击“日语”右侧的下拉按钮，弹出列表框，选择“数字筛选”|“不等于”选项，如下图所示。

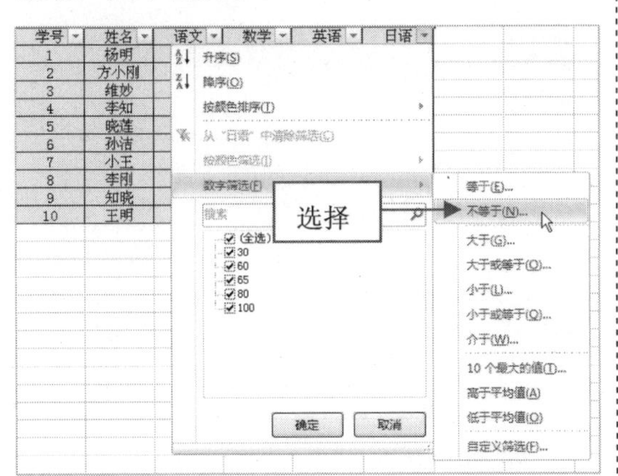

步骤 05　弹出“自定义自动筛选方式”对话框，在“不等于”右侧的文本框中输入 100，如下图所示。

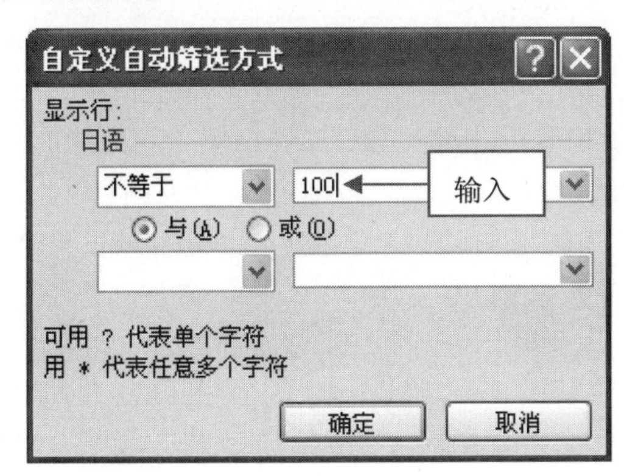

步骤 06　执行上述操作后，单击“确定”按钮，即可筛选出不等于 100 分的学生，效果如下图所示。

	A	B	C	D	E	F
1	期末成绩表					
3	学号	姓名	语文	数学	英语	日语
4	1	杨明	58	98	30	60
5	2	方小刚	89	65	19	80
6	3	维妙	100	87	80	80
7	4	李知	37	38	67	65
9	6	孙洁	58	98	30	30
11	8	李刚	100	87	80	80
12	9	知晓	37	38	67	60

229 利用筛选功能筛选出合格的学生名单

如果规定 65 分为成绩的合格分数，在一张成绩表中，如果要找出成绩达到合格标准的学生名单，还需要逐个去查找，而在 Excel 2010 中，只需利用筛选功能即可查找出需要的结果。

步骤 01　打开上一例效果文件，利用“清除”选项对数据进行清除筛选操作，效果如下图所示。

	A	B	C	D	E	F
1	期末成绩表					
3	学号	姓名	语文	数学	英语	日语
4	1	杨明	58	98	30	60
5	2	方小刚	89	65	19	80
6	3	维妙	100	87	80	80
7	4	李知	37	38	67	65
8	5	晓莲	60	60	100	100
9	6	孙洁	58	98	30	30
10	7	小王	89	65	19	100
11	8	李刚	100	87	80	80
12	9	知晓	37	38	67	60
13	10	王明	60	60	100	100

步骤 02　单击“日语”右侧的下拉按钮，弹出列表框，选择“数字筛选”|“大于”选项，如下图所示。

步骤 03　弹出“自定义自动筛选方式”对话框，在“大于”右侧的文本框中输入 64，如下图所示。

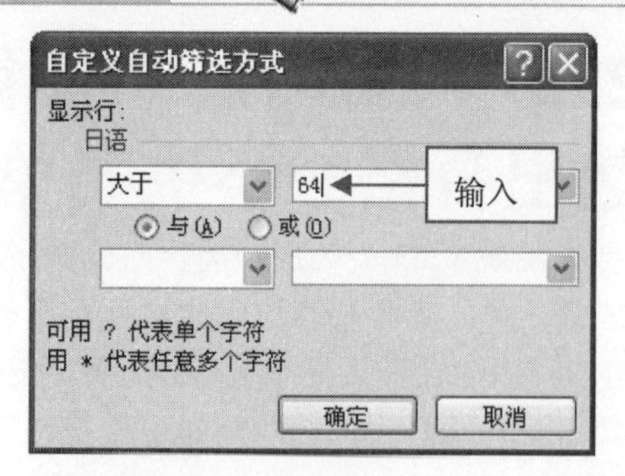

步骤 04 执行上述操作后，单击“确定”按钮，即可筛选出日语成绩合格的学生，效果如下图所示。

学号	姓名	语文	数学	英语	日语
2	方小刚	89	65	19	80
3	维妙	100	87	80	80
4	李知	37	38	67	65
5	晓莲	60	60	100	100
7	小王	89	65	19	100
8	李刚	100	87	80	80
10	王明	60	60	100	100

230 利用筛选功能筛选不合格的学生名单

当某些学生的成绩低于 65 分时，老师就需要对这些学生特别关注了，在 Excel 2010 中，利用筛选功能可在成绩表中快速查找出不合格的学生。

步骤 01 打开上一例效果文件，对数据进行清除筛选操作，单击“日语”右侧的下拉按钮，弹出列表框，选择“数字筛选”|“小于”选项，如下图所示。

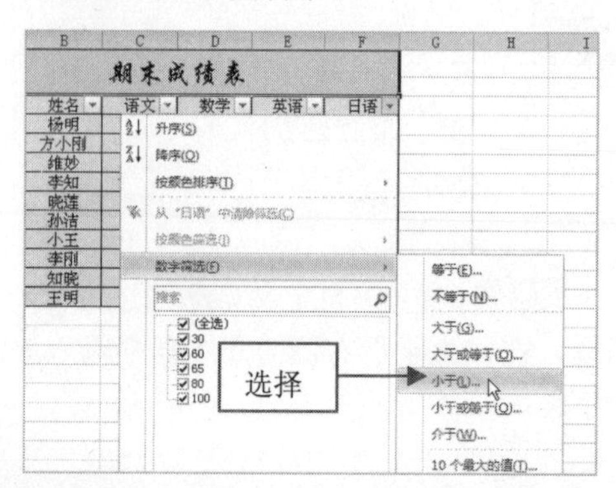

步骤 02 弹出“自定义自动筛选方式”对话框，在“小于”右侧的文本框中输入 64，如下图所示。

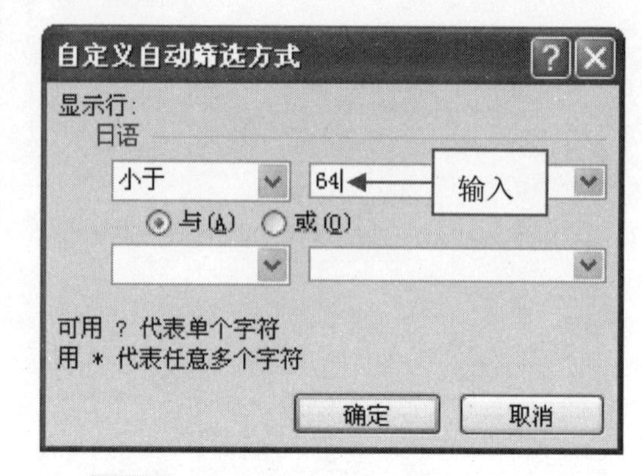

步骤 03 执行上述操作后，单击“确定”按钮，即可快速筛选出日语成绩不合格的学生名单，效果如下图所示。

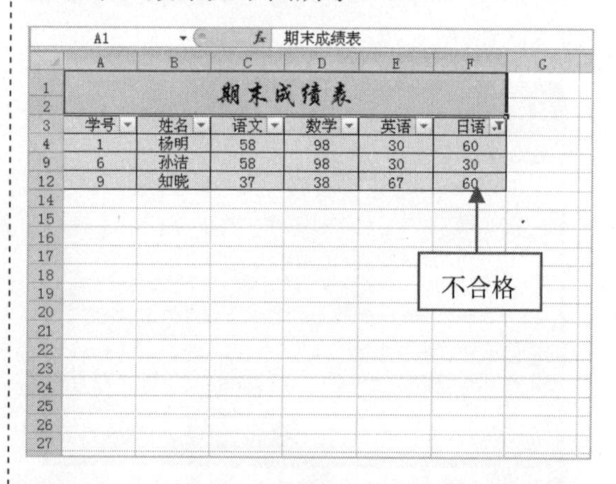

学号	姓名	语文	数学	英语	日语
1	杨明	58	98	30	60
6	孙洁	58	98	30	30
9	知晓	37	38	67	60

231 利用筛选功能查找出两个数值之间的数值

对学生成绩单进行处理时，有时需要排除最低分与最高分求两者之间的分数，此时可以利用 Excel 的筛选功能，快速筛选出两个数值之间的值。

步骤 01 打开上一例效果文件，对数据进行清除筛选操作，单击“日语”右侧的下拉按钮，弹出列表框，选择“数字筛选”|“介于”选项，如下图所示。

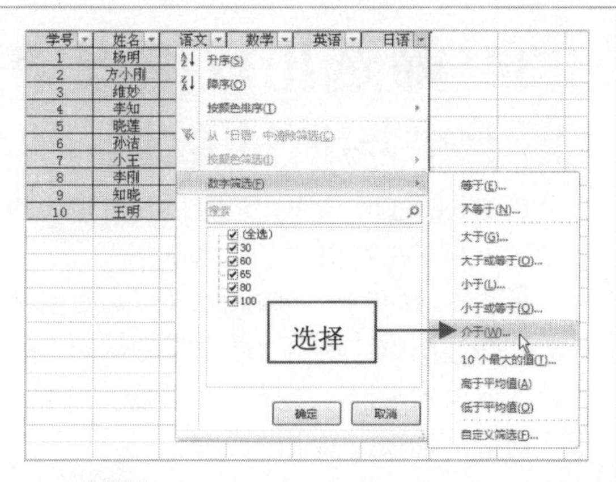

步骤 02　弹出“自定义自动筛选方式”对话框，在“大于或等于”右侧的文本框中输入 60，在“小于或等于”右侧的文本框中输入 80，如下图所示。

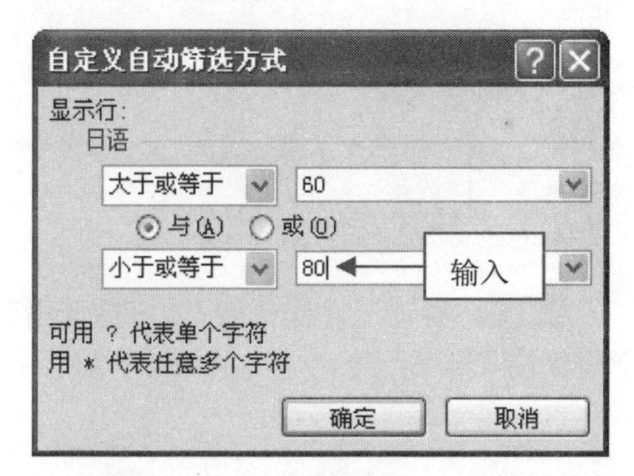

步骤 03　执行上述操作后，单击“确定”按钮，即可快速筛选出两个数值之间的数据，效果如下图所示。

期末成绩表

学号	姓名	语文	数学	英语	日语
1	杨明	58	98	30	60
2	方小刚	89	65	19	80
3	维妙	100	87	80	80
4	李知	37	38	67	65
8	李刚	100	87	80	80
9	知晓	37	38	67	60

专家提醒

在 Excel 中，还可以单击其他标题单元格右侧的下拉按钮进行筛选。

232 筛选出语文成绩前三名

在 Excel 工作表中，利用筛选功能还可筛选出全班语文成绩的前 3 名。

步骤 01　打开上一例效果文件，对数据进行清除筛选操作，单击“语文”右侧的下拉按钮，弹出列表框，选择“数字筛选”|“10 个最大的值”选项，如下图所示。

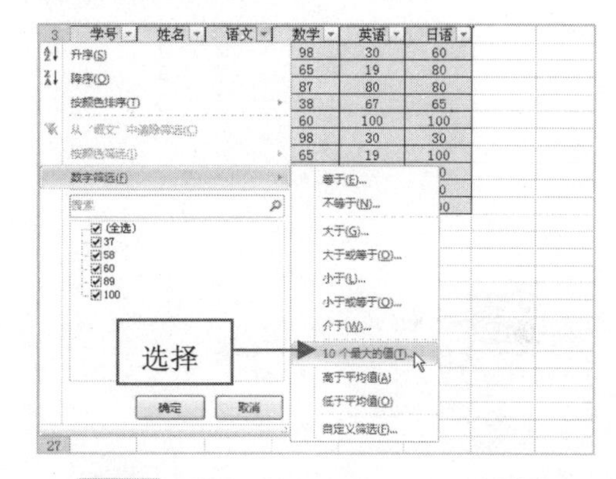

步骤 02　弹出“自动筛选前 10 个”对话框，在第 1 个下拉列表中选择“最大”选项，在第 2 个数值框中输入 3，如下图所示。

步骤 03　执行上述操作后，单击“确定”按钮，即可筛选出语文成绩的前 3 名，效果如下图所示。

期末成绩表

学号	姓名	语文	数学	英语	日语
2	方小刚	89	65	19	80
3	维妙	100	87	80	80
7	小王	89	65	19	100
8	李刚	100	87	80	80

233 筛选出语文成绩倒数三名学生的名单

在 Excel 工作表中，利用筛选功能可以筛选出全班语文成绩的倒数 3 名的名单。

步骤 01 打开上一例效果文件，对数据进行清除筛选操作，单击“语文”右侧的下拉按钮，弹出列表框，选择“数字筛选”|“10 个最大的值”选项，如下图所示。

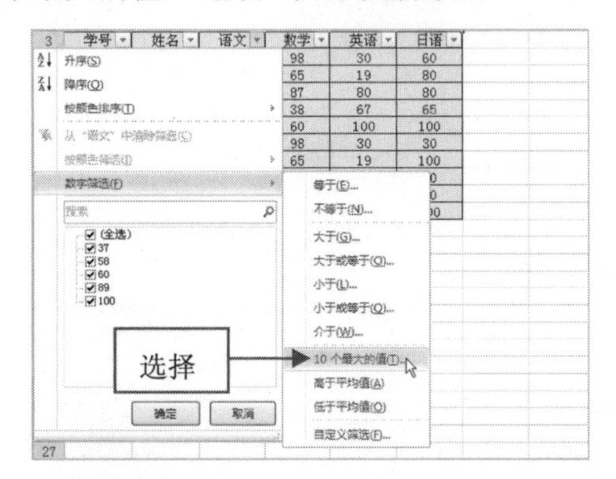

步骤 02 弹出“自动筛选前 10 个”对话框，在第 1 个下拉列表中选择“最小”选项，在第 2 个数值框中输入 3，如下图所示。

步骤 03 执行上述操作后，单击“确定”按钮，即可筛选出语文成绩的倒数 3 名的名单，效果如下图所示。

期末成绩表

学号	姓名	语文	数学	英语	日语
1	杨明	58	98	30	60
4	李知	37	38	67	65
6	孙洁	58	98	30	30
9	知晓	37	38	67	60

234 筛选出成绩表中高于平均值的数据

在 Excel 工作表中，还可以利用筛选功能筛选出高于平均值的学生名单。

步骤 01 打开上一例效果文件，对数据进行清除筛选操作，单击“数据”右侧的下拉按钮，弹出列表框，选择“数字筛选”|“高于平均值”选项，如下图所示。

步骤 02 执行上述操作后，即可筛选出数学成绩高于平均值的学生名单，如下图所示。

期末成绩表

学号	姓名	语文	数学	英语	日语
1	杨明	58	98	30	60
3	维妙	100	87	80	80
6	孙洁	58	98	30	30
8	李刚	100	87	80	80

235 筛选出成绩表中低于平均值的数据

在 Excel 2010 中，不但可以求出高于平均值的数据，也可以求出低于平均值的数据。

步骤 01 打开上一例效果文件，对数据进行清除筛选操作，单击“数据”右侧的下拉按钮，弹出列表框，选择“数字筛选”|“低于平均值”选项，如下图所示。

学号	姓名	语文	数学	英语	日语
				30	60
				19	80
				80	80
				67	65
				100	100
				30	30
				19	100

升序(S)
降序(O)
按颜色排序(T)
从"数学"中清除筛选(C)
按颜色筛选(I)
数字筛选(F)
搜索
(全选)
38
60
65
87
98
等于(E)...
不等于(N)...
大于(G)...
大于或等于(O)...
小于(L)...
小于或等于(Q)...
介于(W)...
10 个最大的值(T)...
高于平均值(A)
低于平均值(O)
自定义筛选(F)...
选择

步骤 02 执行上述操作后，即可筛选出数学成绩低于平均值的学生名单，效果如下图所示。

A1 期末成绩表

	A	B	C	D	E	F
1–2	期末成绩表					
3	学号	姓名	语文	数学	英语	日语
5	2	方小刚	89	65	19	80
7	4	李知	37	38	67	65
8	5	晓莲	60	60	100	100
10	7	小王	89	65	19	100
12	9	知晓	37	38	67	60
13	10	王明	60	60	100	100

236 对数据进行高级筛选

在 Excel 2010 中，使用高级筛选功能必须先建立一个条件区域，用来指定筛选的数据所需满足的条件。条件区域的第一行是所有作为筛选条件的字段名，这些字段名与数据清单中的字段名必须完全一样；条件区域的其他行则是筛选条件。需要注意的是，条件区域和数据清单不能连接，必须用一个空行将其隔开。

步骤 01 在数据清单所在的工作表中先选定一个条件区域并输入筛选条件：在 F18 单元格中输入"奖金"，在 F19 单元格中输入>150，在 G18 单元格中输入"全勤加奖"，在 G19 单元格中输入>50，效果如下图所示。

部门	职务	姓名	学历	基本工资	奖金	全勤加奖	实发工资
财务部	员工	李江	大专	5000	196	100	5296
销售部	部门经理	张团	大学	5400	300	85	5785
销售部	员工	王明	本科	3000	150	50	3200
财务部	员工	胡风	高中	2500	200	100	2800
销售部	员工	夏砘	研究生	4200	100	20	4320
市场部	员工	孙小洁	研究生	3000	50	100	3150
市场部	部门经理	方全	硕士	3400	50	50	3500
市场部	员工	杨柳	硕士	3200	100	20	3320
销售部	员工	李东东	大专	5300	200	85	5585
财务部	部门经理	张键	大专	2000	300	60	2360
市场部	部门经理	周俊	本科	4000	250	50	4300
财务部	员工	杨洛	本科	3700	200	20	3920
财务部	员工	旷建辉	硕士	6000	200	60	6260
销售部	员工	郭伟	本科	5800	400	60	6260

奖金	全勤加奖
>150	>50

选择

步骤 02 选择数据清单中的任意单元格，切换至"数据"选项卡，在"排序和筛选"选项面板中单击"高级"按钮，如下图所示。

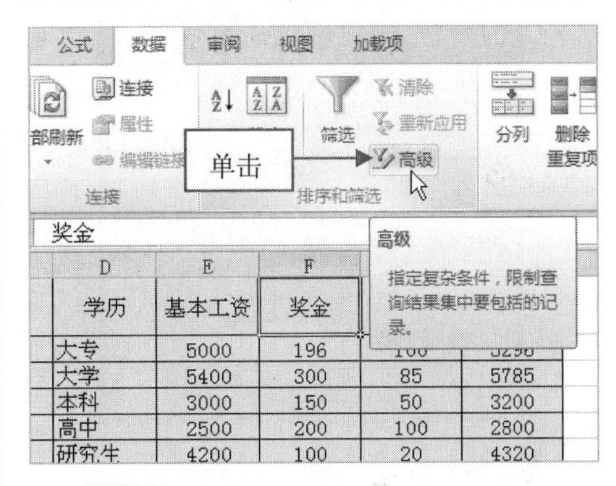

步骤 03 弹出"高级筛选"对话框，单击"列表区域"文本框右侧的按钮，在工作表中选择 A1:H15 单元格区域，如下图所示。

获取外部数据
高级筛选 - 列表区域:
Sheet1!$A$1:$H$15
A1 奖金

部门	职务	姓名	学历	基本工资	奖金	全勤加奖	实发工资
财务部	员工	李江	大专	5000	196	100	5296
销售部	部门经理	张团	大学	5400	300	85	5785
销售部	员工	王明	本科	3000	150	50	3200
财务部	员工	胡风	高中	2500	200	100	2800
销售部	员工	夏砘	研究生	4200	100	20	4320
市场部	员工	孙小洁	研究生	3000	50	100	3150
市场部	部门经理	方全	硕士	3400	50	50	3500
市场部	员工	杨柳	硕士	3200	100	20	3320
销售部	员工	李东东	大专	5300	200	85	5585
财务部	部门经理	张键	大专	2000	300	60	2360
市场部	部门经理	周俊	本科	4000	250	50	4300
财务部	员工	杨洛	本科	3700	200	20	3920
财务部	员工	旷建辉	硕士	6000	200	60	6260
销售部	员工	郭伟	本科	5800	400	60	626[illegible]

奖金	全勤加奖
>150	>50

选择

步骤 04 按【Enter】键确认，返回"高级筛选"对话框，单击"条件区域"文本框右侧的按钮，在工作表中选择 F18:G19 单元格区域，如下图所示。

职务	姓名	学历	基本工资	奖金	全勤加奖	实发工资
员工	李江	大专	5000	196	100	5296
部门经理	张团	大学	5400	300	85	5785
员工	王明	本科	3000	150	50	3200
员工	胡风	高中	2500	200	100	2800
员工	夏砘	研究生	4200	100	20	4320
员工	孙小洁	研究生	3000	50	100	3150
部门经理	方全	硕士	3400	50	50	3500
员工	杨柳	硕士	3200	100	20	3320
员工	李东东	大专	5300	200	85	5585
部门经理	张键	大专	[illegible]	[illegible]	[illegible]	[illegible]
部门经理	周俊	本科	[illegible]	[illegible]	[illegible]	[illegible]
员工	杨洛	本科	[illegible]	[illegible]	[illegible]	[illegible]
员工	旷建辉	硕士	6000	200	60	6260
员工	郭伟	本科	5800	400	60	6260

奖金	全勤加奖
>150	>50

高级筛选 － 条件区域:
Sheet1!$F$18:$G$19

选择

步骤05 按【Enter】键确认，返回“高级筛选”对话框，在该对话框中可以查看选定的列表区域与条件区域，如下图所示。

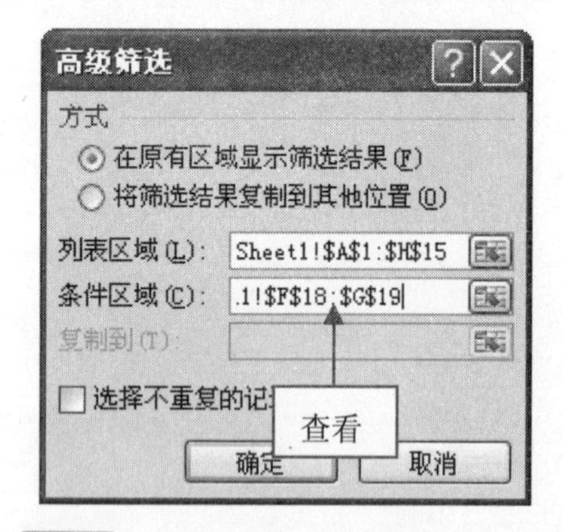

步骤06 单击“确定”按钮，即可对数据进行高级筛选，效果如下图所示。

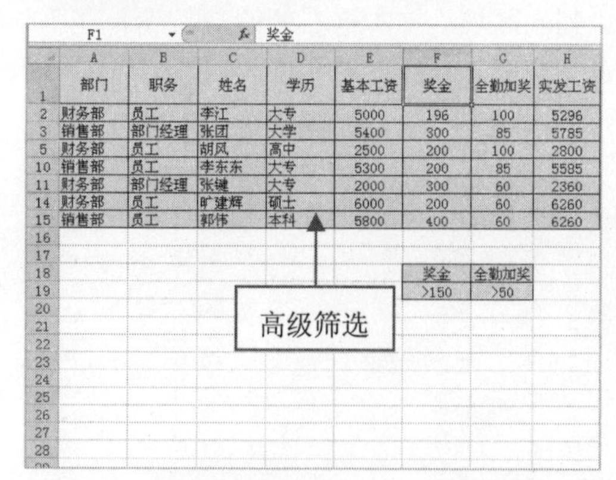

	部门	职务	姓名	学历	基本工资	奖金	全勤加奖	实发工资
2	财务部	员工	李江	大专	5000	196	100	5296
3	销售部	部门经理	张团	大学	5400	300	85	5785
5	财务部	员工	胡风	高中	2500	200	100	2800
10	销售部	员工	李东东	大专	5300	200	85	5585
11	财务部	部门经理	张键	大专	2000	300	60	2360
14	财务部	员工	旷建辉	硕士	6000	200	60	6260
15	销售部	员工	郭伟	本科	5800	400	60	6260

奖金	全勤加奖
>150	>50

237 筛选出表格中的非重复值

在 Excel 2010 中，高级筛选除了用于数据内容的筛选操作外，还可以对重复值进行过滤，以保证字段或工作表中没有重复值。

步骤01 打开一个 Excel 文件，切换至“数据”选项卡，在“排序和筛选”选项面板中单击“高级”按钮，如下图所示。

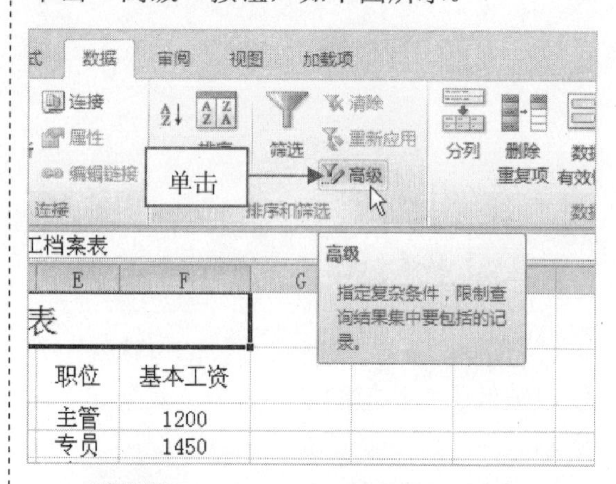

步骤02 弹出“高级筛选”对话框，选中“将筛选结果复制到其他位置”单选按钮，如下图所示。

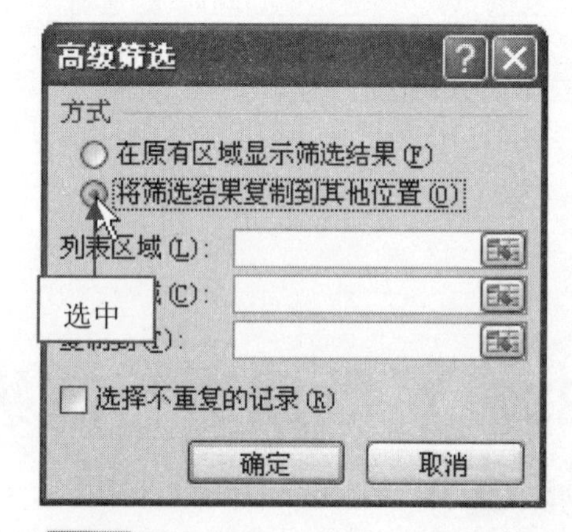

步骤03 在“列表区域”和“复制到”右侧的文本框中输入需要的单元格区域，选中“选择不重复的记录”复选框，如下图所示。

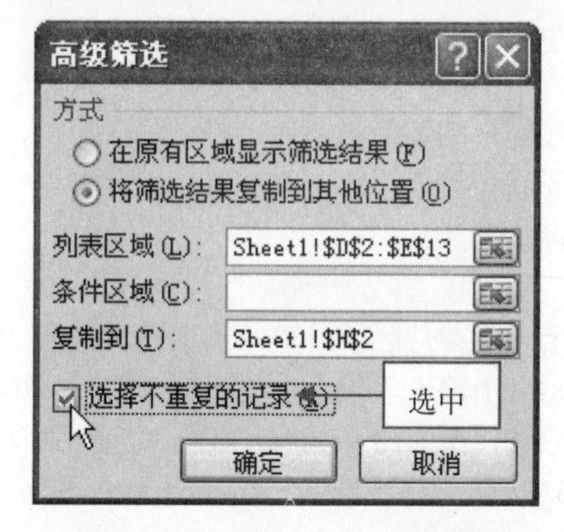

步骤04 执行上述操作后，单击“确定”按钮，即可筛选出表格中的非重复值，并复制到相应的单元格区域中，效果如下图所示。

职工档案表								
员工编号	姓名	性别	部门	职位	基本工资		部门	职位
0001	王刚	男	销售部	主管	1200		销售部	主管
0002	孙浩	女	销售部	专员	1450		销售部	专员
0003	李清化	男	行政部	助理	800		行政部	助理
0004	杨明	男	销售部	经理	1200		销售部	经理
0005	曾凤	女	人事部	主管	1300		人事部	主管
0006	胡美美	女	人事部	专员	1450		人事部	专员
0007	谢导强	男	人事部	主管	1800		财务部	经理
0008	蒋玉华	男	财务部	经理	2050		行政部	专员
0009	叶悄	男	行政部	专员	1950		财务部	主管
0010	方辉	男	财务部	主管	1200			
0011	范虹	女	财务部	经理	1450			

复制

238 筛选出两个表格中重复值

在一些统计表或报表中，总会有一些重复的值或记录，此时可以利用高级筛选功能筛选出两个表格中的重复值。

步骤01 打开一个Excel文件，切换至“数据”选项卡，在“排序和筛选”选项面板中单击“高级”按钮，如下图所示。

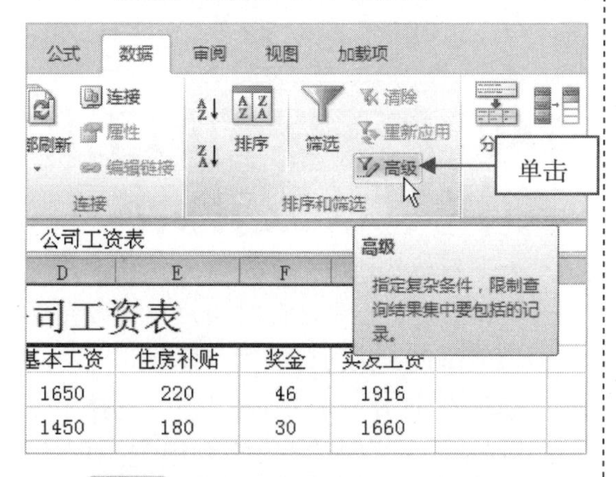

步骤02 弹出“高级筛选”对话框，在其中设置列表区域，如下图所示。

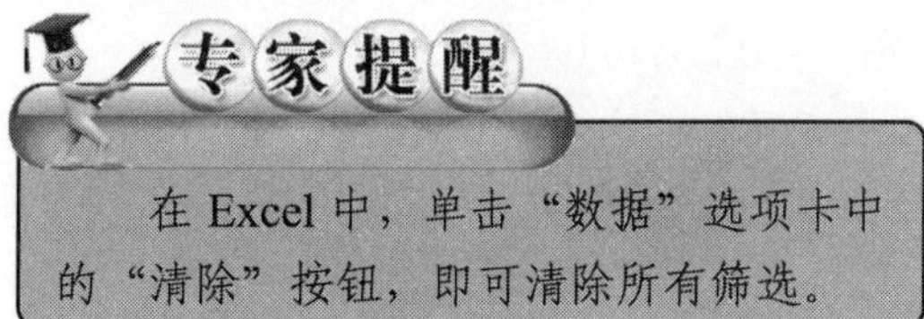

在 Excel 中，单击“数据”选项卡中的“清除”按钮，即可清除所有筛选。

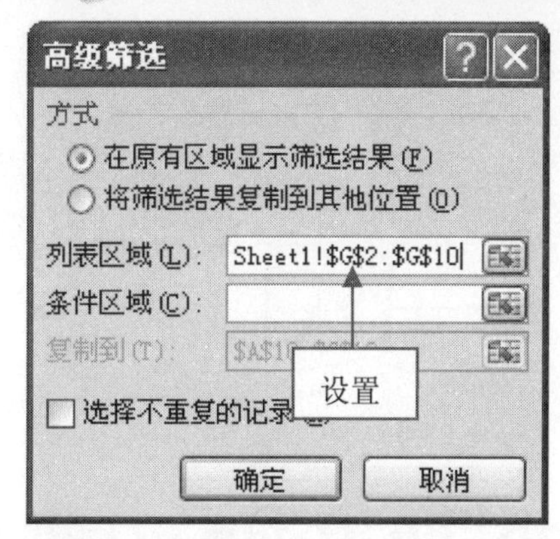

步骤03 单击“条件区域”右侧的按钮，设置条件区域的范围，如下图所示。

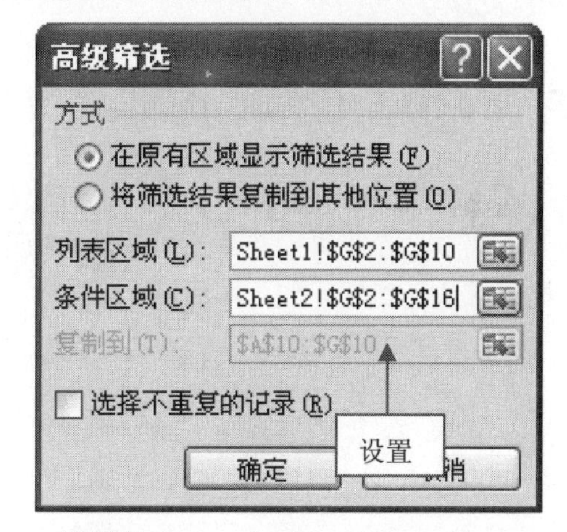

步骤04 选中“将筛选结果复制到其他位置”单选按钮，然后在“复制到”右侧的文本框中输入单元格区域，如下图所示。

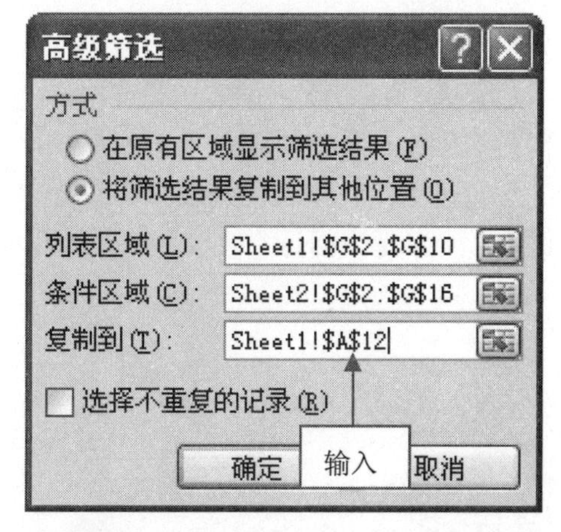

步骤05 执行上述操作后，单击“确定”按钮，即可筛选出两个表格中的重复值，如下图所示。

公司工资表						
编号	姓名	部门	基本工资	住房补贴	奖金	实发工资
1	赵刚	企 划	1650	220	46	1916
2	杨芳	销 售	1450	180	30	1660
3	文清	生 产	1800	400	46	2246
4	刘平	销 售	1450	300	50	1800
5	朱红	设 计	1200	400	100	1700
6	小白	生 产	1650	180	10	1840
7	盼盼	销 售	1500	150	50	1700
8	李孙	生 产	1450	220	20	1690
实发工资						
1916						
1660						
2246						
1800						
1840						
1690						

筛选

239 使用通配符进行筛选

在 Excel 2010 中进行筛选操作时，如不能明确指定筛选的条件，可以使用通配符进行替代。

步骤 01 打开一个 Excel 文件，切换至“数据”选项卡，在“排序和筛选”选项面板中单击“筛选”按钮，如下图所示。

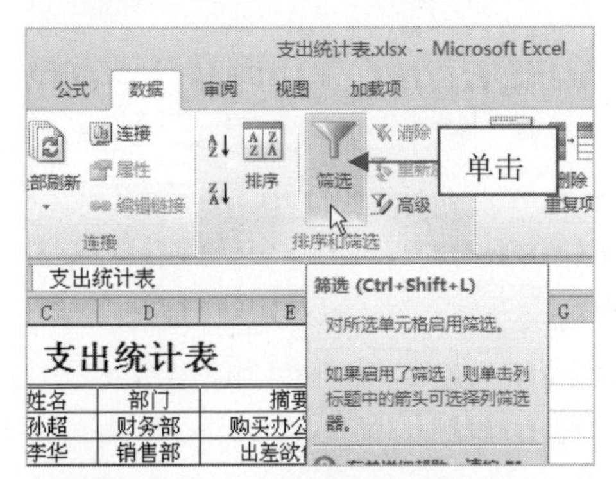

步骤 02 执行上述操作后，即可在标题单元格的右侧添加下拉按钮，单击“部门”右侧的下拉按钮，在弹出的列表框中选择“文本筛选”|“自定义筛选”选项，如下图所示。

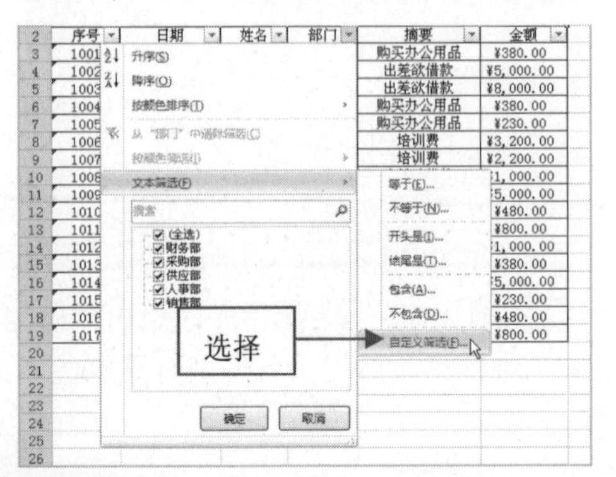

步骤 03 弹出“自定义自动筛选方式”对话框，在“等于”右侧输入“财*”，如下图所示。

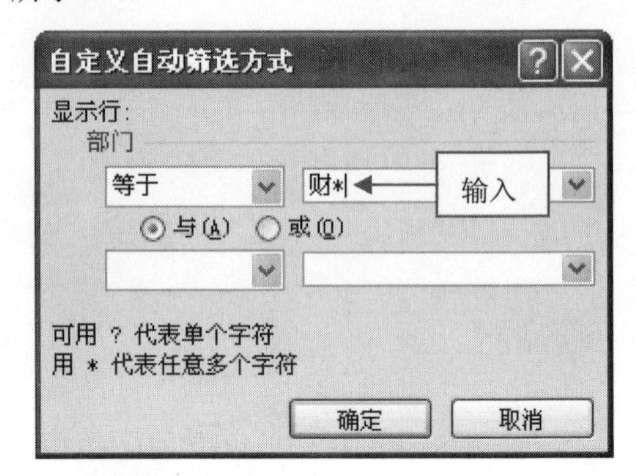

步骤 04 单击“确定”按钮，即可查看到使用通配符筛选的结果，如下图所示。

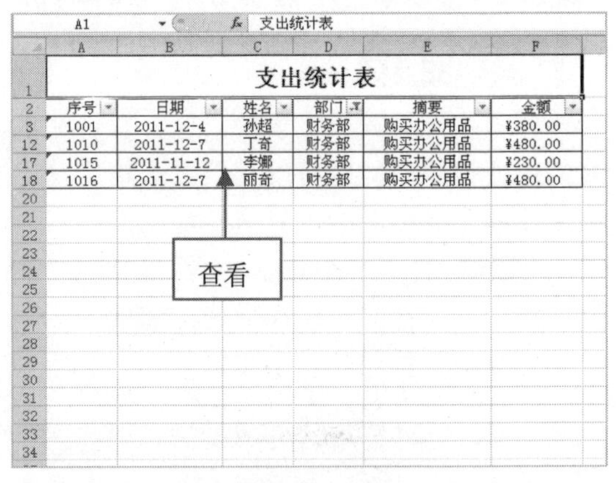

240 在受保护的工作表中实现筛选操作

为了不被其他用户随意修改数据，经常会对工作表进行保护，此时用户也可以在受保护的工作表中执行自动筛选操作。

步骤 01 打开一个 Excel 文件，选择相应单元格区域，切换至“数据”选项卡，在“排序和筛选”选项面板中单击“筛选”按钮，使工作表处于筛选状态，如下图所示。

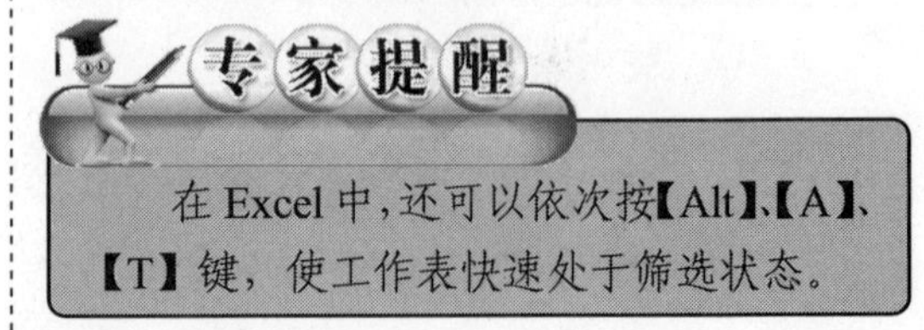
专家提醒

在 Excel 中，还可以依次按【Alt】、【A】、【T】键，使工作表快速处于筛选状态。

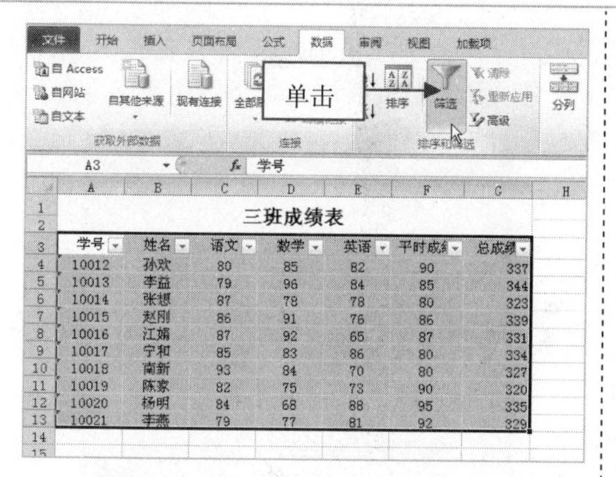

步骤02 切换至"审阅"选项卡，在"更改"选项面板中单击"保护工作表"按钮，如下图所示。

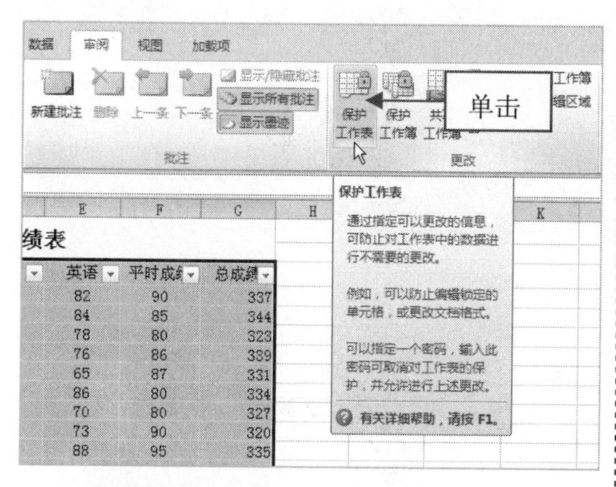

步骤03 弹出"保护工作表"对话框，输入密码，在下方的下拉列表框中选中"使用自动筛选"复选框，如下图所示。

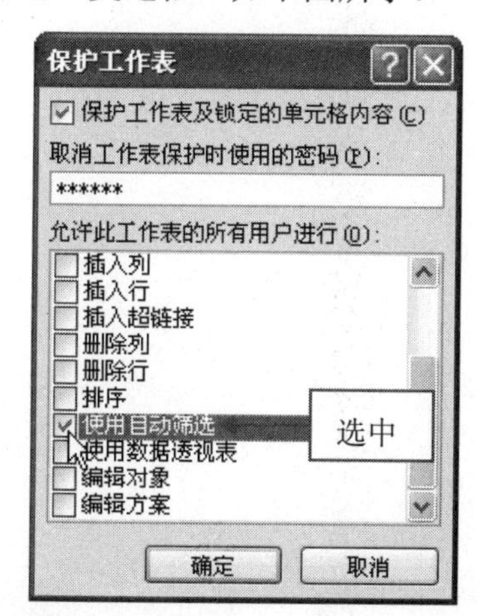

步骤04 单击"确定"按钮，弹出"确认密码"对话框，再次输入密码，如下图所示。

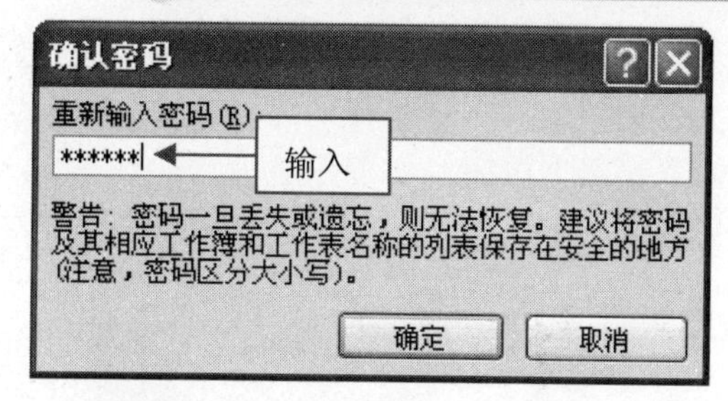

步骤05 执行上述操作后，单击"确定"按钮，返回工作表，可以看到功能区已处于不可用状态，但可对工作表执行筛选操作，如下图所示。

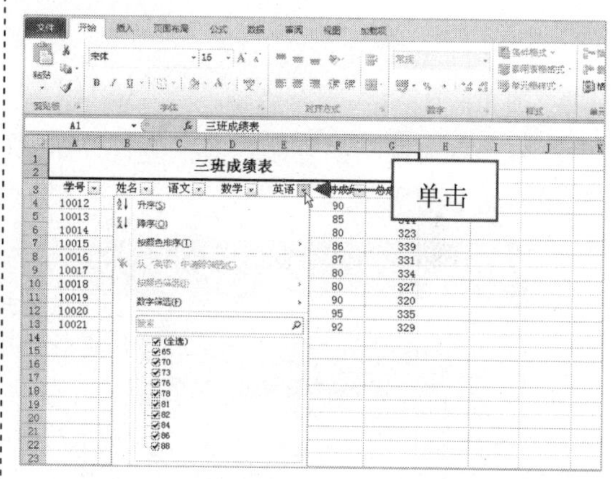

241 将筛选结果快速输出

在 Excel 中，执行高级筛选操作时，除了可以将结果复制到同一个工作表中，还可以将结果输出到其他工作表中。

步骤01 打开一个 Excel 文件，在其中创建筛选条件，如下图所示。

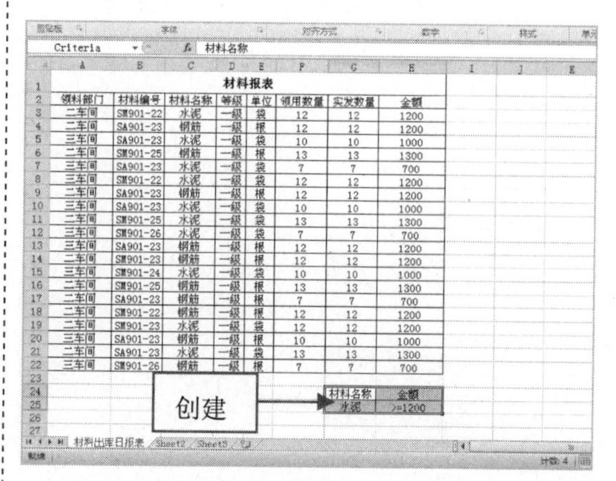

步骤 02 切换至 Sheet2 工作表，在“数据”选项卡的“排序和筛选”选项面板中单击“高级”按钮，如下图所示。

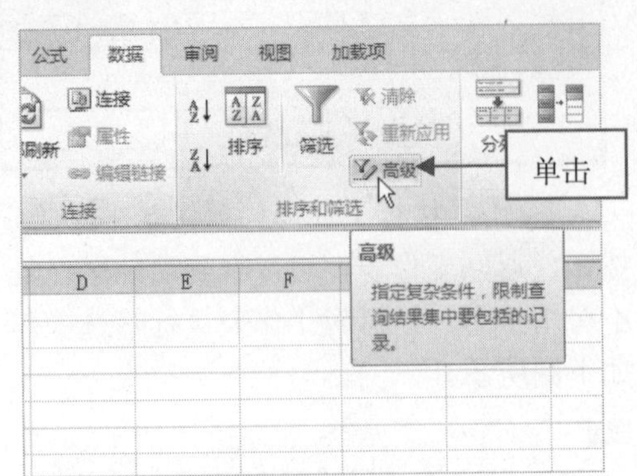

步骤 03 弹出“高级筛选”对话框，在其中选中“将筛选结果复制到其他位置”单选按钮，如下图所示。

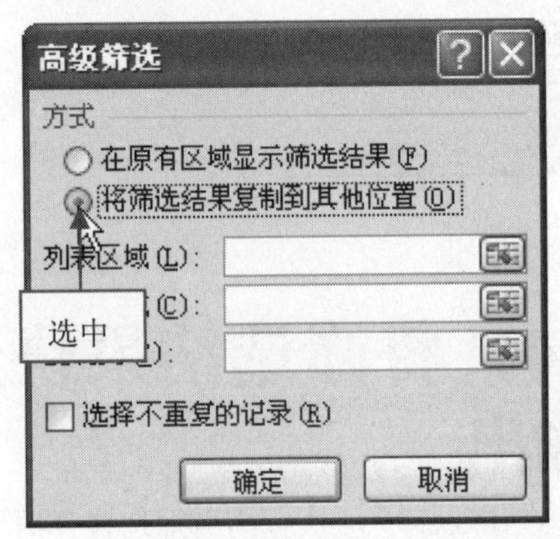

步骤 04 然后在其中设置列表区域、条件区域以及复制到区域，如下图所示。

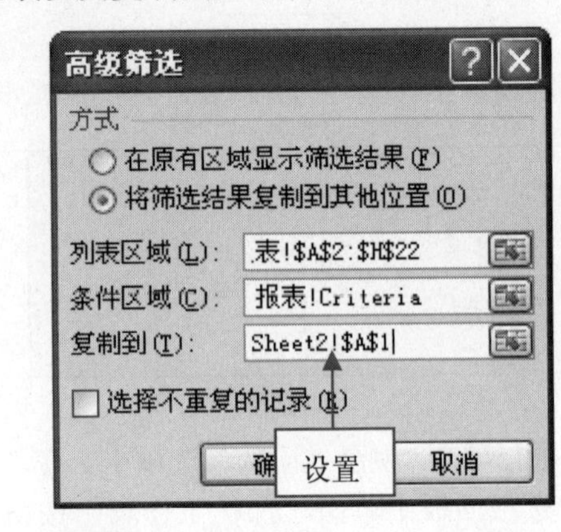

步骤 05 设置完成后，单击“确定”按钮，即可查看筛选的结果，效果如下图所示。

09 分类汇总与合并计算

学前提示

在 Excel 2010 中，通过合并计算可以把来自一个或多个源区域的数据进行汇总，并建立合并计算表。这些源区域与合并计算表可以在同一工作表中，也可以在同一工作簿的不同工作表中，还可以在不同的工作簿中。

本章知识重点

- 快速掌握分类汇总的应用
- 创建分类汇总
- 取消分级显示
- 在汇总中设置分级显示
- 巧用多字段分类汇总
- 分类汇总结果巧复制
- 删除分类汇总
- 将多张明细表快速汇总
- 通过位置进行合并计算
- 按分类进行合并计算

学完本章后你会做什么

- 掌握数据分类汇总的操作方法
- 掌握将多字段进行分类汇总的操作方法
- 掌握数据合并计算的操作方法

视频演示

	A	B	C	D	E	F	G	H
1	部门	职务	姓名	学历	基本工资	奖金	全勤加奖	实发
2	财务部	员工	孙录	大专	5000	196	100	529
3	财务部	员工	胡风	高中	2500	200	100	280
4	财务部	部门经理	张键	大专	2000	300	60	236
5	财务部	员工	小方	本科	3700	200	20	392
6	财务部	员工	旷建辉	硕士	6000	200	60	626
7	**财务部 汇总**				19200			
8	市场部	员工	小威	研究生	3000	50	100	315
9	市场部	部门经理	小佳	硕士	3400	50	50	350
10	市场部	员工	杨柳	硕士	3200	100	20	332
11	市场部	部门经理	周俊	本科	4000	250	50	430
12	**市场部 汇总**				13600			
13	销售部	部门经理	张团	大学	5400	300	85	578
14	销售部	员工	李财	本科	3000	150	50	320
15	销售部	员工	夏砘	研究生	4200	100	20	432
16	销售部	员工	李东东	大专	5300	200	85	558
17	销售部	员工	郭伟	本科	5800	400	60	626
18	**销售部 汇总**				23700			
19	**总计**				56500			
20								
21								

创建分类汇总

	A	B	C	D	E
1		第一季	第二季	第三季	第四季
2	电视机	159000	152873	67695	86264
3	洗衣机	121626	106292	144948	50203
4	洗碗机	138647	156000	124706	152042
5	冷气机	26654	65425	45855	58120
6	冷风扇	53308	130850	91710	116240
7	电冰箱	109560	116061	106264	98674
8	合计	608795	727501	581178	561543
9					
10					
11					
12					
13					
14					
15					

将多张明细表快速汇总

242 快速掌握分类汇总的应用

分类汇总是对数据清单进行数据分析的一种方法，分类汇总是对数据库中指定的字段进行分类，统计同一类记录的有关信息。统计的内容可以由用户指定，也可以统计同一类记录的记录条数，还可以对某些数值段求和、求平均值以及求极值等。

243 创建分类汇总

Excel 可以在数据清单中自动计算分类汇总及总计值，用户只需指定需要进行分类汇总的数据项、待汇总的数值和用于计算的函数即可。如果要使用自动分类汇总工作，必须组织成具有列标志的数据清单。在插入分类汇总之前，用户必须先根据需要进行分类汇总的数据列，对数据清单排序。

步骤 01 打开一个 Excel 文件，选择“部门”列中的任意单元格，如下图所示。

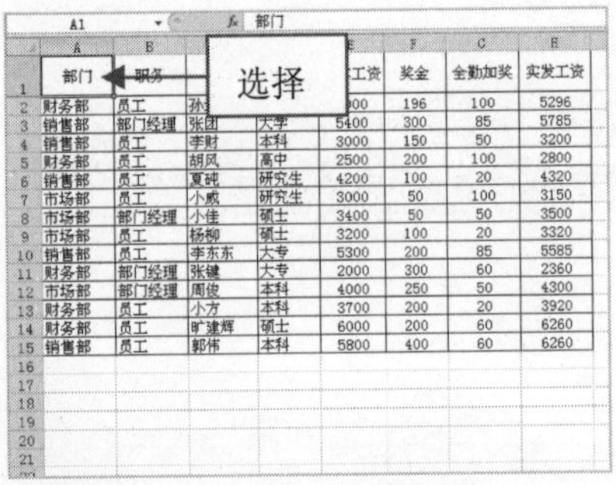

A1 部门

	A	B	C	D	E	F	G	H
1	部门	职务	[illegible]	[illegible]	工资	奖金	全勤加奖	实发工资
2	财务部	员工	孙	[illegible]	00	196	100	5296
3	销售部	部门经理	张团	大学	5400	300	85	5785
4	销售部	员工	李财	本科	3000	150	50	3200
5	财务部	员工	胡风	高中	2500	200	100	2800
6	销售部	员工	夏�	研究生	4200	100	20	4320
7	市场部	员工	小威	研究生	3000	50	100	3150
8	市场部	部门经理	小佳	硕士	3400	50	50	3500
9	市场部	员工	杨柳	硕士	3200	100	20	3320
10	销售部	员工	李东东	大专	5300	200	85	5585
11	财务部	部门经理	张键	大专	2000	300	60	2360
12	市场部	部门经理	周俊	本科	4000	250	50	4300
13	财务部	员工	小方	本科	3700	200	20	3920
14	财务部	员工	旷建辉	硕士	6000	200	60	6260
15	销售部	员工	郭伟	本科	5800	400	60	6260

选择

步骤 02 切换至“开始”选项卡，在“编辑”选项面板中单击“排序和筛选”按钮，在弹出的列表框中选择“升序”选项，如下图所示。

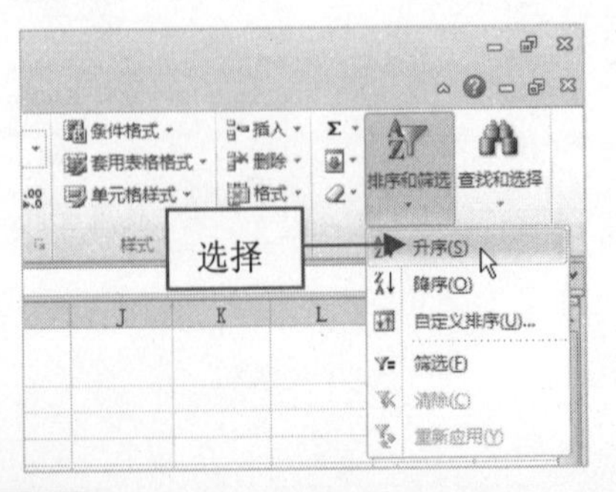

步骤 03 执行上述操作后，即可对“部门”列进行升序排序，效果如下图所示。

A1 部门

	A	B	C	D	E	F	G	H
1	部门	职务	姓名	学历	基本工资	奖金	全勤加奖	实发工资
2	财务部	员工	孙录	大专	5000	196	100	5296
3	财务部	员工	胡风	高中	2500	200	100	2800
4	财务部	部门经理	张键	大专	2000	300	60	2360
5	财务部	员工	小方	本科	3700	200	20	3920
6	财务部	员工	旷建辉	硕士	6000	200	60	6260
7	市场部	员工	小威	研究生	3000	50	100	3150
8	市场部	部门经理	小佳	硕士	3400	50	50	3500
9	市场部	员工	杨柳	硕士	3200	100	20	3320
10	市场部	部门经理	周俊	本科	4000	250	50	4300
11	销售部	部门经理	张团	大学	5400	300	85	5785
12	销售部	员工	李财	本科	3000	150	50	3200
13	销售部	员工	夏砘	研究生	4200	100	20	4320
14	销售部	员工	李东东	大专	5300	200	85	5585
15	销售部	员工	郭伟	本科	5800	400	60	6260

步骤 04 切换至“数据”选项卡，在“分级显示”选项面板中单击“分类汇总”按钮，如下图所示。

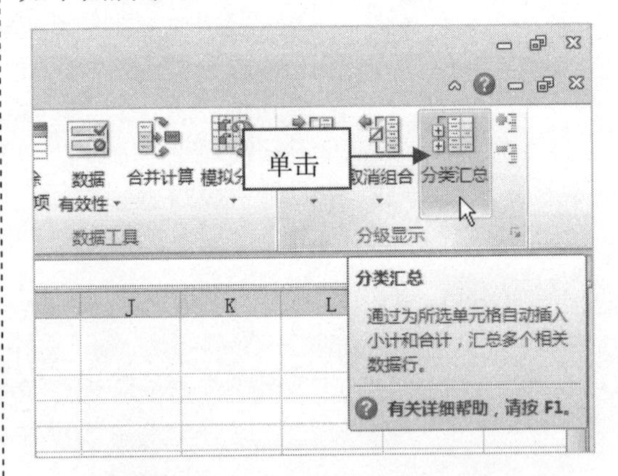

步骤 05 弹出“分类汇总”对话框，在“分类字段”下拉列表框中选择“部门”选项，在“汇总方式”下拉列表框中选择“求和”选项，在“选定汇总项”列表框中只选中“基本工资”复选框，如下图所示。

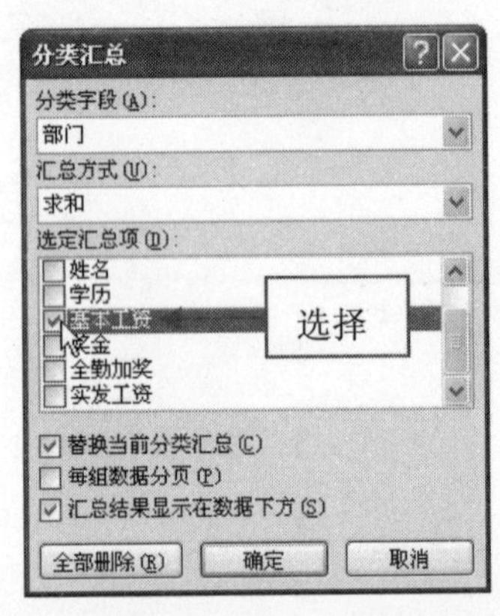

步骤06　单击“确定”按钮，即可对数据清单进行分类汇总，效果如下图所示。

	A	B	C	D	E	F	G	H
1	部门	职务	姓名	学历	基本工资	奖金	全勤加奖	实发工
2	财务部	员工	孙录	大专	5000	196	100	529
3	财务部	员工	胡风	高中	2500	200	100	280
4	财务部	部门经理	张键	大专	2000	300	60	236
5	财务部	员工	小方	本科	3700	200	20	392
6	财务部	员工	旷建辉	硕士	6000	200	60	626
7	财务部 汇总				19200			
8	市场部	员工	小威	研究生	3000	50	100	315
9	市场部	部门经理	小佳	硕士	3400	50	50	350
10	市场部	员工	杨柳	硕士	3200	100	20	332
11	市场部	部门经理	周俊	本科	4000	250	50	430
12	市场部 汇总				13600			
13	销售部	部门经理	张团	大学	5400	300	85	578
14	销售部	员工	李财	本科	3000	150	50	320
15	销售部	员工	夏砚	研究生	4200	100	20	432
16	销售部	员工	李东东	大专	5300	200	85	558
17	销售部	员工	郭伟	本科	5800	400	60	626
18	销售部 汇总				23700			
19	总计				56500			

244 取消分级显示

在 Excel 2010 中，当用户对数据进行分类汇总后，一般情况下都会有分级显示，如果不需要分级显示，也可将其隐藏。

步骤01　打开上一例效果文件，切换至“数据”选项卡，在“分级显示”选项面板中单击“取消组合”下拉按钮，在弹出的列表框中选择“清除分级显示”选项，如下图所示。

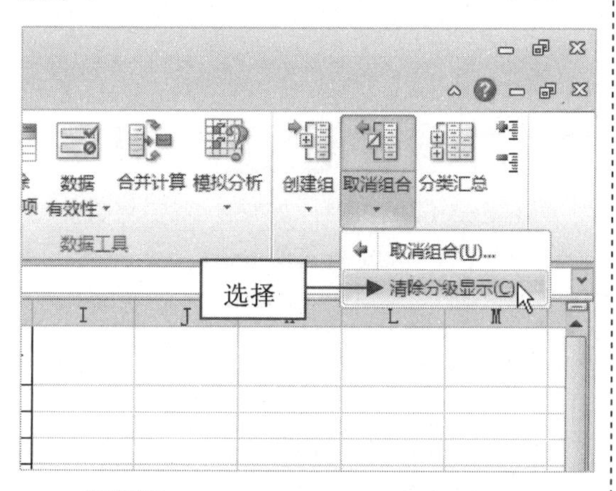

步骤02　执行上述操作后，即可取消分级显示，效果如下图所示。

	A	B	C	D	E	F	G	H
1	部门	职务	姓名	学历	基本工资	奖金	全勤加奖	实发工资
2	财务部	员工	孙录	大专	5000	196	100	5296
3	财务部	员工	胡风	高中	2500	200	100	2800
4	财务部	部门经理	张键	大专	2000	300	60	2360
5	财务部	员工	小方	本科	3700	200	20	3920
6	财务部	员工	旷建辉	硕士	6000	200	60	6260
7	财务部 汇总				19200			
8	市场部	员工	小威	研究生	3000	50	100	3150
9	市场部	部门经理	小佳	硕士	3400	50	50	3500
10	市场部	员工	杨柳	硕士	3200	100	20	3320
11	市场部	部门经理	周俊	本科	4000	250	50	4300
12	市场部 汇总				13600			
13	销售部	部门经理	张团	大学	5400	300	85	5785
14	销售部	员工	李财	本科	3000	150	50	3200
15	销售部	员工	夏砚	研究生	4200	100	20	4320
16	销售部	员工	李东东	大专	5300	200	85	5585
17	销售部	员工	郭伟	本科	5800	400	60	6260
18	销售部 汇总				23700			
19	总计				56500			

在 Excel 2010 中，对工作表清除分级显示后，数据的汇总效果依然存在。

245 在汇总中设置分级显示

在 Excel 2010 中，对数据取消分级显示后，有时需要在汇总中，对数据再进行分级显示。

步骤01　打开上一例效果文件，切换至“数据”选项卡，在“分级显示”选项面板中单击“创建组”下拉按钮，在弹出的列表框中选择“自动建立分级显示”选项，如下图所示。

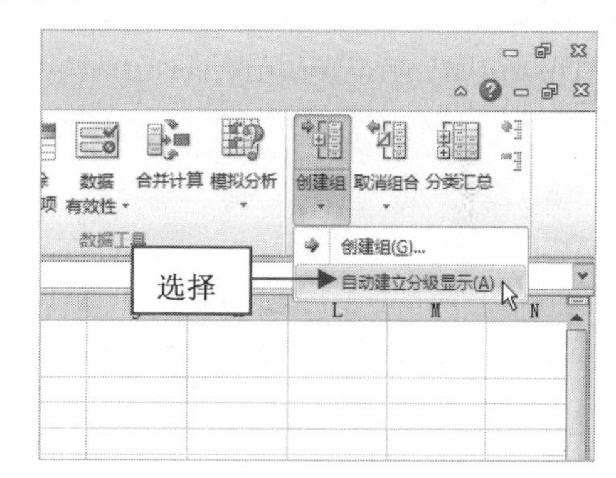

步骤02　执行上述操作后，即可在数据汇总中显示分级，效果如下图所示。

	A	B	C	D	E	F	G	H
1	部门	职务	姓名	学历	基本工资	奖金	全勤加奖	实发工
2	财务部	员工	孙录	大专	5000	196	100	529
3	财务部	员工	胡风	高中	2500	200	100	280
4	财务部	部门经理	张键	大专	2000	300	60	236
5	财务部	员工	小方	本科	3700	200	20	392
6	财务部	员工	旷建辉	硕士	6000	200	60	626
7	财务部 汇总				19200			
8	市场部	员工	小威	研究生	3000	50	100	315
9	市场部	部门经理	小佳	硕士	3400	50	50	350
10	市场部	员工	杨柳	硕士	3200	100	20	332
11	市场部	部门经理	周俊	本科	4000	250	50	430
12	市场部 汇总				13600			
13	销售部	部门经理	张团	大学	5400	300	85	578
14	销售部	员工	李财	本科	3000	150	50	320
15	销售部	员工	夏砚	研究生	4200	100	20	432
16	销售部	员工	李东东	大专	5300	200	85	558
17	销售部	员工	郭伟	本科	5800	400	60	626
18	销售部 汇总				23700			
19	总计				56500			

246 创建组的技巧

在 Excel 2010 中，如果数据清单中的数据较多时，可将多组数据创建一个组，将数据简化显示。

步骤 01 打开一个 Excel 文件，选择需要创建组的数据，如下图所示。

步骤 02 切换至“数据”选项卡，在“分级显示”选项面板中单击“创建组”下拉按钮，在弹出列表框中选择“创建组”选项，如下图所示。

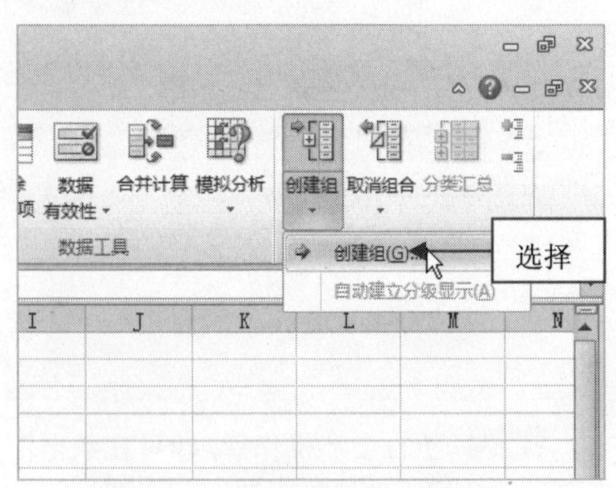

步骤 03 弹出“创建组”对话框，在其中选中“行”单选按钮，如下图所示。

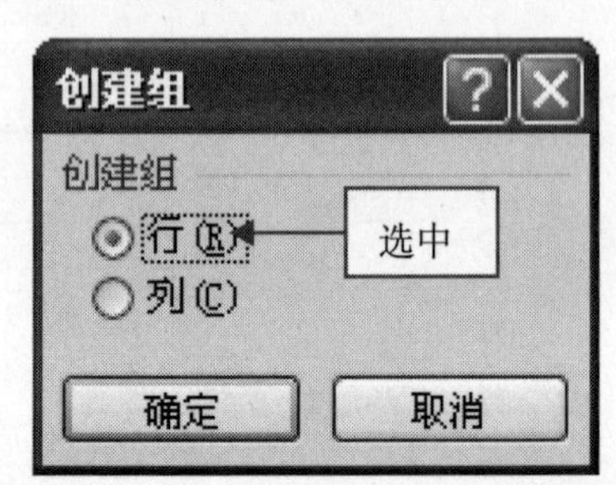

步骤 04 单击“确定”按钮，即可在工作表中创建组，效果如下图所示。

步骤 05 在左侧单击相应 - 按钮，即可隐藏相应的数据，简化数据的显示，效果如下图所示。

	员工编号	姓名	性别	年龄	业绩
2	24	赵强	男	53	50000
3	23	王陶	女	45	49520
4	25	潘勇	女	42	46000
5	15	司研	女	38	48000
6	19	吕晓	女	34	47520
7	13	彭俊杰	男	33	48000
8	14	刘晓艳	女	33	48500
9	2	宁婷	女	31	48000
10	5	于新利	男	31	47500
11	1	许帆	男	30	46000
12	4	贺致	男	30	49000
13	6	姜盛	男	30	50000

247 取消创建的组

在 Excel 2010 中，如果不需要将数据组合在一起时，可取消其组合。

步骤 01 打开上一例效果文件，在其中选择需要取消创建组的数据，如下图所示。

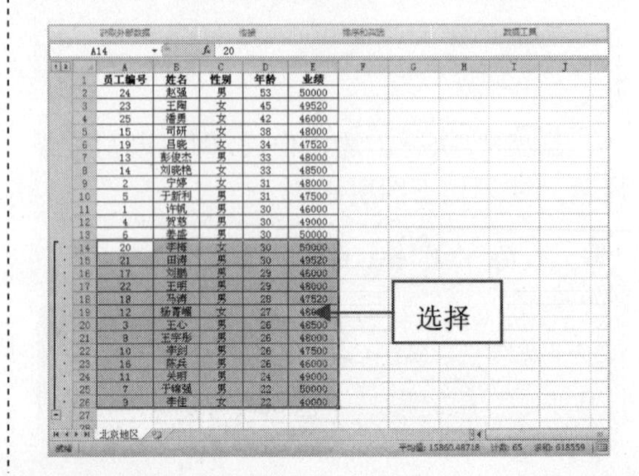

步骤 02 切换至“数据”选项卡，在“分级显示”选项面板中单击“取消组合”下拉按钮，在弹出列表框中选择“取消组合”选项，如下图所示。

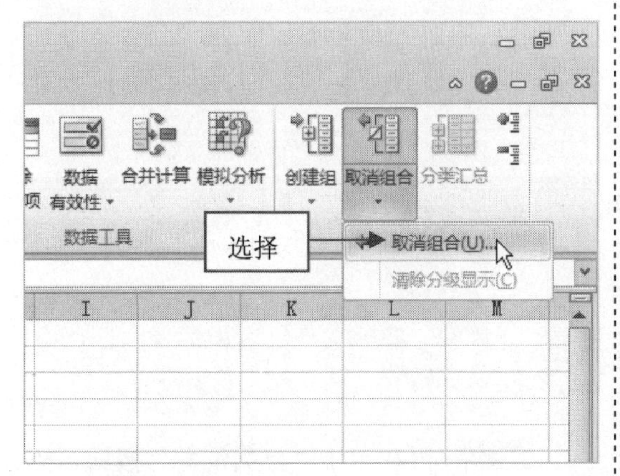

步骤 03 弹出“取消组合”对话框，在其中选中“行”单选按钮，如下图所示。

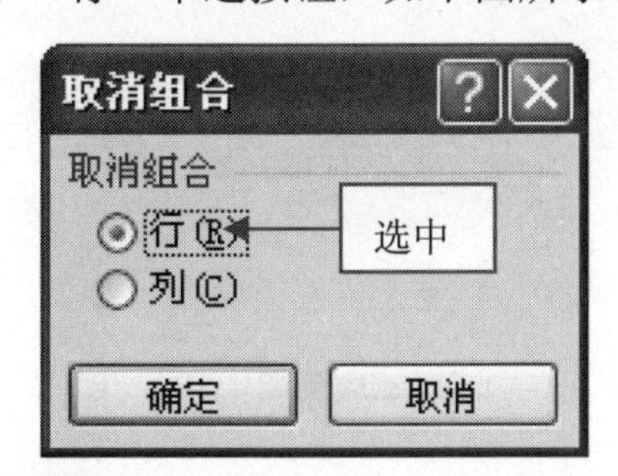

步骤 04 单击“确定”按钮，即可取消创建的组，效果如下图所示。

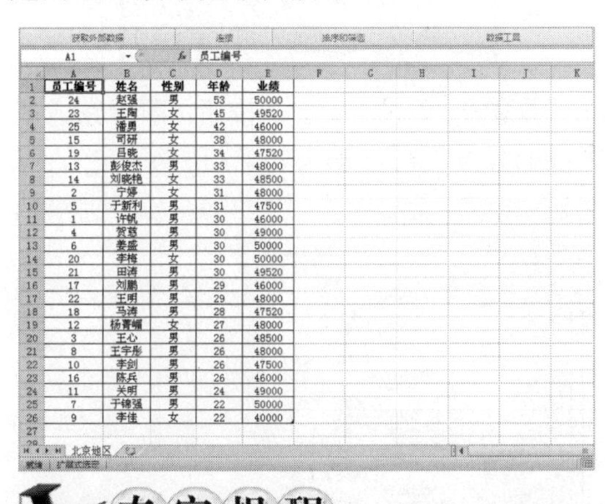

员工编号	姓名	性别	年龄	业绩
24	赵强	男	53	50000
23	王陶	女	45	49520
25	潘勇	女	42	46000
15	司研	女	38	48000
19	吕晓	女	34	47520
13	彭俊杰	男	33	48000
14	刘晓艳	女	33	48500
2	宁婷	女	31	48000
5	于新利	男	31	47500
1	许帆	男	30	46000
4	贺慈	男	30	49000
6	姜盛	男	30	50000
20	李梅	女	30	50000
21	田涛	男	30	49520
17	刘鹏	男	29	46000
22	王明	男	29	48000
18	马涛	男	28	47520
12	杨青帼	女	27	48000
3	王心	男	26	48500
8	王宇彤	男	26	48000
10	李剑	男	26	47500
16	陈兵	男	26	46000
11	关明	男	24	49000
7	于锦强	男	22	50000
9	李佳	女	22	40000

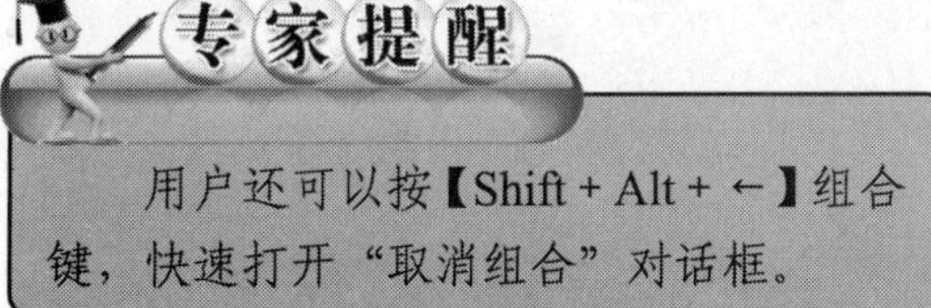

用户还可以按【Shift + Alt + ←】组合键，快速打开“取消组合”对话框。

248 巧用多字段分类汇总

在 Excel 2010 中，还可以按照多个字段进行分类汇总。

步骤 01 打开一个 Excel 文件，在其中选择需要排序的单元格区域，如下图所示。

员工资料表

员工编号	姓名	所在部门	职位	基本工资（元）	性别	年龄	学历	联系方式
1	王新	市场部	部长	30000	男	45	本科	56982413
2	赵强	技术部	副部长	25000	男	32	硕士	56982414
3	李勇	市场部	副部长	25000	男	35	硕士	56982415
4	罗旭	市场部	部长	20000	男	28	本科	56982416
5	陈婷	管理部	副部长	16000	女	28	本科	56982417
6	孙兴	技术部	部长	25000	男	35	大专	56982418
7	任之	市场部	部长	20000	男	37	本科	56982419
8	于利	后勤部	部长	20000	男	36	本科	56982420
9	李尘	管理部	普通员工	8000	男	34	本科	56982421
10	于强	技术部	普通员工	10000	男	26	大专	56982422
11	王宇	保障部	部长	15000	男	28	本科	56982423
12	李佳	管理部	普通员工	6000	女	35	本科	56982424
13	张剑	市场部	普通员工	5000	男	34	大专	56982425
14	关明	保障部	普通员工	5000	男	32	本科	56982426
15	杨菁	管理部	普通员工	3000	女	30	本科	56982427
16	彭杰	保障部	普通员工	2500	男	31	硕士	56982428
17	刘艳	后勤部	副部长	7000	女	36	本科	56982429
18	司研	管理部	普通员工	6000	女	28	本科	56982430
19	马兵	后勤部	副部长	9000	男	41	本科	56982431
20	江鹏	开发部	普通员工	15000	男	42	硕士	56982432

步骤 02 切换至“数据”选项卡，在“排序和筛选”选项面板中单击“排序”按钮，如下图所示。

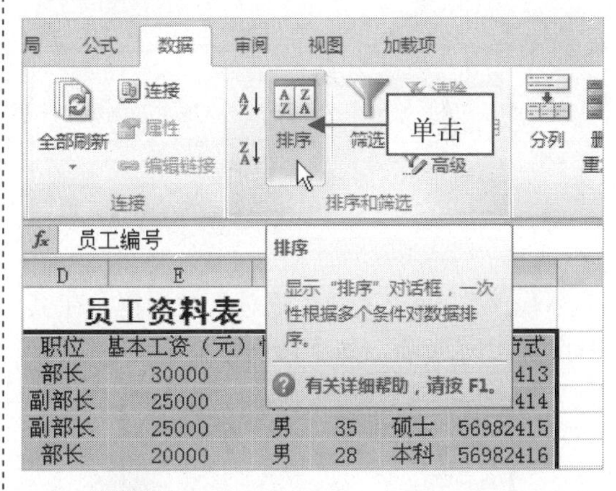

步骤 03 弹出“排序”对话框，在其中设置排序条件，如下图所示。

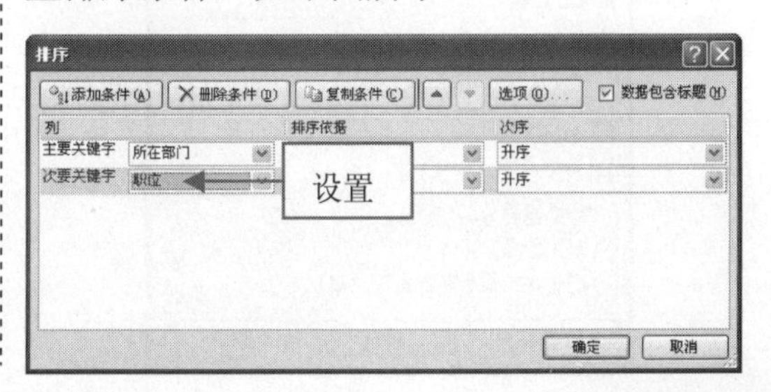

步骤 04 设置完成后，单击“确定”按钮，即可对选择的单元格区域进行升序排序，效果如下图所示。

员工资料表

员工编号	姓名	所在部门	职位	基本工资（元）	性别	年龄	学历	联系方式
11	王宇	保障部	部长	15000	男	28	本科	56982423
14	关明	保障部	普通员工	5000	男	32	本科	56982426
16	彭杰	保障部	普通员工	2500	男	31	硕士	56982428
5	陈婷	管理部	副部长	16000	女	28	本科	56982417
9	李尘	管理部	普通员工	8000	男	34	本科	56982421
12	李佳	管理部	普通员工	6000	女	35	本科	56982424
15	杨菁	管理部	普通员工	3000	女	30	本科	56982427
18	司研	管理部	普通员工	6000	女	28	本科	56982430
8	于利	后勤部	部长	20000	男	36	本科	56982420
17	刘艳	后勤部	副部长	7000	女	36	本科	56982429
19	马兵	后勤部	副部长	9000	男	41	本科	56982431
6	孙兴	技术部	部长	25000	男	35	大专	56982418
2	赵强	技术部	副部长	25000	男	32	硕士	56982414
10	于强	技术部	普通员工	10000	男	26	大专	56982422
20	江鹏	开发部	普通员工	15000	男	42	硕士	56982432
1	王新	市场部	部长	30000	男	45	本科	56982413
4	罗旭	市场部	部长	20000	男	28	本科	56982416
7	任之	市场部	部长	20000	男	37	本科	56982419
3	李勇	市场部	副部长	25000	男	35	硕士	56982415
13	张剑	市场部	普通员工	5000	男	34	大专	56982425

步骤 05 在“数据”选项卡的“分级显示”选项面板中，单击“分类汇总”按钮，如下图所示。

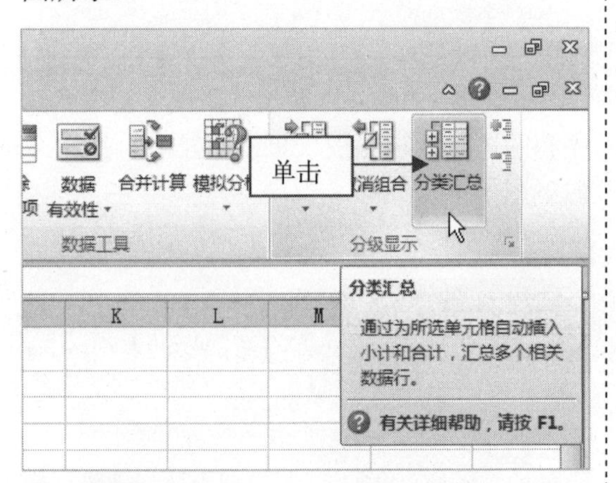

步骤 06 弹出“分类汇总”对话框，在其中设置相应选项，如下图所示。

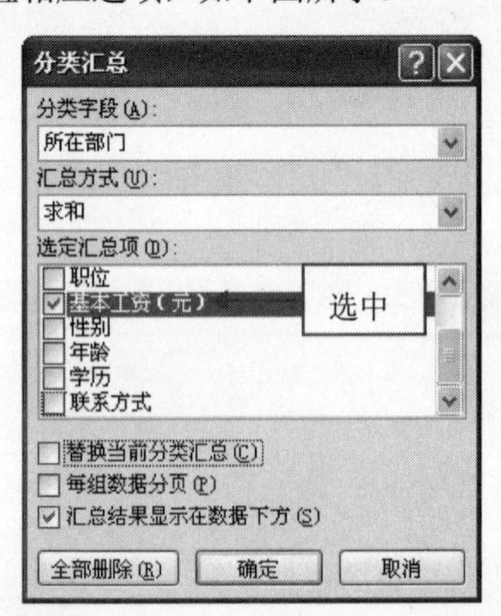

步骤 07 设置完成后，单击“确定”按钮，即可对“所在部门”进行分类汇总，效果如下图所示。

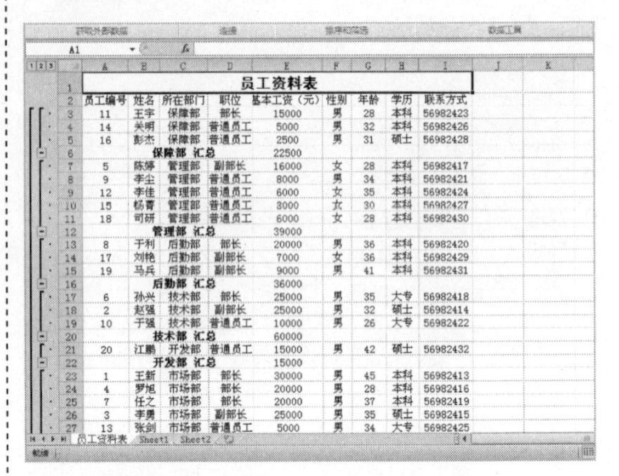

员工资料表

员工编号	姓名	所在部门	职位	基本工资（元）	性别	年龄	学历	联系方式
11	王宇	保障部	部长	15000	男	28	本科	56982423
14	关明	保障部	普通员工	5000	男	32	本科	56982426
16	彭杰	保障部	普通员工	2500	男	31	硕士	56982428
		保障部 汇总		22500				
5	陈婷	管理部	副部长	16000	女	28	本科	56982417
9	李尘	管理部	普通员工	8000	男	34	本科	56982421
12	李佳	管理部	普通员工	6000	女	35	本科	56982424
15	杨菁	管理部	普通员工	3000	女	30	本科	56982427
18	司研	管理部	普通员工	6000	女	28	本科	56982430
		管理部 汇总		39000				
8	于利	后勤部	部长	20000	男	36	本科	56982420
17	刘艳	后勤部	副部长	7000	女	36	本科	56982429
19	马兵	后勤部	副部长	9000	男	41	本科	56982431
		后勤部 汇总		36000				
6	孙兴	技术部	部长	25000	男	35	大专	56982418
2	赵强	技术部	副部长	25000	男	32	硕士	56982414
10	于强	技术部	普通员工	10000	男	26	大专	56982422
		技术部 汇总		60000				
20	江鹏	开发部	普通员工	15000	男	42	硕士	56982432
		开发部 汇总		15000				
1	王新	市场部	部长	30000	男	45	本科	56982413
4	罗旭	市场部	部长	20000	男	28	本科	56982416
7	任之	市场部	部长	20000	男	37	本科	56982419
3	李勇	市场部	副部长	25000	男	35	硕士	56982415
13	张剑	市场部	普通员工	5000	男	34	大专	56982425

步骤 08 再次单击“分类汇总”按钮，在弹出的“分类汇总”对话框中设置相应选项，如下图所示。

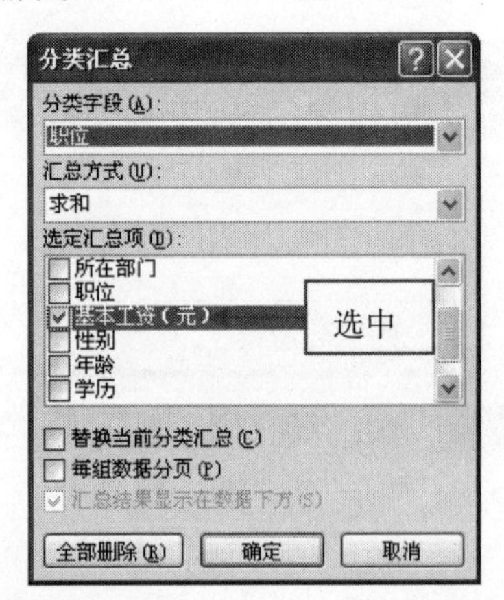

步骤 09 单击“确定”按钮，即可完成多字段的分类汇总，效果如下图所示。

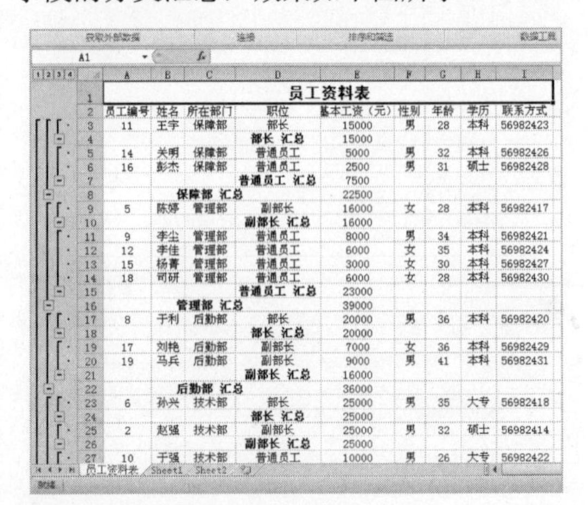

员工资料表

员工编号	姓名	所在部门	职位	基本工资（元）	性别	年龄	学历	联系方式
11	王宇	保障部	部长	15000	男	28	本科	56982423
			部长 汇总	15000				
14	关明	保障部	普通员工	5000	男	32	本科	56982426
16	彭杰	保障部	普通员工	2500	男	31	硕士	56982428
			普通员工 汇总	7500				
		保障部 汇总		22500				
5	陈婷	管理部	副部长	16000	女	28	本科	56982417
			副部长 汇总	16000				
9	李尘	管理部	普通员工	8000	男	34	本科	56982421
12	李佳	管理部	普通员工	6000	女	35	本科	56982424
15	杨菁	管理部	普通员工	3000	女	30	本科	56982427
18	司研	管理部	普通员工	6000	女	28	本科	56982430
			普通员工 汇总	23000				
		管理部 汇总		39000				
8	于利	后勤部	部长	20000	男	36	本科	56982420
			部长 汇总	20000				
17	刘艳	后勤部	副部长	7000	女	36	本科	56982429
19	马兵	后勤部	副部长	9000	男	41	本科	56982431
			副部长 汇总	16000				
		后勤部 汇总		36000				
6	孙兴	技术部	部长	25000	男	35	大专	56982418
			部长 汇总	25000				
2	赵强	技术部	副部长	25000	男	32	硕士	56982414
			副部长 汇总	25000				
10	于强	技术部	普通员工	10000	男	26	大专	56982422

249 显示/隐藏明细数据一招搞定

在 Excel 2010 中，对工作表实施分类汇总后，可以根据需要显示或隐藏明细数据。

步骤 01　打开上一例效果文件，在其中选择整个工作表数据，如下图所示。

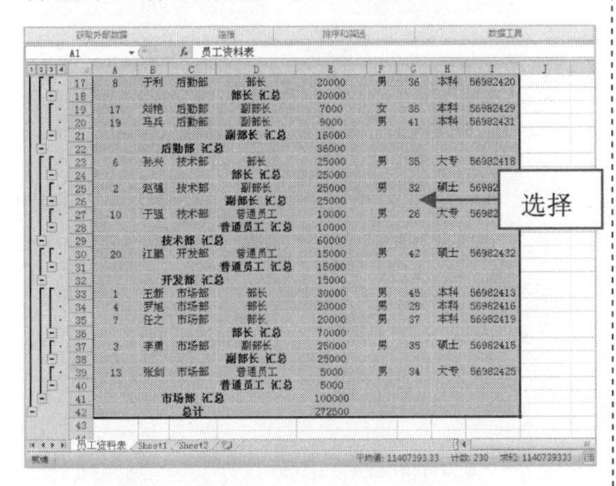

步骤 02　切换至“数据”选项卡，在“分级显示”选项面板中单击“隐藏明细数据”按钮，如下图所示。

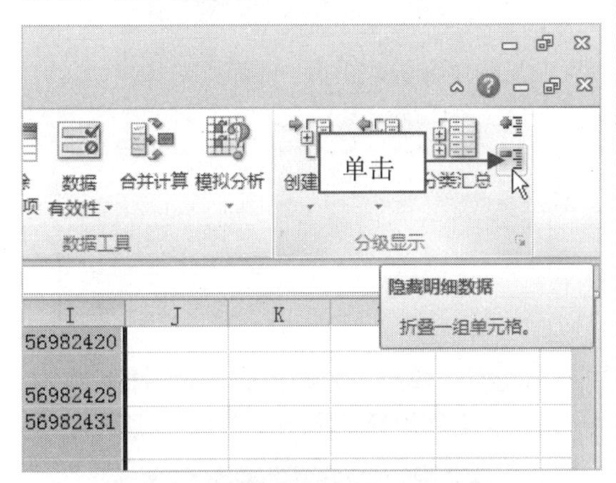

步骤 03　执行上述操作后，即可隐藏工作表中的明细数据，效果如下图所示。

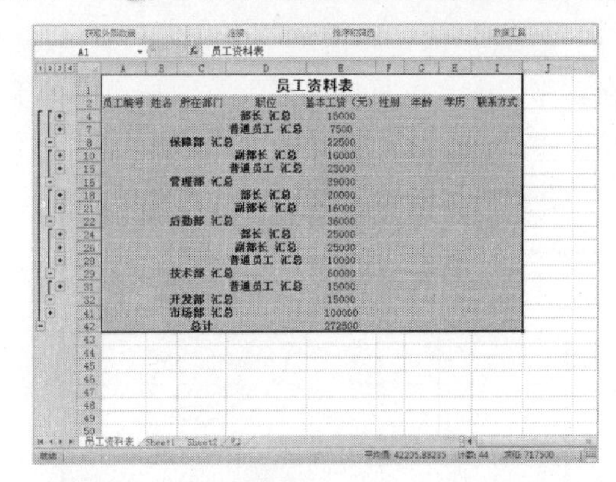

250 分类汇总结果巧复制

在 Excel 2010 中，对工作表实施分类汇总后，可以将汇总数据结果复制并输出，使之成为一个新工作表。

步骤 01　打开一个 Excel 文件，将工作表中的明细数据全部隐藏，并选择整个工作表数据区域，如下图所示。

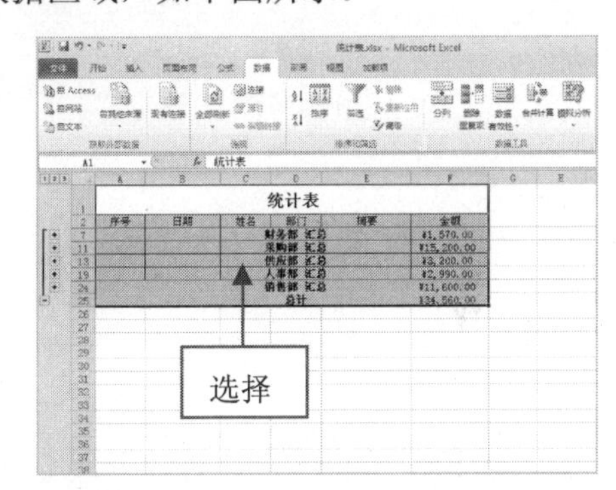

步骤 02　切换至“开始”选项卡，在“编辑”选项面板中单击“查找和选择”按钮，在弹出的列表框中选择“定位条件”选项，如下图所示。

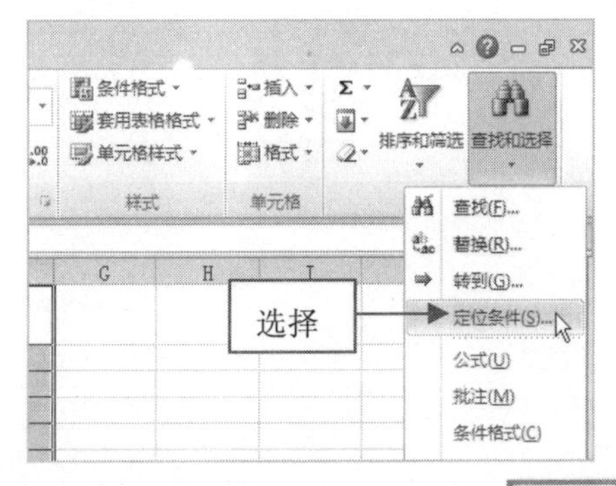

步骤03 即可弹出“定位条件”对话框，在其中选中“可见单元格”单选按钮，如下图所示。

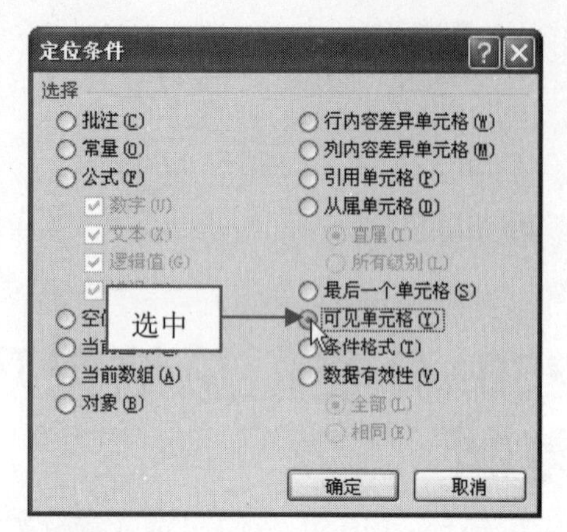

步骤04 单击“确定”按钮，返回工作表编辑区，然后按【Ctrl+C】组合键进行复制，如下图所示。

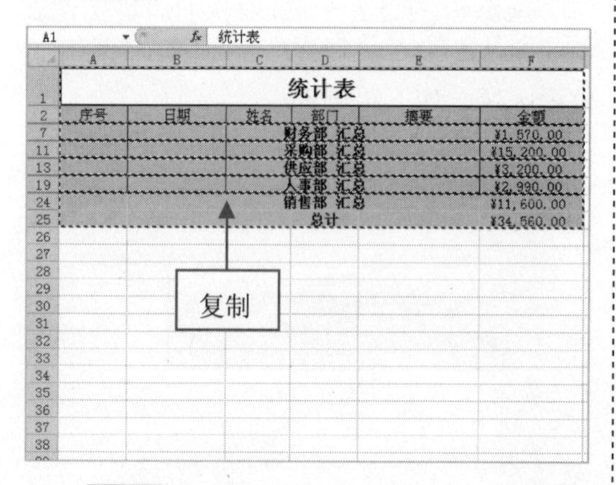

步骤05 切换至 Sheet2 工作表，按【Ctrl+V】组合键进行粘贴，即可发现粘贴的内容仅包含汇总数据，效果如下图所示。

序号	日期	姓名	部门	摘要	金额
			财务部 汇总		¥1,570.00
			采购部 汇总		¥15,200.00
			供应部 汇总		¥3,200.00
			人事部 汇总		¥2,990.00
			销售部 汇总		¥11,600.00
			总计		¥34,560.00

251 删除分类汇总

在 Excel 2010 中，用户还可以根据需要删除数据的分类汇总。

步骤01 打开上一例效果文件，切换至 Sheet1 工作表，在工作表中显示明细数据，如下图所示。

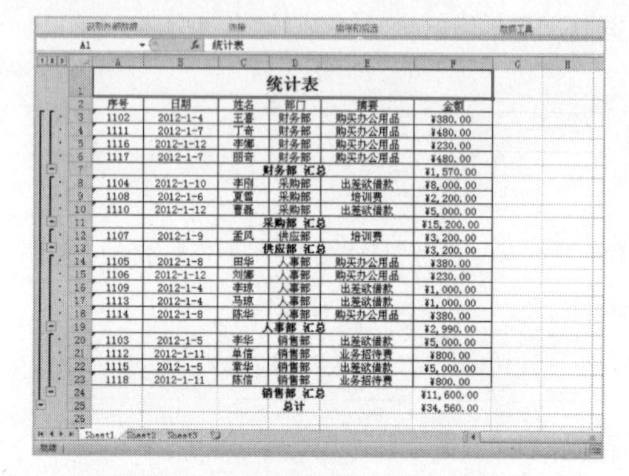

步骤02 切换至“数据”选项卡，在“分级显示”选项面板中单击“分类汇总”按钮，如下图所示。

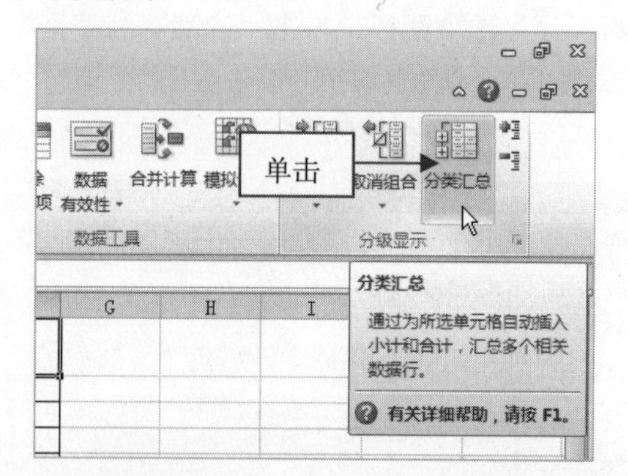

步骤03 弹出“分类汇总”对话框，在其中单击“全部删除”按钮，如下图所示。

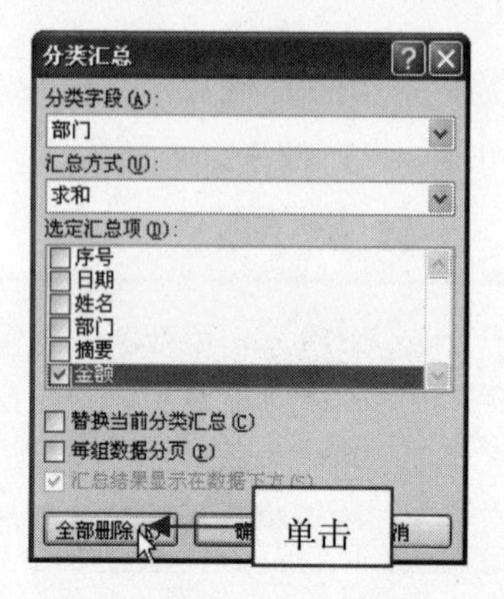

步骤 04　执行上述操作后，即可删除数据的分类汇总，效果如下图所示。

统计表					
序号	日期	姓名	部门	摘要	金额
1102	2012-1-4	王喜	财务部	购买办公用品	¥380.00
1111	2012-1-7	丁奇	财务部	购买办公用品	¥480.00
1116	2012-1-12	李娜	财务部	购买办公用品	¥230.00
1117	2012-1-7	丽奇	财务部	购买办公用品	¥480.00
1104	2012-1-10	李刚	采购部	出差欲借款	¥8,000.00
1108	2012-1-6	夏雪	采购部	培训费	¥2,200.00
1110	2012-1-12	曹磊	采购部	出差欲借款	¥5,000.00
1107	2012-1-9	孟风	供应部	培训费	¥3,200.00
1105	2012-1-8	田华	人事部	购买办公用品	¥380.00
1106	2012-1-12	刘娜	人事部	购买办公用品	¥230.00
1109	2012-1-4	李琼	人事部	出差欲借款	¥1,000.00
1113	2012-1-4	马琼	人事部	出差欲借款	¥1,000.00
1114	2012-1-8	陈华	人事部	购买办公用品	¥380.00
1103	2012-1-5	李华	销售部	出差欲借款	¥5,000.00
1112	2012-1-11	单信	销售部	业务招待费	¥800.00
1115	2012-1-5	章华	销售部	出差欲借款	¥5,000.00
1118	2012-1-11	陈信	销售部	业务招待费	¥800.00

252 将多张明细表快速汇总

在工作中，经常需要将各地区的工作表汇总到一张工作表中，这时可以利用 Excel 的合并计算功能将多张明细表快速汇总。

步骤 01　打开一个 Excel 文件，切换至“汇总结果”工作表，选择 A1 单元格，如下图所示。

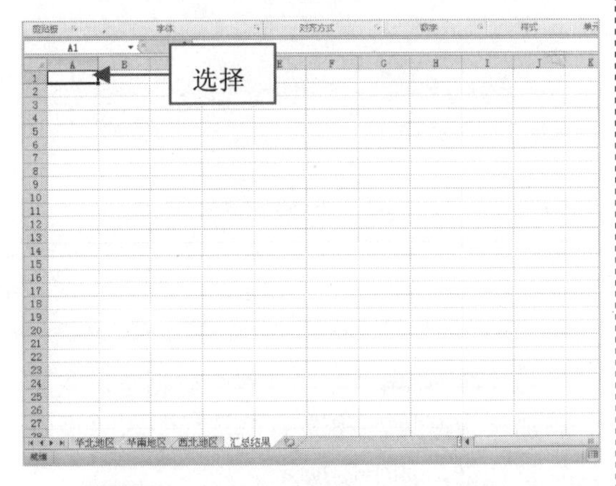

步骤 02　切换至“数据”选项卡，在“数据工具”选项面板中单击“合并计算”按钮，如下图所示。

在 Excel 中，还可以依次按【Alt】、【A】、【N】键，快速打开“合并计算”对话框。

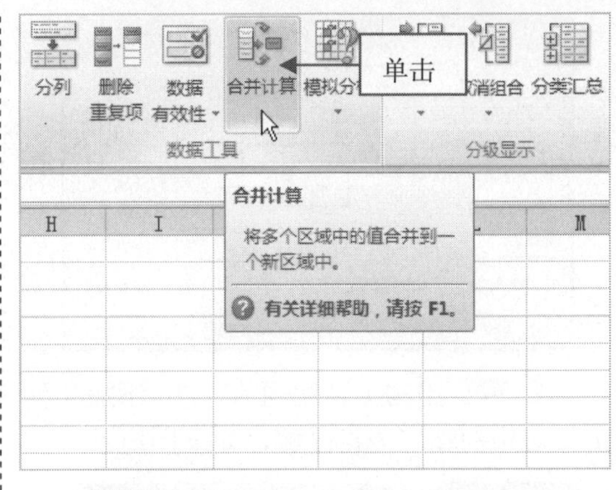

步骤 03　弹出“合并计算”对话框，在“函数”下拉列表框中选择“求和”选项，然后单击“引用位置”文本框右侧的按钮，如下图所示。

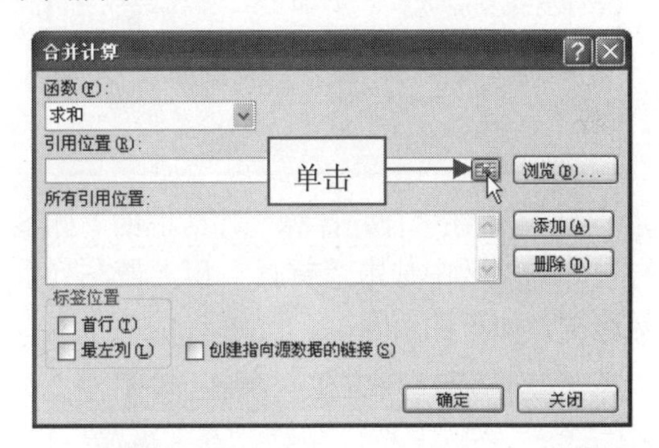

步骤 04　即可进入“合并计算-引用位置”状态，在第一张工作表中选择需要的单元格区域，如下图所示。

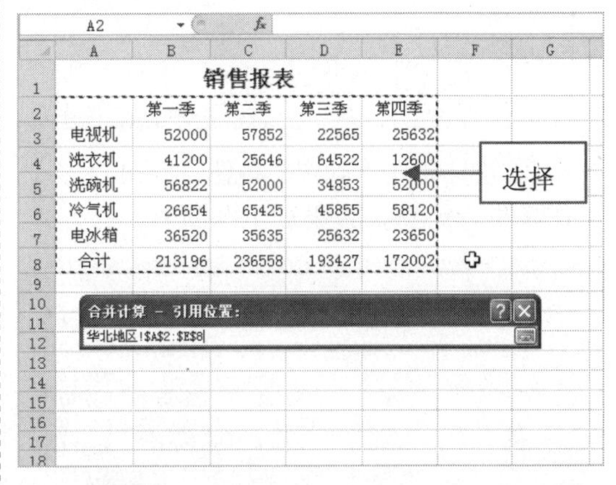

销售报表				
	第一季	第二季	第三季	第四季
电视机	52000	57852	22565	25632
洗衣机	41200	25646	64522	12600
洗碗机	56822	52000	34853	52000
冷气机	26654	65425	45855	58120
电冰箱	36520	35635	25632	23650
合计	213196	236558	193427	172002

步骤 05　按【Enter】键确认，返回“合并计算”对话框，单击“添加”按钮，即可将所选区域添加到“所有引用位置”列表框中，如下图所示。

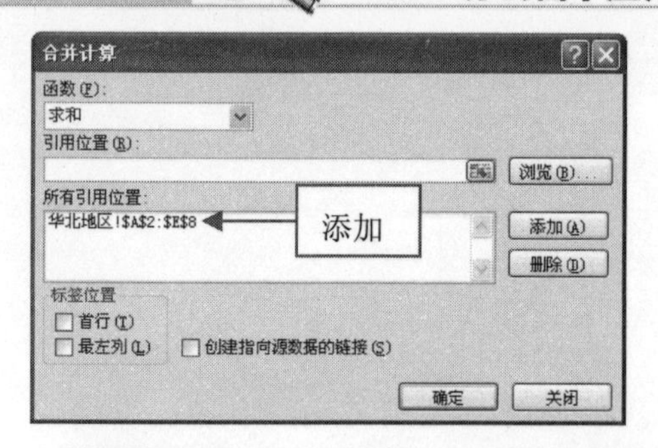

步骤06 用与上述相同的方法，添加其他工作表中的相应表格区域，如下图所示。

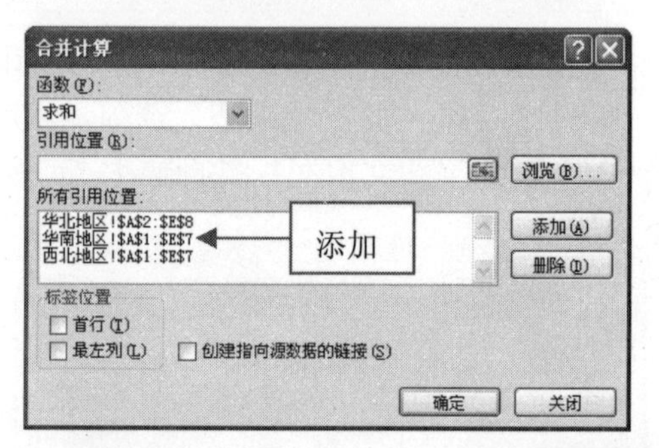

步骤07 在“合并计算”对话框的“标签位置”选项区中选中“首行”和“最左列”复选框，如下图所示。

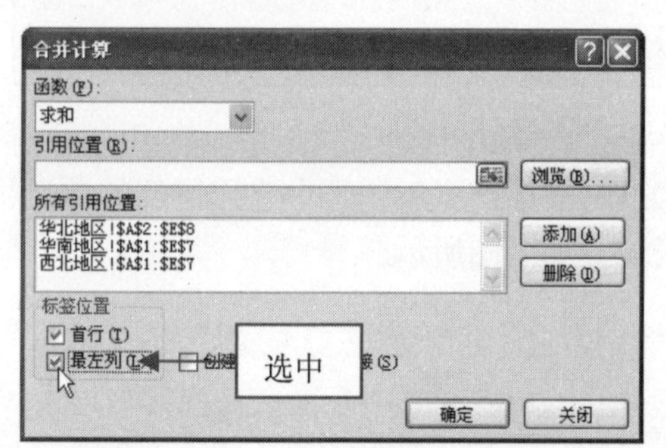

步骤08 单击“确定”按钮，即可对多个工作表进行汇总，效果如下图所示。

	A	B	C	D	E
1		第一季	第二季	第三季	第四季
2	电视机	159000	152873	67695	86264
3	洗衣机	121626	106292	144948	50203
4	洗碗机	138647	156000	124706	152042
5	冷气机	26654	65425	45855	58120
6	冷风扇	53308	130850	91710	116240
7	电冰箱	109560	116061	106264	98674
8	合计	608795	727501	581178	561543
9					
10					
11					
12					
13					
14					
15					

253 多表之间的数值核对有诀窍

在工作中，经常需要将多个工作表数据进行比较，这时可以利用 Excel 对多张工作表快速进行核对。

步骤01 打开一个 Excel 文件，切换至 Sheet3 工作表，如下图所示。

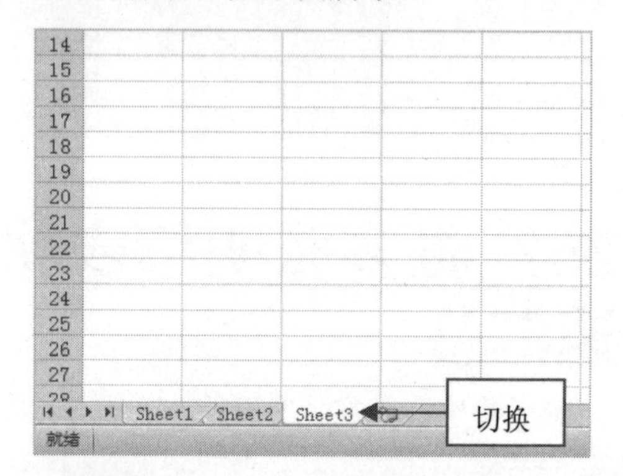

步骤02 切换至“数据”选项卡，在“数据工具”选项面板中单击“合并计算”按钮，如下图所示。

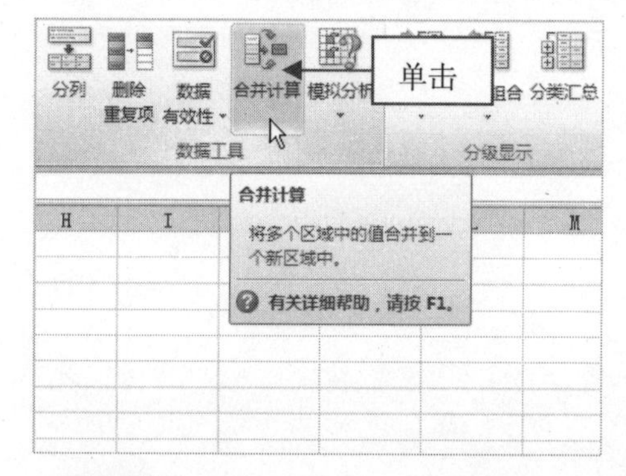

步骤03 弹出“合并计算”对话框，在其中添加相应区域，并选中“首行”和“最左列”复选框，如下图所示。

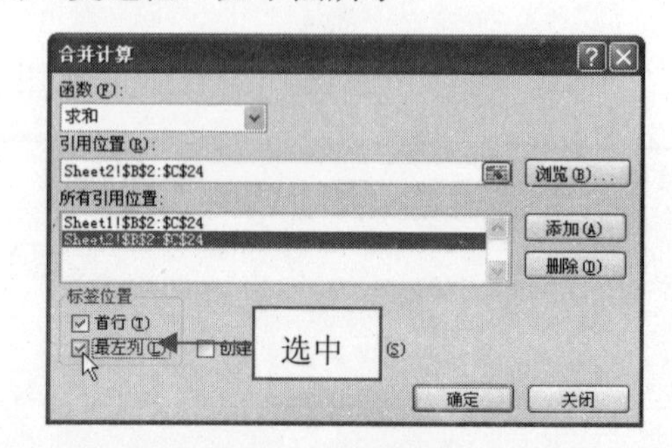

步骤04　执行上述操作后，单击“确定”按钮，即可对选择的区域进行汇总，如下图所示。

	A	B	C	D
1		办公软件应用	办公软件应用（备份）	
2	杨承	78	78	
3	李欣	85	85	
4	曾明	79	79	
5	孙浩	86	86	
6	陈旭平	82	75	
7	张志明	86	86	
8	贺武宣	80	80	
9	李雯倩	89	88	
10	吴之	79	79	
11	李黎	87	87	
12	李洋燕	82	82	
13	孙一名	86	86	
14	陈诚	80	75	
15	张慧	76	76	
16	黎平	87	87	
17	宋美	82	88	
18	彭晓	84	84	
19	张可	81	81	
20	陈依依	76	76	
21	叶璇	90	75	
22	胡铭之	86	86	
23	陈祥	84	84	
24				

步骤05　在汇总的表格中，选择 D2 单元格，输入公式“=B2=C2”，如下图所示。

SUM　=B2=C2

	A	B	C	D
1		办公软件应用	办公软件应用（备份）	
2	杨承	78	78	=B2=C2
3	李欣	85	85	
4	曾明	79	79	
5	孙浩	86	86	
6	陈旭平	82	75	
7	张志明	86	86	
8	贺武宣	80	80	
9	李雯倩	89	88	
10	吴之	79	79	
11	李黎	87	87	
12	李洋燕	82	82	
13	孙一名	86	86	
14	陈诚	80	75	

输入

步骤06　按【Enter】键确认，然后将鼠标移至 D2 单元格的右下角，单击鼠标左键并向下拖曳，如下图所示。

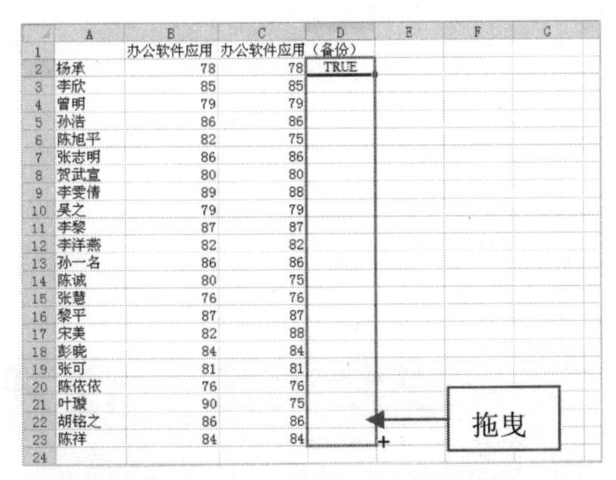

	A	B	C	D
1		办公软件应用	办公软件应用（备份）	
2	杨承	78	78	TRUE
3	李欣	85	85	
4	曾明	79	79	
5	孙浩	86	86	
6	陈旭平	82	75	
7	张志明	86	86	
8	贺武宣	80	80	
9	李雯倩	89	88	
10	吴之	79	79	
11	李黎	87	87	
12	李洋燕	82	82	
13	孙一名	86	86	
14	陈诚	80	75	
15	张慧	76	76	
16	黎平	87	87	
17	宋美	82	88	
18	彭晓	84	84	
19	张可	81	81	
20	陈依依	76	76	
21	叶璇	90	75	
22	胡铭之	86	86	
23	陈祥	84	84	
24				

步骤07　至目标位置后释放鼠标左键，即可对两组数据进行比较，若结果为 TRUE，则表示相同，否则为不相同，如下图所示。

	A	B	C	D
1		办公软件应用	办公软件应用（备份）	
2	杨承	78	78	TRUE
3	李欣	85	85	TRUE
4	曾明	79	79	TRUE
5	孙浩	86	86	TRUE
6	陈旭平	82	75	FALSE
7	张志明	86	86	TRUE
8	贺武宣	80	80	TRUE
9	李雯倩	89	88	FALSE
10	吴之	79	79	TRUE
11	李黎	87	87	TRUE
12	李洋燕	82	82	TRUE
13	孙一名	86	86	TRUE
14	陈诚	80	75	FALSE
15	张慧	76	76	TRUE
16	黎平	87	87	TRUE
17	宋美	82	88	FALSE
18	彭晓	84	84	TRUE
19	张可	81	81	TRUE
20	陈依依	76	76	TRUE
21	叶璇	90	75	FALSE
22	胡铭之	86	86	TRUE
23	陈祥	84	84	TRUE
24				

254 使用三维引用公式合并计算

在工作中，使用三维引用公式合并计算时，先在合并计算表上复制或输入待合并计算数据的标志，选定用于存放合并计算数据的单元格，并输入合并计算公式，公式中的引用应指向每张工作表中待合并数据所在单元格，即可进行合并计算。

如下图所示，单元格 B6 中的公式将计算位于 3 个不同工作表中不同位置上数值的求和计算。

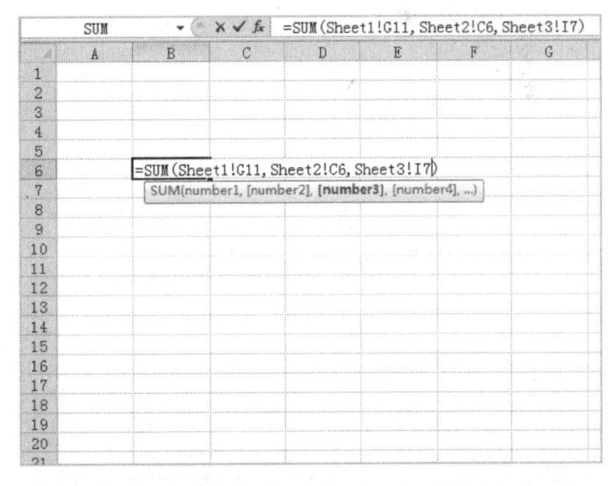

255 通过位置进行合并计算

在 Excel 2010 中，通过位置合并计算是指对每一个源区域中具中相同位置的数据进行合并，适用于按同样顺序和位置排列的源区域数据合并。

步骤01 启动 Excel 2010，在 Sheet1、Sheet2 工作表中分别建立要进行合并计算的工作表，如下图所示。

	A	B	C
1	姓名	一月份工资	
2	小张	5000	
3	小王	3250	
4	小雨	5210	
5	小青	2500	
6	小玉	1530	
7	小李	3900	
8			
9			
10			
11			
12			

	A	B	C
1	姓名	二月份工资	
2	小张	4500	
3	小王	2460	
4	小雨	3500	
5	小青	3620	
6	小玉	4000	
7	小李	5600	
8			
9			
10			
11			
12			

步骤02 激活 Sheet3 工作表，输入相应用内容后，选择 A1:B7 单元格区域，如下图所示。

	A	B	C
1	姓名	一、二月份总工资	
2	小张		
3	小王		
4	小雨		
5	小青		
6	小玉		
7	小李		
8			
9			
10			
11			
12			

选择

步骤03 切换至“数据”选项卡，在“数据工具”选项面板中单击“合并计算”按钮，如下图所示。

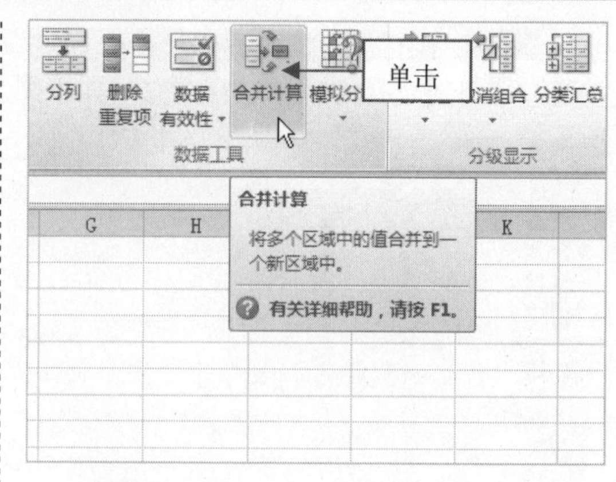

步骤04 弹出“合并计算”对话框，在其中添加引用位置区域，然后选中“创建指向源数据的链接”复选框，如下图所示。

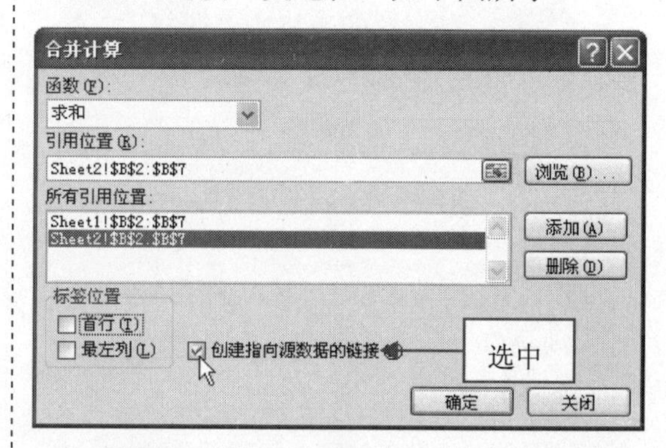

步骤05 执行上述操作后，单击“确定”按钮，即可进行位置合并计算，如下图所示。

	A	B	C
1	姓名	一、二月份总工资	
4	小张	9500	
7	小王	5710	
10	小雨	8710	
13	小青	6120	
16	小玉	5530	
19	小李	9500	
20			
21			
22			
23			
24			
25			
26			
27			

256 按分类进行合并计算

在 Excel 2010 中，按分类合并计算数据与按位置合并计算数据是类似的，只是在选定源数据区域时加上源数据表中的不同数据。方法是：选择要进行合并计算的工作表，激活要存放合并计算数据的工作表，并选定存放计算结果的单元格区域，调出“合并计算”对话框，在“引用位置”文本框中输入引用位置并将其添加到“所有引用位置”列表框中，在“标签位置”选项区中选中“首行”和“最左列”复选框，然后单击“确定”按钮即可。

257 删除合并计算的数据

在Excel 2010中，如果不再需要合并计算的数据，可以将其删除。方法是：调出“合并计算”对话框，在“所有引用位置”列表框中选择要删除的单元格区域，单击“删除”按钮，然后单击“确定”按钮即可。

读书笔记

10 数据透视表的应用技巧

学前提示

Excel 提供了一种简单、形象、实用的数据分析工具——数据透视表，使用数据透视表可以非常全面地对数据清单进行重新组织和统计数据。数据透视表是一种使用范围很广的分析性报告工具，它能对大量数据进行快速汇总并建立交叉列表，使用数据透视表可以汇总、分析、浏览和提供摘要数据。

本章知识重点

- 利用数据创建数据透视表
- 创建分类筛选数据透视表
- 以表格形式显示数据表
- 调整数据透视表的顺序
- 移动数据透视表
- 将数据进行组合
- 更新数据透视表的内容
- 为数据透视表添加边框
- 修改数据透视表样式
- 删除数据透视表样式

学完本章后你会做什么

- 掌握快速创建数据透视表的操作方法
- 掌握修改编辑透视表布局的操作方法
- 掌握修改数据透视表样式的操作方法

视频演示

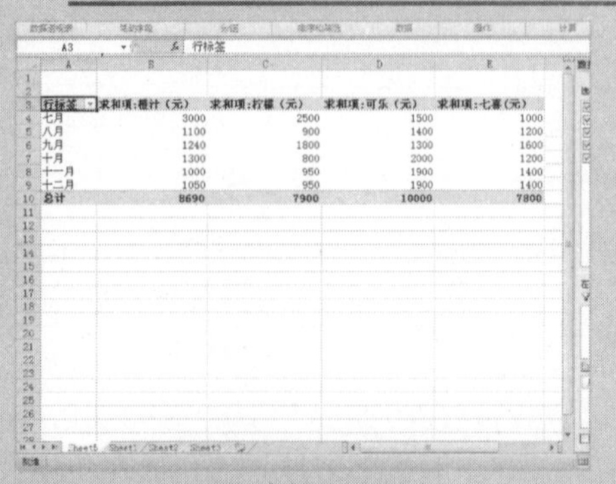

行标签	求和项:橙汁（元）	求和项:柠檬（元）	求和项:可乐（元）	求和项:七喜（元）
七月	3000	2500	1500	1000
八月	1100	900	1400	1200
九月	1240	1800	1300	1600
十月	1300	800	2000	1200
十一月	1000	950	1900	1400
十二月	1050	950	1900	1400
总计	8690	7900	10000	7800

快速创建数据透视表

姓名	部门	求和项:基本工资	求和项:加班费	求和项:总计
蒋孝严	销售部	850	200	1050
蒋孝严 汇总		850	200	1050
李先国	销售部	750	300	1050
李先国 汇总		750	300	1050
李贤杰	销售部	750	300	1050
李贤杰 汇总		750	300	1050
刘飞	销售部	800	200	1000
刘飞 汇总		800	200	1000
宋亦非	财务部	1000	450	1450
宋亦非 汇总		1000	450	1450
张清	公关部	1250	300	1550
张清 汇总		1250	300	1550
总计		5400	1750	7150

以表格形式显示数据表

258 了解数据透视表

在 Excel 2010 中，数据透视表是一种对大量数据进行快速汇总和建立交叉列表的交互式报表，不仅可以旋转其行和列以查看源数据的不同汇总，也可以显示不同页面以筛选数据，还可以根据需要显示区域中的细节数据。

259 利用数据创建数据透视表

在 Excel 2010 中，数据透视表可以生动、全面的对数据清单重新组织和统计数据。

步骤 01 打开一个 Excel 文件，在工作表中选择需要创建数据透视表的单元格区域，如下图所示。

A2　月份

饮料下半年销售业绩表

月份	橙汁（元）	柠檬（元）	可乐（元）	七喜(元)
七月	3000	2500	1500	1000
八月	1100	900	1400	1200
九月	1240	1800	1300	1600
十月	1300	800	2000	1200
十一月	1000	950	1900	1400
十二月	1050	950	1900	1400

选择

步骤 02 切换至“插入”选项卡，在“表格”选项面板中单击“数据透视表”按钮，在弹出的列表框中选择“数据透视表”选项，如下图所示。

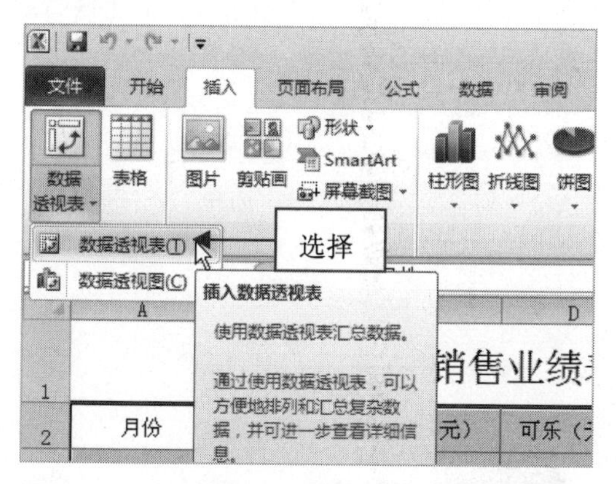

步骤 03 弹出“创建数据透视表”对话框，在“选择放置数据透视表的位置”选项区中，选中“新工作表”单选按钮，如下图所示。

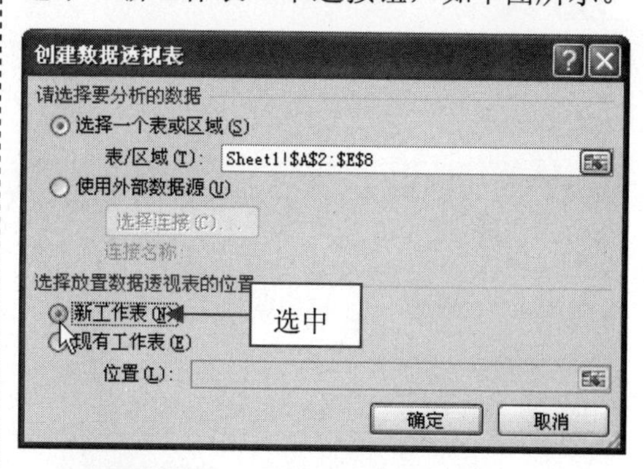

步骤 04 执行上述操作后，单击“确定”按钮，即可在工作簿中弹出一个新工作表，如下图所示。

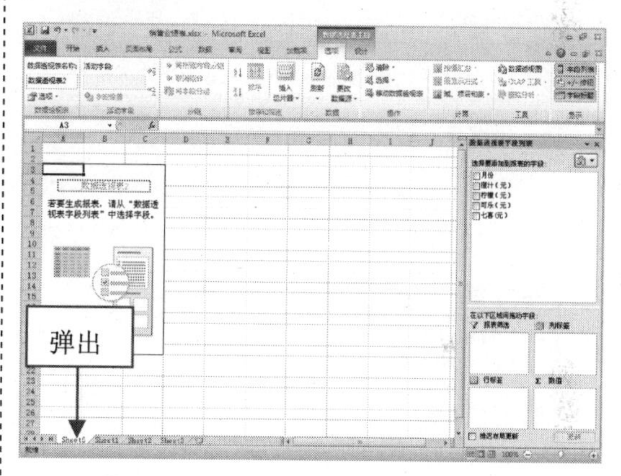

步骤 05 在右侧的“数据透视表字段列表”任务窗格中，分别选中相应复选框，即可为选择的单元格区域快速创建数据透视表，效果如下图所示。

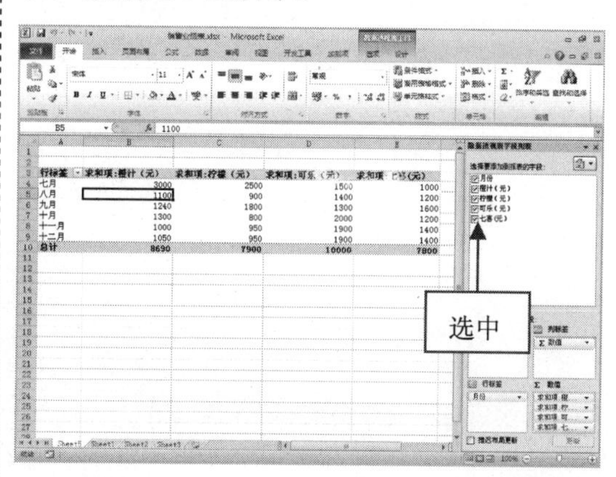

260 快速创建数据透视表

在 Excel 2010 中，用户可以在创建数据透视表的过程中选择需要分析的数据区域。

步骤 01 打开一个 Excel 文件，切换至“插入”选项卡，在“表格”选项面板中单击“数据透视表”按钮，在弹出的列表框中选择“数据透视表”选项，如下图所示。

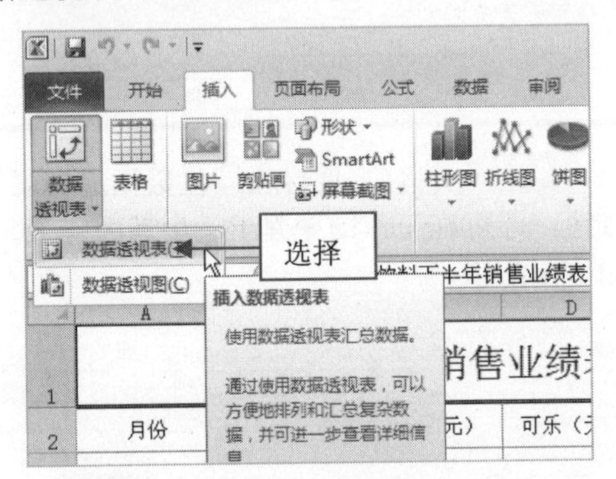

步骤 02 弹出“创建数据透视表”对话框，单击“表/区域”右侧的按钮，如下图所示。

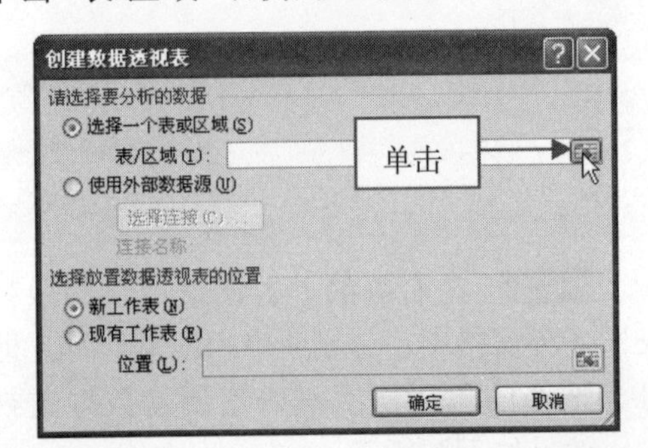

步骤 03 在工作表中选择需要的源数据区域，如下图所示。

饮料下半年销售业绩表				
月份	橙汁（元）	柠檬（元）	可乐（元）	七喜（元）
七月	3000	2500	1500	1000
八月	1100	900	1400	1200
九月	1240	1800	1300	1600
十月	1300	800	2000	1200
十一月	1000	950	1900	1400
十二月	1050	950	1900	1400

创建数据透视表

Sheet1!$A$2:$E$8

选择

步骤 04 按【Enter】键确认，返回“创建数据透视表”对话框，在“表/区域”文本框中显示了添加的源数据区域，如下图所示。

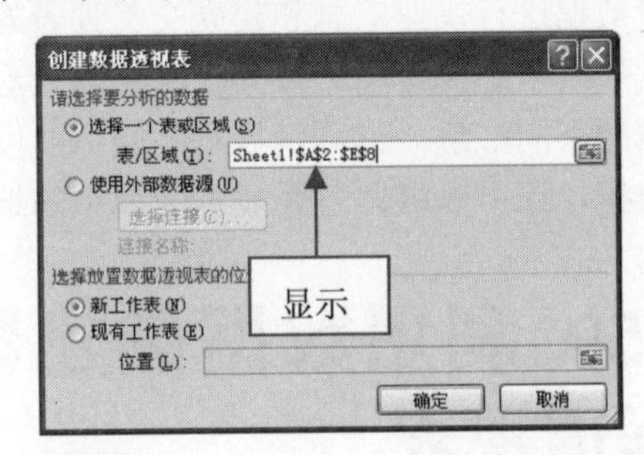

步骤 05 单击“确定”按钮，即可新建一个数据透视表，在右侧的“数据透视表字段列表”任务窗格中，分别选中相应复选框，即可快速创建数据透视表，效果如下图所示。

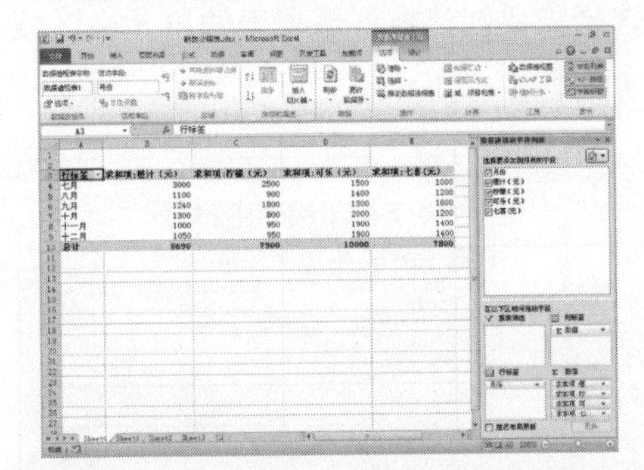

261 根据需求统计单元格数据

在 Excel 2010 中，用户可根据需要对不同的数据进行统计，依据不同的统计要求，可得出不同的统计结果。

步骤 01 打开上一例效果文件，选择数据透视表中的任意单元格，如下图所示。

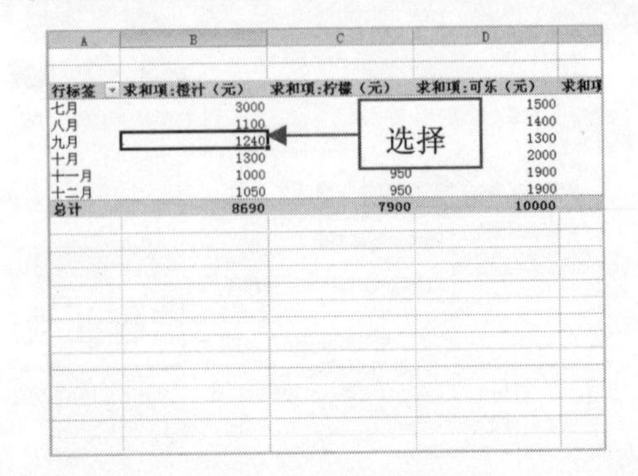

步骤 02　在“数据透视表字段列表”任务窗格中，取消选择“七喜”复选框，如下图所示。

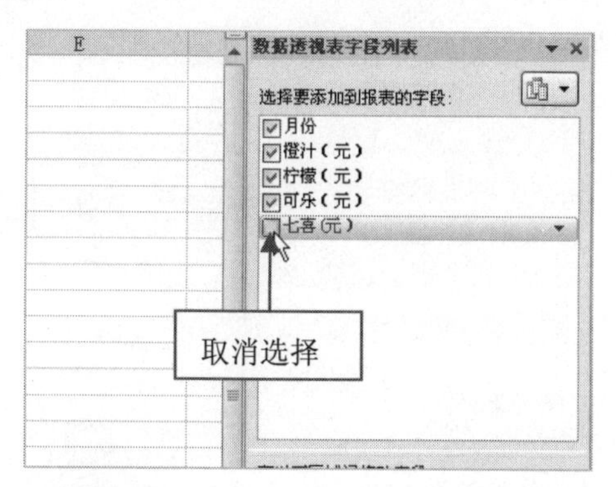

步骤 03　执行上述操作后，即可取消显示七喜的统计数据，如下图所示。

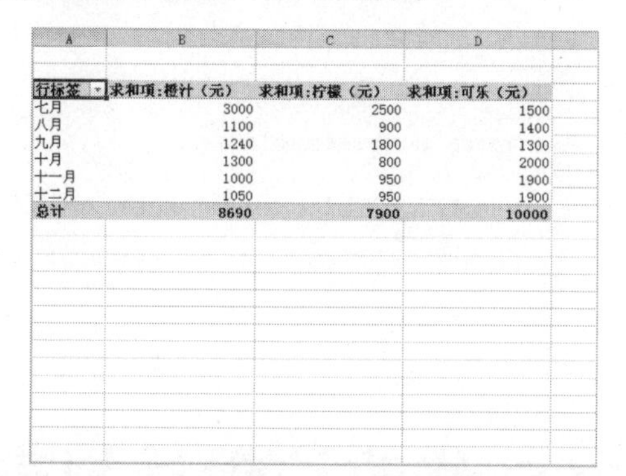

行标签	求和项:橙汁（元）	求和项:柠檬（元）	求和项:可乐（元）
七月	3000	2500	1500
八月	1100	900	1400
九月	1240	1800	1300
十月	1300	800	2000
十一月	1000	950	1900
十二月	1050	950	1900
总计	8690	7900	10000

262 创建分类筛选数据透视表

在 Excel 2010 中，数据透视表中的数据有些不属于同一类别，用户可以根据需要对数据进行分类筛选。

步骤 01　打开上一例效果文件，选择数据透视表中的任意单元格，如下图所示。

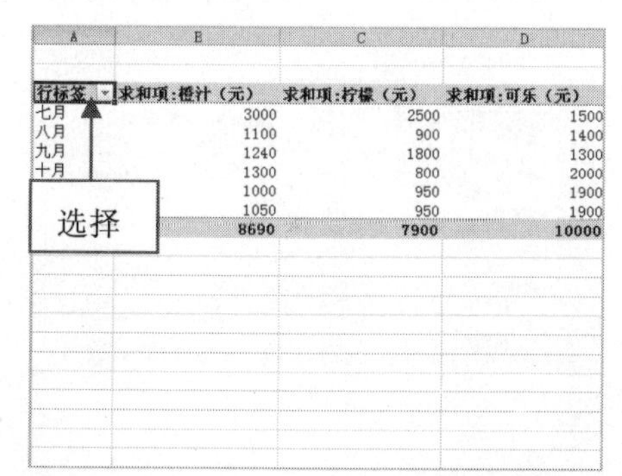

行标签	求和项:橙汁（元）	求和项:柠檬（元）	求和项:可乐（元）
七月	3000	2500	1500
八月	1100	900	1400
九月	1240	1800	1300
十月	1300	800	2000
	1000	950	1900
	1050	950	1900
	8690	7900	10000

步骤 02　在“在以下区域间拖动字段”选项区的“数值”列表框中，将“求和项：可乐”选项拖曳至“报表筛选”列表框中，如下图所示。

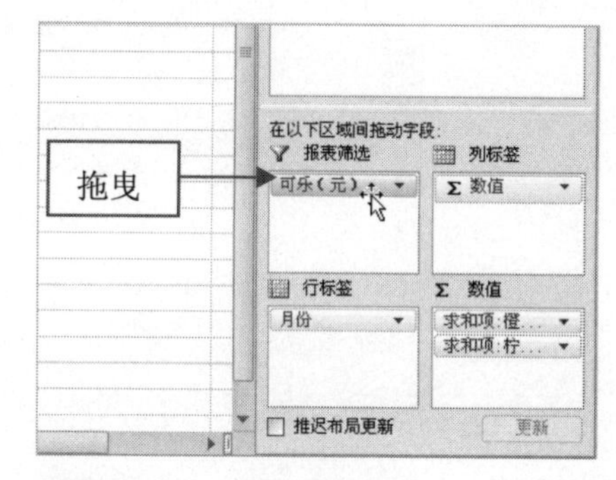

步骤 03　执行上述操作后，在数据透视表的顶端将显示“可乐（全部）”，如下图所示。

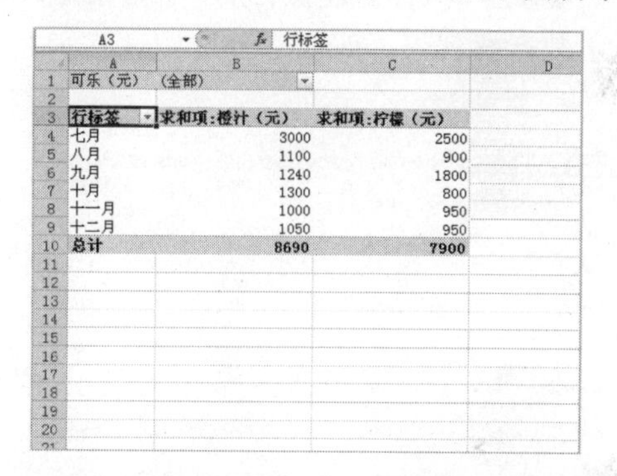

	A	B	C
1	可乐（元）	(全部)	
2			
3	行标签	求和项:橙汁（元）	求和项:柠檬（元）
4	七月	3000	2500
5	八月	1100	900
6	九月	1240	1800
7	十月	1300	800
8	十一月	1000	950
9	十二月	1050	950
10	总计	8690	7900

263 创建分类汇总数据透视表

在 Excel 2010 中，还可以根据需要创建分类汇总数据透视表。

步骤 01　打开上一例效果文件，撤销可乐数据的分类筛选，在“数据透视表字段列表”任务窗格中选中所有复选框，如下图所示。

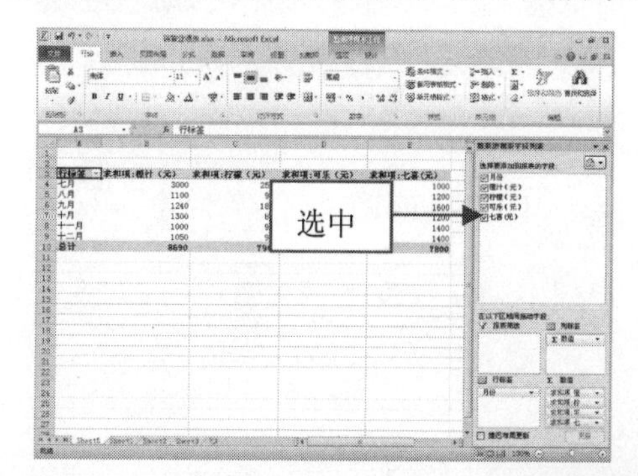

步骤02 在“在以下区域间拖动字段”选项区的“数值”列表框中，将“求和项：七喜”选项拖曳至“行标签”列表框中，如下图所示。

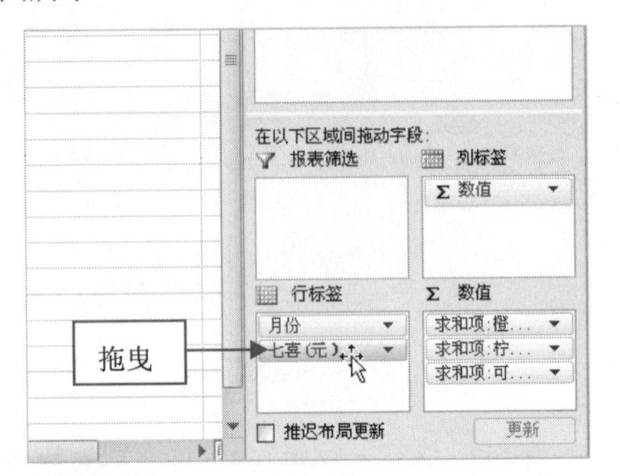

步骤03 执行上述操作后，即可创建分类汇总数据透视表，如下图所示。

行标签	求和项:橙汁（元）	求和项:柠檬（元）	求和项:可乐（元）
七月	3000	2500	1500
1000	3000	2500	1500
八月	1100	900	1400
1200	1100	900	1400
九月	1240	1800	1300
1600	1240	1800	1300
十月	1300	800	2000
1200	1300	800	2000
十一月	1000	950	1900
1400	1000	950	1900
十二月	1050	950	1900
1400	1050	950	1900
总计	8690	7900	10000

264 删除数据透视表

在Excel 2010中，当用户不再需要数据透视表时，可将其删除。

步骤01 打开上一例效果文件，选择数据透视表中的任意单元格，如下图所示。

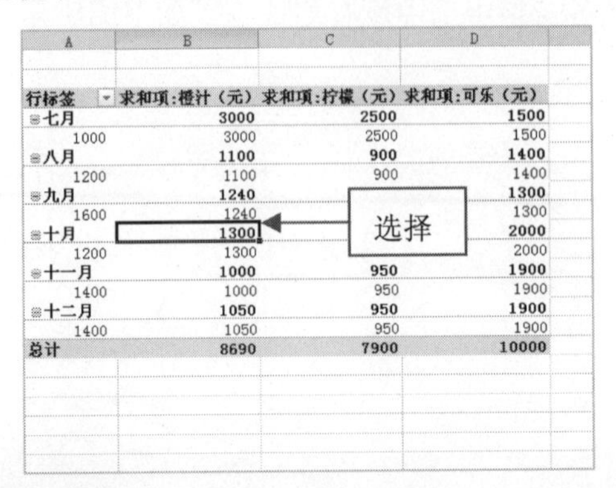

行标签	求和项:橙汁（元）	求和项:柠檬（元）	求和项:可乐（元）
七月	3000	2500	1500
1000	3000	2500	1500
八月	1100	900	1400
1200	1100	900	1400
九月	1240	1800	1300
1600	1240	1800	1300
十月	1300	800	2000
1200	1300	800	2000
十一月	1000	950	1900
1400	1000	950	1900
十二月	1050	950	1900
1400	1050	950	1900
总计	8690	7900	10000

步骤02 切换至“选项”选项卡，在“操作”选项面板中单击“清除”按钮，在弹出的列表框中选择“全部清除”选项，如下图所示。

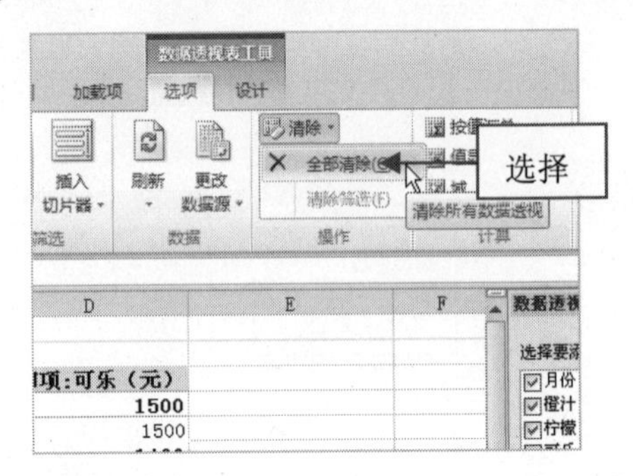

步骤03 执行上述操作后，即可删除数据透视表，如下图所示。

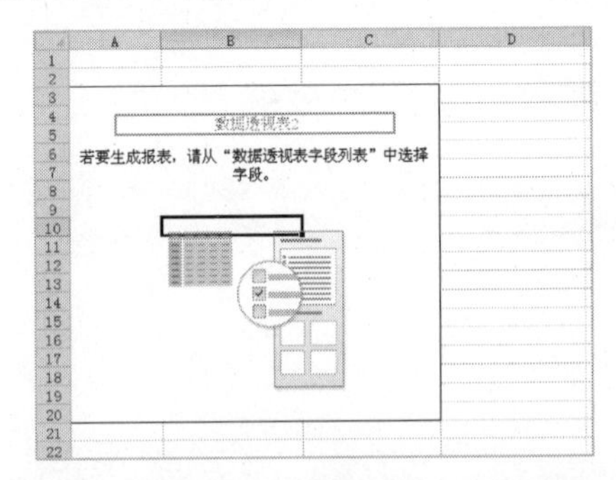

265 修改编辑透视表的布局

在Excel 2010中，更改数据透视表的布局，可让数据透视表以不同的方式显示在用户面前，当数据透视表中分类内容较多时，可使用压缩形式显示数据表。

步骤01 打开一个Excel文件，选择数据透视表，如下图所示。

行标签	求和项:	:加班费	求和项:总计
蒋孝严		200	1050
销售部	850	200	1050
李先国	750	300	1050
销售部	750	300	1050
李贤杰	750	300	1050
销售部	750	300	1050
刘飞	800	200	1000
销售部	800	200	1000
宋亦非	1000	450	1450
财务部	1000	450	1450
张清	1250	300	1550
公关部	1250	300	1550
总计	5400	1750	7150

选择

步骤 02 切换至“设计”选项卡，在“布局”选项面板中单击“报表布局”下拉按钮，在弹出的列表框中选择“以压缩形式显示”选项，如下图所示。

步骤 03 执行上述操作后，即可编辑透视表的布局，如下图所示。

行标签	求和项:基本工资	求和项:加班费	求和项:总计
蒋孝严	850	200	1050
销售部	850	200	1050
李先国	750	300	1050
销售部	750	300	1050
李贤杰	750	300	1050
销售部	750	300	1050
刘飞	800	200	1000
销售部	800	200	1000
宋亦非	1000	450	1450
财务部	1000	450	1450
张清	1250	300	1550
公关部	1250	300	1550
总计	5400	1750	7150

266 以大纲形式显示数据表

在 Excel 2010 中，如果数据透视表中的内容并不是很多，可使用大纲的形式显示，让数据清晰的展现在用户面前。

步骤 01 打开上一例效果文件，选择数据透视表中的任意单元格，如下图所示。

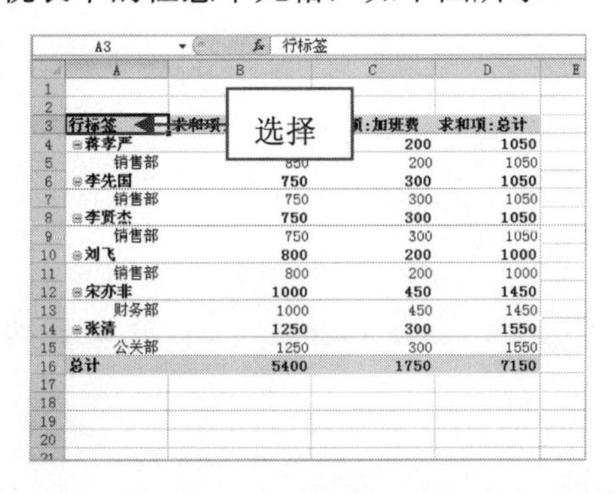

行标签	求和项:[illegible]	求和项:加班费	求和项:总计
蒋孝严	[illegible]	200	1050
销售部	850	200	1050
李先国	750	300	1050
销售部	750	300	1050
李贤杰	750	300	1050
销售部	750	300	1050
刘飞	800	200	1000
销售部	800	200	1000
宋亦非	1000	450	1450
财务部	1000	450	1450
张清	1250	300	1550
公关部	1250	300	1550
总计	5400	1750	7150

步骤 02 切换至“设计”选项卡，在“布局”选项面板中单击“报表布局”下拉按钮，在弹出的列表框中选择“以大纲形式显示”选项，如下图所示。

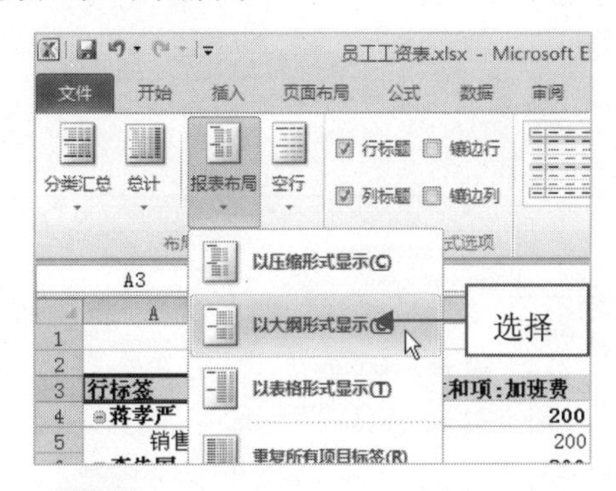

步骤 03 执行上述操作后，即可编辑透视表的布局，如下图所示。

姓名	部门	求和项:基本工资	求和项:加班费	求和项:总计
蒋孝严		850	200	1050
	销售部	850	200	1050
李先国		750	300	1050
	销售部	750	300	1050
李贤杰		750	300	1050
	销售部	750	300	1050
刘飞		800	200	1000
	销售部	800	200	1000
宋亦非		1000	450	1450
	财务部	1000	450	1450
张清		1250	300	1550
	公关部	1250	300	1550
总计		5400	1750	7150

267 以表格形式显示数据表

在 Excel 2010 中，默认的数据透视表是没有显示表格的，用户也可以根据需要为各项数据加上表格线。

步骤 01 打开上一例效果文件，选择数据透视表中的任意单元格，如下图所示。

选择

姓名	部门	[illegible]	求和项:加班费	求和项:总计
蒋孝严		[illegible]	200	1050
	销售部	850	200	1050
李先国		750	300	1050
	销售部	750	300	1050
李贤杰		750	300	1050
	销售部	750	300	1050
刘飞		800	200	1000
	销售部	800	200	1000
宋亦非		1000	450	1450
	财务部	1000	450	1450
张清		1250	300	1550
	公关部	1250	300	1550
总计		5400	1750	7150

步骤 02 切换至“设计”选项卡，在“布局”选项面板中单击“报表布局”下拉按钮，在弹出的列表框中选择“以表格形式显示”选项，如下图所示。

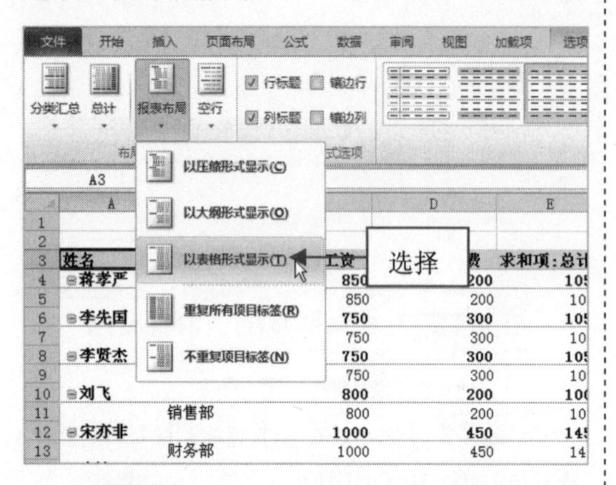

步骤 03 执行上述操作后，即可修改编辑透视表的布局，如下图所示。

姓名	部门	求和项:基本工资	求和项:加班费	求和项:总计
⊟蒋孝严	销售部	850	200	1050
蒋孝严 汇总		850	200	1050
⊟李先国	销售部	750	300	1050
李先国 汇总		750	300	1050
⊟李贤杰	销售部	750	300	1050
李贤杰 汇总		750	300	1050
⊟刘飞	销售部	800	200	1000
刘飞 汇总		800	200	1000
⊟宋亦非	财务部	1000	450	1450
宋亦非 汇总		1000	450	1450
⊟张清	公关部	1250	300	1550
张清 汇总		1250	300	1550
总计		5400	1750	7150

268 让各个项目更清晰的显示

在 Excel 2010 中，当数据透视表中内容较多时，用户必须仔细地看才能区分各个项目，为了让各个项目更清晰地显示，可在各个项目后面加一个空行。

步骤 01 打开上一例效果文件，选择数据透视表中的任意单元格，切换至“设计”选项卡，在“布局”选项面板中单击“空行”按钮，在弹出的列表框中选择“在每个项目后插入空行”选项，如下图所示。

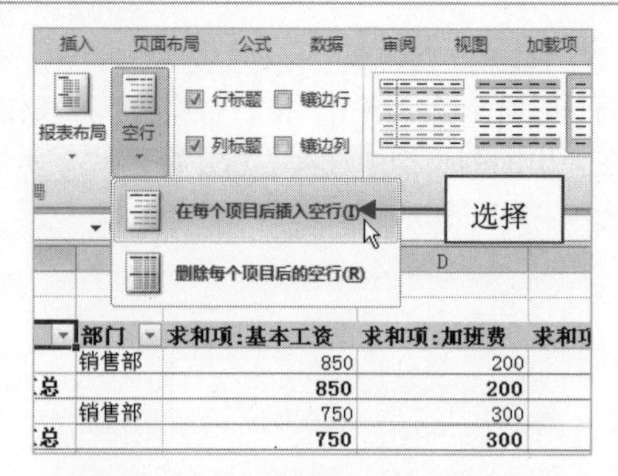

步骤 02 执行上述操作后，即可在每个项目后插入空行，效果如下图所示。

姓名	部门	求和项:基本工资	求和项:加班费	求和项:总计
⊟蒋孝严	销售部	850	200	1050
蒋孝严 汇总		850	200	1050
⊟李先国	销售部	750	300	1050
李先国 汇总		750	300	1050
⊟李贤杰	销售部	750	300	1050
李贤杰 汇总		750	300	1050
⊟刘飞	销售部	800	200	1000
刘飞 汇总		800	200	1000
⊟宋亦非	财务部	1000	450	1450
宋亦非 汇总		1000	450	1450
⊟张清	公关部	1250	300	1550
张清 汇总		1250	300	1550
总计		5400	1750	7150

269 删除数据透视表中的空行

在 Excel 2010 中，当用户在数据透视表中插入空行后，如果效果不理想，可以将空行删除。

步骤 01 打开上一例效果文件，选择数据透视表，切换至“设计”选项卡，在“布局”选项面板中单击“空行”按钮，在弹出的列表框中选择“删除每个项目后的空行”选项，如下图所示。

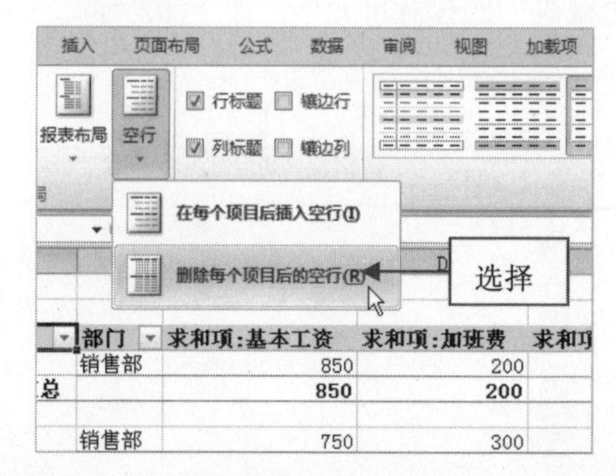

步骤02 执行上述操作后，即可删除数据透视表中的空行，效果如下图所示。

姓名	部门	求和项:基本工资	求和项:加班费	求和项:总计
⊟蒋孝严	销售部	850	200	1050
蒋孝严 汇总		850	200	1050
⊟李先国	销售部	750	300	1050
李先国 汇总		750	300	1050
⊟李贤杰	销售部	750	300	1050
李贤杰 汇总		750	300	1050
⊟刘飞	销售部	800	200	1000
刘飞 汇总		800	200	1000
⊟宋亦非	财务部	1000	450	1450
宋亦非 汇总		1000	450	1450
⊟张清	公关部	1250	300	1550
张清 汇总		1250	300	1550
总计		5400	1750	7150

270 在数据透视表底部显示汇总结果

在 Excel 2010 中，创建的数据透视表，其默认的汇总结果是显示在顶部的，用户也可以根据需要设置在底部显示。

步骤01 打开一个 Excel 文件，选择数据透视表，如下图所示。

	A	B	C	D
3	行标签	求和项:电	波炉	求和项:电磁炉
4	⊟二月份		5000	9000
5	3000	6000	5000	9000
6	⊟六月份	7000	6000	9000
7	4000	7000	6000	9000
8	⊟三月份	6500	8000	4000
9	3500	6500	8000	4000
10	⊟四月份	7000	7000	6000
11	4000	7000	7000	6000
12	⊟五月份	7500	9000	4500
13	3000	7500	9000	4500
14	⊟一月份	5000	6000	8000
15	2000	5000	6000	8000
16	总计	39000	41000	40500

选择

步骤02 切换至“设计”选项卡，在“布局”选项面板中单击“分类汇总”按钮，在弹出的列表框中选择“在组的底部显示所有分类汇总”选项，如下图所示。

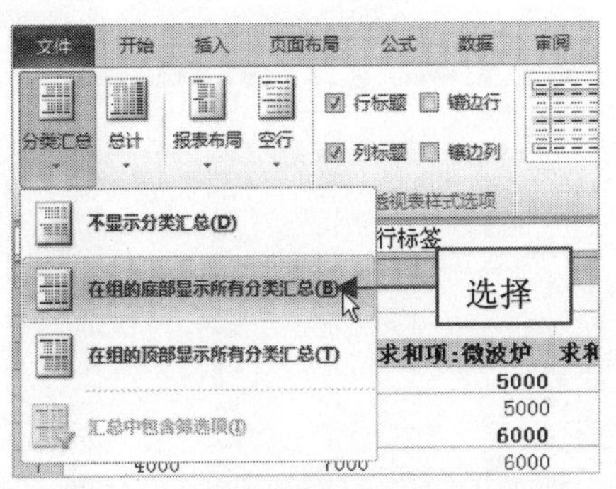

步骤03 执行上述操作后，即可在数据透视表底部显示汇总结果，效果如下图所示。

行标签	求和项:电饭煲	求和项:微波炉	求和项:电磁炉
⊟二月份			
3000	6000	5000	9000
二月份 汇总	6000	5000	9000
⊟六月份			
4000	7000	6000	9000
六月份 汇总	7000	6000	9000
⊟三月份			
3500	6500	8000	4000
三月份 汇总	6500	8000	4000
⊟四月份			
4000	7000	7000	6000
四月份 汇总	7000	7000	6000
⊟五月份			
3000	7500	9000	4500
五月份 汇总	7500	9000	4500
⊟一月份			
2000	5000	6000	8000
一月份 汇总	5000	6000	8000
总计	39000	41000	40500

271 隐藏数据透视表中的汇总结果

在 Excel 2010 中，当用户不需要显示数据透视表中的汇总结果时，可将其隐藏。

步骤01 打开上一例效果文件，选择数据透视表，切换至“设计”选项卡，在“布局”选项面板中单击“分类汇总”按钮，在弹出的列表框中选择“不显示分类汇总”选项，如下图所示。

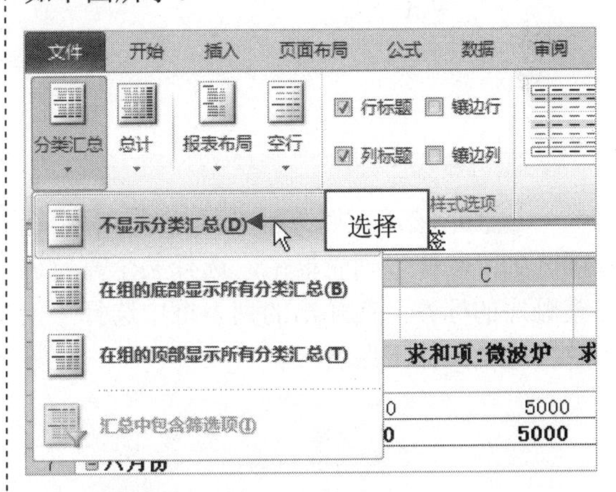

步骤02 执行上述操作后，即可隐藏数据透视表中的汇总结果，效果如下图所示。

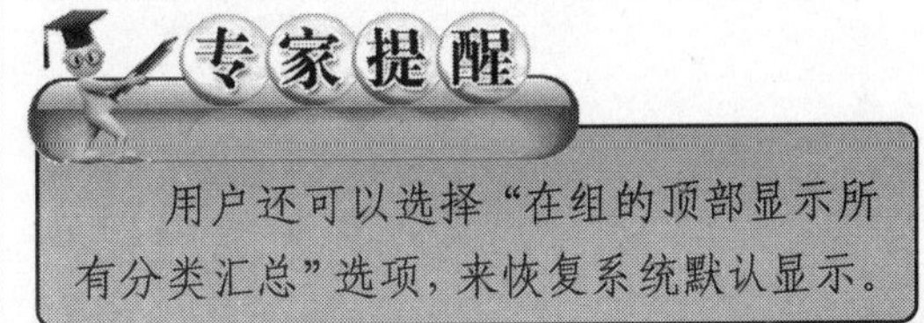

行标签	求和项:电饭煲	求和项:微波炉	求和项:电磁炉
二月份			
3000	6000	5000	9000
六月份			
4000	7000	6000	9000
三月份			
3500	6500	8000	4000
四月份			
4000	7000	7000	6000
五月份			
3000	7500	9000	4500
一月份			
2000	5000	6000	8000
总计	39000	41000	40500

272 调整数据透视表的顺序

在 Excel 2010 中，数据透视表自动建立的顺序有时并不能满足用户的需求，此时可以根据需要调整数据透视表的顺序。

步骤 01 打开一个 Excel 文件，选择数据透视表，如下图所示。

行标签	求和项:	电冰箱	求和项:空调
1月		150	192
2月	112	142	180
3月	100	163	168
4月	95	125	149
5月	90	160	187
6月	125	167	197
总计	642	907	1073

步骤 02 在“在以下区域间拖动字段”选项区的“数值”列表框中，选择某个需要调整顺序的标签，在弹出的列表框中选择“上移”选项，如下图所示。

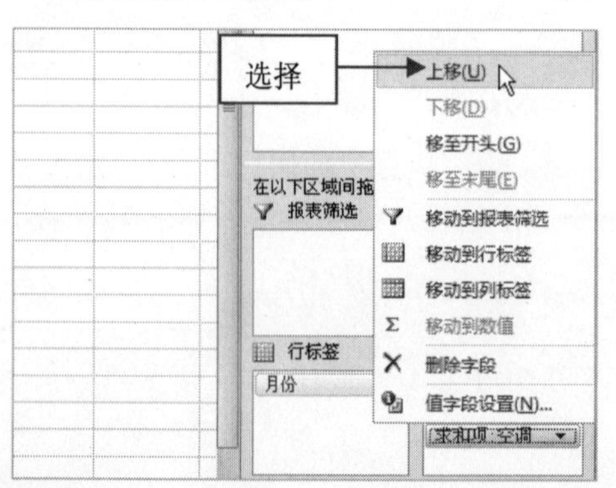

步骤 03 执行上述操作后，选择的标签即可上移，如下图所示。

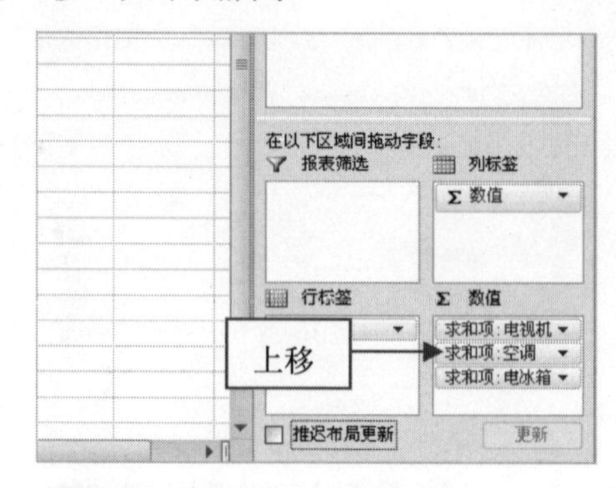

步骤 04 数据透视表中的数据也相应调整了顺序，如下图所示。

行标签	求和项:电视机	求和项:空调	求和项:电冰箱
1月	120	192	150
2月	112	180	142
3月	100	168	163
4月	95	149	125
5月	90	187	160
6月	125	197	167
总计	642	1073	907

273 更改数据透视表的数据源

在 Excel 2010 中，当用户将原始数据增加或减少时，其数据透视表并没有及时更新表中的数据。此时，可以通过更改数据透视表中的数据源进行更新。

步骤 01 打开一个 Excel 文件，选择数据透视表，如下图所示。

行标签	求和项:	:数量	求和项:销售金额
丁宁		200	6000
洗发水	30	200	6000
江燕	35	200	7000
洗面奶	35	200	7000
李一	40	190	7600
洗面奶	40	190	7600
林佳	15	240	3600
护手霜	15	240	3600
刘敏	40	180	7200
沐浴露	40	180	7200
王林	40	200	8000
护发素	40	200	8000
王义	45	180	8100
沐浴露	45	180	8100
谢意	30	150	4500
洗发水	30	150	4500
曾宁	10	300	3000
护手霜	10	300	3000
张丽	25	300	7500
护发素	25	300	7500
总计	310	2140	62500

选择

步骤 02　切换至“选项”选项卡，在“数据”选项面板中单击“更改数据源”按钮，在弹出的列表框中选择“更改数据源”选项，如下图所示。

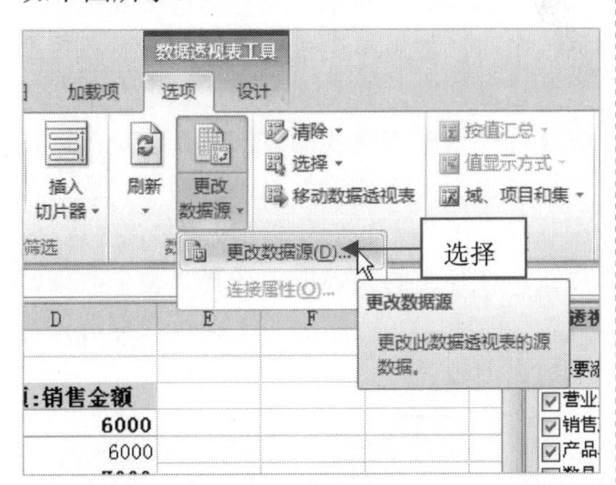

步骤 03　弹出“更改数据透视表数据源”对话框，单击“表/区域”右侧的按钮，如下图所示。

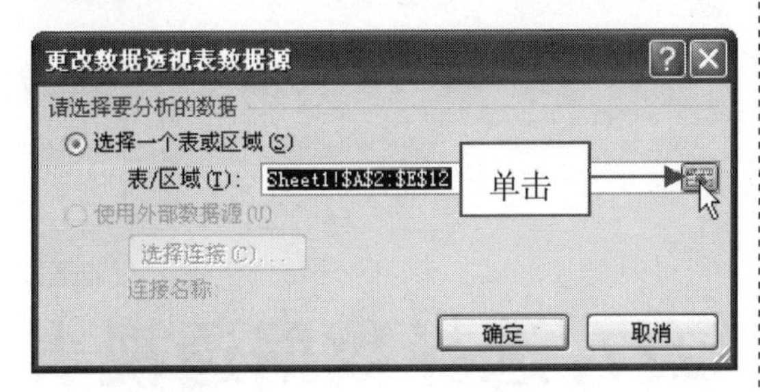

步骤 04　然后在工作表中选择新的数据区域，如下图所示。

超市五月份营业员销售报表				
营业员	销售产品	产品单价	数量	销售金额
王林	护发素	40	200	8000
王义	沐浴露	45	180	8100
李一	洗面奶	40	190	7600
张丽	护发素	25	300	7500
谢意	洗发水	30	150	4500
曾宁	护手霜	10	300	3000
丁宁	洗发水	30	200	6000
林佳	护手霜	15	240	3600
江燕	洗面奶	35	200	7000
刘敏	沐浴露	40	180	7200

选择

移动数据透视表

Sheet1!$B$2:$E$12

步骤 05　按【Enter】键确认，返回“更改数据透视表数据源”对话框，在“表/区域”右侧显示了选择的数据源，如下图所示。

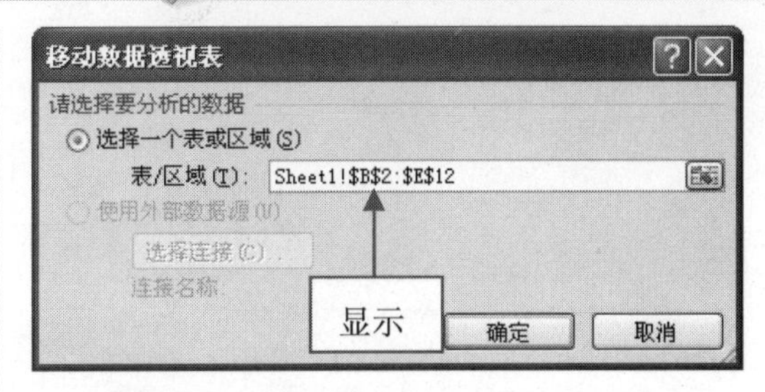

步骤 06　执行上述操作后，单击“确定”按钮，即可完成数据透视表数据源的更改，效果如下图所示。

274 移动数据透视表

在 Excel 2010 中，用户不仅可以更改数据透视表的数据源，还可以根据需要在工作簿之间移动数据透视表。

步骤 01　打开上一例效果文件，选择数据透视表中任意单元格，如下图所示。

步骤 02　切换至“选项”选项卡，在“操作”选项面板中单击“移动数据透视表”按钮 移动数据透视表，如下图所示。

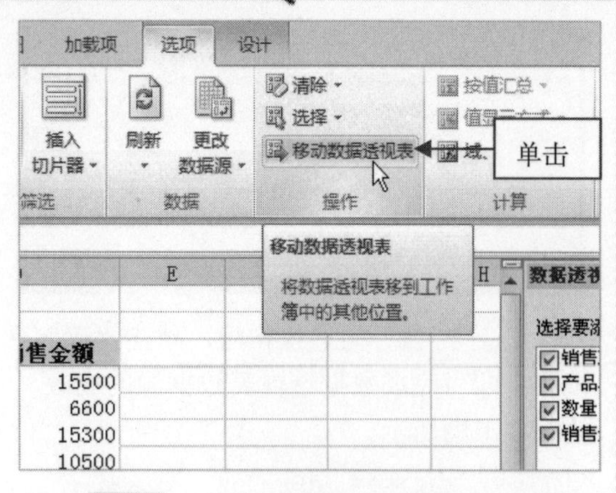

步骤03 弹出“移动数据透视表”对话框，单击“位置”右侧的按钮，在工作簿中选择目标工作表，如下图所示。

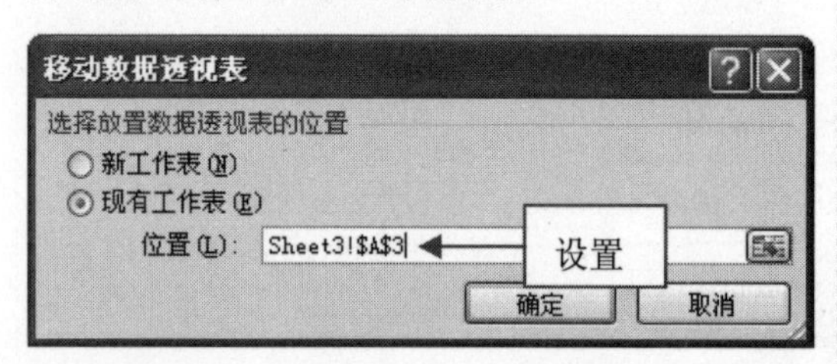

步骤04 设置完成后，单击“确定”按钮，即可移动数据透视表，如下图所示。

	A	B	C	D	E
1					
2					
3	行标签	求和项:产	求和项:数	求和项:销售金额	
4	护发素	65	500	15500	
5	护手霜	25	540	6600	
6	沐浴露	85	360	15300	
7	洗发水	60	350	10500	
8	洗面奶	75	390	14600	
9	总计	310	2140	62500	
10					
11					
12					
13					
14					

275 移动数据透视表至新工作表

在Excel 2010中，用户可在移动数据透视表的同时，自动新增一个空白工作表，用来存放此数据透视表，其方法很简单，只需在“移动数据透视表”对话框中，选中“新工作表”单选按钮即可。

276 快速选择数据透视表

在Excel 2010中，当数据透视表中的内容较多时，如果单击鼠标左键并拖曳选择整个数据透视表，就显示麻烦，这里介绍一种快速选择数据透视表的方法，方法是：选择数据透视表中任意单元格，切换至“选项”选项卡，在“操作”选项面板中单击“选择”按钮，在弹出的列表框中选择“整个数据透视表”选项（如下图所示），即可快速选择整个数据透视表。

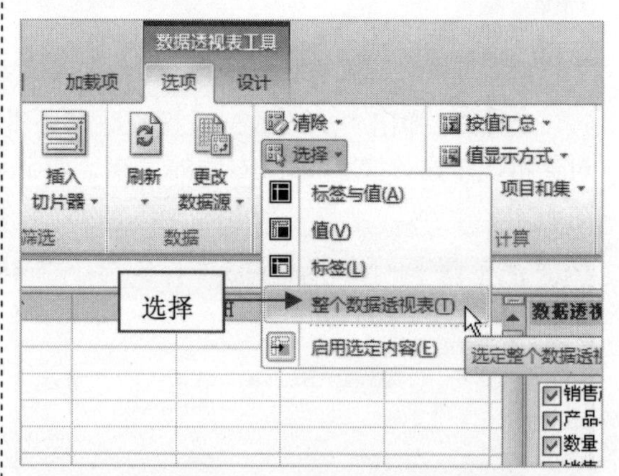

277 选择数据透视表中的值

在Excel 2010中，用户可以一次性选择数据透视表中的所有值。

步骤01 打开一个Excel文件，选择数据透视表中任意单元格，如下图所示。

	A	B	C	D
1				
2				
3	行标签		求和项:提成	求和项:补贴
4	⊟陈玲		400	200
5	1986-5-12	1000	400	200
6	⊟方林	1000	600	200
7	1986-3-9	1000	600	200
8	⊟李双	1000	400	200
9	1985-6-7	1000	400	200
10	⊟刘丽	1000	500	200
11	1983-5-9	1000	500	200
12	⊟吕毅	1000	400	200
13	1984-5-6	1000	400	200
14	⊟汪洋	1000	300	200
15	1987-9-6	1000	300	200
16	⊟王宁	1000	600	200
17	1984-5-8	1000	600	200
18	⊟张依	1000	500	200
19	1985-4-8	1000	500	200
20	⊟朱珍	1000	200	200
21	1984-8-2	1000	200	200
22	总计	9000	3900	1800
23				

步骤02　切换至“选项”选项卡，在“操作”选项面板中单击“选择”按钮，在弹出的列表框中选择“整个数据透视表”选项，如下图所示。

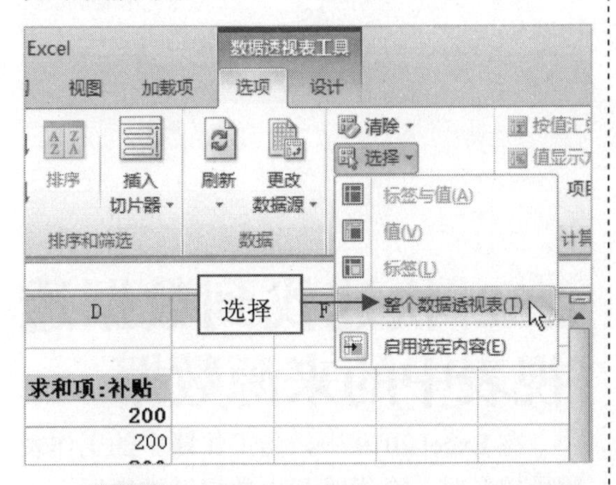

步骤03　再单击“选择”按钮，然后在弹出的列表框中选择“值”选项，如下图所示。

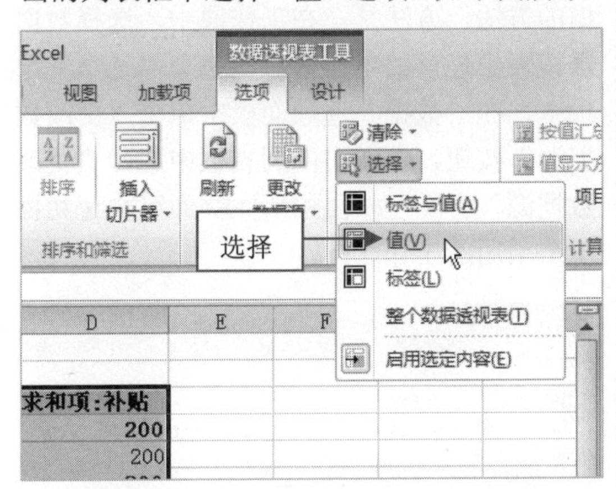

步骤04　执行上述操作后，即可选择数据透视表中的值，效果如下图所示。

	行标签	求和项:底薪	求和项:提成	[illegible]
4	陈玲	1000	400	200
5	1986-5-12	1000	400	200
6	方林	1000	600	200
7	1986-3-9	1000	600	200
8	李双	1000	400	200
9	1985-6-7	1000	400	200
10	刘丽	1000	500	200
11	1983-5-9	1000	500	200
12	吕毅	1000	400	200
13	1984-5-6	1000	400	200
14	汪洋	1000	300	200
15	1987-9-6	1000	300	200
16	王宁	1000	600	200
17	1984-5-8	1000	600	200
18	张依	1000	500	200
19	1985-4-8	1000	500	200
20	朱珍	1000	200	200
21	1984-8-2	1000	200	200
22	总计	9000	3900	1800

选择

278 选择数据透视表中的标签

在 Excel 2010 中，用户还可以快速选择数据透视表中的标签。

步骤01　打开上一例效果文件，切换至“选项”选项卡，在“操作”选项面板中单击“选择”按钮，在弹出的列表框中选择“标签”选项，如下图所示。

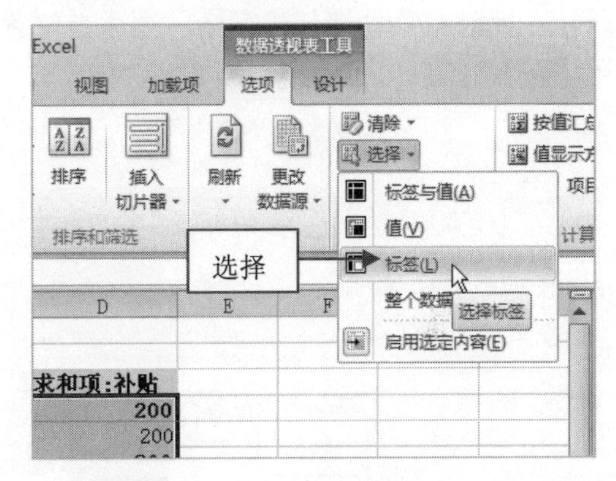

步骤02　执行上述操作后，即可选择数据透视表中的标签，效果如下图所示。

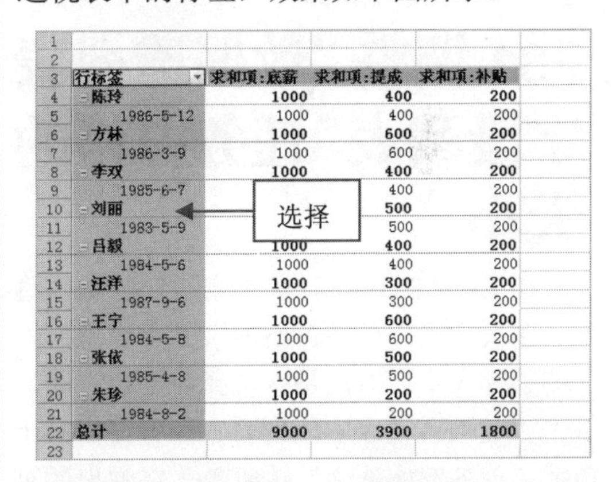

	行标签	求和项:底薪	求和项:提成	求和项:补贴
4	陈玲	1000	400	200
5	1986-5-12	1000	400	200
6	方林	1000	600	200
7	1986-3-9	1000	600	200
8	李双	1000	400	200
9	1985-6-7	[illegible]	400	200
10	刘丽	[illegible]	500	200
11	1983-5-9	[illegible]	500	200
12	吕毅	1000	400	200
13	1984-5-6	1000	400	200
14	汪洋	1000	300	200
15	1987-9-6	1000	300	200
16	王宁	1000	600	200
17	1984-5-8	1000	600	200
18	张依	1000	500	200
19	1985-4-8	1000	500	200
20	朱珍	1000	200	200
21	1984-8-2	1000	200	200
22	总计	9000	3900	1800

279 隐藏“数据透视表字段列表”任务窗格

在 Excel 中，如果不需要利用“数据透视表字段列表”任务窗格对数据透视表进行操作，可将其隐藏，方法是：选择数据透视表，切换至“选项”选项卡，在“显示”选项面板中单击“字段列表”按钮![字段列表]即可。

280 移动“数据透视表字段列表”任务窗格

在Excel 2010中，如果“数据透视表字段列表”任务窗格将单元格中的数据覆盖了，此时可移动该任务窗格。方法是：选择数据透视表，单击“数据透视表字段列表”任务窗格右上角的“任务窗格选项”按钮▼，在弹出的列表框中选择“移动”选项，如下图所示。此时可移动该任务窗格，至适当位置单击鼠标左键即可。

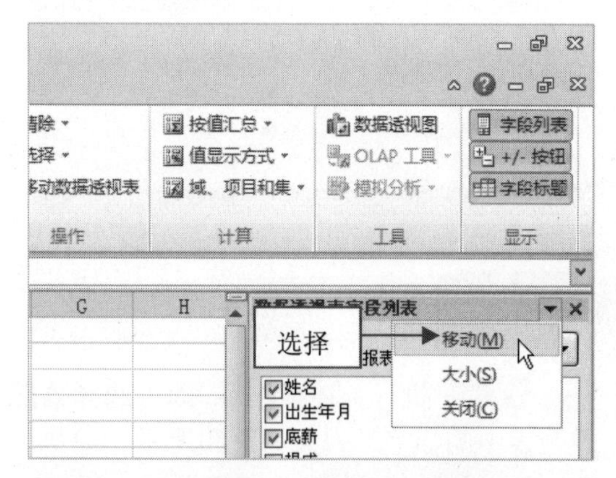

281 调整“数据透视表字段列表”任务窗格的大小

在Excel 2010中，如果用户对“数据透视表字段列表”任务窗格的大小不满意时，可调整其大小，方法是：选择数据透视表，单击“数据透视表字段列表”任务窗格右上角的“任务窗格选项”按钮▼，在弹出的列表框中选择“大小”选项，如下图所示。此时可调整该任务窗格的大小，至适当大小后单击鼠标左键即可。

在任务窗格中单击“任务窗格选项”按钮，在弹出的列表框中选择“关闭”选项，即可关闭任务窗格。

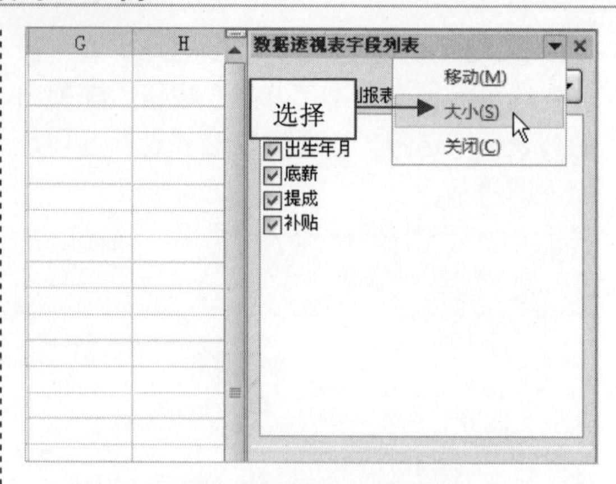

282 快速找到数据透视表中的来源数据

在Excel 2010中，当工作簿中的工作表数量较多时，会很难找出数据透视表所引用的来源数据，这里介绍一种快速找出来源数据的方法，方法是：在工作簿中，选择数据透视表中任意的单元格，切换至“选项”选项卡，在“数据”选项面板中单击“更改数据源”按钮，在弹出的列表框中选择“更改数据源”选项（如下图所示），即可快速切换至所引用的工作表中。

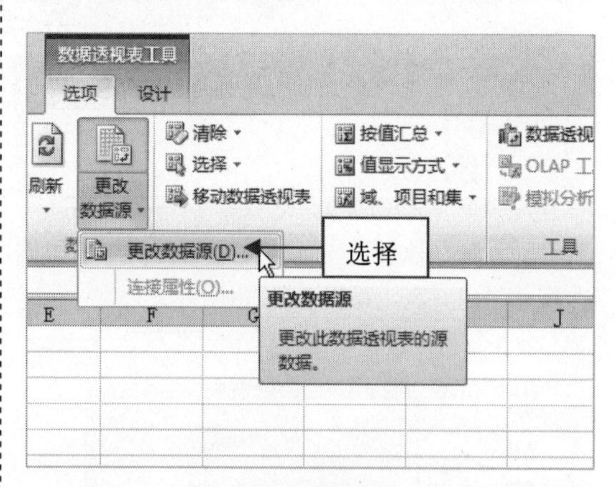

283 折叠数据透视表中的数据

在Excel 2010中，当数据透视表中的数据较多，并且已经分组，此时可先将部分数据折叠，方便用户对数据透视表查看和修改，方法是：通过单击分组前的⊟按钮，即可隐藏该分组数据，如下图所示。如果需要显示隐藏的数据，可单击分组前的按钮⊞即可。

行标签	值 求和项:第一季度	求和项:第二季度	求和项:第三季度
⊞财务部	1510623	559667	634801
⊞广告部	11789	372969	690048
⊟销售部	52946	203652	115607
方全	5131	54545	4545
何玲	54213	1130	6487
孙青青	12614	46100	87644
万金	8413	54163	4845
夏炯	8131	4610	4541
袁芳	64444	43104	7545
总计	3375358	1136288	1440456

单击

284 快速隐藏数据透视表中的数据

在 Excel 2010 中，用户还可以根据需要快速隐藏数据透视表中的数据，方法是：在数据透视表中，单击相应列旁的下三角按钮，在弹出列表框中取消选择需要隐藏数据的复选框（如下图所示），然后单击“确定”按钮即可。

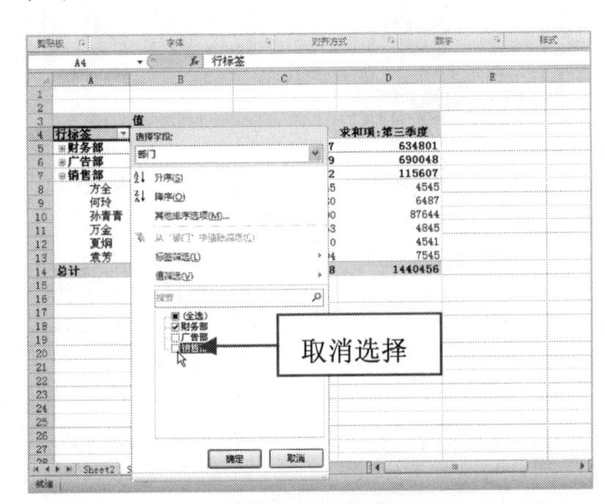

285 调整数据透视表中行与列的顺序

在 Excel 2010 中，用户还可以根据需要调整数据透视表中行与列的顺序。

步骤01 打开一个 Excel 文件，选择数据透视表，如下图所示。

行标签	值 求和项:第一季度	求和项:第二季度	求和项:第三季度
⊟销售部	5	203652	115607
方全	5131	54545	4545
何玲	54213	1130	6487
孙青青	12614	46100	87644
万金	8413	54163	4845
夏炯	8131	4610	4541
袁芳	64444	43104	7545
总计	152946	203652	115607

选择

步骤02 选择 A8 单元格，单击鼠标右键，弹出快捷菜单，选择“移动”|“将‘孙青青’移至开头”选项，如下图所示。

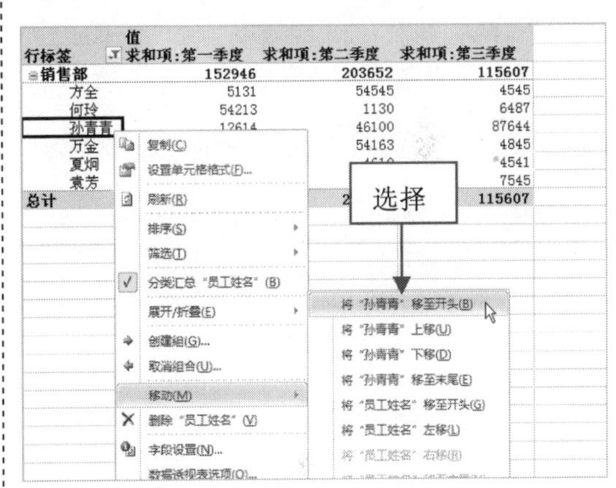

步骤03 执行上述操作后，即可调整数据透视表中行与列的顺序，效果如下图所示。

行标签	值 求和项:第一季度	求和项:第二季度	求和项:第三季度
⊟销售部	152946	203652	115607
孙青青	12614	46100	87644
方全	5131	54545	4545
何玲	54213	1130	6487
万金	8413	54163	4845
夏炯	8131	4610	4541
袁芳	64444	43104	7545
总计	152946	203652	115607

286 将数据进行组合

在 Excel 2010 中，可以根据需要将数据透视表中数据进行组合。

步骤 01 打开上一例效果文件，选择需要组合的内容，单击鼠标右键，弹出快捷菜单，选择“创建组”选项，如下图所示。

行标签	值 求和项:第一季度	求和项:第二季度	求和项:第三季度
销售部	152946	203652	115607
孙青青	12614	46100	87644
方全		54545	4545
何玲		1130	6487
万金		54163	4845
夏炯		4610	4541
袁芳		43104	7545
总计		203652	115607

复制(C)
设置单元格格式(F)...
刷新(R)
排序(S)
筛选(T)
分类汇总“员工姓名”(B)
展开/折叠(E)
创建组(G)...
取消组合(U)...
移动(M)
删除“员工姓名”(V)
字段设置(N)...
选择

步骤 02 执行上述操作后，被选中的内容即可组合在“数据组 1”中，如下图所示。

A6 fx 数据组1

	A	B	C	D
3		值		
4	行标签	求和项:第一季度	求和项:第二季度	求和项:第三季度
5	销售部	152946	203652	115607
6	数据组1			
7	孙青青		46100	87644
8	方全		54545	4545
9	何玲		1130	6487
10	万金			
11	万金	8413	54163	4845
12	夏炯			
13	夏炯	8131	4610	4541
14	袁芳			
15	袁芳	64444	43104	7545
16	总计	152946	203652	115607

组合

287 拆分数据透视表中的数据

在 Excel 2010 中，用户可以根据需要将组合到一起的数据进行拆分，使其成为单个的对象。

步骤 01 打开上一例效果文件，选择需要拆分的内容，单击鼠标右键，弹出快捷菜单，选择“取消组合”选项，如下图所示。

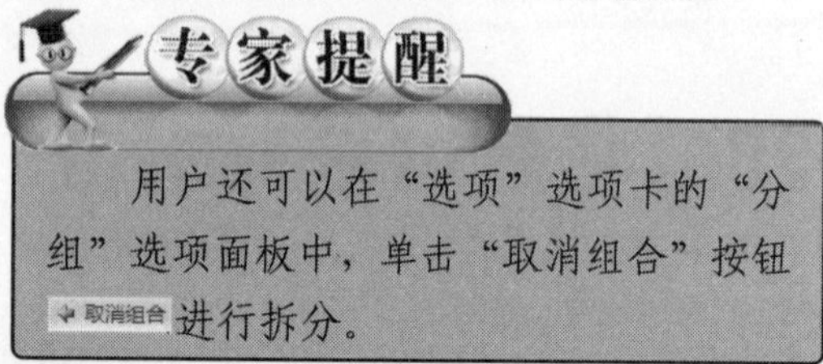
专家提醒

用户还可以在“选项”选项卡的“分组”选项面板中，单击“取消组合”按钮 取消组合 进行拆分。

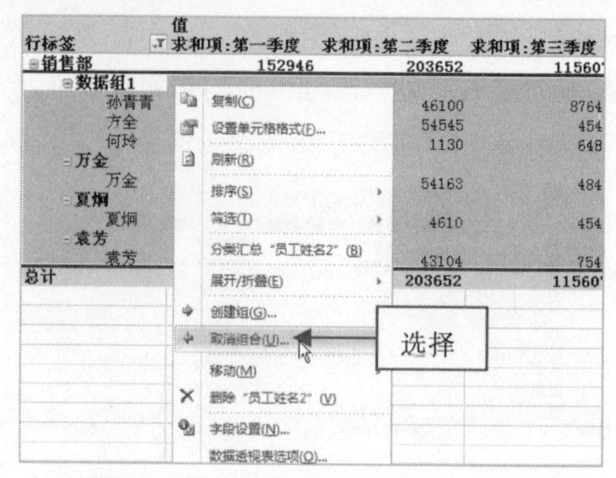

步骤 02 执行上述操作后，组合到一起的数据被拆分成了单个对象，如下图所示。

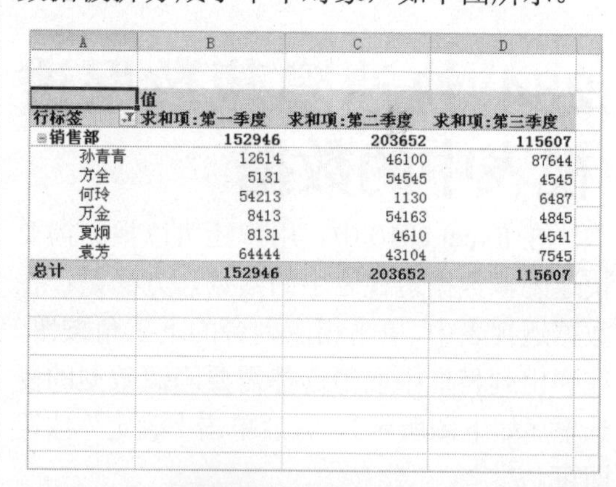

行标签	值 求和项:第一季度	求和项:第二季度	求和项:第三季度
销售部	152946	203652	115607
孙青青	12614	46100	87644
方全	5131	54545	4545
何玲	54213	1130	6487
万金	8413	54163	4845
夏炯	8131	4610	4541
袁芳	64444	43104	7545
总计	152946	203652	115607

288 删除数据透视表中的数据

在 Excel 2010 中，当数据透视表中某些数据不再需要时，可将其删除。

步骤 01 打开上一例效果文件，选择需要删除的内容，单击鼠标右键，在弹出的快捷菜单中选择相应选项，如下图所示。

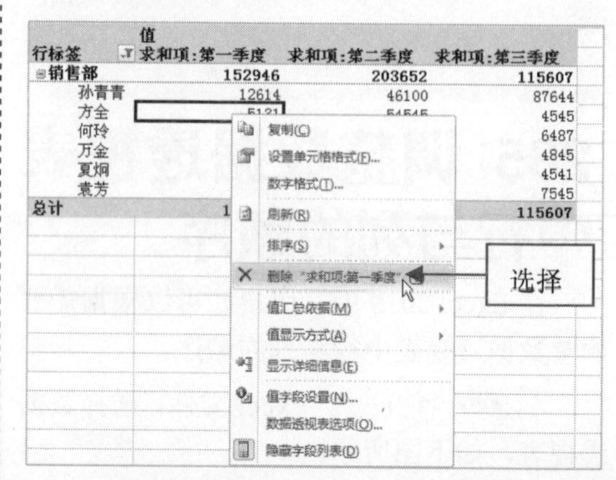

步骤02 执行上述操作后，即可删除数据透视表中的数据，效果如下图所示。

行标签	值 求和项:第二季度	求和项:第三季度
⊟销售部	203652	115607
孙青青	46100	87644
方全	54545	4545
何玲	1130	6487
万金	54163	4845
夏炯	4610	4541
袁芳	43104	7545
总计	203652	115607

289 更新数据透视表的内容

在 Excel 2010 中，当用户更改了数据透视表中的原始数据信息时，需要将数据透视表中的信息进行更新。

步骤01 打开一个 Excel 文件，选择数据透视表，如下图所示。

	行标签	求和	分数
2			
3	行标签	求和	分数
4	⊟安远		87
5	计应5班	1004	87
6	⊟高洁	1006	87
7	计应7班	1006	87
8	⊟黄小云	1010	70
9	计应11班	1010	70
10	⊟江风	1008	93
11	计应9班	1008	93
12	⊟聂冰	1005	86
13	计应6班	1005	86
14	⊟吴沙	1003	79
15	计应4班	1003	79
16	⊟许飞	1009	82
17	计应10班	1009	82
18	⊟姚依林	1011	73
19	计应12班	1011	73
20	⊟曾秀	1012	88
21	计应13班	1012	88
22	⊟张明	1002	91
23	计应3班	1002	91
24	⊟朱画	1007	85
25	计应8班	1007	85
26	总计	11077	921

选择

步骤02 切换至源数据工作表，选中 C 列，单击鼠标右键，在弹出的快捷菜单中选择“删除”选项，如下图所示。

C2　年级

	A	B	C	D
1	Excel测试成绩			
2	编号	姓名	年级	
3	1002	张明	计应3	
4	1003	吴沙	计应4	
5	1004	安远	计应5	
6	1005	聂冰	计应6	
7	1006	高洁	计应7	
8	1007	朱画	计应8	
9	1008	江风	计应9	
10	1009	许飞	计应10	
11	1010	黄小云	计应11	
12	1011	姚依林	计应12	
13	1012	曾秀	计应13班	88

剪切(T)
复制(C)
粘贴选项:
选择性粘贴(S)...
插入(I)
删除(D)
清除内容(N)
设置单元格格式(F)...
列宽(C)...
隐藏(H)
取消隐藏(U)
选择

步骤03 执行上述操作后，即可删除选择的数据，效果如下图所示。

A1　Excel测试成绩单

	A	B	C
1	Excel测试成绩单		
2	编号	姓名	分数
3	1002	张明	91
4	1003	吴沙	79
5	1004	安远	87
6	1005	聂冰	86
7	1006	高洁	87
8	1007	朱画	85
9	1008	江风	93
10	1009	许飞	82
11	1010	黄小云	70
12	1011	姚依林	73
13	1012	曾秀	88

步骤04 切换至数据透视表所在的工作表中，单击“选项”标签，切换至“选项”选项卡，在“数据”选项面板中单击“刷新”按钮，在弹出的列表框中选择“全部刷新”选项，如下图所示。

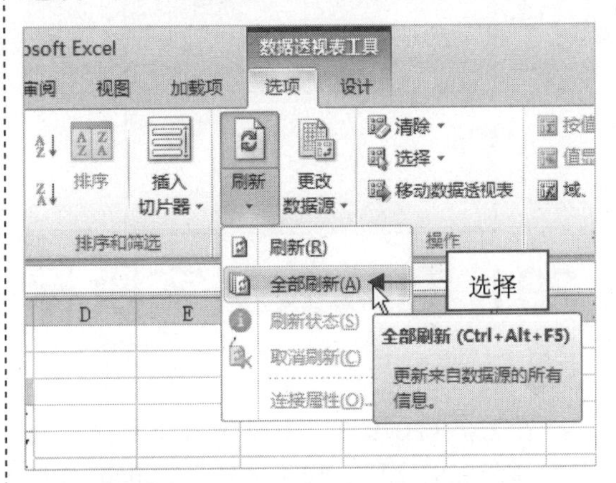

步骤05 执行上述操作后，即可更新数据透视表的内容，效果如下图所示。

	行标签	求和项:编号	求和项:分数
3	行标签	求和项:编号	求和项:分数
4	安远	1004	87
5	高洁	1006	87
6	黄小云	1010	70
7	江风	1008	93
8	聂冰	1005	86
9	吴沙	1003	79
10	许飞	1009	82
11	姚依林	1011	73
12	曾秀	1012	88
13	张明	1002	91
14	朱画	1007	85
15	总计	11077	921

290 更改数据透视表的布局

在 Excel 2010 中，为了数据透视表的美观，用户可合并带标签的单元格。方法是：选择需要合并带标签的单元格，切换至“选项”选项卡，在“数据透视表”选项面板中单击“选项”按钮，在弹出的列表框中选择“选项”选项，弹出“数据透视表选项”对话框，选中“合并且居中排序带标签的单元格”复选框（如下图所示），然后单击“确定”按钮即可。

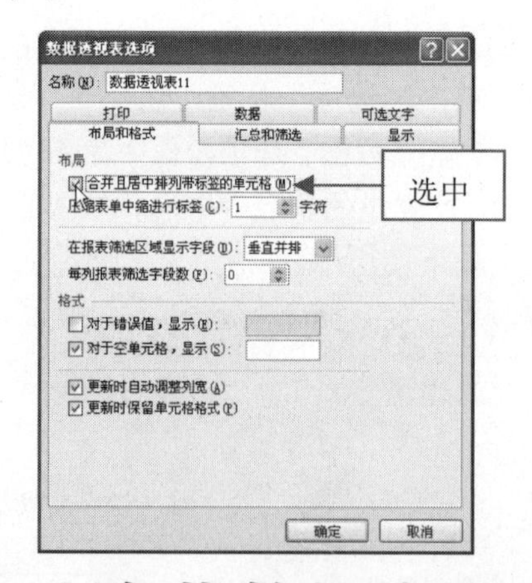

291 隐藏数据字段标题

在 Excel 2010 中，默认情况下数据透视表中显示标题字段，如果不需要，也可将其隐藏，方法是：选择数据透视表中任意单元格，切换至“选项”选项卡，在“显示”选项面板中单击“字段标题”按钮 字段标题 即可，如下图所示。

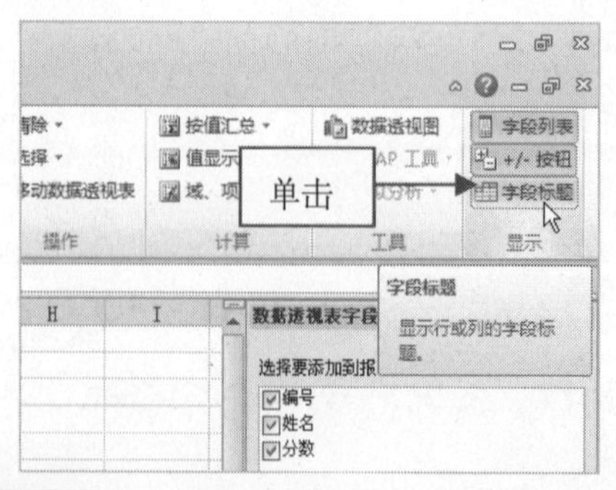

292 自定义数据透视表的名称

在 Excel 2010 中，如果用户感觉数据透视表的名称不理想，此时可自定义设置，方法是：选择数据透视表中任意单元格，切换至“选项”选项卡，在“数据透视表”选项面板的“数据透视表名称”文本框中，根据需要重新输入名称即可，如下图所示。

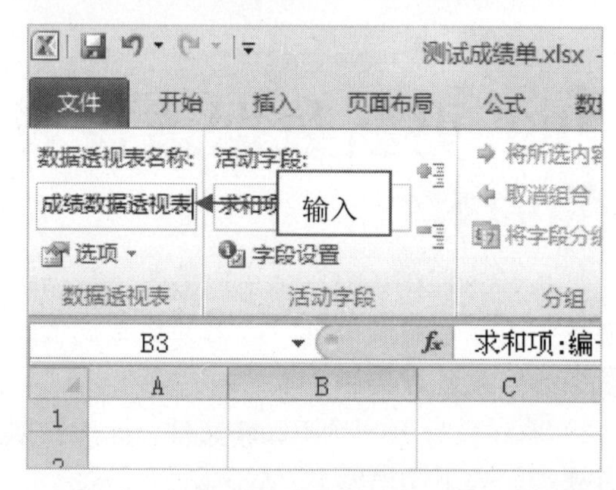

293 不打印数据透视表的标题

在 Excel 2010 中，当数据透视表制作完成后，在打印时可设置不打印标题。

步骤01 打开一个 Excel 文件，调出“数据透视表选项”对话框，如下图所示。

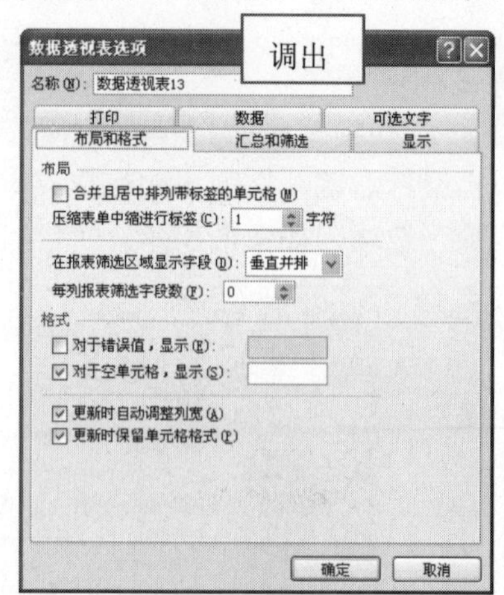

步骤02 切换至“打印”选项卡，取消选择“设置打印标题”复选框，如下图所示。

数据透视表选项

名称(N): 数据透视表13

布局和格式 | 汇总和筛选 | 显示

打印 | 数据 | 可选文字

打印

□ 在数据透视表上显示时打印展开/折叠按钮(D)

☑ 在每一打印页上重复行标签(R)

□ 设置打印标题(S)

取消选择

确定 取消

步骤03 执行上述操作后，单击“确定”按钮，即可设置不打印数据透视表标题。

294 为数据透视表添加边框

在 Excel 2010 中，默认情况下数据透视表不显示边框，用户也可根据需要为其添加边框。

步骤01 打开一个 Excel 文件，选择需要添加边框的单元格区域，如下图所示。

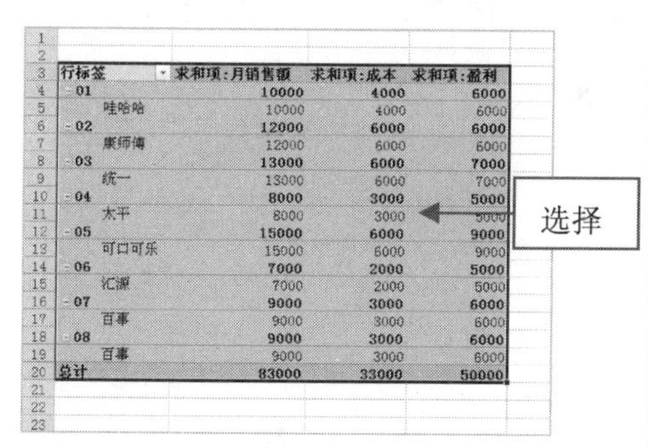

行标签	求和项:月销售额	求和项:成本	求和项:盈利
01	10000	4000	6000
哇哈哈	10000	4000	6000
02	12000	6000	6000
康师傅	12000	6000	6000
03	13000	6000	7000
统一	13000	6000	7000
04	8000	3000	5000
太平	8000	3000	[illegible]
05	15000	6000	9000
可口可乐	15000	6000	9000
06	7000	2000	5000
汇源	7000	2000	5000
07	9000	3000	6000
百事	9000	3000	6000
08	9000	3000	6000
百事	9000	3000	6000
总计	83000	33000	50000

步骤02 切换至“开始”选项卡，在“字段”选项面板中单击“边框”按钮，在弹出的列表框中选择“所有框线”选项，如下图所示。

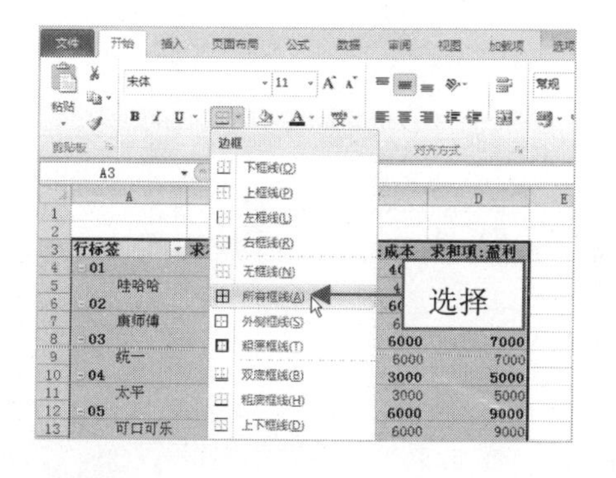

步骤03 执行上述操作后，即可为数据透视表添加边框，效果如下图所示。

行标签	求和项:月销售额	求和项:成本	求和项:盈利
01	10000	4000	6000
哇哈哈	10000	4000	6000
02	12000	6000	6000
康师傅	12000	6000	6000
03	13000	6000	7000
统一	13000	6000	7000
04	8000	3000	5000
太平	8000	3000	5000
05	15000	6000	9000
可口可乐	15000	6000	9000
06	7000	2000	5000
汇源	7000	2000	5000
07	9000	3000	6000
百事	9000	3000	6000
08	9000	3000	6000
百事	9000	3000	6000
总计	83000	33000	50000

295 突出显示数据表中的某个数据

在 Excel 2010 中，为了突出显示数据透视表中的某个数据，可为其添加底纹。

步骤01 打开上一例效果文件，选择需要突出显示的单元格，如下图所示。

行标签	求和项:月销售额	求和项:成本	求和项:盈利
01	10000	4000	6000
哇哈哈	10000	4000	6000
02	12000	6000	6000
康师傅	12000	6000	6000
03	13000	6000	7000
统一	13000	6000	7000
04	8000	3000	5000
太平	8000	[illegible]	[illegible]
05	15000	[illegible]	[illegible]
可口可乐	15000	[illegible]	[illegible]
06	7000	[illegible]	[illegible]
汇源	7000	2000	5000
07	9000	3000	6000
百事	9000	3000	6000
08	9000	3000	6000
百事	9000	3000	6000
总计	83000	33000	50000

选择

步骤02 切换至“开始”选项卡，在“字体”选项面板中单击“填充颜色”按钮，在弹出的颜色面板中选择红色，如下图所示。

宋体 11

字体 对齐方式

主题颜色

标准色

选择

无填充颜色(N)

其他颜色(M)...

步骤03 执行上述操作后，即可为数据添加底纹颜色，效果如下图所示。

行标签	求和项:月销售额	求和项:成本	求和项:盈利
⊟01	10000	4000	6000
哇哈哈	10000	4000	6000
⊟02	12000	6000	6000
康师傅	[illegible]	[illegible]	[illegible]
⊟03	13000	6000	7000
统一	13000	6000	7000
⊟04	8000	3000	5000
太平	8000	3000	5000
⊟05	15000	6000	9000
可口可乐	15000	6000	9000
⊟06	7000	2000	5000
汇源	7000	2000	5000
⊟07	9000	3000	6000
百事	9000	3000	6000
⊟08	9000	3000	6000
百事	9000	3000	6000
总计	83000	33000	50000

296 修改数据透视表样式

在Excel 2010中，用户还可以为数据透视表应用不同的样式。

步骤01 打开上一例效果文件，选择数据透视表中任意单元格，切换至“设计”选项卡，在“数据透视表样式”选项面板中单击“其他”按钮，如下图所示。

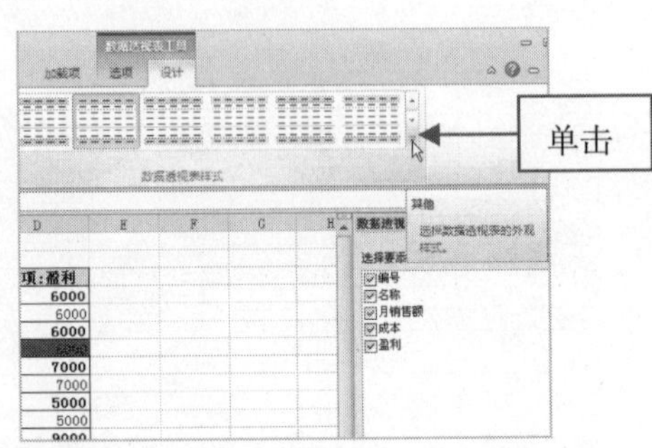

步骤02 在弹出的下拉列表框中，选择“数据透视表样式中等深浅6”选项，如下图所示。

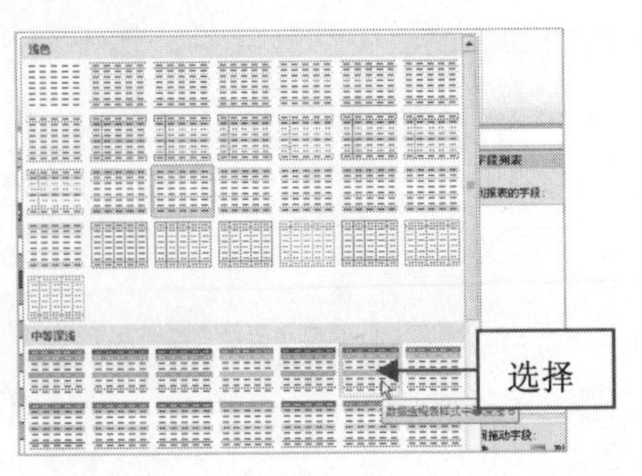

步骤03 执行上述操作后，即可数据透视表修改样式，效果如下图所示。

行标签	求和项:月销售额	求和项:成本	求和项:盈利
[illegible]	[illegible]	[illegible]	[illegible]
哇哈哈	10000	4000	6000
[illegible]	[illegible]	[illegible]	[illegible]
康师傅	[illegible]	[illegible]	[illegible]
[illegible]	[illegible]	[illegible]	[illegible]
统一	13000	6000	7000
[illegible]	[illegible]	[illegible]	[illegible]
太平	8000	3000	5000
[illegible]	[illegible]	[illegible]	[illegible]
可口可乐	15000	6000	9000
[illegible]	[illegible]	[illegible]	[illegible]
汇源	7000	2000	5000
[illegible]	[illegible]	[illegible]	[illegible]
百事	9000	3000	6000
[illegible]	[illegible]	[illegible]	[illegible]
百事	9000	3000	6000
总计	83000	33000	50000

297 删除数据透视表样式

在Excel 2010中，为数据透视表添加的表格样式，如果不再需要，可以将其删除。

步骤01 打开上一例效果文件，选择数据透视表中的任意单元格，切换至“设计”选项卡，在“数据透视表样式”选项面板中单击“其他”按钮，在弹出的下拉列表框中选择“清除”选项，如下图所示。

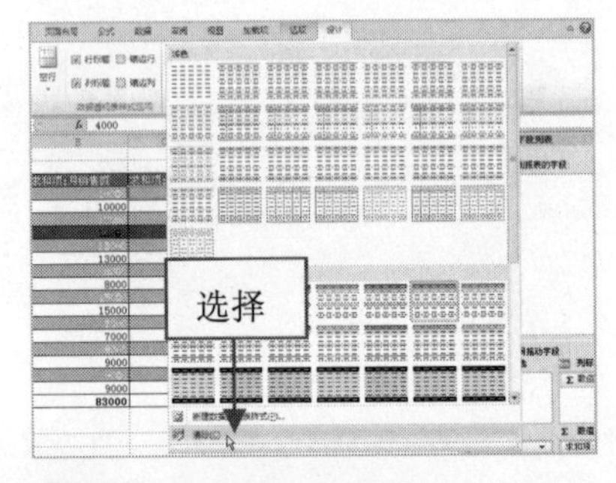

步骤02 执行上述操作后，即可删除数据透视表样式，效果如下图所示。

行标签	求和项:月销售额	求和项:成本	求和项:盈利
⊟01	10000	4000	6000
哇哈哈	10000	4000	6000
⊟02	12000	6000	6000
康师傅	[illegible]	[illegible]	[illegible]
⊟03	13000	6000	7000
统一	13000	6000	7000
⊟04	8000	3000	5000
太平	8000	3000	5000
⊟05	15000	6000	9000
可口可乐	15000	6000	9000
⊟06	7000	2000	5000
汇源	7000	2000	5000
⊟07	9000	3000	6000
百事	9000	3000	6000
⊟08	9000	3000	6000
百事	9000	3000	6000
总计	83000	33000	50000

11 公式的应用技巧

学前提示

在日常生活中，除了在工作表中输入数据外，通常还需要对数据进行计算，如求和、求平均值等，Excel 提供了强大的数据计算功能，用户可以使用运算符和函数创建公式，系统将按公式自动进行计算，从而提高工作效率。

本章知识重点

- 在编辑栏中输入公式
- 使用快捷键修改公式
- 复制公式计算数据
- 移动单元格中的公式
- 删除公式保留计算结果
- 追踪引用单元格
- 追踪从属单元格
- 利用公式进行求和计算
- 利用公式求出计数结果
- 快速求出数据的最大值

学完本章后你会做什么

- 掌握公式的输入、复制、修改等操作方法
- 掌握追踪引用单元格的操作方法
- 掌握利用公式求出计数结果的操作方法

视频演示

学生成绩表

姓名	语文	数学	体育	总分
阳凤	77	59	86	222
王刚	96	81	85	
周滟	81	92	92	
李娟	85	92	81	
张洁	91	92	82	
李芳	92	77	59	
孙琴	59	85	81	
杨明	81	72	77	
赵静	90	34	92	
曾婷	85	92	59	

选择单元格创建公式

工资表

编号	姓名	部门	底薪	奖金	工资	
001	陈双	人事部	2000	400	2400	陈双2400
002	张宁	销售部	1250	200	1450	
003	赵刚	销售部	1200	220	1420	
004	余益	人事部	600	300		
005	姚林	销售部	800	350		
006	曾明	销售部	1250	250		
007	谢意	销售部	1100	200		
008	丁祥	销售部	1250	200		
009	刘屏	销售部	1400	250		

追踪引用单元格

298 快速掌握公式

在 Excel 2010 中，公式是函数的基础，它是单元格中的一系列值、单元格引用、名称或运算符的组合。使用公式可以执行各种运算，公式可以包括运算符、单元格引用、数值、工作表函数以及名称中的任意元素。

如果公式中同时用到多个运算符即运算符里既有加法，又有减法、乘法以及除法时，对于同一级运算，按照从等号左边到右边的顺序进行计算，对于不在同一级的运算符，则按照运算符的优先级进行运算，算术运算符的优先级是先乘、除运算，再加、减运算。

299 输入公式的方法

在 Excel 2010 中，输入公式的方法与输入文本的方法类似，选择需要输入公式的单元格，在编辑栏中输入“＝”号，然后输入公式内容即可。

步骤 01 启动 Excel 2010，选择需要输入公式的单元格，如 A3 单元格，并在单元格中输入公式：=50，如下图所示。

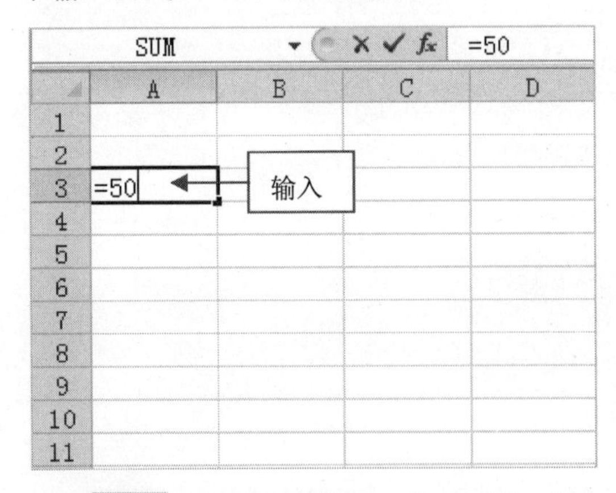

步骤 02 选定同列的下一个单元格，输入公式：=A3*520，如下图所示。

输入公式后，单元格中将显示公式的计算结果，而编辑栏中显示的则是输入的公式。

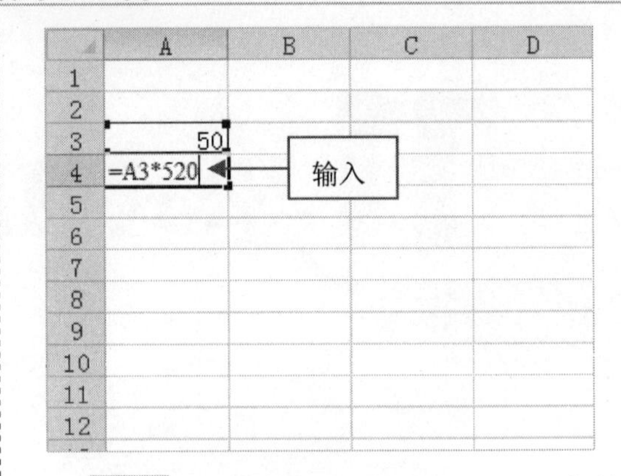

步骤 03 按【Enter】键确认，即可在单元格中显示计算的结果，如下图所示。

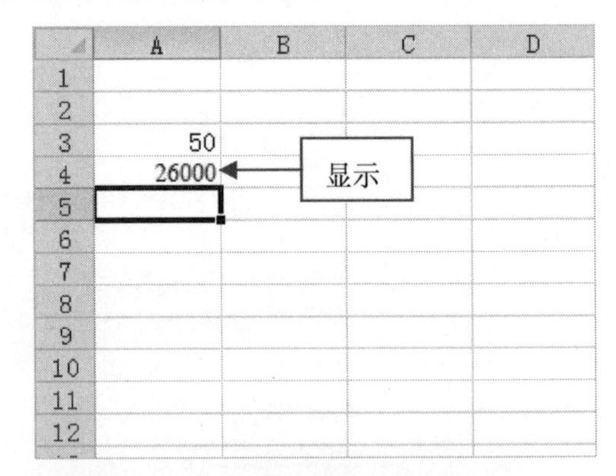

300 快速显示公式

在 Excel 2010 中，当用户在单元格中输入公式，按【Enter】键确认后，只显示数据的计算结果，而没有显示公式，如果需要显示公式，可通过“Excel 选项”对话框进行设置。

步骤 01 启动 Excel 2010，单击“文件”|“选项”命令，如下图所示。

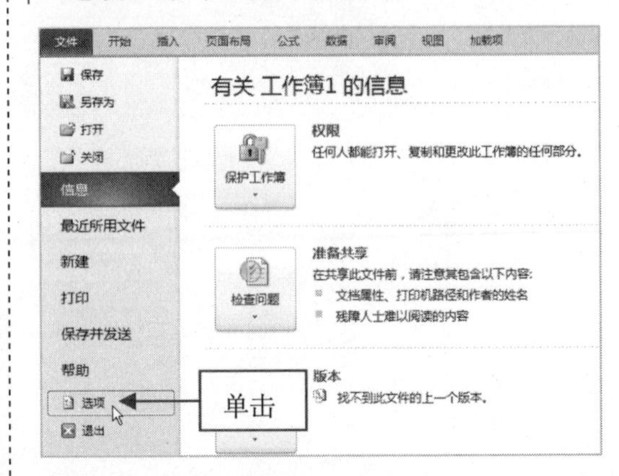

步骤02 弹出“Excel 选项”对话框，切换至“高级”选项卡，如下图所示。

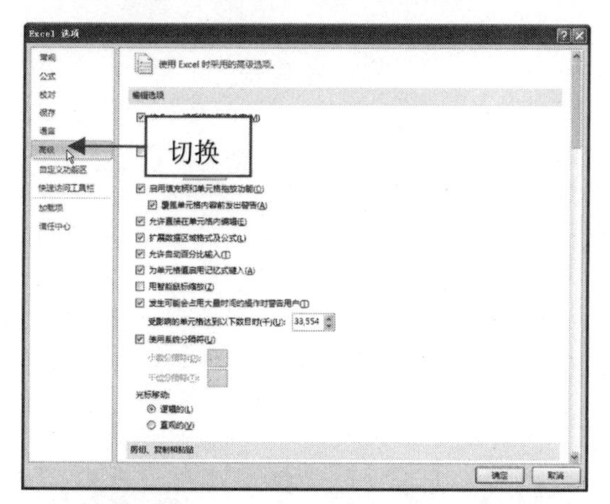

步骤03 拖动滚动条，在“此工作表的显示选项”选项区中选中“在单元格中显示公式而非其计算结果”复选框，如下图所示。

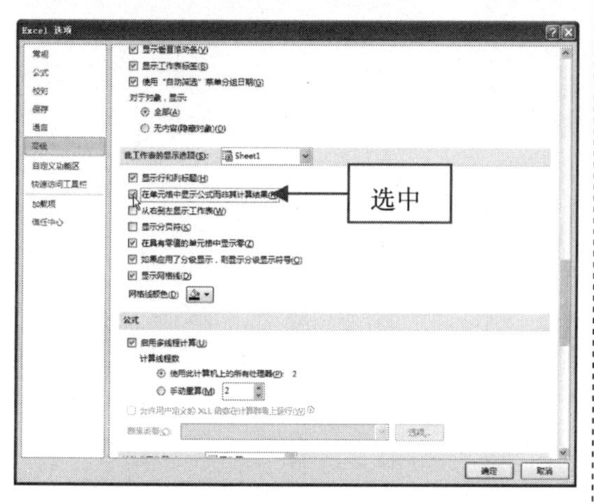

步骤04 设置完成后，单击“确定”按钮，即可在单元格中显示公式而不是计算结果，如下图所示。

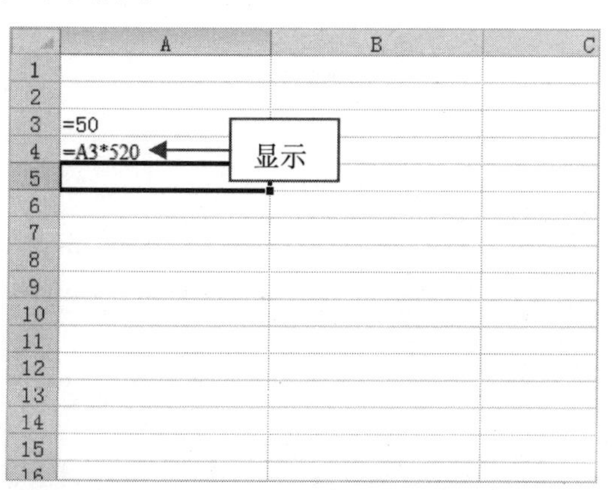

301 在编辑栏中输入公式

在 Excel 2010 中，用户不仅可在单元格中输入公式，还可在编辑栏中输入公式。

步骤01 启动 Excel 2010，选择需要输入公式的单元格，然后将光标定位于编辑栏中，如下图所示。

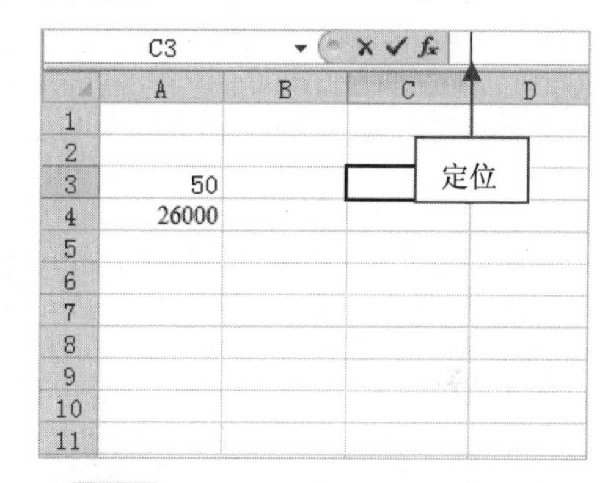

步骤02 在编辑栏中输入相应公式，如下图所示。

SUM =A3+A4

	A	B	C	D
1				
2				
3	50		=A3+A4	
4	26000			
5				
6				
7				
8				
9				
10				
11				

输入

步骤03 输入完成后，按【Enter】键确认即可，如下图所示。

	A	B	C	D
1				
2				
3	50		26050	
4	26000			
5				
6				
7				
8				
9				
10				
11				
12				

显示

302 选择单元格创建公式

在 Excel 2010 中，通过鼠标选择单元格创建公式，可以提高用户的工作效率。

步骤01 打开一个 Excel 文件，选择需要创建公式的单元格，输入“=”号，如下图所示。

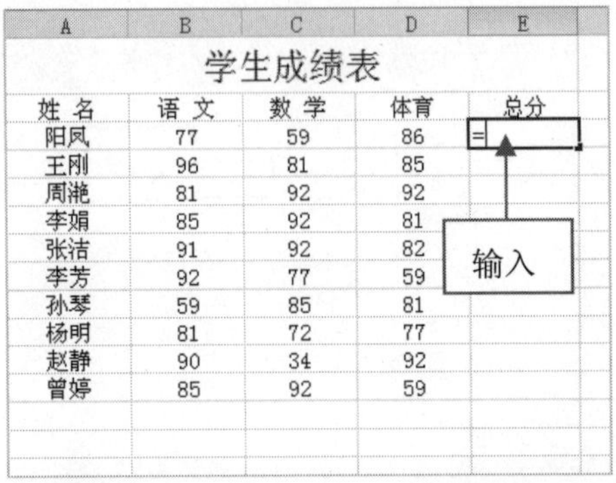

A	B	C	D	E
学生成绩表				
姓 名	语 文	数 学	体育	总分
阳凤	77	59	86	=
王刚	96	81	85	
周滟	81	92	92	
李娟	85	92	81	
张洁	91	92	82	
李芳	92	77	59	
孙琴	59	85	81	
杨明	81	72	77	
赵静	90	34	92	
曾婷	85	92	59	

输入

步骤02 选择 B3 单元格，然后输入“+”号，再选择 C3 单元格，如下图所示。

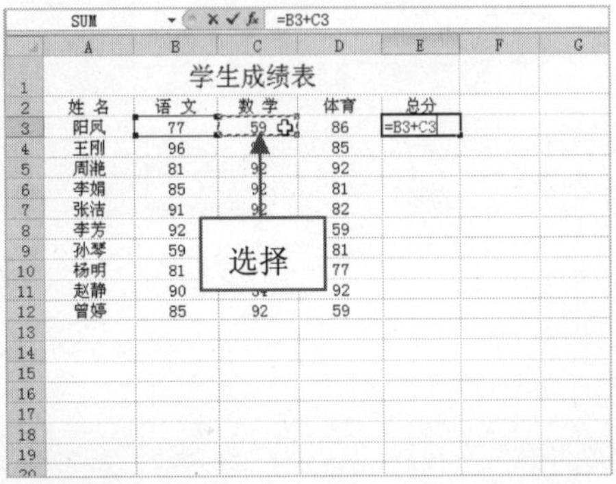

SUM =B3+C3

	A	B	C	D	E	F	G
1	学生成绩表						
2	姓 名	语 文	数 学	体育	总分		
3	阳凤	77	59	86	=B3+C3		
4	王刚	96	81	85			
5	周滟	81	92	92			
6	李娟	85	92	81			
7	张洁	91	92	82			
8	李芳	92		59			
9	孙琴	59		81			
10	杨明	81		77			
11	赵静	90	34	92			
12	曾婷	85	92	59			
13							
14							
15							
16							
17							
18							
19							

选择

步骤03 继续输入“+”号，选择 D3 单元格，即可在需要创建公式的单元格中显示出数据的公式，如下图所示。

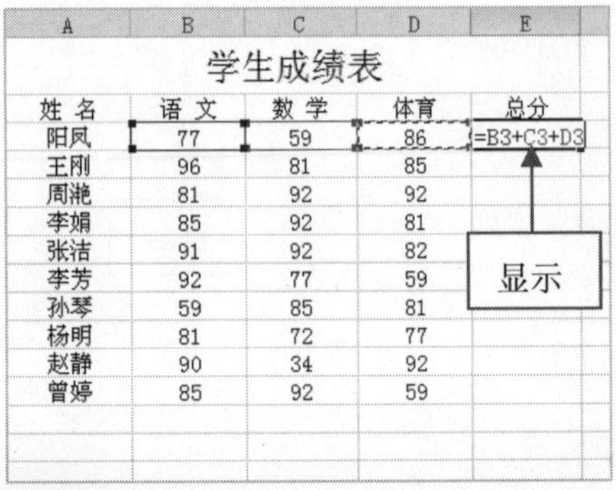

A	B	C	D	E
学生成绩表				
姓 名	语 文	数 学	体育	总分
阳凤	77	59	86	=B3+C3+D3
王刚	96	81	85	
周滟	81	92	92	
李娟	85	92	81	
张洁	91	92	82	
李芳	92	77	59	
孙琴	59	85	81	
杨明	81	72	77	
赵静	90	34	92	
曾婷	85	92	59	

显示

步骤04 按【Enter】键确认，即可得出计算结果，如下图所示。

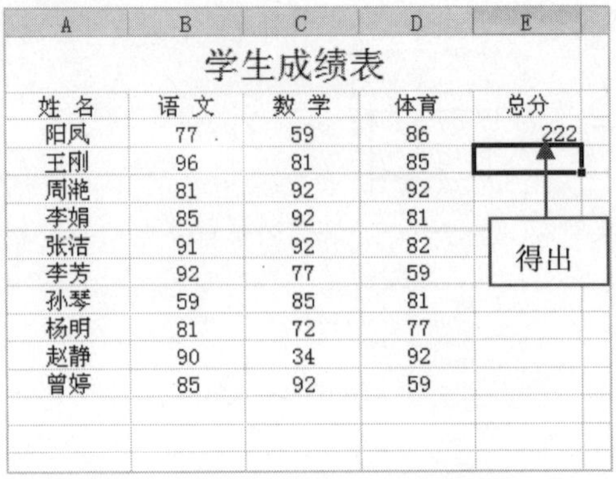

A	B	C	D	E
学生成绩表				
姓 名	语 文	数 学	体育	总分
阳凤	77	59	86	222
王刚	96	81	85	
周滟	81	92	92	
李娟	85	92	81	
张洁	91	92	82	
李芳	92	77	59	
孙琴	59	85	81	
杨明	81	72	77	
赵静	90	34	92	
曾婷	85	92	59	

得出

303 使用快捷键修改公式

在 Excel 2010 中，还可以使用快捷键修改公式。

步骤01 打开上一例效果文件，选择需要修改公式的单元格，如下图所示。

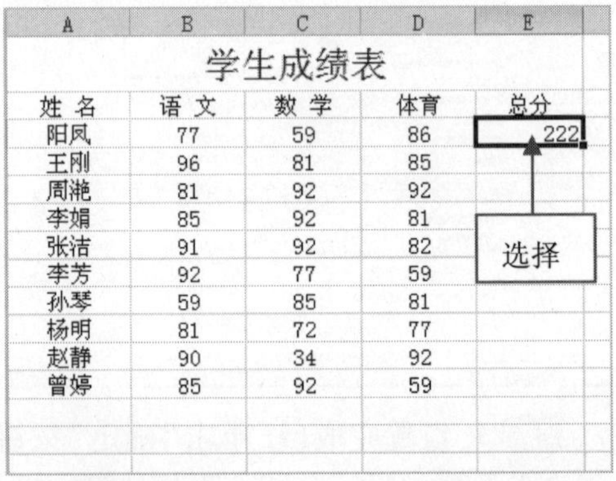

A	B	C	D	E
学生成绩表				
姓 名	语 文	数 学	体育	总分
阳凤	77	59	86	222
王刚	96	81	85	
周滟	81	92	92	
李娟	85	92	81	
张洁	91	92	82	
李芳	92	77	59	
孙琴	59	85	81	
杨明	81	72	77	
赵静	90	34	92	
曾婷	85	92	59	

选择

步骤02 按【F2】键，即可进入公式编辑状态，如下图所示。

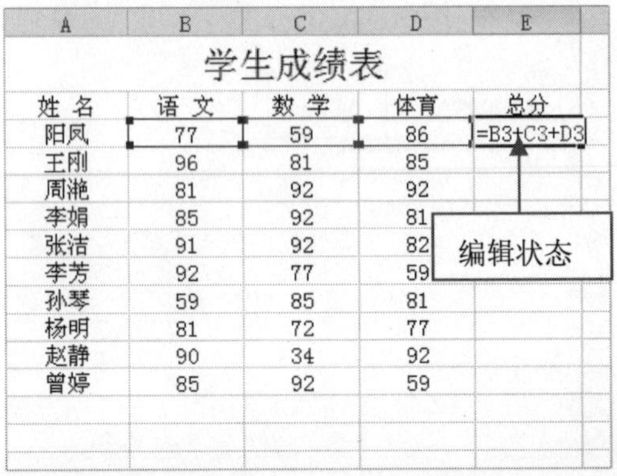

A	B	C	D	E
学生成绩表				
姓 名	语 文	数 学	体育	总分
阳凤	77	59	86	=B3+C3+D3
王刚	96	81	85	
周滟	81	92	92	
李娟	85	92	81	
张洁	91	92	82	
李芳	92	77	59	
孙琴	59	85	81	
杨明	81	72	77	
赵静	90	34	92	
曾婷	85	92	59	

编辑状态

步骤 03　执行上述操作后，根据需要对公式进行修改即可。

304 在不同的工作表之间引用计算数据

在 Excel 2010 中，通常用户在编写公式时，公式的数据源都是在同一张工作表中。但是，也可以根据需要引用其他工作表中的数据源。

步骤 01　启动 Excel 2010，在不同工作表的相应位置输入相应数据，选择目标工作表的 C5 单元格，输入“=”号，如下图所示。

步骤 02　然后选择各工作表中需要进行计算的单元格对象，如下图所示。

步骤 03　按【Enter】进行确认，即可得出计算结果，实现在不同的工作表中引用计算数据，如下图所示。

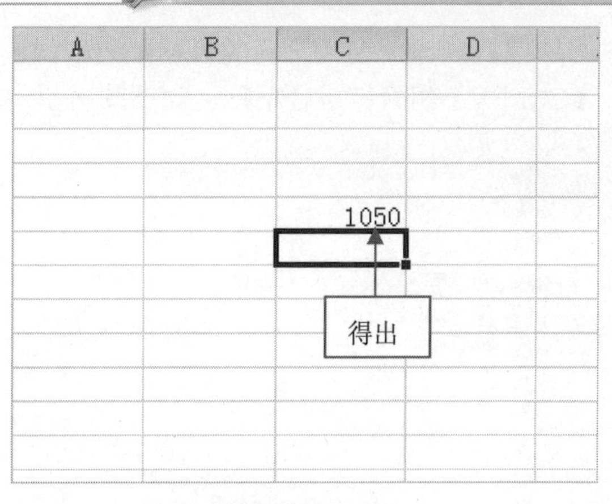

305 复制公式

在 Excel 2010 中，如果在工作表中需要使用相同的公式，可不必再重新输入公式，直接将其复制到所需的单元格即可。

步骤 01　打开一个 Excel 文件，选择需要复制公式的单元格，如下图所示。

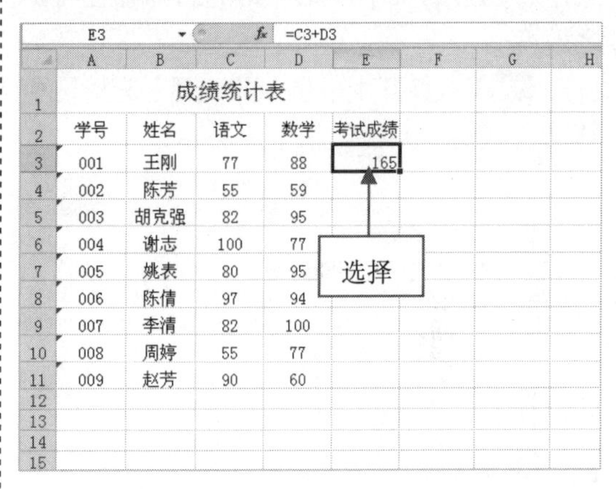

成绩统计表

学号	姓名	语文	数学	考试成绩
001	王刚	77	88	165
002	陈芳	55	59	
003	胡克强	82	95	
004	谢志	100	77	
005	姚表	80	95	
006	陈倩	97	94	
007	李清	82	100	
008	周婷	55	77	
009	赵芳	90	60	

步骤 02　按【Ctrl＋C】组合键，进行复制，如下图所示。

成绩统计表

学号	姓名	语文	数学	考试成绩
001	王刚	77	88	165
002	陈芳	55	59	
003	胡克强	82	95	
004	谢志	100	77	
005	姚表	80	95	
006	陈倩	97	94	
007	李清	82	100	
008	周婷	55	77	
009	赵芳	90	60	

步骤03 选择复制公式的目标单元格，按【Ctrl＋V】组合键进行粘贴，如下图所示。

E4 =C4+D4

学号	姓名	语文	数学	考试成绩
001	王刚	77	88	165
002	陈芳	55	59	114
003	胡克强	82	95	
004	谢志	100	77	
005	姚表	80	95	
006	陈倩	97	94	
007	李清	82	100	
008	周婷	55	77	
009	赵芳	90	60	

粘贴

306 移动单元格中的公式

在 Excel 2010 中，创建的公式，可以移动到其他单元格中，移动公式后，改变原公式中各元素的大小，此单元格的内容也将随之改变。

步骤01 打开上一例效果文件，选择需要移动公式的单元格，如下图所示。

E3 =C3+D3

学号	姓名	语文	数学	考试成绩
001	王刚	77	88	165
002	陈芳	55	59	114
003	胡克强	82	95	
004	谢志	100	77	
005	姚表	80	95	
006	陈倩	97	94	
007	李清	82	100	
008	周婷	55	77	
009	赵芳	90	60	

选择

步骤02 切换至“开始”选项卡，在“剪贴板”选项面板中单击“剪切”按钮，如下图所示。

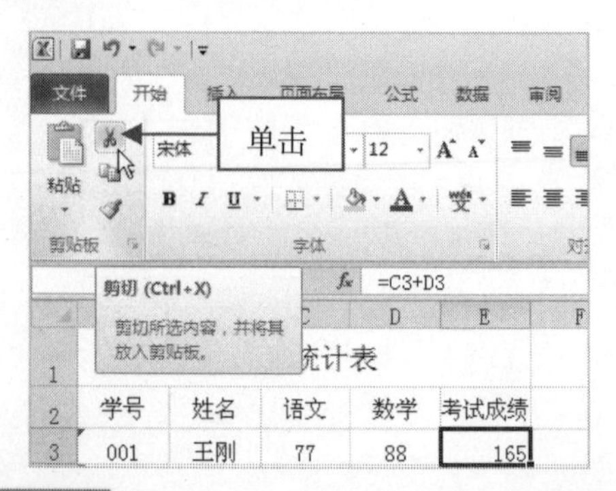

步骤03 选择目标单元格，在“剪贴板”选项面板中单击“粘贴”按钮，如下图所示。

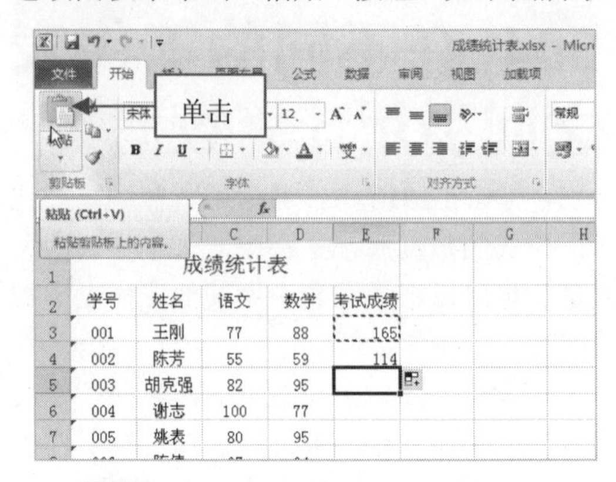

步骤04 执行上述操作后，即可移动单元格中的公式，如下图所示。

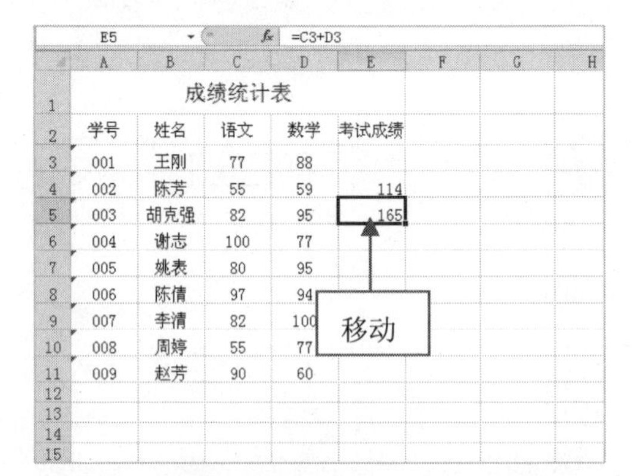

307 通过鼠标移动公式技巧

在 Excel 2010 中，用户还可通过鼠标直接移动公式，方法是：选择需要移动公式的单元格，将鼠标指针移至单元格的边框上，当鼠标指针呈✥形状时，单击鼠标左键并拖曳，至目标单元格后释放鼠标左键即可。此时原单元格中的内容消失，内容显示在目标单元格中，如果要改变公式中引用单元格的值，目标单元格中的值也将随之改变。

308 通过快捷键移动公式

在 Excel 2010 中，还可以通过快捷键快速移动数据公式。方法是：选择需要移动的公式，按【Ctrl＋X】组合键剪切，然后选择需要移动公式的目标单元格，按【Ctrl＋V】组合键即可。

309 了解移动和复制公式的区别

在 Excel 2010 中，当用户移动公式时，公式原样保持不变；但当复制公式时，公式中的单元格引用就会根据引用的相对关系进行自动调整。

310 轻松删除公式

在 Excel 2010 中，当单元格中的计算结果与公式不再需要时，可将其删除。

步骤01 打开上一例效果文件，选择需要删除公式的单元格，如下图所示。

	成绩统计表				
1					
2	学号	姓名	语文	数学	考试成绩
3	001	王刚	77	88	
4	002	陈芳	55	59	114
5	003	胡克强	82	95	165
6	004	谢志	100	77	
7	005	姚表	80	95	
8	006	陈倩	97	94	
9	007	李清	82	100	
10	008	周婷	55	77	
11	009	赵芳	90	60	

选择

步骤02 按【Delete】键，即可删除选择单元格的公式，如下图所示。

	成绩统计表				
1					
2	学号	姓名	语文	数学	考试成绩
3	001	王刚	77	88	
4	002	陈芳	55	59	114
5	003	胡克强	82	95	
6	004	谢志	100	77	
7	005	姚表	80	95	
8	006	陈倩	97	94	
9	007	李清	82	100	
10	008	周婷	55	77	
11	009	赵芳	90	60	

删除

311 删除公式保留计算结果

在 Excel 2010 中，可以根据需要只删除公式，而不删除计算结果。

步骤01 打开上一例效果文件，选择要删除公式的单元格，按【Ctrl＋C】组合键进行复制，如下图所示。

	成绩统计表				
1					
2	学号	姓名	语文	数学	考试成绩
3	001	王刚	77	88	
4	002	陈芳	55	59	114
5	003	胡克强	82	95	
6	004	谢志	100	77	
7	005	姚表	80	95	
8	006	陈倩	97	94	
9	007	李清	82	100	
10	008	周婷	55	77	
11	009	赵芳	90	60	

复制

步骤02 切换至“开始”选项卡，在“剪贴板”选项面板中单击“粘贴”下拉按钮，在弹出的列表框中选择“选择性粘贴”选项，如下图所示。

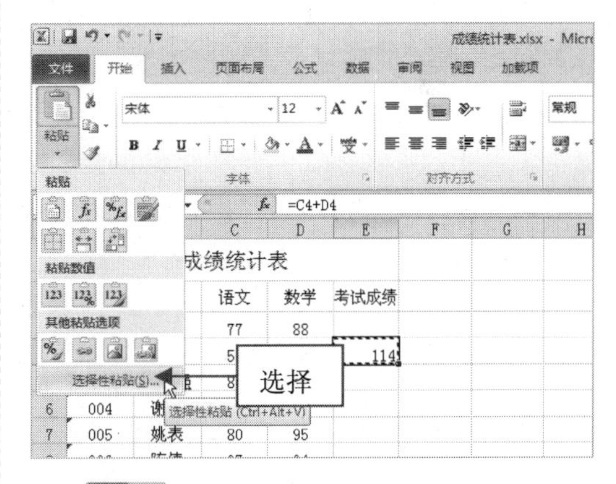

步骤03 弹出“选择性粘贴”对话框，在“粘贴”选项区中选中“数值”单选按钮，如下图所示。

用户可以根据需要在弹出的“选择性粘贴”对话框中，选择其他选项进行粘贴。

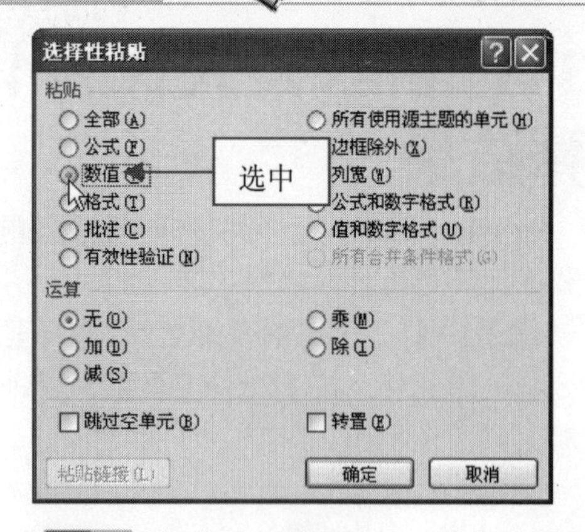

步骤04 执行上述操作后，单击“确定”按钮，即可删除公式并保留计算结果，效果如下图所示。

E4 114

	A	B	C	D	E
1	成绩统计表				
2	学号	姓名	语文	数学	考试成绩
3	001	王刚	77	88	
4	002	陈芳	[illegible]	59	114
5	003	胡克强	82	95	
6	004	谢志	100	77	
7	005	姚表	80	95	
8	006	陈倩	97	94	

保留

312 控制公式运算

在 Excel 2010 中，当公式中的变量如果发生了改变，那么公式的计算结果也会随之而自动更新，此时用户可以根据需要设置停止自动更新公式，然后手动更新。

步骤01 打开一个 Excel 文件，选择需要设置的工作表，如下图所示。

A1 工资表

	A	B	C	D	E	F
1	工资表					
2	编号	姓名	部门	底薪	奖金	工资
3	001	陈双	人事部	1000	400	1400
4	002	张宁	销售部	1250	200	1450
5	003	赵刚	销售部	1200	220	1420
6	004	余益	人事部	600	300	
7	005	姚林	销售部	800	350	
8	006	曾明	销售部	1250	250	
9	007	谢意	销售部	1100	200	
10	008	丁祥	销售部	1250	200	
11	009	刘屏	销售部	1400	250	

步骤02 切换至“公式”选项卡，在“计算”选项面板中单击“计算选项”下拉按钮，在弹出的列表框中选择“手动”选项，如下图所示。

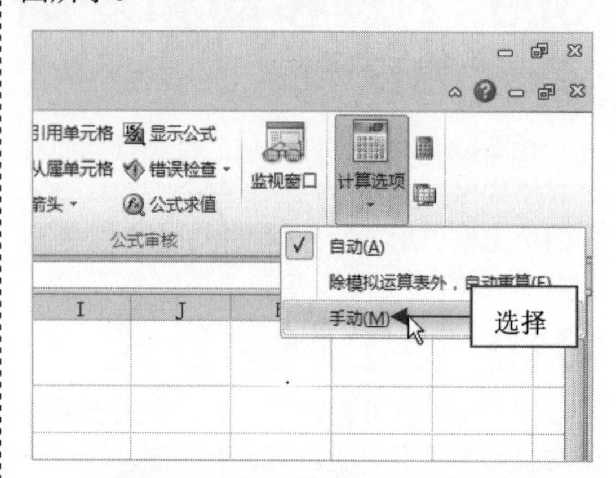

步骤03 执行上述操作后，当再次修改公式中的变量时，Excel 就不会自动计算结果，如下图所示。

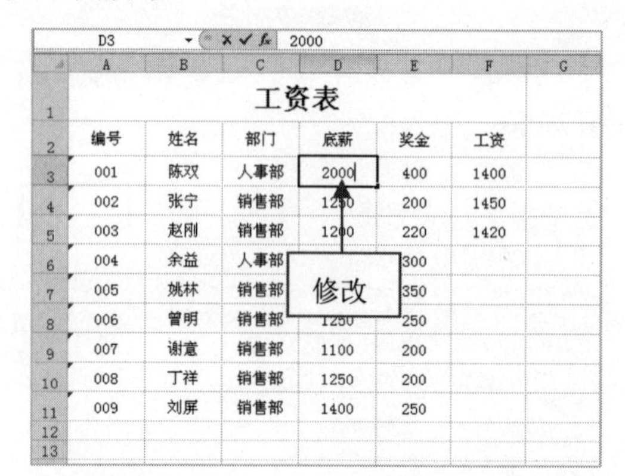

D3 2000

	A	B	C	D	E	F
1	工资表					
2	编号	姓名	部门	底薪	奖金	工资
3	001	陈双	人事部	2000	400	1400
4	002	张宁	销售部	1250	200	1450
5	003	赵刚	销售部	1200	220	1420
6	004	余益	人事部	[illegible]	300	
7	005	姚林	销售部	[illegible]	350	
8	006	曾明	销售部	1250	250	
9	007	谢意	销售部	1100	200	
10	008	丁祥	销售部	1250	200	
11	009	刘屏	销售部	1400	250	

步骤04 此时，在“计算”选项面板中单击“开始计算”按钮，或按【F9】键，才可进行计算（效果如下图所示），完成公式手动更新的操作。

D3 2000

	A	B	C	D	E	F
1	工资表					
2	编号	姓名	部门	底薪	奖金	工资
3	001	陈双	人事部	2000	400	2400
4	002	张宁	销售部	1250	200	1450
5	003	赵刚	销售部	1200	220	1420
6	004	余益	人事部	600	300	
7	005	姚林	销售部	800	350	
8	006	曾明	销售部	1250	250	
9	007	谢意	销售部	1100	200	
10	008	丁祥	销售部	1250	200	
11	009	刘屏	销售部	1400	250	

显示

313 利用公式合并单元格内容

在 Excel 2010 中，当用户需要的内容被放在两个不同的单元格时，可通过符号&将其合并到一个新的单元格中。

步骤 01　打开上一例效果文件，选择 G3 单元格，如下图所示。

工资表						
编号	姓名	部门	底薪	奖金	工资	
001	陈双	人事部	[illegible]	[illegible]	2400	
002	张宁	销售部	[illegible]	[illegible]	1450	
003	赵刚	销售部	1200	220	1420	
004	余益	人事部	600	300		
005	姚林	销售部	800	350		
006	曾明	销售部	1250	250		
007	谢意	销售部	1100	200		
008	丁祥	销售部	1250	200		
009	刘屏	销售部	1400	250		

选择

步骤 02　然后在单元格中输入公式：=B3&F3，如下图所示。

工资表						
编号	姓名	部门	底薪	奖金	工资	
001	陈双	人事部	2000	400	2400	=B3&F3
002	张宁	销售部	1250	200	1450	
003	赵刚	销售部	1200	220	1420	
004	余益	人事部	600	300		
005	姚林	销售部	800	350		
006	曾明	销售部	1250	250		
007	谢意	销售部	1100	200		
008	丁祥	销售部	1250	200		
009	刘屏	销售部	1400	250		

输入

步骤 03　按【Enter】键确认，即可合并两个单元格中的内容，如下图所示。

工资表						
编号	姓名	部门	底薪	奖金	工资	
001	陈双	人事部	2000	400	2400	陈双2400
002	张宁	销售部	1250	200	1450	
003	赵刚	销售部	1200	220	1420	
004	余益	人事部	600	300		
005	姚林	销售部	800	350		
006	曾明	销售部	1250	250		
007	谢意	销售部	1100	200		
008	丁祥	销售部	1250	200		
009	刘屏	销售部	1400	250		

合并

314 查找工作表中使用公式的单元格

在 Excel 2010 中，当一张工作表中的数据较多时，可以快速查找出工作表中使用公式的单元格。

步骤 01　打开上一例效果文件，切换至“开始”选项卡，在“编辑”选项面板中单击“查找和选择”下拉按钮，在弹出的列表框中选择“定位条件”选项，如下图所示。

步骤 02　弹出“定位条件”对话框，在其中选中“公式”单选按钮，如下图所示。

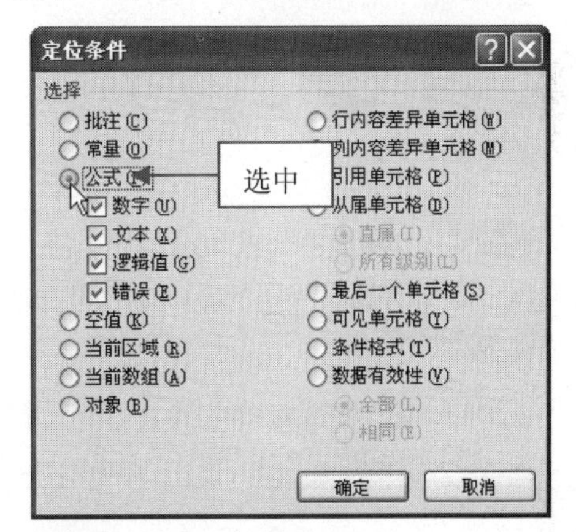

步骤 03　执行上述操作后，单击“确定”按钮，即可选择工作表中使用公式的单元格，如下图所示。

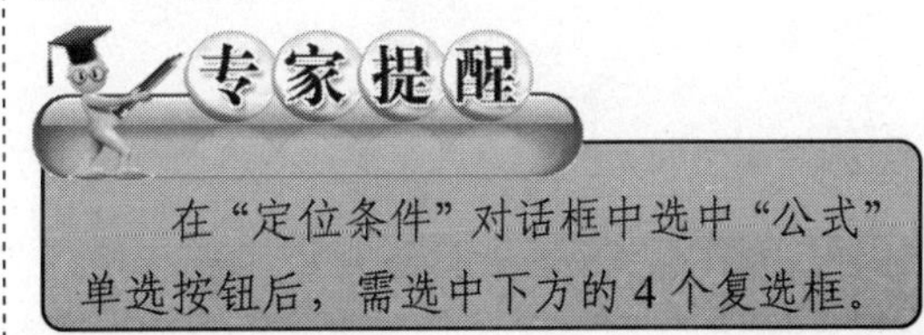

在“定位条件”对话框中选中“公式”单选按钮后，需选中下方的 4 个复选框。

工资表						
编号	姓名	部门	底薪	奖金	工资	
001	陈双	人事部	2000	400	2400	陈双2400
002	张宁	销售部	1250	200	1450	
003	赵刚	销售部	1200	220	1420	
004	余益	人事部	600	300		
005	姚林	销售部	800	350		
006	曾明	销售部	1250	250		
007	谢意	销售部	1100	200		
008	丁祥	销售部	1250	200		
009	刘屏	销售部	1400	250		

315 追踪引用单元格

在 Excel 2010 中，引用单元格是指被其他单元格中的公式引用的单元格。

步骤 01 打开上一例效果文件，选择相应单元格，如下图所示。

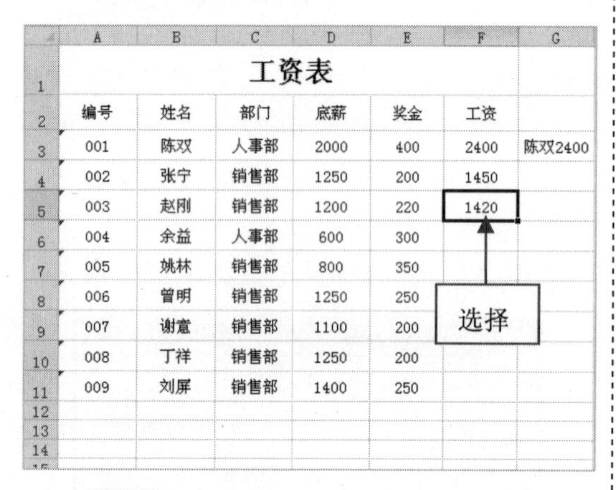

	A	B	C	D	E	F	G
1	工资表						
2	编号	姓名	部门	底薪	奖金	工资	
3	001	陈双	人事部	2000	400	2400	陈双2400
4	002	张宁	销售部	1250	200	1450	
5	003	赵刚	销售部	1200	220	1420	
6	004	余益	人事部	600	300		
7	005	姚林	销售部	800	350		
8	006	曾明	销售部	1250	250		
9	007	谢意	销售部	1100	200		
10	008	丁祥	销售部	1250	200		
11	009	刘屏	销售部	1400	250		

步骤 02 切换至“公式”选项卡，在“公式审核”选项面板中单击“追踪引用单元格”按钮，如下图所示。

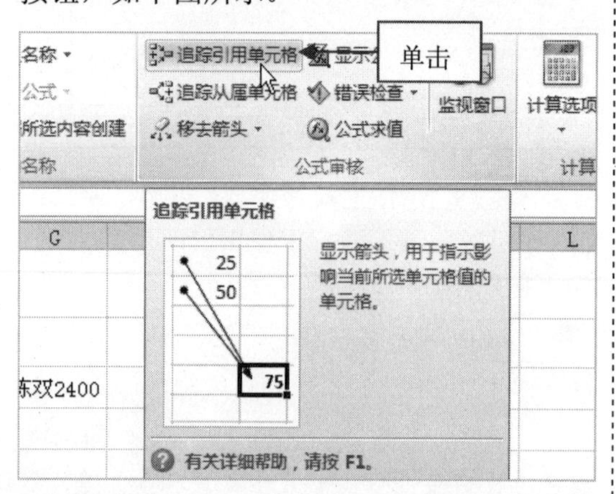

步骤 03 执行上述操作后，Excel 将自动添加箭头分别标示每一个直接引用的单元格，如下图所示。

工资表						
编号	姓名	部门	底薪	奖金	工资	
001	陈双	人事部	2000	400	2400	陈双2400
002	张宁	销售部	1250	200	1450	
003	赵刚	销售部	1200	220	1420	
004	余益	人事部	600	300		
005	姚林	销售部	800	350		
006	曾明	销售部	1250			
007	谢意	销售部	1100			
008	丁祥	销售部	1250	200		
009	刘屏	销售部	1400	250		

316 追踪从属单元格

在 Excel 2010 中，从属单元格是指从属单元格中的公式引用了其他单元格。

步骤 01 打开上一例效果文件，选择相应单元格，如下图所示。

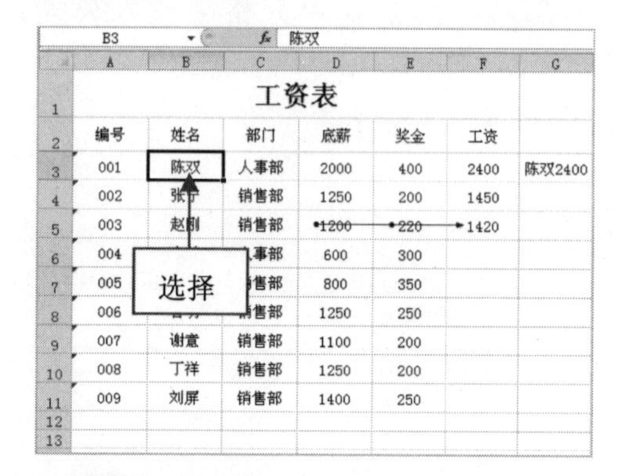

B3 陈双

	A	B	C	D	E	F	G
1	工资表						
2	编号	姓名	部门	底薪	奖金	工资	
3	001	陈双	人事部	2000	400	2400	陈双2400
4	002	张宁	销售部	1250	200	1450	
5	003	赵刚	销售部	1200	220	1420	
6	004		人事部	600	300		
7	005		销售部	800	350		
8	006		销售部	1250	250		
9	007	谢意	销售部	1100	200		
10	008	丁祥	销售部	1250	200		
11	009	刘屏	销售部	1400	250		

步骤 02 切换至“公式”选项卡，在“公式审核”选项面板中，单击“追踪从属单元格”按钮，如下图所示。

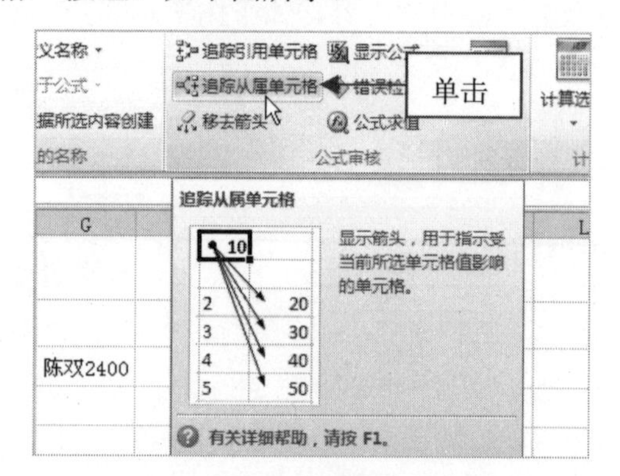

步骤 03　执行上述操作后，Excel 将自动添加箭头分别指向每一个直接从属的单元格，如下图所示。

工资表						
编号	姓名	部门	底薪	奖金	工资	
001	陈双	人事部	2000	400	2400	陈双2400
002	张宁	销售部	1250	200	1450	
003	赵刚	销售部	1200	220	1420	
004	余益	人事部	600			
005	姚林	销售部	800			
006	曾明	销售部	1250	250		
007	谢意	销售部	1100	200		
008	丁祥	销售部	1250	200		
009	刘屏	销售部	1400	250		

显示

317 利用公式进行求和计算

在 Excel 2010 中，求和计算是计算工作中使用最多的一种计算方法，在其中可以利用公式快速进行求和计算。

步骤 01　打开上一例效果文件，选择需要放置求和结果的单元格，如下图所示。

D12

	A	B	C	D	E	F	G
1	工资表						
2	编号	姓名	部门	底薪	奖金	工资	
3	001	陈双	人事部	2000	400	2400	陈双2400
4	002	张宁	销售部	1250	200	1450	
5	003	赵刚	销售部	1200	220	1420	
6	004	余益	人事部	600	300		
7	005	姚林	销售部	800	350		
8	006	曾明	销售部	1250	250		
9	007	谢意	销售部	1100	200		
10	008	丁祥	销售部	1250	200		
11	009	刘屏	销售部	1400	250		
12							
13							

选择

步骤 02　切换至“公式”选项卡，在“函数库”选项面板中，单击“自动求和”按钮，在弹出的列表框中选择“求和”选项，如下图所示。

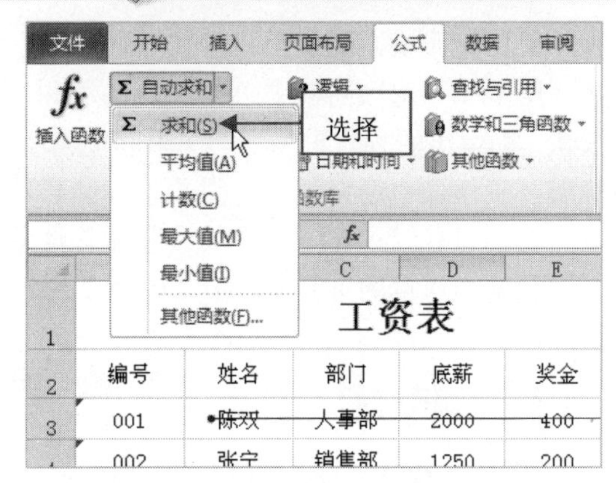

在弹出的列表框中，用户也可以根据需要选择其他选项，进行公式运算。

步骤 03　执行上述操作后，在工作表中选择需要求和的单元格，如下图所示。

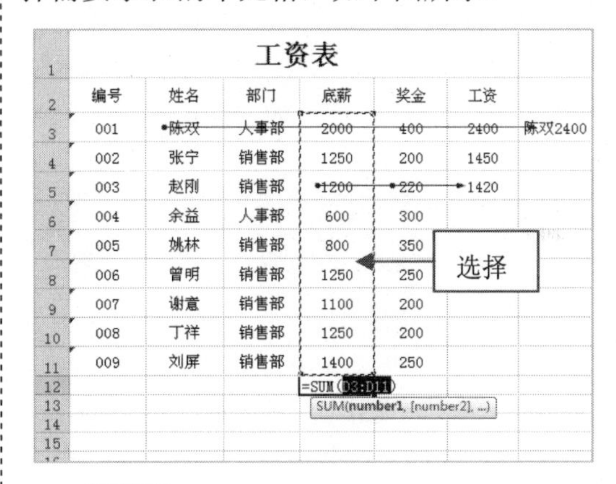

1	工资表						
2	编号	姓名	部门	底薪	奖金	工资	
3	001	陈双	人事部	2000	400	2400	陈双2400
4	002	张宁	销售部	1250	200	1450	
5	003	赵刚	销售部	1200	220	1420	
6	004	余益	人事部	600	300		
7	005	姚林	销售部	800	350		
8	006	曾明	销售部	1250	250		
9	007	谢意	销售部	1100	200		
10	008	丁祥	销售部	1250	200		
11	009	刘屏	销售部	1400	250		
12				=SUM(D3:D11)			

步骤 04　然后按【Enter】键进行确认，即可求得计算结果，如下图所示。

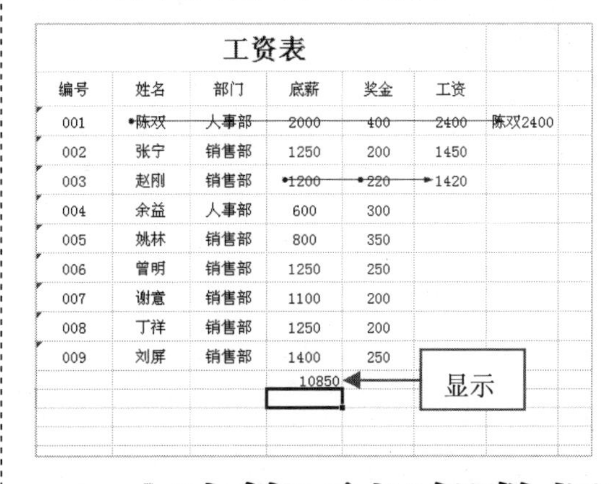

工资表						
编号	姓名	部门	底薪	奖金	工资	
001	陈双	人事部	2000	400	2400	陈双2400
002	张宁	销售部	1250	200	1450	
003	赵刚	销售部	1200	220	1420	
004	余益	人事部	600	300		
005	姚林	销售部	800	350		
006	曾明	销售部	1250	250		
007	谢意	销售部	1100	200		
008	丁祥	销售部	1250	200		
009	刘屏	销售部	1400	250		
			10850			

318 计算不相邻数据的总和

在 Excel 2010 中，除了可对相邻区域中数据进行求和外，还可对不相邻区域中的数据进行求和计算。方法是：选择需要放置求和结果的单元格，切换至“公式”选项卡，在“函数库”选项面板中单击“自动求和”按钮，在弹出的列表框中选择“求和”选项，然后在工作表中选择第一个需要求和计算的单元格，按住【Ctrl】键的同时选择其他需要进行求和计算的单元格，按【Enter】键确认即可。

319 利用公式计算多个数据的平均值

在 Excel 2010 中，还可以利用公式计算多个数据的平均值。

步骤 01 打开一个 Excel 文件，选择需要放置平均值的单元格，如下图所示。

B11

	A	B	C	D	E
1	销售数据				
2	销售人员	基本工资	本月销售额	销售提成	应得收入
3	李丽	¥1,200.00	¥11,000.00	¥180.00	¥1,380.00
4	孙慧	¥1,150.00	¥9,500.00	¥190.00	¥1,340.00
5	张杰	¥1,120.00	¥10,000.00	¥200.00	¥1,320.00
6	黎辉	¥1,200.00	¥13,000.00	¥220.00	¥1,420.00
7	王明	¥1,150.00	¥8,500.00	¥180.00	¥1,330.00
8	小红	¥1,400.00	¥9,500.00	¥250.00	¥1,650.00
9	孙珊	¥1,150.00	¥11,236.00	¥230.00	¥1,380.00
10	赵刚	¥1,000.00	¥15,0	0.00	¥1,150.00
11			选择		
12					

步骤 02 切换至“公式”选项卡，在“函数库”选项面板中单击“自动求和”按钮，在弹出的列表框中选择“平均值”选项，如下图所示。

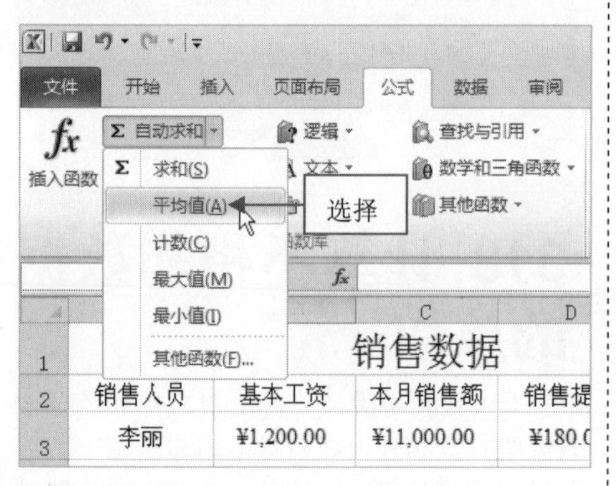

步骤 03 执行上述操作后，在工作表中选择需要求平均值的单元格，如下图所示。

销售数据				
销售人员	基本工资	本月销售额	销售提成	应得收入
李丽	¥1,200.00	¥11,000.00	¥180.00	¥1,380.00
孙慧	¥1,150.00	¥9,500.00	¥190.00	¥1,340.00
张杰	¥1,120.00	¥10,000.00	¥200.00	¥1,320.00
黎辉	¥1,200.00	¥13,00 选择		¥1,420.00
王明	¥1,150.00	¥8,50		¥1,330.00
小红	¥1,400.00	¥9,500.00	¥250.00	¥1,650.00
孙珊	¥1,150.00	¥11,236.00	¥230.00	¥1,380.00
赵刚	¥1,000.00	¥15,000.00	¥150.00	¥1,150.00
	=AVERAGE(B3:B10)			
	AVERAGE(number1, [number2], ...)			

步骤 04 按【Enter】键进行确认，即可算出平均值的计算结果，如下图所示。

1	销售数据				
2	销售人员	基本工资	本月销售额	销售提成	应得收入
3	李丽	¥1,200.00	¥11,000.00	¥180.00	¥1,380.00
4	孙慧	¥1,150.00	¥9,500.00	¥190.00	¥1,340.00
5	张杰	¥1,120.00	¥10,000.00	¥200.00	¥1,320.00
6	黎辉	¥1,200.00	¥13,000.00	¥220.00	¥1,420.00
7	王明	¥1,150.00	¥8,500.00	¥180.00	¥1,330.00
8	小红	¥1,400.00	¥9,500.00	¥250.00	¥1,650.00
9	孙珊	¥1,150.00	¥11,236.00	¥230.00	¥1,380.00
10	赵刚	¥1,000.00	¥15,000.0		¥1,150.00
11		¥1,171.25	显示		
12					
13					
14					
15					

320 利用公式求出计数结果

在 Excel 2010 中，有时需要求出某些数据的计数结果。

步骤 01 打开上一例效果文件，选择需要放置计数结果的单元格，如下图所示。

	A	B	C	D	E
1	销售数据				
2	销售人员	基本工资	本月销售额	销售提成	应得收入
3	李丽	¥1,200.00	¥11,000.00	¥180.00	¥1,380.00
4	孙慧	¥1,150.00	¥9,500.00	¥190.00	¥1,340.00
5	张杰	¥1,120.00	¥10,000.00	¥200.00	¥1,320.00
6	黎辉	¥1,200.00	¥13,000.00	¥220.00	¥1,420.00
7	王明	¥1,150.00	¥8,500.00	¥180.00	¥1,330.00
8	小红	¥1,400.00	¥9,500.00	¥250.00	¥1,650.00
9	孙珊	¥1,150.00	¥11,236.00	¥230.00	¥1,380.00
10	赵刚	¥1,000.00	¥15,000.00	¥150	00
11		¥1,171.25		选择	
12					
13					
14					

步骤 02 切换至“公式”选项卡，在“函数库”选项面板中单击“自动求和”按钮，在弹出的列表框中选择“计数”选项，如下图所示。

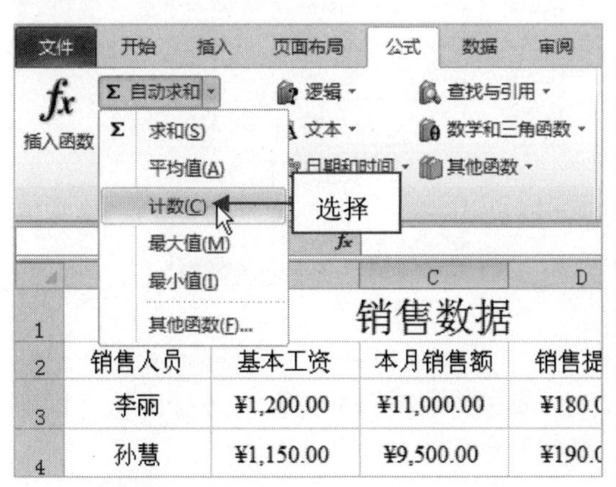

步骤 03 执行上述操作后，在工作表中选择需要计数的单元格，如下图所示。

	A	B	C	D	E
1	销售数据				
2	销售人员	基本工资	本月销售额	销售提成	应得收入
3	李丽	¥1,200.00	¥11,000.00	¥180.00	¥1,380.00
4	孙慧	¥1,150.00	¥9,500.00	¥190.00	¥1,340.00
5	张杰	¥1,120.00	¥10,000.00	¥200.00	¥1,320.00
6	黎辉	¥1,200.00	¥13,000.00	¥220	.00
7	王明	¥1,150.00	¥8,500.00	¥180	.00
8	小红	¥1,400.00	¥9,500.00	¥250.00	¥1,650.00
9	孙珊	¥1,150.00	¥11,236.00	¥230.00	¥1,380.00
10	赵刚	¥1,000.00	¥15,000.00	¥150.00	¥1,150.00
11		¥1,171.25	=COUNT(C3:C10)		

选择

COUNT(value1, [value2], ...)

步骤 04 按【Enter】键进行确认，即可得到计数结果，如下图所示。

销售数据				
销售人员	基本工资	本月销售额	销售提成	应得收入
李丽	¥1,200.00	¥11,000.00	¥180.00	¥1,380.00
孙慧	¥1,150.00	¥9,500.00	¥190.00	¥1,340.00
张杰	¥1,120.00	¥10,000.00	¥200.00	¥1,320.00
黎辉	¥1,200.00	¥13,000.00	¥220.00	¥1,420.00
王明	¥1,150.00	¥8,500.00	¥180.00	¥1,330.00
小红	¥1,400.00	¥9,500.00	¥250.00	¥1,650.00
孙珊	¥1,150.00	¥11,236.00	¥230.00	¥1,380.00
赵刚	¥1,000.00	¥15,000.00	¥150.0	.00
	¥1,171.25	8		

显示

321 快速求出数据的最大值

在 Excel 2010 中，提供了快速求出数据最大值的方法，用户可以根据需要求出数据的最大值。

步骤 01 打开上一例效果文件，选择需要放置最大值结果的单元格，如下图所示。

	A	B	C	D	E
1	销售数据				
2	销售人员	基本工资	本月销售额	销售提成	应得收入
3	李丽	¥1,200.00	¥11,000.00	¥180.00	¥1,380.00
4	孙慧	¥1,150.00	¥9,500.00	¥190.00	¥1,340.00
5	张杰	¥1,120.00	¥10,000.00	¥200.00	¥1,320.00
6	黎辉	¥1,200.00	¥13,000.00		¥1,420.00
7	王明	¥1,150.00	¥8,500.00		¥1,330.00
8	小红	¥1,400.00	¥9,500.00		¥1,650.00
9	孙珊	¥1,150.00	¥11,236.00	¥230.00	¥1,380.00
10	赵刚	¥1,000.00	¥15,000.00	¥150.00	¥1,150.00
11		¥1,171.25	8		

步骤 02 切换至“公式”选项卡，在“函数库”选项面板中单击“自动求和”按钮，在弹出的列表框中选择“最大值”选项，如下图所示。

步骤 03 执行上述操作后，在工作表中选择需要求最大值的单元格区域，如下图所示。

销售数据				
销售人员	基本工资	本月销售额	销售提成	应得收入
李丽	¥1,200.00	¥11,000.00	¥180.00	¥1,380.00
孙慧	¥1,150.00	¥9,500.00	¥190.00	¥1,340.00
张杰	¥1,120.00	¥10,000.00	¥200.00	¥1,320.00
黎辉		,000.00	¥220.00	¥1,420.00
王明		,500.00	¥180.00	¥1,330.00
小红	¥1,400.00	¥9,500.00	¥250.00	¥1,650.00
孙珊	¥1,150.00	¥11,236.00	¥230.00	¥1,380.00
赵刚	¥1,000.00	¥15,000.00	¥150.00	¥1,150.00
	¥1,171.25	8	=MAX(D3:D10)	

选择

MAX(number1, [number2], ...)

步骤 04 按【Enter】键进行确认，即可得到最大值，如下图所示。

销售数据				
销售人员	基本工资	本月销售额	销售提成	应得收入
李丽	¥1,200.00	¥11,000.00	¥180.00	¥1,380.00
孙慧	¥1,150.00	¥9,500.00	¥190.00	¥1,340.00
张杰	¥1,120.00	¥10,000.00	¥200.00	¥1,320.00
黎辉	¥1,200.00	¥13,000.00	¥220.00	¥1,420.00
王明	¥1,150.00	¥8,500.00	¥180.00	¥1,330.00
小红	¥1,400.00	¥9,500.00	¥250.00	¥1,650.00
孙珊	¥1,150.00	¥11,236.00	¥230.00	¥1,380.00
赵刚		000.00	¥150.00	¥1,150.00
		8	¥250.00	

显示

322 快速求出数据的最小值

在 Excel 2010 中，求最小值的方法与求最大值的方法类似，用户可以快速求出数据的最小值。

步骤 01 打开上一例效果文件，选择需要放置最小值结果的单元格，如下图所示。

	A	B	C	D	E
1	销售数据				
2	销售人员	基本工资	本月销售额	销售提成	应得收入
3	李丽	¥1,200.00	¥11,000.00	¥180.00	¥1,380.00
4	孙慧	¥1,150.00	¥9,500.00	¥190.00	¥1,340.00
5	张杰	¥1,120.00	¥10,000.00	¥200.00	¥1,320.00
6	黎辉	¥1,200.00	¥13,000.00	¥220.00	¥1,420.00
7	王明	¥1,150.00	¥8,500.00	¥180.00	¥1,330.00
8	小红	¥1,400.00	¥9,500.00	¥250.00	¥1,650.00
9	孙珊	¥1,150.00	¥11,236.00	¥230.00	¥1,380.00
10	赵刚	¥1,000.00		50.00	¥1,150.00
11		¥1,171.25			

选择

步骤 02 切换至“公式”选项卡，在“函数库”选项面板中单击“自动求和”按钮，在弹出的列表框中选择“最小值”选项，如下图所示。

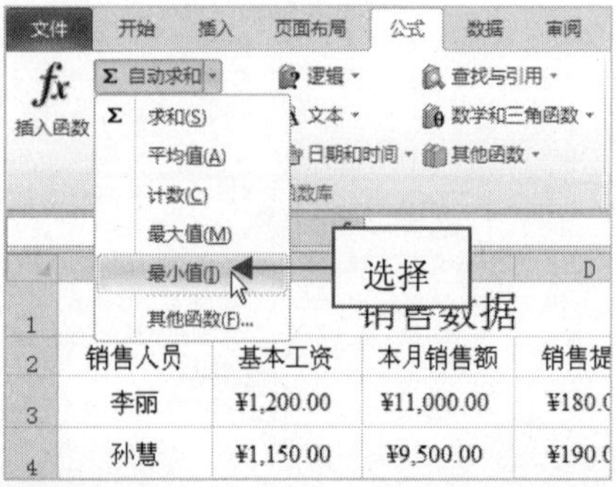

文件 开始 插入 页面布局 公式 数据 审阅
插入函数 自动求和 逻辑 查找与引用 文本 数学和三角函数 日期和时间 其他函数
求和(S)
平均值(A)
计数(C)
最大值(M)
最小值(I)
其他函数(F)...
选择

1	销售数据			
2	销售人员	基本工资	本月销售额	销售提
3	李丽	¥1,200.00	¥11,000.00	¥180.0
4	孙慧	¥1,150.00	¥9,500.00	¥190.0

步骤 03 执行上述操作后，在工作表中选择需要求最小值的单元格区域，如下图所示。

销售数据			
基本工资	本月销售额	销售提成	应得收入
¥1,200.00	¥11,000.00	¥180.00	¥1,380.00
¥1,150.00	¥9,500.00	¥190.00	¥1,340.00
¥1,120.00	¥10,000.00	¥200.00	¥1,320.00
¥1,200.00	¥13,0	00	¥1,420.00
¥1,150.00	¥8,5	00	¥1,330.00
¥1,400.00	¥9,500.00	¥250.00	¥1,650.00
¥1,150.00	¥11,236.00	¥230.00	¥1,380.00
¥1,000.00	¥15,000.00	¥150.00	¥1,150.00
¥1,171.25	8	¥250.00	=MIN(E3:E10)

选择

MIN(number1, [number2], ...)

步骤 04 按【Enter】键进行确认，即可得到最小值，如下图所示。

销售数据				
销售人员	基本工资	本月销售额	销售提成	应得收入
李丽	¥1,200.00	¥11,000.00	¥180.00	¥1,380.00
孙慧	¥1,150.00	¥9,500.00	¥190.00	¥1,340.00
张杰	¥1,120.00	¥10,000.00	¥200.00	¥1,320.00
黎辉	¥1,200.00	¥13,000.00	¥220.00	¥1,420.00
王明	¥1,150.00	¥8,500.00	¥180.00	¥1,330.00
小红	¥1,400.00	¥9,500.00	¥250.00	¥1,650.00
孙珊	¥1,150.00	¥11,236.00	¥230.00	¥1,380.00
赵刚	¥1,000.00	¥15	50.00	¥1,150.00
	¥1,171.25		250.00	¥1,150.00

显示

323 单元格中绝对值的计算

在 Excel 2010 中，求出单元格数据的绝对值的方法很简单，无需输入复杂的公式即可得到结果。其中，绝对值的函数语法为：ABS（number），Number 表示指定要求的绝对值的对象。例如求 63 的绝对值，只需要在单元格中输入：=ABS（63），按【Enter】键确认即可。

324 计算圆周率的值

在 Excel 2010 中，计算圆周率可使用函数 PI 进行计算，圆周率的计算公式为：$S=\pi r^2$，如果要求一个半径为 5 的圆的面值，方法是：选择需要放置圆周率值的单元格，输入公式：=PI()*5^2，然后按【Enter】键进行确认即可。

325 计算数据的平方根

在 Excel 2010 中，可以根据需要快速计算数据的平方根，使用函数为：SQRT。计算的方法是：选择需要放置平方根的单元格，输入公式=SQRT（number），其中 number 表示指定求取平方根的数值。例如，要求取 5 的平方根，应输入公式=SQRT(5)，按【Enter】键确认即可。

在计算数据的平方根时，输入的公式对象必须是正数。

读书笔记

12 函数的应用技巧

学前提示

Excel 2010 中所提供的函数其实是一些预定义的公式，它们使用一些称为参数的特定数值按特定的顺序或结构进行计算。可以直接用函数对某个区域内的数值进行一系列运算，如计算平均值、排序显示、运算文本数据、分析和处理日期值以及时间值等。

本章知识重点

- 常用函数
- 财务函数
- 时间和日期函数
- 数据与三角函数
- 统计函数
- 手工输入函数
- 激活函数向导有妙招
- 快速查找需要的函数
- 通过类别功能查找函数
- 利用提示功能快速输入函数

学完本章后你会做什么

- 掌握常用函数的操作方法
- 掌握手工输入函数的操作方法
- 掌握快速查找函数的操作方法

视频演示

B12 　 fx =SUM(B1:B11)

	A	B	C	D	E
1		1			
2		3			
3		5			
4		7			
5		9			
6		11			
7		13			
8		15			
9		17			
10		19			
11		21			
12		121			
13					
14					

手工输入函数

插入函数
搜索函数(S): 求平均值 转到(G)
或选择类别(C): 推荐
选择函数(N): TRIMMEAN AVERAGEIF DAVERAGE AVERAGEA AVERAGE AVERAGEIFS
AVERAGEIF(range, criteria, average_range)
查找给定条件指定的单元格的平均值(算术平均值)
有关该函数的帮助 确定 取消

快速查找需要的函数

326 轻松掌握函数

在 Excel 2010 中，系统提供了大量能完成许多不同类型计算的函数，利用这些函数可以很容易地完成各种复杂的数据处理工作。按类别不同，可将函数分为：财务函数、日期与时间函数、数学与三角函数、统计函数、查找及引用函数、数据库函数、文本函数、信息函数、外部函数和工程函数等。

Excel 使用预先建立的工作表函数来执行数学或逻辑运算，或者查找工作区的有关信息。利用函数进行运算，可以提高工作效率，减少运算时人为的错误。

327 常用函数

在 Excel 2010 中，常用函数是指经常使用的函数，如求和、求平均值、最大值和最小值等。常用函数包括：SUM、AVERAGE、ISPMT、IF、HYPERLINK、COUNT、MAX、SIN、SUNIF 以及 PMT。

常用函数中，使用最多的是 SUM 函数，利用 SUM 函数可快速求出某些单元格区域中所有数字之和。

步骤 01 打开一个 Excel 文件，在工作表中选择需要应用函数的单元格，如下图所示。

E3

实发工资表

姓名	基本工资	出勤工资	奖金	实发工资
李凤	6500	250	100	
杨明	4200	230	150	
李艳	3200	320	120	
赵倩	10500	200	100	
周涯	4200	250	150	
王涛	7700	400	150	
孙洁	4500	320	120	
曾婷	12000	250	100	
陈芳	4200	320	150	

选择

步骤 02 然后在其中输入相应函数，如下图所示。

SUM　=SUM(B3:D3)

实发工资表

姓名	基本工资	出勤工资	奖金	实发工资
李凤	6500	250	100	=SUM(B3:D3)
杨明	4200	230	150	
李艳	3200	320	120	
赵倩	10500	200	100	
周涯	4200	250	150	
王涛	7700	400	150	
孙洁	4500	320	120	
曾婷	12000	250	100	
陈芳	4200	320	150	

输入

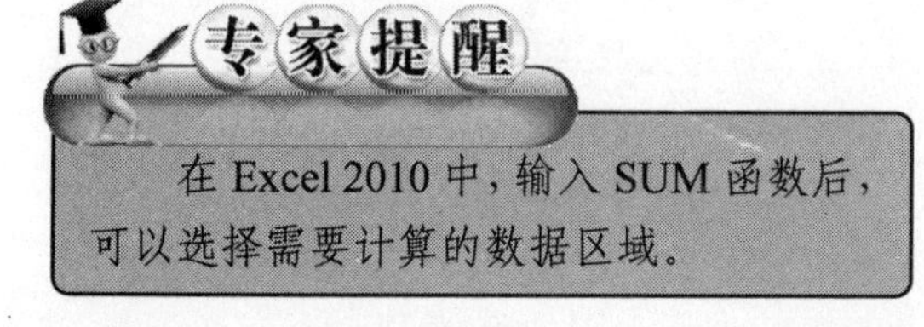

在 Excel 2010 中，输入 SUM 函数后，可以选择需要计算的数据区域。

步骤 03 按【Enter】键进行确认，即可得到求和结果，如图 7-3 所示。

E4

实发工资表

姓名	基本工资	出勤工资	奖金	实发工资
李凤	6500	250	100	6850
杨明	4200	230	150	
李艳	3200	320	120	
赵倩	10500	200	100	
周涯	4200	250	150	
王涛	7700	400	150	
孙洁	4500	320	120	
曾婷	12000	250	100	
陈芳	4200	320	150	

结果

328 财务函数

在 Excel 2010 中，财务函数用于财务的计算，它可以根据利率、贷款金额和期限计算出所要支付的金额。

在 Excel 中，财务函数包括：ACCRINT、ACCRINTM、AMOROEGRC、FV、DB、DDB、DAMORLINC、COUPDAYBS、COUPDAYS、IRR、NPV、COUPDAYSNC、COUPNCD、COUPNUM、COUPPCD、COMIPMT、CUMPRINC、NPER、DISC、DOLLARDE 以及 DISC 等。

329 时间和日期函数

在 Excel 2010 中，时间与日期函数主要用于分析和处理日期值和时间值。

在 Excel 中，系统内部的日期和时间函数包括：DATE、DATEVALUE、DAY、HOUR、

TIME、TODAY、WEEKDAY、YEAR、WEEKNUM 以及 WORKDAY 等。

330 数学与三角函数

在 Excel 2010 中，数学与三角函数用于进行各种各样的数学计算，它使 Excel 不再局限于财务应用领域。

在 Excel 中，系统内部的数学与三角函数包括：ABS、SAIM、COMBINE、COSLOG、PI、ROUND、SIN、TAM、TRUNC、COS、COSH、EVEN、EXP、GCD、LOG、FLOOR 以及 RAND 等。

331 统计函数

在 Excel 2010 中，统计函数多数用于对数据区域进行统计分析。

在 Excel 中，统计函数包括：AVEDEV、BETSINV、AVERAGEIFS、BETSDIST、CHIINV、CHITEST、COUNT、COUNTIFS、COVAR、DEVSQ、FDIST、FINV、FTEST、KURT 以及 LOGINV 等。

332 查找与引用函数

在 Excel 2010 中，查找与引用函数主要应用于在数据清单或表格中查找特定数值，或查找某一个单元格的引用。

在 Excel 中，系统内部的查找与引用函数包括：AKKRESS、VLOOKUP、TRANSTOSE、AREAS、CHOOSE、ROWS、ROW、OFFSET、GETPIVOTDATA、HLOOKUP、MATCH、LOOKUP、INDEX 以及 RID 等。

333 数据库函数

在 Excel 2010 中，数据库函数主要应用于分析 Excel 数据清单中的数值是否满足特定的条件。

在 Excel 中，系统内部的数据库函数包括：DCOUNTS、DVARP、DAVERAGE、DGET、DCOUNT、DMAX、DPRODUCT、DSTDEV、DSTDEVP 以及 DSUM 等。

334 文本函数

在 Excel 2010 中，文本函数主要应用于处理文本字符串。

系统内部的文本函数包括：ASC、CHSR、CLEAN、CODE、CONCATENATE、DOLLAR、EXACT、FIND、FINDB、FIXED、LEFT、LEFIB、LEN、LENT、MID、PROPER、REPLACE、T、TEXT、TRIMUPPER、VALUE 以及 RMB 等。

335 逻辑函数

在 Excel 2010 中，逻辑函数主要用于进行真假值判断或进行复合检验。

系统内部的逻辑函数包括：AND、FALSE、IF、IFERROR、NOT、OR 和 TRUE。

336 信息函数

在 Excel 2010 中，信息函数主要用于确定保存在单元格中的数据的类型，信息函数包括一组 IS 函数，当单元格满足条件时返回 TRUE 值。

系统内部的信息函数包括：CELL、INFO、ISBLANK、ISERR、ISERROR、ISLOGICAL、ISNA、ISNONTEST、ISREF、ISNUMBER、ISTEXT、N、NA、TYPE 以及 PHONETIC 等。

337 手工输入函数

在 Excel 2010 中，对于一些简单的函数，可以采用手工输入的方法进行输入。

步骤 01 启动 Excel 2010，在工作表中输入相应数据，然后选择需要输入函数的单元格，如下图所示。

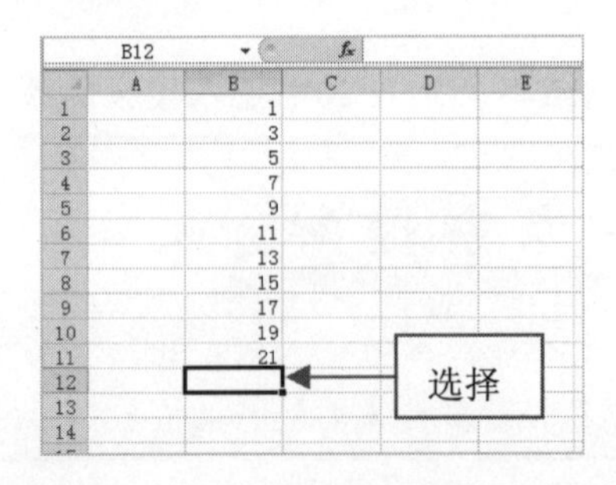

步骤 02 在单元格中输入：“=SUM(”，如下图所示。

SUM　=SUM(

	A	B	C	D	E
1		1			
2		3			
3		5			
4		7			
5		9			
6		11			
7		13			
8		15			
9		17			
10		19			
11		21			
12		=SUM(			
13					
14					

输入

SUM(number1, [number2], ...)

步骤 03 执行上述操作后，用鼠标选择需要的数据区域，如下图所示。

SUM　=SUM(B1:B11

	A	B	C	D	E
1		1			
2		3			
3		5			
4		7			
5		9			
6		11			
7		13			
8		15			
9		17			
10		19			
11		21			
12		=SUM(B1:B11			
13					
14					

选择

SUM(number1, [number2], ...)

步骤 04 再输入“)”，并按【Enter】键确认，即可得到计算结果，如下图所示。

B12　=SUM(B1:B11)

	A	B	C	D	E
1		1			
2		3			
3		5			
4		7			
5		9			
6		11			
7		13			
8		15			
9		17			
10		19			
11		21			
12		121			
13					
14					

结果

专家提醒

在 Excel 中，输入函数得到结果后，可双击该单元格使其处于可编辑状态。

338 激活函数向导有妙招

在 Excel 2010 中，对于较复杂的函数或参数较多的函数，可使用函数向导来输入，这样既避免用户在输入过程中出现错误，也提高了工作效率。

步骤 01 启动 Excel 2010，选择需要利用函数计算的单元格，在公式编辑栏中单击“插入函数”按钮，如下图所示。

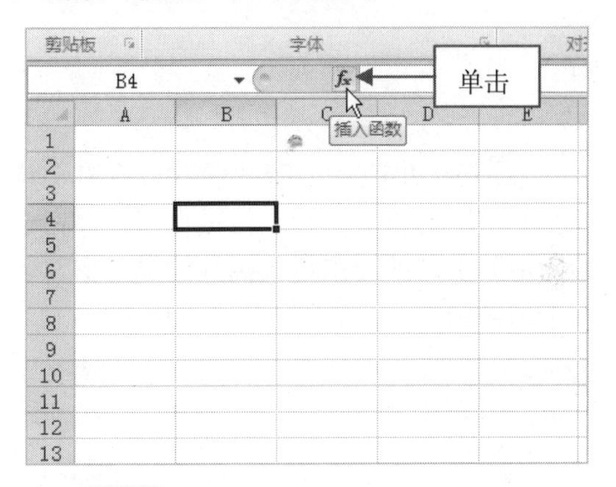

步骤 02 执行上述操作后，即可弹出“插入函数”对话框，快速激活函数向导，如下图所示。

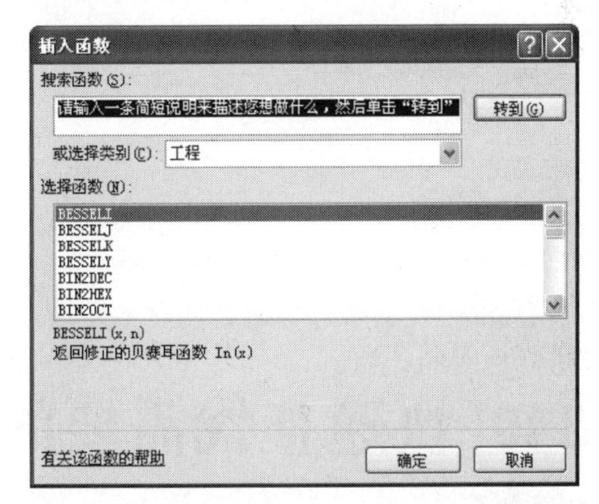

339 通过函数库插入函数

在 Excel 2010 中，为了提高工作效率，Excel 将经常使用到的函数放在“函数库”选项板中，用户可直接调用进行计算。

步骤01 启动 Excel 2010，切换至“公式”选项卡，在“函数库”选项面板中单击“财务”按钮，如下图所示。

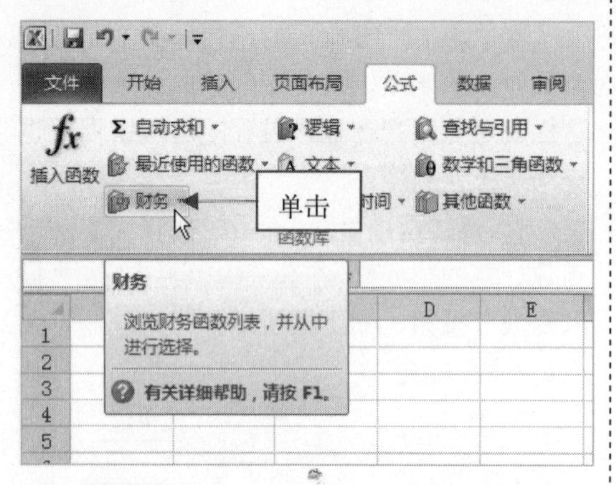

步骤02 即可弹出下拉列表框，在其中可以查看常用的财务函数，将鼠标指针停留在相应函数上，即会出现该函数的提示信息，如下图所示。

步骤03 在其中选择适合的财务函数，可以进行相应的计算。

340 快速查找需要的函数

在 Excel 2010 中，用户可以根据需要快速查找需要的函数。

步骤01 启动 Excel 2010，切换至“公式”选项卡，在“函数库”选项面板中单击“插入函数”按钮，如下图所示。

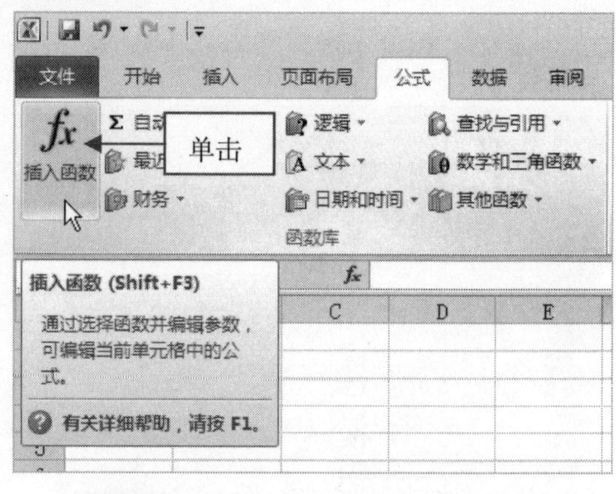

步骤02 弹出“插入函数”对话框，在“搜索函数”文本框中输入需要查找的函数功能，如下图所示。

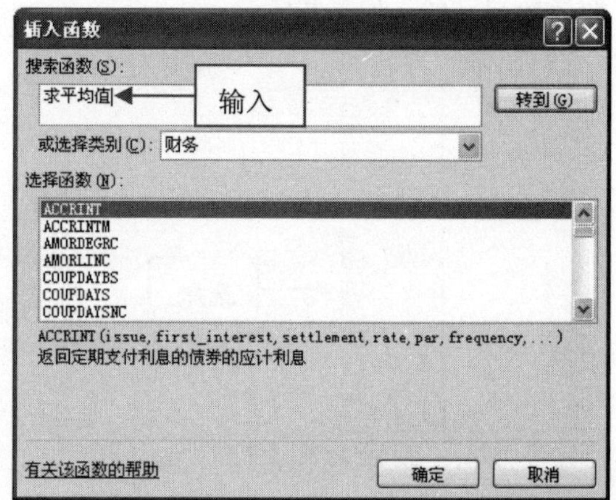

步骤03 单击“转到”按钮，即可在“选择函数”下方的列表框中显示相关函数，如下图所示。

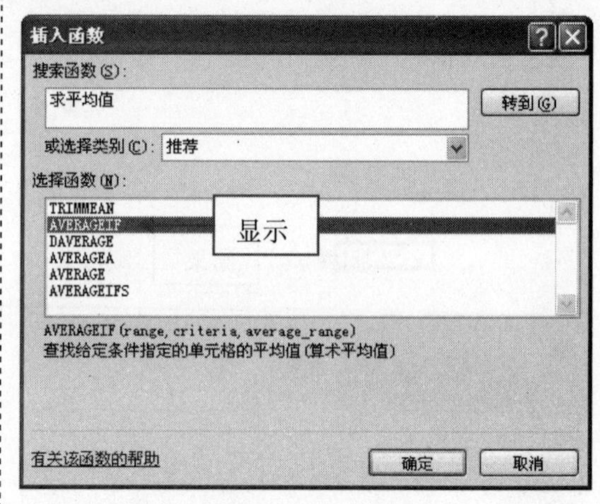

341 通过类别功能查找函数

在 Excel 2010 中，有些不常用的函数并不在“函数库”选项面板中，此时用户可以在插入函数向导对话框的选择类别中进行查找。

步骤 01 启动 Excel 2010，切换至“公式”选项卡，在“函数库”选项面板中单击“插入函数”按钮，如下图所示。

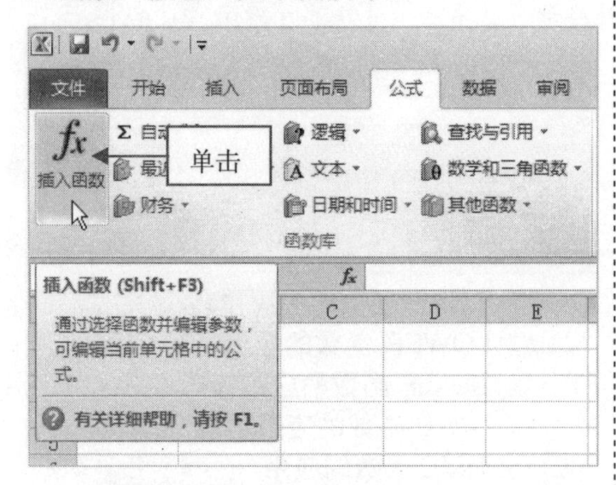

步骤 02 弹出“插入函数”对话框，在其中单击“或选择类别”右侧的下拉按钮，在弹出的下拉列表框中选择函数所属的类别，如下图所示。

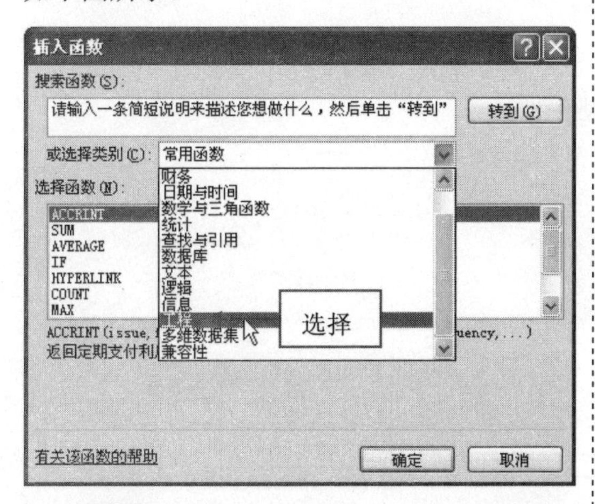

步骤 03 执行上述操作后，即可在“选择函数”列表框中查找到相关函数的信息，如下图所示。

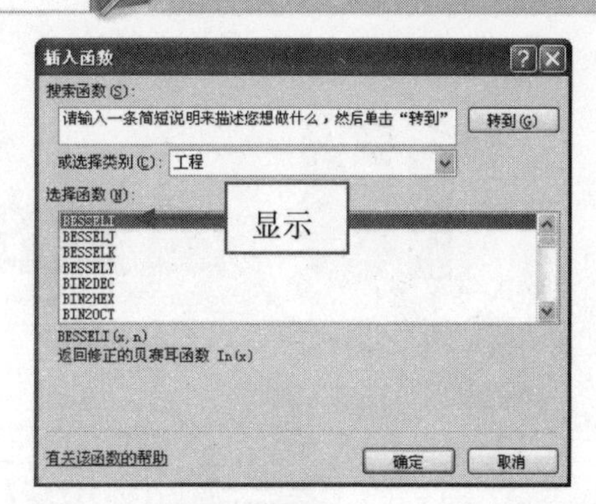

342 利用提示功能快速输入函数

在 Excel 2010 中，系统提供了强大的提示功能，用户只需在单元格中输入某个函数的首字母，此时所有以该字母开头的函数都会在弹出的列表框中显示出来，用户可快速找到相应的函数。

步骤 01 启动 Excel 2010，选择 A1 单元格，如下图所示。

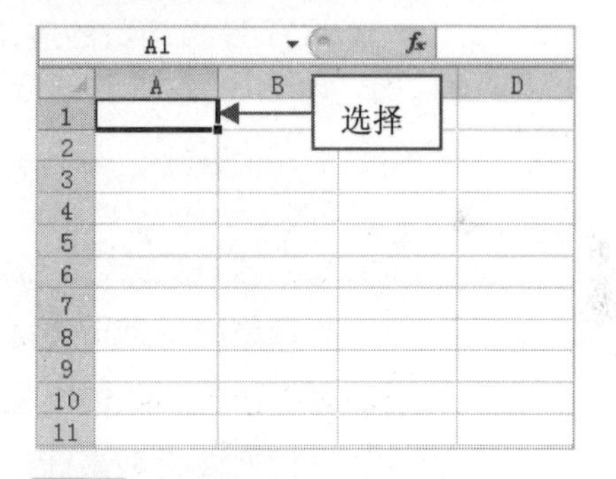

步骤 02 在单元格中输入：=C，即会显示 CEILING、CELL、CHAR 以及 CHIDIST 等函数的相关信息，如下图所示。

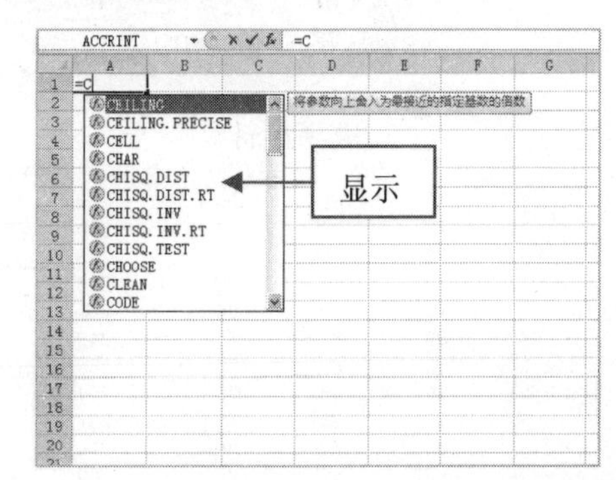

13 函数的高级应用

学前提示

在 Excel 2010 中，函数的结构是以函数名称开始，然后是括号，括号中是以逗号隔开的函数参数，参数可以是数字、文本、TRUE 或 FALSE 逻辑值、数组，也可以是常量、公式或其他函数等。本章主要介绍函数的高级应用。

本章知识重点

- COUNT 函数的应用
- AND 函数的应用
- OR 函数的应用
- NOT 逻辑函数的应用
- IFERROR 函数的应用
- CHAR 函数的应用技巧
- LOWER 函数的应用
- SUMIF 函数的应用技巧
- DATE 函数的应用
- TIME 函数的应用

学完本章后你会做什么

- 掌握逻辑函数的高级应用
- 掌握统计函数的高级应用
- 掌握时间日期函数的高级应用

视频演示

成绩统计

语文	数学	英语	总分	是否合格
75	85	90	250	FALSE
76	78	96	250	TRUE
90	81	87	258	TRUE
83	50	85	218	
75	70	86	231	
83	82	75	240	
82	80	73	235	
90	88	76	254	
93	86	78	257	
82	78	50	210	
92	85	82	259	
83	90	78	251	
75	62	85	222	
83	80	89	252	

IF 函数的应用

D2 =DATE(A2,B2,C2)

	A	B	C	D
1	年	月	日	合并时间
2	2005	4	12	2005-4-12
3	2006	5	13	
4	2007	6	14	
5	2008	7	15	
6				
7				
8				
9				
10				
11				
12				
13				
14				

DATE 函数的应用

343 COUNT 函数的应用技巧

在 Excel 2010 中，COUNT 函数一般用于返回包含数字的单元格的个数，以及返回参数列表中的数字个数。通过使用 COUNT 函数，可以计算出单元格区域或数组中数字的输入个数。

COUNT 函数的语法是：COUNT（value1，value2……），其中 value1 表示可以包含或引用各种类型数据的 1 到 255 个参数，但只有数字类型的数据才有效。

步骤 01 打开一个 Excel 文件，在工作表中选择需要应用函数的单元格，如下图所示。

	成绩统计					
2	学号	语文	数学	英语	总分	是否合格
3	2008081901	75	85	90	250	
4	2007081902	76	78	96	250	
5	2007081950	90	81	87	258	
6	2007081904	83	50	85	218	
7	2007081905	75	70	86	231	
8	2007081922	83	82	75	240	
9	2007081907	82	80	73	235	
10	2007081956	90	88	76	254	
11	2007081909	93	86	78	257	
12	2007081910	82	78	50	210	
13	2008081905	92	85	82	259	
14	2007081912	83	90	78	251	
15	2007081913	75	62	8		
16	2007081914	83	80	8		
17	2009081901	82	79	8		
18	2007081916	85	50	8		
19	2009081930	93	82	72	247	
20	2007081918	82	75	73	230	
21	2010081910	87	82	79	248	
22	2007081920	67	60	51	178	
23				总计:		
24						

选择

步骤 02 在单元格中输入公式：=COUNT()，在括号中选择相应单元格区域，如下图所示。

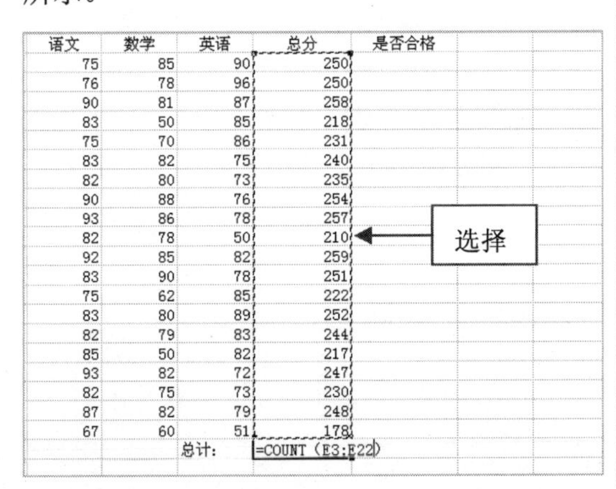

语文	数学	英语	总分	是否合格
75	85	90	250	
76	78	96	250	
90	81	87	258	
83	50	85	218	
75	70	86	231	
83	82	75	240	
82	80	73	235	
90	88	76	254	
93	86	78	257	
82	78	50	210	
92	85	82	259	
83	90	78	251	
75	62	85	222	
83	80	89	252	
82	79	83	244	
85	50	82	217	
93	82	72	247	
82	75	73	230	
87	82	79	248	
67	60	51	178	
	总计:		=COUNT(E3:E22)	

步骤 03 按【Enter】键确认，即可得到计算结果，如下图所示。

83	82	75	240
82	80	73	235
90	88	76	254
93	86	78	257
82	78	50	210
92	85	82	259
83	90	78	251
75	62	85	222
83	80	89	252
82	79	83	
85	50	82	
93	82	72	
82	75	73	230
87	82	79	248
67	60	51	178
		总计:	20

结果

344 AND 函数的应用

在 Excel 2010 中，AND 函数一般用于判断一条或多条逻辑表达式是否同时满足，如果满足条件就返回 TRUE（真），如果其中有一条没有满足条件，就返回 FLASE（假）。

AND 函数的语法是：AND（logical1，logical2，logical3……），其中 logical 表示测试条件值或表达式。

步骤 01 打开上一例效果文件，在工作表中选择需要应用函数的单元格，如下图所示。

	成绩统计					
2	学号	语文	数学	英语	总分	是否合格
3	2008081901	75	85	90	250	
4	2007081902	76	78	96	250	
5	2007081950	90	81	87	258	
6	2007081904	83	50	85	218	
7	2007081905	75	70	86	231	
8	2007081922	83	82	75	240	
9	2007081907	82	80	73	235	
10	2007081956	90	88	76	254	
11	2007081909	93	86	78	257	
12	2007081910	82	78	50	210	
13	2008081905	92	85	82	259	
14	2007081912	83	90	78	251	
15	2007081913	75	62	85	222	
16	2007081914	83	80	89	252	
17	2009081901	82	79	83	244	
18	2007081916	85	50	82	217	
19	2009081930	93	82	72	247	
20	2007081918	82	75	73	230	
21	2010081910	87	82	79	248	
22	2007081920	67	60	51	178	

选择

步骤 02 在单元格中输入公式：=AND(B3>80,C3>80,D3>80)，如下图所示。

成绩统计				
语文	数学	英语	总分	是否合格
75	85	90	250	=AND(B3>80,C3>80,D3>80)
76	78	96	250	
90	81	87	258	
83	50	85	218	
75	70	86	231	
83	82	75	240	
82	80	73	235	
90	88	76	254	
93	86	78	257	
82	78	50	210	
92	85	82	259	
83	90	78	251	
75	62	85	222	
83	80	89	252	
82	79	83	244	
85	50	82	217	
93	82	72	247	
82	75	73	230	
87	82	79	248	
67	60	51	178	

输入

步骤03 执行上述操作后，按【Enter】键确认，即可得到计算结果，如下图所示。

成绩统计				
语文	数学	英语	总分	是否合格
75	85	90	250	FALSE
76	78	96	250	
90	81	87	258	
83	50	85	218	
75	70	86	231	
83	82	75	240	
82	80	73	235	
90	88	76	254	
93	86	78	257	
82	78	50	210	
92	85	82	259	
83	90	78	251	
75	62	85	222	
83	80	89	252	

结果

345 OR 函数的应用

在 Excel 2010 中，OR 是一个逻辑值，刚好与 AND 函数相反，OR 逻辑函数主要用于检查两条或多条逻辑表达式是否全部都不满足条件，表达式中只要有一条数据满足条件，就会返回 TRUE（真），如果有一条数据不满足条件，则返回 FALSE（假）。

OR 函数的语法是：OR（logical1，logical2，logical3……），其中 logical 表示测试条件值或表达式，从 1 到 255 个需要进行测试的条件，测试结果可以为 TRUE 或 FALSE。

步骤01 打开上一例效果文件，在工作表中选择需要应用函数的单元格，如下图所示。

	成绩统计					
2	学号	语文	数学	英语	总分	是否合格
3	2008081901	75	85	90	250	FALSE
4	2007081902	76	78	96	250	
5	2007081950	90	81	87	258	
6	2007081904	83	50	85	218	
7	2007081905	75	70	86	231	
8	2007081922	83	82	75	240	
9	2007081907	82	80	73	235	
10	2007081956	90	88	76	254	
11	2007081909	93	86	78	257	
12	2007081910	82	78	50	210	
13	2008081905	92	85	82	259	
14	2007081912	83	90	78	251	
15	2007081913	75	62	85	222	
16	2007081914	83	80	89	252	
17	2009081901	82	79	83	244	
18	2007081916	85	50	82	217	
19	2009081930	93	82	72	247	
20	2007081918	82	75	73	230	
21	2010081910	87	82	79	248	
22	2007081920	67	60	51	178	

选择

步骤02 在单元格中输入公式：=OR(B3>85,C3>85,D3>85)，如下图所示。

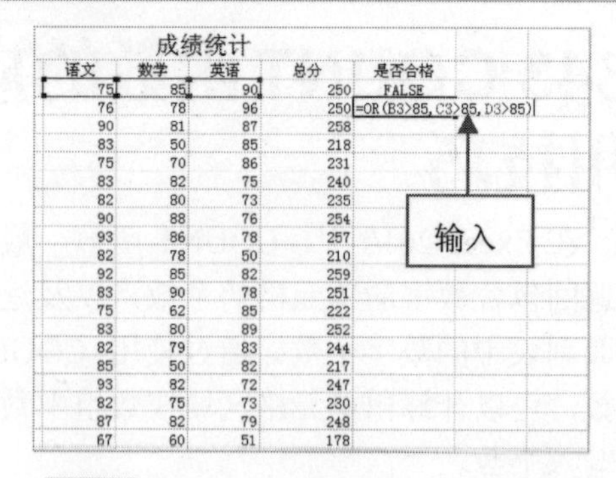

成绩统计				
语文	数学	英语	总分	是否合格
75	85	90	250	FALSE
76	78	96	250	=OR(B3>85,C3>85,D3>85)
90	81	87	258	
83	50	85	218	
75	70	86	231	
83	82	75	240	
82	80	73	235	
90	88	76	254	
93	86	78	257	
82	78	50	210	
92	85	82	259	
83	90	78	251	
75	62	85	222	
83	80	89	252	
82	79	83	244	
85	50	82	217	
93	82	72	247	
82	75	73	230	
87	82	79	248	
67	60	51	178	

步骤03 执行上述操作后，按【Enter】键确认，即可得到计算结果，如下图所示。

成绩统计				
语文	数学	英语	总分	是否合格
75	85	90	250	FALSE
76	78	96	250	TRUE
90	81	87	258	
83	50	85	218	
75	70	86	231	
83	82	75	240	
82	80	73	235	
90	88	76	254	
93	86	78	257	
82	78	50	210	
92	85	82	259	
83	90	78	251	
75	62	85	222	
83	80	89	252	

结果

346 NOT 逻辑函数的应用

在 Excel 2010 中，NOT 函数主要用于对参数求反，当结果为真时，返回 FALSE（假）值，当函数为假时，则返回 TRUE（真）值。

NOT 函数的语法是：NOT（logical），其中 logical 表示一个可以计算真假的逻辑值，如果真则返回 FALSE 值，如果假则返回 TRUE 值。

步骤01 打开上一例效果文件，在工作表中选择需要应用函数的单元格，如下图所示。

	成绩统计					
2	学号	语文	数学	英语	总分	是否合格
3	2008081901	75	85	90	250	FALSE
4	2007081902	76	78	96	250	TRUE
5	2007081950	90	81	87	258	
6	2007081904	83	50	85	218	
7	2007081905	75	70	86	231	
8	2007081922	83	82	75	240	
9	2007081907	82	80	73	235	
10	2007081956	90	88	76	25	
11	2007081909	93	86	78	25	
12	2007081910	82	78	50	21	
13	2008081905	92	85	82	25	
14	2007081912	83	90	78	251	
15	2007081913	75	62	85	222	
16	2007081914	83	80	89	252	
17	2009081901	82	79	83	244	
18	2007081916	85	50	82	217	
19	2009081930	93	82	72	247	
20	2007081918	82	75	73	230	
21	2010081910	87	82	79	248	
22	2007081920	67	60	51	178	

选择

步骤 02 在单元格中输入公式：=NOT（E5=250），如下图所示。

成绩统计				
语文	数学	英语	总分	是否合格
75	85	90	250	FALSE
76	78	96	250	TRUE
90	81	87	258	=NOT（E5=250）
83	50	85	218	
75	70	86	231	
83	82	75	240	
82	80	73	235	
90	88	76	254	
93	86	78	257	
82	78	50	210	
92	85	82	259	
83	90	78	251	
75	62	85	222	
83	80	89	252	
82	79	83	244	
85	50	82	217	
93	82	72	247	
82	75	73	230	
87	82	79	248	
67	60	51	178	

输入

步骤 03 按【Enter】键确认，即可得到计算结果，如下图所示。

成绩统计				
语文	数学	英语	总分	是否合格
75	85	90	250	FALSE
76	78	96	250	TRUE
90	81	87	258	TRUE
83	50	85	218	
75	70	86	231	
83	82	75	240	
82	80	73	235	
90	88	76	254	
93	86	78	257	
82	78	50	210	
92	85	82	259	
83	90	78	251	
75	62	85	222	
83	80	89	252	

结果

347 IF 函数的应用

在 Excel 2010 中，IF 函数是一个判断式函数，根据对指定的条件计算结果为 TRUE 或 FALSE，返回不同的结果，可以使用 IF 对数值和公式进行条件检查。

IF 函数的语法是：IF（logical_test，calue_if_true，calue_if_false），其中 logical_test 表示计算结果为 TRUE 或 FALSE 的任意值或表达式，calue_if_true 表示 logical_test 为 TRUE 时返回的值，calue_if_false 表示 logical_test 为 FALSE 时返回的值。

步骤 01 打开上一例效果文件，在工作表中选择需要应用函数的单元格，如下图所示。

	成绩统计					
1						
2	学号	语文	数学	英语	总分	是否合格
3	2008081901	75	85	90	250	FALSE
4	2007081902	76	78	96	250	TRUE
5	2007081950	90	81	87	258	TRUE
6	2007081904	83	50	85	218	
7	2007081905	75	70	86	231	
8	2007081922	83	82	75	240	
9	2007081907	82	80	73	235	
10	2007081956	90	88	76	254	
11	2007081909	93	86	78	257	
12	2007081910	82	78	50	210	
13	2008081905	92	85	82	259	
14	2007081912	83	90	78	251	
15	2007081913	75	62	85	222	
16	2007081914	83	80	89	252	
17	2009081901	82	79	83	244	
18	2007081916	85	50	82	217	
19	2009081930	93	82	72	247	
20	2007081918	82	75	73	230	
21	2010081910	87	82	79	248	
22	2007081920	67	60	51	178	

选择

步骤 02 在单元格中输入公式：=IF(E6>=230,"合格","不合格"),如下图所示。

成绩统计				
语文	数学	英语	总分	是否合格
75	85	90	250	FALSE
76	78	96	250	TRUE
90	81	87	258	TRUE
83	50	85	218	=IF(E6>=230,"合格","不合格")
75	70	86	231	
83	82	75	240	
82	80	73	235	
90	88	76	254	
93	86	78	257	
82	78	50	210	
92	85	82	259	
83	90	78	251	
75	62	85	222	
83	80	89	252	
82	79	83	244	
85	50	82	217	
93	82	72	247	
82	75	73	230	
87	82	79	248	
67	60	51	178	

输入

步骤 03 按【Enter】键确认，即可得到计算结果，如下图所示。

成绩统计			
数学	英语	总分	是否合格
85	90	250	FALSE
78	96	250	TRUE
81	87	258	TRUE
50	85	218	不合格
70	86	231	
82	75	240	
80	73	235	
88	76	254	
86	78	257	
78	50	210	
85	82	259	
90	78	251	
62	85	222	
80	89	252	

结果

348 IFERROR 函数的应用

在 Excel 2010 中，IFERROR 逻辑函数主要用于捕获和处理公式中的错误，如果公式计算出错误则返回用户指定的值，否则返回公式结果。

IFERROR 函数的语法是：IFERROR（value，value_if_error），其中 value 表示需要检查是否存在错误的参数，value_if_error 表示公式计算出错误时要返回的值。

步骤01 打开一个 Excel 文件，在工作表中选择需要应用函数的单元格，如下图所示。

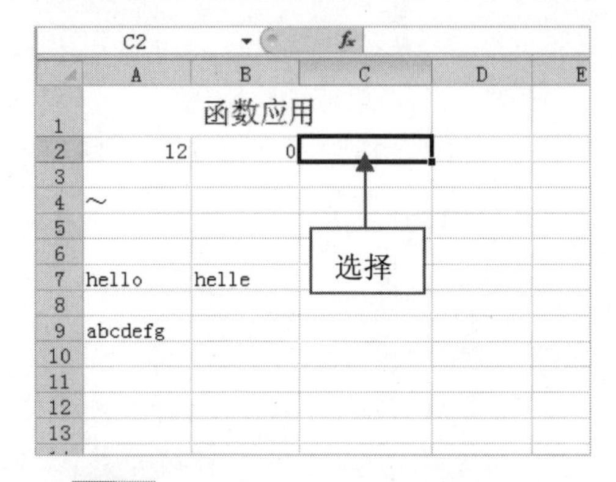

步骤02 在单元格中输入公式：=IFERROR(A2/B2,"非法")，如下图所示。

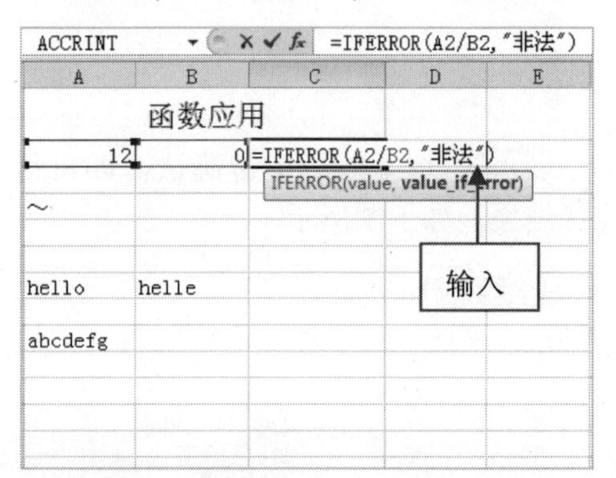

步骤03 按【Enter】键确认，即可得到计算结果，如下图所示。

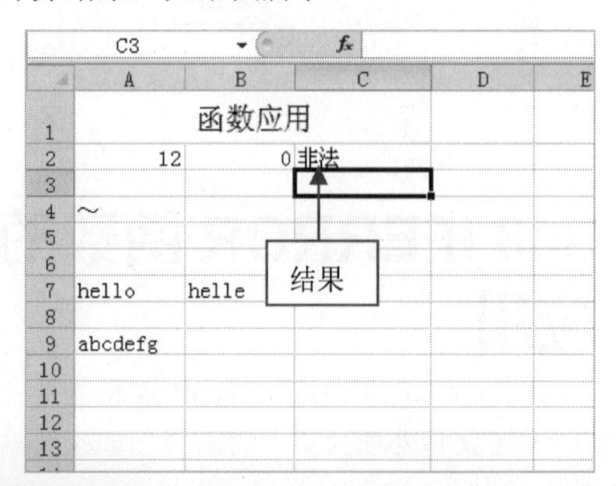

349 ASC 函数的应用

在 Excel 2010 中，ASC 是一个统计函数，对于双字节字符集（DBCS）语言，将全角（双字节）字符更改为半角（单字节）字符。

ASC 函数的语法是：ASC（text），其中 text 表示为文本或对包含要更改文本的单元格的引用，如果文本中不包含任何全角字母，则文本不会更改。

步骤01 打开上一例效果文件，在工作表中选择需要应用函数的单元格，如下图所示。

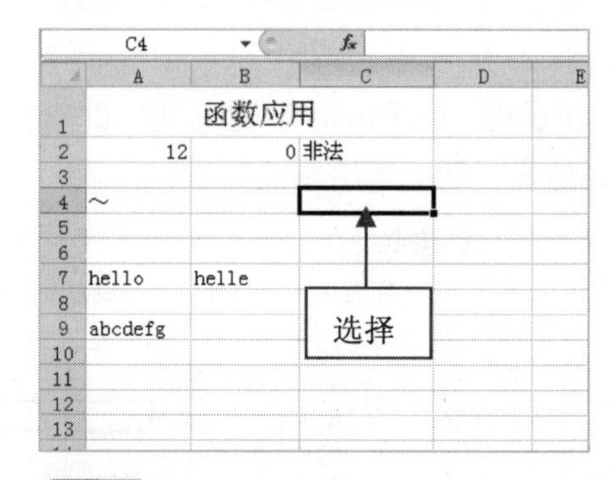

步骤02 在单元格中输入公式：=ASC(A4)，如下图所示。

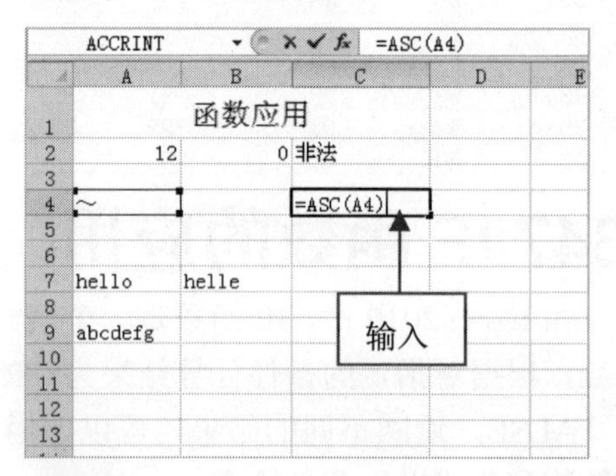

步骤03 按【Enter】键确认，即可得到计算结果，如下图所示。

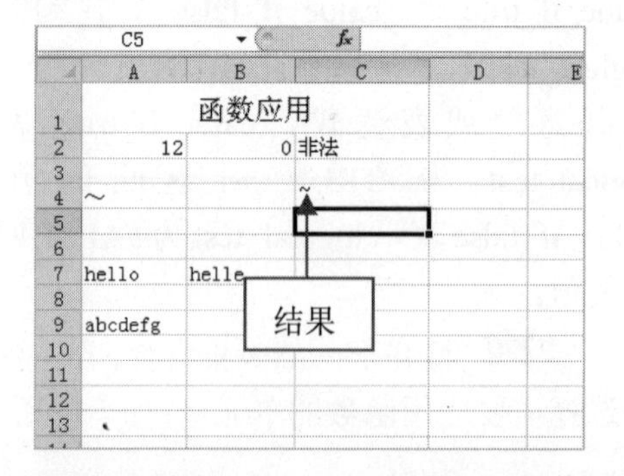

350 CHAR 函数的应用技巧

在 Excel 2010 中，CHAR 是一个特殊函数，主要返回对应于数学代码的字符。CHAR 函数可将其他类型计算机文件中的代码转换为字符。

CHAR 函数的语法是：CHAR（number），其中 number 表示用于转换的字符代码，介于 1～255 之间，使用的是当前计算机字符集中的字符。

步骤01 打开上一例效果文件，在工作表中选择需要应用 CHAR 函数的单元格，如下图所示。

C5

	A	B	C	D	E
1	函数应用				
2	12	0	非法		
3					
4	~		~		
5					
6					
7	hello	helle			
8					
9	abcdefg				
10					
11					
12					
13					

选择

步骤02 在单元格中输入公式：=CHAR(125)，如下图所示。

ACCRINT　=CHAR(125)

	A	B	C	D	E
1	函数应用				
2	12	0	非法		
3					
4	~		~		
5			=CHAR(125)		
6					
7	hello	helle			
8					
9	abcdefg				
10					
11					
12					
13					

输入

步骤03 执行上述操作后，按【Enter】键确认，即可得到计算结果，如下图所示。

C6

	A	B	C	D	E
1	函数应用				
2	12	0	非法		
3					
4	~		~		
5			}		
6					
7	hello	helle			
8					
9	abcdefg				
10					
11					
12					
13					

结果

351 EXACT 函数的应用技巧

在 Excel 2010 中，EXACT 函数用于比较两个字符串，如果两个字符串完全相同，则返回 TRUE，否则返回 FALSE。函数 EXACT 区分大小写，但忽略格式上的差异，利用 EXACT 函数可以测试在文档内输入的文本。

在 Excel 中，EXACT 函数的语法是：EXACT（text1、text2），其中，text1 表示为待比较的第一个字符串，text2 表示为待比较的第二个字符串。

步骤01 打开上一例效果文件，在工作表中选择需要应用比较函数的单元格，如下图所示。

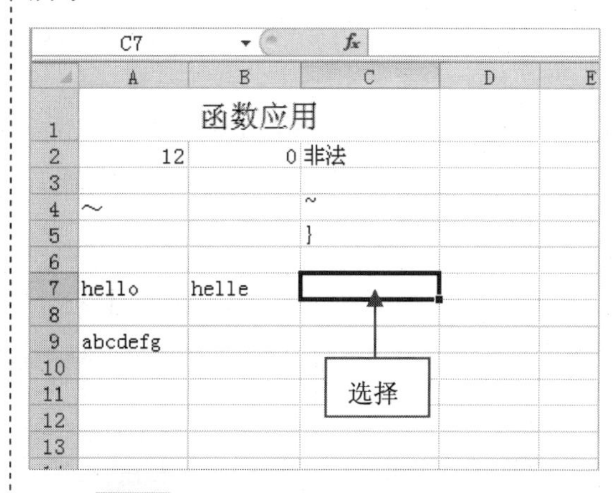

步骤02 在单元格中输入公式：=EXACT(A7,B7)，如下图所示。

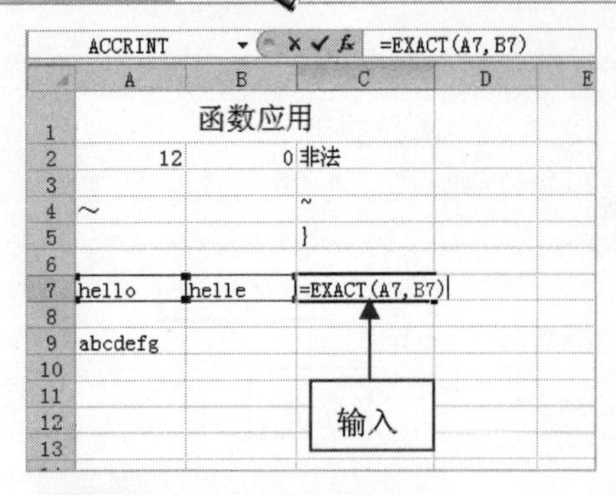

步骤03 按【Enter】键确认，即可得到计算结果，如下图所示。

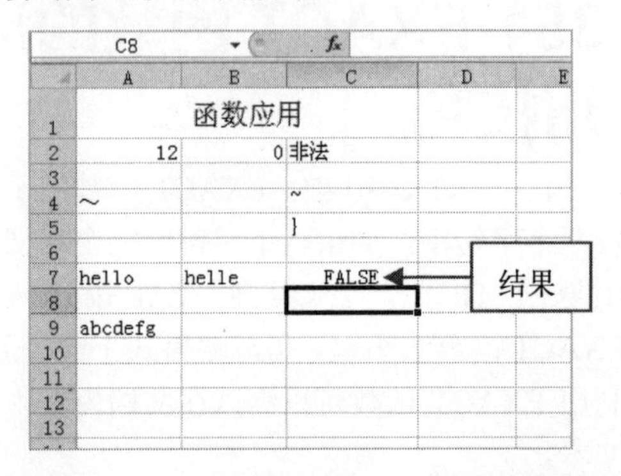

352 LOWER 函数的应用

在 Excel 2010 中，LOWER 是一个转换大小写字母的函数，是指将一个文件字符串中的所有大写字母转换为小写字母。

LOWER 函数的语法是：LOWER(text)，其中 text 是要转换为小写字母的文本，函数 LOWER 不改变文本中非字母的字符。

步骤01 打开上一例效果文件，在工作表的相应单元格中输入大写字母，然后选择需要应用函数的单元格，如下图所示。

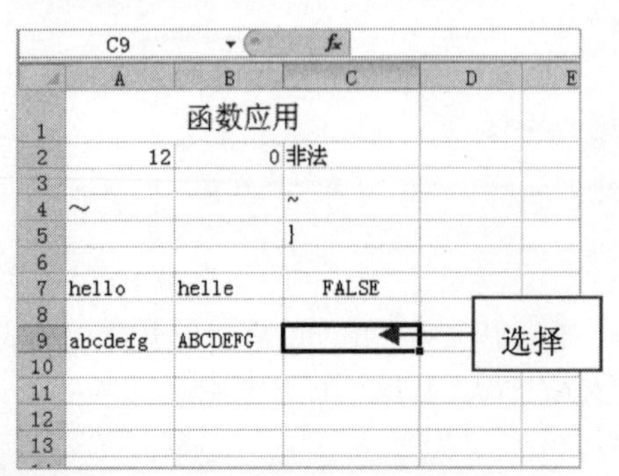

步骤02 在单元格中输入公式：=LOWER(B9)，如下图所示。

ACCRINT　=LOWER(B9)

	A	B	C	D	E
1	函数应用				
2	12	0	非法		
3					
4	~		~		
5			}		
6					
7	hello	helle	FALSE		
8					
9	abcdefg	ABCDEFG	=LOWER(B9)		
10					
11					
12					
13					

输入

步骤03 按【Enter】键确认，即可得到计算结果，如下图所示。

C10

	A	B	C	D	E
1	函数应用				
2	12	0	非法		
3					
4	~		~		
5			}		
6					
7	hello	helle	FALSE		
8					
9	abcdefg	ABCDEFG	abcdefg		
10					
11					
12					
13					

结果

353 利用函数 MAX 求业绩最高的季度

在 Excel 2010 中，MAX 是一个返回一组值中最大值的函数，利用 MAX 函数可以求出业绩最高的季度。

步骤01 打开一个 Excel 文件，选择需要放置最高季度结果的单元格，如下图所示。

D24

清清网络有限公司业绩表

					年度：	2011
部门	员工姓名	第一季度	第二季度	第三季度	第四季度	累计业绩
广告部	杨明	235333	45116	13132	100451	394032
销售部	小红	362122	45461	54512	154	462249
销售部	罗瑜	322323	415163	21254	45430	804170
销售部	方刚	211234	1511	14513	45400	272658
广告部	小青	121245	2166	5411	484400	613222
广告部	周玲	215311	12166	54612	487041	769130
广告部	夏洁	21543	31541	456152	4120	513356
广告部	小可	251133	3543	2154	48610	305440
广告部	小东	45413	8513	2161	15460	71547
广告部	周强	121213	15133	16512	48401	201259
财务部	马哈	22151	151146	51312	43100	267709
财务部	小博	5121	8133	41512	13540	68306
财务部	肖爽	54213	8411	546	35420	98590
财务部	周人才	54612	91633	100	412100	558445
财务部	小巧	548123	6431	524100	45100	1123754
广告部	李鹏	453123	8132	45100	152400	658755
销售部	周永	51331	8133	[illegible]	[illegible]	225207
总业绩		3095544	862332			
销售业绩						

选择

员工业绩表

步骤 02 在单元格中输入公式：=MAX（D23:G23），如下图所示。

部门	员工姓名	第一季度	第二季度	第三季度	第四季度
广告部	杨明	235333	45116	13132	100451
销售部	小红	362122	45461	54512	154
销售部	罗瑜	322323	415163	21254	45430
销售部	方刚	211234	1511	14513	45400
广告部	小青	121245	2166	5411	484400
广告部	周玲	215311	12166	54612	487041
广告部	夏洁	21543	31541	456152	4120
广告部	小可	251133	3543	2154	48610
广告部	小东	45413	8513	2161	15460
广告部	周强	121213	15133	16512	48401
财务部	马哈	22151	151146	51312	43100
财务部	小博		133	41512	13540
财务部	肖爽		411	546	35420
财务部	周人才		633	100	412100
财务部	小巧		431	524100	45100
广告部	李鹏	453123	8132	45100	152400
销售部	周永	51331	8133	4540	161203
总业绩		3095544	862332	1307623	2142330
销售		=MAX（D23:G23）			

输入

步骤 03 按【Enter】键确认，即可得到计算结果，如下图所示。

					年度:
部门	员工姓名	第一季度	第二季度	第三季度	第四季度
广告部	杨明	235333	45116	13132	100451
销售部	小红	362122	45461	54512	154
销售部	罗瑜	322323	415163	21254	45430
销售部	方刚	211234	1511	14513	45400
广告部	小青	121245	2166	5411	484400
广告部	周玲	215311	12166	54612	487041
广告部	夏洁	21543	31541	456152	4120
广告部	小可	251133	3543	2154	48610
广告部	小东	45413	8513	2161	15460
广告部	周强	121213	15133	16512	48401
财务部	马哈	22151	151146	51312	43100
财务部	小博		8133	41512	13540
财务部	肖爽		8411	546	35420
财务部	周人才		91633	100	412100
财务部	小巧		6431	524100	45100
广告部	李鹏	453123	8132	45100	152400
销售部	周永	51331	8133	4540	161203
总业绩		3095544	862332	1307623	2142330
销售业绩		3095544			

结果

354 利用函数 MIN 求业绩最低的季度

在 Excel 2010 中，MIN 是一个返回一组值中最小值的函数，利用 MIN 函数可以求出业绩最低的季度。

步骤 01 打开上一例效果文件，选择需要放置最低季度结果的单元格，如下图所示。

广告部	杨明	235333	45116	13132	100451
销售部	小红	362122	45461	54512	154
销售部	罗瑜	322323	415163	21254	45430
销售部	方刚	211234	1511	14513	45400
广告部	小青	121245	2166	5411	484400
广告部	周玲	215311	12166	54612	487041
广告部	夏洁	21543	31541	456152	4120
广告部	小可	251133	3543	2154	48610
广告部	小东	45413	8513	2161	15460
广告部	周强	121213	15133	16512	48401
财务部	马哈	22151	151146	51312	43100
财务部	小博	5121		41512	13540
财务部	肖爽	54213		546	35420
财务部	周人才	54612		100	412100
财务部	小巧	548123		524100	45100
广告部	李鹏	453123	8132	45100	152400
销售部	周永	51331	8133	4540	161203
总业绩		3095544	862332	1307623	2142330
销售业绩		3095544			

选择

步骤 02 在单元格中输入公式：=MIN（D23:G23），如下图所示。

部门	员工姓名	第一季度	第二季度	第三季度	第四季度
广告部	杨明	235333	45116	13132	100451
销售部	小红	362122	45461	54512	154
销售部	罗瑜	322323	415163	21254	45430
销售部	方刚	211234	1511	14513	45400
广告部	小青	121245	2166	5411	484400
广告部	周玲	215311	12166	54612	487041
广告部	夏洁	21543	31541	456152	4120
广告部	小可	251133	3543	2154	48610
广告部	小东	45413	8513	2161	15460
广告部	周强	121213	15133	16512	48401
财务部	马哈	22151	151146	51312	43100
财务部	小博	5121		512	13540
财务部	肖爽	54213	8	46	35420
财务部	周人才	54612	9	00	412100
财务部	小巧	548123	6	100	45100
广告部	李鹏	453123	8132	45100	152400
销售部	周永	51331	8133	4540	161203
总业绩		3095544	862332	1307623	2142330
销售业绩		=MIN（D23:G23）			

输入

步骤 03 按【Enter】键确认，即可得到计算结果，如下图所示。

部门	员工姓名	第一季度	第二季度	第三季度	第四季度
广告部	杨明	235333	45116	13132	100451
销售部	小红	362122	45461	54512	154
销售部	罗瑜	322323	415163	21254	45430
销售部	方刚	211234	1511	14513	45400
广告部	小青	121245	2166	5411	484400
广告部	周玲	215311	12166	54612	487041
广告部	夏洁	21543	31541	456152	4120
广告部	小可	251133	3543	2154	48610
广告部	小东	45413	8513	2161	15460
广告部	周强	121213	15133	16512	48401
财务部	马哈	22151	151146	51312	43100
财务部	小博	5121		41512	13540
财务部	肖爽	54213		546	35420
财务部	周人才	54612		100	412100
财务部	小巧	548123		524100	45100
广告部	李鹏	453123	8132	45100	152400
销售部	周永	51331	8133	4540	161203
总业绩		3095544	862332	1307623	2142330
销售业绩		3095544	862332		

结果

355 利用函数 MAXA 求最高的业绩数值

在 Excel 2010 中，MAXA 函数可针对文本值或逻辑值大小进行运算。

步骤 01 打开上一例效果文件，选择需要放置最高业绩结果的单元格，如下图所示。

部门	员工姓名	第一季度	第二季度	第三季度	第四季度
广告部	杨明	235333	45116	13132	100451
销售部	小红	362122	45461	54512	154
销售部	罗瑜	322323	415163	21254	45430
销售部	方刚	211234	1511	14513	45400
广告部	小青	121245	2166	5411	484400
广告部	周玲	215311	12166	54612	487041
广告部	夏洁	21543	31541	456152	4120
广告部	小可	251133	3543	2154	48610
广告部	小东	45413	8513	2161	15460
广告部	周强	121213	15133	16512	48401
财务部	马哈	22151	151146	51312	43100
财务部	小博	5121	8133		13540
财务部	肖爽	54213	8411		35420
财务部	周人才	54612	91633		412100
财务部	小巧	548123	6431		45100
广告部	李鹏	453123	8132	45100	152400
销售部	周永	51331	8133	4540	161203
总业绩		3095544	862332	1307623	2142330
销售业绩		3095544	862332		

选择

步骤02 在单元格中输入公式：=MAXA（D5:G21），如下图所示。

部门	员工姓名	第一季度	第二季度	第三季度	年度：第四季度
广告部	杨明	235333	45116	13132	100451
销售部	小红	362122	45461	54512	154
销售部	罗瑜	322323	415163	21254	45430
销售部	方刚	211234	1511	14513	45400
广告部	小青	121245	2166	5411	484400
广告部	周玲	215311	12166	54612	487041
广告部	夏洁	21543	31541	456152	4120
广告部	小可	251133	3543	2154	48610
广告部	小东	45413	8513	2161	15460
广告部	周强	121213	15133	16512	48401
财务部	马哈	22151	151146	51312	43100
财务部	小博	5121	8133	[illegible]	[illegible]
财务部	肖爽	54213	8411	[illegible]	[illegible]
财务部	周人才	54612	91633	[illegible]	[illegible]
财务部	小巧	548123	6431	[illegible]	[illegible]
广告部	李鹏	453123	8132	45100	152400
销售部	周永	51331	8133	4540	161203
总业绩		3095544	862332	1307623	2142330
销售业绩		3095544		=MAXA（D5:G21）	

步骤03 按【Enter】键确认，即可得到计算结果，如下图所示。

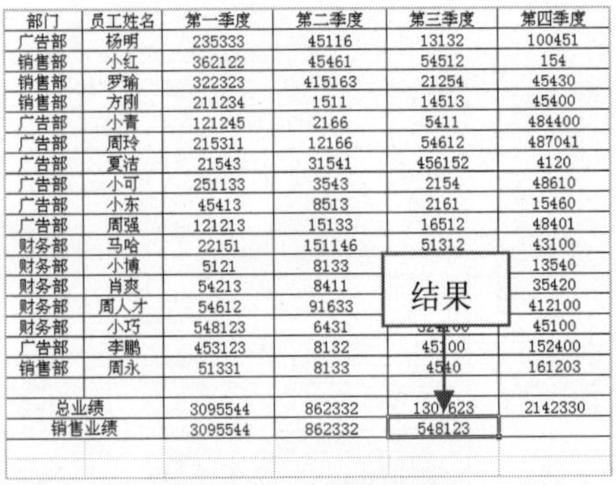

部门	员工姓名	第一季度	第二季度	第三季度	第四季度
广告部	杨明	235333	45116	13132	100451
销售部	小红	362122	45461	54512	154
销售部	罗瑜	322323	415163	21254	45430
销售部	方刚	211234	1511	14513	45400
广告部	小青	121245	2166	5411	484400
广告部	周玲	215311	12166	54612	487041
广告部	夏洁	21543	31541	456152	4120
广告部	小可	251133	3543	2154	48610
广告部	小东	45413	8513	2161	15460
广告部	周强	121213	15133	16512	48401
财务部	马哈	22151	151146	51312	43100
财务部	小博	5121	8133	[illegible]	13540
财务部	肖爽	54213	8411	[illegible]	35420
财务部	周人才	54612	91633	[illegible]	412100
财务部	小巧	548123	6431	[illegible]	45100
广告部	李鹏	453123	8132	45100	152400
销售部	周永	51331	8133	4540	161203
总业绩		3095544	862332	1307623	2142330
销售业绩		3095544	862332	548123	

356 利用MINA求最低的业绩数值

在Excel 2010中，利用MINA函数可以求出最低的业绩数值。MINA函数的语法是：MINA（value1、value2、value3……），其中value表示查找对象的所在单元格。

步骤01 打开上一例效果文件，选择需要放置最低业绩结果的单元格，如下图所示。

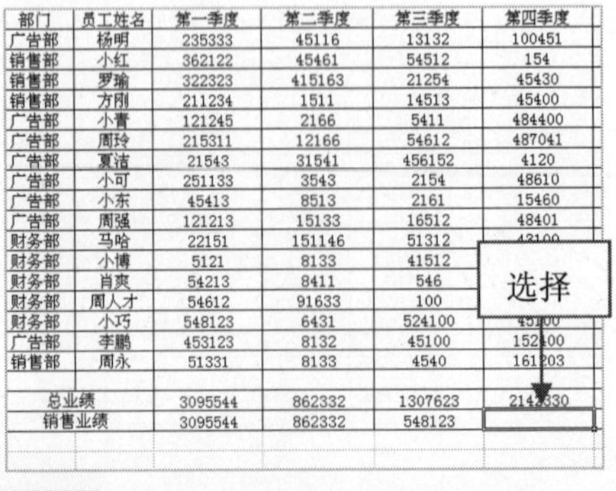

部门	员工姓名	第一季度	第二季度	第三季度	第四季度
广告部	杨明	235333	45116	13132	100451
销售部	小红	362122	45461	54512	154
销售部	罗瑜	322323	415163	21254	45430
销售部	方刚	211234	1511	14513	45400
广告部	小青	121245	2166	5411	484400
广告部	周玲	215311	12166	54612	487041
广告部	夏洁	21543	31541	456152	4120
广告部	小可	251133	3543	2154	48610
广告部	小东	45413	8513	2161	15460
广告部	周强	121213	15133	16512	48401
财务部	马哈	22151	151146	51312	[illegible]
财务部	小博	5121	8133	41512	[illegible]
财务部	肖爽	54213	8411	546	[illegible]
财务部	周人才	54612	91633	100	[illegible]
财务部	小巧	548123	6431	524100	[illegible]
广告部	李鹏	453123	8132	45100	152400
销售部	周永	51331	8133	4540	161203
总业绩		3095544	862332	1307623	2142330
销售业绩		3095544	862332	548123	

步骤02 在单元格中输入公式：=MINA（D5:G21），如下图所示。

部门	员工姓名	第一季度	第二季度	第三季度	第四季度
广告部	杨明	235333	45116	13132	100451
销售部	小红	362122	45461	54512	154
销售部	罗瑜	322323	415163	21254	45430
销售部	方刚	211234	1511	14513	45400
广告部	小青	121245	2166	5411	484400
广告部	周玲	215311	12166	54612	487041
广告部	夏洁	21543	31541	456152	4120
广告部	小可	251133	3543	2154	48610
广告部	小东	45413	8513	2161	15460
广告部	周强	121213	15133	16512	48401
财务部	马哈	22151	151146	51312	43100
财务部	小博	5121	8133	41512	13540
财务部	肖爽	54213	8411	546	[illegible]
财务部	周人才	54612	91633	100	[illegible]
财务部	小巧	548123	6431	524100	[illegible]
广告部	李鹏	453123	8132	45100	[illegible]
销售部	周永	51331	8133	4540	161203
总业绩		3095544	862332	1307623	2142330
销售业绩		3095544	862332		=MINA（D5:G21）

步骤03 执行上述操作后，按【Enter】键进行确认，即可得到相应的计算结果，如下图所示。

第一季度	第二季度	第三季度	第四季度	累计业绩
235333	45116	13132	100451	394032
362122	45461	54512	154	462249
322323	415163	21254	45430	804170
211234	1511	14513	45400	272658
121245	2166	5411	484400	613222
215311	12166	54612	487041	769130
21543	31541	456152	4120	513356
251133	3543	2154	48610	305440
45413	8513	2161	15460	71547
121213	15133	16512	48401	201259
22151	151146	51312	43100	267709
5121	8133	41512	13540	68306
54213	8411	546	[illegible]	98590
54612	91633	100	[illegible]	558445
548123	6431	524100	[illegible]	1123754
453123	8132	45100	[illegible]	658755
51331	8133	4540	161203	225207
3095544	862332	1307623	2142330	
3095544	862332	548123	100	

357 SUMIF函数的应用技巧

在Excel 2010中，SUMIF函数是指若满足指定条件对指定单元格求和。

SUMIF函数的语法是：SUMIF（range，criteria，sum_range），其中range表示根据条件计算的单元格区域，criteria表示为确定对哪些单元和相加的条件，其形式可以为数字、表达式或文本，sum_range表示相加的实际单元格。

步骤01 打开一个Excel文件，选择需要放置数值结果的单元格，如下图所示。

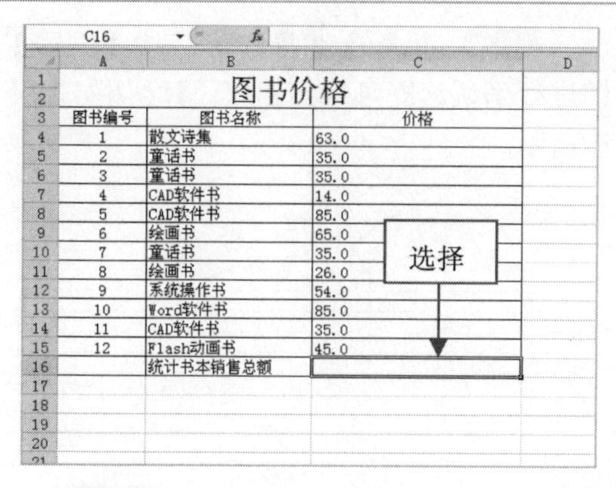

C16

	A	B	C	D
1		图书价格		
2				
3	图书编号	图书名称	价格	
4	1	散文诗集	63.0	
5	2	童话书	35.0	
6	3	童话书	35.0	
7	4	CAD软件书	14.0	
8	5	CAD软件书	85.0	
9	6	绘画书	65.0	
10	7	童话书	35.0	
11	8	绘画书	26.0	
12	9	系统操作书	54.0	
13	10	Word软件书	85.0	
14	11	CAD软件书	35.0	
15	12	Flash动画书	45.0	
16		统计书本销售总额		

步骤02　在该单元格中输入公式：=SUMIF(B4:B15,"童话书",C4:C15)，如下图所示。

ACCRINT　=SUMIF(B4:B15,"童话书",C4:C15)

	A	B	C	D
1		图书价格		
2				
3	图书编号	图书名称	价格	
4	1	散文诗集	63.0	
5	2	童话书	35.0	
6	3	童话书	35.0	
7	4	CAD软件书	14.0	
8	5	CAD软件书	85.0	
9	6	绘画书	65.0	
10	7	童话书	35.0	
11	8	绘画书	26.0	
12	9	系统操作书	54.0	
13	10	Word软件书	85.0	
14	11	CAD软件书	35.0	
15	12	Flash动画书	45.0	
16		统计书本销售总额	=SUMIF(B4:B15,"童话书",C4:C15)	

输入

步骤03　按【Enter】键确认，即可得到计算结果，如下图所示。

C16　=SUMIF(B4:B15,"童话书",C4:C15)

	A	B	C	D
1		图书价格		
2				
3	图书编号	图书名称	价格	
4	1	散文诗集	63.0	
5	2	童话书	35.0	
6	3	童话书	35.0	
7	4	CAD软件书	14.0	
8	5	CAD软件书	85.0	
9	6	绘画书	65.0	
10	7	童话书	35.0	
11	8	绘画书	26.0	
12	9	系统操作书	54.0	
13	10	Word软件书	85.0	
14	11	CAD软件书	35.0	
15	12	Flash动画书	45.0	
16		统计书本销售总额	105.0	

结果

358 DATE 函数的应用

在 Excel 2010 中，DATE 函数主要应用于代表特定日期的序列号。当用户在输入函数时，首先设置单元格的格式为“常规”，则输入函数得到的结果将为设置的日期格式。

DATE 函数的语法是：DATE（year，month，day），其中 year 表示指定的年份或单元格，month 表示指定的月份或单元格，day 表示指定的天数或单元格。

步骤01　打开一个 Excel 文件，选择需要放置数值结果的单元格，如下图所示。

D2

	A	B	C	D
1	年	月	日	合并时间
2	2005	4	12	
3	2006	5	13	
4	2007	6	14	
5	2008	7	15	

选择

步骤02　在该单元格中输入公式：=DATE(A2,B2,C2)，如下图所示。

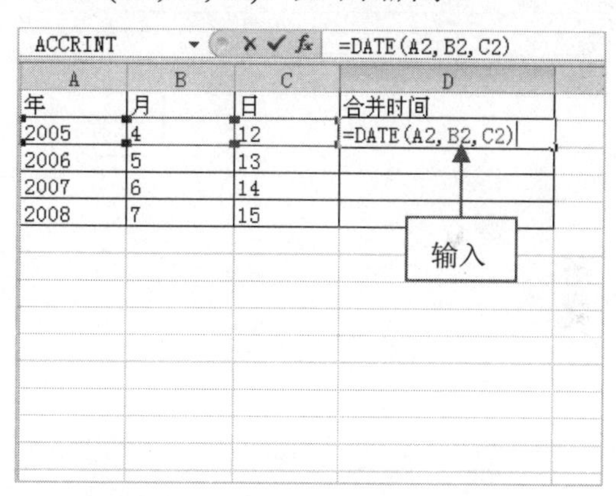

ACCRINT　=DATE(A2,B2,C2)

A	B	C	D
年	月	日	合并时间
2005	4	12	=DATE(A2,B2,C2)
2006	5	13	
2007	6	14	
2008	7	15	

步骤03　按【Enter】键确认，即可得到计算结果，如下图所示。

D2　=DATE(A2,B2,C2)

	A	B	C	D
1	年	月	日	合并时间
2	2005	4	12	2005-4-12
3	2006	5	13	
4	2007	6	14	
5	2008	7	15	

结果

359 DATEVALUE函数的应用

在Excel 2010中，DATEVALUE函数主要应用于返回date_text所表示日期对应的序列号。DATEVALUE函数的主要功能是将以文本表示的日期转换成一个序列号。

在Excel中，DATEVALUE函数的语法是：DATEVALUE（date_text），其中date_text表示以Microsoft Excel日期格式表示的日期文本，如果省略date_text中的年份部分，则函数DATEVALUE使用计算机系统内部时钟的当前年份，date_text中的时间日期将被忽略。

步骤01 打开上一例效果文件，选择需要放置数值结果的单元格，如下图所示。

	A	B	C	D	E
1	年	月	日	合并时间	
2	2005	4	12	2005-4-12	
3	2006	5	13		
4	2007	6	14		
5	2008	7	15		

选择

步骤02 在单元格中输入公式：=DATEVALUE("2005-4-12")，如下图所示。

=DATEVALUE("2005-4-12")

B	C	D	E	F
月	日	合并时间		
4	12	2005-4-12	=DATEVALUE("2005-4-12")	
5	13		DATEVALUE(date_text)	
6	14			
7	15			

输入

步骤03 执行上述操作后，按【Enter】键进行确认，即可得到相应计算结果，如下图所示。

360 TODAY函数的应用技巧

在Excel 2010中，TODAY函数主要求当前日期的序列号，序列号是Excel日期和时间计算使用的日期时间代码，如果在输入函数前，单元格的格式为“常规”，则结果将设为日期格式。

TODAY函数的语法是：TODAY（），TODAY函数没有任何参数，它一般和公式一起使用。

步骤01 打开上一例效果文件，选择需要放置日期结果的单元格，如下图所示。

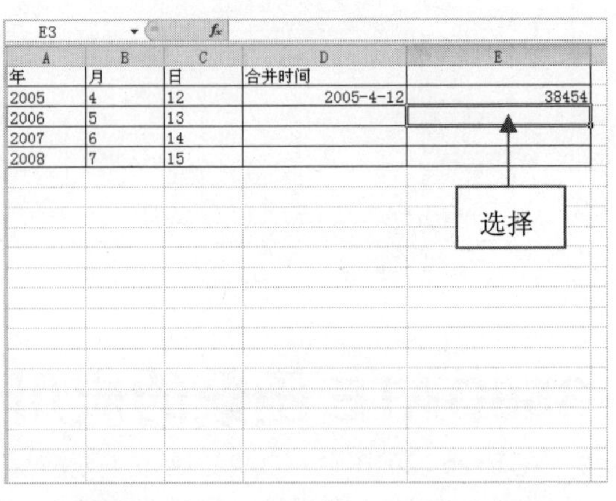

步骤02 在单元格中输入公式：=TODAY()，如下图所示。

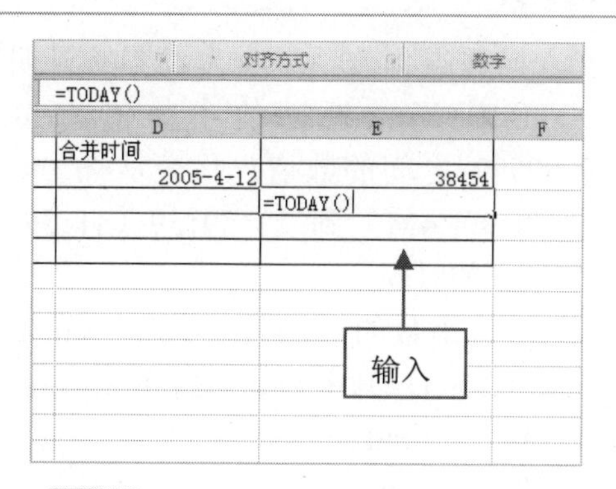

步骤03 按【Enter】键确认，即可得到计算结果，如下图所示。

E3 =TODAY()

年	月	日	合并时间	
2005	4	12	2005-4-12	38454
2006	5	13		2011-12-9
2007	6	14		
2008	7	15		

结果

361 MONTH 函数的应用

在 Excel 2010 中，MONTH 函数主要用于返回以序列号表示的日期中的月份，月份是介于 1（一月）到 12（十二月）之间的整数。

MONTH 函数的语法是：MONTH（serial_number），其中 serial_number 表示要查找的月份的日期。

步骤01 打开一个 Excel 文件，选择需要放置月份结果的单元格，如下图所示。

步骤02 在单元格中输入公式：=MONTH（B5），如下图所示。

ACCRINT =MONTH（B5）

生活用品	购买时间	购买月份
牙刷	2011-3-5	=MONTH（B5）
筷子	2011-1-6	
杯子	2011-2-4	
毛巾	2011-4-6	

输入

步骤03 按【Enter】键确认，即可得到计算结果，如下图所示。

C5 =MONTH(B5)

生活用品	购买时间	购买月份
牙刷	2011-3-5	3
筷子	2011-1-6	
杯子	2011-2-4	
毛巾	2011-4-6	

结果

362 WEEKDAY 函数的应用

在 Excel 中，WEEKDAY 函数的主要作用是返回某日期为星期几，默认情况下，其值为 1（星期天）到 7（星期六）之间的整数。

WEEKDAY 函数的语法是：WEEKDAY（serial_number，return_type），其中 serial_number 表示一个顺序的序列号，表示要查找的那一天的日期，return_type 表示返回值类型的数字。

WEEKDAY 函数有 3 种类型，其中数值 1 表示为 1（星期天）到 7（星期六）；数值 2 表示 1（星期一）到 7（星期天）；数值 3 表示 0（星期一）到 6（星期天）。

步骤01 打开一个 Excel 文件，选择需要放置数值结果的单元格，如下图所示。

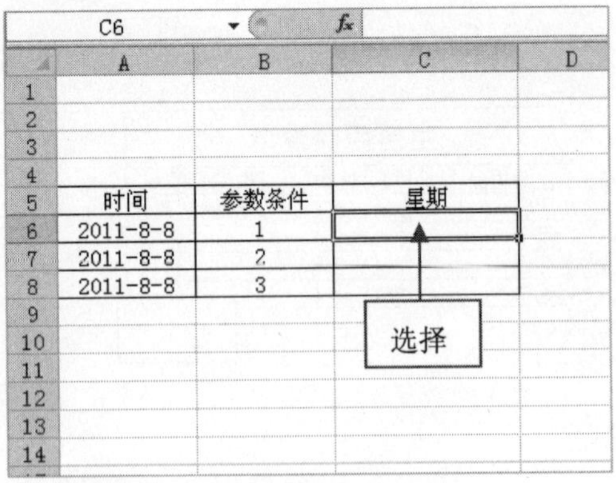

C6

	A	B	C	D
5	时间	参数条件	星期	
6	2011-8-8	1		
7	2011-8-8	2		
8	2011-8-8	3		

选择

步骤02 在单元格中输入公式：=WEEKDAY（A6，1），如下图所示。

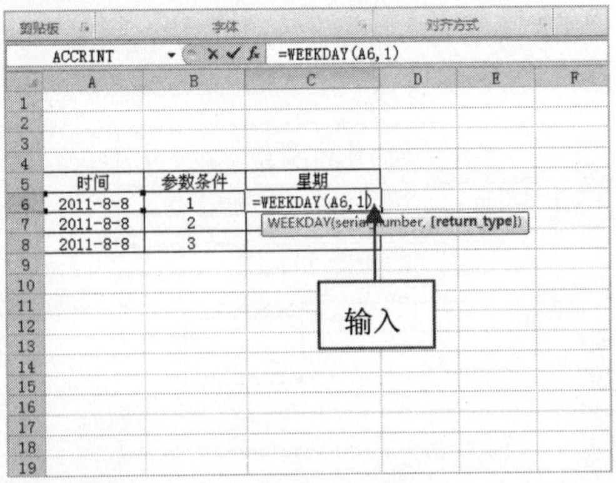

ACCRINT =WEEKDAY(A6,1)

	A	B	C
5	时间	参数条件	星期
6	2011-8-8	1	=WEEKDAY(A6,1)
7	2011-8-8	2	WEEKDAY(serial_number, [return_type])
8	2011-8-8	3	

输入

步骤03 按【Enter】键确认，即可得到计算结果，如下图所示。

C6 =WEEKDAY(A6,1)

	A	B	C
5	时间	参数条件	星期
6	2011-8-8	1	2
7	2011-8-8	2	
8	2011-8-8	3	

结果

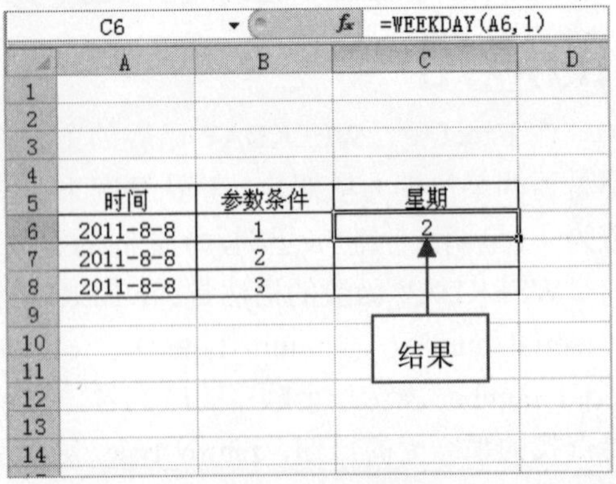

363 TIME 函数的应用

在 Excel 2010 中，TIME 函数的主要作用是返回某一特定时间的小数值。当用户在输入该函数时，首先设置单元格的格式为“常规”，则输入函数得到的结果将为设置的日期格式。TIME 函数返回的小数值为 0～0.99999999 之间的数值，代表从 0:00:00（12:00:00 AM）到 23:59:59（11:59:59 PM）之间的时间。

TIME 函数的语法是：TIME（hour，minute，second），其中 hour 表示小时，minute 表示分钟，second 表示秒钟。

步骤01 打开一个 Excel 文件，选择需要放置数值结果的单元格，如下图所示。

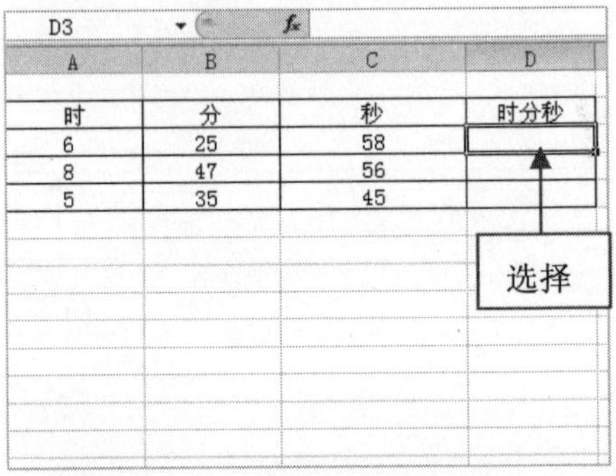

D3

A	B	C	D
时	分	秒	时分秒
6	25	58	
8	47	56	
5	35	45	

选择

步骤02 在单元格中输入公式：=TIME（A3，B3，C3），如下图所示。

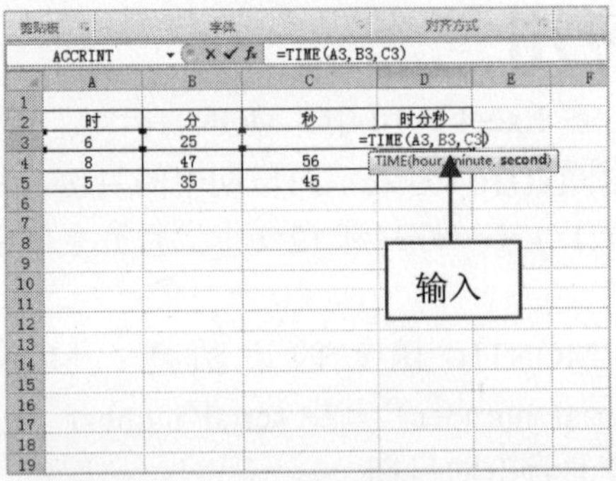

ACCRINT =TIME(A3,B3,C3)

	A	B	C	D
2	时	分	秒	时分秒
3	6	25		=TIME(A3,B3,C3)
4	8	47	56	TIME(hour, minute, second)
5	5	35	45	

输入

步骤03 按【Enter】键确认，即可得到计算结果，如下图所示。

D3 =TIME(A3,B3,C3)

A	B	C	D
时	分	秒	时分秒
6	25	58	06:25 AM
8	47	56	
5	35	45	

结果

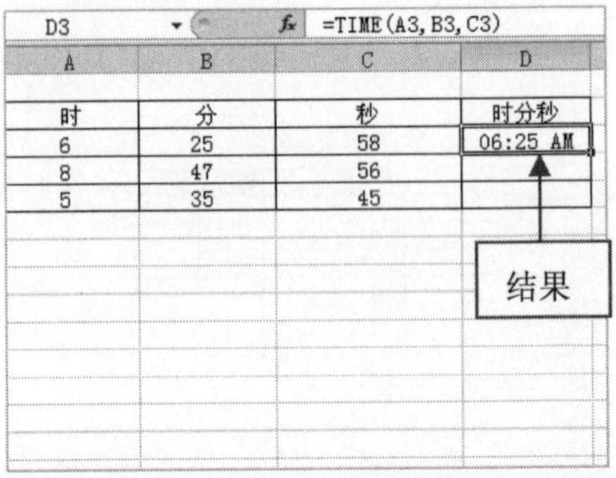

364 利用 NOW 函数显示当前的时间

在 Excel 2010 中，NOW 函数的主要作用是返回系统当前时间所对应的序列号，NOW 函数的语法是：NOW（），显示系统当前的日期和时间。

步骤01 打开上一例效果文件，选择需要放置数值结果的单元格，如下图所示。

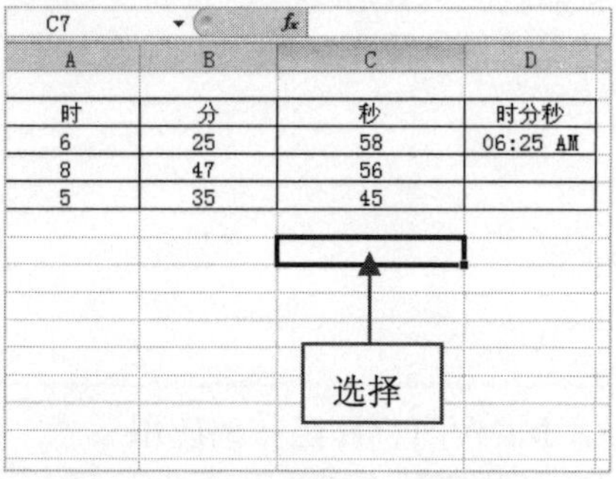

C7

A	B	C	D
时	分	秒	时分秒
6	25	58	06:25 AM
8	47	56	
5	35	45	

选择

步骤02 在单元格中输入公式：=NOW()，如下图所示。

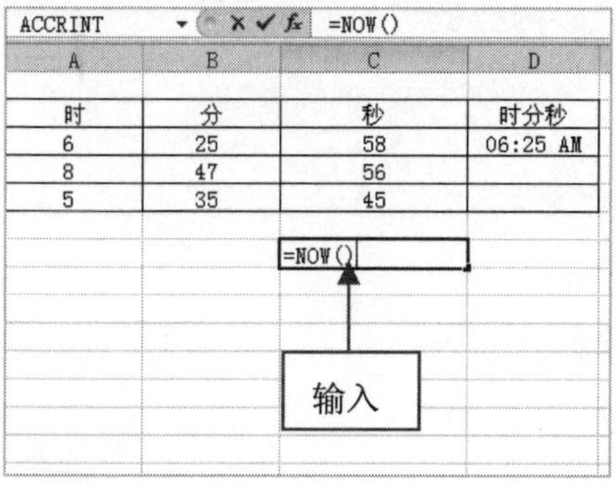

ACCRINT =NOW()

A	B	C	D
时	分	秒	时分秒
6	25	58	06:25 AM
8	47	56	
5	35	45	
		=NOW()	

输入

步骤03 按【Enter】键确认，即可得到计算结果，如下图所示。

C7 =NOW()

A	B	C	D
时	分	秒	时分秒
6	25	58	06:25 AM
8	47	56	
5	35	45	
		2011-12-9 14:43	

结果

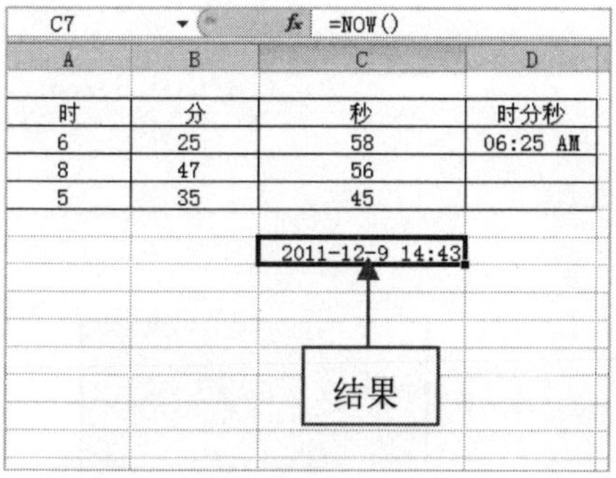

365 HOUR 函数的应用技巧

在 Excel 2010 中，HOUR 函数的主要作用是返回时间值的小时数，即一个介于 0～（12:00 AM）到 23（11:00 PM）之间的整数。

HOUR 函数的语法是：HOUR（serial_number），其中 serial_number 表示一个时间值，其中包含要查找的小时。

步骤01 打开一个 Excel 文件，选择需要放置数值结果的单元格，如下图所示。

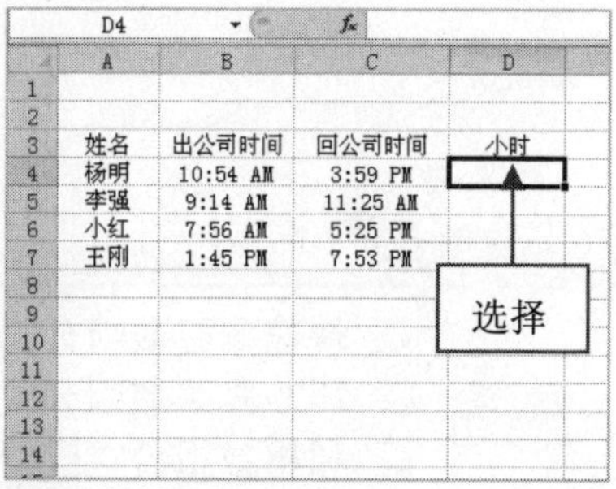

D4

	A	B	C	D
3	姓名	出公司时间	回公司时间	小时
4	杨明	10:54 AM	3:59 PM	
5	李强	9:14 AM	11:25 AM	
6	小红	7:56 AM	5:25 PM	
7	王刚	1:45 PM	7:53 PM	

选择

步骤02 在单元格中输入公式：=HOUR（C4－B4），如下图所示。

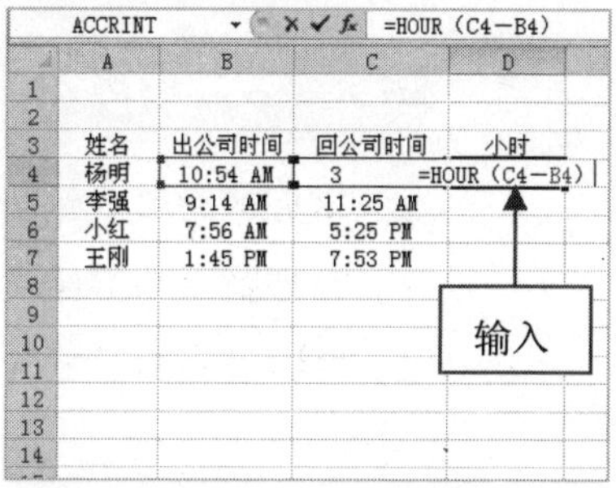

ACCRINT =HOUR（C4－B4）

	A	B	C	D
3	姓名	出公司时间	回公司时间	小时
4	杨明	10:54 AM	3	=HOUR（C4－B4）
5	李强	9:14 AM	11:25 AM	
6	小红	7:56 AM	5:25 PM	
7	王刚	1:45 PM	7:53 PM	

输入

步骤03 按【Enter】键确认，即可得到计算结果，如下图所示。

D4 =HOUR(C4-B4)

	A	B	C	D
3	姓名	出公司时间	回公司时间	小时
4	杨明	10:54 AM	3:59 PM	5
5	李强	9:14 AM	11:25 AM	
6	小红	7:56 AM	5:25 PM	
7	王刚	1:45 PM	7:53 PM	

结果

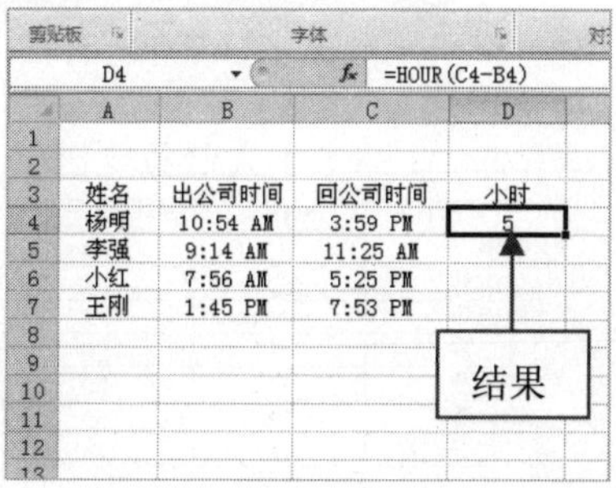

数组公式入门秘技

学前提示

在 Excel 2010 中，数组是由一个或者多个元素按照行列排列方式组成的集合，这些元素可以是文本、数值、逻辑值、日期以及错误值等。本章主要介绍数组公式的应用技巧。

本章知识重点

- 快速掌握数组公式的应用
- 巧妙修改数组公式技巧
- 利用数组公式进行快速运算
- 数组与数组之间的运算
- TRANSPOSE 函数的应用
- MINVERSE 函数的应用
- 利用数组公式实现条件计算
- COUNTIF 函数的应用
- 逻辑表达式的应用技巧
- 内存数组的后续运算

学完本章后你会做什么

- 掌握数组公式快速运算的操作方法
- 掌握数组与数组之间运算的操作方法
- 掌握逻辑表达式应用的操作方法

视频演示

C11 f_x {=C4:C10*D4:D10}

A	B	C	D
个人财务支出			
项目	星期一	星期二	合计
餐费	30	50	1500
住宿费	150	200	30000
电话费	40	20	800
停车费	5	30	150
交通费	30	50	1500
零食费	35	65	2275
交友开支费	300	500	150000
	合计	75000	

巧妙修改数组公式

B7 f_x {=(A1:A5)*(B1:D1)}

	A	B	C	D	E
1	1	2	4	6	
2	3				
3	5				
4	7				
5	9				
6					
7		2	4	6	
8		6	12	18	
9		10	20	30	
10		14	28	42	
11		18	36	54	
12					
13					
14					

数组与数组之间的运算

366 快速掌握数组公式的应用

在 Excel 2010 中，数组公式可以同时进行多个计算并返回一个或多个结果，每个结果显示在一个单元格中，数组公式可以看成是有多重数值的公式，可以产生一个以上的结果，一个数组公式可以占用一个或多个单元格。

367 使用数组公式快速计算单个结果

在 Excel 2010 中，计算单个结果的数组公式是通过用一个数组公式代替多个公式的方式来简化工作表模式。

步骤01 打开一个 Excel 文件，选择要输入公式的单元格，如下图所示。

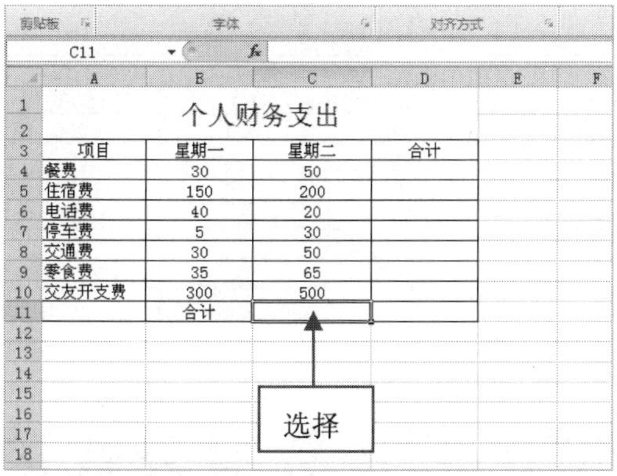

剪贴板　字体　对齐方式

C11　fx

个人财务支出

项目	星期一	星期二	合计
餐费	30	50	
住宿费	150	200	
电话费	40	20	
停车费	5	30	
交通费	30	50	
零食费	35	65	
交友开支费	300	500	
	合计		

选择

步骤02 在单元格中输入数组公式：=SUM(B4:B10*C4:C10)，如下图所示。

COUNTIF　× ✓ fx　=SUM(B4:B10*C4:C10)

个人财务支出

项目	星期一	星期二	合计
餐费	30	50	
住宿费	150	200	
电话费	40	20	
停车费	5	30	
交通费	30	50	
零食费	35	65	
交友开支费	300	500	
	=SUM(B4:B10*C4:C10)		

输入

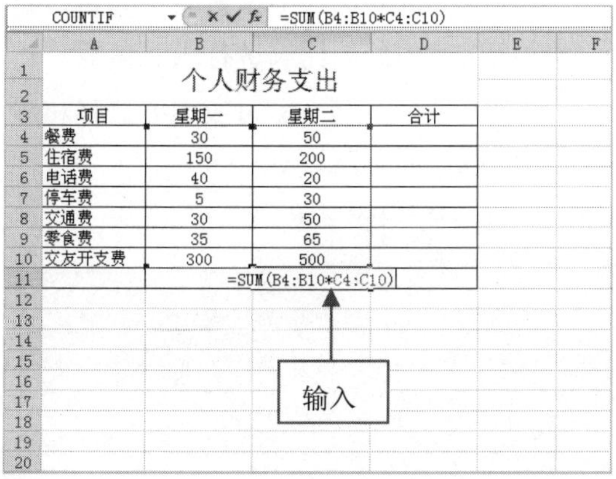

步骤03 按【Ctrl＋Shift＋Enter】组合键，此时在编辑栏中创建一个数组公式，系统自动在公式两侧加上大括号，并得出结果，如下图所示。

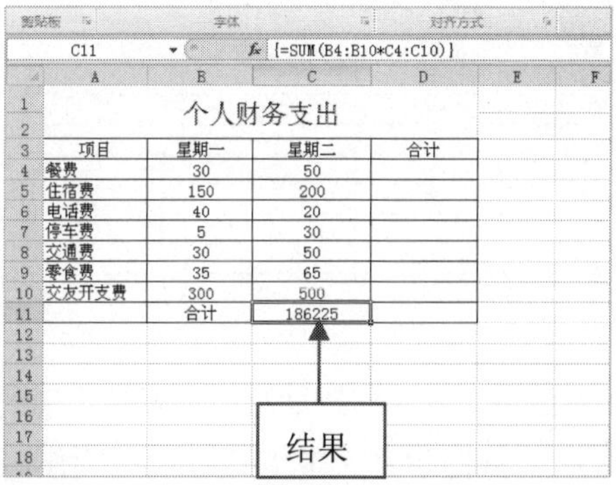

剪贴板　字体　对齐方式

C11　fx　{=SUM(B4:B10*C4:C10)}

个人财务支出

项目	星期一	星期二	合计
餐费	30	50	
住宿费	150	200	
电话费	40	20	
停车费	5	30	
交通费	30	50	
零食费	35	65	
交友开支费	300	500	
	合计	186225	

结果

368 使用数组公式快速计算多个结果

在 Excel 2010 中，如要使用数组公式计算多个数据结果，必须将数组输入到与数组参数具有相同列数和行数单元格区域中。

步骤01 打开上一例效果文件，选择要输入公式的单元格，如下图所示。

D4　fx

个人财务支出

项目	星期一	星期二	合计
餐费	30	50	
住宿费	150	200	
电话费	40	20	
停车费	5	30	
交通费	30	50	
零食费	35	65	
交友开支费	300	500	
	合计	186225	

选择

步骤02 在单元格中输入公式：＝B4:B10*C4:C10，如下图所示。

剪贴板　字体　对齐方式

SUM　× ✓ fx　=B4:B10*C4:C10

个人财务支出

项目	星期一	星期二	合计
餐费	30		=B4:B10*C4:C10
住宿费	150	200	
电话费	40	20	
停车费	5	30	
交通费	30	50	
零食费	35	65	
交友开支费	300	500	
	合计	186225	

输入

步骤 03 按【Ctrl＋Shift＋Enter】组合键确认，即可得到计算结果，如下图所示。

D4　fx {=B4:B10*C4:C10}

项目	星期一	星期二	合计
餐费	30	50	1500
住宿费	150	200	
电话费	40	20	
停车费	5	30	
交通费	30	50	
零食费	35	65	
交友开支费	300	500	
	合计		

步骤 04 将鼠标指针移至 D4 单元格的右下角，待鼠标指针呈✚形状时，单击鼠标左键并向下拖曳，至合适位置后释放鼠标，则运算结果将自动显示在单元格区域中，如下图所示。

D4　fx {=B4:B10*C4:C10}

项目	星期一	星期二	合计
餐费	30	50	1500
住宿费	150	200	30000
电话费	40	20	800
停车费	5		150
交通费	30		1500
零食费	35		2275
交友开支费	300	500	150000
	合计	186225	

369 巧妙修改数组公式技巧

在 Excel 2010 中，用户可以根据需要对创建的数组公式进行修改或编辑。

步骤 01 打开上一例效果文件，选择需要修改数组公式的单元格，如下图所示。

C11　fx {=SUM(B4:B10*C4:C10)}

项目	星期一	星期二	合计
餐费	30	50	1500
住宿费	150		30000
电话费	40		800
停车费	5		150
交通费	30	50	1500
零食费	35	65	2275
交友开支费	300	500	150000
	合计	186225	

步骤 02 在编辑栏中单击数组公式，使其处于可编辑状态，然后进行相应修改，如下图所示。

COUNTIF　× ✓ fx =SUM(C4:C10*D4:D10)

项目	星期一	星期二	合计
餐费	30	50	1500
住宿费	150	200	30000
电话费	40	20	800
停车费	5	30	150
交通费	30	50	1500
零食费	35	65	2275
交友开支费	300	500	150000

步骤 03 按【Ctrl＋Shift＋Enter】组合键进行确认，即可得到修改后的计算结果，如下图所示。

C11　fx {=SUM(C4:C10*D4:D10)}

项目	星期一	星期二	合计
餐费	30	50	1500
住宿费	150	200	30000
电话费	40		800
停车费	5		150
交通费	30	50	1500
零食费	35	65	2275
交友开支费	300	500	150000
	合计	81318375	

370 利用数组公式进行快速运算

在 Excel 2010 中，使用数组公式可以对各列数据按照不同的比例进行求和运算。

步骤 01 打开一个 Excel 文件，选择相应单元格区域，如下图所示。

在数组公式所涉及的区域中，不能编辑、清除或移动单个单元格，也不能插入或删除其中任何一个单元格。

考评统计

编号	姓名	阶段1考核	阶段2考核	业务技能	综合考评
001	陈怡	89	60	84	
002	张之	56	84	60	
003	孙祥	88	92	81	
004	李佩	84	57	92	
005	吴志明	77	60	76	
006	杨慧	56	88	77	
007	孙云	64	87	94	
008	杨菲菲	68	[illegible]	88	
009	刘欣	79	[illegible]	71	
010	赵南	98	[illegible]	84	
011	孙兴阅	56	[illegible]	60	
012	陈志	82	45	92	
013	李霖	73	77	92	
014	孙红	68	82	81	
015	小王	84	73	88	
016	赵刚	78	88	57	
017	王傅	89	69	60	
018	李观	58	92	76	
019	小李	78	57	96	
020	陈功	79	86	77	
021	苏志	84	88	84	
022	刘雪	59	79	81	

选择

步骤02 在单元格中输入数组公式：=(C3:C24+D3:D24)*0.5+E3:E24*0.5，如下图所示。

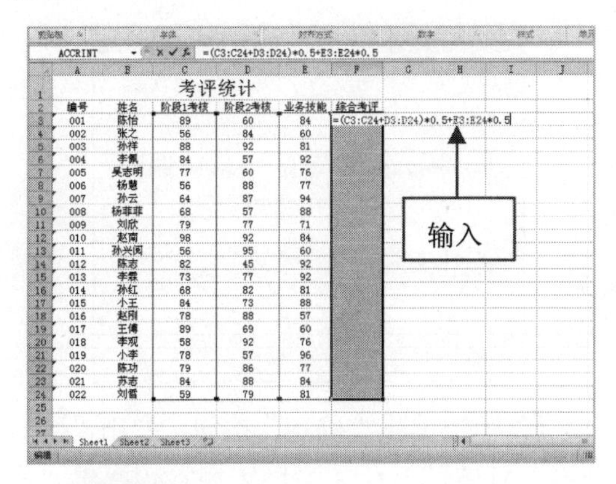

步骤03 输入完成后，按【Ctrl＋Shift＋Enter】组合键进行确认，即可得到计算结果，如下图所示。

考评统计

编号	姓名	阶段1考核	阶段2考核	业务技能	综合考评
001	陈怡	89	60	84	116.5
002	张之	56	84	60	100
003	孙祥	88	92	81	130.5
004	李佩	84	57	92	116.5
005	吴志明	77	60	76	106.5
006	杨慧	56	88	77	110.5
007	孙云	64	87	94	122.5
008	杨菲菲	68	57	88	106.5
009	刘欣	79	77	71	113.5
010	赵南	98	92	84	137
011	孙兴阅	56	[illegible]	60	105.5
012	陈志	82	[illegible]	92	109.5
013	李霖	73	[illegible]	92	121
014	孙红	68	[illegible]	81	115.5
015	小王	84	73	88	122.5
016	赵刚	78	88	57	111.5
017	王傅	89	69	60	109
018	李观	58	92	76	113
019	小李	78	57	96	115.5
020	陈功	79	86	77	121
021	苏志	84	88	84	128
022	刘雪	59	79	81	109.5

结果

371 数组与数组之间的运算

在 Excel 2010 中，用户可以根据需要在数组与数组之间进行运算。

步骤01 启动 Excel 2010，在单元格中输入相应数据，如下图所示。

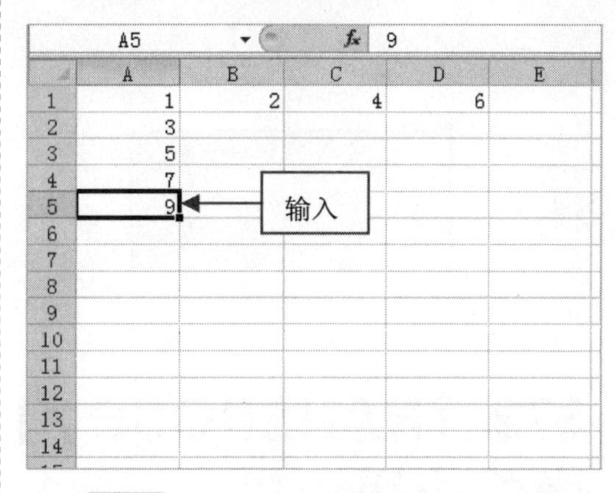

步骤02 由于表中的数组为 5 行垂直数组与 3 列水平数组，因此在工作表中选择 5×3 单元格区域，如下图所示。

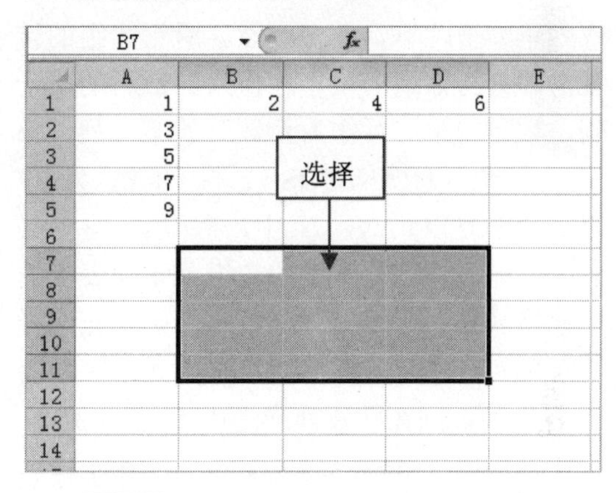

步骤03 在单元格中输入数组公式：=(A1:A5)*(B1:D1)，如下图所示。

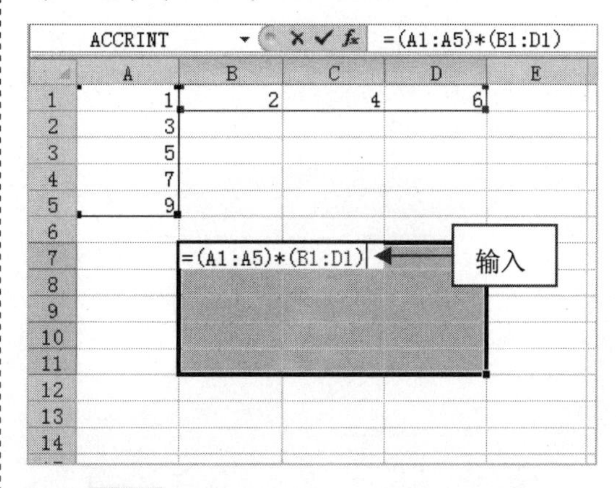

步骤04 输入完成后，按【Ctrl＋Shift＋Enter】组合键确认即可，如下图所示。

B7 fx {=(A1:A5)*(B1:D1)}

	A	B	C	D	E
1	1	2	4	6	
2	3				
3	5				
4	7				
5	9				
6					
7		2	4	6	
8		6	12	18	
9		10	20	30	
10		14	28	42	
11		18	36	54	

结果

372 TRANSPOSE 函数的应用

在 Excel 2010 中，TRANSPOSE 函数用于转置单元格区域，即将行单元格区域转置成列单元格区域，反之亦然。所谓数组的转置，即指将数组的第一行作为新数组的第一列，数组的第二行作为新数组的第二列。

函数 TRANSPOSE 的语法为：TRANSPOSE(array)，其中，参数 array 为必需项，即需要进行转置的数组或工作表上的单元格区域。在使用该函数时，必须先选择转置单元格区域的大小。若源单元格区域为 11 行 5 列，则在转置前应选中 5 行 11 列。

步骤01 打开一个 Excel 文件，在工作表中选择合适的行与列，如下图所示。

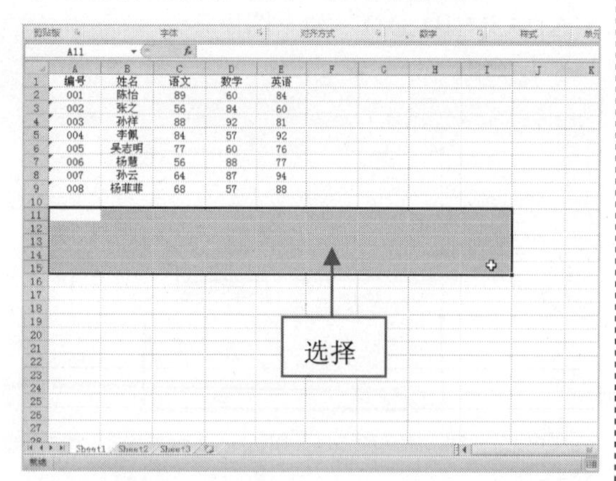

步骤02 切换至“公式”选项卡，在“函数库”选项面板中单击“插入函数”按钮，如下图所示。

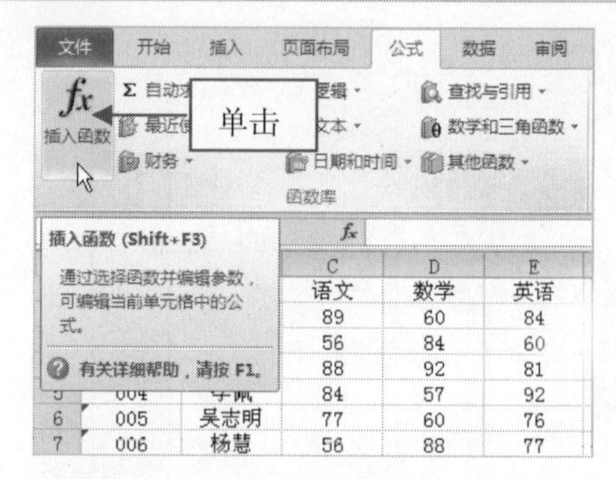

步骤03 弹出“插入函数”对话框，在“搜索函数”文本框中输入相应文本，单击“转到”按钮，然后在“选择函数”下方的列表框中选择需要的函数，如下图所示。

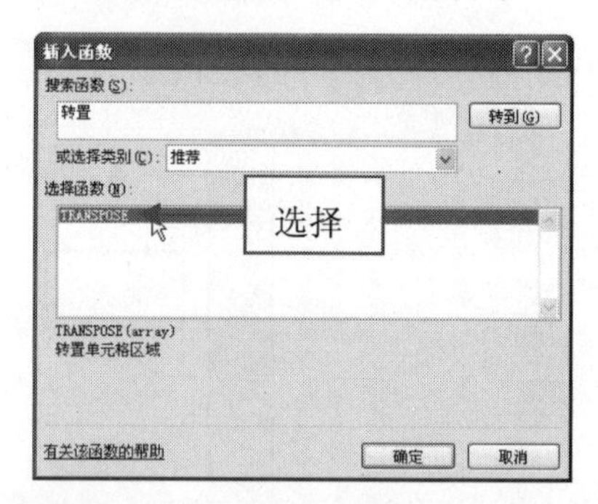

步骤04 单击“确定”按钮，弹出“函数参数”对话框，在文本框中输入相应单元格区域，如下图所示。

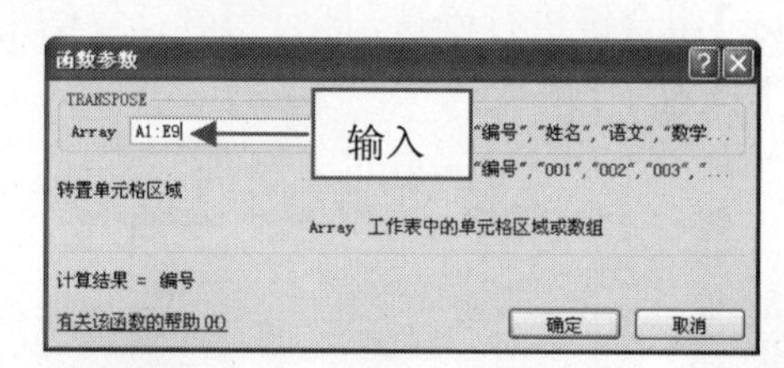

步骤05 按住【Ctrl+Shift】组合键的同时，单击“确定”按钮，即可完成单元格区域的转置，效果如下图所示。

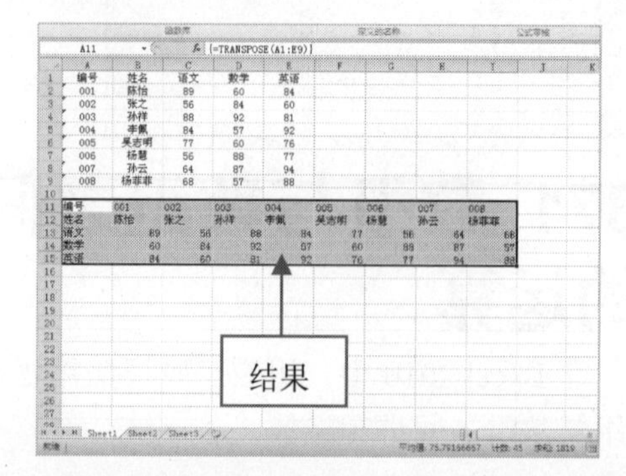

373 MINVERSE 函数的应用

在 Excel 2010 中，MINVERSE 函数用于返回数组中存储矩阵的逆矩阵。在使用该函数时，应保持行数与列数相等。若数组的行数和列数不相等，则返回错误值#VALUE!。

函数 MINVERSE 的语法为：MINVERSE(array)，其中，参数 array 可以是单元格区域，或是数组常量，或是单元格区域和数组常量的名称。

步骤 01 打开一个 Excel 文件，在工作表中选择需要输入函数的单元格区域，如下图所示。

A5

	A	B	C	D	E
1	1	2			
2	3	4			
3					
4	逆矩阵				
5					
6					

选择

步骤 02 在单元格中输入公式：=MINVERSE(A1:B2)，如下图所示。

TRANSPOSE =MINVERSE(A1:B2)

	A	B	C	D	E
1	1	2			
2	3	4			
3					
4	逆矩阵				
5	=MINVERSE(A1:B2)				
6					

输入

步骤 03 输入公式后，按【Ctrl＋Shift＋Enter】组合键确认，即可得到相应结果，如下图所示。

A5 {=MINVERSE(A1:B2)}

	A	B	C	D	E
1	1	2			
2	3	4			
3					
4	逆矩阵				
5	-2	1			
6	1.5	-0.5			

结果

374 利用数组公式实现条件计算

在 Excel 2010 中，使用数组公式还可以实现复杂条件的运算。

步骤 01 打开一个 Excel 文件，在工作表中选择需要输入函数的单元格，如下图所示。

A11

	A	B	C
1	产品单价表		
2	一月	二月	三月
3	188	190	178
4	59	159	185
5	183	79	120
6	197	185	77
7	196	89	79
8	79	188	96
9	190	269	185
10			
11			

选择

步骤 02 在单元格中输入公式：=SUM((A3:C9>120)*A3:C9)，如下图所示。

TRANSPOSE =SUM((A3:C9>120)*A3:C9)

A	B	C
产品单价表		
一月	二月	三月
188	190	178
59	159	185
183	79	120
197	185	77
196	89	79
79	188	96
190	269	185
=SUM((A3:C9>120)*A3:C9)		

输入

步骤03 输入公式后，按【Ctrl＋Shift＋Enter】组合键确认，即可得到相应结果，如下图所示。

	A	B	C	D	E
1	产品单价表				
2	一月	二月	三月		
3	188	190	178		
4	59	159	185		
5	183	79	120		
6	197	185	77		
7	196	89	79		
8	79	188	96		
9	190	269	185		
10					
11	2493				

A11 {=SUM((A3:C9>120)*A3:C9)}

结果

375 COUNTIF函数的应用

在 Excel 2010 中，COUNTIF 函数可以统计出满足给定条件的数据个数，不过使用该函数只能指定一个条件，若要同时检索两个或两个以上的条件，则应结合 IF 函数。

COUNTIF 函数的语法为：COUNTIF（range，criteria），其中，range 为要计算满足条件的单元格数的目标单元格区域。若省略，则会出现相应的错误提示信息。criteria 为确定哪些单元格将被计算在内的条件，其形式可以是文本、数值或表达式。

步骤01 打开上一例效果文件，在工作表中选择需要输入函数的单元格，如下图所示。

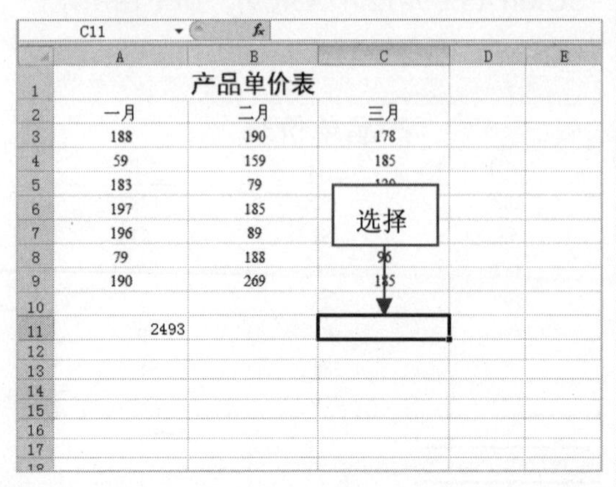

步骤02 切换至“公式”选项卡，在“函数库”选项面板中单击“插入函数”按钮，如下图所示。

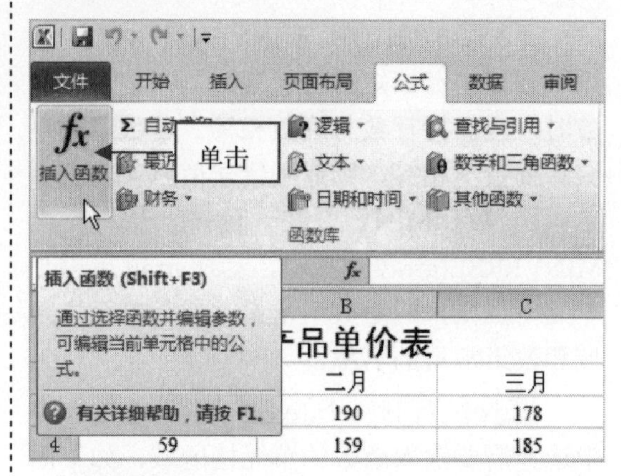

步骤03 弹出“插入函数”对话框，在“搜索函数”文本框中输入函数信息，单击“转到”按钮，然后在“选择函数”文本框中选择相应函数，如下图所示。

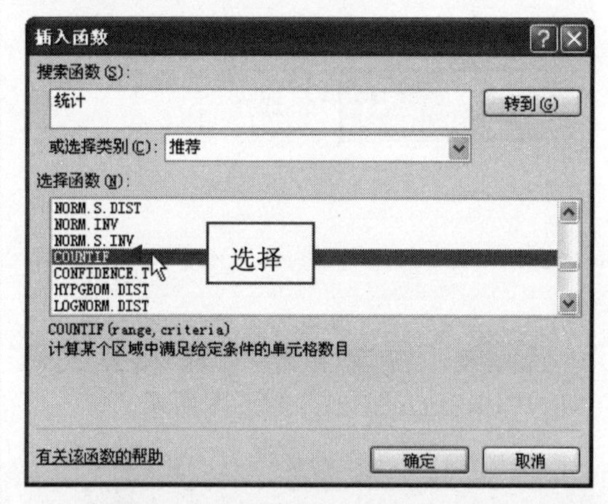

步骤04 弹出“函数参数”对话框，在其中设置相应参数，如下图所示。

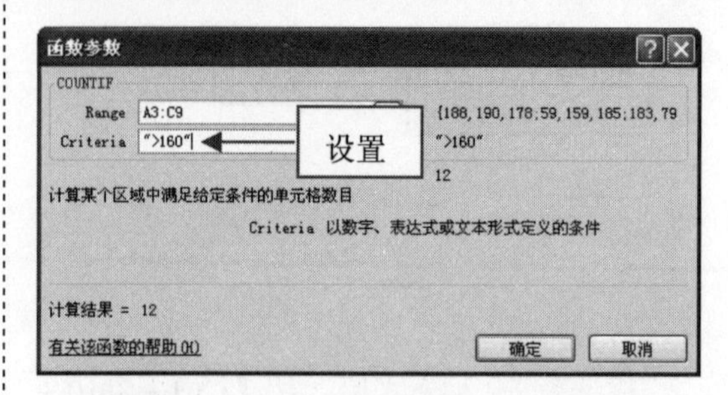

步骤05 然后单击“确定”按钮，即可得到统计结果，如下图所示。

C11 =COUNTIF(A3:C9,">160")

产品单价表		
一月	二月	三月
188	190	178
59	159	185
183	79	120
197	185	77
196	89	79
79	188	96
190	269	185
2493		12

结果

376 逻辑表达式的应用技巧

在 Excel 2010 中利用数组公式进行计算时，可以使用逻辑表达式相乘（*）与相加（+），分别实现“逻辑与”和“逻辑或”关系的运算。

步骤 01 打开一个 Excel 文件，在工作表中选择需要输入公式的单元格，如下图所示。

	A	B	C	D
1	销售记录			
2	五月	六月	七月	
3	110	110	120	
4	59	125	54	
5	95	79	120	
6	88	108	77	
7	62	89	79	
8	79	98	96	
9	110	120	102	
10				
11	计算大于100，小于150所有整数之和			
12				
13				

选择

步骤 02 在单元格中输入公式：=SUM((A3:C9>100)*(A3:C9<150)*A3:C9)，如下图所示。

COUNTIF =SUM((A3:C9>100)*(A3:C9<150)*A3:C9)

	A	B	C
1	销售记录		
2	五月	六月	七月
3	110	110	120
4	59	125	54
5	95	79	120
6	88	108	77
7	62	89	79
8	79	98	96
9	110	120	102
10			
11	计算大于100，小于150所有整数之和		
12	=SUM((A3:C9>100)*(A3:C9<150)*A3:C9)		

输入

步骤 03 按【Ctrl+Shift+Enter】组合键确认，即可得到计算结果，如下图所示。

A12 {=SUM((A3:C9>100)*(A3:C9<150)*A3:C9)}

	A	B	C
1	销售记录		
2	五月	六月	七月
3	110	110	120
4	59	125	54
5	95	79	120
6	88	108	77
7	62	89	79
8	79	98	96
9	110	120	102
10			
11	计算大于100，小于150所		
12	1025		

结果

377 内存数组的后续运算

在 Excel 2010 中，可以根据需要对内存数组进行后续运算，求得成绩的排名。

步骤 01 打开一个 Excel 文件，在工作表中选择需要输入公式的单元格，如下图所示。

G2

	A	B	C	D	E	F	G
1	姓名	语文	数学	英语	物理	化学	数理化总分排名
2	杨检	60	60	86	98	86	
3	李松	82	82	75	82	75	
4	张傅	72	72	55	72	80	
5	孙洁	65	65	90	90	76	
6	刘芳	70	70	78	70	75	
7	赵刚	72	72	83	72	83	
8	小红	62	62	82	62	90	
9	杨珍	70	70	78	70	78	
10	苏玲	65	65	85	99	85	

选择

步骤 02 在单元格中输入公式：=SUM(N(MMULT({1,0,0,1,1}*$B$2:$F$10,TRANSPOSE(COLUMN(B:F)^0))>SUM(C2,E2,F2)))+1，如下图所示。

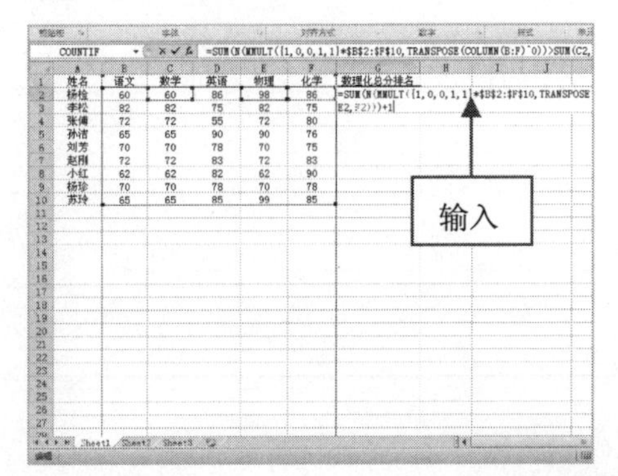

步骤03 输入公式后，按【Ctrl+Shift+Enter】组合键确认，即可得到计算结果，如下图所示。

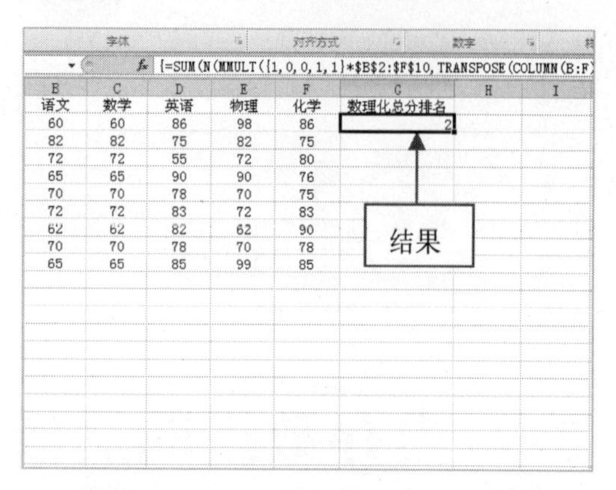

语文	数学	英语	物理	化学	数理化总分排名
60	60	86	98	86	2
82	82	75	82	75	
72	72	55	72	80	
65	65	90	90	76	
70	70	78	70	75	
72	72	83	72	83	
62	62	82	62	90	
70	70	78	70	78	
65	65	85	99	85	

步骤04 将鼠标移至 G2 单元格的右下角，单击鼠标左键并向下拖曳，至合适位置后释放鼠标左键，即可填充复制公式，得到数理化成绩排名，如下图所示。

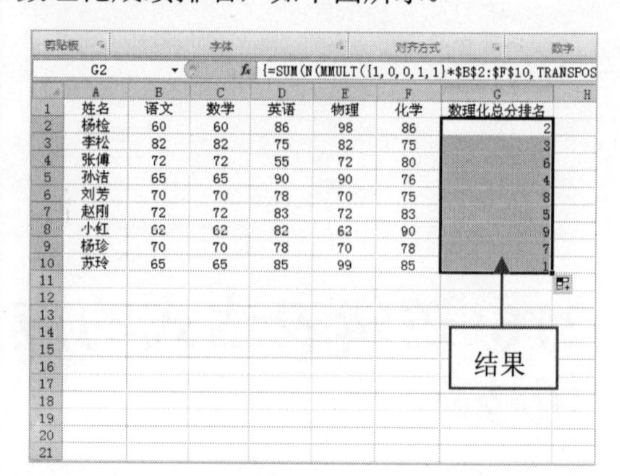

姓名	语文	数学	英语	物理	化学	数理化总分排名
杨检	60	60	86	98	86	2
李松	82	82	75	82	75	3
张倩	72	72	55	72	80	6
孙洁	65	65	90	90	76	4
刘芳	70	70	78	70	75	8
赵刚	72	72	83	72	83	5
小红	62	62	82	62	90	9
杨珍	70	70	78	70	78	7
苏玲	65	65	85	99	85	1

● 读书笔记

15 图片的插入与编辑技巧

学前提示

在 Excel 2010 中，用户不仅可以对工作表的数据进行处理，还可以对图形进行编辑。本章主要介绍图片的插入与编辑、艺术字的插入与编辑，以及 SmartArt 图形的插入与编辑等内容。

本章知识重点

- 轻松插入图片
- 插入剪贴画
- 调整图片的亮度/对比度
- 设置图片的艺术效果
- 设置图片的映像效果
- 裁剪图片
- 快速调整图片顺序技巧
- 插入 SmartArt 图形技巧
- 插入艺术字
- 扭曲艺术字

学完本章后你会做什么

- 掌握图片的插入、压缩、裁剪等操作方法
- 掌握 SmartArt 图形的插入、修改等操作方法
- 掌握艺术字的插入、修改、扭曲等的操作方法

视频演示

调整图片饱和度

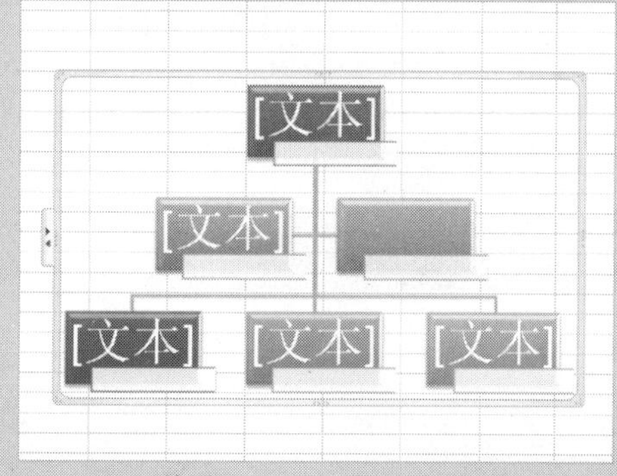

修改 SmartArt 图形的颜色

378 轻松插入图片

在 Excel 2010 中插入图片，可以让工作表的内容更加丰富。

步骤 01 启动 Excel 2010，切换至“插入”选项卡，在“插图”选项面板中单击“图片”按钮，如下图所示。

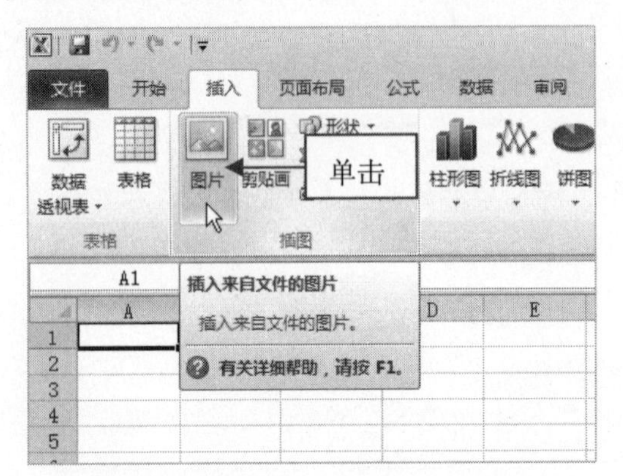

步骤 02 弹出“插入图片”对话框，选择需要插入的图片，如下图所示。

步骤 03 单击“插入”按钮，即可插入图片，重新调整图片的大小和位置，效果如下图所示。

379 插入剪贴画

在 Excel 2010 中不仅可以插入图片，还可以插入剪贴画，首先要保证在安装 Microsoft Excel 2010 的同时安装了剪贴画库，在剪贴画库中存放的剪贴画可以是系统自带的，也可以是用户收集的。

步骤 01 启动 Excel 2010，切换至“插入”选项卡，在“插图”选项面板中单击“剪贴画”按钮，如下图所示。

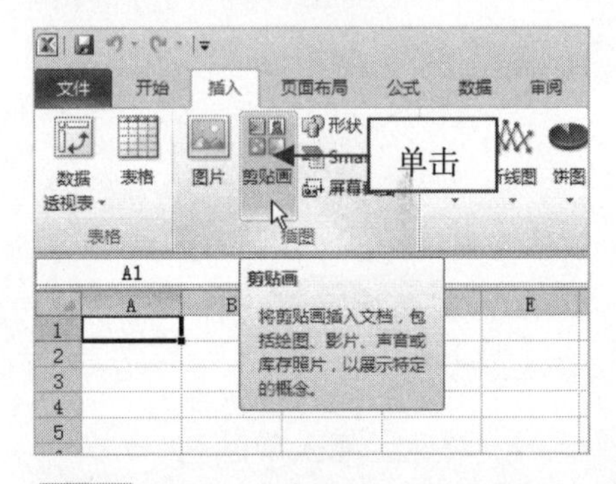

步骤 02 弹出“剪贴画”任务窗格，单击“搜索”按钮，即可搜索到系统自带的剪贴画，如下图所示。

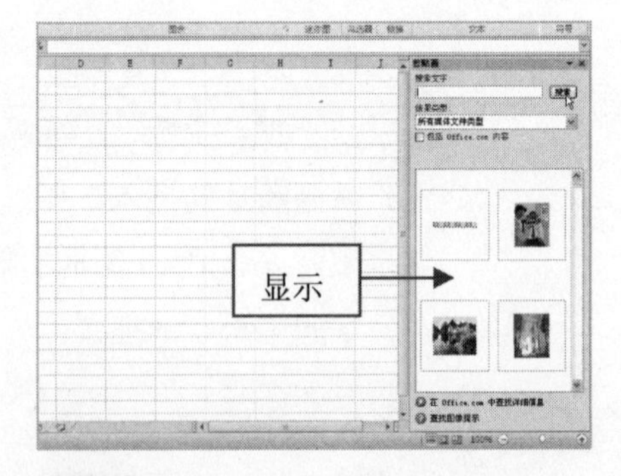

步骤 03 在下拉列表框中选择剪贴画，即可完成剪贴画的插入，如下图所示。

380 一次性插入多张图片

在 Excel 2010 中，还可以根据需要一次性插入多张图片。

步骤 01　启动 Excel 2010，切换至“插入”选项卡，在“插图”选项面板中单击“图片”按钮，如下图所示。

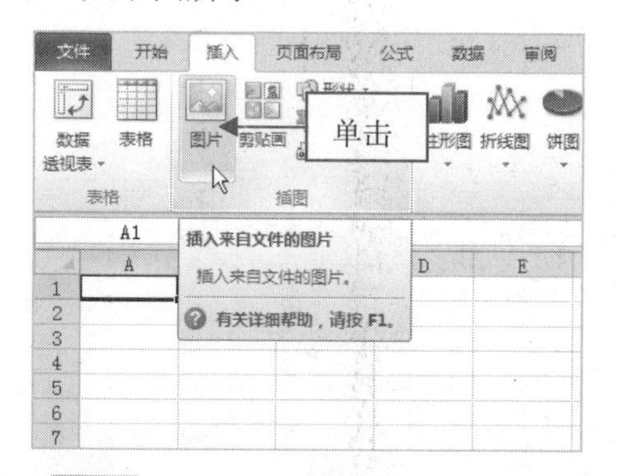

步骤 02　弹出“插入图片”对话框，按住【Ctrl】键的同时，选择需要的多幅图片，如下图所示。

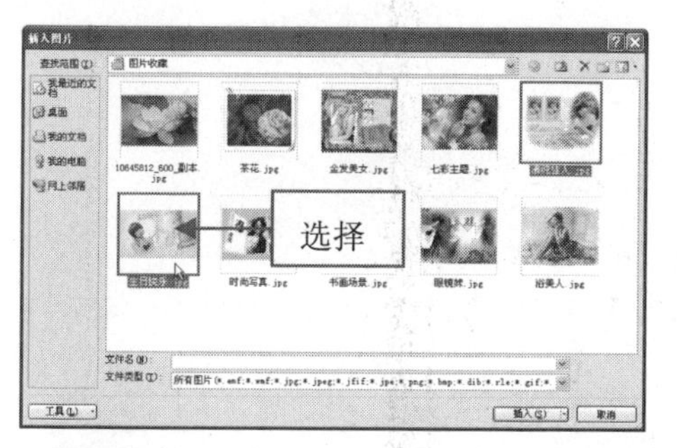

步骤 03　单击“插入”按钮，即可一次性插入多张图片，适当调整图片的大小和位置，得到的效果如下图所示。

381 调整图片的亮度/对比度

在 Excel 2010 中，有些图片由于光线不足，导致图片比较暗淡，此时需要调整图片的亮度。

步骤 01　打开一个 Excel 文件，选择需要调整亮度的图片，如下图所示。

步骤 02　切换至“格式”选项卡，在“调整”选项面板中单击“更正”按钮，弹出列表框，在“亮度和对比度”选项区中选择相应选项，如下图所示。

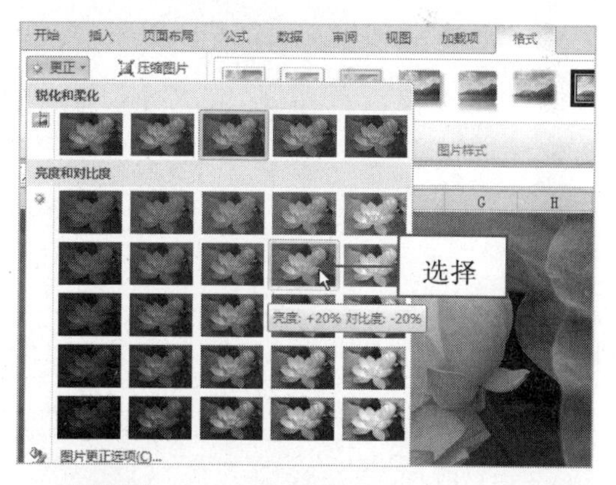

步骤 03　执行上述操作后，即可调整图片的亮度和对比度，效果如下图所示。

专家提醒

在弹出的列表框中，用户还可以根据需要在“锐化和柔化”选项区中选择相应选项，调整图片效果。

382 调整图片饱和度

在 Excel 2010 中，还可以根据需要调整图片的饱和度。

步骤 01 打开上一例效果文件，切换至“格式”选项卡，在“调整”选项面板中单击“颜色”按钮，弹出列表框，在“颜色饱和度”选项区中选择相应选项，如下图所示。

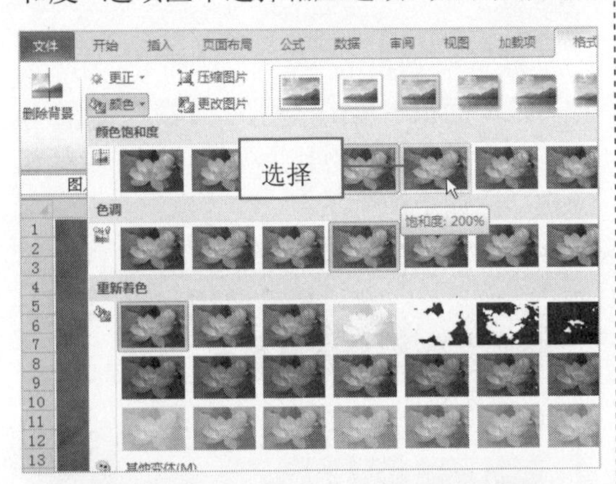

步骤 02 执行上述操作后，即可调整图片的饱和度，效果如下图所示。

383 设置图片的艺术效果

在 Excel 2010 中，用户可以根据需要设置图片的艺术效果。

步骤 01 打开上一例效果文件，切换至“格式”选项卡，在“调整”选项面板中单击“艺术效果”按钮，在弹出的列表框中选择“塑封”选项，如下图所示。

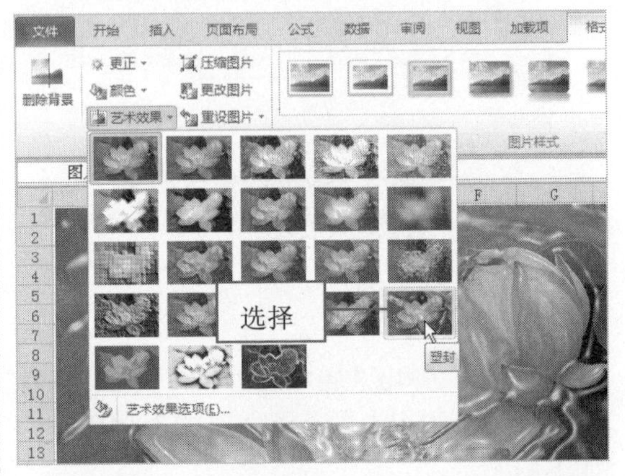

步骤 02 执行上述操作后，即可设置图片的艺术效果，如下图所示。

384 压缩图片技巧

在 Excel 2010 中，用户可以根据需要对图片进行压缩，缩小文档以便共享，提高传输速度。

步骤 01 打开上一例效果文件，切换至“格式”选项卡，在“调整”选项面板中单击“压缩图片”按钮，如下图所示。

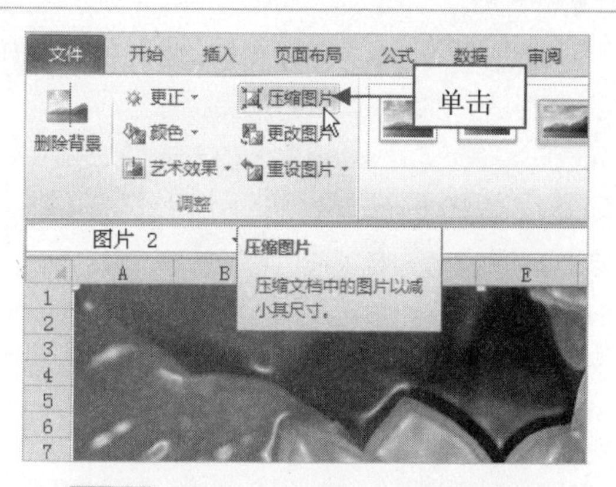

步骤 02　弹出“压缩图片”对话框，在“目标输出”选项区中选中相应单选按钮，如下图所示。

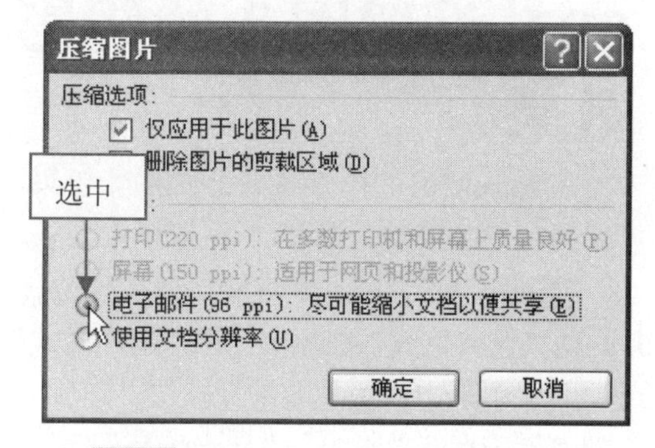

步骤 03　执行上述操作后，单击“确定”按钮，即可完成图片的压缩。

385 在图片中添加文本技巧

在 Excel 2010 中，用户可以根据需要在图片上添加文本，来对图片进行解释、说明。

步骤 01　打开一个 Excel 文件，选择图片，如下图所示。

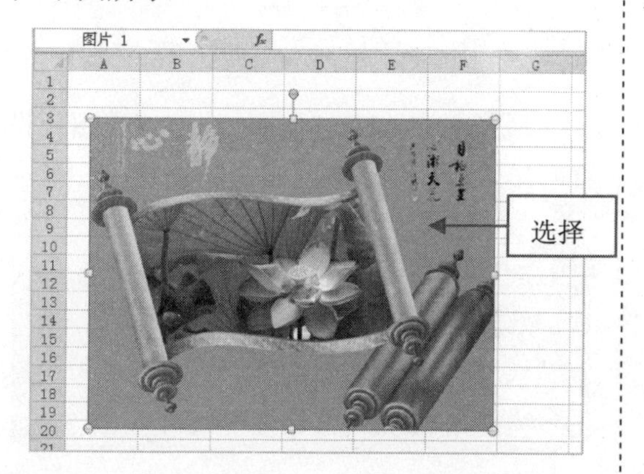

步骤 02　切换至“插入”选项卡，在“文本”选项面板中单击“文本框”下拉按钮，在弹出的列表框中选择“横排文本框”选项，如下图所示。

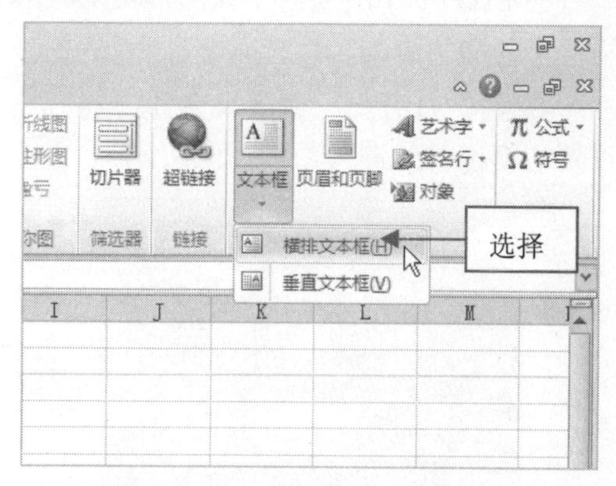

步骤 03　此时鼠标指针呈 ↓ 形状，将鼠标移至需要添加文本的图片上，单击鼠标左键并拖曳，绘制出合适大小的文本框后释放鼠标左键，如下图所示。

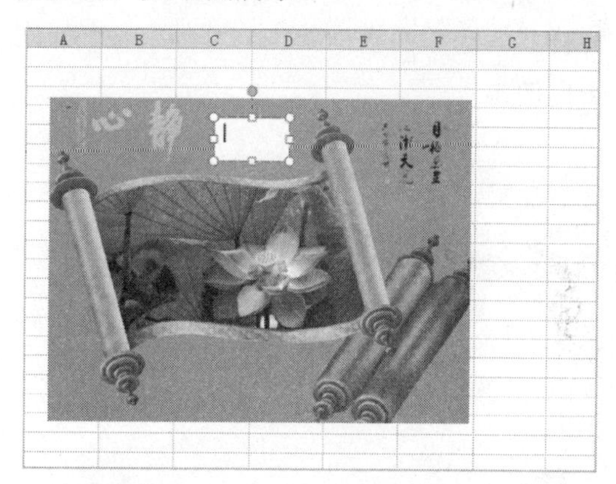

步骤 04　即可创建一个文本框，在其中输入相应文本内容，并设置文本的大小，即可完成文字的添加，效果如下图所示。

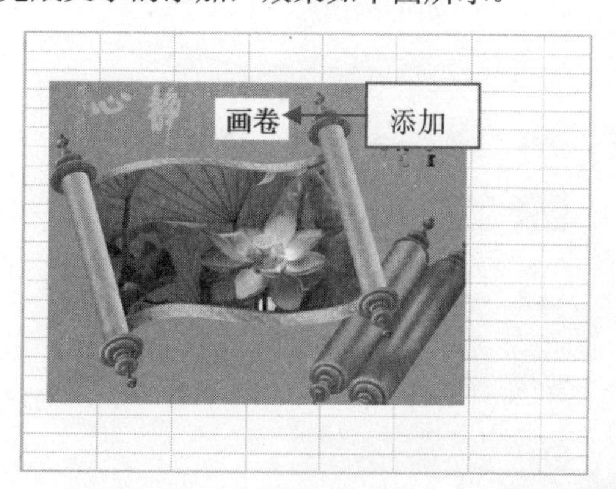

386 设置图片的边框样式

在 Excel 2010 中，为了让图片更加美观，用户可为图片添加边框样式。

步骤 01 打开上一例效果文件，选择需要设置边框样式的图片，如下图所示。

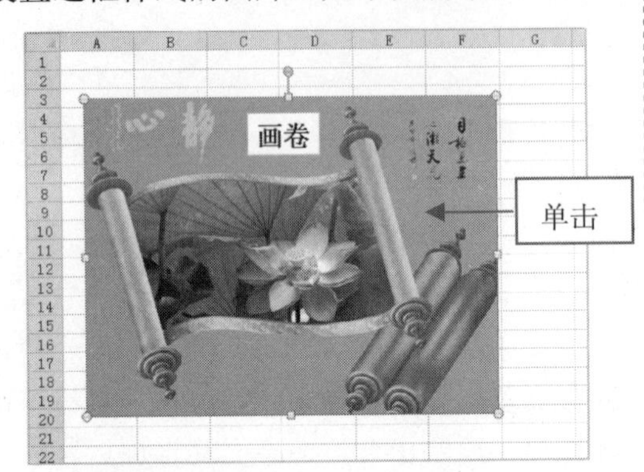

步骤 02 切换至“格式”选项卡，在“图片样式”选项面板中单击“其他”按钮，如下图所示。

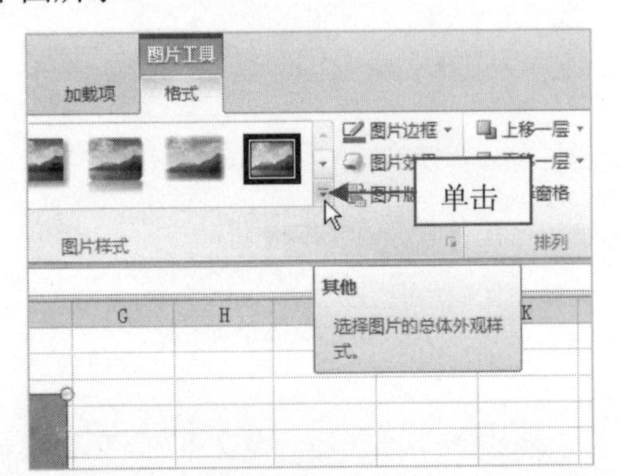

步骤 03 在弹出的列表框中选择相应的边框样式，如下图所示。

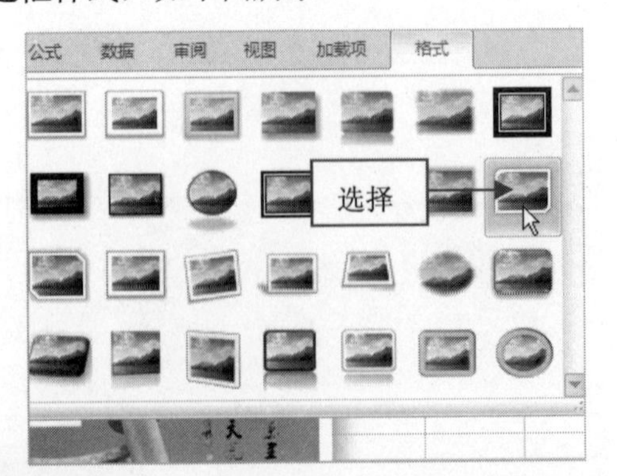

步骤 04 执行上述操作后，即可设置图片边框样式，效果如下图所示。

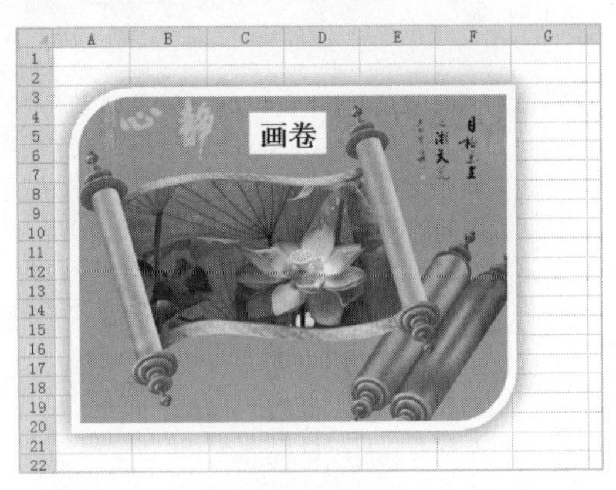

387 设置图片的阴影效果

在 Excel 2010 中，为图片添加阴影效果，可使图片更加美妙、逼真。

步骤 01 打开上一例效果文件，选择图片，切换至“格式”选项卡，在“图片样式”选项面板中单击“图片效果”按钮，在弹出的列表框中选择“阴影”|“居中偏移”选项，如下图所示。

步骤 02 执行上述操作后，即可为图片设置阴影效果，如下图所示。

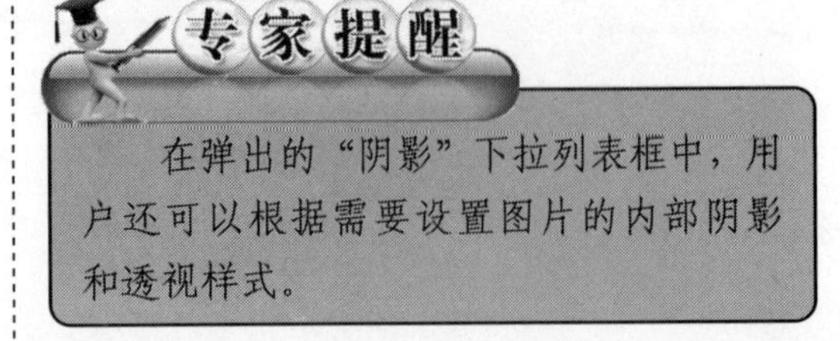

在弹出的“阴影”下拉列表框中，用户还可以根据需要设置图片的内部阴影和透视样式。

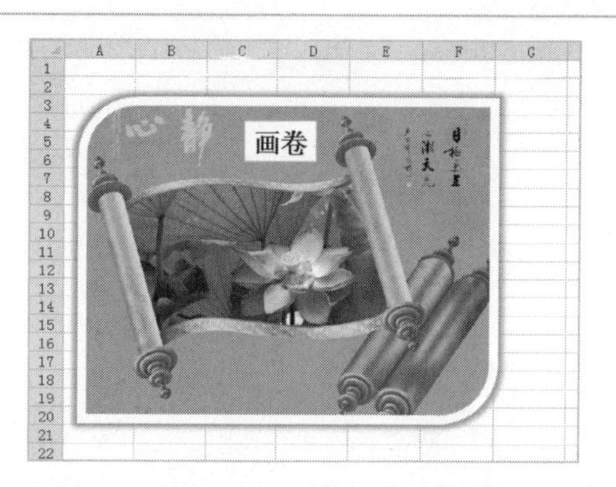

388 设置图片的映像效果

在 Excel 2010 中，为图片设置阴影效果后，再添加映像效果来修饰，使图片锦上添花，效果更有特色。

步骤 01 打开上一例效果文件，选择图片，切换至“格式”选项卡，在“图片样式”选项面板中单击“图片效果”按钮，在弹出的列表框中选择“映像”|“紧密映像，4pt 偏移量”选项，如下图所示。

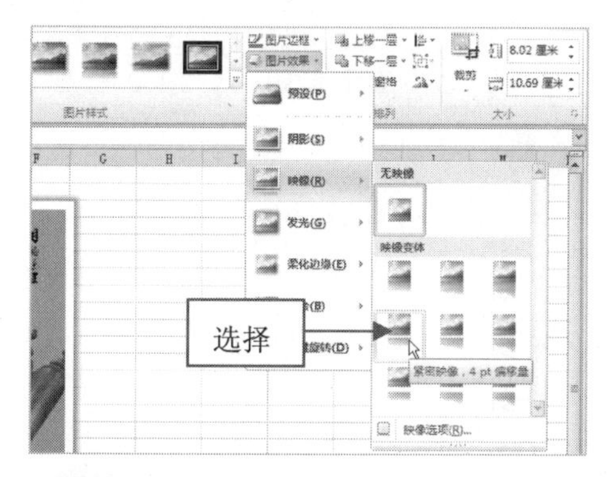

步骤 02 执行上述操作后，即可为图片设置映像效果，如下图所示。

389 设置图片的发光效果

在 Excel 2010 中，有时需要将工作表中的图片突出显示，让图片更加醒目，此时可设置图片的发光效果。

步骤 01 打开上一例效果文件，选择图片，切换至“格式”选项卡，在“图片样式”选项面板中单击“图片效果”按钮，在弹出的列表框中选择“发光”|“红色，8pt 发光，强调文字颜色 2”选项，如下图所示。

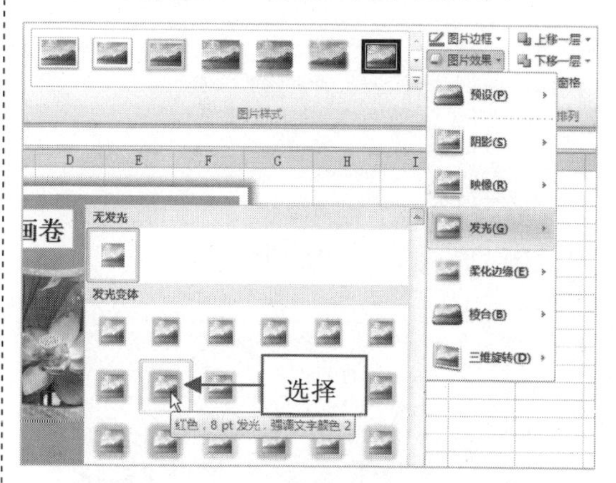

步骤 02 执行上述操作后，即可为图片设置发光效果，如下图所示。

390 设置图片柔化边缘效果

在 Excel 2010 中，用户还可以根据需要设置图片的柔化边缘效果。

步骤 01 打开上一例效果文件，选择图片，切换至“格式”选项卡，在“图片样式”选项面板中单击“图片效果”按钮，在弹出的列表框中选择“柔化边缘”|“2.5 磅”选项，如下图所示。

步骤 02 执行上述操作后，即可为图片设置柔化边缘效果，如下图所示。

391 设置图片三维旋转效果

在 Excel 2010 中，有时需要设置图片的三维旋转效果。

步骤 01 打开上一例效果文件，选择图片，切换至“格式”选项卡，在“图片样式”选项面板中单击“图片效果”按钮，在弹出的列表框中选择“三维旋转”|“极右极大透视”选项，如下图所示。

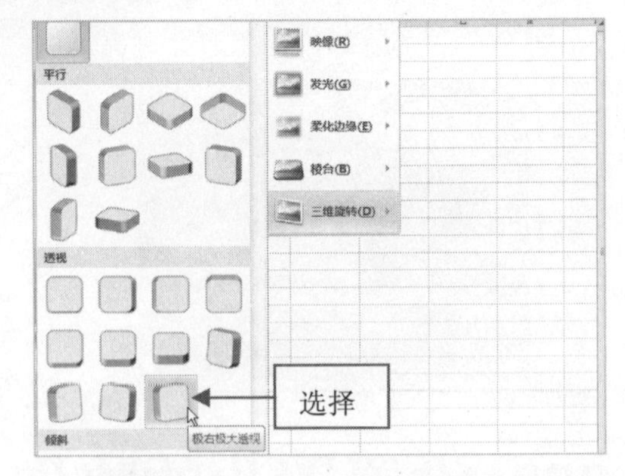

步骤 02 执行上述操作后，即可为图片设置三维旋转效果，如下图所示。

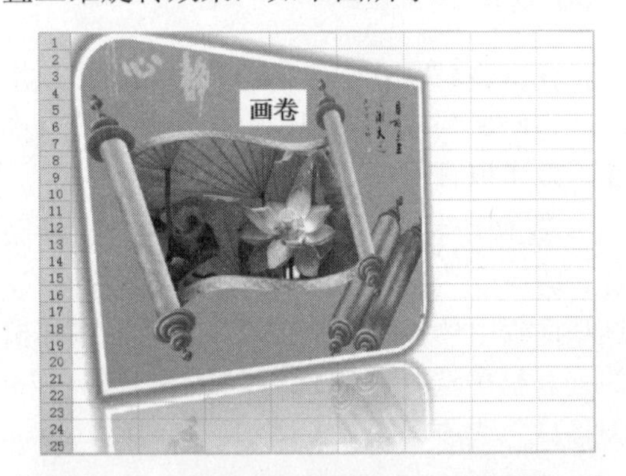

392 设置图片的棱台效果

在 Excel 2010 中，为图片添加棱台效果，让图片更加具有专业设计的艺术特色。

步骤 01 打开上一例效果文件，选择图片，切换至“格式”选项卡，在“图片样式”选项面板中单击“图片效果”按钮，在弹出的列表框中选择“棱台”|“斜面”选项，如下图所示。

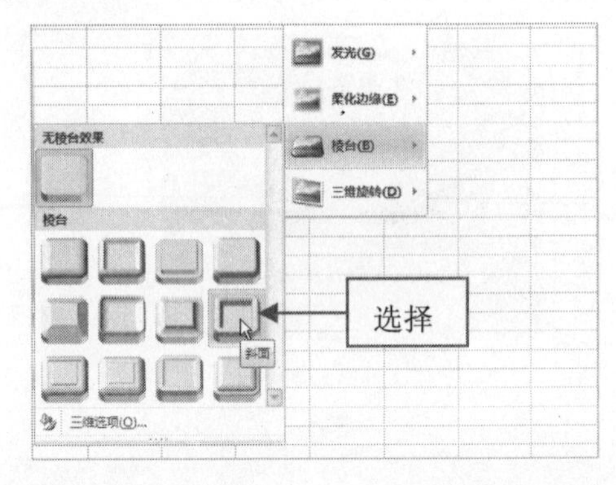

步骤 02　执行上述操作后，即可为图片设置棱台效果，如下图所示。

393 裁剪图片

在 Excel 中，当导入的图片太大时，可利用裁剪工具将图片中多余的部分裁剪掉。

步骤 01　打开一个 Excel 文件，选择需要裁剪的图片，如下图所示。

步骤 02　切换至“格式”选项卡，在“大小”选项面板中单击“裁剪”下拉按钮，在弹出的列表框中选择“裁剪”选项，如下图所示。

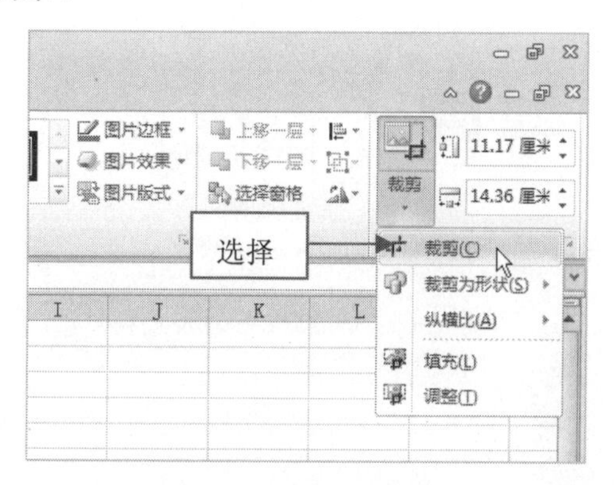

步骤 03　执行上述操作后，图片的周围将显示 8 个控制点，如下图所示。

步骤 04　将鼠标移至图片的控制点上，单击鼠标左键并拖曳，至合适位置后释放鼠标左键，效果如下图所示。

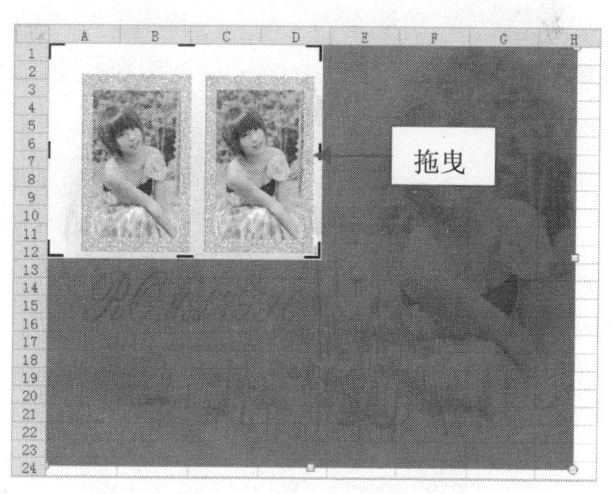

步骤 05　用与上述相同的方法，裁剪图片的另一边，然后在工作表的空白位置单击鼠标左键即可，如下图所示。

394 复制图片

在 Excel 2010 中，可以将一张图片复制成多张图片，从而提高工作效率。

步骤01 打开上一例效果文件，选择需要复制的图片，如下图所示。

步骤02 切换至“开始”选项卡，在“剪贴板”选项面板中单击“复制”按钮，如下图所示。

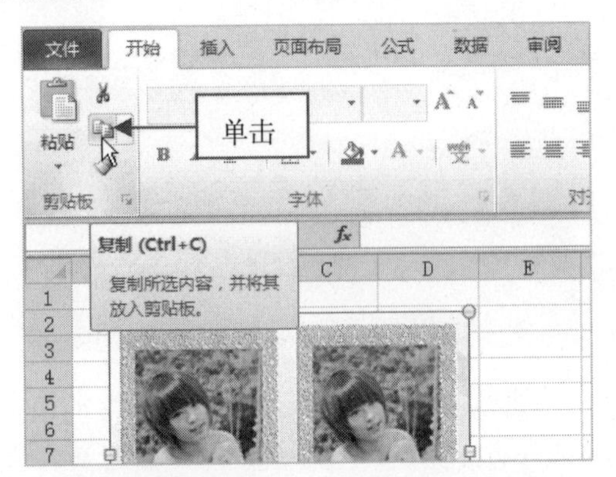

步骤03 选择需要复制图片的位置，在“剪贴板”选项板中单击“粘贴”按钮，如下图所示。

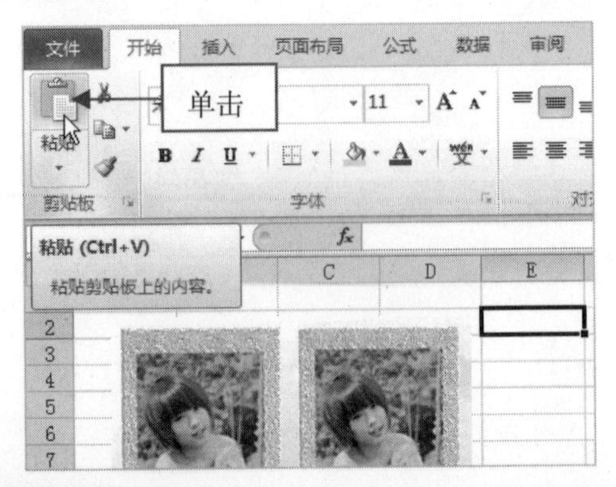

步骤04 执行上述操作后，即可复制图片，效果如下图所示。

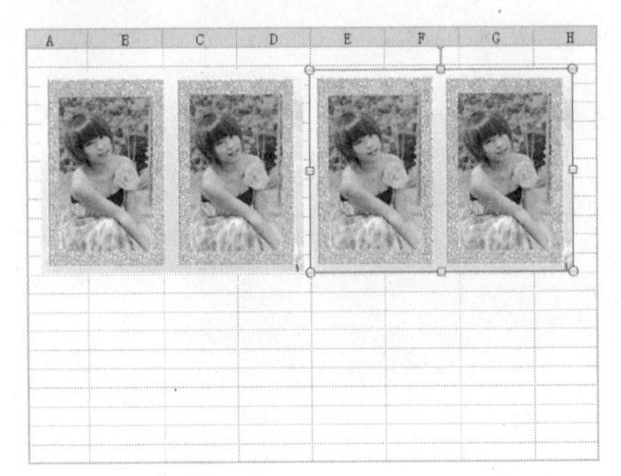

395 隐藏工作表中的图片

在 Excel 2010 中，用户可以将暂时不需要编辑的图片隐藏起来。

步骤01 打开上一例效果文件，选择需要隐藏的图片，如下图所示。

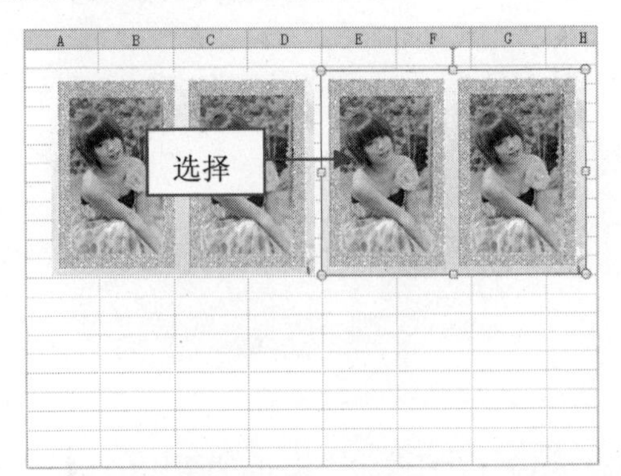

步骤02 切换至“格式”选项卡，在“排列”选项面板中单击“选择窗格”按钮，如下图所示。

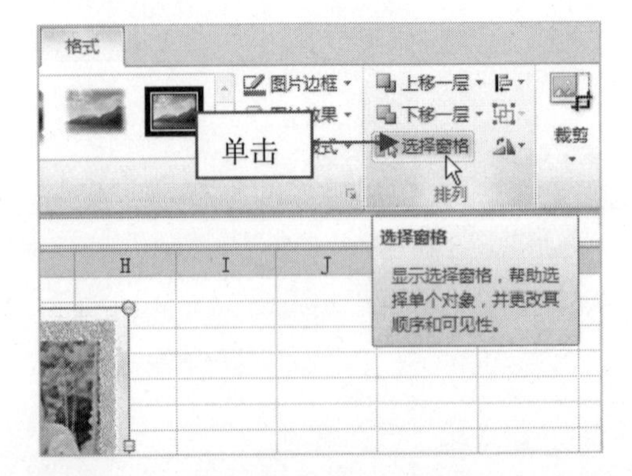

步骤03 弹出“选择和可见性”任务窗格，在“工作表中的图形”列表框中，显示了工作表中的所有图片，如下图所示。

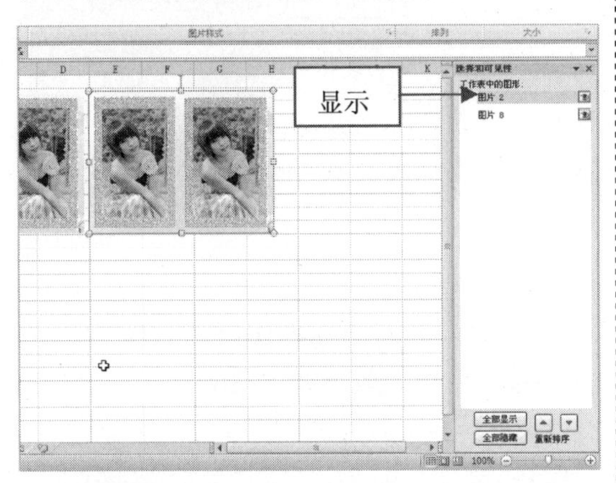

步骤04 在列表框中单击相应图片右侧的按钮，如下图所示。

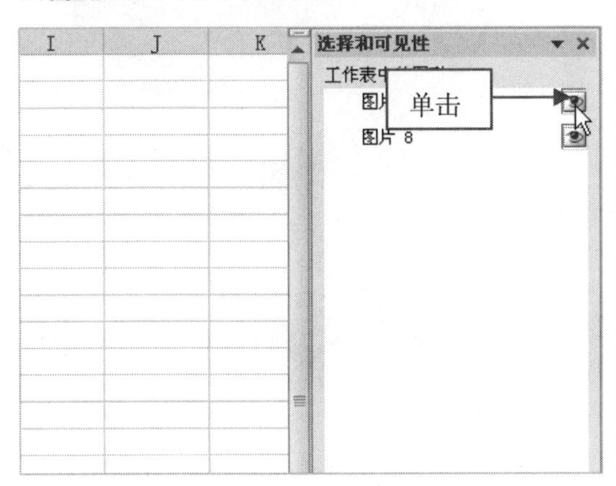

步骤05 执行上述操作后，即可隐藏选择的图片，效果如下图所示。

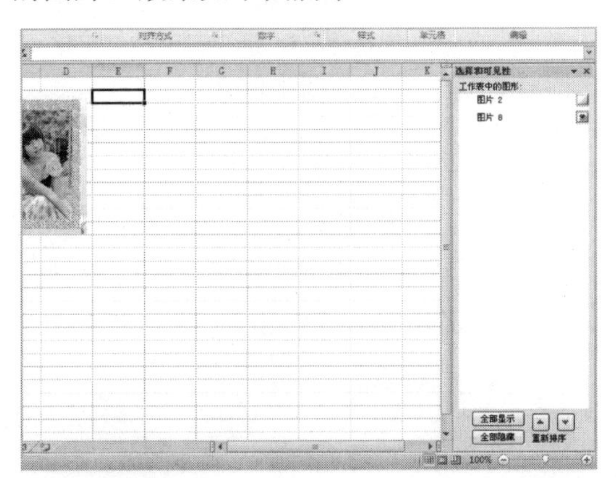

步骤06 再次单击图片右侧的按钮，可取消隐藏该图片。

396 快速调整图片顺序技巧

在 Excel 2010 中，用户可以根据需要调整图片的顺序。

步骤01 打开一个 Excel 文件，选择工作表中的图片，如下图所示。

步骤02 切换至“格式”选项卡，在“排列”选项面板中单击“选择窗格”按钮，弹出“选择和可见性”任务窗格，在“工作表中的图形”列表框中选择需要调整顺序的图片，如下图所示。

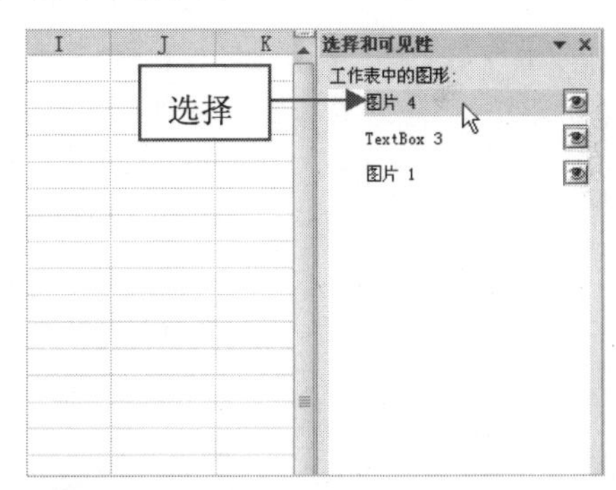

步骤03 然后单击下方的“下移一层”按钮，如下图所示。

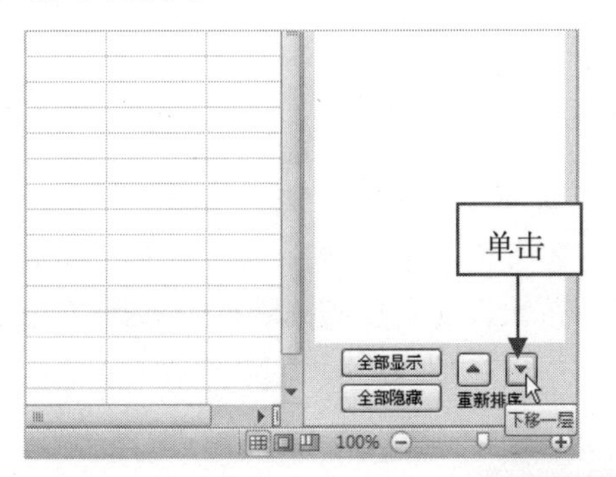

步骤04 即可将图片下移一层，再单击“下移一层”按钮，即可完成图片顺序的调整，效果如下图所示。

397 设置图片和文字组合

在 Excel 2010 中，有时用户需要将工作表中的图片和文字组合在一起，形成图文并茂的效果。

步骤01 打开上一例效果文件，选择需要组合的图片，然后按住【Ctrl】键的同时，选择需要组合的文字，如下图所示。

步骤02 切换至“图片工具”下方的“格式”选项卡，在“排列”选项面板中单击“组合”按钮，在弹出的列表框中选择“组合”选项，如下图所示。

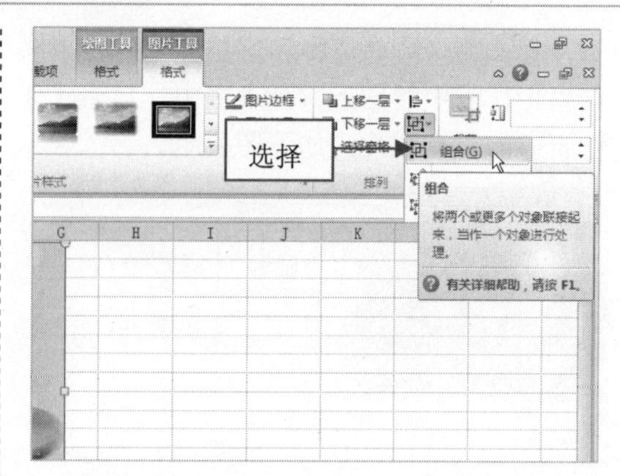

步骤03 执行上述操作后，即可将图片和文字进行组合，效果如下图所示。

398 插入 SmartArt 图形技巧

在 Excel 2010 中，用户还可以根据需要插入 SmartArt 图形。

步骤01 启动 Excel 2010，切换至“插入”选项卡，在“插图”选项面板中单击“SmartArt”按钮，如下图所示。

步骤02 弹出"选择 SmartArt 图形"对话框，切换至"层次结构"选项卡，在右侧选择"组织结构图"选项，如下图所示。

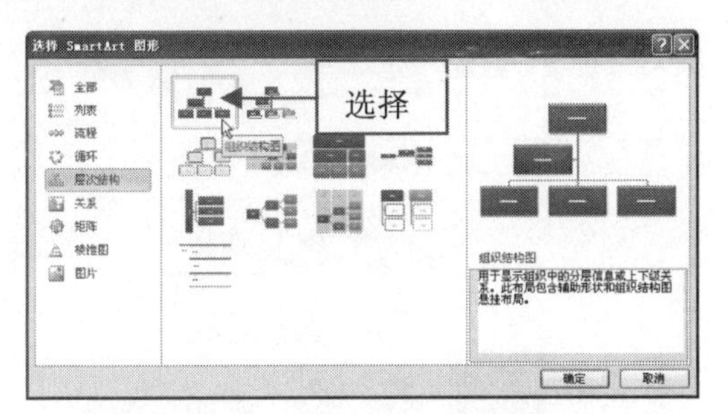

步骤03 执行上述操作后，单击"确定"按钮，即可插入 SmartArt 图形，如下图所示。

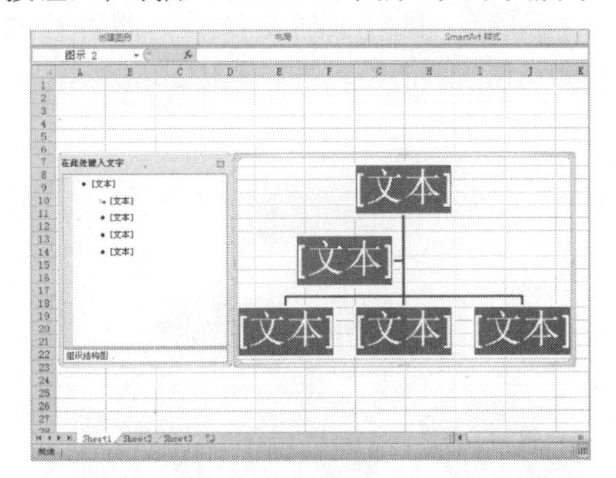

399 添加输入文字的区域

在 Excel 2010 中，当用户在制作 SmartArt 图形时，如果输入的文本较多，可以根据需要添加文本框。

步骤01 打开上一例效果文件，选择需要添加文字区域的相应位置，如下图所示。

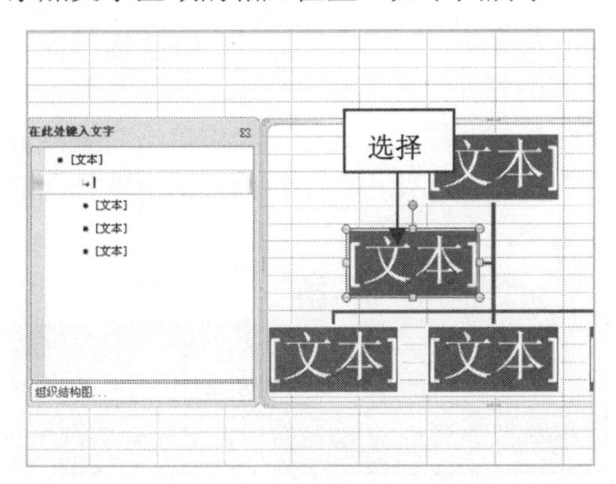

步骤02 然后按【Enter】键，即可添加一个输入文字的区域，效果如下图所示。

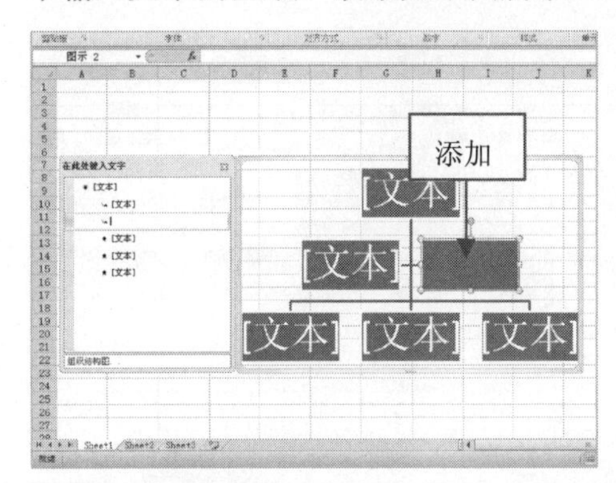

400 修改 SmartArt 图形的布局

在 Excel 中，SmartArt 图形布局是图形的基本形状，用户也可根据需要进行修改。

步骤01 打开上一例效果文件，选择需要修改的图形，如下图所示。

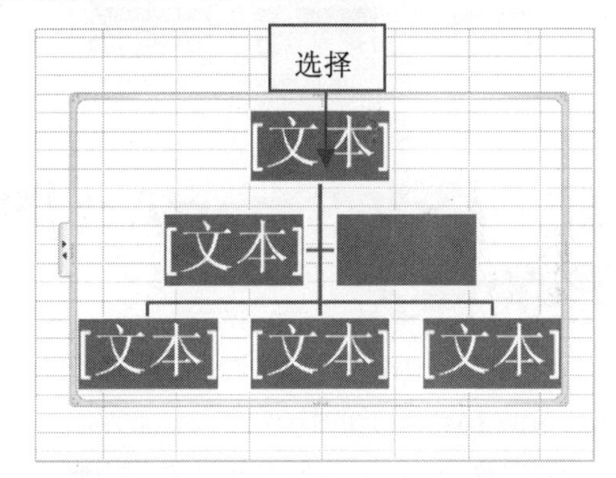

步骤02 切换至"设计"选项卡，在"布局"选项面板中单击"其他"按钮，如下图所示。

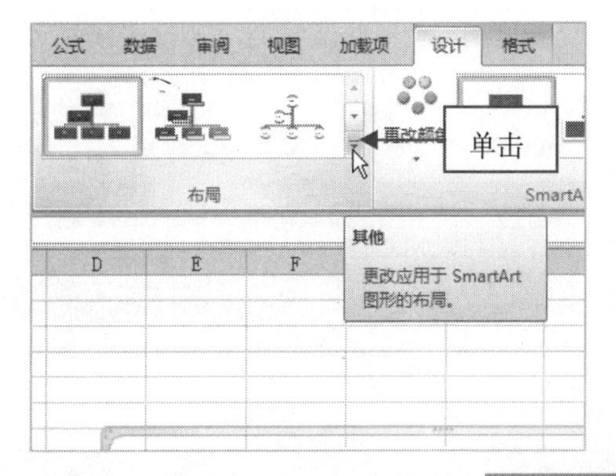

步骤 03 在弹出的列表框中选择相应的选项，如下图所示。

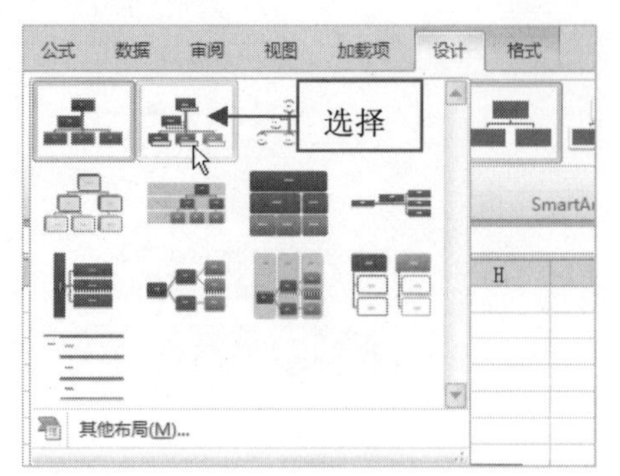

步骤 04 执行上述操作后，即可修改 SmartArt 图形的布局，效果如下图所示。

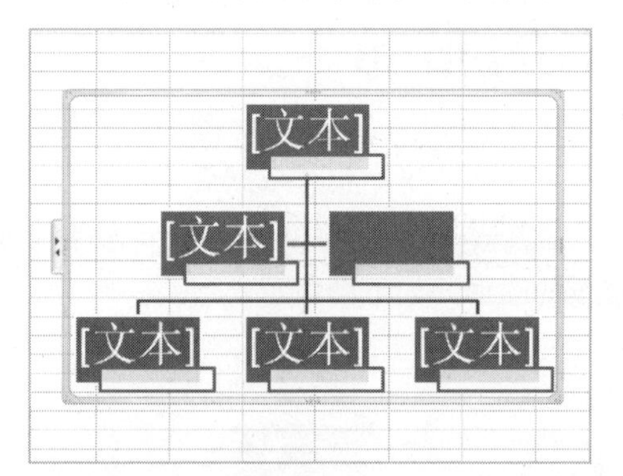

401 修改 SmartArt 图形的样式

在 Excel 2010 中，用户还可以根据需要修改 SmartArt 图形的样式。

步骤 01 打开上一例效果文件，选择需要修改的图形，切换至“设计”选项卡，在“SmartArt 样式”选项面板中单击“其他”按钮，如下图所示。

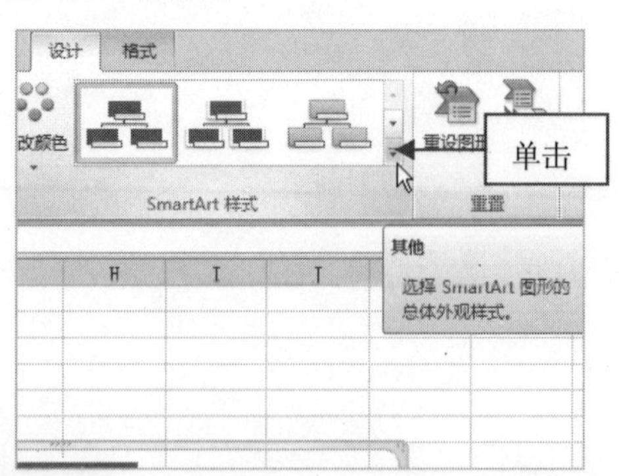

步骤 02 弹出列表框，在“三维”选项区中选择“优雅”选项，如下图所示。

步骤 03 执行上述操作后，即可修改 SmartArt 图形的样式，效果如下图所示。

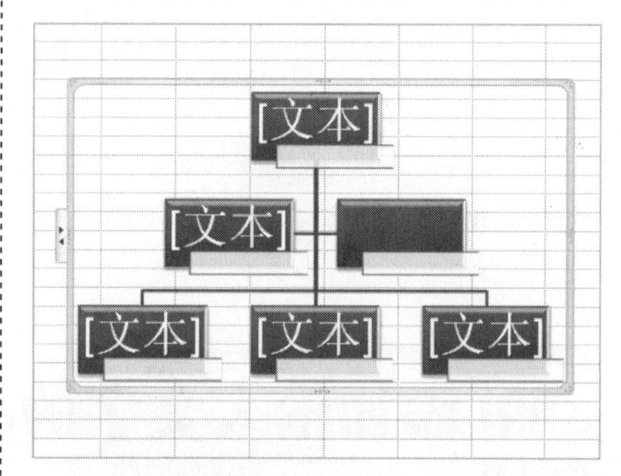

402 修改 SmartArt 图形的颜色

在 Excel 2010 中，如果系统提供的 SmartArt 图形颜色不能满足用户的需求，此时可对其进行修改。

步骤 01 打开上一例效果文件，选择需要修改的图形，切换至“设计”选项卡，在“SmartArt 样式”选项面板中单击“更改颜色”按钮，在弹出的下拉列表框中选择合适的选项，如下图所示。

在弹出的下拉列表框中，用户还可以根据需要为 SmartArt 图形设置其他颜色。

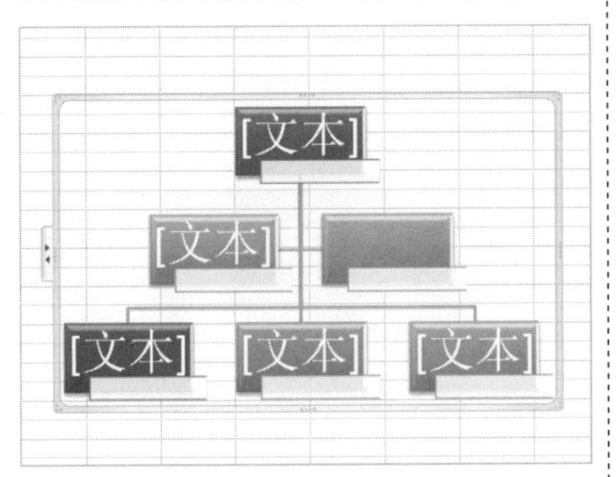

步骤02　执行上述操作后，即可修改 SmartArt 图形的颜色，效果如下图所示。

[文本]
[文本]
[文本]
[文本]
[文本]

403 插入艺术字

在 Excel 中，艺术字就是有特殊效果的文字，可以有各种颜色、字体和阴影效果。

步骤01　启动 Excel 2010，切换至“插入”选项卡，在“文本”选项面板中单击“艺术字”按钮，在弹出的列表框中选择相应的字体样式，如下图所示。

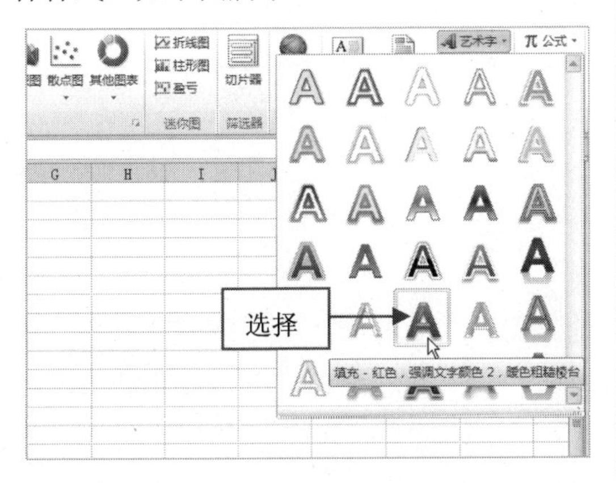

步骤02　执行上述操作后，工作表中将显示插入艺术字的提示文本，如下图所示。

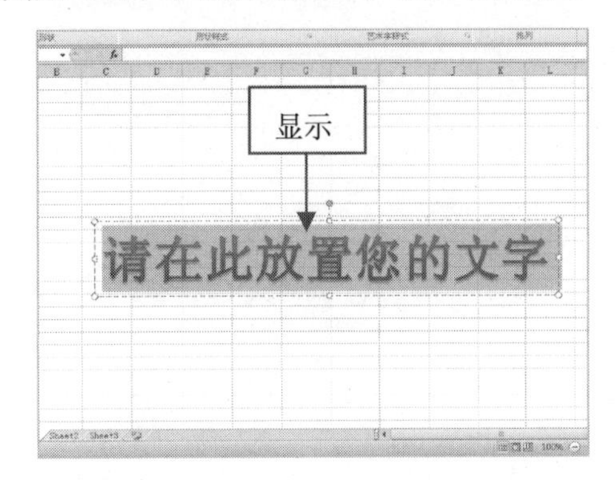

步骤03　选择提示文本，输入艺术字，然后调整艺术字的大小和位置，得到最终效果如下图所示。

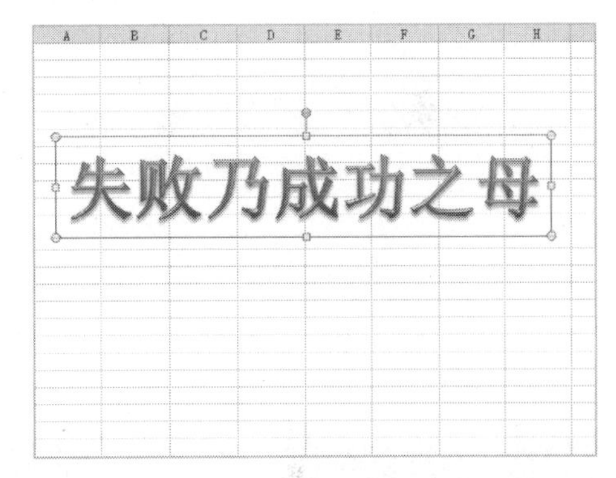

404 修改艺术字样式

在 Excel 2010 中，用户如果对插入的艺术样式不满意，可对其进行修改。

步骤01　打开上一例效果文件，选择需要修改样式的艺术字，切换至“格式”选项卡，在“艺术字样式”选项面板中单击“其他”按钮，如下图所示。

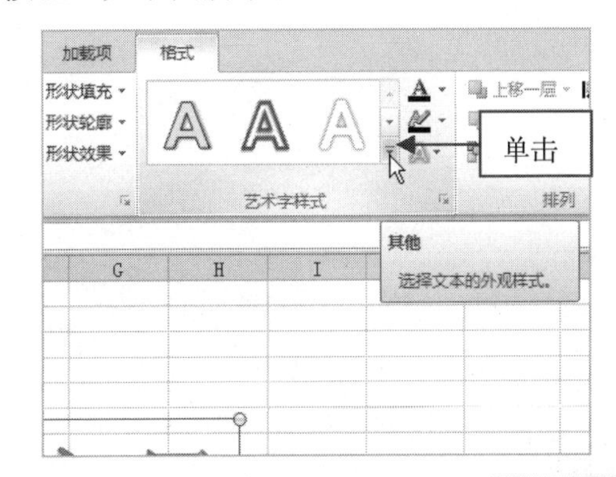

步骤 02 在弹出的列表框中选择相应选项，如下图所示。

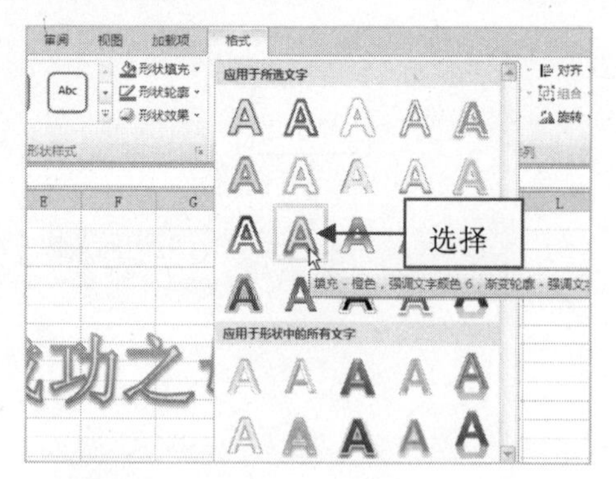

步骤 03 执行上述操作后，即可修改艺术字样式，效果如下图所示。

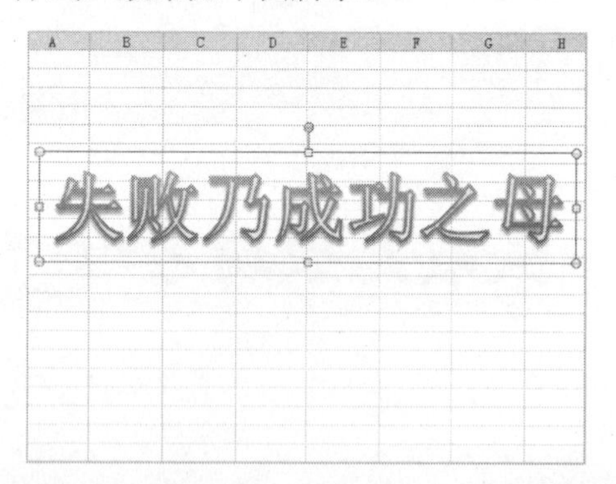

405 修改艺术字形状样式

在 Excel 2010 中，用户还可以根据需要修改艺术字形状样式。

步骤 01 打开上一例效果文件，选择需要修改形状样式的艺术字，切换至“格式”选项卡，在“形状样式”选项面板中单击“其他”按钮，如下图所示。

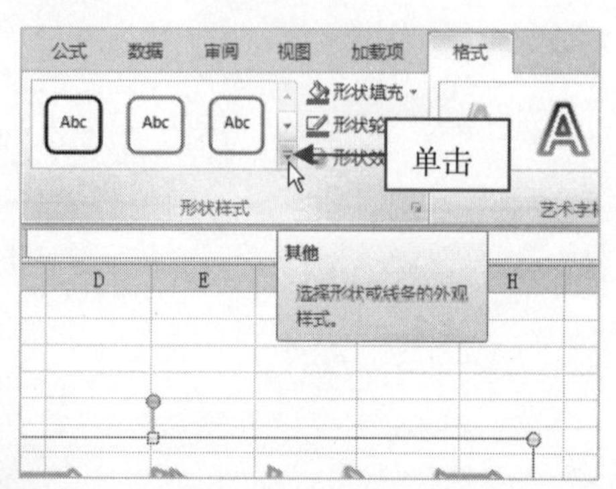

步骤 02 在弹出的列表框中选择相应选项，如下图所示。

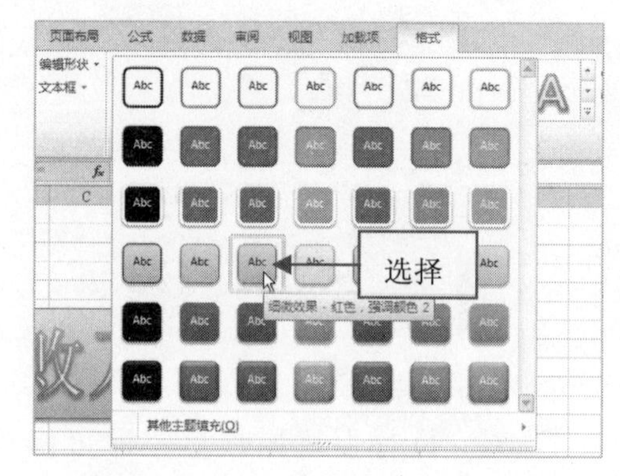

步骤 03 执行上述操作后，即可修改艺术字的形状样式，效果如下图所示。

406 扭曲艺术字

在 Excel 2010 中，用户还可对艺术字进行扭曲效果设置。

步骤 01 打开上一例效果文件，选择需要设置扭曲效果的艺术字，切换至“格式”选项卡，在“艺术字样式”选项面板中单击“文字效果”按钮，如下图所示。

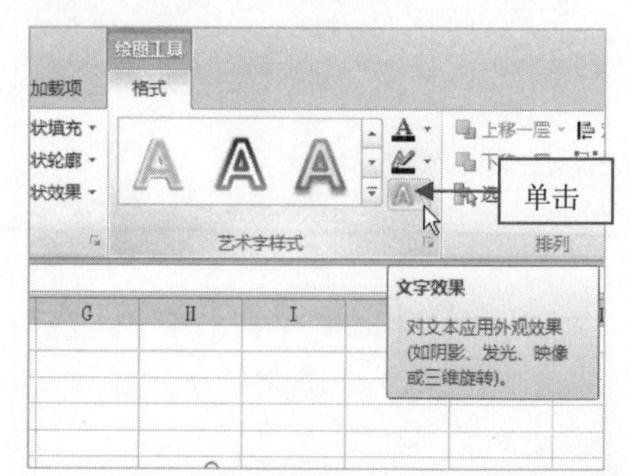

步骤02 在弹出的列表框中选择“转换”|“倒 V 形”选项，如下图所示。

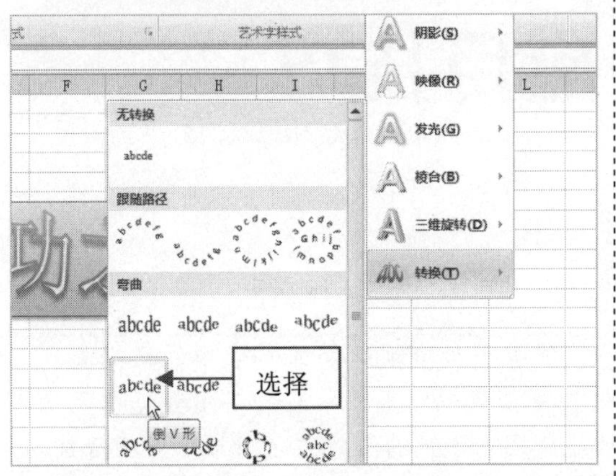

步骤03 执行上述操作后，即可扭曲艺术字，效果如下图所示。

● 读书笔记

图表的应用技巧

学前提示

Excel 2010 强大的图表功能，能够更加直观地将工作表中的数据表现出来，使原本枯燥无味的数据信息变得生动、形象，有许多用数据都无法表达的问题，利用图表可以轻松地解决，并能够做到层次分明、条理清楚、易于理解，用户还可对图表进行适当的美化，使其更加赏心悦目。

本章知识重点

- 快速创建图表
- 更改图表类型
- 将图表另存为模板技巧
- 修改图表中的数据技巧
- 调整数值轴方向
- 设置图表区背景效果
- 在图表区中添加标注
- 添加数据标签
- 为图表添加线性趋势线
- 在图表中添加误差线

学完本章后你会做什么

- 掌握图表的创建、更改、调整等操作方法
- 掌握设置图表区背景效果的操作方法
- 掌握在图表中添加趋势线、误差线的操作方法

视频演示

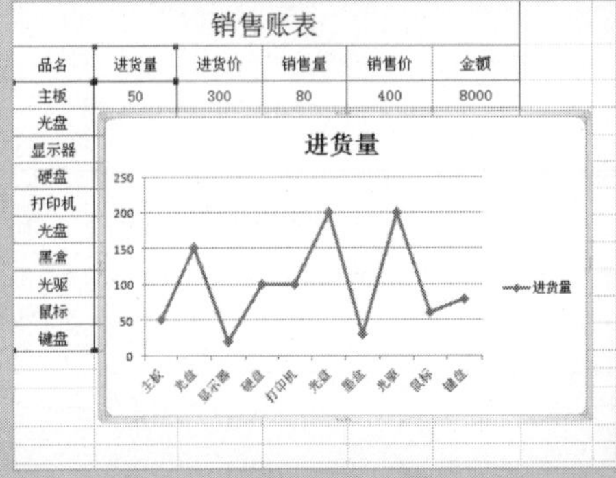

更改图表类型

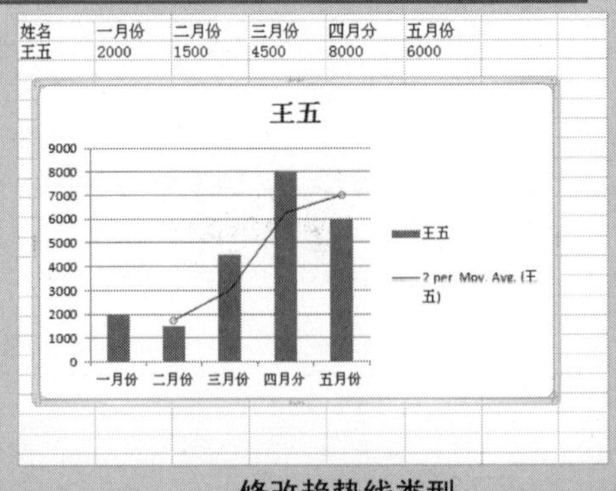

修改趋势线类型

407 快速创建图表

在 Excel 2010 中，可以用图表将工作表中的数据图形化，创建各种类型的图表，这样可以直观地反映工作表中的各项抽象数据，方便对数据进行对比和分析。

步骤 01 打开一个 Excel 文件，在工作表中选择需要创建图表的数据，如下图所示。

B3　　f_x　姓名

	A	B	C	D	E
1	学生成绩表				
2					
3	学号	姓名	语文	数学	英语
4	1	杨明	58	9	0
5	2	孙红	89	6	9
6	3	方力	100	8	0
7	4	李知	37	38	67
8	5	晓莲	60	60	100

选择

步骤 02 切换至“插入”选项卡，在“图表”选项面板中单击“柱形图”按钮，弹出列表框，在“二维柱形图”选项区中选择相应选项，如下图所示。

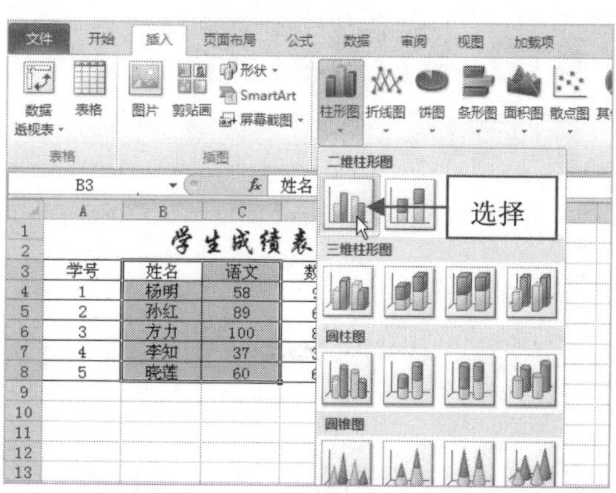

步骤 03 执行上述操作后，即可为选择的数据创建图表，如下图所示。

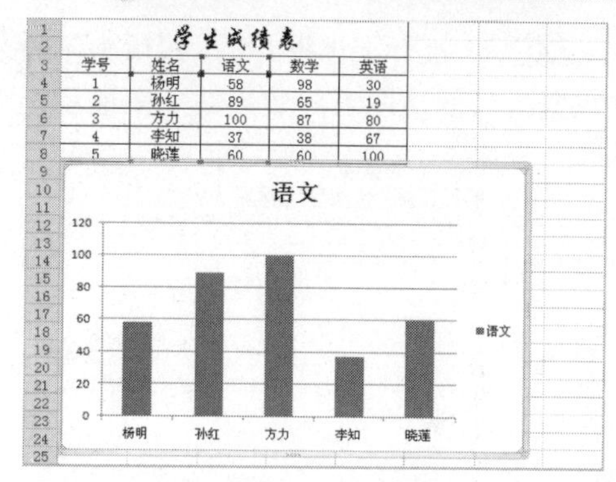

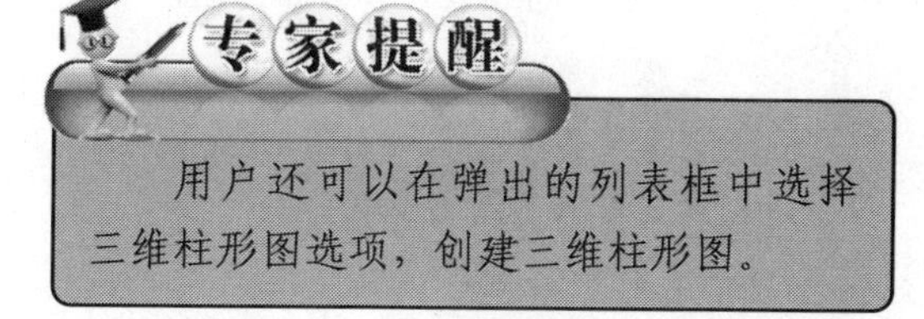

用户还可以在弹出的列表框中选择三维柱形图选项，创建三维柱形图。

408 创建非相邻区域的图表

在 Excel 2010 中，用户还可对非相邻区域的数据创建图表。

步骤 01 打开上一例效果文件，删除数据图表，在工作表中按住【Ctrl】键的同时，选择不相邻区域中的数据，如下图所示。

B7　　f_x　李知

	A	B	C	D	E
1	学生成绩表				
2					
3	学号	姓名	语文	数学	英语
4	1	杨明	58	98	30
5	2	孙红	89	65	19
6	3	方力	100	87	
7	4	李知	37	38	
8	5	晓莲	60	60	

选择

步骤 02 切换至“插入”选项卡，在“图表”选项面板中单击“折线图”按钮，弹出列表框，在“二维折线图”选项区中选择相应选项，如下图所示。

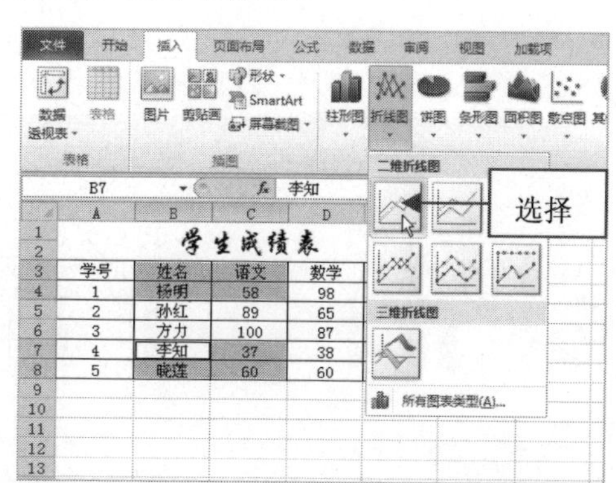

步骤03 执行上述操作后，即可为不相邻的数据区域创建图表，效果如下图所示。

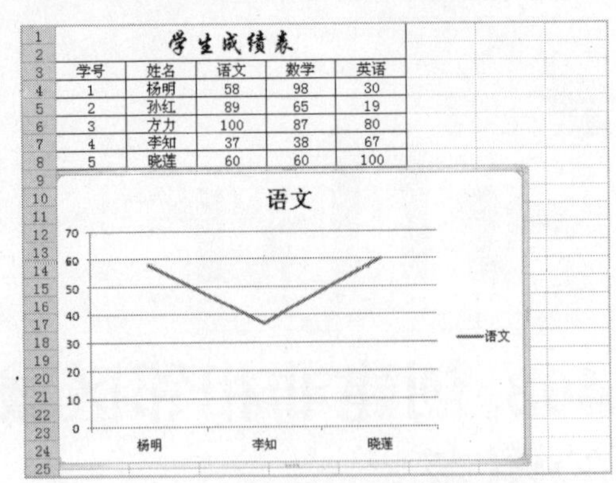

409 更改图表类型

在 Excel 2010 中，如果用户对插入的图表不满意，可对其类型进行更改。

步骤01 打开一个 Excel 文件，在工作表中选择需要修改类型的图表，如下图所示。

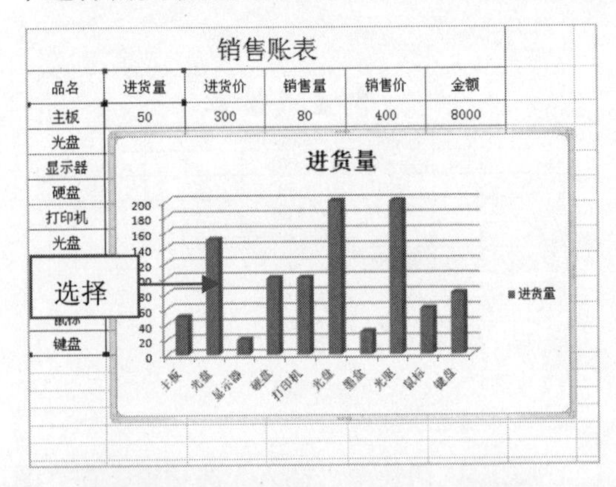

步骤02 单击鼠标右键，然后在弹出的快捷菜单中选择“更改图表类型”选项，如下图所示。

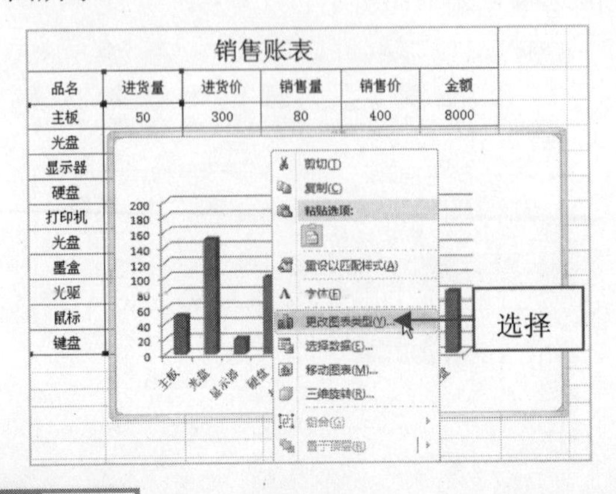

步骤03 弹出“更改图表类型”对话框，切换至“折线图”选项卡，在右侧的“折线图”选项区中选择图表样式，如下图所示。

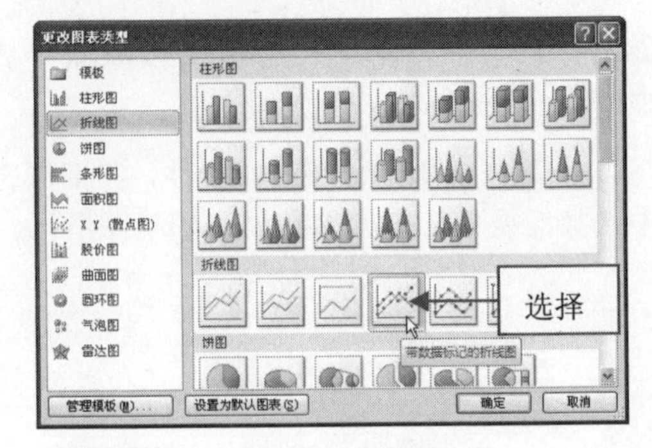

步骤04 执行上述操作后，单击“确定”按钮，即可更改图表的类型，如下图所示。

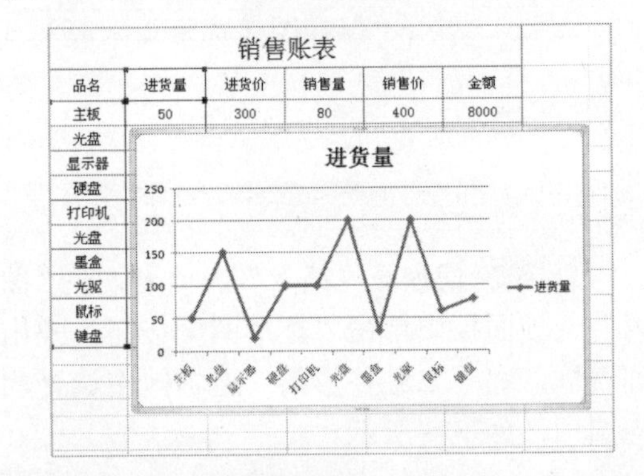

410 将图表另存为模板技巧

在 Excel 2010 中，如果需要经常使用相同设置的图表，可以将其保存为图表模板，方便以后使用。

步骤01 打开一个 Excel 文件，在工作表中选择图表，如下图所示。

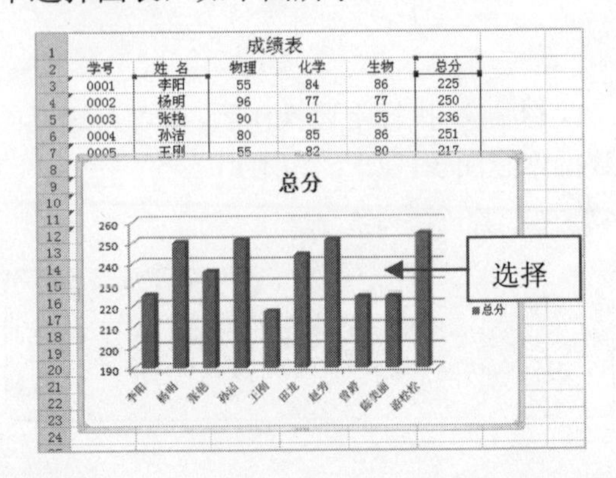

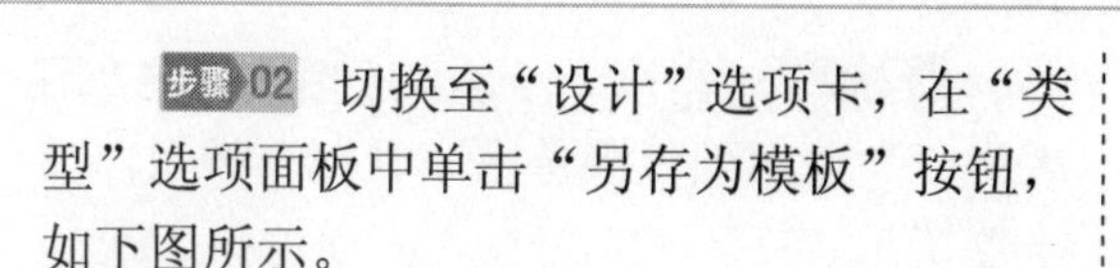

步骤02 切换至“设计”选项卡，在“类型”选项面板中单击“另存为模板”按钮，如下图所示。

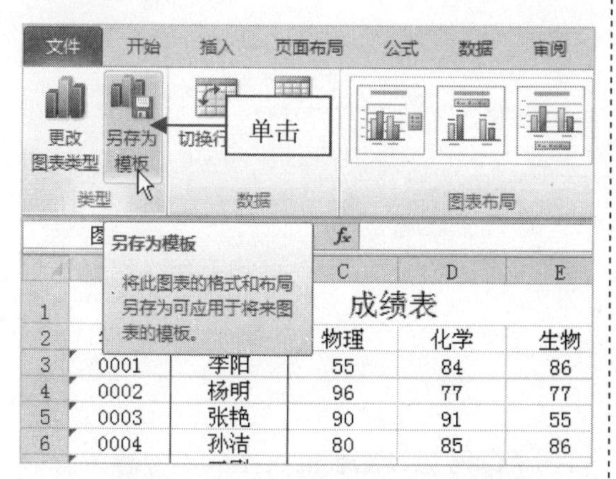

步骤03 弹出“保存图表模板”对话框，在其中设置保存的位置和文件名称，如下图所示。

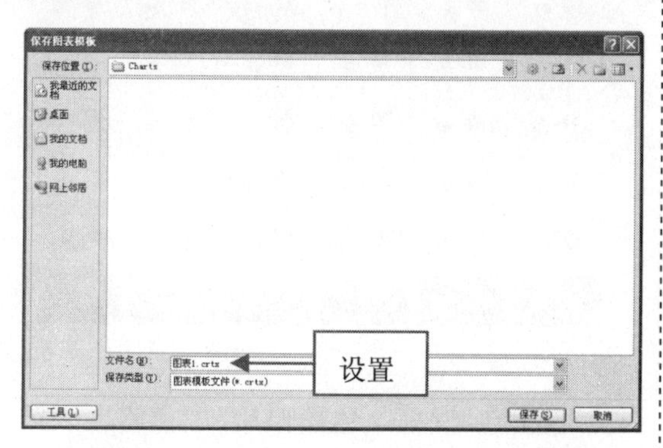

步骤04 单击“保存”按钮，将文件保存至目标位置，在目标位置查看图表模板文件，如下图所示。

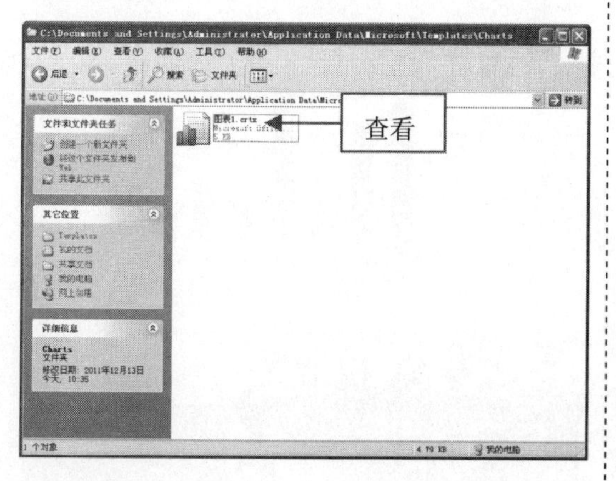

411 调整图表大小

在 Excel 2010 中创建完图表后，如果图表的大小不符合要求，可以根据需要适当的调整图表的大小。

步骤01 打开一个 Excel 文件，在工作表中选择需要调整大小的图表，如下图所示。

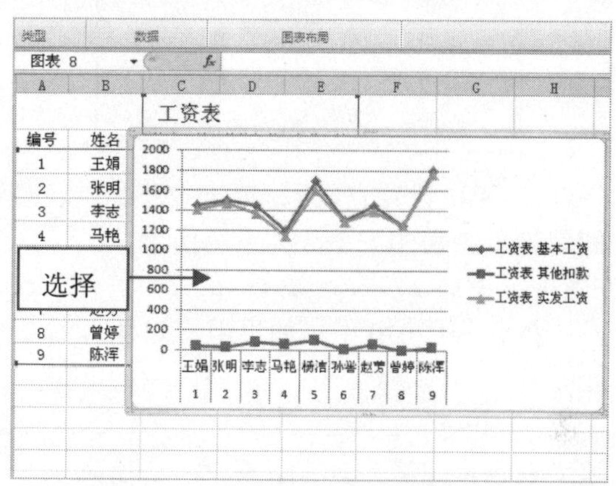

步骤02 切换至“格式”选项卡，在“大小”选项面板中单击“大小和属性”按钮，如下图所示。

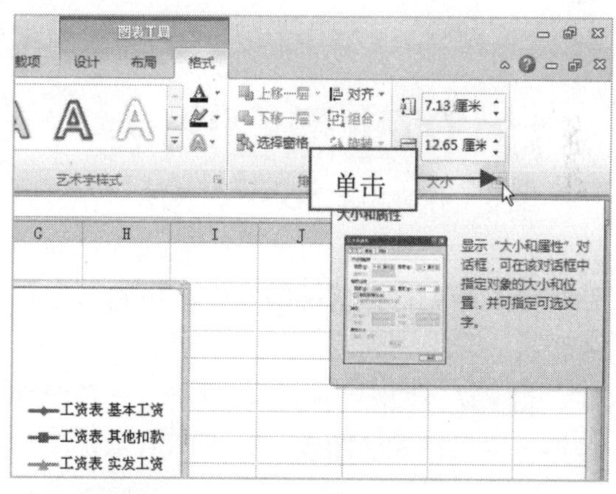

步骤03 弹出“设置图表区格式”对话框，选中“锁定纵横比”复选框，设置图表高度值，如下图所示。

专家提醒

在 Excel 2010 中选择图表后，用鼠标拖曳图表周围的 8 个控制点，也可以快速调整其大小。

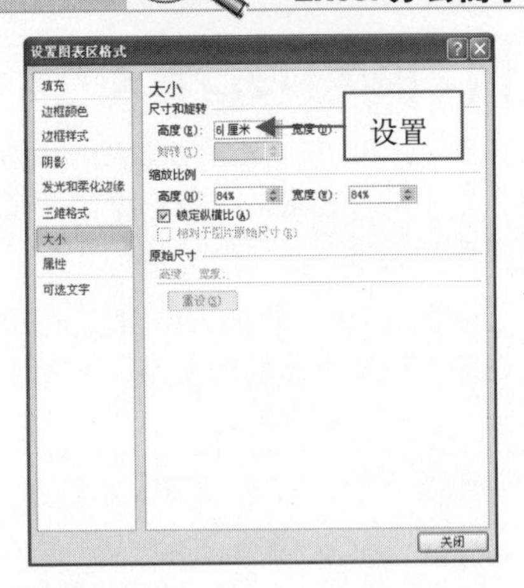

步骤04 设置完成后，单击"关闭"按钮，即可调整图表的大小，如下图所示。

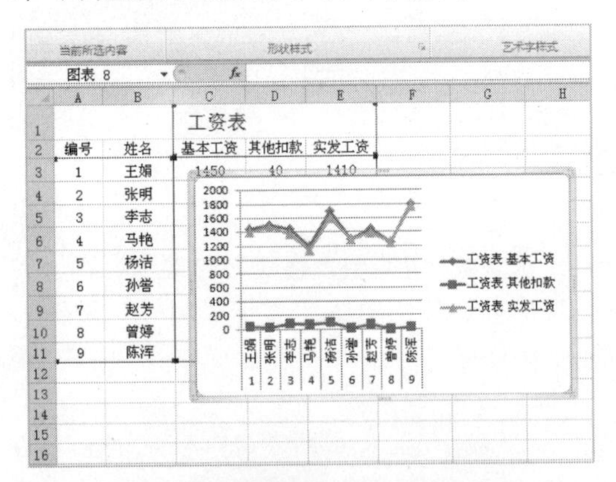

412 创建黑白图表

如果工作表中的图表是彩色的，在经过黑白印刷后，其颜色可能会丢失或混浊在一起，为了避免这些情况的发生，可将彩色图表转换为黑白图表。

步骤01 打开一个Excel文件，选择需要转换为黑白样式的图表，如下图所示。

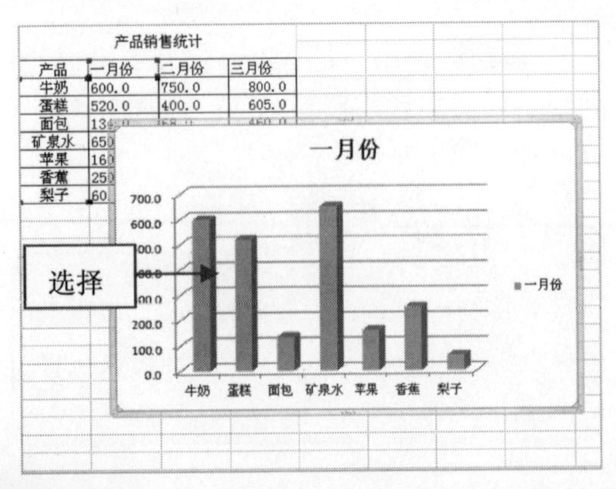

步骤02 切换至"设计"选项卡，在"图表样式"选项面板中单击"其他"按钮，如下图所示。

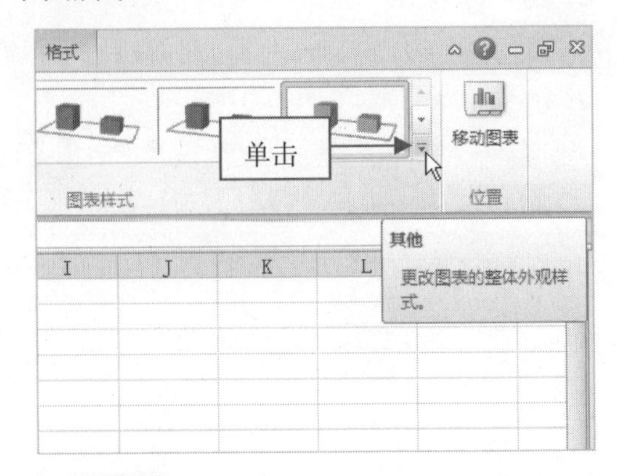

步骤03 在弹出的列表框中选择"样式1"选项，如下图所示。

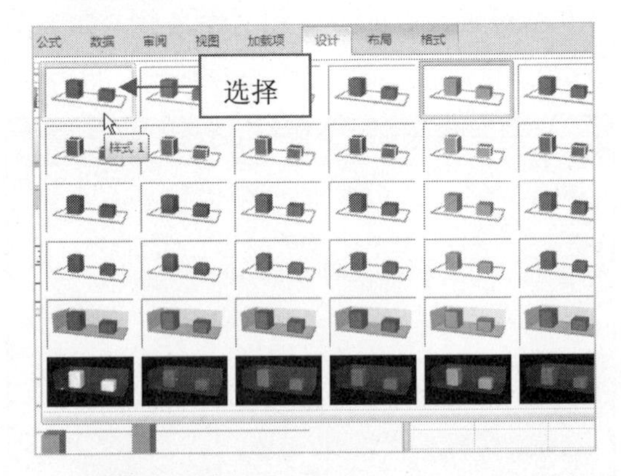

步骤04 执行上述操作后，即可将图表转换为黑白图表，效果如下图所示。

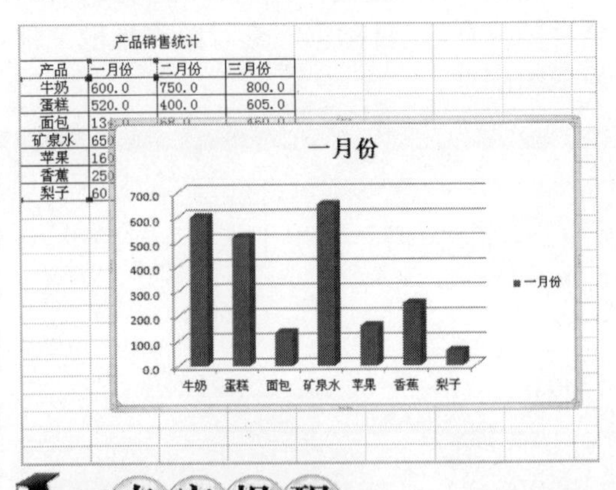

专家提醒

在弹出的列表框中还可以选择其他颜色样式，更改图表的颜色样式。

413 修改图表中的数据技巧

在 Excel 2010 中，当在工作表中创建图表后，用户可以根据需要对图表的数据进行修改。

步骤 01 打开一个 Excel 文件，在工作表中选择需要修改数据的图表，如下图所示。

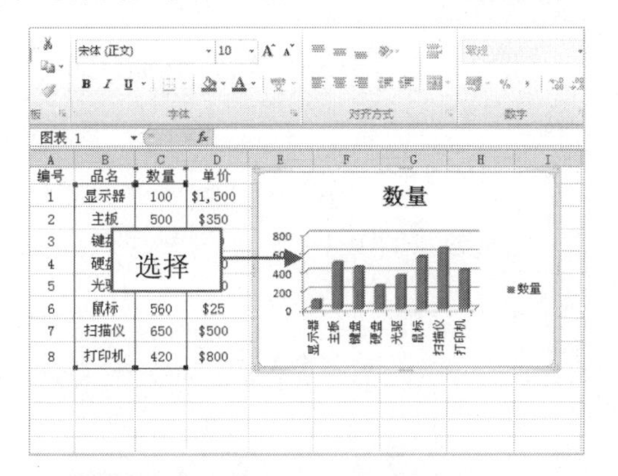

步骤 02 切换至“设计”选项卡，在“数据”选项面板中单击“选择数据”按钮，如下图所示。

步骤 03 弹出“选择数据源”对话框，在“图例项”选项区中单击“添加”按钮，如下图所示。

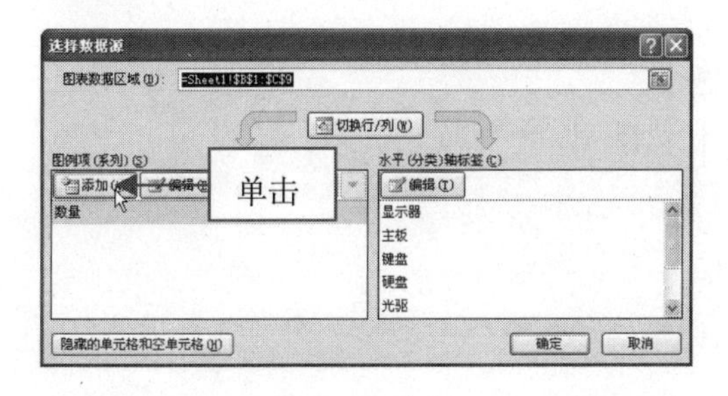

步骤 04 弹出“编辑数据系列”对话框，在各文本框中输入图表数据的单元格区域，如下图所示。

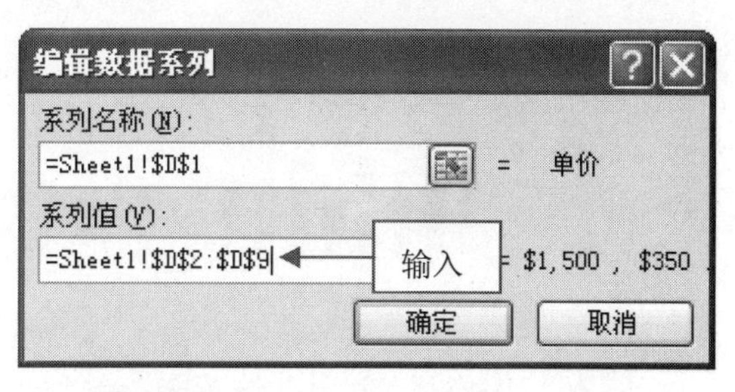

步骤 05 单击“确定”按钮，返回“选择数据源”对话框，如下图所示。

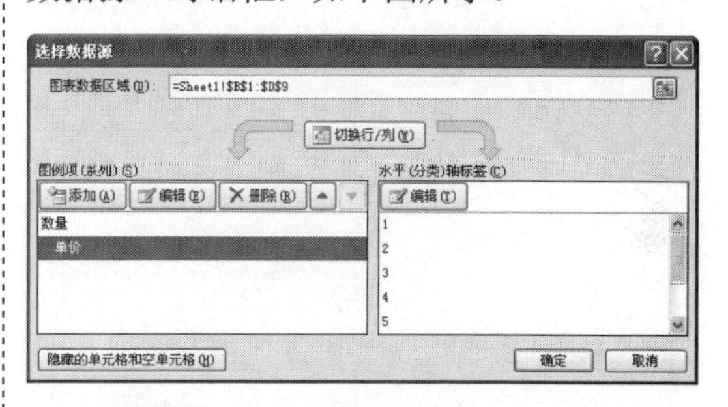

步骤 06 单击“确定”按钮，即可修改图表中的数据，效果如下图所示。

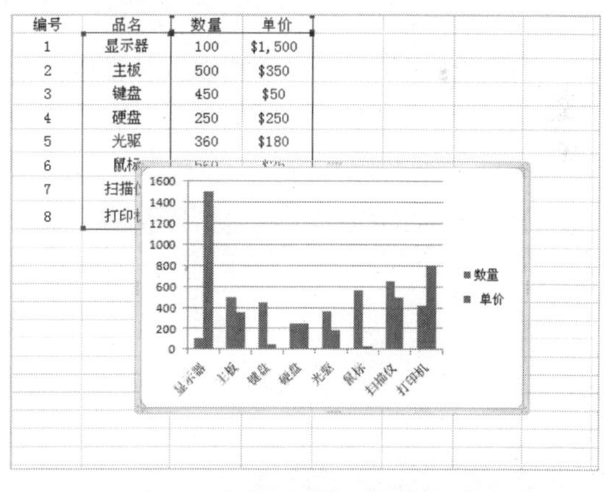

414 巧妙修改轴标签

在 Excel 2010 中，除了可以对图表中的数据进行修改，用户还可以根据需要修改图表的轴标签。

步骤 01 在 Excel 2010 中，打开一个 Excel 文件，在工作表中选择需要修改轴标签的图表，如下图所示。

步骤02 切换至“设计”选项卡，在“数据”选项面板中单击“选择数据”按钮，如下图所示。

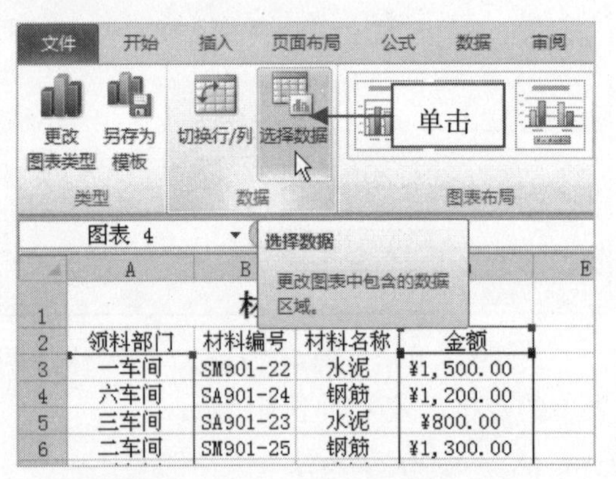

步骤03 弹出“选择数据源”对话框，在“水平（分类）轴标签”选项区中单击“编辑”按钮，如下图所示。

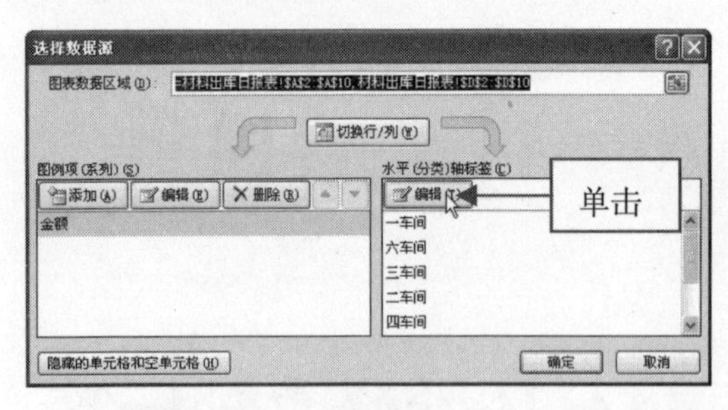

步骤04 弹出“轴标签”对话框，单击按钮，在工作表中选择轴标签区域，单击按钮，返回“轴标签”对话框，在该对话框中可查看轴标签所对应的区域，如下图所示。

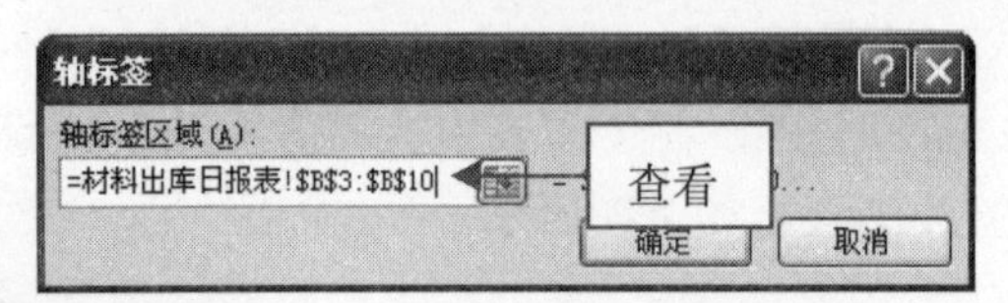

步骤05 单击“确定”按钮，返回“选择数据源”对话框，如下图所示。

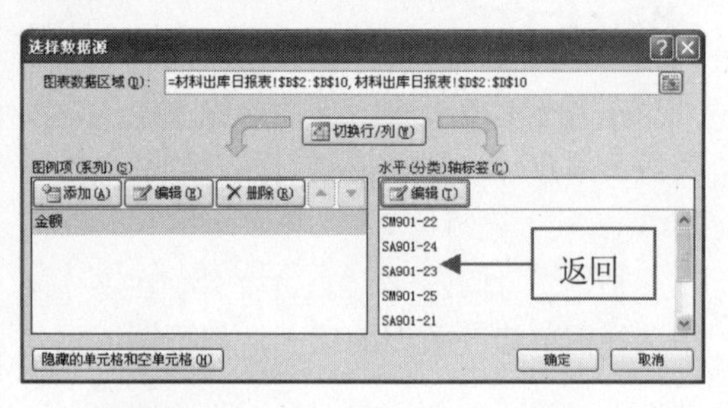

步骤06 然后单击“确定”按钮，即可修改图表中的轴标签，效果如下图所示。

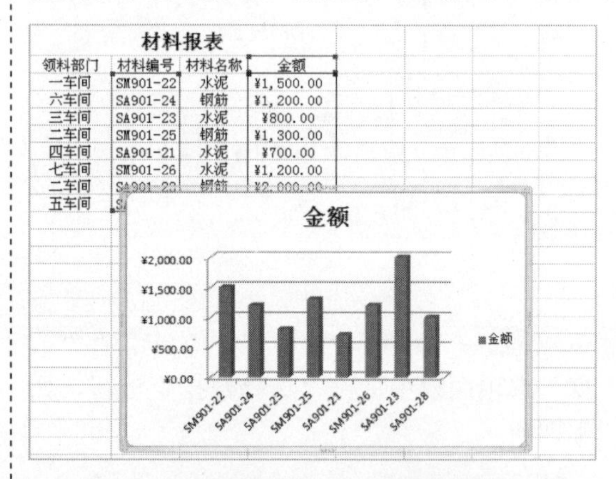

415 切换行/列数据

在Excel的图表中，有时需要交换坐标轴上的数据，标在X轴上的数据将移到Y轴上，反之亦然。

步骤01 在Excel 2010中，打开一个Excel文件，在工作表中选择需要切换行/列数据的图表，如下图所示。

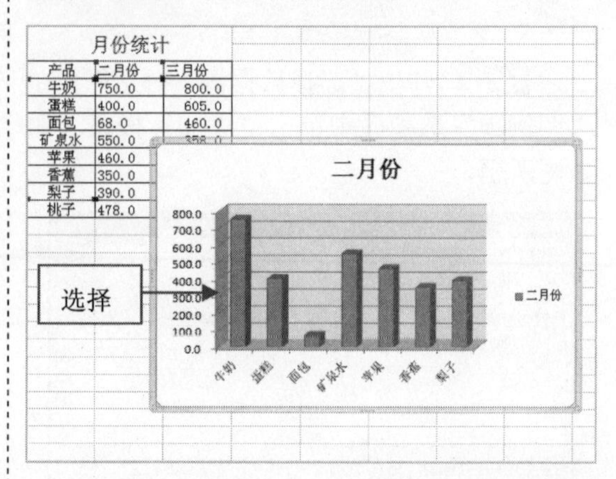

步骤 02 切换至“设计”选项卡，在“数据”选项面板中单击“切换行/列”按钮，如下图所示。

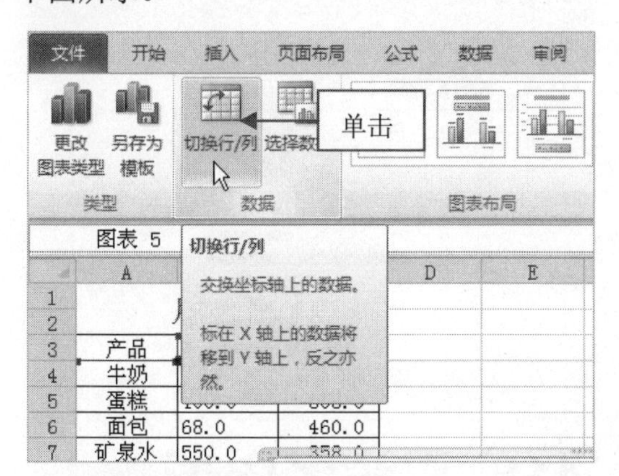

步骤 03 执行上述操作后，即可切换行/列数据，效果如下图所示。

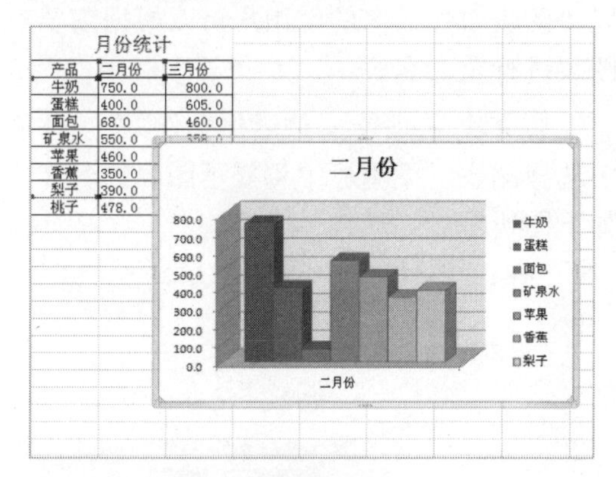

416 移动图表

在 Excel 2010 中，用户可以根据需要将图表移至工作簿中的其他工作表中。

步骤 01 打开上一例效果文件，在工作表中选择需要移动的图表，如下图所示。

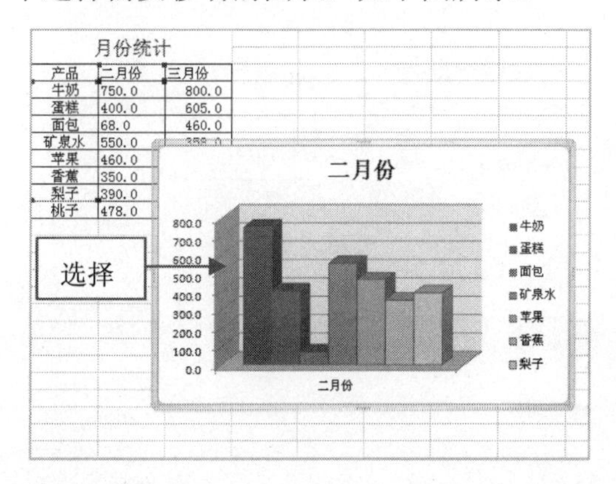

步骤 02 切换至“设计”选项卡，在“位置”选项面板中单击“移动图表”按钮，如下图所示。

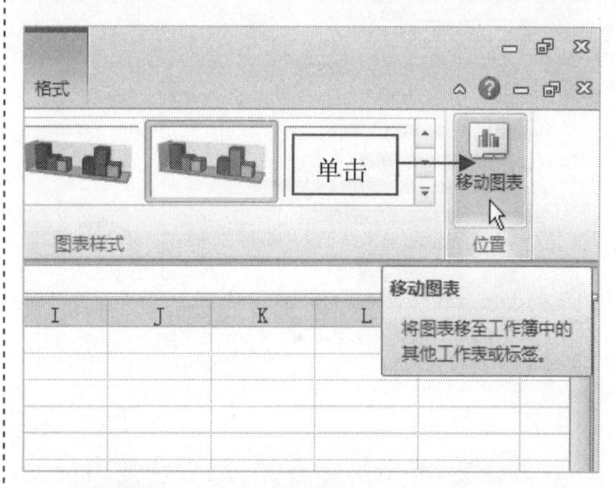

步骤 03 弹出“移动图表”对话框，单击“对象位于”右侧的下三角按钮，在弹出的列表框中选择 Sheet2 选项，如下图所示。

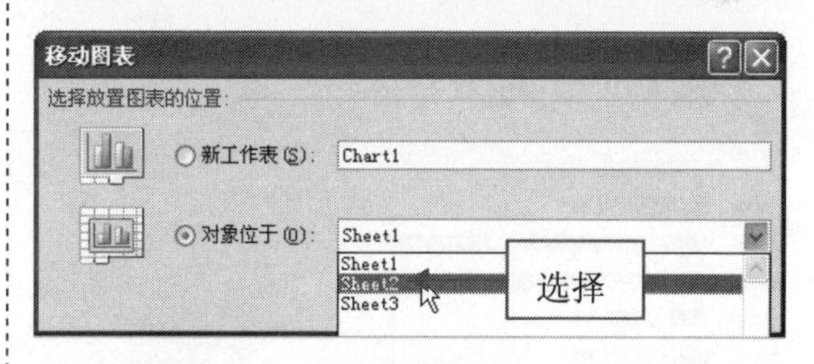

步骤 04 执行上述操作后，单击“确定”按钮，即可将图表移至 Sheet2 工作表中，效果如下图所示。

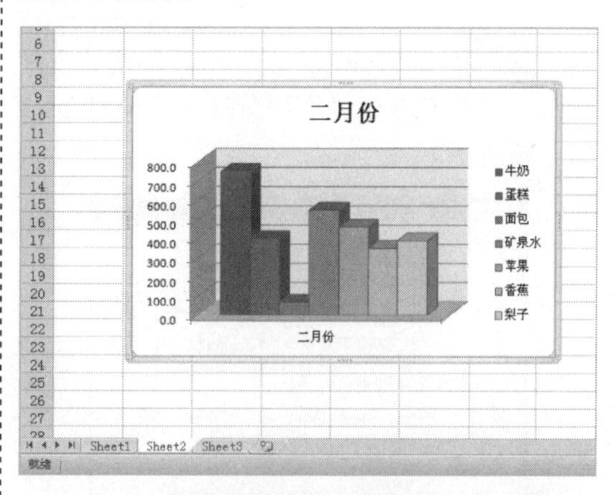

417 调整数值轴方向

在 Excel 2010 中，有时为了更形象地呈现图表中的数据，可调整数值轴的方向。

步骤 01 打开一个 Excel 文件，在图表中选择需要调整方向的数值轴，如下图所示。

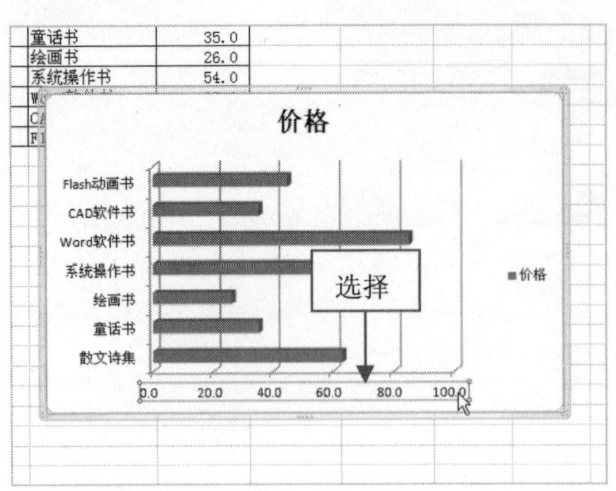

步骤 02 单击鼠标右键，然后在弹出快捷菜单中选择“设置坐标轴格式”选项，如下图所示。

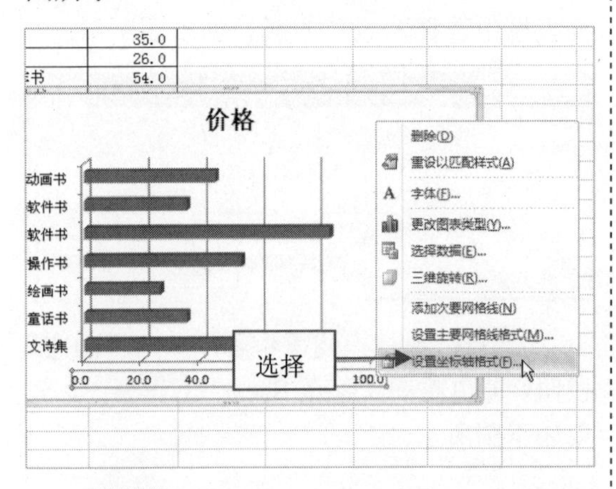

步骤 03 即可弹出“设置坐标轴格式”对话框，在其中选中“逆序刻度值”复选框，如下图所示。

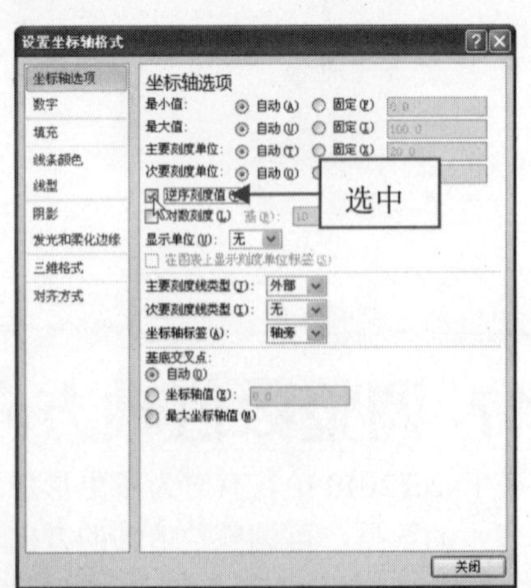

步骤 04 执行上述操作后，单击“关闭”按钮，即可调整数值轴的方向，最终效果如下图所示。

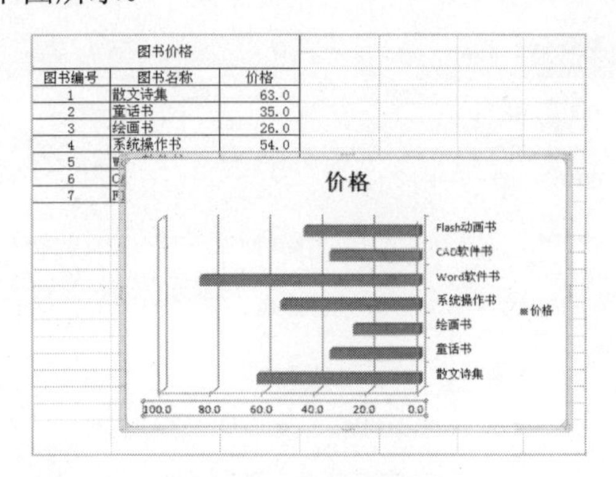

418 重命名图表

在 Excel 2010 中，默认情况下，图表是以“图表 1”命名的，用户可以根据需要对图表进行重命名。

步骤 01 打开上一例效果文件，在工作表中选择图表，编辑栏中将显示图表的名称，如下图所示。

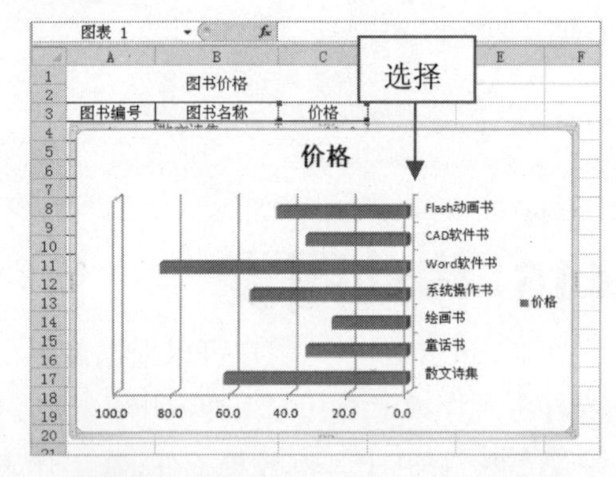

步骤 02 切换至“布局”选项卡，单击“属性”按钮，如下图所示。

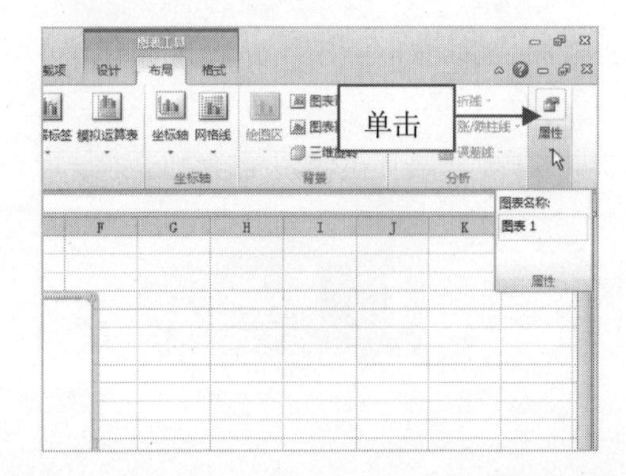

步骤 03　弹出“属性”面板，在“图表名称”下方的文本框中输入图表名称，如下图所示。

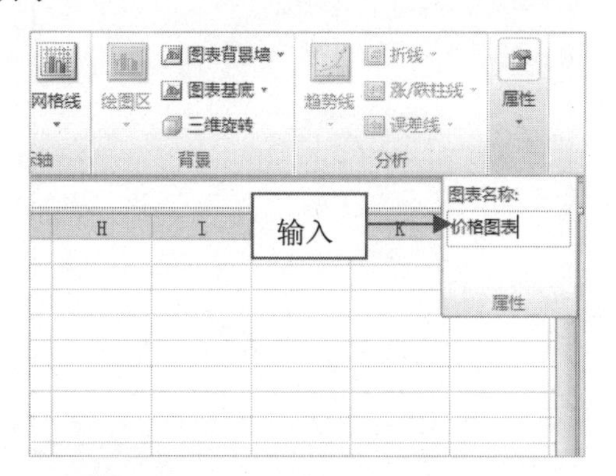

步骤 04　执行上述操作后，即可为图表重命名，效果如下图所示。

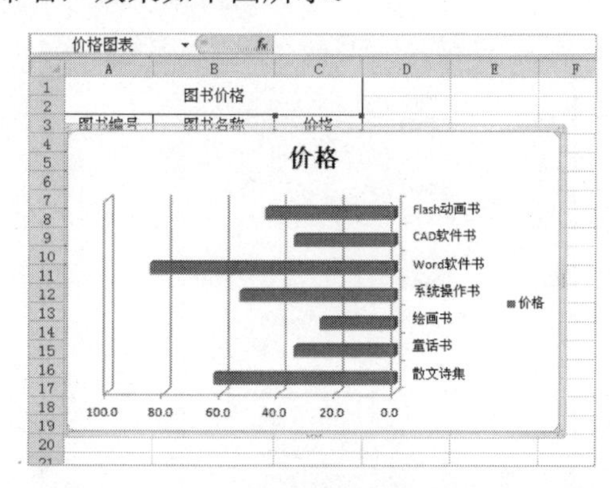

419 设置图表区背景效果

在 Excel 2010 中，用户还可以根据需要设置图表区的背景效果。

步骤 01　打开一个 Excel 文件，在工作表中选择需要设置背景的图表，如下图所示。

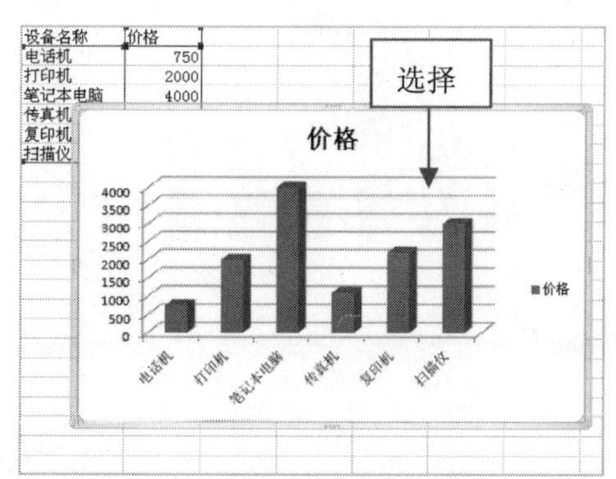

步骤 02　单击鼠标右键，然后在弹出的快捷菜单中选择“设置图表区域格式”选项，如下图所示。

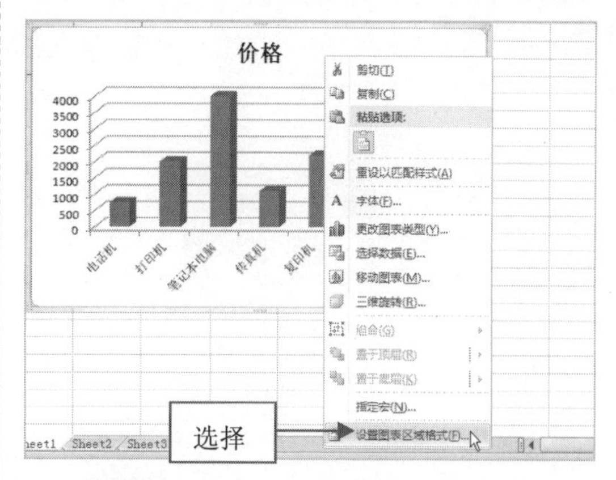

步骤 03　弹出“设置图表区格式”对话框，在其中选中“图片或纹理填充”单选按钮，如下图所示。

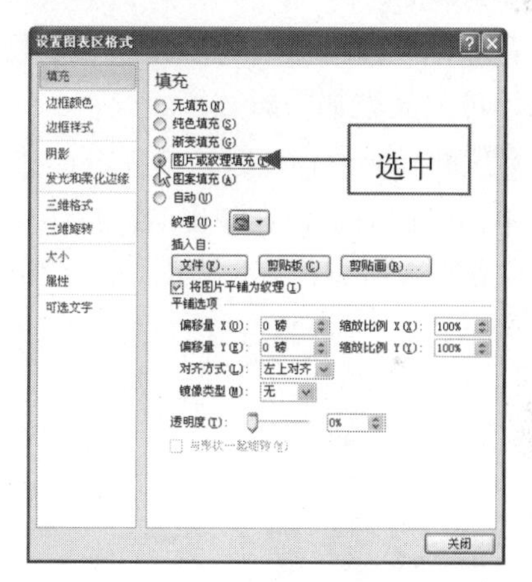

步骤 04　单击“纹理”右侧的按钮，在弹出的下拉列表框中选择“羊皮纸”选项，如下图所示。

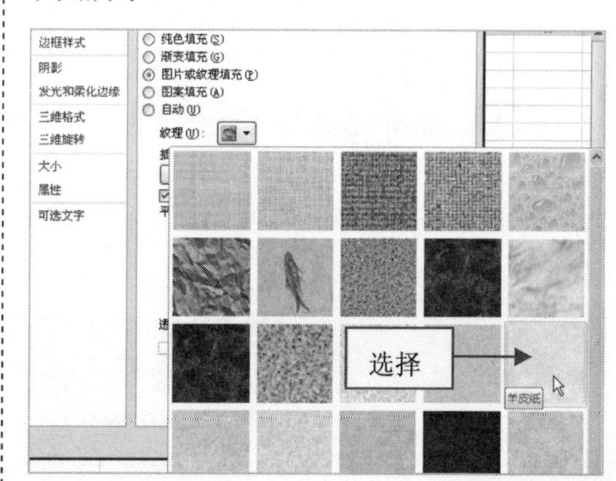

步骤 05 执行上述操作后，单击“关闭”按钮，即可设置图表区的背景，效果如下图所示。

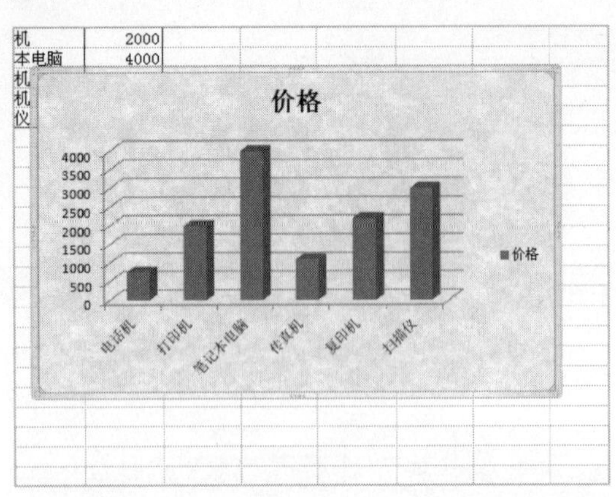

420 为图表区添加阴影效果

在 Excel 2010 中，为了让图表更具独特效果，可为其添加阴影效果。

步骤 01 打开上一例效果文件，选择图表，单击鼠标右键，在弹出的快捷菜单中选择“设置图表区域格式”选项，如下图所示。

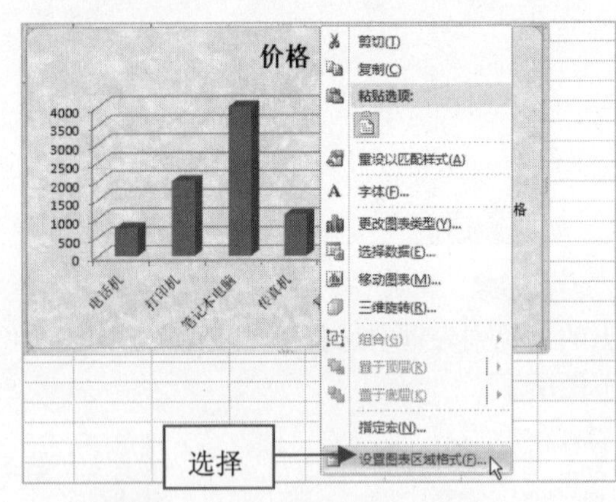

步骤 02 弹出“设置图表区格式”对话框，切换至“阴影”选项卡，单击“预设”右侧的“阴影”按钮，如下图所示。

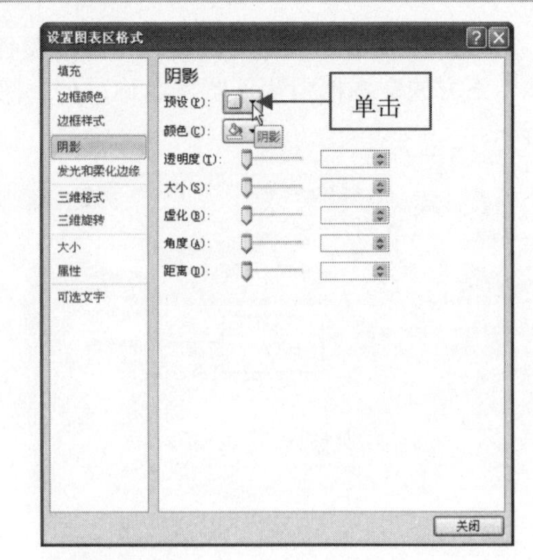

步骤 03 弹出下拉列表框，在“内部”选项区中选择“内部居中”选项，如下图所示。

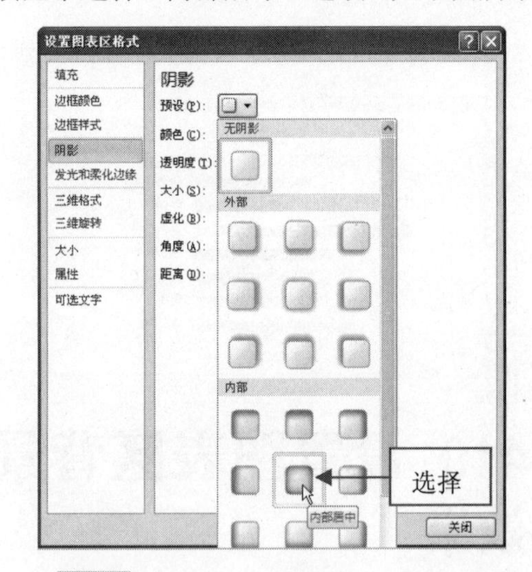

步骤 04 执行上述操作后，单击“关闭”按钮，即可为图表添加阴影，最终效果如下图所示。

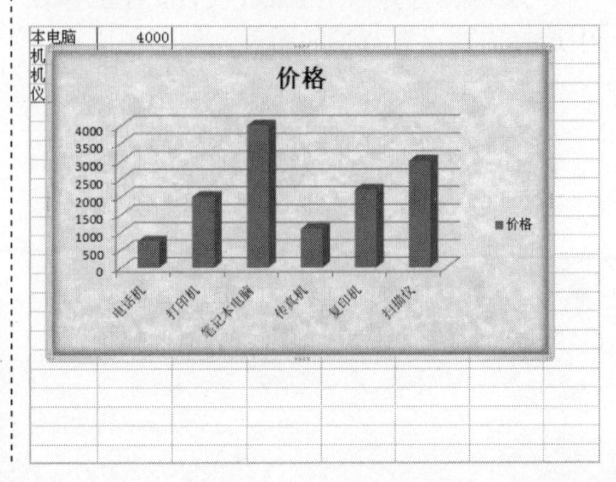

421 为图表区添加发光效果

在 Excel 2010 中，为了让图表更加醒目，可为其添加发光效果。

步骤 01 打开上一例效果文件，选择图表，切换至“格式”选项卡，在“形状样式”选项面板中单击“形状效果”按钮，如下图所示。

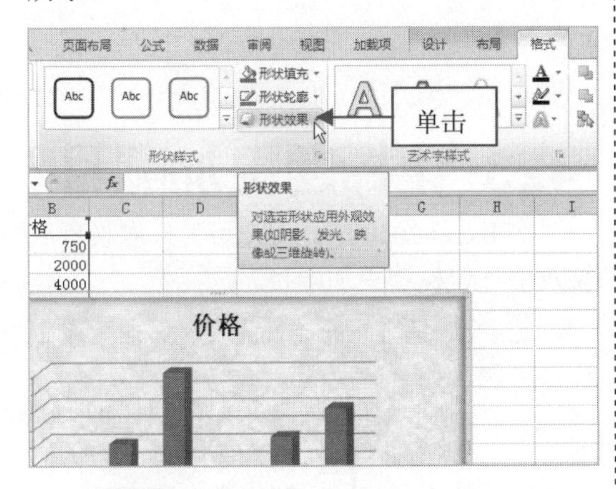

步骤 02 在弹出的列表框中选择“发光”|“红色，5pt 发光，强调文字颜色 2”选项，如下图所示。

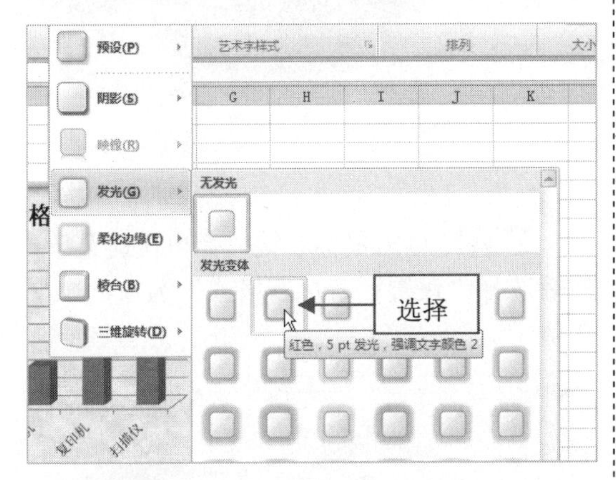

步骤 03 执行上述操作后，即可为图表添加发光效果，如下图所示。

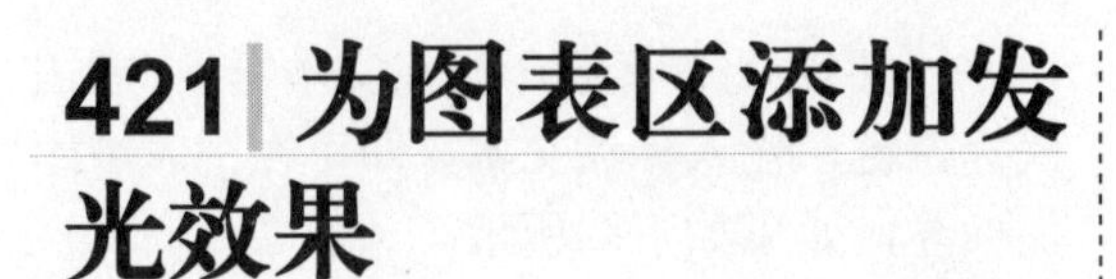

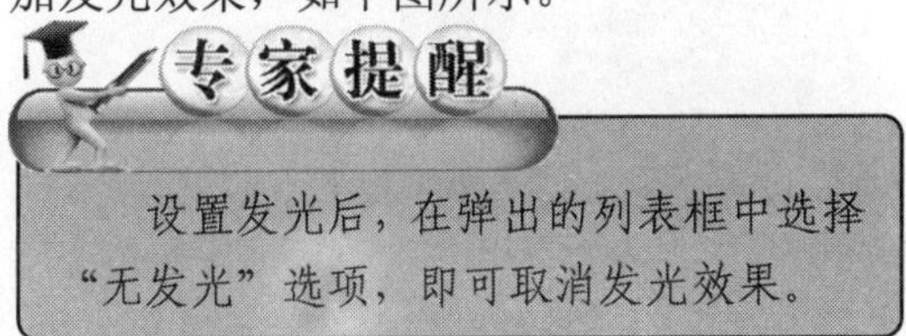

设置发光后，在弹出的列表框中选择“无发光”选项，即可取消发光效果。

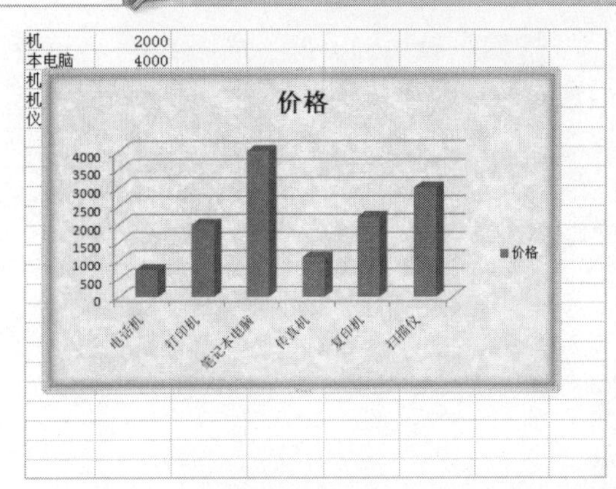

422 在图表区中添加标注

在 Excel 2010 中，用户可以在图表区中添加标注，对数据进行说明或解释，让图表更具说服力。

步骤 01 打开一个 Excel 文件，在工作表中选择需要添加标注的图表，如下图所示。

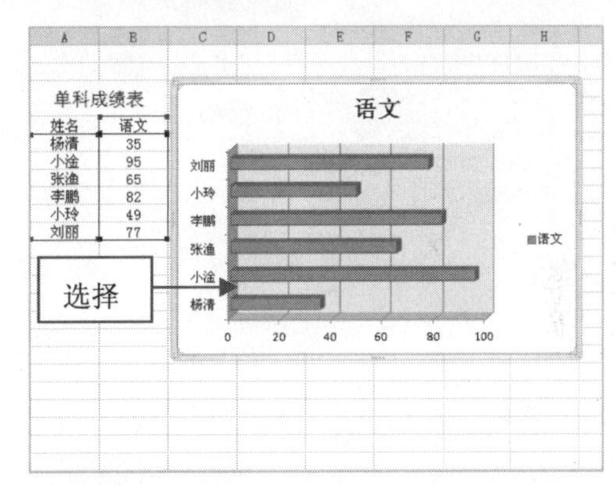

步骤 02 切换至“布局”选项卡，在“插入”选项面板中单击“形状”按钮，如下图所示。

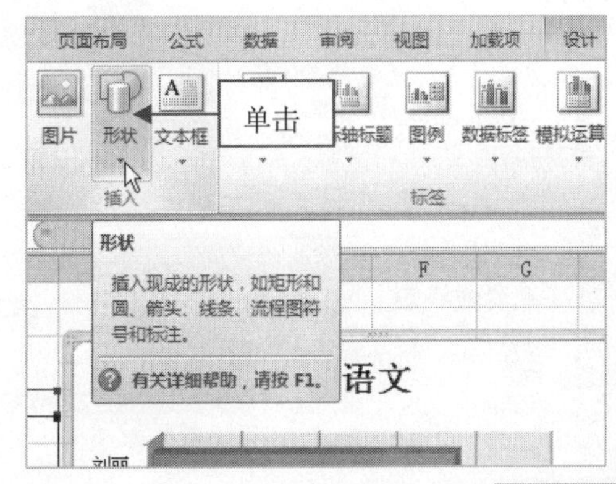

步骤03 弹出列表框，在“标注”选项区中选择“椭圆形标注”选项，如下图所示。

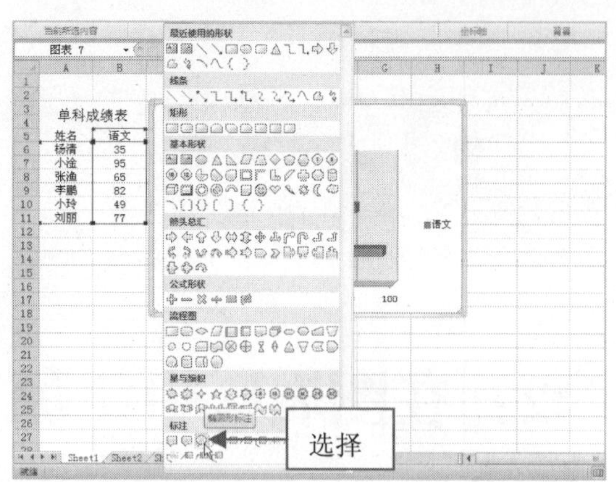

步骤04 将鼠标移至图表中需要添加标注的位置，单击鼠标左键并拖曳，绘制标注文本框，如下图所示。

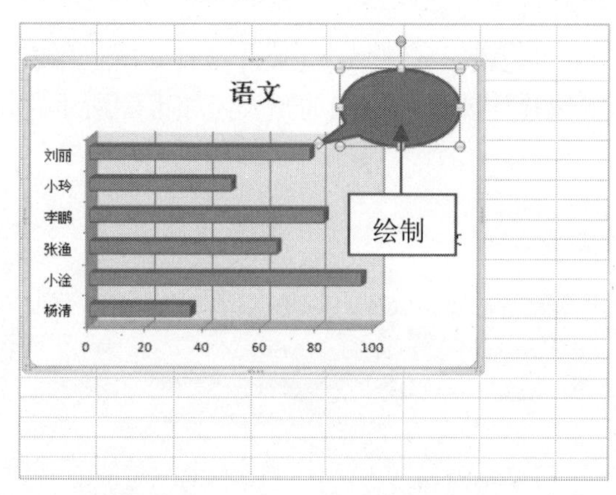

步骤05 在“插入形状”选项面板中单击“文本框”按钮，在弹出的列表框中选择“横排文本框”选项，如下图所示。

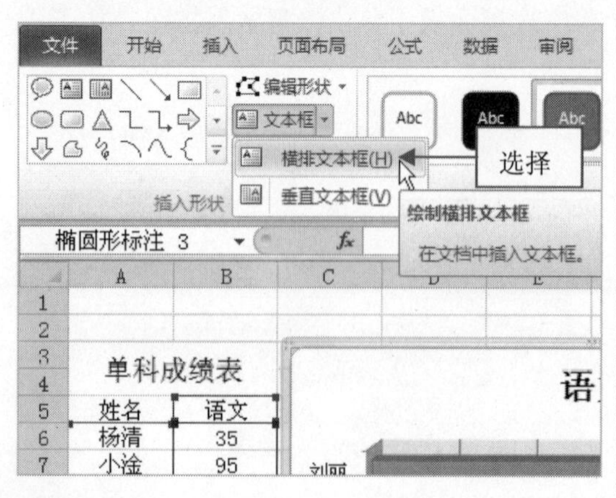

步骤06 将鼠标置于标注文本框中，单击鼠标左键，输入标注文本，即可在图表中添加标注，效果如下图所示。

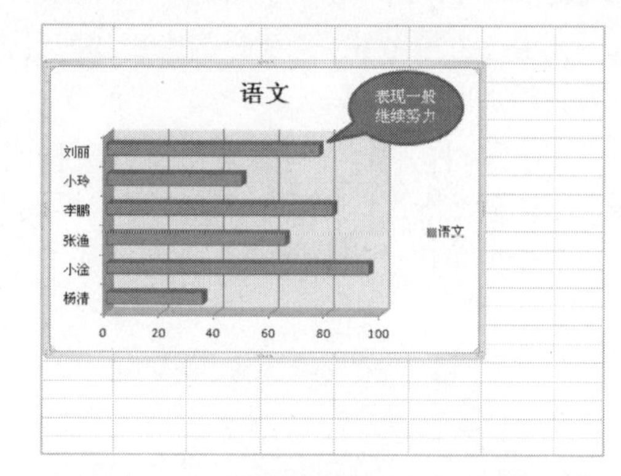

423 让标题更加醒目

在 Excel 2010 中，用户可为标题设置底纹效果，让标题更加醒目。

步骤01 打开一个 Excel 文件，在图表中选择标题，如下图所示。

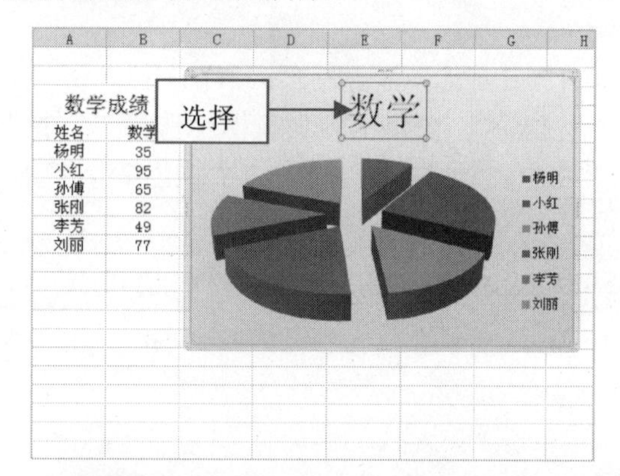

步骤02 单击鼠标右键，弹出快捷菜单，然后选择“设置图表标题格式”选项，如下图所示。

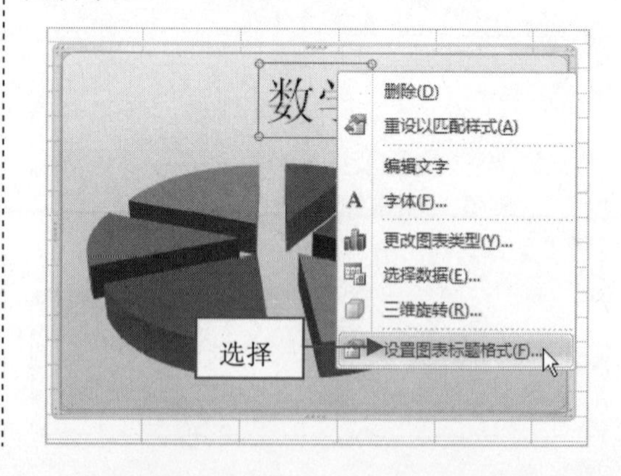

步骤 03　弹出“设置图表标题格式”对话框，在其中选中“图案填充”单选按钮，如下图所示。

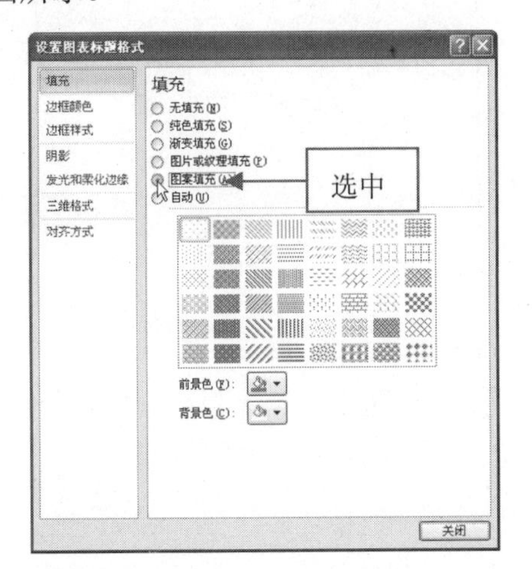

步骤 04　在下方的列表框中选择“小纸屑”选项，如下图所示。

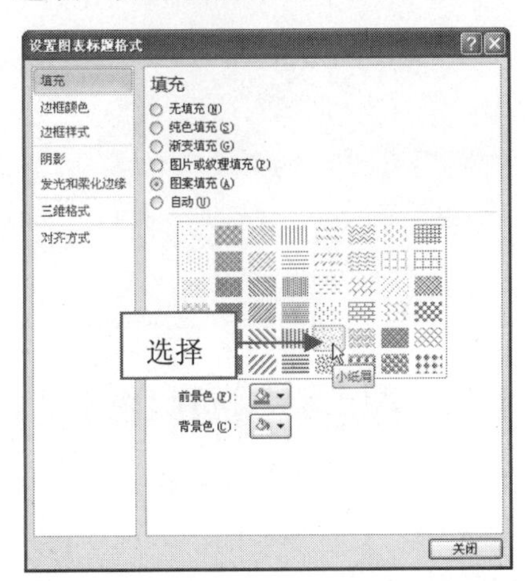

步骤 05　执行上述操作后，单击“关闭”按钮，即可设置标题的格式，如下图所示。

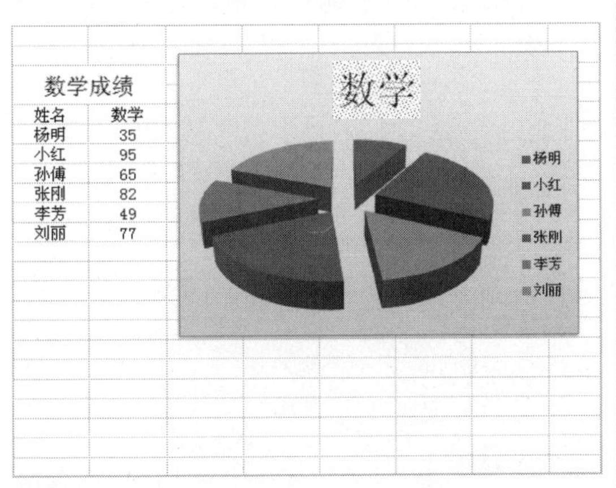

424 添加数据标签

在 Excel 2010 中，可以通过在图表上添加数据标签来查看图形和数据信息，表明该图要表现的数据信息，增强图表的可读性。

步骤 01　打开上一例效果文件，在图表中选择相应的饼图区域，如下图所示。

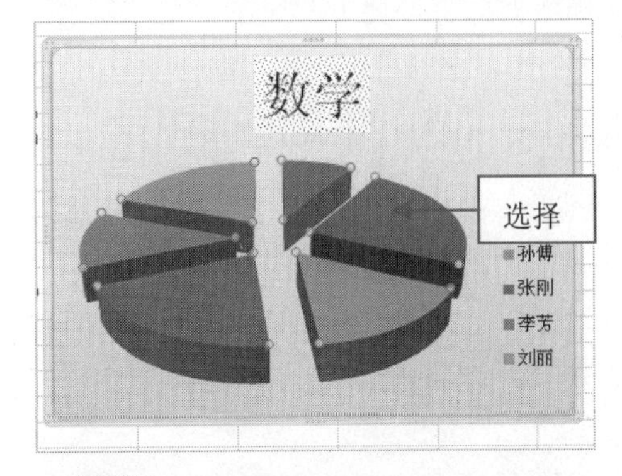

步骤 02　单击鼠标右键，然后在弹出的快捷菜单中选择“添加数据标签”选项，如下图所示。

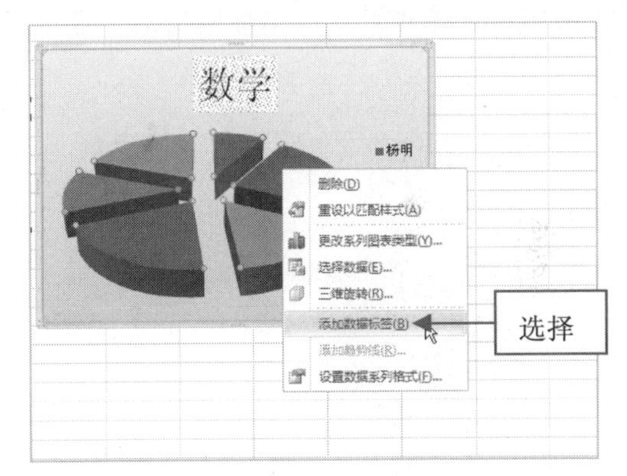

步骤 03　执行上述操作后，即可为图表添加数据标签，效果如下图所示。

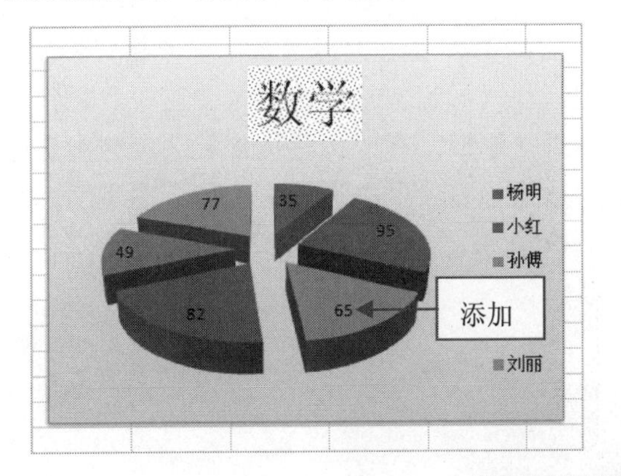

425 设置数据标签的格式

在 Excel 2010 中，为图表添加数据标签后，还可以设置数据标签的格式。

步骤 01 打开上一例效果文件，在图表中选择数据标签，如下图所示。

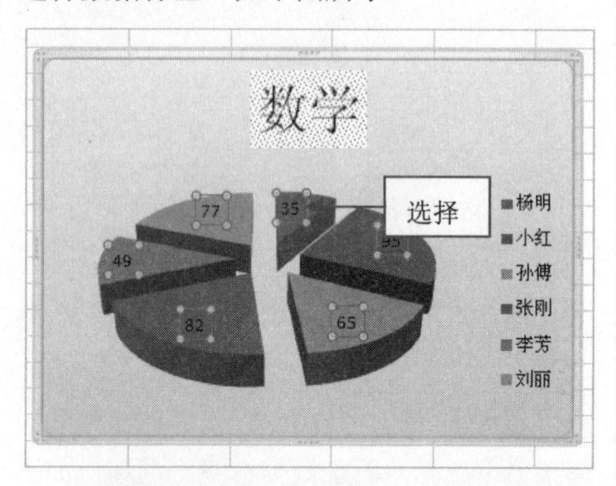

步骤 02 单击鼠标右键，然后在弹出的快捷菜单中选择“设置数据标签格式”选项，如下图所示。

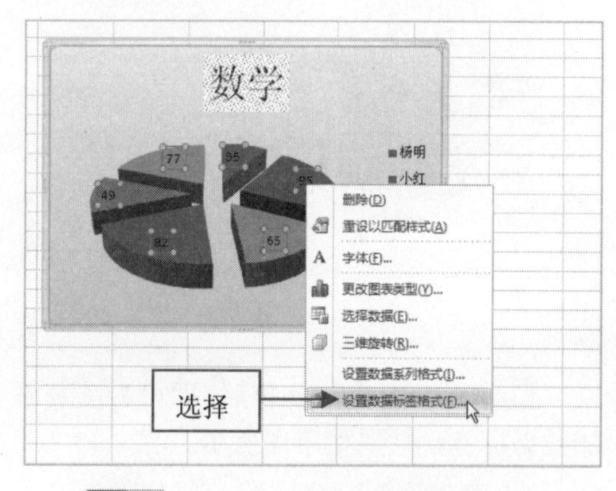

步骤 03 弹出“设置数据标签格式”对话框，在“标签包括”选项区中选中“类别名称”复选框，在“标签位置”选项区中选中“数据标签内”单选按钮，如下图所示。

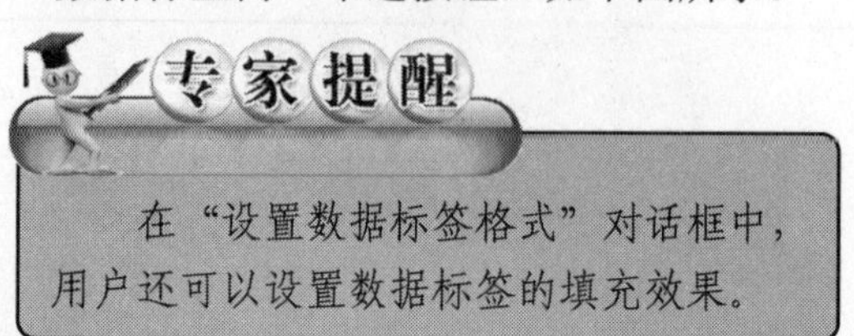

专家提醒

在“设置数据标签格式”对话框中，用户还可以设置数据标签的填充效果。

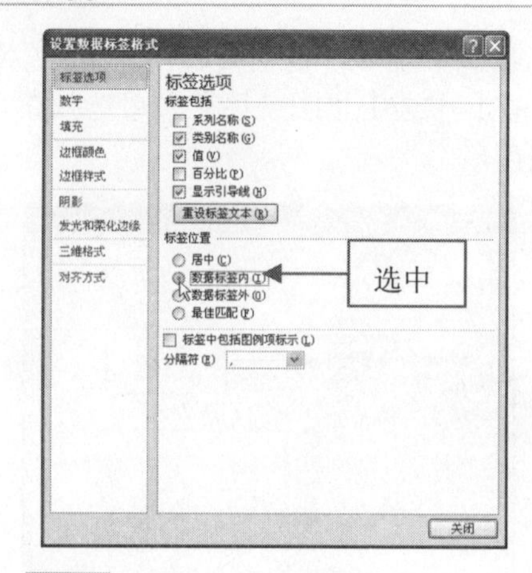

步骤 04 执行上述操作后，单击“关闭”按钮，即可设置数据标签的格式，效果如下图所示。

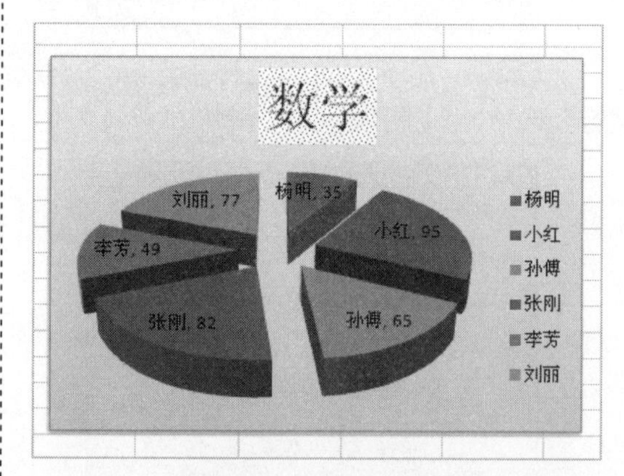

426 调整图例项位置

在 Excel 2010 中，可以根据需要调整图例的位置以及是否显示图例等选项。

步骤 01 打开上一例效果文件，选择图表，切换至“布局”选项卡，在“标签”选项面板中单击“图例”按钮，如下图所示。

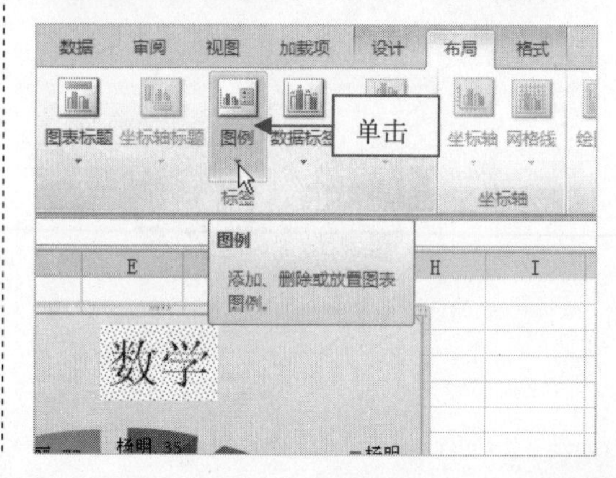

步骤 02 在弹出的列表框中选择“在底部显示图例”选项，如下图所示。

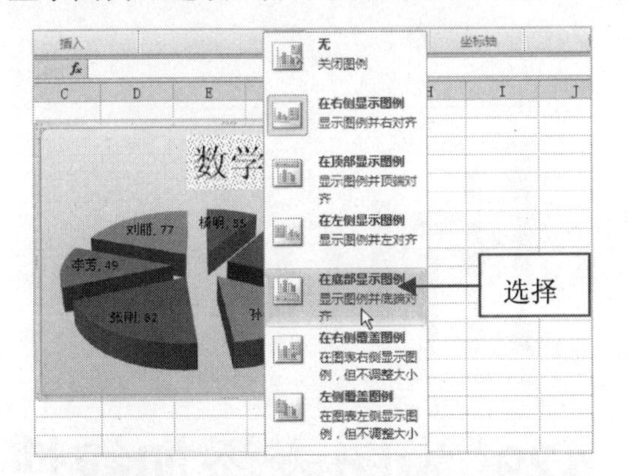

步骤 03 执行上述操作后，即可调整图例项的显示位置，效果如下图所示。

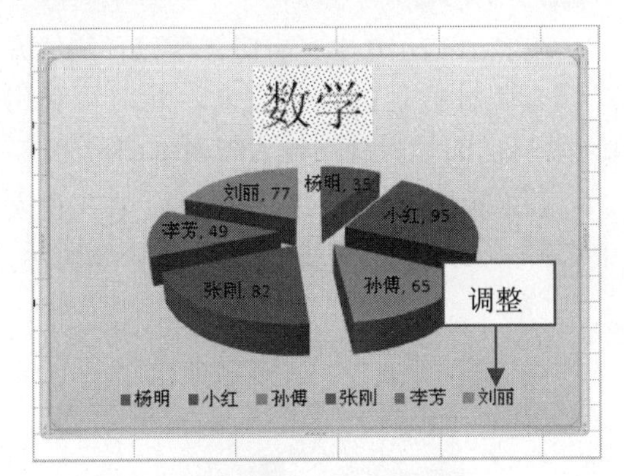

427 设置坐标轴

在 Excel 2010 中，除饼图和雷达图外，其他图表类型都必须使用坐标轴。对于大多数图表来说，数值沿 Y 坐标轴绘制，数据分类沿 X 坐标轴绘制。

步骤 01 打开一个 Excel 文件，在工作表中选择需要设置坐标轴的图表，如下图所示。

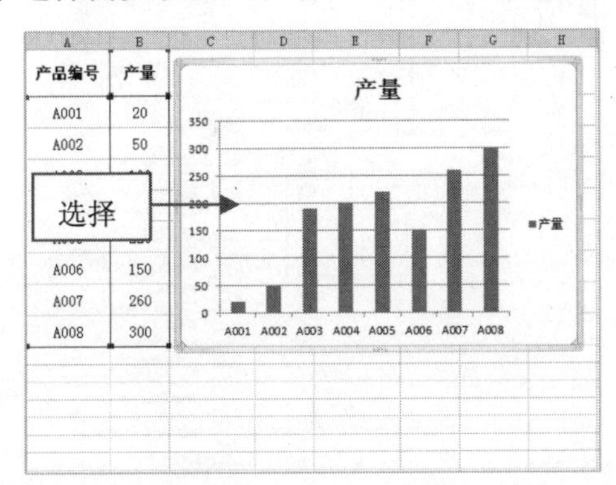

步骤 02 切换至“布局”选项卡，在“坐标轴”选项面板中单击“坐标轴”按钮，如下图所示。

步骤 03 在弹出的列表框中选择“主要横坐标轴”|“显示从右向左坐标轴”选项，如下图所示。

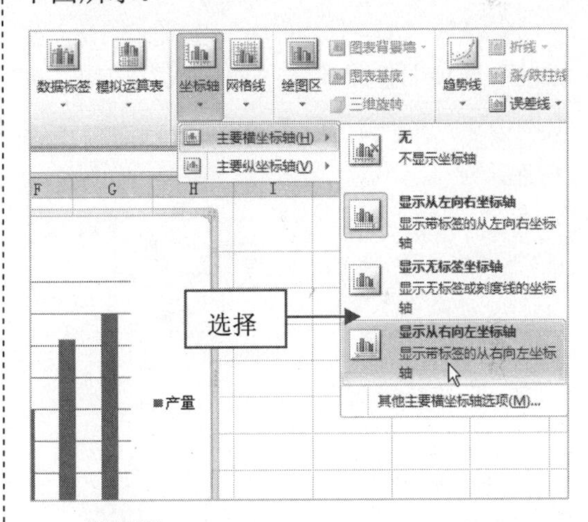

步骤 04 执行上述操作后，即可设置坐标轴，效果如下图所示。

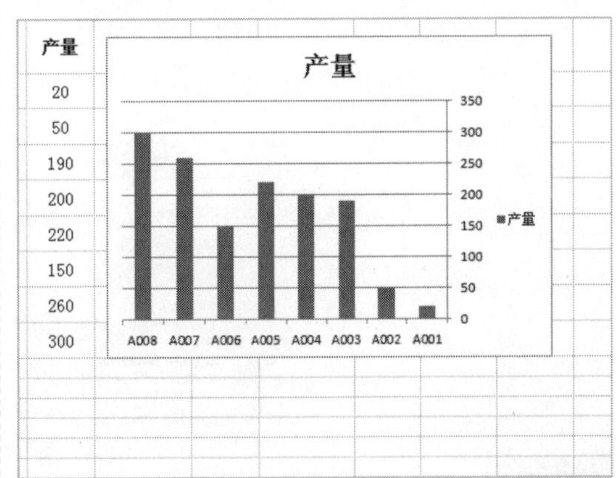

428 设置网格线

在 Excel 2010 中，设置网格线可以美化图表，但如果设置太多网格线，会让图表显得杂乱，用户可以根据需要设置网格线。

步骤 01 打开上一例效果文件，在工作表中选择需要设置网格线的图表，如下图所示。

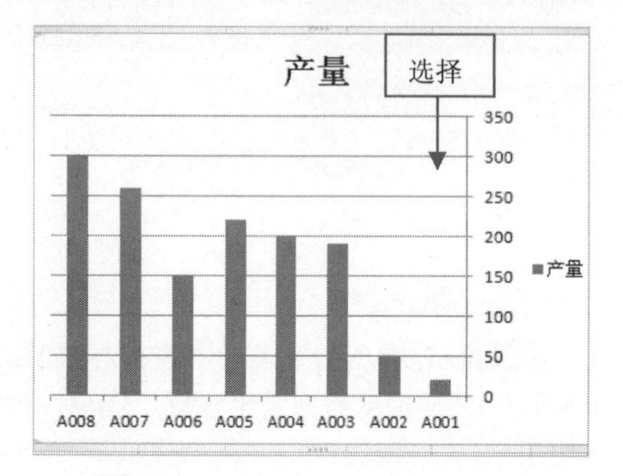

步骤 02 切换至“布局”选项卡，在“坐标轴”选项面板中单击“网格线”按钮，如下图所示。

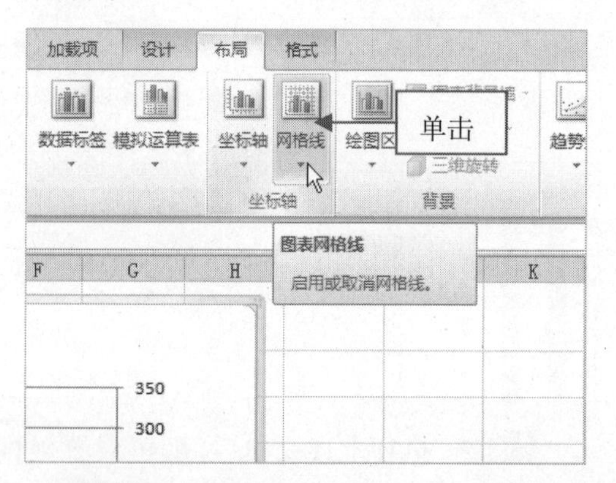

步骤 03 在弹出的列表框中选择“主要纵网格线”|“主要网格线”选项，如下图所示。

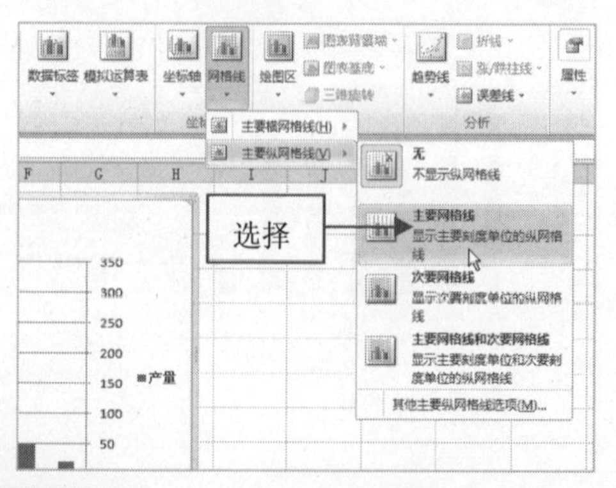

步骤 04 执行上述操作后，即可设置网格线，效果如下图所示。

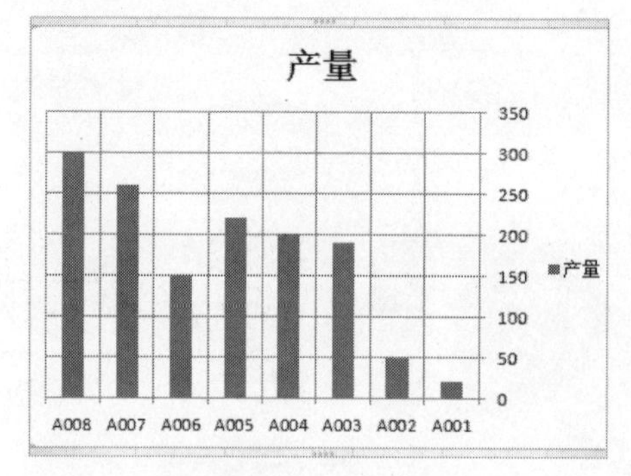

429 为图表添加线性趋势线

在 Excel 2010 中，有时需要以预测的方式调查某种数值的趋势方向，此时可利用 Excel 提供的趋势线功能为图表添加趋势线。

步骤 01 打开一个 Excel 文件，在工作表中选择需要添加趋势线的图表，如下图所示。

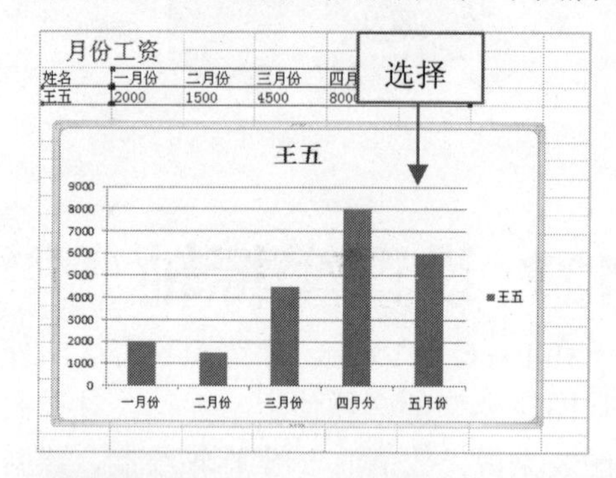

步骤 02 切换至“布局”选项卡，在“分析”选项面板中单击“趋势线”按钮，在弹出的列表框中选择“线性趋势线”选项，如下图所示。

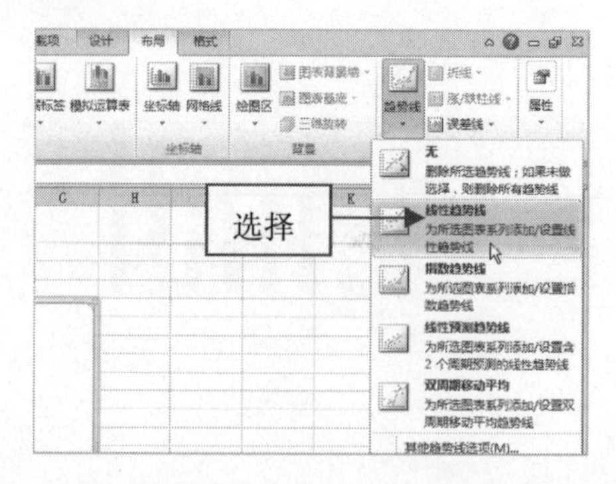

步骤 03 执行上述操作后，即可为图表添加线性趋势线，效果如下图所示。

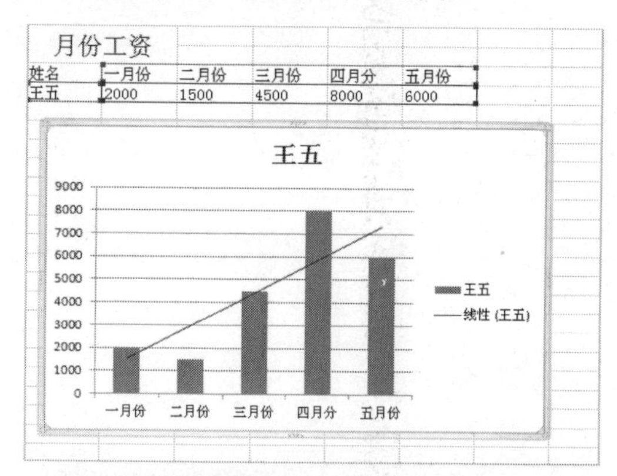

430 修改趋势线类型

在 Excel 2010 中，为图表添加趋势线后，还可以根据需要修改趋势线的类型。

步骤 01 打开上一例效果文件，选择图表中的趋势线，如下图所示。

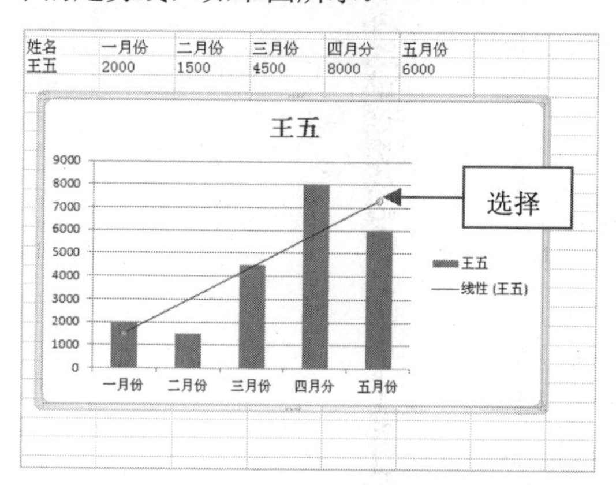

步骤 02 单击鼠标右键，然后在弹出的快捷菜单中选择“设置趋势线格式”选项，如下图所示。

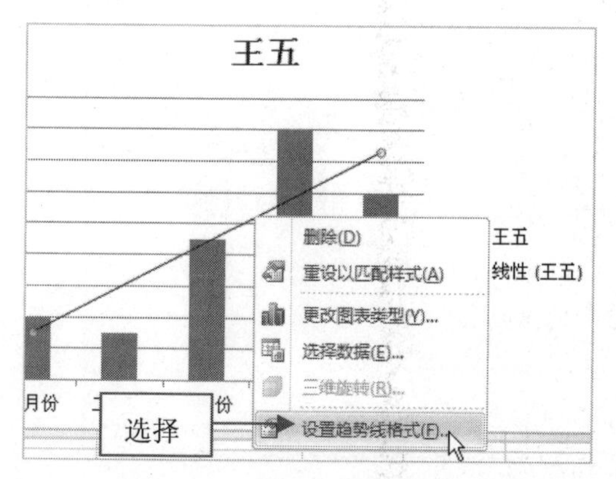

步骤 03 弹出“设置趋势线格式”对话框，选中“移动平均”单选按钮，如下图所示。

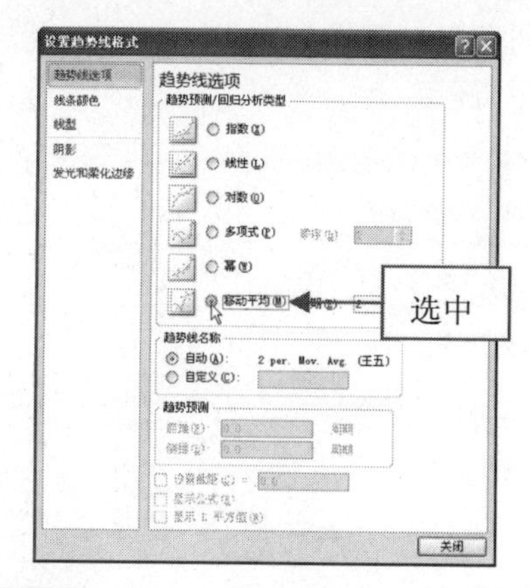

步骤 04 执行上述操作后，单击“关闭”按钮，即可修改趋势线的类型，如下图所示。

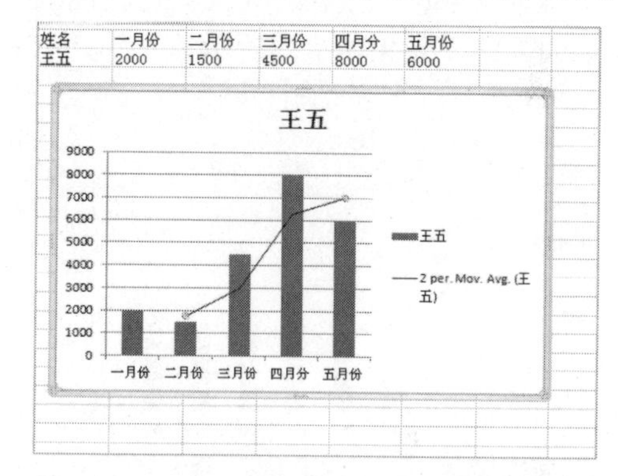

431 在图表中添加误差线

在 Excel 2010 中，用户还可以根据需要在图表中添加误差线。

步骤 01 打开一个 Excel 文件，选择需要添加误差线的图表，如下图所示。

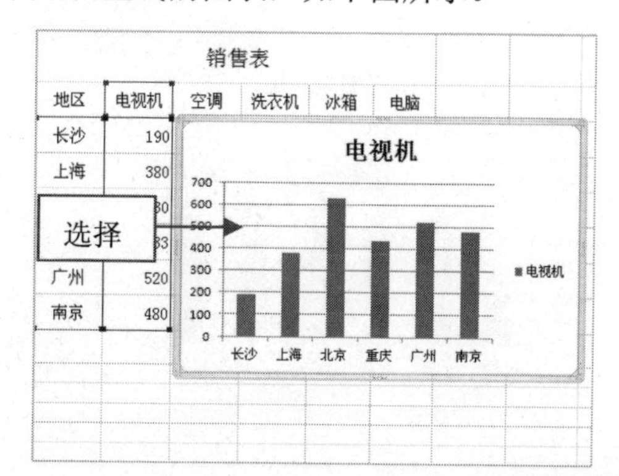

步骤 02 切换至“布局”选项卡，在“分析”选项面板中单击“误差线”按钮，在弹出的列表框中选择“标准误差误差线”选项，如下图所示。

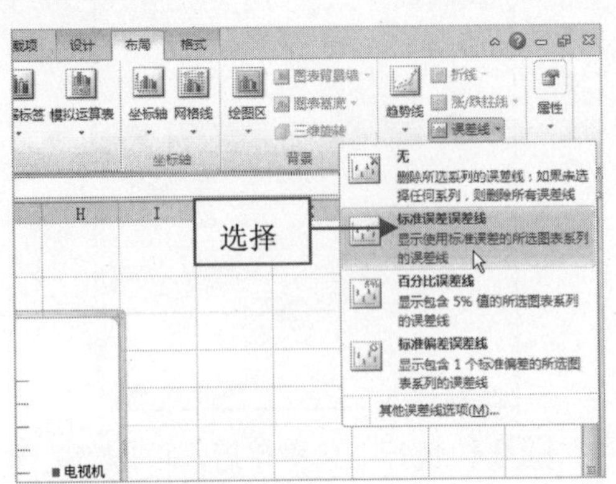

步骤 03 执行上述操作后，即可在图表中添加误差线，效果如下图所示。

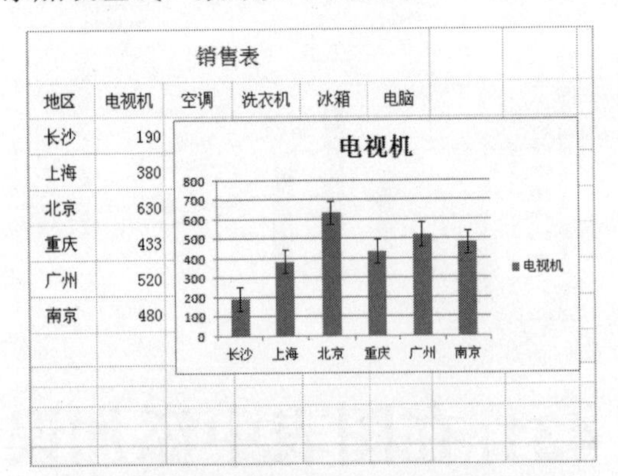

销售表					
地区	电视机	空调	洗衣机	冰箱	电脑
长沙	190				
上海	380				
北京	630				
重庆	433				
广州	520				
南京	480				

432 设置误差线格式

在 Excel 2010 中，为图表添加误差线后，可以根据需要设置误差线的格式。

步骤 01 打开上一例效果文件，选择图表中的误差线，如下图所示。

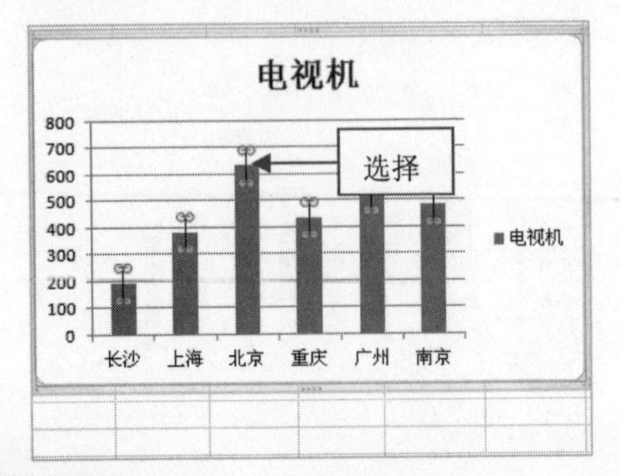

步骤 02 单击鼠标右键，在弹出的快捷菜单中选择“设置错误栏格式”选项，如下图所示。

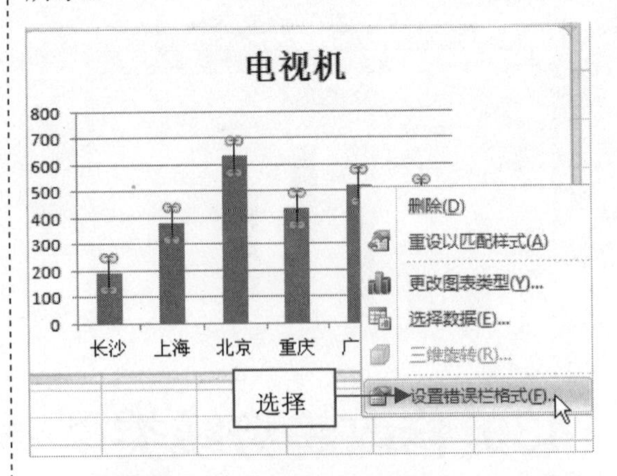

步骤 03 弹出“设置误差线格式”对话框，切换至“线条颜色”选项卡，在右侧选中“实线”单选按钮，如下图所示。

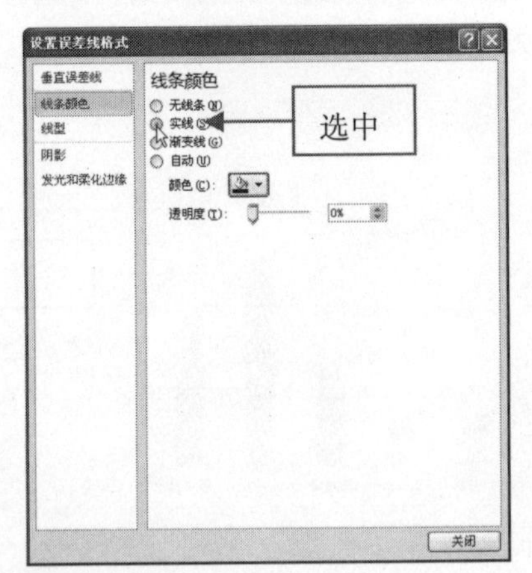

步骤 04 单击“颜色”右侧的下拉按钮，在弹出的颜色面板中选择红色，如下图所示。

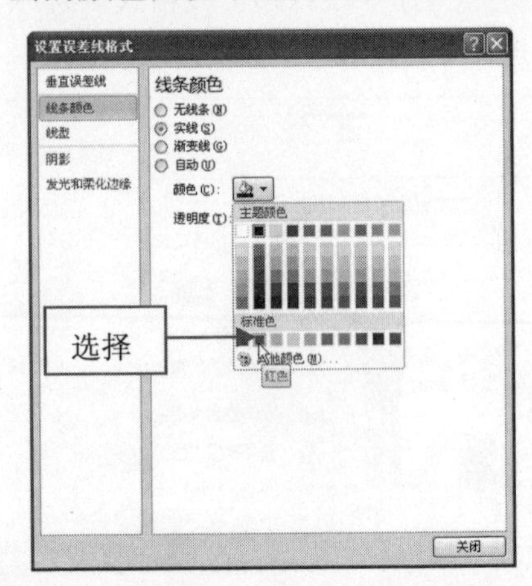

步骤 04 执行上述操作后，单击“关闭”按钮，即可设置误差线的格式，最终效果如下图所示。

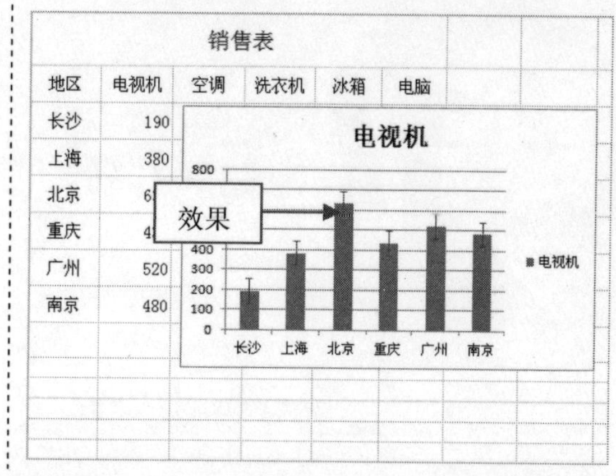

● 读书笔记

17 Excel 分析与预测

学前提示

Excel 2010 具有强大的数据分析功能，如分析数据进行计算、对数据进行预测和数据的假设分析等，用户可以使用分析工具库执行统计和工程分析。本章主要介绍 Excel 2010 的分析技巧。

本章知识重点

- Excel 的数据分析功能
- Excel 内的净现值函数
- 一元线性回归分析技巧
- 一元指数预测
- 一元线性预测
- 利用移动平均法进行预测
- 成本预测法
- 目标利润推算法
- 添加假设方案
- 将多个假设方案进行比较

学完本章后你会做什么

- 掌握一元线性回归分析的操作方法
- 掌握使用移动平均法进行预测的操作方法
- 掌握成本预测法的操作方法

视频演示

一元线性回归分析技巧

C4 #N/A

企业7个月的销售情况		移动平均值
月份	销售量(件)	#N/A
1	420	#N/A
2	650	436.6666667
3	240	580
4	850	670
5	920	764.3333333
6	523	697.6666667
7	650	

利用移动平均法进行预测

433 Excel 的数据分析功能

在 Excel 2010 中，Excel 内部集成了强大的数据分析功能，只需要为 Excel 提供原始数据，就可对其进行分析算术、几何、平均值、求和、四分位差、方差、协议差等重要的统计数据，为用户节省许多工作时间，提高工作效率。

434 Excel 内的净现值函数

在 Excel 2010 中，Excel 为用户提供了净现值函数，NPV 函数通过使用贴现率以及一系列未来支出（负数）和收入（正数），返回一项投资的净现值。

NPV 函数的语法是：NPV（rate，value1，value2……），其中 rate 表示某一期间的贴现率，是一个固定值，value 表示支出及收入的 1 到 254 个参数。

435 认识回归分析

在 Excel 2010 中，回归分析工具是非常有用的一种预测工具，既可以对一元线性或多元线性问题进行预测分析，也可以对某些可以转化为线性的非线性问题进行预测分析。但是手动输入公式计算十分麻烦，而利用 Excel 强大的回归分析工具，用户只需调用相应的函数，即可得到需要的数据。

436 一元线性回归分析技巧

在 Excel 2010 中，利用回归分析工具进行预测时，常用的是一元线性回归分析。在本例中会将时间作为自变量，销售量作为因变量，并假设它们之间有如下的线性关系：Y=a＋bX，Y 表示销售量，X 表示时间，利用回归工具预测下一期的销售量。在使用回归分析前，需要加载“分析”面板。

步骤 01　在 Excel 2010 中，打开一个 Excel 文件，如下图所示。

A1　　fx　公司销售量

	A	B	C	D	E
1	公司销售量				
2	月份	销售量(台)			
3	1	4235			
4	2	4500			
5	3	2589			
6	4	6500			
7	5	8700			
8	6	3540			
9	7	5896			
10	8	3580			
11	9	4800			
12	10	4900			
13	11	9800			
14	12	7600			

步骤 02　单击“文件”|“选项”命令，如下图所示。

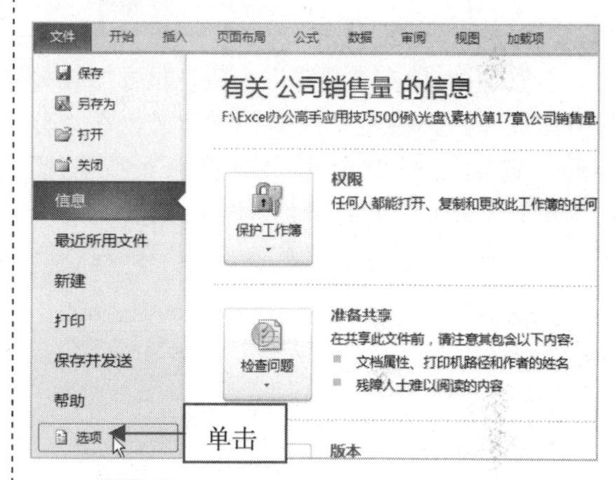

步骤 03　弹出“Excel 选项”对话框，切换至“加载项”选项卡，在右侧单击“转到”按钮，如下图所示。

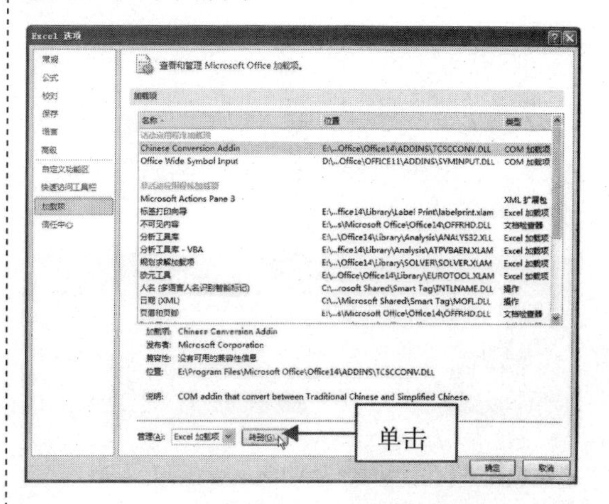

步骤04 弹出“加载宏”对话框，在“可用加载宏”列表框中选中相应的复选框，如下图所示。

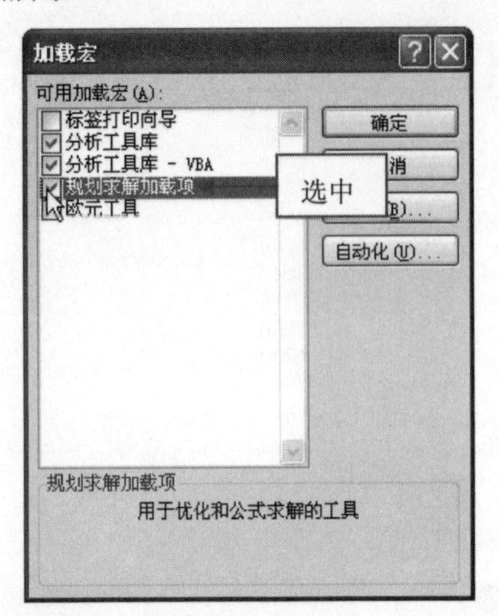

步骤05 单击“确定”按钮，即可加载分析工具库，切换至“数据”选项卡，在“分析”选项面板中单击“数据分析”按钮，如下图所示。

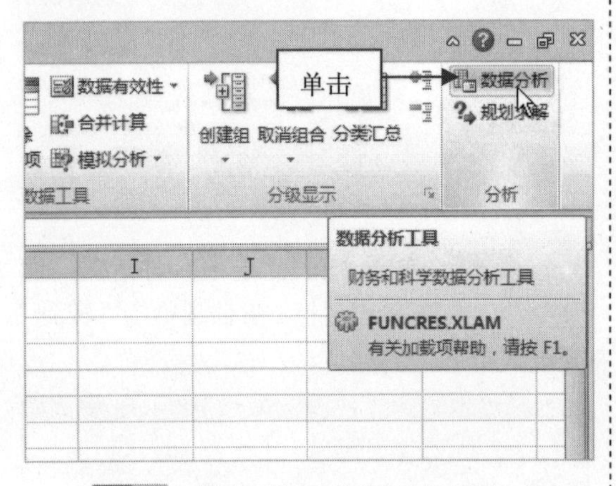

步骤06 弹出“数据分析”对话框，在“分析工具”下拉列表框中选择“回归”选项，如下图所示。

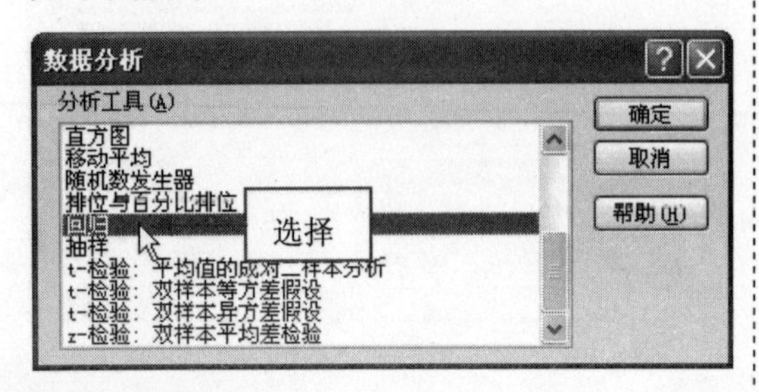

步骤07 单击“确定”按钮，弹出“回归”对话框，单击“Y值输入区域”文本框右侧的按钮，如下图所示。

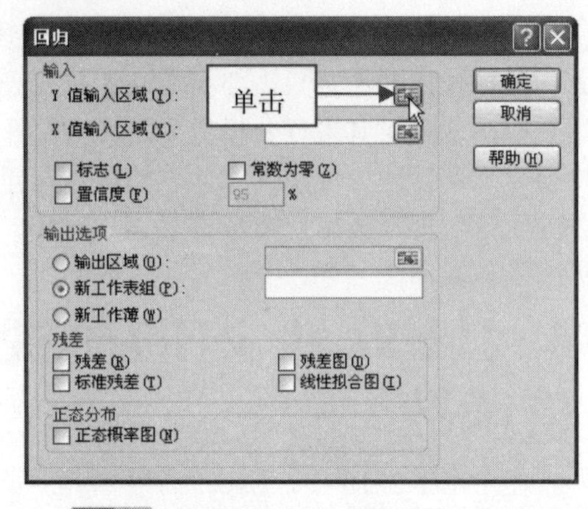

步骤08 在工作表中选择B3:B14单元格区域，如下图所示。

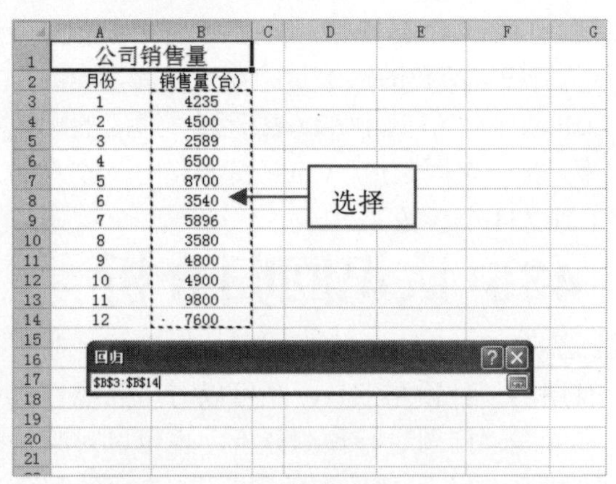

	A	B
1	公司销售量	
2	月份	销售量(台)
3	1	4235
4	2	4500
5	3	2589
6	4	6500
7	5	8700
8	6	3540
9	7	5896
10	8	3580
11	9	4800
12	10	4900
13	11	9800
14	12	7600

步骤09 按【Enter】键确认，返回“回归”对话框，用与上述相同的方法，设置X值输入区域，如下图所示。

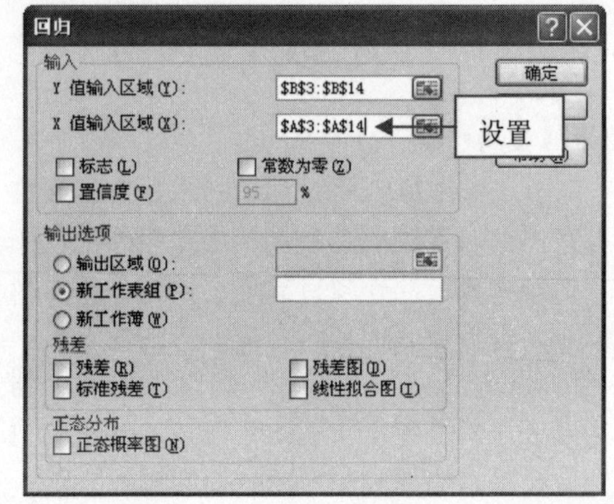

步骤 10 选中“置信度”复选框，并在“输出选项”选项区中选中“输出区域”单选按钮，再单击该文本框右侧的按钮，在工作表中选择 D3 单元格，如下图所示。

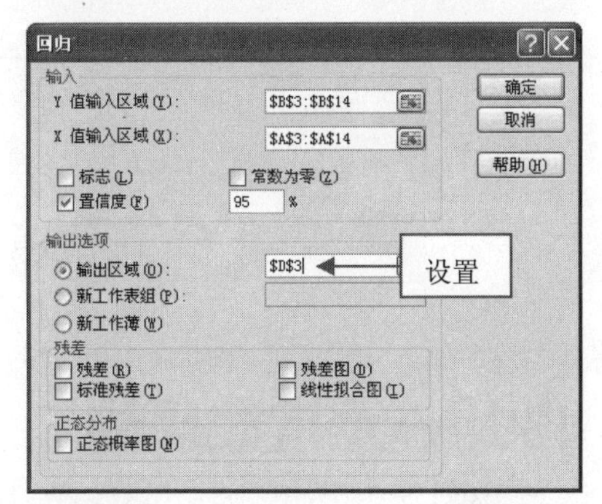

步骤 11 执行上述操作后，单击“确定”按钮，即可在工作表中输出回归分析要点，如下图所示。

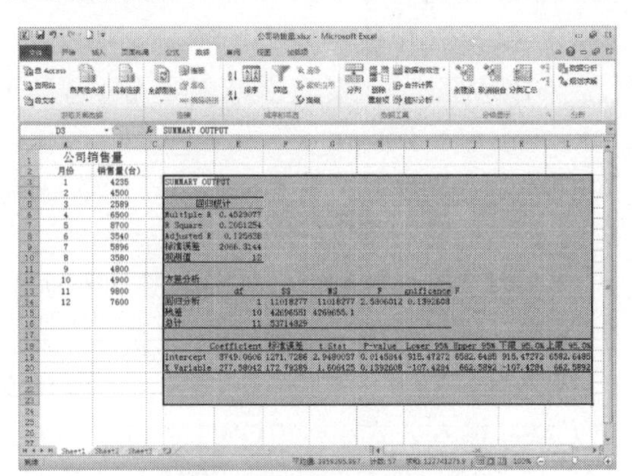

437 添加残差图

在 Excel 2010 中，如果需要为每个自变量及其残差生成一张图表，可以添加残差图，方法是：调出“回归”对话框，在“残差”选项区中选中“残差图”复选框即可，如下图所示。

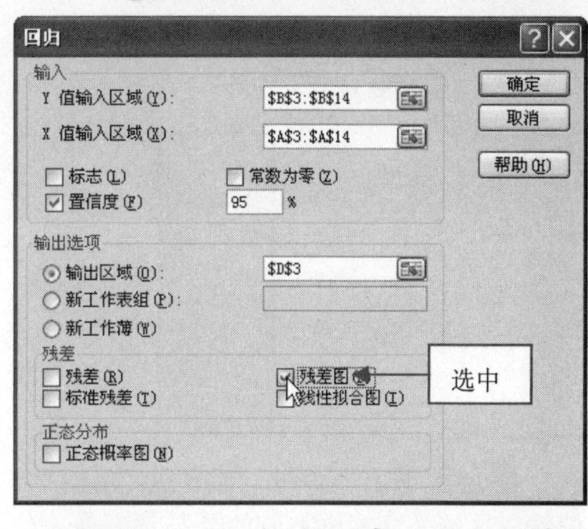

在“回归”对话框中，用户还可以根据需要选中“残差”、“标准残差”、“正态概率图”等复选框。

438 一元非线性回归分析

在 Excel 2010 中，当销售数据的变化趋势反映的是一条曲线时，就不能直接使用回归工具进行预测分析，而必须对数据进行相应的处理，将非线性问题转化为线性问题以后，再使用回归工具进行预测分析。

利用回归分析法进行销售预测，假如销售量与时间的关系为：$Y=a\times b^{X}$，其中 Y 为销售额，X 为时间。

步骤 01 打开一个 Excel 文件，选择 C3:C14 单元格区域，输入数组公式：=LN（B3:B14），如下图所示。

COUNTIF　=LN（B3:B14）

	A	B	C	D
1	公司销售量1			
2	时间	销售量(台)	LN(Y)	
3	1	4235	=LN（B3:B14）	
4	2	4500		
5	3	2589		
6	4	6500		
7	5	8700	输入	
8	6	3540		
9	7	5896		
10	8	3580		
11	9	4800		
12	10	4900		
13	11	9800		
14	12	7600		

步骤 02 执行上述操作后，按【Ctrl＋Shift＋Enter】组合键进行确认，得到的结果如下图所示。

C3 | {=LN(B3:B14)}

	A	B	C	D
1	公司销售量1			
2	时间	销售量(台)	LN(Y)	
3	1	4235	8.3511386	
4	2	4500	8.4118327	
5	3	2589	7.859027	
6	4	6500	8.7795575	
7	5	8700	9.0710783	
8	6	3540	8.171882	
9	7	5896	8.6820294	
10	8	3580	8.1831181	
11	9	4800	8.4763712	
12	10	4900	8.4969905	
13	11	9800	9.1901377	
14	12	7600	8.9359035	

步骤03 调出“回归”对话框，单击“Y 值输入区域”文本框右侧的按钮，在工作表中选择 C3:C14 单元格区域，单击“X 值输入区域”文本框右侧的按钮，在工作表中选择 A3:A14 单元格区域，如下图所示。

回归
输入
Y 值输入区域(Y): $C$3:$C$14
X 值输入区域(X): $A$3:$A$14
设置
确定
标志(L)　常数为零(Z)
置信度(F) 95 %
输出选项
输出区域(O): $D$3
新工作表组(P):
新工作薄(W)
残差
残差(R)　残差图(D)
标准残差(T)　线性拟合图(I)
正态分布
正态概率图(N)

步骤04 选中“置信度”复选框，选中“输出区域”单选按钮，然后单击该文本框右侧的按钮，在工作表中选择 D1 单元格，如下图所示。

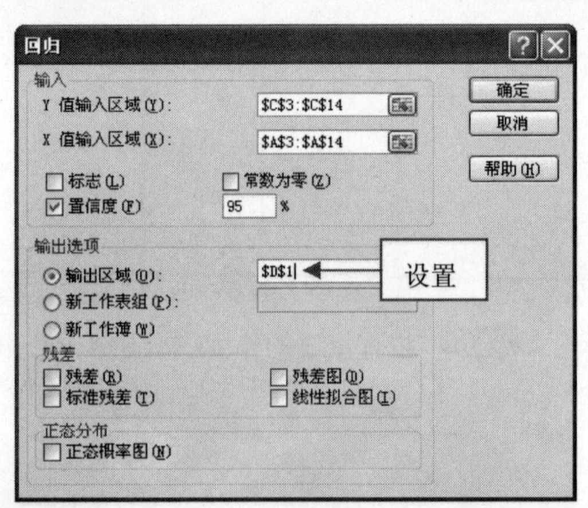

步骤05 设置完成后，单击“确定”按钮，即可得到回归分析结果，如下图所示。

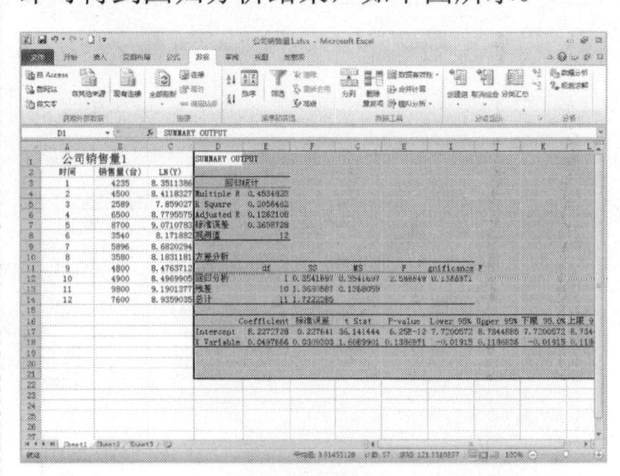

439 一元指数预测

在 Excel 2010 中，用户可利用 GROWTH 函数进行一元指数预测，GROWTH 函数的功能是返回给定数据预测的指数增长值，根据已知的 X 值和 Y 值，GROWTH 函数可以返回一组新的 X 值对应的 Y 值。

GROWTH 函数的语法是：GROWTH（known_y's，known_x's，new_x's，const），其中 new_x's 表示需要 GROWTH 函数返回对应 Y 值的新 X 值，new_x's 与 known_y's 一样，每个独立变量必须为单独的一行或一列。

步骤01 打开一个 Excel 文件，选择 B15 单元格，输入公式：=GROWTH（B3:B13，A3:A13，12，TRUE），如下图所示。

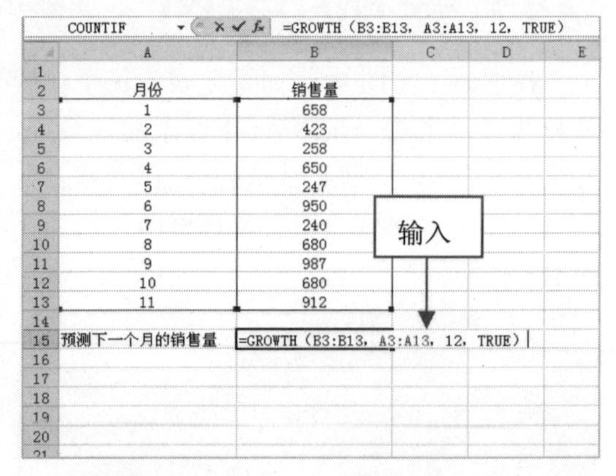

COUNTIF | =GROWTH (B3:B13, A3:A13, 12, TRUE)

	A	B	C	D	E
1					
2	月份	销售量			
3	1	658			
4	2	423			
5	3	258			
6	4	650			
7	5	247			
8	6	950			
9	7	240			
10	8	680			
11	9	987			
12	10	680			
13	11	912			
14					
15	预测下一个月的销售量	=GROWTH (B3:B13, A3:A13, 12, TRUE)			

步骤02 按【Enter】键确认，即可得到下一个月的销售量，如下图所示。

B15　=GROWTH(B3:B13,A3:A13,12,TRUE)

	A	B	C	D
1				
2	月份	销售量		
3	1	658		
4	2	423		
5	3	258		
6	4	650		
7	5	247		
8	6	950		
9	7	240		
10	8	680		
11	9	987		
12	10	680		
13	11	912		
14				
15	预测下一个月的销售量	815.2247515		

440 一元线性预测

在 Excel 2010 中，利用 TREND 函数可快速进行一元线性预测，TREND 函数的功能是返回一条线性回归拟合线的一组纵坐标值（Y 值），即找到适合指定的数组 known_y's 和 known_x's 的直线（用最小二乘法），并返回指定数组 new_x's 值在直线上对应的 Y 值。

在 Excel 中，TREND 函数的语法是：TREND（known_y's，known_x's，new_x's，const），各值的含义与 GROWTH 函数的语法含义相同。

步骤01 打开上一例效果文件，选择 B16 单元格，输入公式：=TREND（B3:B13，A3:A13，12），如下图所示。

GROWTH　=TREND（B3:B13，A3:A13，12）

	A	B	C	D
1				
2	月份	销售量		
3	1	658		
4	2	423		
5	3	258		
6	4	650		
7	5	247		
8	6	950		
9	7	240		
10	8	680		
11	9	987		
12	10	680		
13	11	912		
14				
15	预测下一个月的销售量	815.224751		
16		=TREND（B3:B13，A3:A13，12）		

输入

步骤02 按【Enter】键确认，即可进行一元线性预测，效果如下图所示。

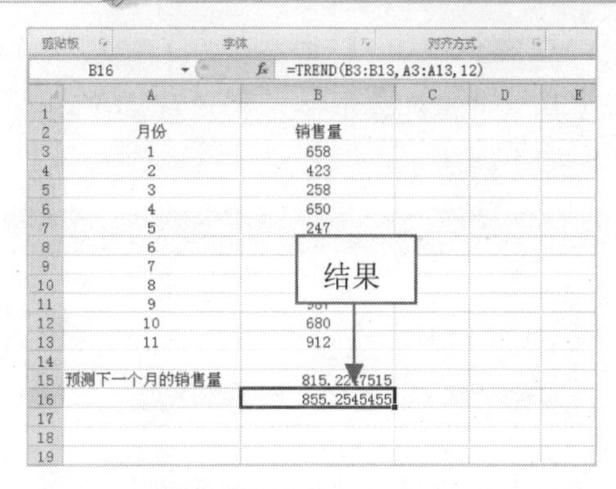

B16　=TREND(B3:B13,A3:A13,12)

	A	B	C	D	E
1					
2	月份	销售量			
3	1	658			
4	2	423			
5	3	258			
6	4	650			
7	5	247			
8	6	[illegible]			
9	7	[illegible]			
10	8	[illegible]			
11	9	[illegible]			
12	10	680			
13	11	912			
14					
15	预测下一个月的销售量	815.2247515			
16		855.2545455			

441 利用移动平均法进行预测

在 Excel 2010 中，“移动平均”分析工具可以基于特定的过去某段时期中变量的平均值，对未来值进行预测。移动平均值提供了由所有历史数据的简单平均值所代表的趋势信息。移动平均法可以预测销售量、库存或其他趋势。

步骤01 在 Excel 2010 中，打开一个 Excel 文件，如下图所示。

A3　企业7个月的销售情况

A	B	C
企业7个月的销售情况		移动平均值
月份	销售量（件）	
1	420	
2	650	
3	240	
4	850	
5	920	
6	523	
7	650	

步骤02 切换至“数据”选项卡，在“分析”选项面板中单击“数据分析”按钮，如下图所示。

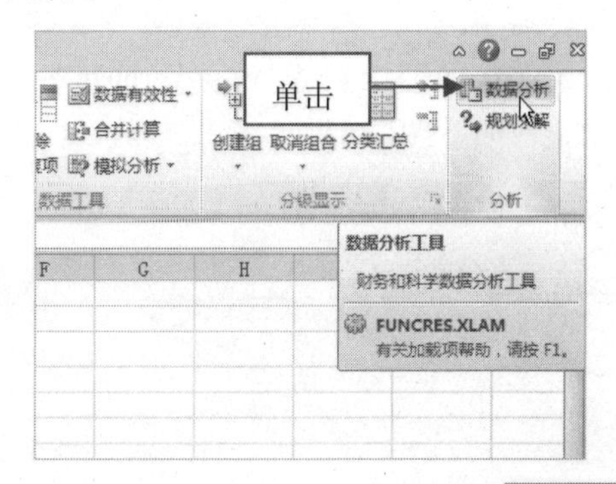

步骤03 弹出“数据分析”对话框，在“分析工具”下拉列表框中选择“移动平均”选项，如下图所示。

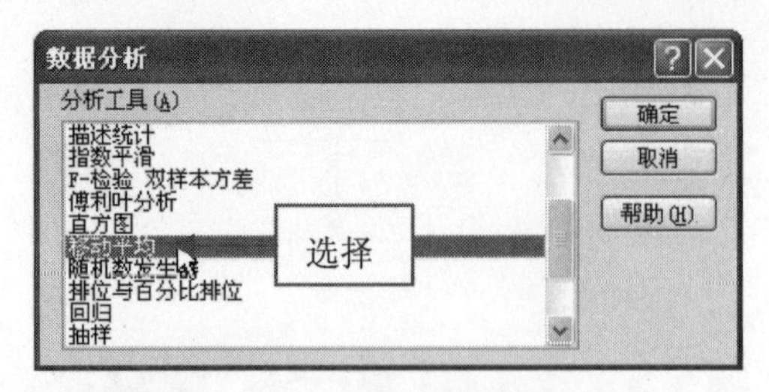

步骤04 单击“确定”按钮，弹出“移动平均”对话框，单击“输入区域”文本框右侧的按钮，在工作表中选择 B5:B11 单元格区域，如下图所示。

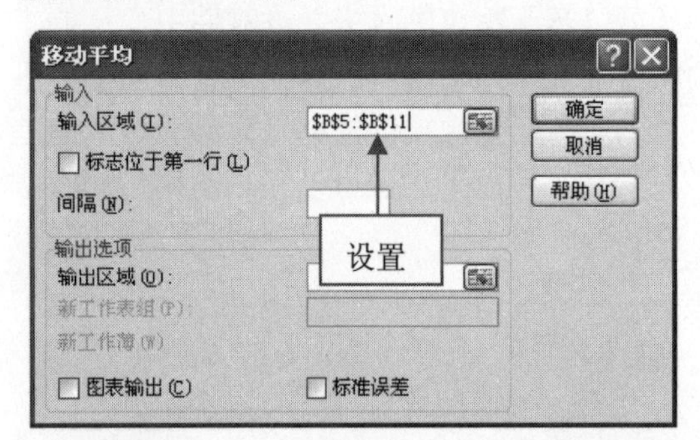

步骤05 单击“输出区域”文本框右侧的按钮，选择 C4 单元格，并在“间隔”文本框中输入 3，如下图所示。

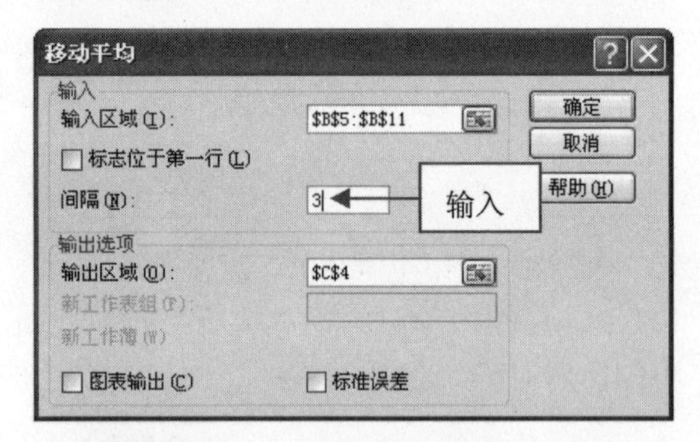

步骤06 单击“确定”按钮，即可得到预测结果，如下图所示。

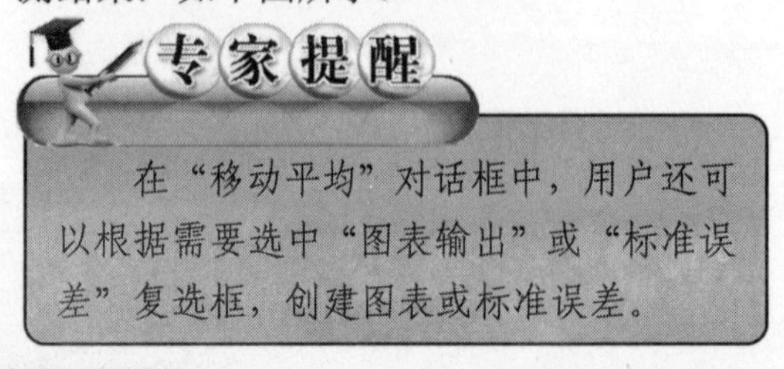

在“移动平均”对话框中，用户还可以根据需要选中“图表输出”或“标准误差”复选框，创建图表或标准误差。

C4 #N/A

A	B	C
企业7个月的销售情况		移动平均值
月份	销售量(件)	#N/A
1	420	#N/A
2	650	436.6666667
3	240	580
4	850	670
5	920	764.3333333
6	523	697.6666667
7	650	

442 利用指数平滑法进行预测

在 Excel 2010 中，指数平滑法是指根据最近时期的实际数据和预测数据，并借助于平滑系数进行销售预测的方法。

指数平滑分析工具基于前期预测值导出相应的新预测值，并修正前期预测值的误差，此工具将使用平滑常数 a，其大小决定本次预测对前期预测误差的修正程度。

步骤01 在 Excel 2010 中，打开一个 Excel 文件，如下图所示。

A3 企业7个月的销售情况

	A	B	C	D
1				
2				
3	企业7个月的销售情况		数据的预测过程	
4	月份	销售量(件)		
5	1	420		
6	2	650		
7	3	240		
8	4	850		
9	5	920		
10	6	523		
11	7	650		
12	8	450		
13	9	850		
14	10	963		
15	11	459		
16				
17				
18				
19				
20				

步骤02 调出“数据分析”对话框，在其中选择“指数平滑”选项，如下图所示。

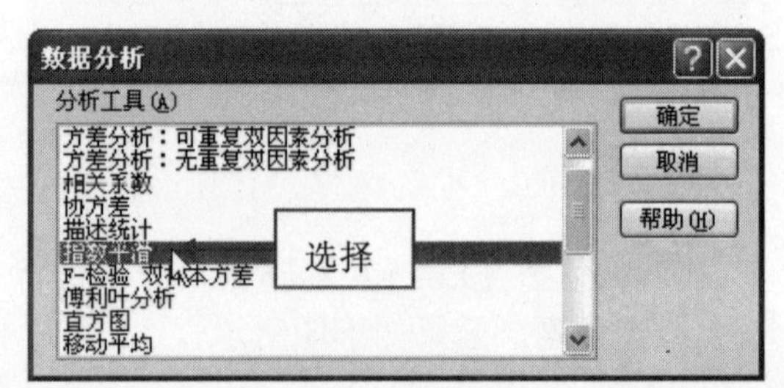

步骤 03　单击“确定”按钮，弹出“指数平滑”对话框，单击“输入区域”文本框右侧的按钮，在工作表中选择 B5:B15 单元格区域，如下图所示。

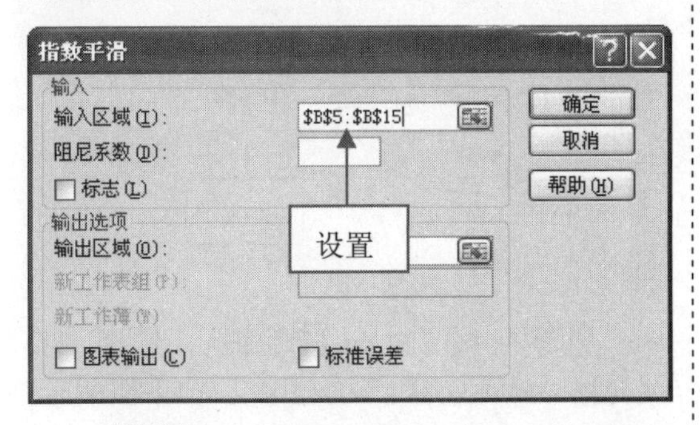

步骤 04　在“阻尼系数”右侧的文本框中输入 0.5，单击“输出区域”右侧的按钮，选择 C4 单元格，如下图所示。

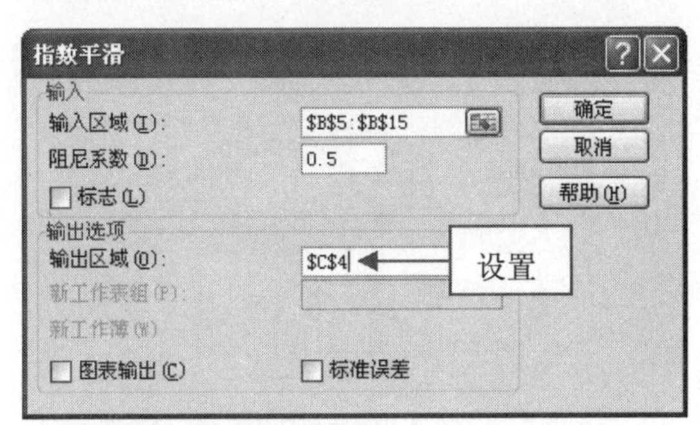

步骤 05　执行上述操作后，单击“确定”按钮，即可得到结果，如下图所示。

C4　#N/A

	A	B	C	D
1				
2				
3	企业7个月的销售情况		数据的预测过程	
4	月份	销售量(件)	#N/A	
5	1	420	420	
6	2	650	535	
7	3	240	387.5	
8	4	850	618.75	
9	5	920	769.375	
10	6	523	646.1875	
11	7	650	648.09375	
12	8	450	549.046875	
13	9	850	699.5234375	
14	10	963	831.2617188	
15	11	459		
16				
17				
18				
19				
20				

443　成本预测法

在 Excel 2010 中，成本预测是根据企业未来的发展目标和现实条件，参考其他资料，利用专门的方法对企业未来成本水平及其变动趋势进行估算和预测，成本预测可为成本决策和实话成本控制提供有用的信息。

如果要利用回归直线法预测成本，可直接使用 FORECAST、TREND、GROWTH 函数进行预算。

步骤 01　在 Excel 2010 中，打开一个 Excel 文件，如下图所示。

A1　2007年产量和成本

A	B	C	D	E	F
2007年产量和成本					
月份	产量（台）	总成本（元）		2008年预测成本（元）	
1	1254	425863		FORECAST函数预测	
2	2450	254256		TREND函数预测	
3	3256	321455		GROWTH函数预测	
4	4258	428532			
5	4520	152478			
6	6230	125645			
7	5230	425896			
8	5200	358752			
9	7500	425689			
10	4500	963582			
11	6041	685234			
12	4200	528653			
2008年预计产量（台）		8050			

步骤 02　选择 F3 单元格，输入公式：=FORECAST（C16，C3:C14，B3:B14），如下图所示。

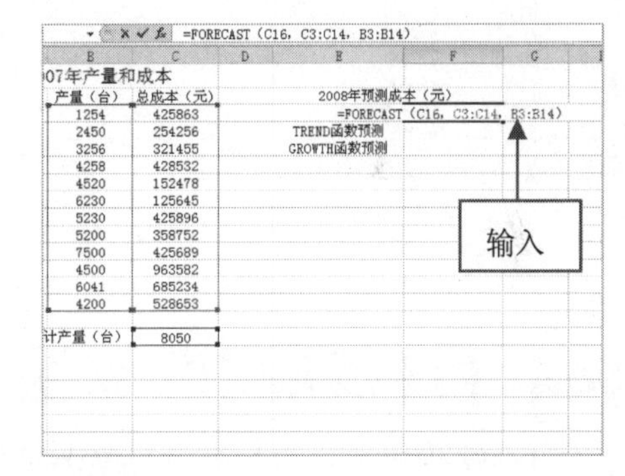

步骤 03　按【Enter】键确认，然后选择 F4 单元格，输入公式：=TREND（C3:C14，B3:B14，C16），如下图所示。

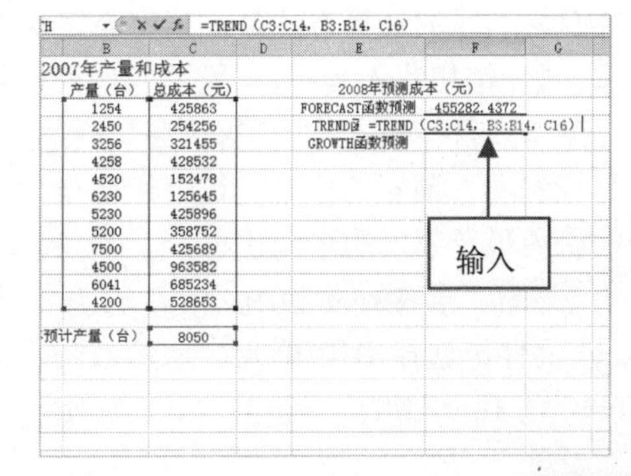

步骤04 按【Enter】键确认，然后选择F5单元格，输入公式：=GROWTH（C3:C14，B3:B14，C16），如下图所示。

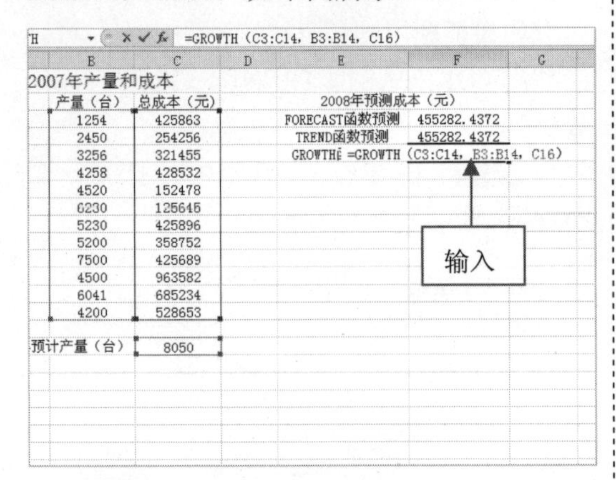

=GROWTH（C3:C14，B3:B14，C16）

2007年产量和成本			
产量（台）	总成本（元）		2008年预测成本（元）
1254	425863	FORECAST函数预测	455282.4372
2450	254256	TREND函数预测	455282.4372
3256	321455	GROWTH函	=GROWTH（C3:C14，B3:B14，C16）
4258	428532		
4520	152478		
6230	125646		
5230	425896		
5200	358752		
7500	425689		
4500	963582		
6041	685234		
4200	528653		
预计产量（台）	8050		

步骤05 按【Enter】键确认，即可得到预测的结果，如下图所示。

2007年产量和成本				
月份	产量（台）	总成本（元）		2008年预测成本（元）
1	1254	425863	FORECAST函数预测	455282.4372
2	2450	254256	TREND函数预测	455282.4372
3	3256	321455	GROWTH函数预测	365948.9532
4	4258	428532		
5	4520	152478		
6	6230	125645		
7	5230	425896		
8	5200	358752		
9	7500	425689		
10	4500	963582		
11	6041	685234		
12	4200	528653		
2008年预计产量（台）		8050		

444 目标利润推算法

在Excel 2010中，目标利润推算法是指在产品销售数量和销售价格一定的条件下，根据企业确定的目标利润倒算出成本水平作为成本控制目标的方法。

目标利润的计算方法是：某产品目标总成本=预测销售收入×（1－税率）－目标利润，某产品目标成本=产品售价（1－税率）－目标利润÷预测销售量，其中税率是指适用的价内税及附加的平均税率。

步骤01 在Excel 2010中，打开一个Excel文件，选择B12单元格，输入公式：=B4*B5*（1－$B$7）－B8，如下图所示。

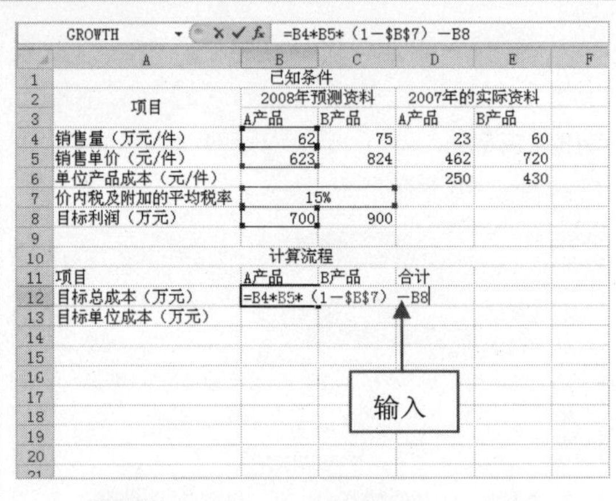

=B4*B5*（1－$B$7）－B8

已知条件				
项目	2008年预测资料		2007年的实际资料	
	A产品	B产品	A产品	B产品
销售量（万元/件）	62	75	23	60
销售单价（元/件）	623	824	462	720
单位产品成本（元/件）			250	430
价内税及附加的平均税率	15%			
目标利润（万元）	700	900		
计算流程				
项目	A产品	B产品	合计	
目标总成本（万元）	=B4*B5*（1－$B$7）－B8			
目标单位成本（万元）				

步骤02 按【Enter】键确认，选择B13单元格，输入公式：=B12/B4，如下图所示。

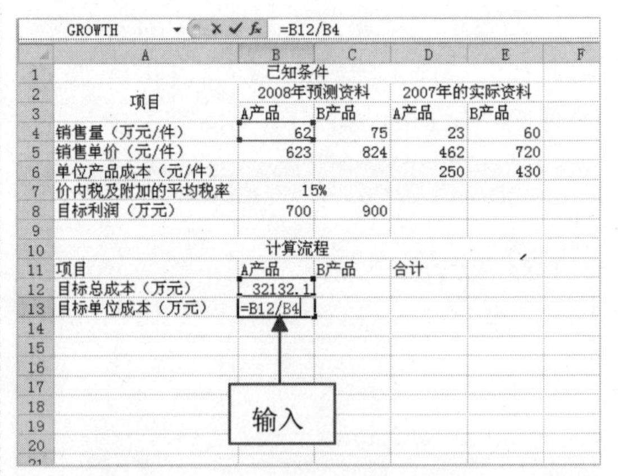

=B12/B4

已知条件				
项目	2008年预测资料		2007年的实际资料	
	A产品	B产品	A产品	B产品
销售量（万元/件）	62	75	23	60
销售单价（元/件）	623	824	462	720
单位产品成本（元/件）			250	430
价内税及附加的平均税率	15%			
目标利润（万元）	700	900		
计算流程				
项目	A产品	B产品	合计	
目标总成本（万元）	32132.1			
目标单位成本（万元）	=B12/B4			

步骤03 按【Enter】键确认，选择B12:B13单元格区域，将公式复制到C12:C13单元格区域，得到B产品的产品目标总成本和目标单位成本，如下图所示。

=C4*C5*(1-$B$7)-C8

已知条件				
项目	2008年预测资料		2007年的实际资料	
	A产品	B产品	A产品	B产品
销售量（万元/件）	62	75	23	60
销售单价（元/件）	623	824	462	720
单位产品成本（元/件）			250	430
价内税及附加的平均税率	15%			
目标利润（万元）	700	900		
计算流程				
项目	A产品	B产品	合计	
目标总成本（万元）	32132.1	51630		
目标单位成本（万元）	518.2597	688.4		

步骤04 在D12单元格中输入公式：=B12＋C12，并按【Enter】键确认，即可得到目标总成本，如下图所示。

D12 =B12+C12

	A	B	C	D	E	F
1		已知条件				
2	项目	2008年预测资料		2007年的实际资料		
3		A产品	B产品	A产品	B产品	
4	销售量（万元/件）	62	75	23	60	
5	销售单价（元/件）	623	824	462	720	
6	单位产品成本（元/件）			250	430	
7	价内税及附加的平均税率	15%				
8	目标利润（万元）	700	900			
9						
10		计算流程				
11	项目	A产品	B产品	合计		
12	目标总成本（万元）	32132.1	51630	83762.1		
13	目标单位成本（万元）	518.2597	688.4			

445 添加假设方案

在 Excel 2010 中，添加多个假设方案才能相互对比，并找出更好的方法，添加各项假设值，组成不同的假设方案。

步骤01 启动 Excel 2010，切换至“数据”选项卡，在“数据工具”选项面板中单击“模拟分析”下拉按钮，在弹出的列表框中选择“方案管理器”选项，如下图所示。

步骤02 弹出“方案管理器”对话框，单击“添加”按钮，如下图所示。

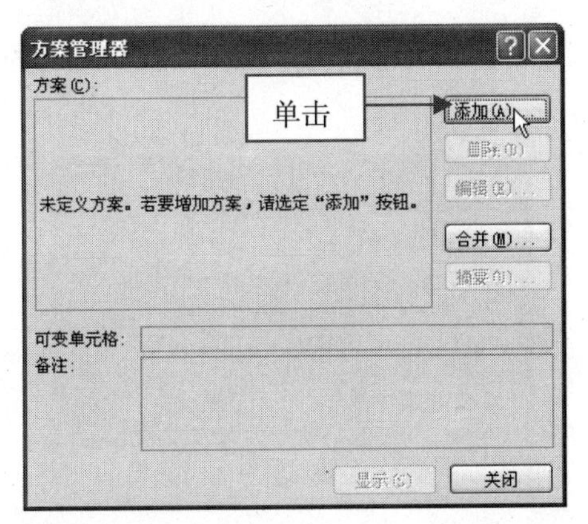

步骤03 弹出“编辑方案”对话框，在“方案名”文本框中输入假设方案的名称，在“可变单元格”文本框中输入该假设方案将会改变的单元格，如下图所示。

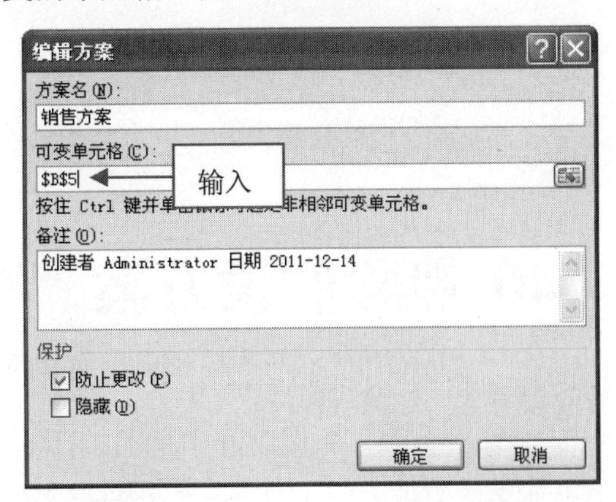

步骤04 单击“确定”按钮，弹出“方案变量值”对话框，在文本框中输入变量的值，如下图所示。

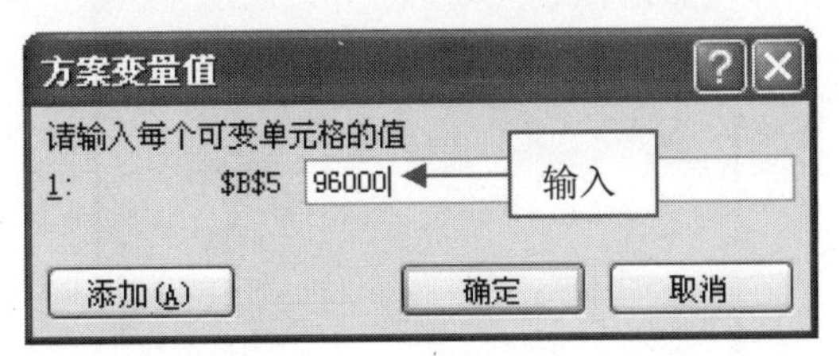

步骤05 单击“确定”按钮，返回“方案管理器”对话框，单击“显示”按钮，如下图所示。

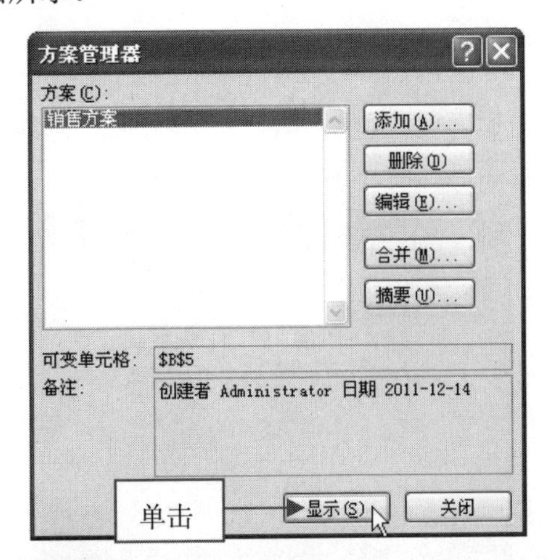

步骤06 执行上述操作后，单击“关闭”按钮，即可在工作表的相应单元格中将显示添加的假定方案，如下图所示。

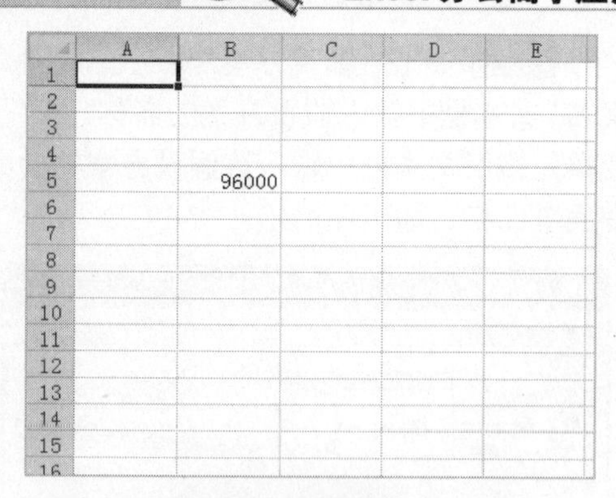

446 删除假设方案

在 Excel 2010 中，如果用户不再需要某种假设方案，可将其删除。

步骤01 打开上一例效果文件，在工作表中添加多个假设方案，调出“方案管理器”对话框，在“方案”列表框中选择需要删除的假设方案，如下图所示。

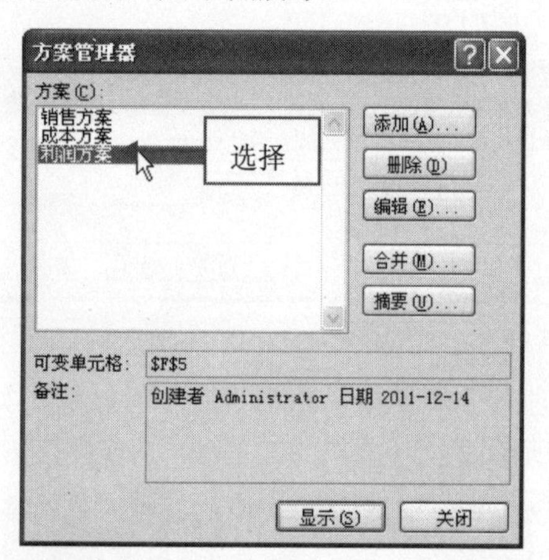

步骤02 单击“删除”按钮，即可删除选择的假设方案，如下图所示。

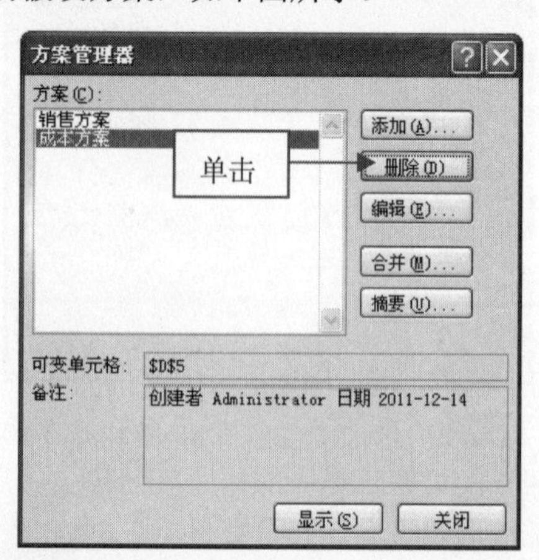

447 将多个假设方案进行比较

在 Excel 2010 中，用户可利用摘要功能将多个假设方案进行对比查看。

步骤01 打开上一例效果文件，调出“方案管理器”对话框，单击“摘要”按钮，如下图所示。

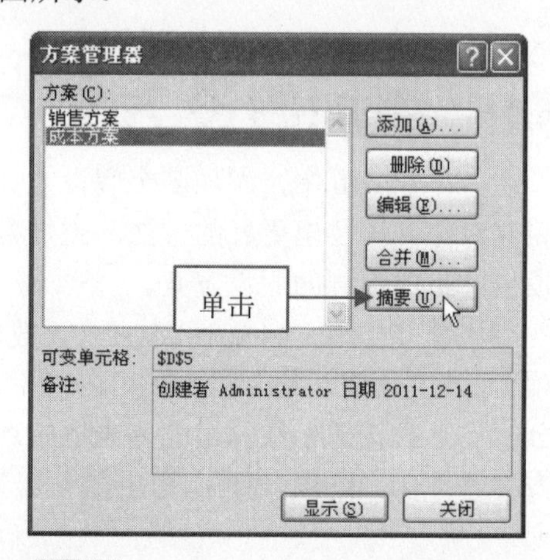

步骤02 弹出“方案摘要”对话框，在“报表类型”选项区中选中“方案数据透视表”单选按钮，如下图所示。

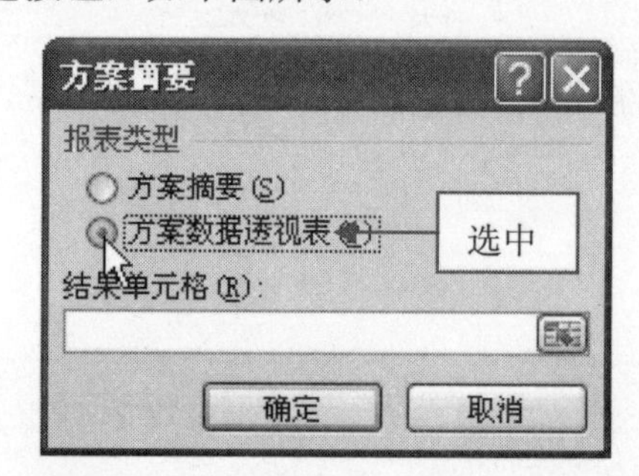

步骤03 单击“结果单元格”文本框右侧的按钮，在工作表中选择需要对比的项目，如下图所示。

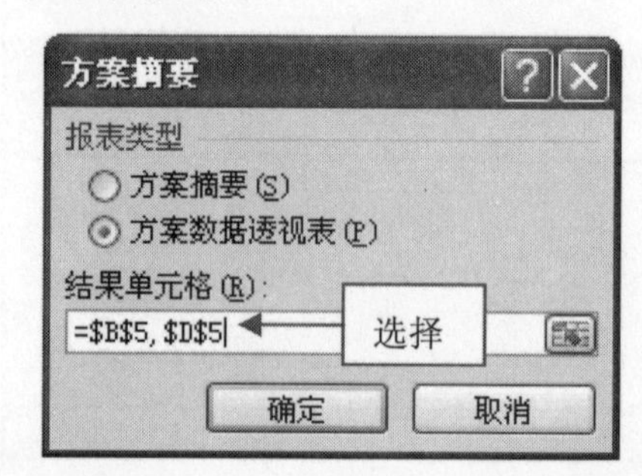

步骤 04 单击“确定”按钮，Excel 会根据假设方案，在工作表中自动生成一个对比数据透视表，如下图所示。

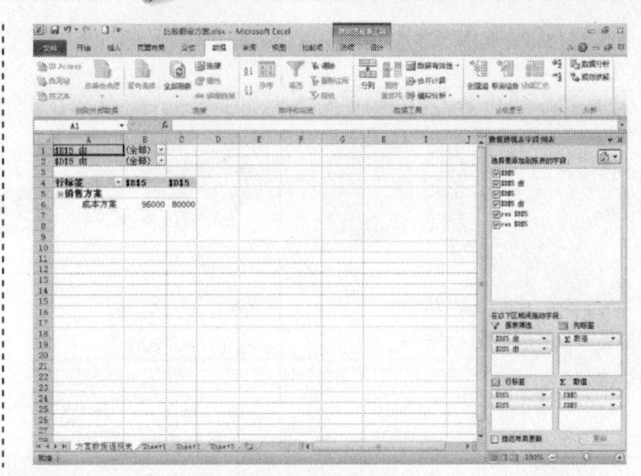

读书笔记

18 VBA 应用技巧

学前提示

VBA 是 Visual Basic for Application 的缩写，是微软公司为了让 Office 软件功能更强大而发展出来的辅助工具，在语法结构上，VBA 承袭自 Visual Basic，但在使用上却比 Visual Basic 来得精简，并且可以直接使用 Office 软件中的各种对象，用来执行特定功能或是重复性高的操作。

本章知识重点

- 附加控件巧应用
- 属性窗口的妙用
- 控件改名很简单
- 为控件添加填充颜色
- 设置控件的对齐方式
- 创建交互式的对话框
- 在窗体中切换工作表
- 轻松获取超链接信息
- 快速转换大小写
- 行的另类隐藏

学完本章后你会做什么

- 掌握控件的添加、重命名等操作方法
- 掌握创建交互式对话框的操作方法
- 掌握提高工作表隐藏级别的操作方法

视频演示

为窗体添加背景我在行

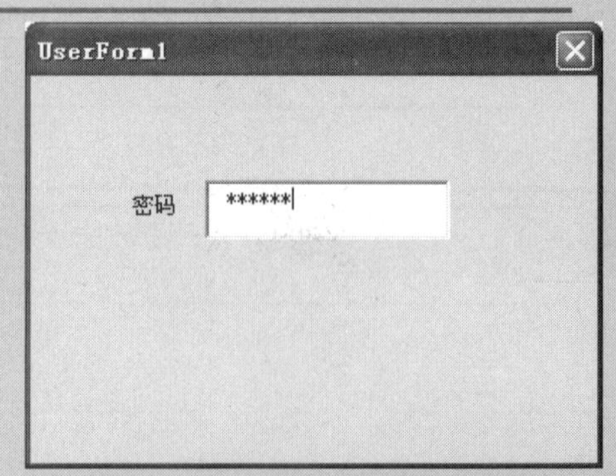

在文本框中设置字符仅显示星号

448 迈入 VBA 窗口

在 Excel 2010 中，要想进行 VBA 设计，需要通过功能区中的“开发工具”选项卡打开对应的界面。默认情况下，Excel 界面中是不显示“开发工具”选项卡的，需要在“Excel 选项”对话框中进行设置。

步骤 01 启动 Excel 2010，单击“文件”|“选项”命令，如下图所示。

步骤 02 弹出“Excel 选项”对话框，在其中切换至“自定义功能区”选项卡，如下图所示。

步骤 03 在右侧的“主选项卡”列表框中，选中“开发工具”复选框，如下图所示。

添加“开发工具”选项卡后，按【Alt+F11】组合键可快速进入 VBA 界面。

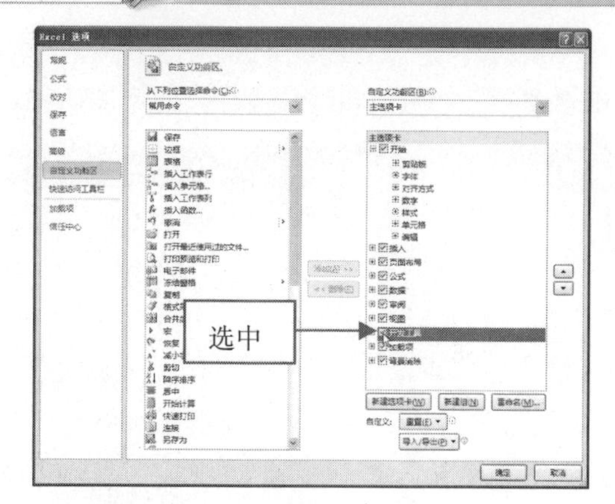

步骤 04 单击“确定”按钮，返回工作表编辑窗口，切换至“开发工具”选项卡，在“代码”选项面板中单击 Visual Basic 按钮，如下图所示。

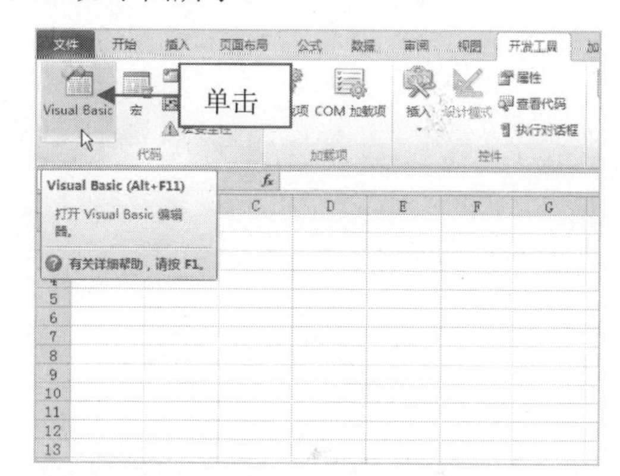

步骤 05 执行上述操作后，即可进入 VBA 设计界面，如下图所示。

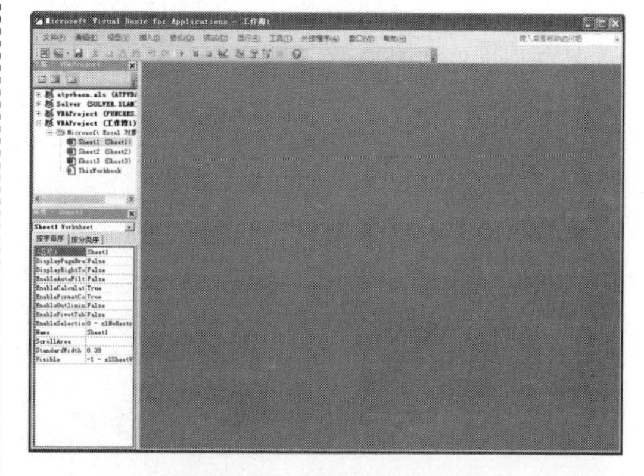

449 附加控件巧应用

在编辑窗体的过程中，工具箱中默认的控件是有限的。为了能够快速设计出美观大方的窗体界面，经常需要调用一些附加控件。

步骤01 进入 VBA 窗口，在菜单栏上单击“插入”|“用户窗体”命令，如下图所示。

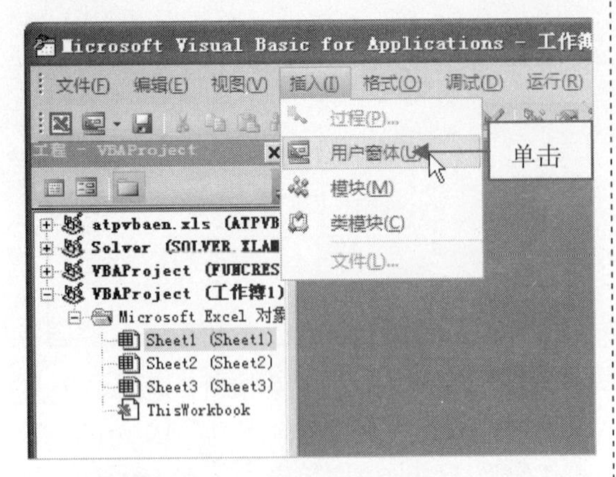

步骤02 执行上述操作后，即可新建一个窗体，在工具栏中单击“工具箱”按钮，如下图所示。

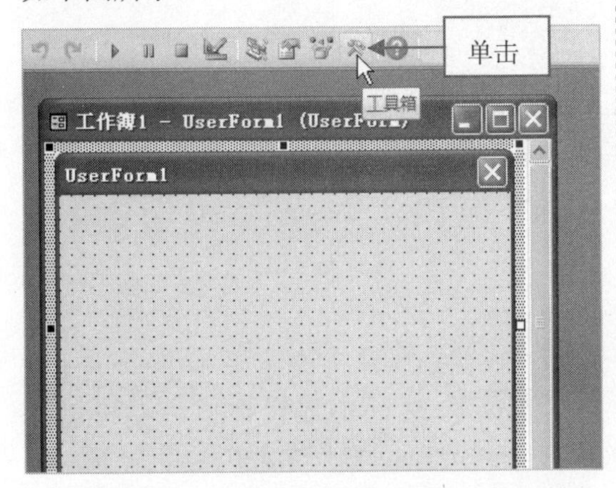

步骤03 即可调出工具箱，在工具箱中单击鼠标右键，在弹出的快捷菜单中选择“附加控件”选项，如下图所示。

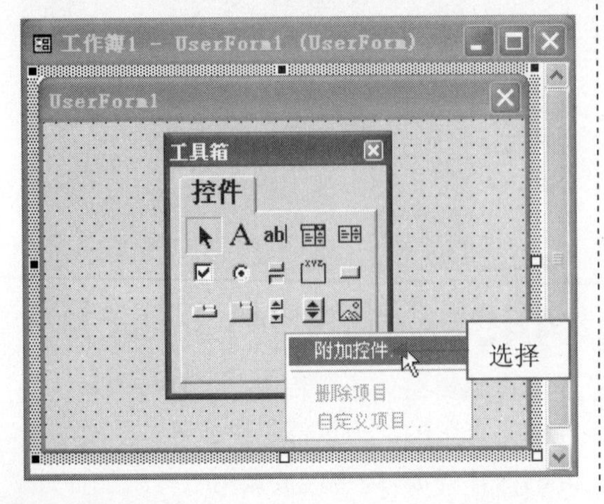

步骤04 弹出“附加控件”对话框，在“可用控件”下拉列表框中选中相应复选框，如下图所示。

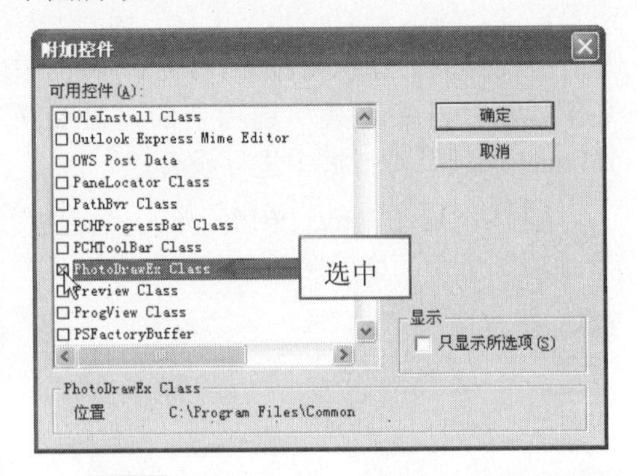

步骤05 单击“确定”按钮，返回工具箱，即可显示添加的控件，如下图所示。

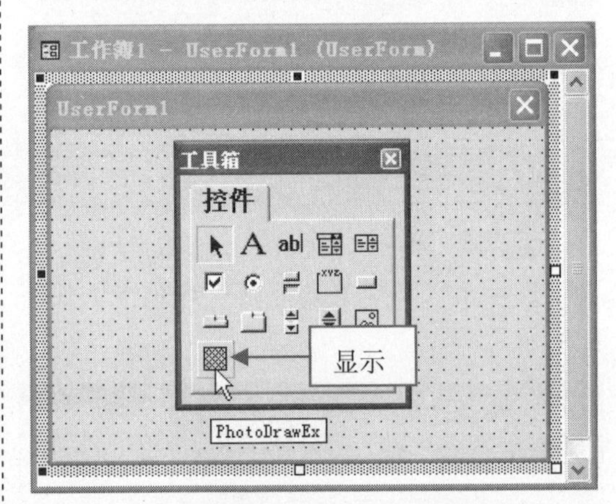

450 属性窗口的妙用

属性窗口列出了所选对象的全部属性。当选取了多个控件时，属性窗口会列出所有控件都具有的属性。属性窗口大致分为两部分，其中上方为所有控件的名称列表，下方为当前控件的属性区。

步骤01 打开 VBA 窗口，在 VBA 编辑区中插入一个窗体，调出工具箱，在其中选择相应控件，如下图所示。

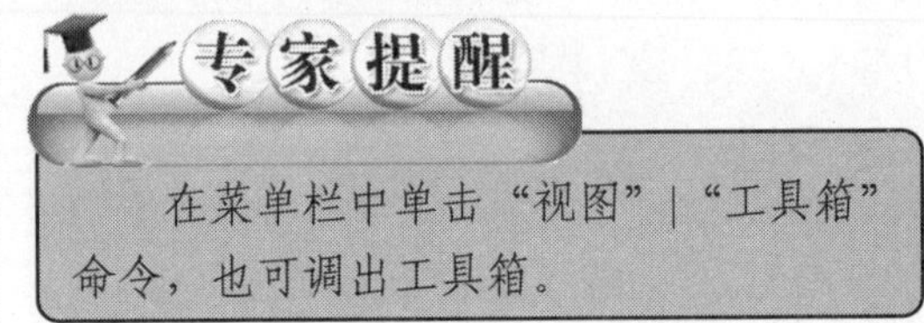

在菜单栏中单击“视图”|“工具箱”命令，也可调出工具箱。

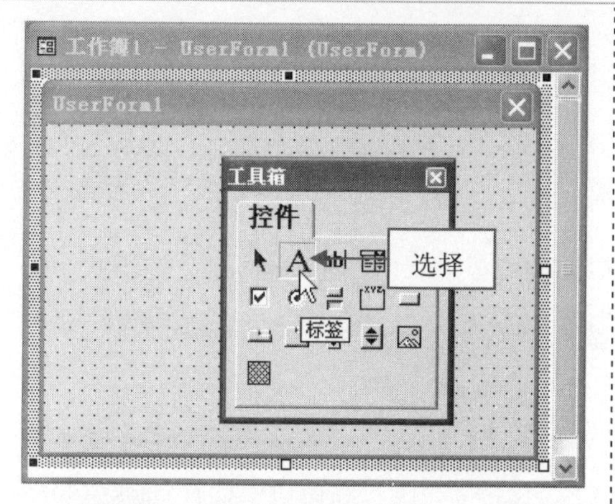

步骤02 然后在窗体中绘制一个标签控件，如下图所示。

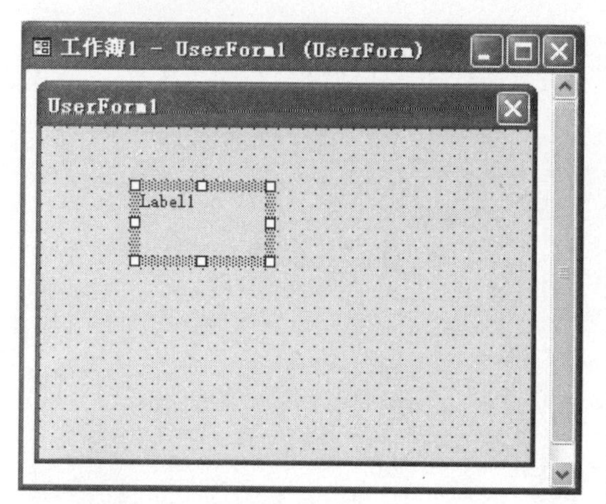

步骤03 在菜单栏上单击“视图”|“属性窗口”命令，如下图所示。

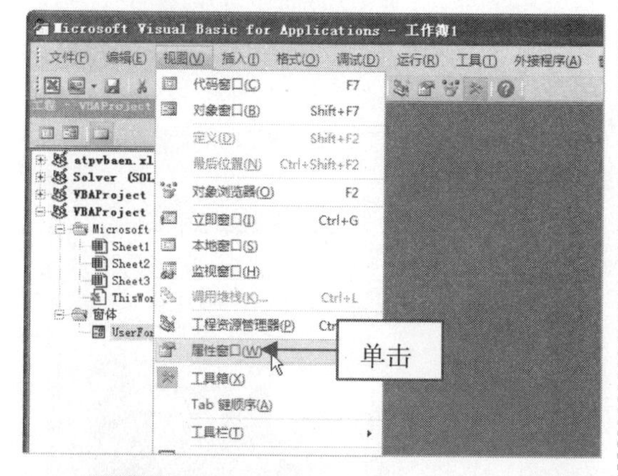

步骤04 即可调出属性窗口，其中左侧一栏为属性的名称，右侧一栏为属性值，如下图所示。

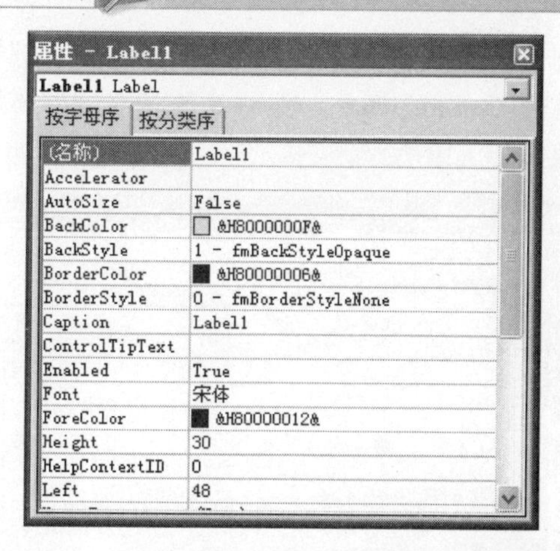

451 控件改名很简单

一般情况下，插入的控件都是系统默认的名称，如果不能满足需求，用户可对控件名称进行修改。

步骤01 打开 VBA 窗口，在窗体中选择需要修改名称的控件，如下图所示。

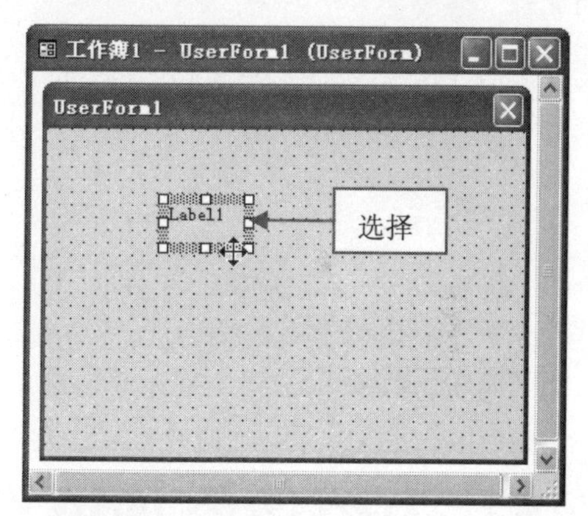

步骤02 单击鼠标右键，在弹出的快捷菜单中选择“属性”选项，如下图所示。

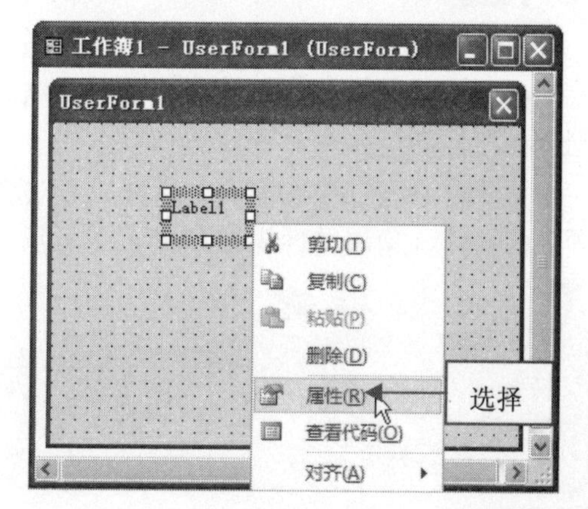

步骤03 即可调出属性窗口，在列表框中选择 Caption 属性，然后修改其右侧的属性值，如下图所示。

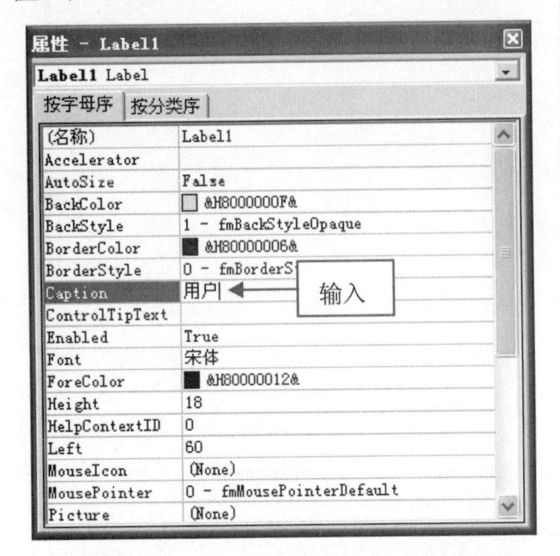

步骤04 执行上述操作后，即可修改控件的名称，效果如下图所示。

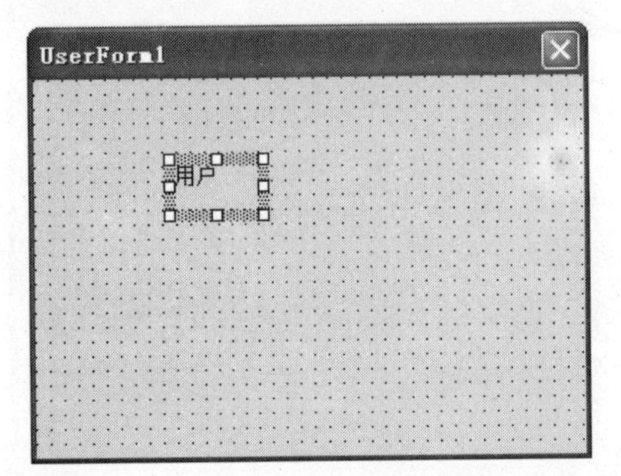

452 为控件添加填充颜色

一般情况下，插入的控件往往都是系统默认的填充颜色，用户也可设置自己喜欢的颜色为控件颜色。

步骤01 打开 VBA 窗口，选择需要设置颜色的控件，调出属性窗口，如下图所示。

专家提醒

在 VBA 窗口中，也可以按【F4】键快速调出属性窗口。

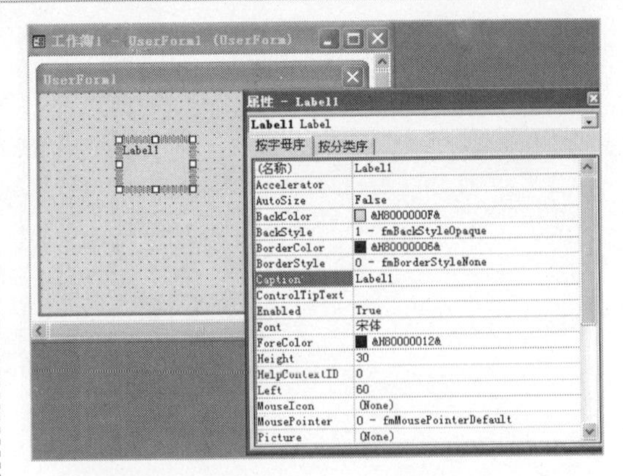

步骤02 在属性窗口中选择BackColor属性，然后单击其右侧的下三角按钮，如下图所示。

步骤03 在弹出的面板中切换至“调色板”选项卡，在颜色面板中选择相应颜色，如下图所示。

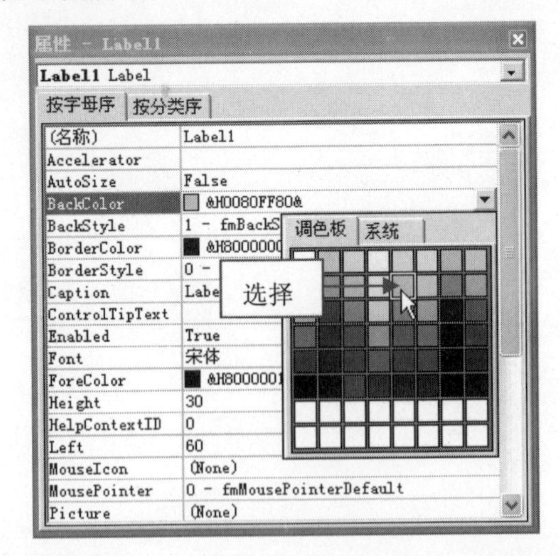

步骤 04　执行上述操作后，即可为控件添加填充颜色，效果如下图所示。

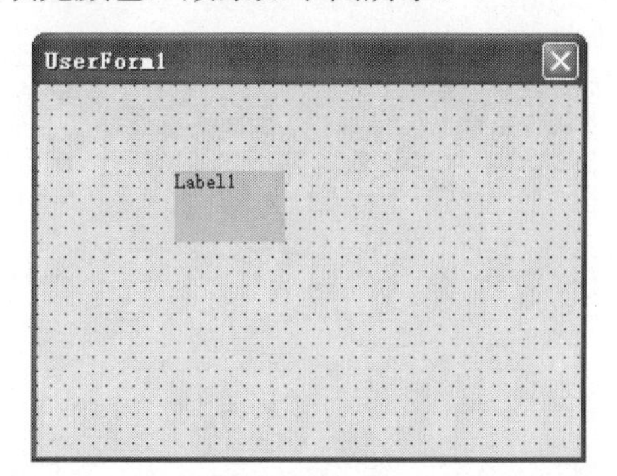

453 设置控件的对齐方式

当用户在窗体中插入多个控件后，控件的显示可能会有点乱，此时可统一调整控件的对齐方式。

步骤 01　打开 VBA 窗口，在窗体中插入多个控件，如下图所示。

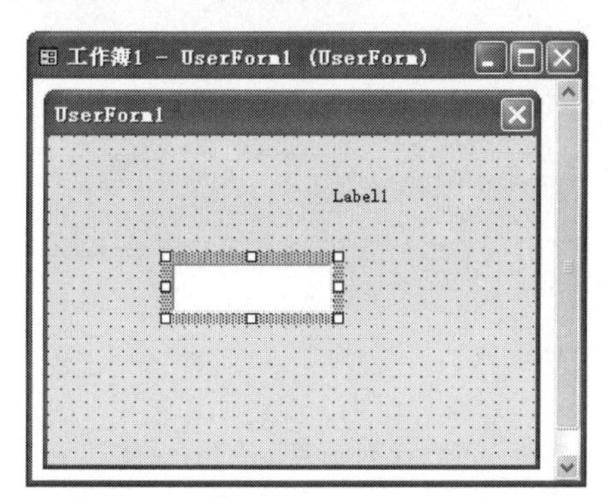

步骤 02　选择第一个控件，然后按住【Ctrl】键的同时，选择其他需要对齐的控件，如下图所示。

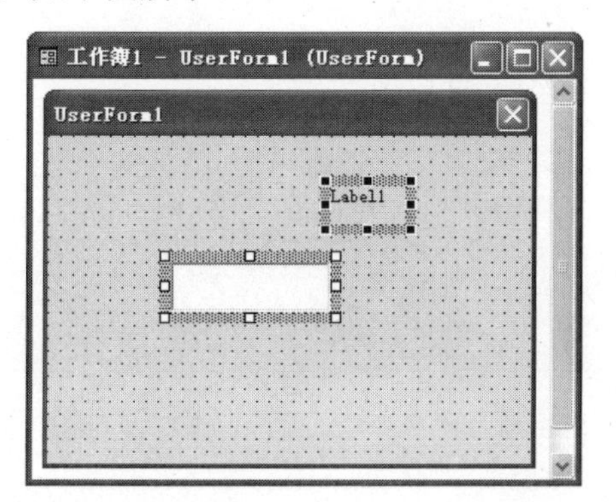

步骤 03　单击鼠标右键，弹出快捷菜单，选择“对齐”|“左对齐”选项，如下图所示。

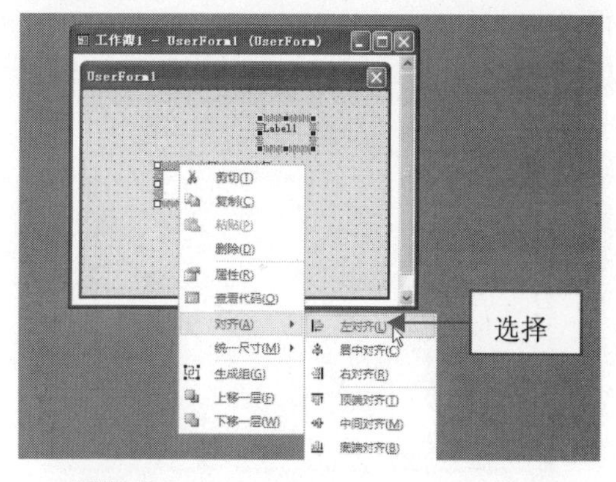

步骤 04　执行上述操作后，即可设置控件的左对齐，效果如下图所示。

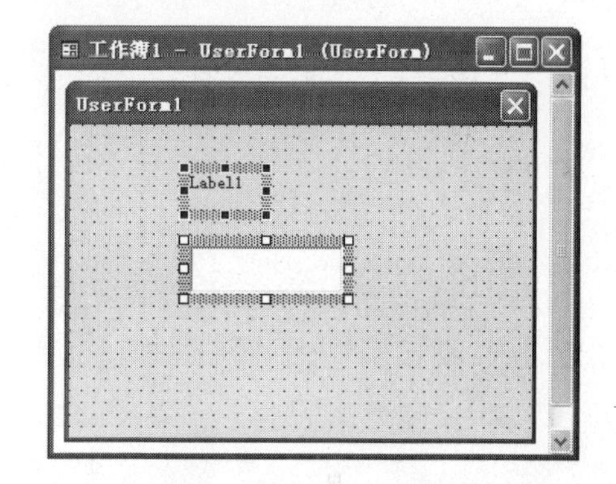

454 组合窗体中的多个控件

如果用户需要对窗体中的多个控件设置相同的格式，可先将多个控件组合起来，使其成为单个对象，然后进行设置。

步骤 01　打开 VBA 窗口，在窗体中插入多个控件，如下图所示。

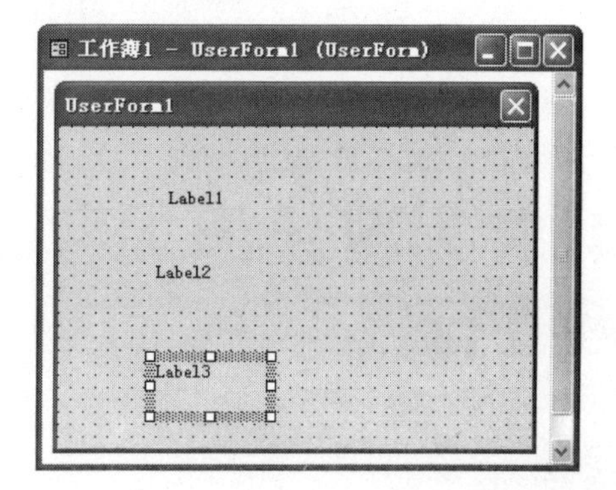

步骤 02 选择第一个控件，然后按住【Ctrl】键的同时，选择其他需要组合的控件，如下图所示。

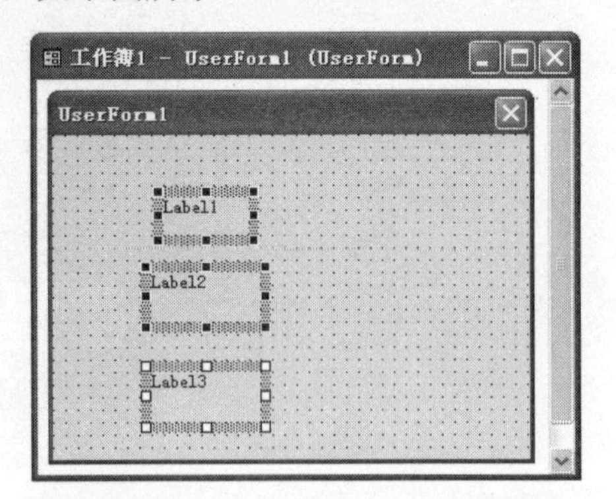

步骤 03 单击鼠标右键，弹出快捷菜单，选择“生成组”选项，如下图所示。

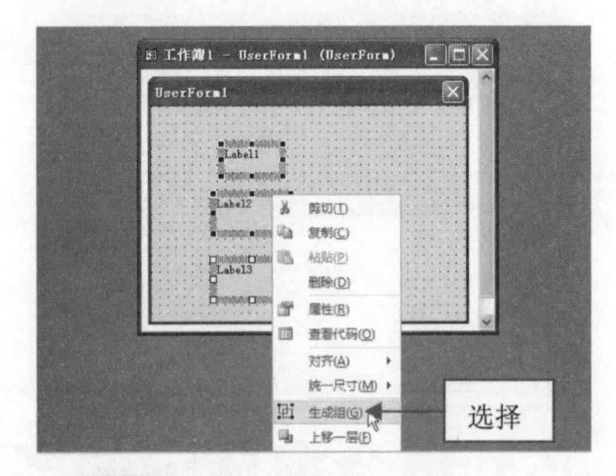

步骤 04 执行上述操作后，即可组合选择的控件，效果如下图所示。

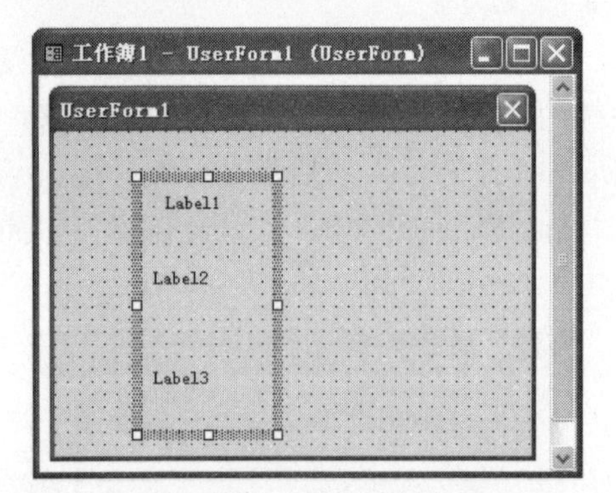

455 为窗体添加背景我在行

在 VBA 窗口中插入新的窗体后，为了使其更加美观，可以为窗体更换背景。

步骤 01 打开 VBA 窗口，插入一个新窗体，在窗体中单击鼠标右键，在弹出的快捷菜单中选择“属性”选项，如下图所示。

步骤 02 即可调出属性窗口，在其中选择 Picture 属性，单击属性右侧的…按钮，如下图所示。

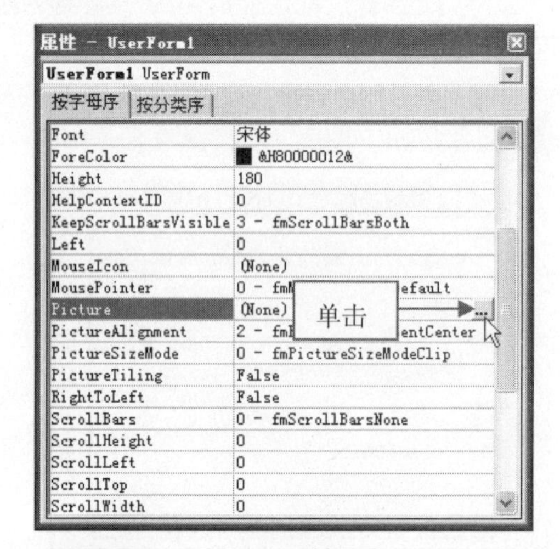

步骤 03 弹出“加载图片”对话框，在其中选择相应图片，如下图所示。

步骤 04 单击“打开”按钮，即可为窗体添加背景，效果如下图所示。

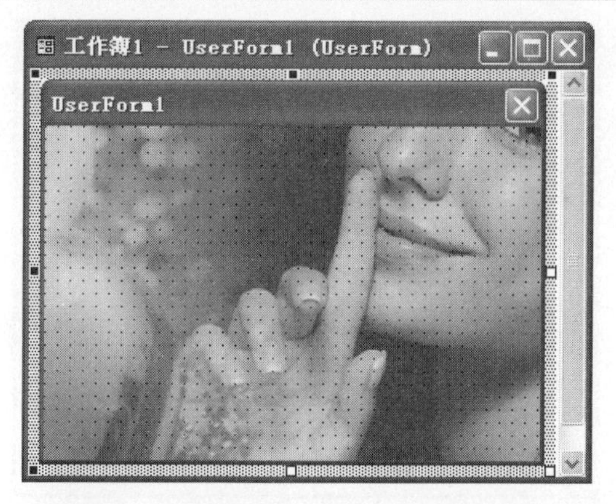

456 创建交互式的对话框

如果需要创建一个与用户交互信息的对话框，如需要在该对话框中输入身份证号码，则可利用系统提供的 InputBox 对话框快速实现。

步骤 01　打开 VBA 窗口，在菜单栏中单击“视图”|“工程资源管理器”命令，如下图所示。

步骤 02　调出工程窗口，在其中选择 ThisWorkbook 属性，单击鼠标右键，在弹出的快捷菜单中选择“查看代码”选项，如下图所示。

在工程窗口中，用户还可以双击 ThisWorkbook 属性，快速弹出代码窗口。

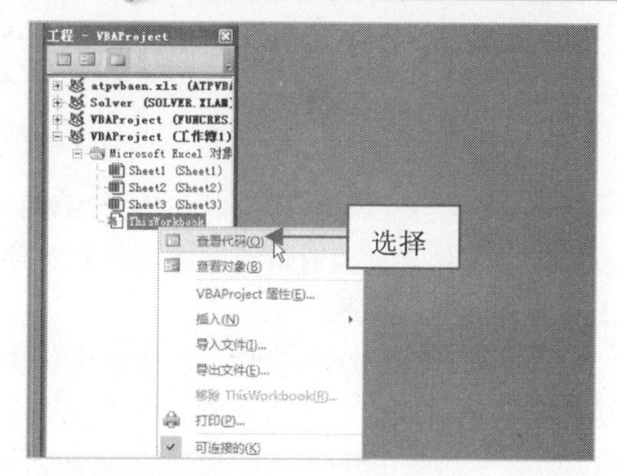

步骤 03　即可弹出代码窗口，在代码编辑区中输入相应代码，如下图所示。

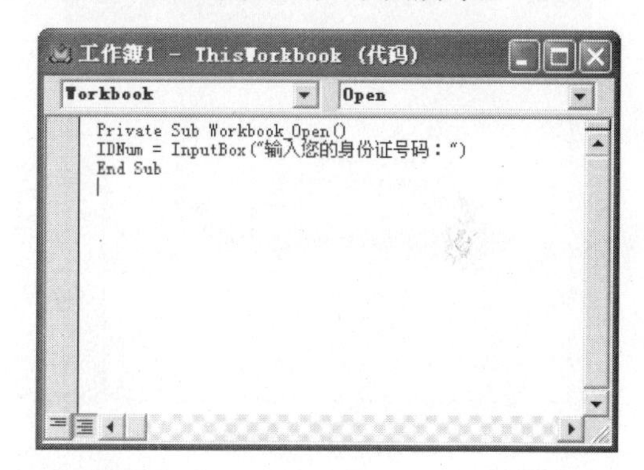


```
Private Sub Workbook_Open()
IDNum = InputBox("输入您的身份证号码：")
End Sub
```

步骤 04　输入完毕后，在菜单栏中单击“运行”|“运行子过程/用户窗体”命令，如下图所示。

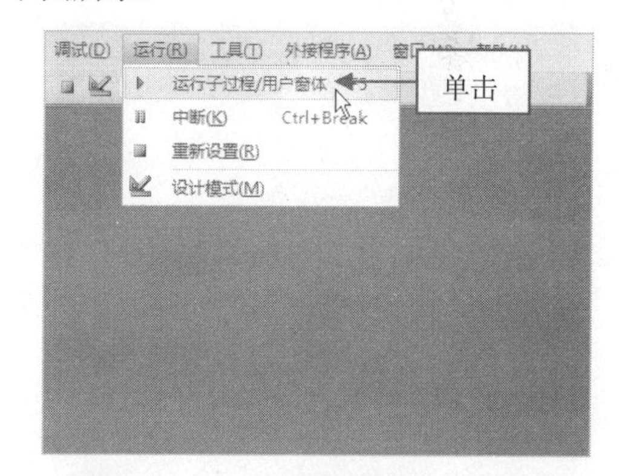

步骤 05　执行上述操作后，即可运行创建的子过程，弹出交互对话框，如下图所示。

457 在窗体中切换工作表

当用户执行 VBA 程序时，经常需要切换当前的工作表，此时可通过在 VBA 程序上设置代码进行切换。

步骤 01 打开 VBA 窗口，在用户窗体上添加 3 个按钮控件，并将其命名为“切换至 Sheet1”、“切换至 Sheet2”、“切换至 Sheet3”，如下图所示。

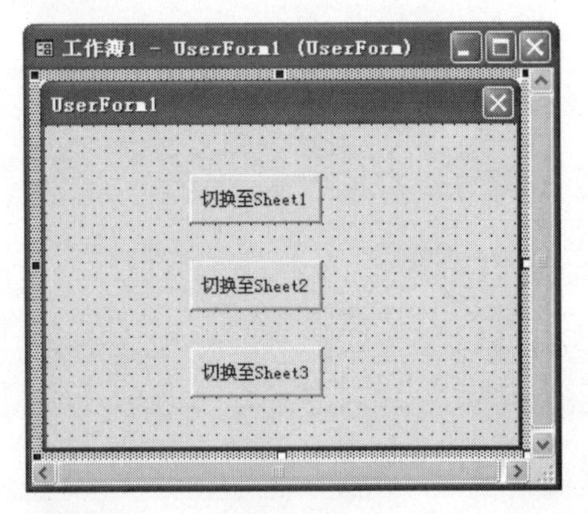

步骤 02 在“切换至 Sheet1”控件上单击鼠标右键，弹出快捷菜单，选择“查看代码”选项，如下图所示。

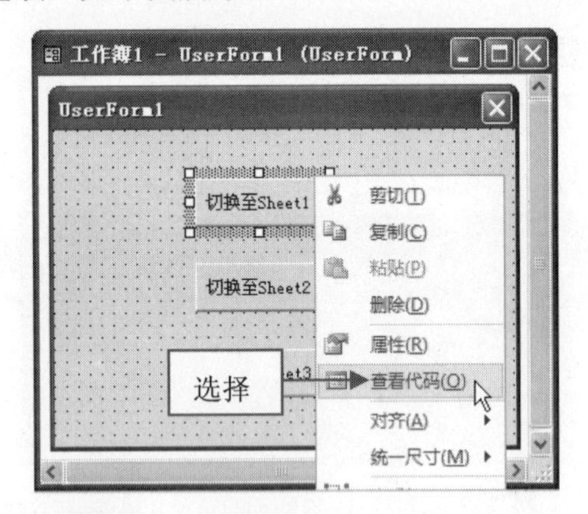

步骤 03 弹出代码窗口，在 Click 事件中添加相应的代码语句，如下图所示。

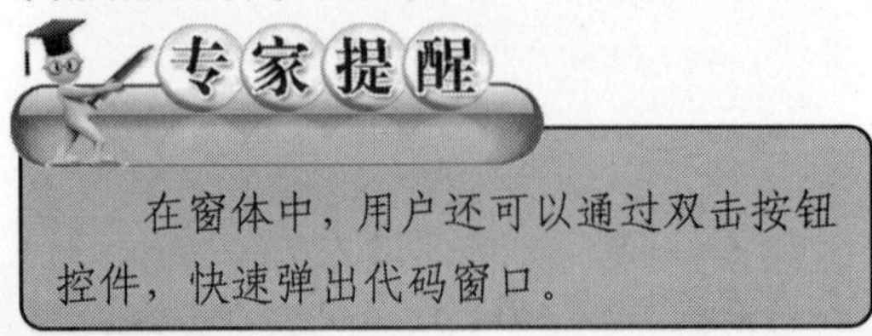

在窗体中，用户还可以通过双击按钮控件，快速弹出代码窗口。

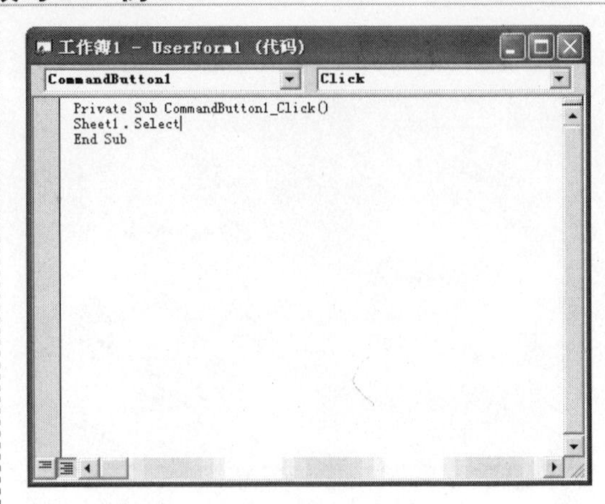

步骤 04 用与上述相同的方法，为其他两个按钮控件添加代码，代码分别是 Sheet2. Select，Sheet3. Select，如下图所示。

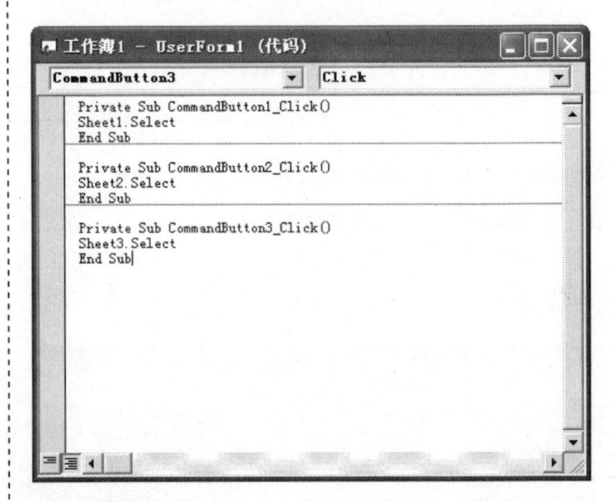

步骤 05 添加代码后，按【F5】键运行窗体，弹出相应窗口，在其中单击“切换至 Sheet3”按钮，如下图所示。

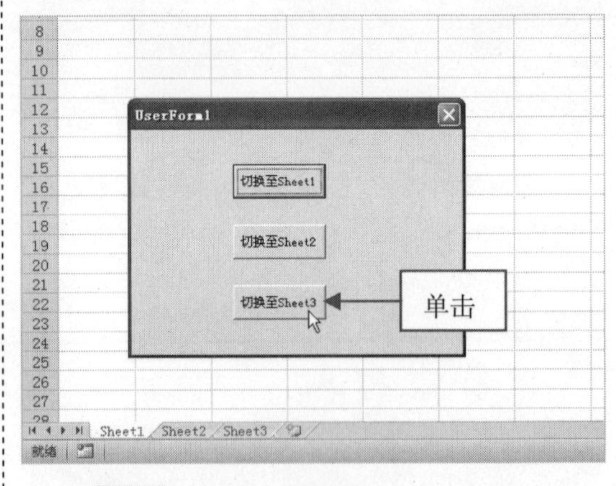

步骤 06 执行上述操作后，即可切换至 Sheet3 工作表，效果如下图所示。

458 在文本框中设置字符仅显示星号

有时在某些文本框中输入的数字或字母需要以星号（*）表示，此时可以在代码窗口输入相应代码。

步骤 01　打开 VBA 窗口，在窗体上添加标签和文字框控件，并设置其名称和大小，如下图所示。

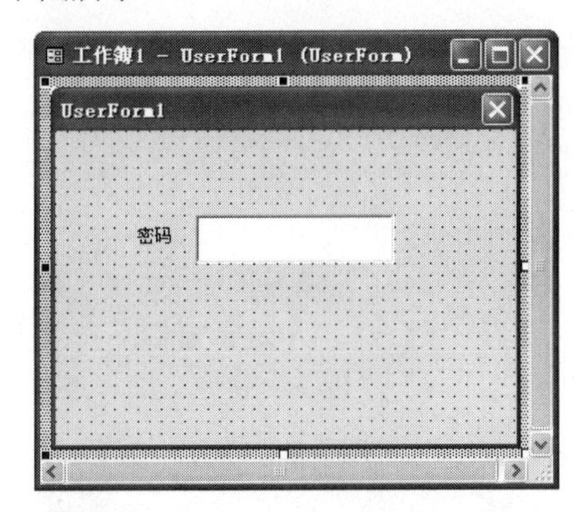

步骤 02　在窗体中选择文字框控件，并单击鼠标右键，在弹出的快捷菜单中选择“属性”选项，如下图所示。

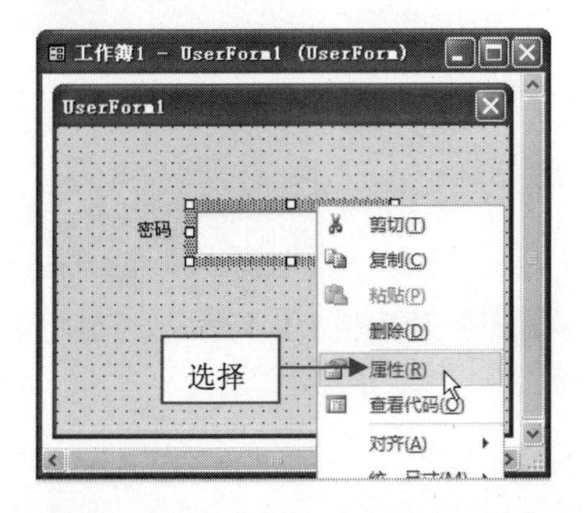

步骤 03　弹出属性窗口，在其中选择 PasswordChar 属性，在其右侧的文本框中输入*号，如下图所示。

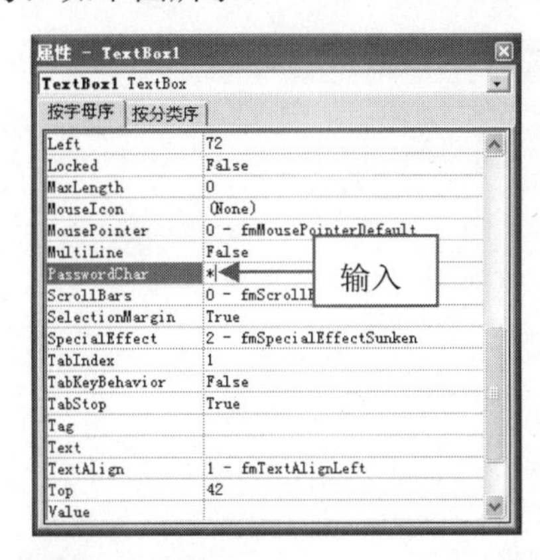

步骤 04　按【F5】键运行窗体，在弹出窗口的文本框中输入相应数字，即可以星号显示，如下图所示。

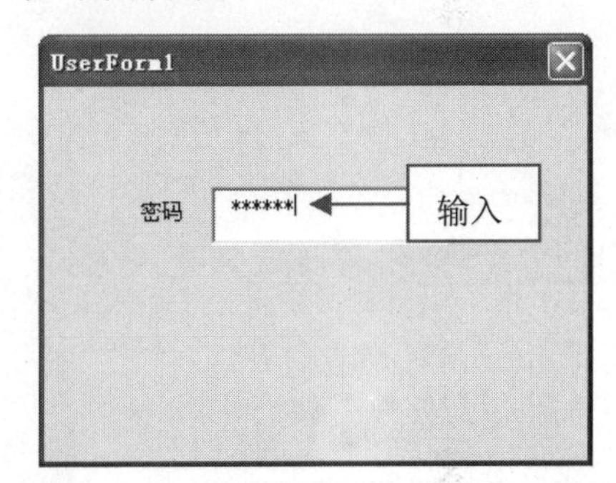

459 巧妙定位工作表已使用范围

在编辑工作表时，可以根据需要定位工作表中的已使用范围。

步骤 01　启动 Excel 2010，在工作表中输入相应数据，如下图所示。

	A	B	C	D	E
1	1	2	3	4	
2	2	3	4	5	
3	3	4	5	6	
4	4	5	6	7	
5	5	6	7	8	
6	6	7	8	9	
7	7	8	9	10	
8	8	9	10	11	
9					
10					
11					
12					
13					
14					
15					

步骤 02 切换至“开发工具”选项卡，在“代码”选项面板中单击 Visual Basic 按钮，如下图所示。

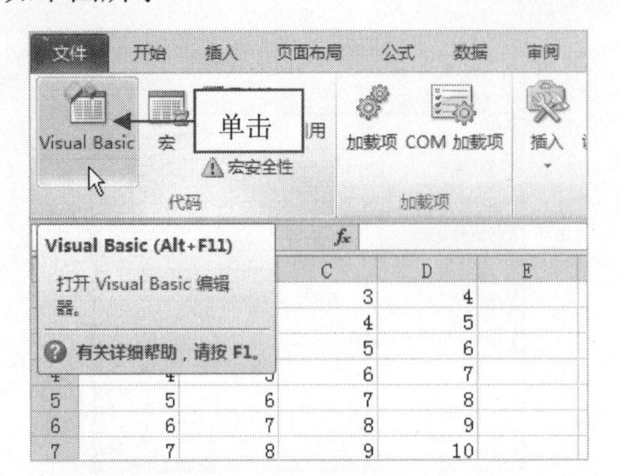

步骤 03 进入 VBA 编辑窗口，在菜单栏上单击“视图”|“立即窗口”命令，如下图所示。

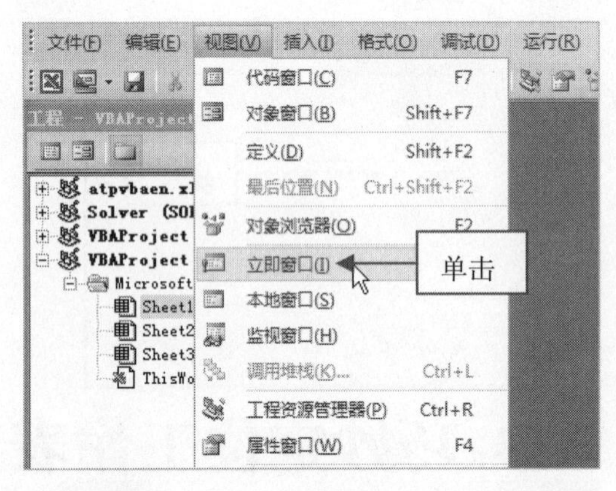

步骤 04 弹出“立即窗口”窗口，在其中输入相应代码，如下图所示。

步骤 05 执行上述操作后，按【Enter】键确认，即可在弹出的对话框中查看定位结果，如下图所示。

460 轻松获取超链接信息

在 Excel 工作表中，用户可以根据需要快速获取超链接信息。

步骤 01 启动 Excel 2010，打开一个 Excel 文件，如下图所示。

	A	B	C	D	E
1	名称	专业	Email		
2	李刚	财务会计	cwkj-email		
3	张放	会计学	kjx-email		
4	孙协	财务管理	cwgl-email		
5	小红	会计电算化	dsh-email		

步骤 02 进入 VBA 编辑窗口，在菜单栏上单击“插入”|“模块”命令，如下图所示。

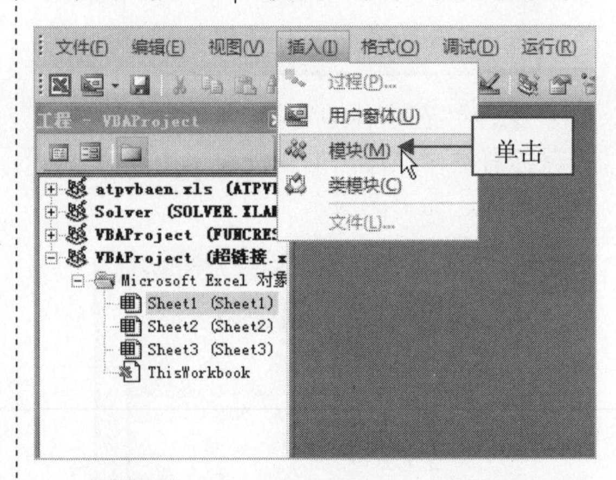

步骤 03 弹出模块代码窗口，在其中输入相应代码，如下图所示。

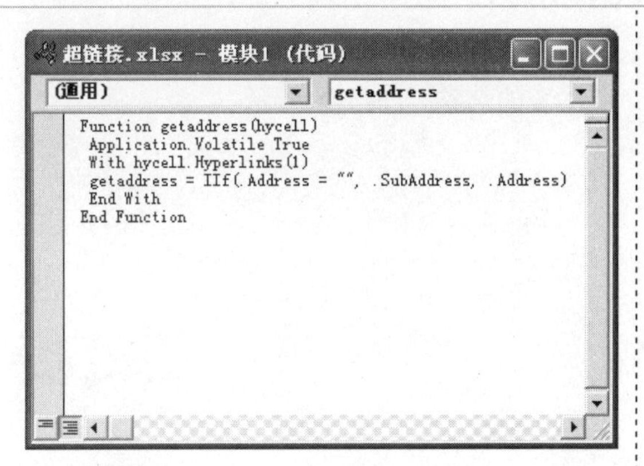

步骤 04　执行上述操作后，单击“文件”|“关闭并返回到 Microsoft Excel”命令，如下图所示。

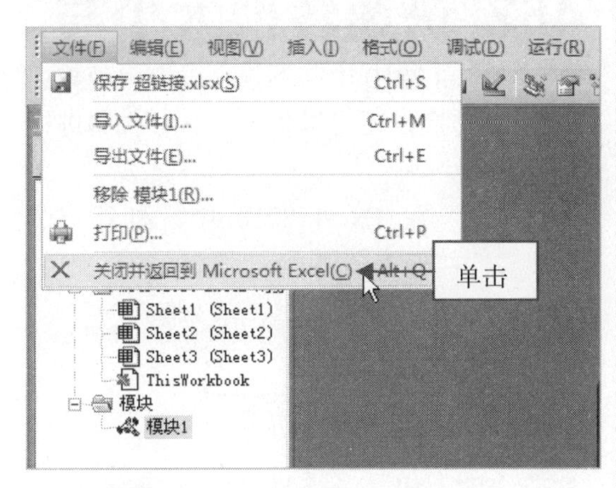

步骤 05　即可返回 Excel 工作表，在 D2 单元格中输入公式：=getaddress(C2)，如下图所示。

	A	B	C	D	E
GROWTH			=getaddress(C2)		
1	名称	专业	Email		
2	李刚	财务会计	cwkj-email	=getaddress(C2)	
3	张放	会计学	kjx-email		
4	孙协	财务管理	cwgl-email		
5	小红	会计电算化	dsh-email		

步骤 06　执行上述操作后，按【Enter】键确认，即可得到相应的超链接信息，如下图所示。

	A	B	C	D
1	名称	专业	Email	
2	李刚	财务会计	cwkj-email	mailto:cw166@qq.com
3	张放	会计学	kjx-email	
4	孙协	财务管理	cwgl-email	
5	小红	会计电算化	dsh-email	

461 获取工作簿中所有工作表的名称

在 Excel 2010 中，如果一个工作簿中包含多个工作表，可以通过添加 VBA 代码快速获取全部工作表名称。

步骤 01　打开一个 Excel 文件，在其中添加并重命名多个工作表，如下图所示。

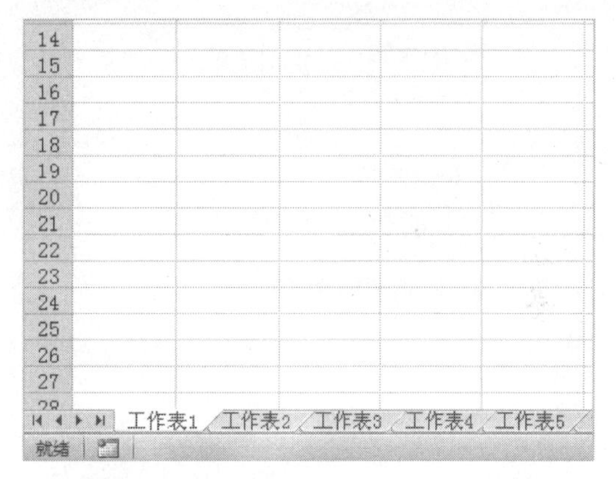

步骤 02　进入 VBA 编辑窗口，在菜单栏上单击“插入”|“模块”命令，如下图所示。

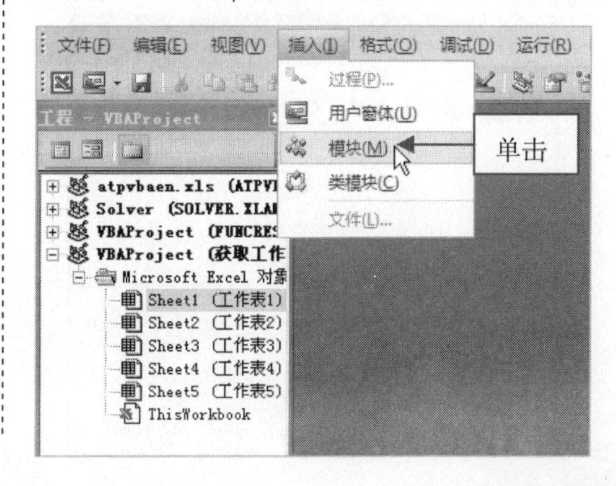

步骤 03 即可弹出模块代码窗口，在其中输入相应代码，如下图所示。

步骤 04 执行上述操作后，单击“文件”|“关闭并返回到 Microsoft Excel”命令，返回到 Excel 工作表，然后在“开发工具”选项卡的“代码”选项面板中单击“宏”按钮，如下图所示。

步骤 05 弹出“宏”对话框，在其中单击“执行”按钮，如下图所示。

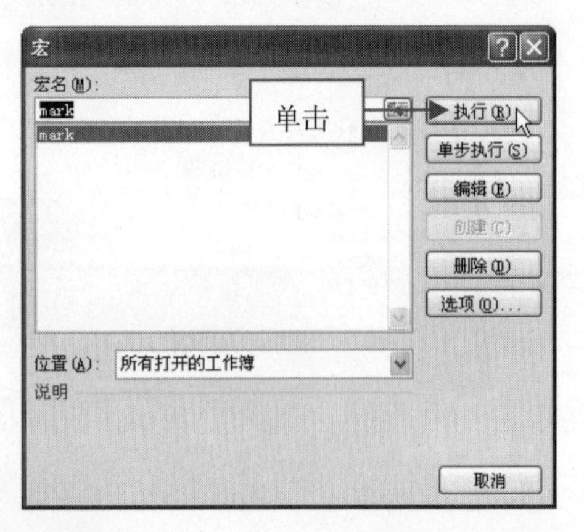

步骤 06 执行上述操作后，即可得到所有工作表的名称，如下图所示。

	A	B	C	D	E
1	工作表1				
2	工作表2				
3	工作表3				
4	工作表4				
5	工作表5				

462 快速转换大小写

在 Excel 2010 中，不仅可以使用函数进行大小写转换，还可以使用 VBA 代码进行快速转换。

步骤 01 在 Excel 2010 中，打开一个 Excel 文件，如下图所示。

步骤 02 进入 VBA 编辑窗口，在菜单栏上单击“插入”|“模块”命令，如下图所示。

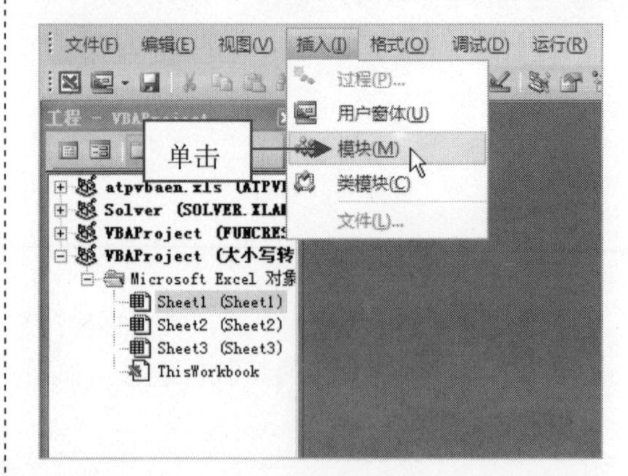

步骤 03 弹出模块代码窗口，在其中输入相应代码，如下图所示。

步骤 04 单击“文件”|“关闭并返回到 Microsoft Excel”命令，返回到 Excel 工作表，然后在“开发工具”选项卡的“代码”选项面板中单击“宏”按钮，如下图所示。

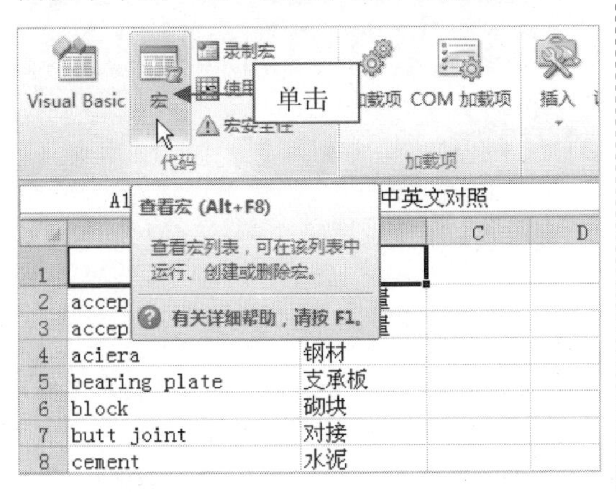

步骤 05 弹出“宏”对话框，在其中选择相应宏，单击“执行”按钮，如下图所示。

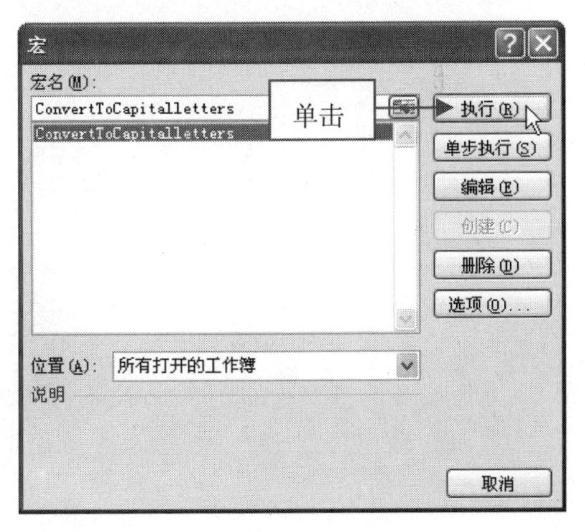

步骤 06 执行上述操作后，即可将小写字母转换为大写字母，效果如下图所示。

	A	B	C	D
1	中英文对照			
2	ACCEPTABLE QUALITY	合格质量		
3	ACCEPTABLE LOT	验收批量		
4	ACIERA	钢材		
5	BEARING PLATE	支承板		
6	BLOCK	砌块		
7	BUTT JOINT	对接		
8	CEMENT	水泥		
9	CLINCHER	扒钉		
10	CAVITATION	孔洞		
11				
12				
13				
14				
15				

463 行的另类隐藏

在 Excel 2010 中，可以利用 VBA 代码有选择性的批量隐藏行。

步骤 01 在 Excel 2010 中，打开一个 Excel 文件，如下图所示。

	A	B	C	D	E	F	G
1	产品编号	产品名称	原价	促销价	折扣	销售数量	销售额
2	1	U盘	80	60	0.75	120	7200
3	2	MP3	160	130	0.8125	60	7800
4	3	MP4	320	280	0.875	45	12600
5	2	MP5	450	400	0.888889	53	21200
6	3	内存条	380	350	0.921053	24	8400
7	4	系统盘	10	7	0.7	190	1330
8	2	软件盘	10	8	0.8	210	1680
9	5	游戏机	1200	1050	0.875	30	31500
10	6	跳舞毯	88	70	0.795455	60	4200
11	3	PSP	2400	2100	0.875	20	42000
12	2	读卡器	80	65	0.8125	180	11700
13	5	内存卡	78	59	0.75641	320	18880
14	5	数码相机	1500	1350	0.9	15	20250
15							
16							
17							
18							
19							
20							
21							
22							

步骤 02 进入 VBA 编辑窗口，在菜单栏上单击“插入”|“模块”命令，如下图所示。

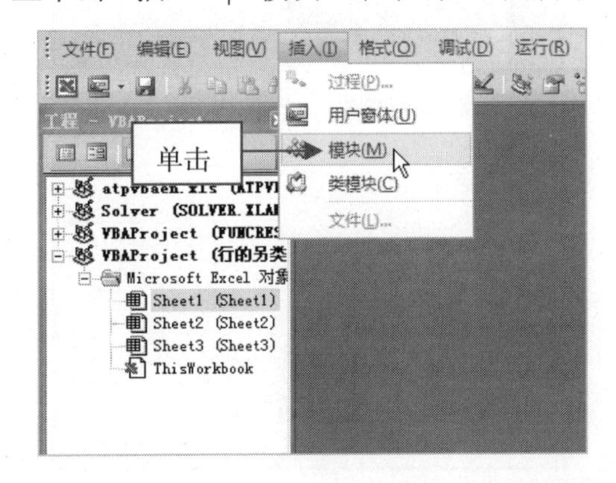

步骤 03 弹出模块代码窗口，在其中输入相应代码，如下图所示。

```
Sub hiddenrows()
 For i = 1 To 14
  If Sheets(1).Cells(i, 1) = 2 Then
  Rows(i).Select
  Selection.EntireRow.Hidden = True
  End If
Next i
End Sub
```

步骤 04 执行上述操作后，单击“文件”|“关闭并返回到 Microsoft Excel”命令，返回到 Excel 工作表，然后在“开发工具”选项卡的“代码”选项面板中单击“宏”按钮，如下图所示。

步骤 05 弹出“宏”对话框，在其中选择相应宏，单击“执行”按钮，如下图所示。

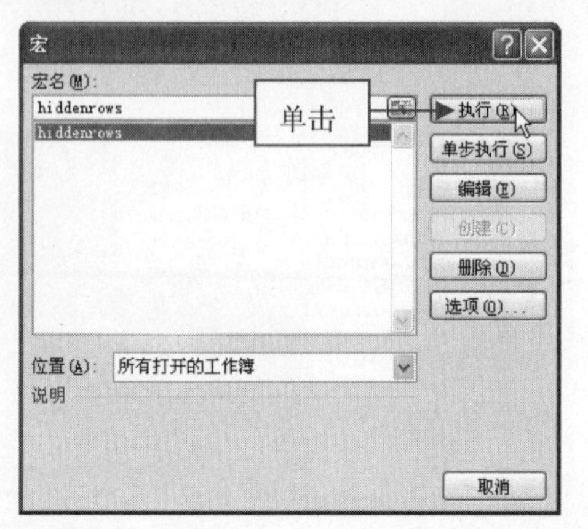

步骤 06 执行上述操作后，即可将工作表中产品编号为 2 的行全部隐藏，如下图所示。

	A	B	C	D	E	F	G
1	产品编号	产品名称	原价	促销价	折扣	销售数量	销售额
2	1	U盘	80	60	0.75	120	7200
4	3	MP4	320	280	0.875	45	12600
6	3	内存条	380	350	0.921053	24	8400
7	4	系统盘	10	7	0.7	190	1330
9	5	游戏机	1200	1050	0.875	30	31500
10	6	跳舞毯	88	70	0.795455	60	4200
11	3	PSP	2400	2100	0.875	20	42000
13	5	内存卡	78	59	0.75641	320	18880
14	5	数码相机	1500	1350	0.9	15	20250
15							
16							
17							
18							
19							
20							
21							
22							
23							
24							
25							
26							

专家提醒

在 Excel 工作表中，还可以按【Alt+F8】组合键快速弹出“宏”对话框。

464 保护工作表另有高招

在 Excel 2010 中，不仅可以通过单击“保护工作表”按钮保护工作表，还可以使用宏代码对工作表实施保护。

步骤 01 打开需要保护的工作表，进入 VBA 编辑窗口，在“工程”窗口中选择 ThisWorkbook，然后单击鼠标右键，在弹出的快捷菜单中选择“查看代码”选项，如下图所示。

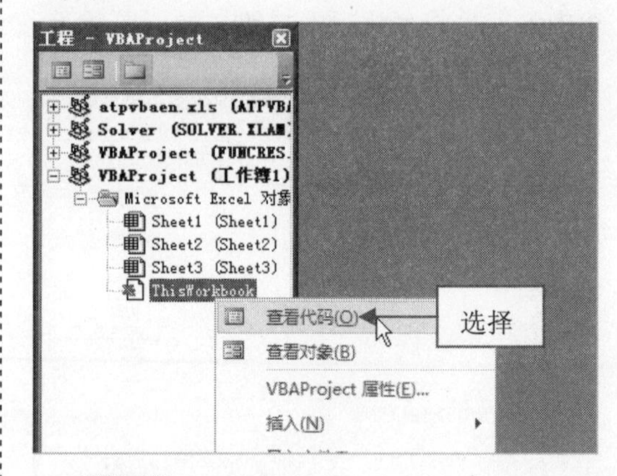

步骤 02 弹出代码窗口，在其中输入相应代码，如下图所示。

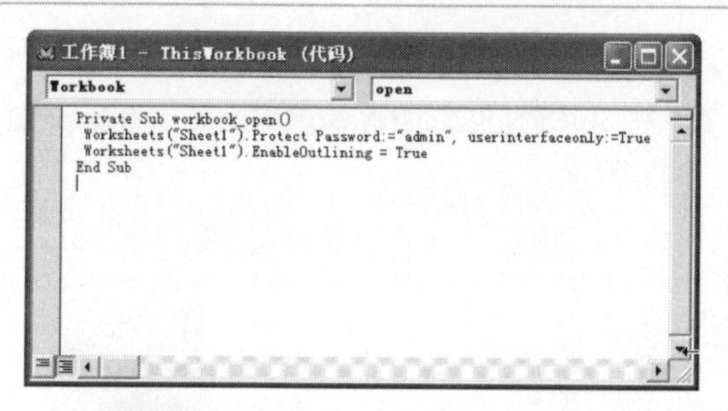

步骤 03 在菜单栏上单击“文件”|“保存 工作簿 1”命令，如下图所示。

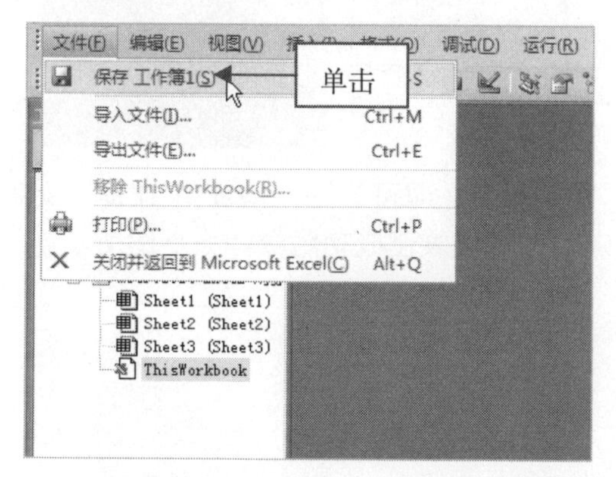

步骤 04 弹出“另存为”对话框，在其中设置保存路径和名称，并将类型设置为“Excel 启用宏的工作簿”，如下图所示。

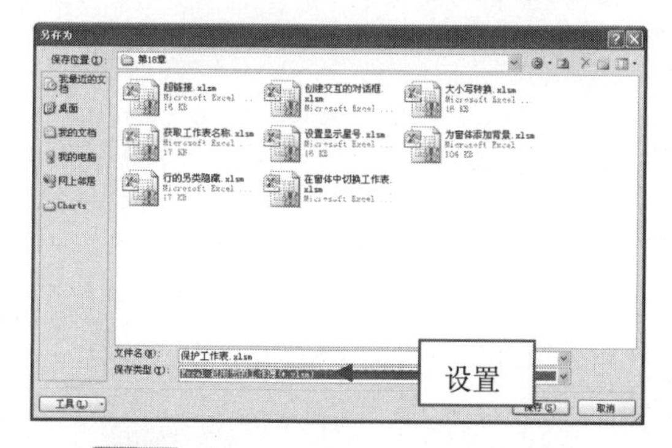

步骤 05 单击“保存”按钮，保存该工作簿，打开保存的工作簿，在工作表中对其进行修改，即可弹出相应的提示信息框，如下图所示。

步骤 06 切换至“审阅”选项卡，在“更改”选项面板中单击“撤销工作表保护”按钮，如下图所示。

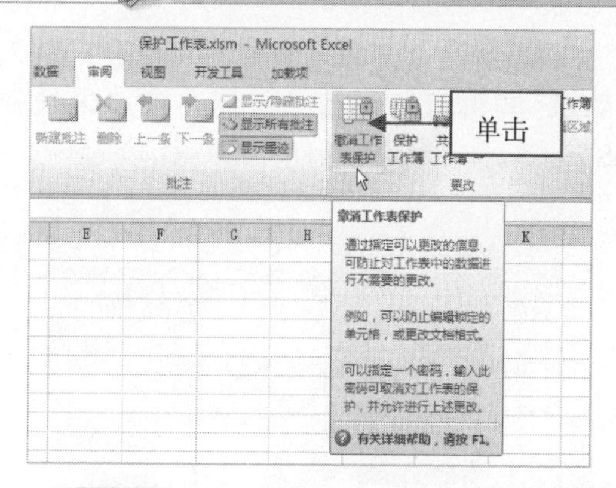

步骤 07 弹出“撤销工作表保护”对话框，在“密码”右侧的文本框中输入 admin 密码，如下图所示。

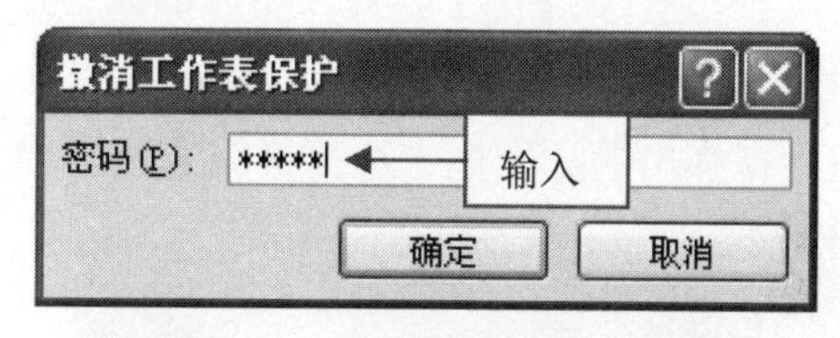

步骤 08 单击“确定”按钮，即可撤销对工作表的保护，如下图所示。

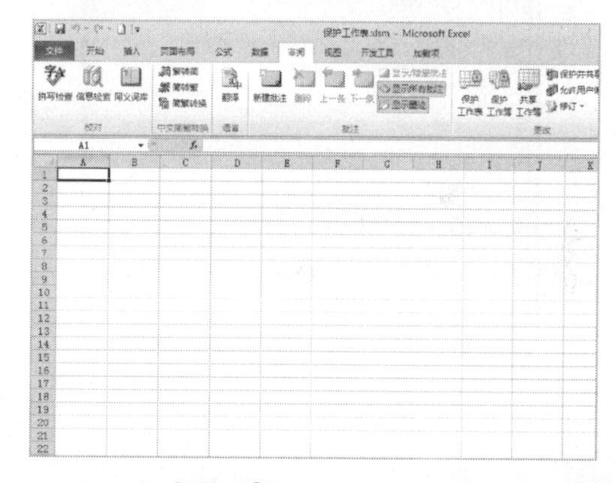

465 提高工作表的隐藏级别

在 Excel 2010 中，可以通过设置 Visible 属性的属性值来提高工作表的隐藏级别。

Visible 属性包含 3 个属性值，其中 -1-xlSheetVisible 表示为可见状态；0-xlSheetHidden 表示为隐藏状态；2-xlSheetVeryHidden 表示为绝对隐藏状态。当采用“绝对隐藏”方式后，只能通过更改属性值的方法取消工作表的隐藏。

步骤 01　打开需要隐藏的工作表，进入 VBA 编辑窗口，在“工程”窗口中选择 Sheet2，如下图所示。

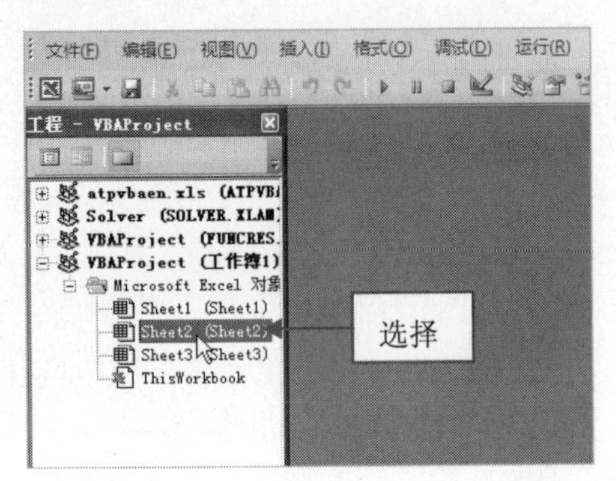

步骤 02　按【F4】键打开属性窗口，在其中选择 Visible 属性，单击右侧的下三角按钮，在弹出的列表框中选择相应选项，如下图所示。

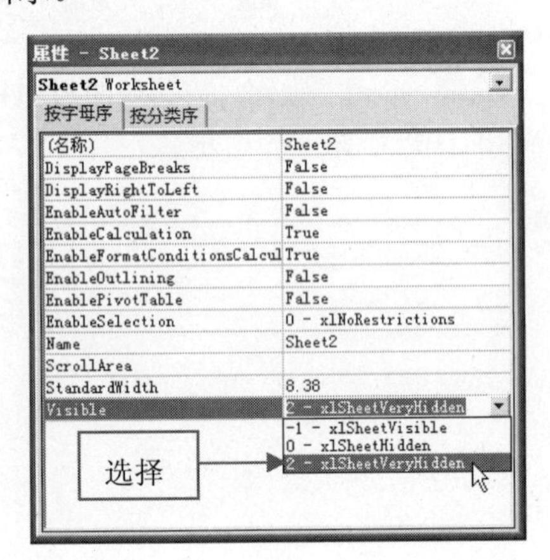

步骤 03　执行上述操作后，单击“文件”|“关闭并返回到 Microsoft Excel”命令，如下图所示。

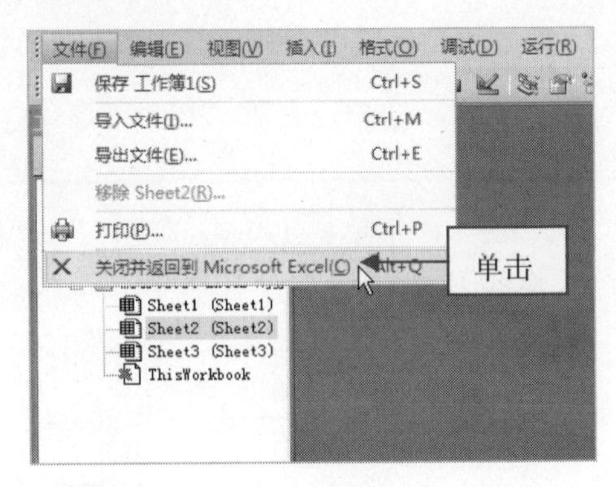

步骤 04　即可返回 Excel 工作簿，此时 Sheet2 工作表已成功隐藏，如下图所示。

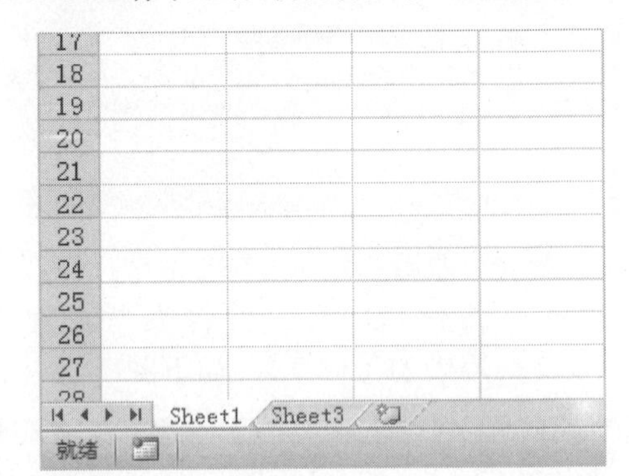

19 宏的应用技巧

学前提示

宏可以是一段文本，也可以是文本与符号、文本与操作。用户可以打开菜单进行设置；可以对指令进行添加或者修改；甚至可以对工具栏和键盘进行操作，其通常用于完成一些复杂的重复性操作。

本章知识重点

- 轻松创建宏
- 编辑录制的宏
- 为图像指定宏的技巧
- 保存宏的工作簿
- 自动载入宏
- 打开启用宏的工作簿文件
- 宏出现错误时的处理妙方
- 为宏指定设置受信任的位置
- 制作宏备份文件
- 获取数字证书

学完本章后你会做什么

- 掌握宏的创建、编辑、执行等操作方法
- 掌握为图像指定宏的操作方法
- 掌握获取数字证书的操作方法

视频演示

A1 fx 时间

	A	B	C	D	E
1	时间	策划部	设计部	人事部	财务部
2	1月	1000	900	800	1500
3	2月	1500	800	700	1000
4	3月	1200	700	800	1100
5	4月	1400	1000	900	1200
6	5月	1000	900	600	1300
7	6月	1200	850	1000	1500
8	合计	7300	5150	4800	7600
9					
10					
11					

快速执行宏命令

为图像指定宏的技巧

466 轻松创建宏

在 Excel 2010 中，创建宏也就是通过使用宏记录器录制一系列操作来创建一个工具按钮或键盘组合键，通过单击“宏”按钮或按键盘组合键来实现宏操作，用户可以通过录制宏来简化一些常用的操作步骤。

步骤 01 打开一个 Excel 文件，选择需要录制宏的工作表，如下图所示。

	A	B	C	D	E
1	学号	姓名	语文	数学	英语
2	1001	杨刚	58	98	30
3	1002	孙函	89	65	19
4	1003	维淡	100	87	80
5	1004	知晓	37	38	67
6	1005	李因	60	60	100
7	1006	小鱼	82	60	98
8					
9					
10					
11					
12					
13					
14					
15					

步骤 02 切换至“开发工具”选项卡，在“代码”选项面板中单击“宏安全性”按钮 宏安全性，如下图所示。

步骤 03 弹出“信任中心”对话框，在“宏设置”选项区中，选中“启用所有宏”单选按钮，如下图所示。

调出“Excel 选项”对话框，切换至“信任中心”选项卡，在右侧单击“信任中心设置”按钮，也可打开“信任中心”对话框。

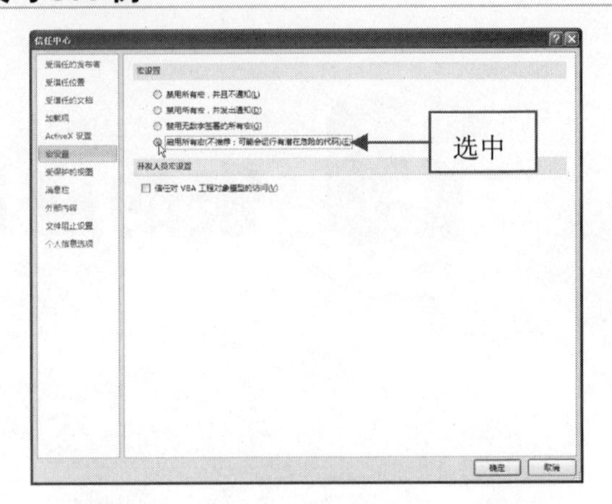

步骤 04 单击“确定”按钮，返回工作表编辑窗口，在“开发工具”选项卡的“代码”选项面板中，单击“录制宏”按钮 录制宏，如下图所示。

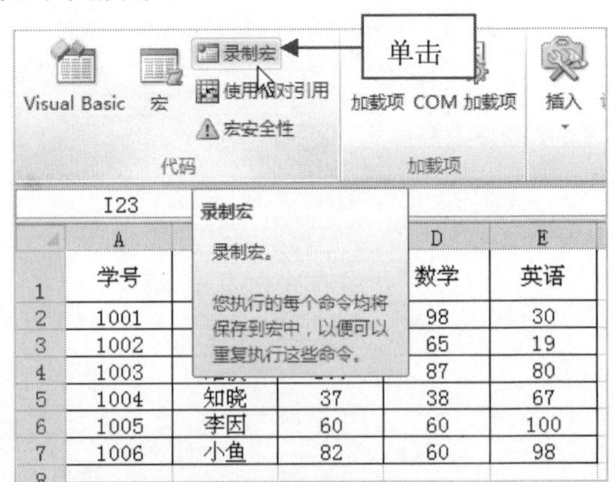

步骤 05 弹出“录制新宏”对话框，在“宏名”文本框中可以输入新建宏的名称，在“说明”文本框中输入说明文字，如下图所示。

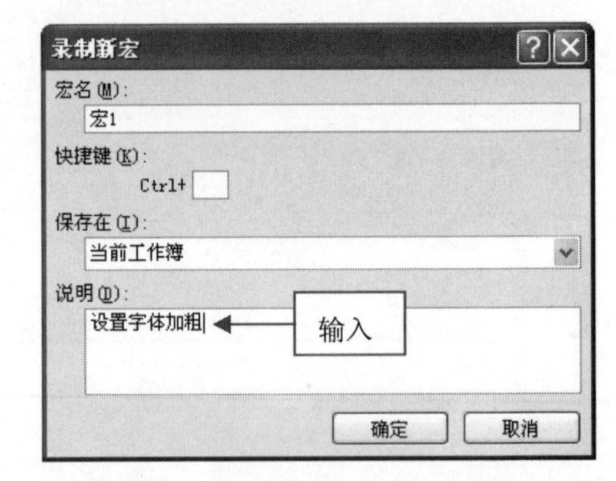

步骤 06 设置完成后，单击“确定”按钮开始录制，在工作表中设置标题行文本为加粗，如下图所示。

A1　　f_x　学号

	A	B	C	D	E
1	学号	姓名	语文	数学	英语
2	1001	杨刚	58	98	30
3	1002	孙函	89	65	19
4	1003	维淡	100	87	80
5	1004	知晓	37	38	67
6	1005	李因	60	60	100
7	1006	小鱼	82	60	98

步骤 07　切换至“开发工具”选项卡，在“代码”选项面板中单击“停止录制”按钮 停止录制，如下图所示。

步骤 08　执行上述操作后，即可创建一个设置标题行文本为加粗的宏。

467 编辑录制的宏

在 Excel 2010 中创建一个宏后，可以根据需要对该宏进行编辑修改。

步骤 01　打开上一例效果文件，切换至“开发工具”选项卡，在“代码”选项面板中单击“宏”按钮，如下图所示。

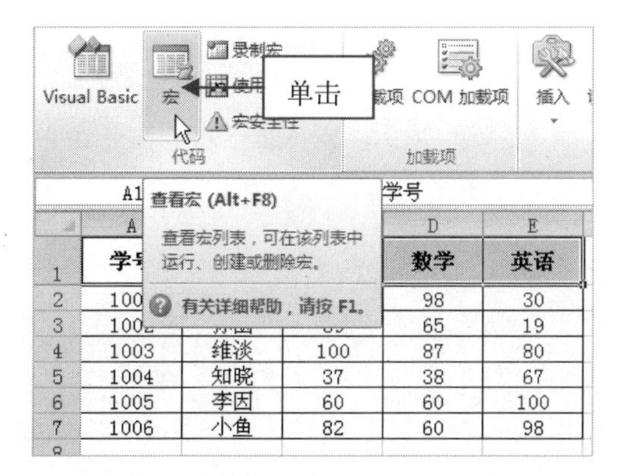

步骤 02　弹出“宏”对话框，选择相应宏，单击“编辑”按钮，如下图所示。

步骤 03　即可打开 VBA 窗口，在其中可以对宏代码进行相应修改，如下图所示。

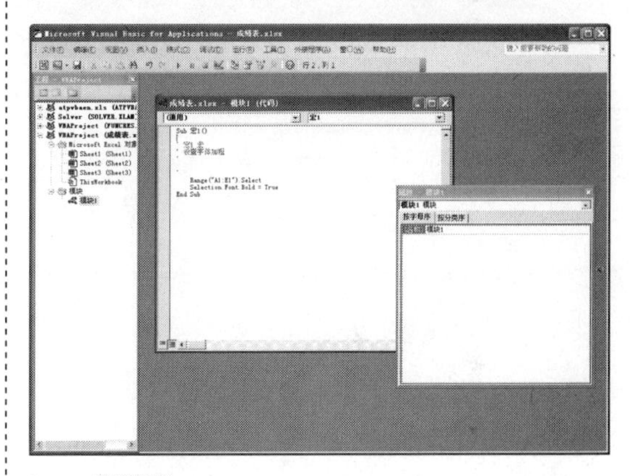

步骤 04　单击“文件”|“关闭并返回到 Microsoft Excel”命令，如下图所示。

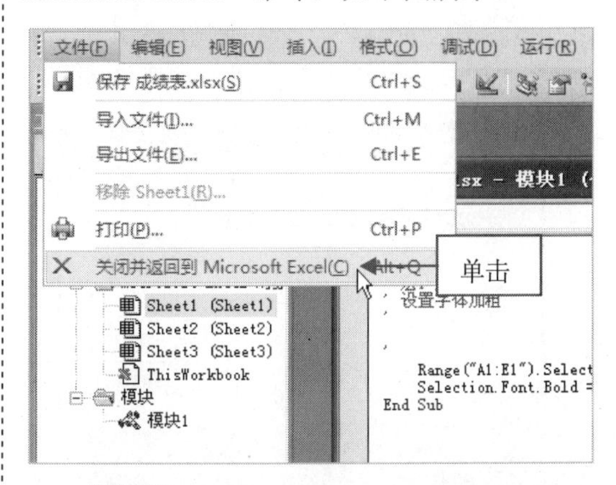

步骤 05　执行上述操作后，即可返回工作表，完成宏的编辑。

468 快速执行宏命令

在 Excel 2010 中，不仅可以编辑创建的宏，还可以执行宏命令。

步骤01 打开一个 Excel 文件，选择需要执行宏命令的工作表，如下图所示。

	A	B	C	D	E
1	时间	策划部	设计部	人事部	财务部
2	1月	1000	900	800	1500
3	2月	1500	800	700	1000
4	3月	1200	700	800	1100
5	4月	1400	1000	900	1200
6	5月	1000	900	600	1300
7	6月	1200	850	1000	1500
8	合计	7300	5150	4800	7600
9					
10					
11					
12					

步骤02 切换至“开发工具”选项卡，在“代码”选项面板中单击“宏”按钮，如下图所示。

步骤03 弹出“宏”对话框，在其中选择相应宏，单击“执行”按钮，如下图所示。

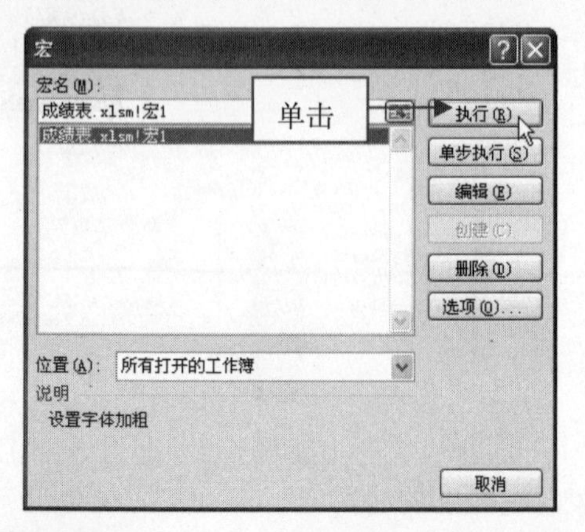

步骤04 执行上述操作后，即可执行宏操作，工作表的标题文本变成加粗形式，如下图所示。

A1 fx 时间

	A	B	C	D	E
1	**时间**	**策划部**	**设计部**	**人事部**	**财务部**
2	1月	1000	900	800	1500
3	2月	1500	800	700	1000
4	3月	1200	700	800	1100
5	4月	1400	1000	900	1200
6	5月	1000	900	600	1300
7	6月	1200	850	1000	1500
8	合计	7300	5150	4800	7600
9					
10					
11					

469 设置宏的快捷键

在 Excel 2010 中，用户可以在创建宏的时候设置快捷键，也可以创建宏后再设置宏的快捷键。

步骤01 打开创建宏的工作簿，切换至“视图”选项卡，在“宏”选项面板中单击“宏”下拉按钮，在弹出的列表框中选择“查看宏”选项，如下图所示。

步骤02 弹出“宏”对话框，在其中单击“选项”按钮，如下图所示。

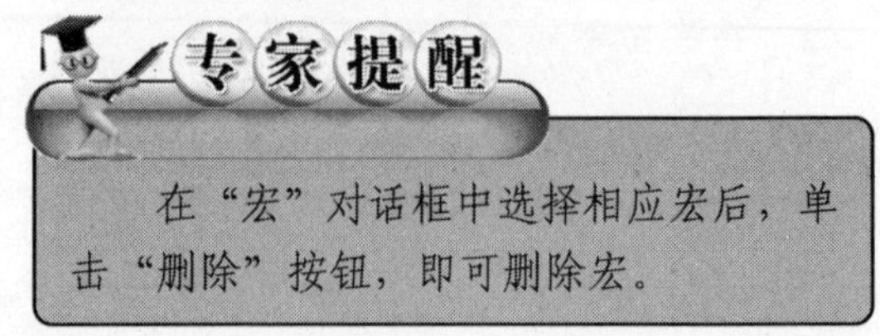

在“宏”对话框中选择相应宏后，单击“删除”按钮，即可删除宏。

步骤 03 弹出“宏选项”对话框，在其中设置快捷键，如下图所示。

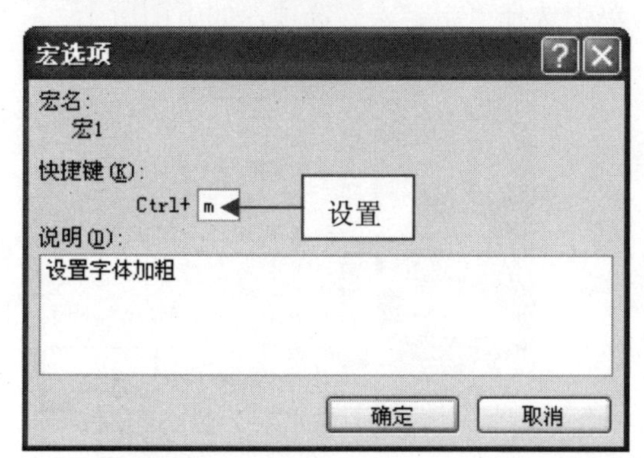

步骤 04 设置完成后，单击“确定”按钮，返回“宏”对话框，单击“取消”按钮，如下图所示。

步骤 05 执行上述操作后，即可设置宏的快捷键。

470 利用按钮运行宏

在 Excel 2010 中，可以在快速访问工具栏上添加宏按钮，快速运行宏。

步骤 01 打开创建宏的工作簿，单击“文件”|“选项”命令，如下图所示。

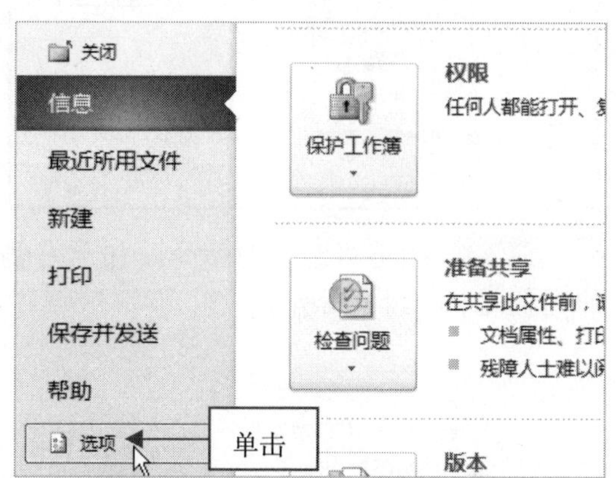

步骤 02 弹出“Excel 选项”对话框，切换至“快速访问工具栏”选项卡，单击“从下列位置选择命令”下方的下三角按钮，在弹出的下拉列表框中选择“宏”选项，如下图所示。

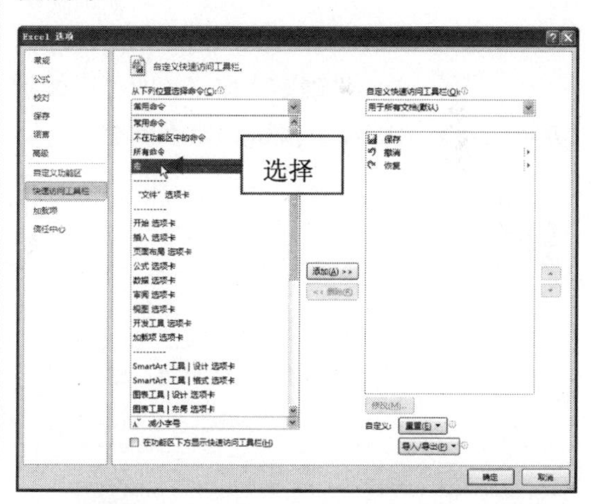

步骤 03 在下方的下拉列表框中选择“宏1”选项，然后单击“添加”按钮，如下图所示。

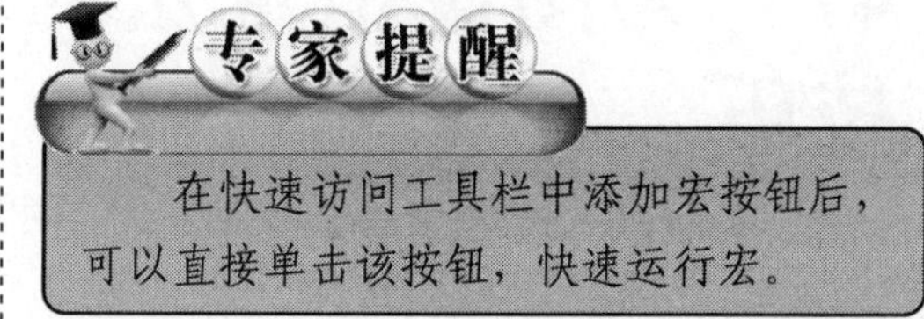

在快速访问工具栏中添加宏按钮后，可以直接单击该按钮，快速运行宏。

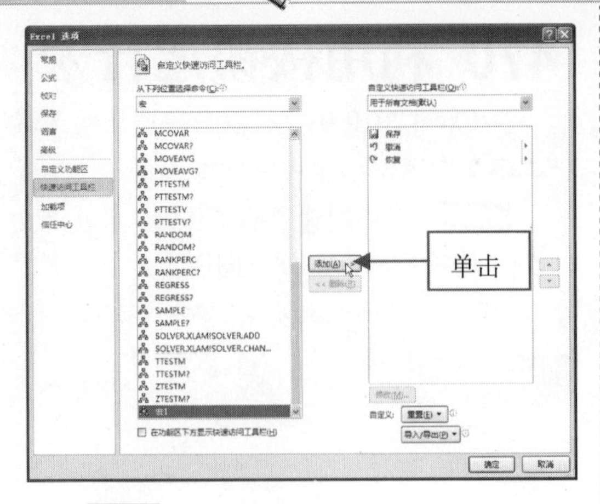

步骤04 即可将选择的命令添加至右侧的列表框中，如下图所示。

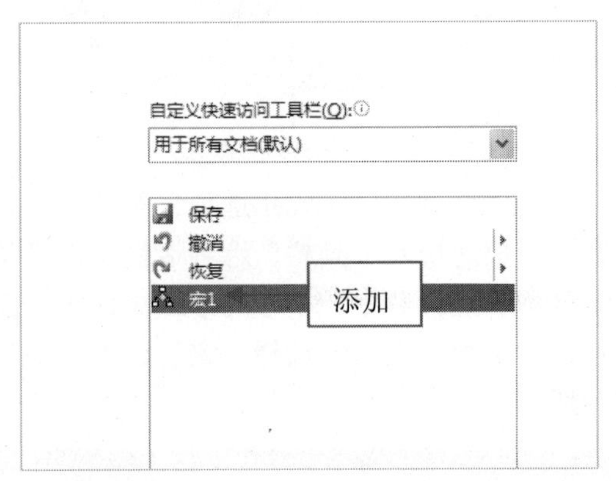

步骤05 单击“确定”按钮，即可在快速访问工具栏上添加宏按钮，如下图所示。

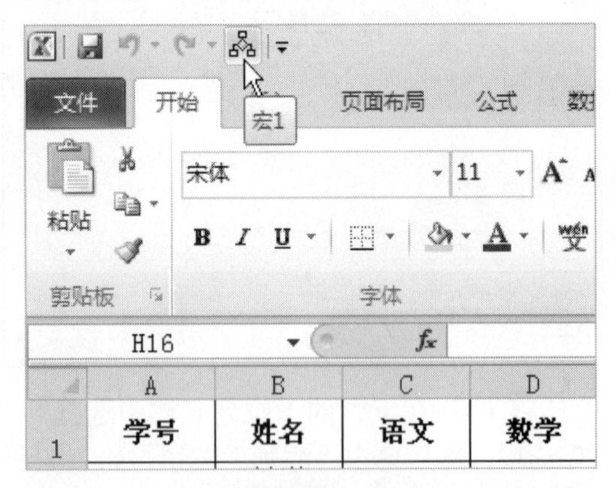

471 为图像指定宏的技巧

在 Excel 2010 中，用户还可为喜欢的图片指定宏，这样对图片的操作既方便又快捷。

步骤01 打开一个 Excel 文件，选择需要添加宏命令的图片，如下图所示。

步骤02 单击鼠标右键，在弹出的快捷菜单中选择“指定宏”选项，如下图所示。

步骤03 弹出“指定宏”对话框，在其中选择相应宏，如下图所示。

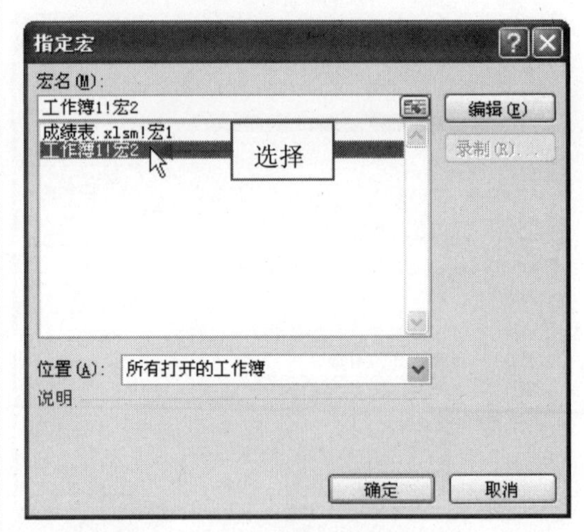

步骤04 单击“确定”按钮，即可为图片指定宏。

472 保存宏的工作簿

在 Excel 2010 中，当用户在工作簿中创建宏之后，就需要对工作簿进行保存。

步骤 01 打开上一例效果文件，在工作表的菜单栏上单击“文件”|“保存”命令，如下图所示。

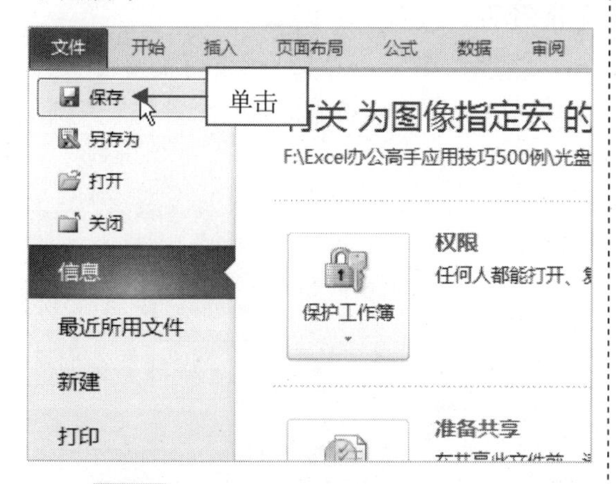

步骤 02 弹出提示信息框，单击“否”按钮，如下图所示。

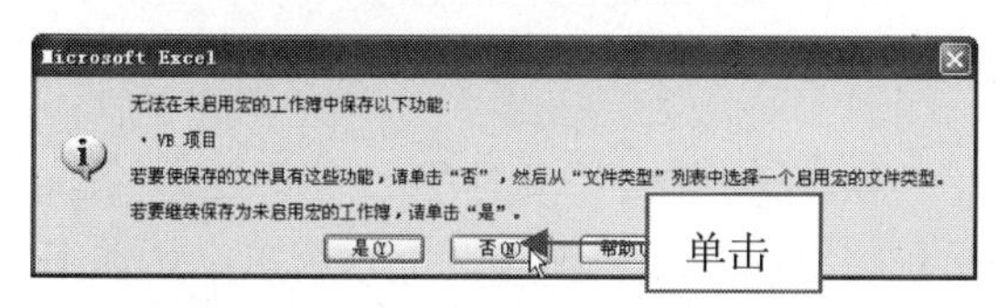

步骤 03 弹出“另存为”对话框，在其中设置保存路径和名称，然后单击“保存类型”右侧的下拉按钮，在弹出的下拉列表框中选择“Excel 启用宏的工作簿”选项，如下图所示。

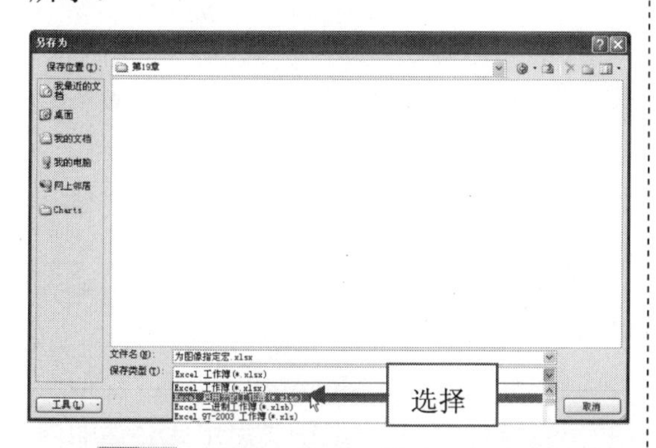

步骤 04 设置完成后，单击“保存”按钮，即可保存带有宏的工作簿。

473 自动载入宏

在 Excel 2010 中，还可以创建一个 Auto_Open 宏并保存，这样每次打开工作簿，将自动载入并运行该宏。

步骤 01 启动 Excel 2010，在工作表中插入一个 SmartArt 图形，如下图所示。

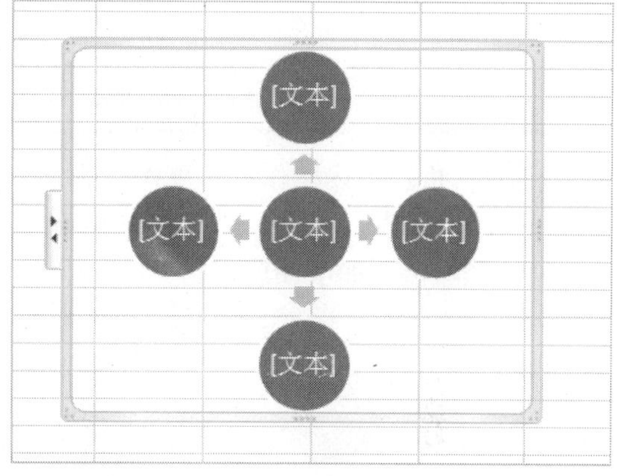

步骤 02 切换至“视图”选项卡，在“宏”选项面板中单击“宏”下拉按钮，在弹出的列表框中选择“录制宏”选项，如下图所示。

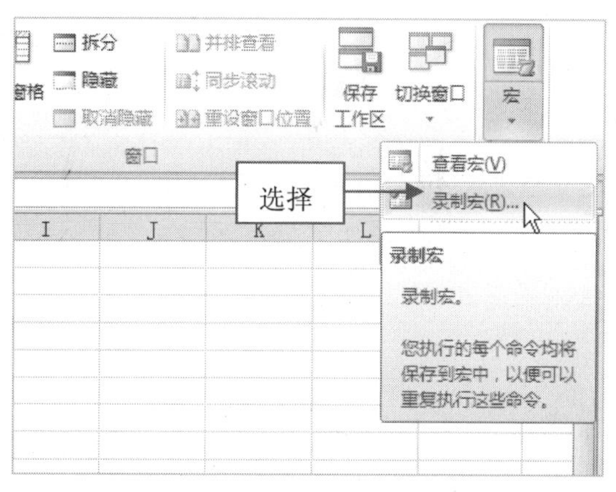

步骤 03 弹出“录制新宏”对话框，在“宏名”下方的文本框中输入 Auto_Open，如下图所示。

如果在 Excel 启动时没有运行 Auto_Open 宏，则应在启动 Excel 工作簿时按住【Shift】键。

录制新宏
宏名(M):
Auto_Open 输入
快捷键(K):
Ctrl+
保存在(I):
当前工作簿
说明(D):
确定 取消

步骤04 执行上述操作后，单击“确定”按钮，返回工作表，在其中设置 SmartArt 图形的样式和颜色，如下图所示。

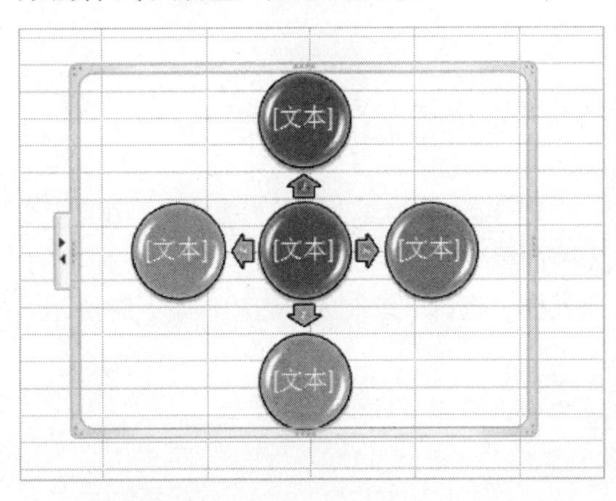

步骤05 设置完成后，单击工作表左下角的“停止录制”按钮，如下图所示。

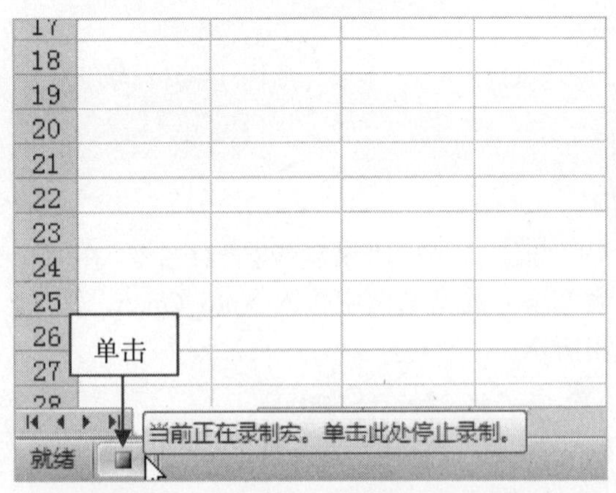

步骤06 即可完成宏的录制，保存宏后再打开该工作簿，将会自动载入宏并运行。

474 打开启用宏的工作簿文件

当用户使用计算机初次打开包含宏的 Excel 文件时，将会显示安全警告信息，提示部分内容已被禁用，此时可以设置工作簿正常启动。

步骤01 打开一个包含宏的 Excel 文件，在功能区的下方将会显示“安全警告”消息，如下图所示。

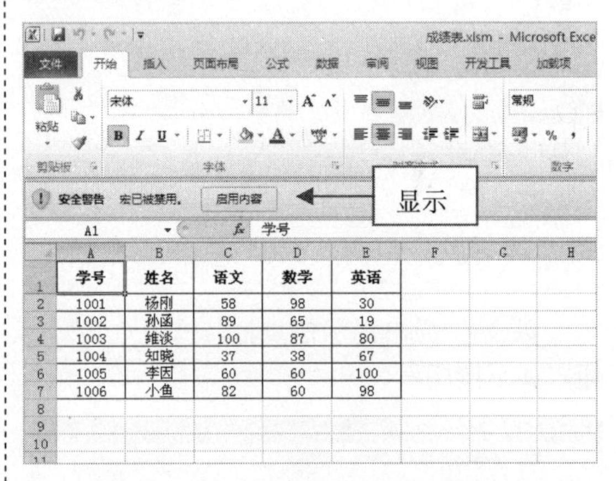

步骤02 单击“文件”|“信息”命令，在右侧单击“启用内容”下拉按钮，在弹出的列表框中选择“高级选项”选项，如下图所示。

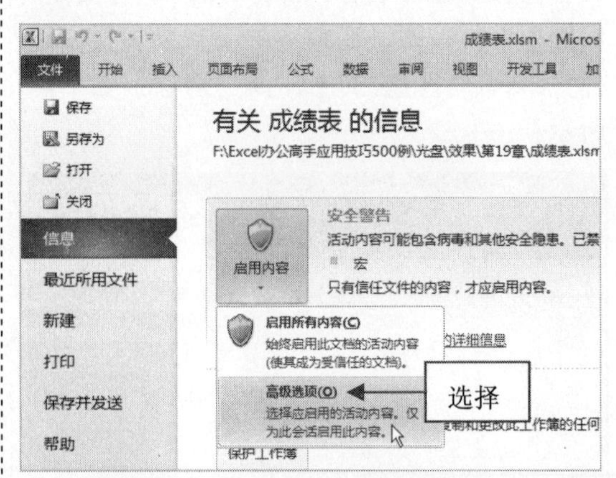

步骤03 弹出“Microsoft Office 安全选项”对话框，在其中选中“启用此会话的内容”单选按钮，如下图所示。

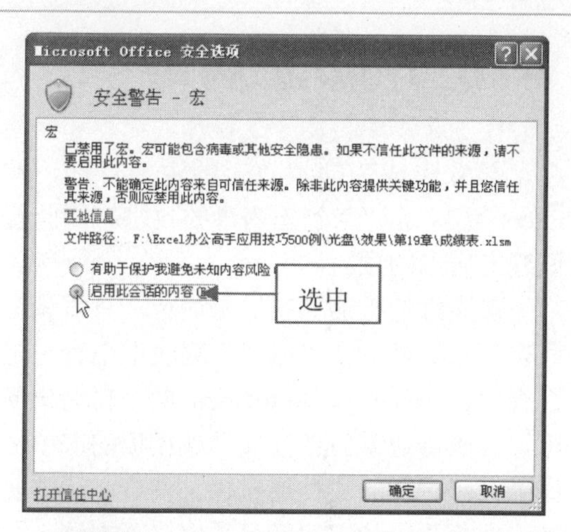

步骤04 单击“确定”按钮，即可启用工作簿中的宏。

475 宏出现错误时的处理妙方

若正在运行的宏中出现错误，则指定的方法将不能用于指定的对象，此时可以设置Visual Basic项目受信任访问。

步骤01 启动Excel 2010，切换至“开发工具”选项卡，在“代码”选项面板中单击“宏安全性”按钮，如下图所示。

步骤02 弹出“信任中心”对话框，在“开发人员宏设置”选项区中，选中“信任对VBA工程对象模型的访问”复选框，如下图所示。

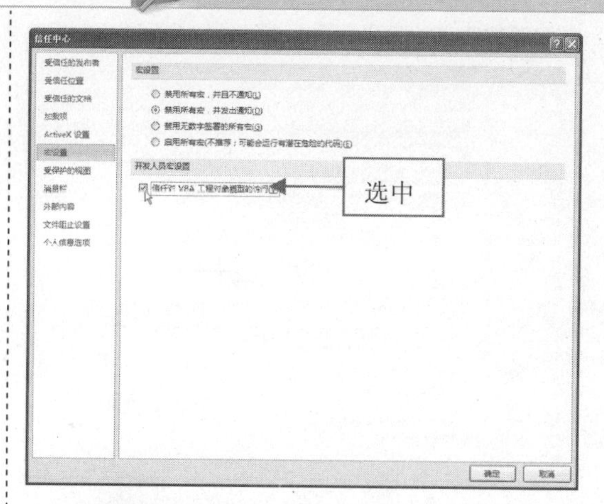

步骤03 单击“确定”按钮，即可完成VBA项目受信任访问的设置。

如果参数中包含无效的值，会导致宏出现错误。

476 为宏指定受信任的位置

为了保证宏的安全性，而且避免繁琐的安全认证，用户可以为宏指定受信任的位置，将含有宏的文档或模板放置在该位置。

步骤01 启动Excel 2010，调出“信任中心”对话框，切换至“受信任位置”选项卡，如下图所示。

步骤02 在右侧的“受信任位置”选项区中，单击“添加新位置”按钮，如下图所示。

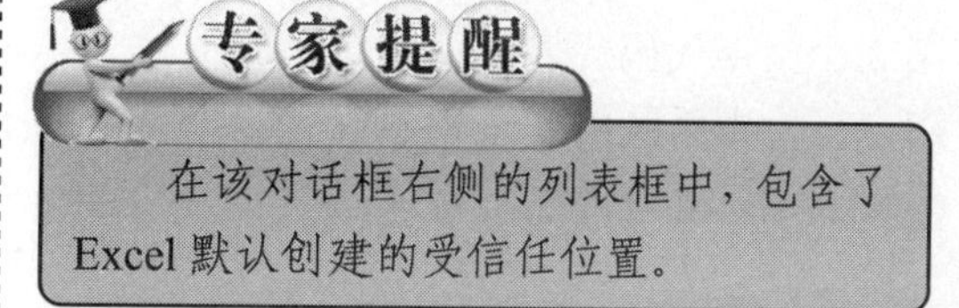

在该对话框右侧的列表框中，包含了Excel默认创建的受信任位置。

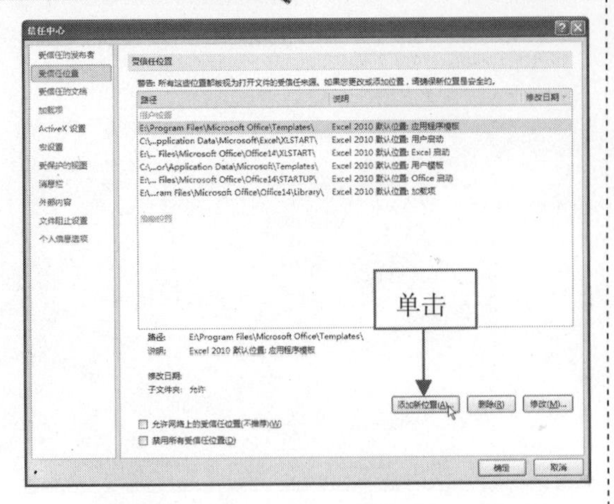

步骤03 弹出“Microsoft Office受信任位置”对话框，在其中设置相应路径，并选中“同时信任此位置的子文件夹”复选框，如下图所示。

步骤04 执行上述操作后，依次单击“确定”按钮，即可完成受信任位置的设置。

477 宏的错误代码

在工作表中执行宏时，如果出现了错误，Excel将不提供具体的错误原因，为了帮助用户快速解决宏问题，这里提出了几种常见的错误代码，如错误代码58、错误代码61、错误代码70和错误代码481。

解决这些错误代码的方法是：第1个错误代码代表保存某一宏文件时，在该目录中已经有同名文件存在；第2个错误代码代表磁盘已满，用户必须清理磁盘后再进行储存；第3个错误代码代表文件系统拒绝创建宏，用户可检查系统的安全权限设置；第4个代码代表宏所处理的图片格式不对。

478 预防宏病毒

在Excel中，由于宏操作的简单和易用性，导致宏成为病毒攻击的主要目标，在Excel中经常会遇到宏病毒的攻击，因此要做好宏病毒的预防。

宏病毒的检测其实非常简单，只需调出“宏”对话框，在“宏名”列表框中查看是否有AutoExce与AutoOpen两个自动宏便可。宏病毒通常驻留在文档或模板的宏中，如果打开这样的文档或模板，就会激活宏病毒，因此要预防宏病毒可采用以下方法：

- 利用Excel本身清除宏（病毒）的功能。当Excel识别出一个打开的文档中具有自动执行宏时，会弹出一个对话框，让用户选择是否打开宏，为了预防宏病毒，一般建议用户单击“取消宏”按钮。
- 在Normal.dot模板文件中创建一个自己的宏，这样就能禁止其他自动宏的运行，预防宏病毒的感染。
- 将文件保存为TXT或RTF格式，可以包括其他一些非文本文件信息。例如图片、表格等。

479 制作宏备份文件

在Excel中，用户可以将制作在宏中的代码备份至文件，这样在系统重装后可直接导入该备份文件，使用以前所制作的宏。

步骤01 打开一个包含宏的Excel文件，单击“开发工具”选项卡的“代码”选项面板中的“Visual Basic”按钮，如下图所示。

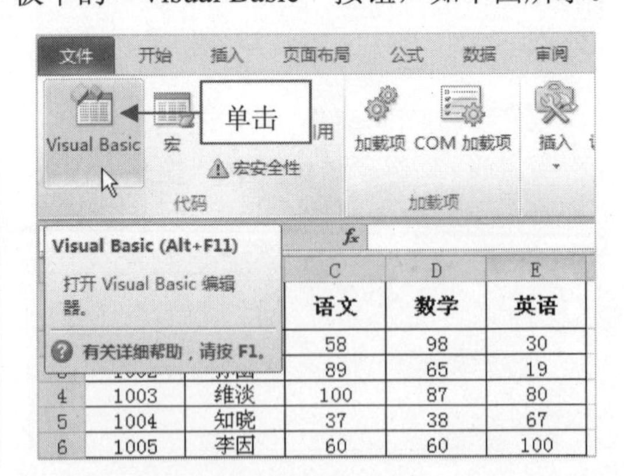

步骤02 即可进入VBA编辑窗口，在弹出的模块窗口中可以查看相应的宏代码，如下图所示。

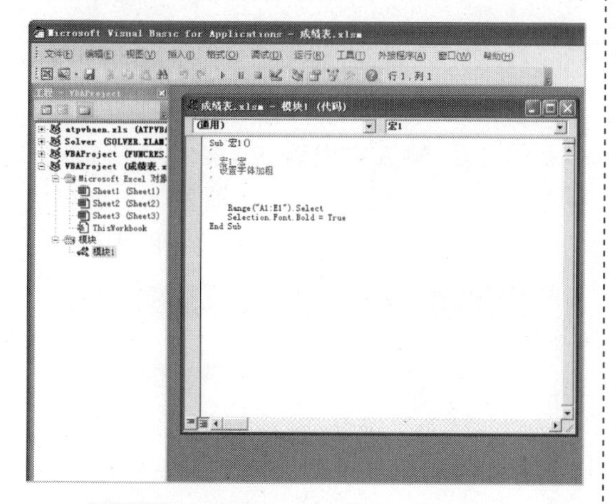

步骤03 在菜单栏上单击"文件"|"导出文件"命令，如下图所示。

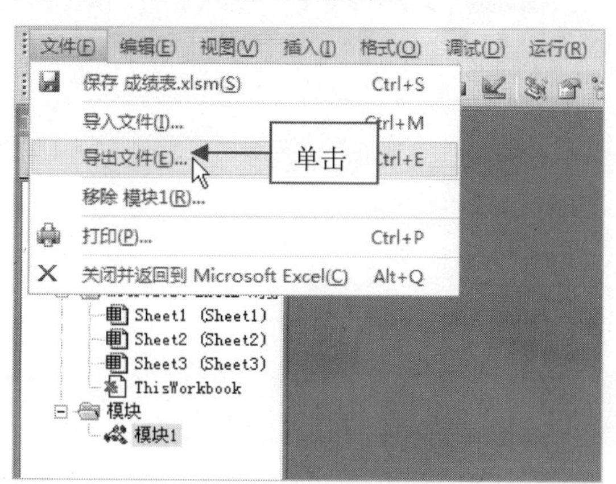

步骤04 弹出"导出文件"对话框，在其中设置文件的保存路径和名称，如下图所示。

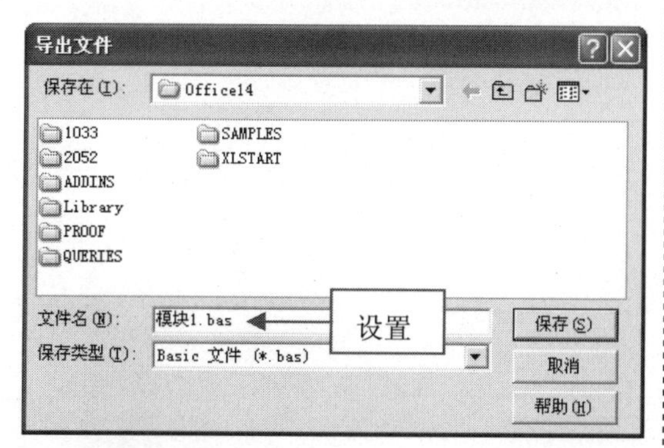

步骤05 单击"保存"按钮，即可制作宏的备份文件。

480 获取数字证书

数字证书通常由证书颁发机构（CA）颁发，该机构是受信任的第三方实体，负责颁发给其他各方使用的数字证书。使用数字证书对文件或宏项目进行数字签名，可防止其他用户对创建的宏进行更改和删除。数字签名通过使用计算机加密对数字信息进行身份验证。

步骤01 启动Excel 2010，单击"文件"|"信息"命令，在右侧单击"保护工作簿"下拉按钮，在弹出的列表框中选择"添加数字签名"选项，如下图所示。

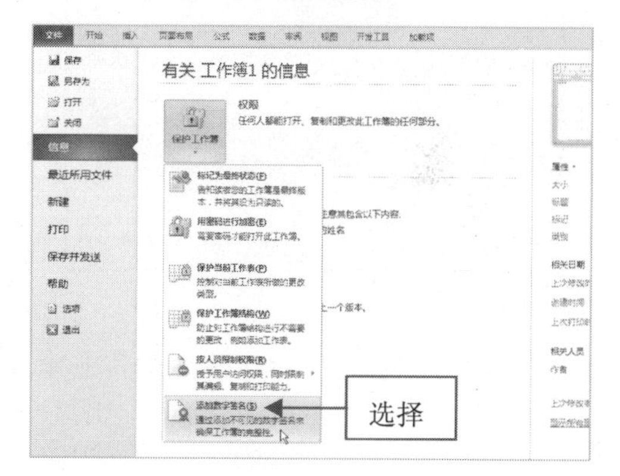

步骤02 弹出Microsoft Excel对话框，在其中单击"确定"按钮，如下图所示。

步骤03 弹出提示信息框，单击"是"按钮，如下图所示。

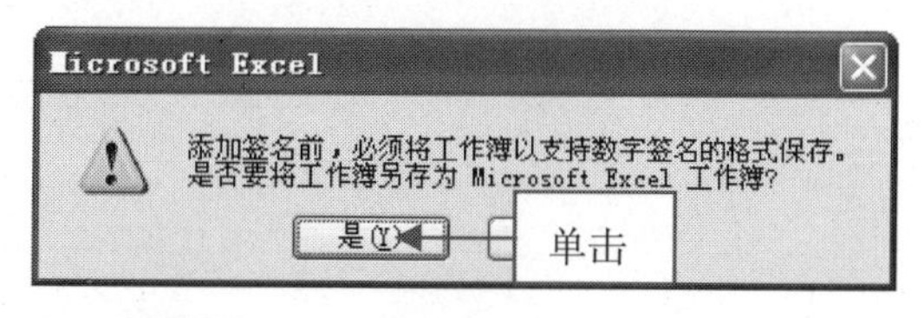

步骤04 弹出"另存为"对话框，在其中设置文件的保存路径和名称，如下图所示。

专家提醒

数字证书能够提供用于验证与数字签名关联的公钥和私钥。

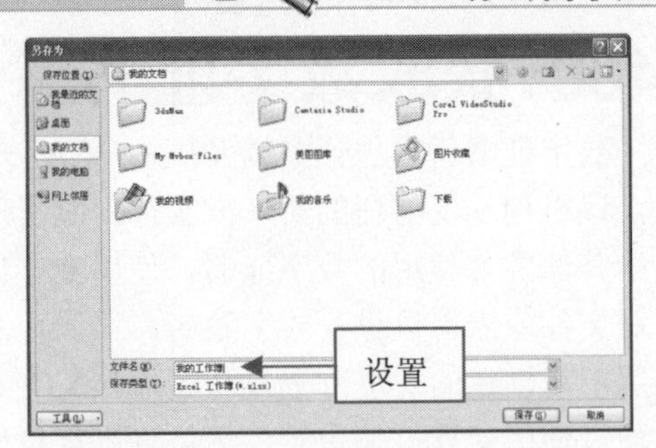

步骤05 单击“保存”按钮，弹出“获取数字标识”对话框，选中“创建自己的数字标识”单选按钮，如下图所示。

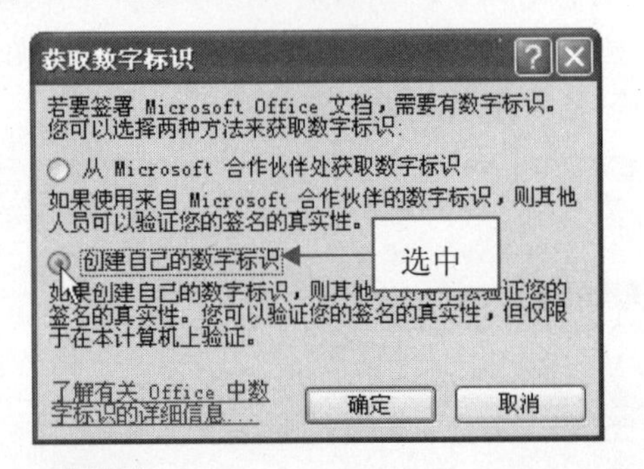

步骤06 设置完成后，单击“确定”按钮，弹出“创建数字标识”对话框，在其中输入相应信息，如下图所示。

步骤07 输入完成后，单击“创建”按钮，弹出“签名”对话框，在“签署此文档的目的”文本框中输入相应内容，如下图所示。

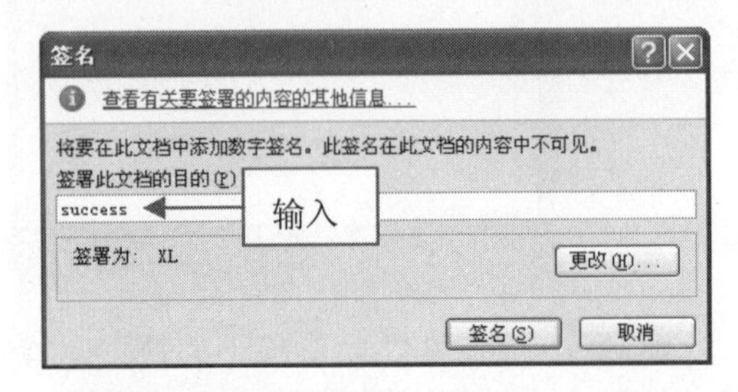

步骤08 单击“签名”按钮，将弹出“签名确认”提示信息框，如下图所示。单击“确定”按钮，即可完成数字证书的获取。

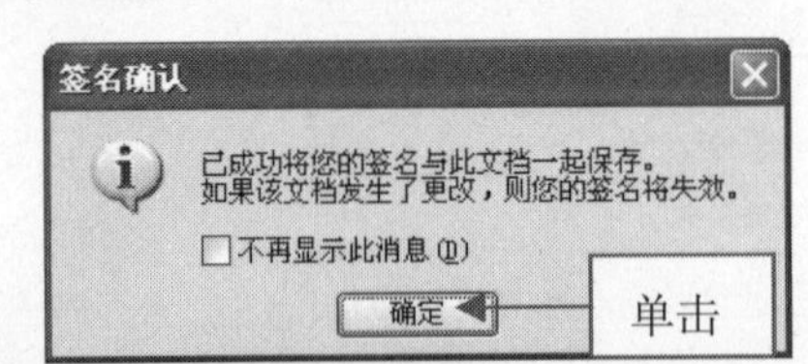

● 读书笔记

20 Excel 的打印技巧

学前提示

在完成对工作表数据的输入和编辑后，就可以对其进行打印输出了。为了使打印出的工作表更加准确和清晰，可以利用 Excel 2010 的各种打印设置，轻松地完成对工作表的打印操作。

本章知识重点

- 设置工作簿的打印方向
- 设置打印的缩放比例
- 设置页边距
- 插入分页符
- 编辑分页符
- 设置页眉和页脚
- 预览打印效果
- 设置打印网格线
- 打印工作表中的批注
- 在工作表中添加 Logo

学完本章后你会做什么

- 掌握打印方向、缩放比例等的设置操作方法
- 掌握分页符的插入、编辑、删除等操作方法
- 掌握页眉页脚、打印日期、Logo 等的添加方法

视频演示

产品单价表

产品	一月	二月	三月
女式上衣	299	269	269
女式衬衣	199	159	
女式长裤	299	259	
男式上衣	399	499	499
男式衬衣	299	299	299
男式长裤	399	369	369
女式上衣	299	269	269

本月份进货100件女式衬衣，销货80件

打印工作表中的批注

BANKLINE

公司采购管理分析

厂商编号	WZX-078962		账单编号	
厂商名称	湖南省长沙市		登记日期	
公司地址	五一广场212号		联络电话	
账单总额	￥30,000.00		采购编号	

进货日期	产品编号	产品名称	规格	数量
40494	PC-022	商用软件	双CD附书	150
40486	PC-022	商用软件	双CD附书	100
40520	PC-021	杂志刊物	17寸	700
40494	PC-021	杂志刊物	17寸	600
40486	PC-021	杂志刊物	17寸	800
40520	PC-016	语言类图书	15寸	200
40494	PC-016	语言类图书	15寸	60
40486	PC-016	语言类图书	15寸	40
40520	PC-012	绘图纸	4*6	100
40494	PC-012	绘图纸	4*6	100
40486	PC-012	绘图纸	4*6	50
40520	PC-001	计算机图书	15寸	550
40494	PC-001	计算机图书	15寸	500

在工作表中添加 Logo

481 设置工作簿的打印方向

在Excel 2010中，打印方向分为纵向打印和横向打印两种，纵向打印是指打印按每行从左到右进行，打印输入的页面是竖立的；横向打印是指按每行从上到下进行，打印输出的页面是横立的。

如果文件的行较多而列较少时，就可以使用纵向打印；如果文件的列较多而行较少时则可使用横向打印。

步骤01 启动Excel 2010，切换至“页面布局”选项卡，在“页面设置”选项面板中单击“纸张方向”下拉按钮，如下图所示。

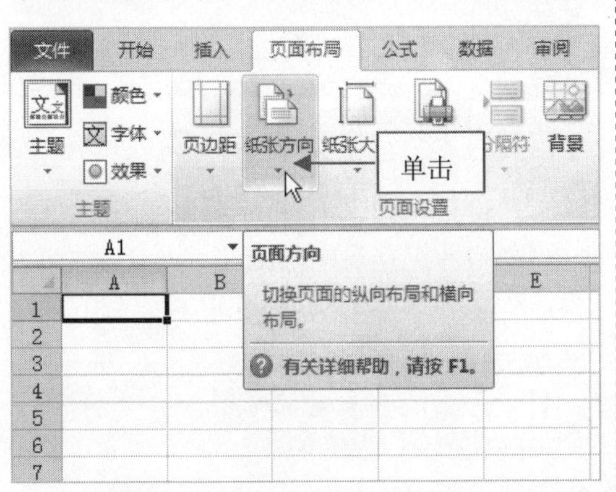

步骤02 在弹出的列表框中选择“横向”选项，如下图所示。

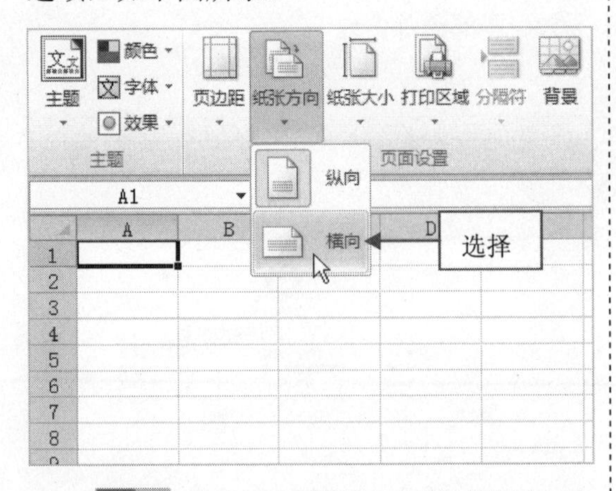

步骤03 执行上述操作后，即可设置工作簿的打印方向。

482 设置打印的缩放比例

在Excel 2010中，打印时可以根据纸张大小进行放大或缩小后再打印，使打印的页面布局更合理、更美观。

设置缩放比例有两种方法，在“页面设置”对话框中，若选中“缩放比例”单选按钮，在其后的数值框中可输入缩放百分比，范围是10%～400%；若选中“调整为”单选按钮，在其后的数值框中可输入页宽和页高的值，即可按指定的页宽和页高自动缩放打印表格。

步骤01 启动Excel，切换至“页面布局”选项卡，在“页面设置”选项面板中单击右下角的“页面设置”按钮，如下图所示。

步骤02 弹出“页面设置”对话框，在“缩放”选项区中选中“缩放比例”单选按钮，在右侧的数值框中输入相应的百分比值，如下图所示。

步骤03 执行上述操作后，单击“确定”按钮，即可设置打印的缩放比例。

483 设置纸张的大小

在 Excel 2010 中，一般情况下，默认的纸张大小为 A4，用户也可以根据需要设置纸张的大小。

步骤01 启动 Excel 2010，切换至“页面布局”选项卡，在“页面设置”选项面板中单击“纸张大小”下拉按钮，如下图所示。

步骤02 在弹出的列表框中选择相应的纸张样式，如下图所示。

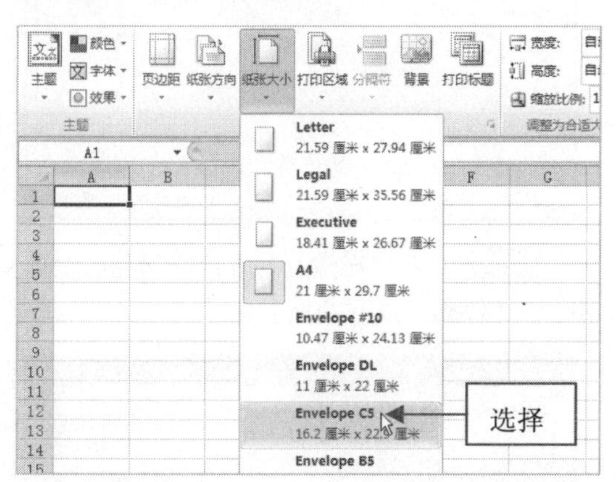

步骤03 执行上述操作后，即可设置纸张的大小。

484 设置页边距

在 Excel 2010 中，设置页边距包括调整上、下、左、右边距，以及页眉和页脚距页边界的距离，使用这种方法设置页边距十分精确。

步骤01 启动 Excel 2010，打开一个 Excel 文件，如下图所示。

	A	B	C	D	E	F	G	H
1	期末成绩登记表							
2	姓名	语文	数学	英语	生物	化学	物理	地理
3	杨刚	87	88	73	76	86	76	486
4	王明	79	79	58	59	63	59	397
5	孙倩	76	86	79	76	86	79	482
6	陈新	69	68	63	69	68	63	400
7	李佩	85	61	59	85	61	59	410
8	张元	83	59	92	91	76	86	487
9	高质	86	58	94	76	73	76	463
10	聂爽	84	69	86	59	59	73	430
11	曾明	83	91	76	63	86	59	458
12	杨新	79	76	73	89	91	63	471
13	罗明	68	59	59	88	76	89	439
14	赵铭	65	63	86	86	96	86	482
15	黄云	90	89	91	79	87	95	531
16	廖璐	91	88	76	68	89	84	496
17	李清	87	76	78	59	92	91	483
18								
19								
20								

步骤02 切换至“页面布局”选项卡，在“页面设置”选项面板中单击“页边距”下拉按钮，如下图所示。

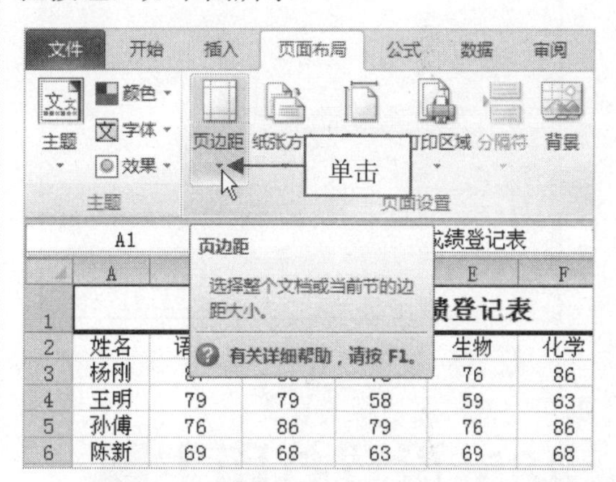

步骤03 在弹出的列表框中选择“自定义边距”选项，如下图所示。

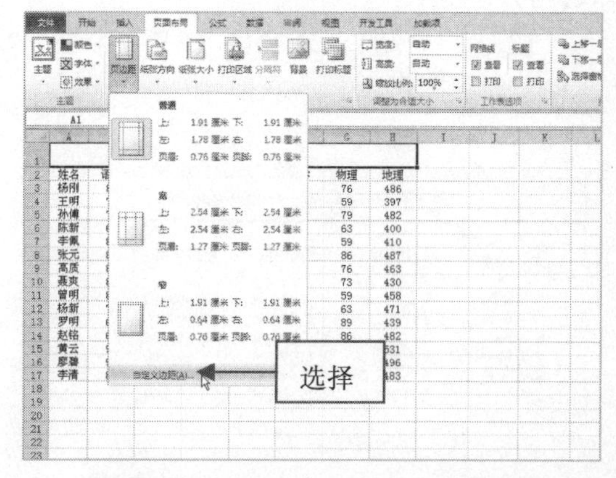

步骤04 弹出“页面设置”对话框，在该对话框中设置相应的页边距，如下图所示。

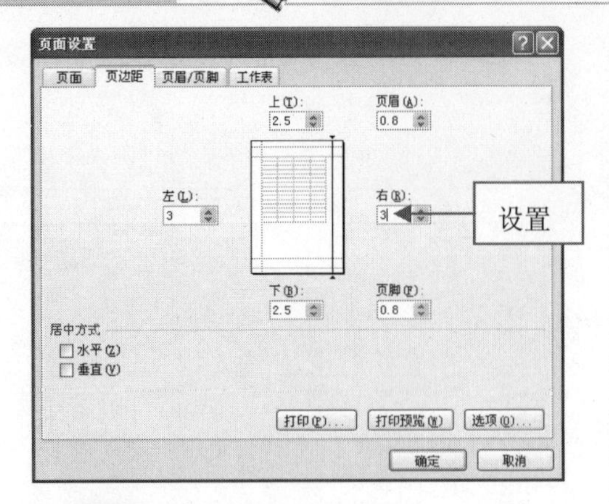

步骤05 在“居中方式”选项区中选中“水平”复选框，如下图所示。

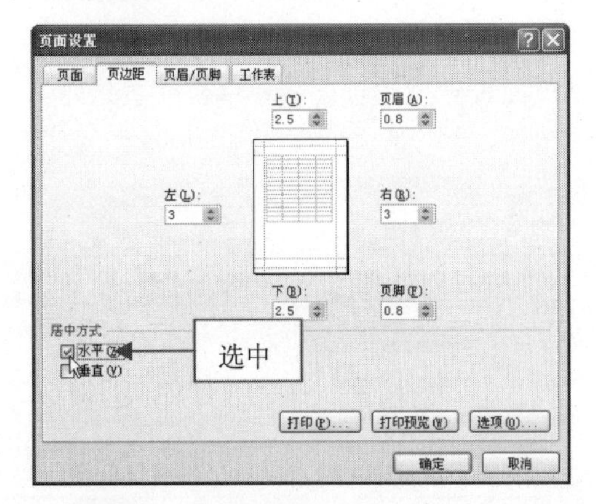

步骤06 设置完成后，单击“确定”按钮，即可完成对页边距的设置。

485 设置打印主题

在 Excel 2010 中，用户还可以根据需要设置打印主题。

步骤01 启动Excel 2010，打开一个Excel文件，如下图所示。

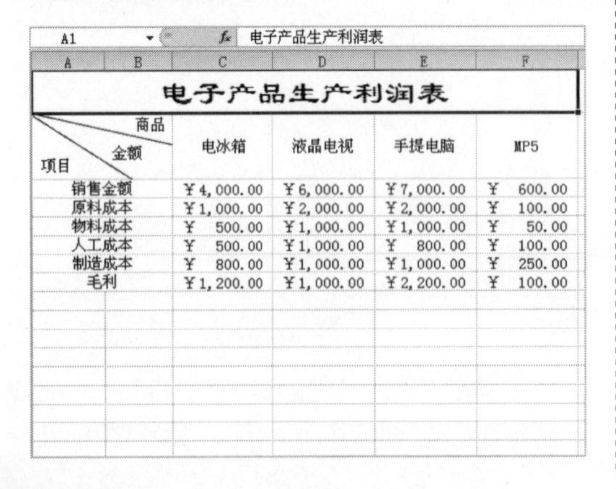

A1 电子产品生产利润表

项目 \ 金额 \ 商品	电冰箱	液晶电视	手提电脑	MP5
销售金额	￥4,000.00	￥6,000.00	￥7,000.00	￥ 600.00
原料成本	￥1,000.00	￥2,000.00	￥2,000.00	￥ 100.00
物料成本	￥ 500.00	￥1,000.00	￥1,000.00	￥ 50.00
人工成本	￥ 500.00	￥1,000.00	￥ 800.00	￥ 100.00
制造成本	￥ 800.00	￥1,000.00	￥1,000.00	￥ 250.00
毛利	￥1,200.00	￥1,000.00	￥2,200.00	￥ 100.00

步骤02 切换至“页面布局”选项卡，在“页面设置”选项面板中单击“打印标题”按钮，如下图所示。

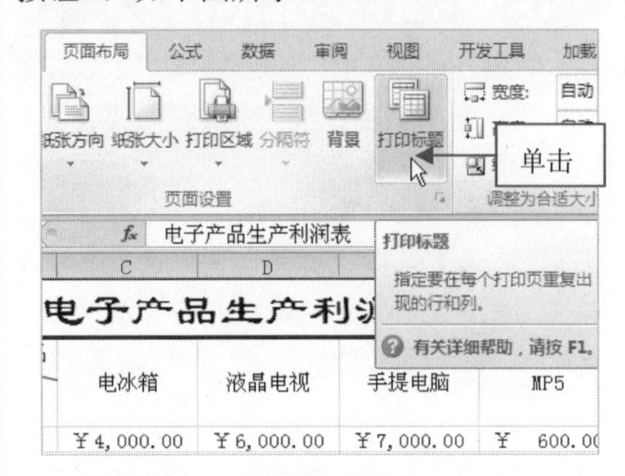

步骤03 弹出“页面设置”对话框，在“打印标题”选项区的“顶端标题行”文本框中输入相应的区域，如下图所示。

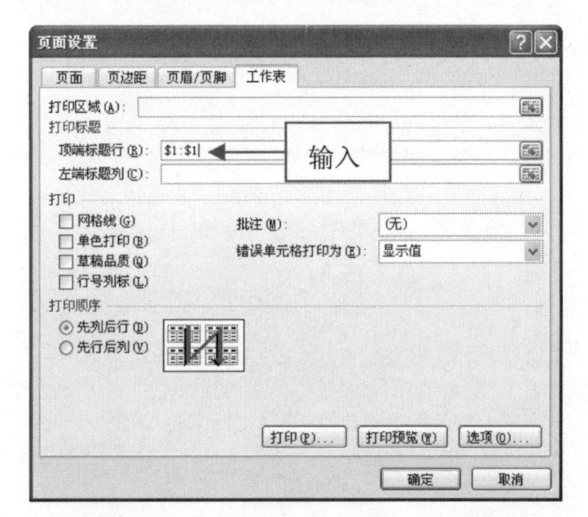

步骤04 在“左端标题列”文本框中输入相应的区域，如下图所示。

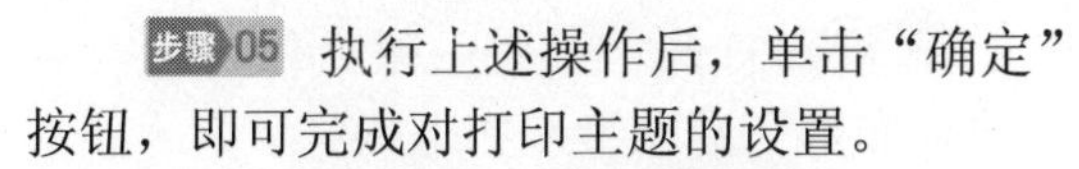
步骤 05 执行上述操作后，单击“确定”按钮，即可完成对打印主题的设置。

486 插入分页符

在 Excel 2010 中，分页符包括水平分页符和垂直分页符，水平分页符用于改变页面上数据行的数量，垂直分页符用于改变页面上数据列的数量。如果需要打印的工作簿内容较长，此时可以通过手动插入分页符来调整其位置。

步骤 01 启动 Excel 2010，打开一个 Excel 文件，如下图所示。

	A	B	C	D	E	F	G	H
1	飞驰科技有限公司							
2								
3							年度：	2011
4	部门	姓名	第一季度	第二季度	第三季度	第四季度	累计业绩	名次
5	财务部	小勇	21512	6543	15215	6430	49700	25
6	财务部	马哈	22151	151146	51312	50000	274609	9
7	销售部	李凤	5121	8133	41512	13540	68306	22
8	销售部	肖爽	54213	8411	546	35420	98590	19
9	销售部	周涯	54612	91633	100	412100	558445	6
10	销售部	王云	548123	6431	524100	45100	1123754	1
11	销售部	何玲	1500	50000	6487	1500	59487	24
12	销售部	赵芳	8413	54163	4845	1510	68931	21
13	行政部	李源	18302	45116	13132	100451	177001	13
14	行政部	张珍	121245	2166	5411	484400	613222	5
15	行政部	李铡	215311	12166	54612	487041	769130	3
16	行政部	夏洁	21543	31541	456152	4120	513356	7
17	行政部	曾婷	251133	3543	2154	1500	258330	11
18	行政部	王东	45413	8513	2161	15460	71547	20
19	广告部	周强	121213	15133	16512	18302	171160	14
20	广告部	李鹏	453123	8132	45100	152400	658755	4
21	广告部	谢志	51233	62220	1500	5421	120374	17
22	广告部	袁芳	64444	43104	7545	45120	160213	16
23	广告部	方全	5131	50000	4545	42160	101836	18
24	广告部	夏炯	8131	4610	4541	5400	22682	26
25	财务部	陈文	362122	45461	54512	154	462249	8
26	财务部	罗瑜	322323	415163	18302	45430	801218	2
27	财务部	方刚	211234	1511	14513	45400	272658	10

步骤 02 在工作表中选择需要插入分页符的单元格，如下图所示。

	A	B	C	D	E	F
1	飞驰科技有限公司					
2						
3						
4	部门	姓名	第一季度	第二季度	第三季度	第四季度
5	财务部	小勇	21512	6543	15215	6430
6	财务部	马哈	22151	151146	51312	50000
7	销售部	李凤	5121	8133	41512	13540
8	销售部	肖爽	54213	8411	546	35420
9	销售部	周涯	54612	91633	100	412100
10	销售部	王云	548123	6431	524100	45100
11	销售部	何玲	1500	50000	6487	1500
12	销售部	赵芳	8413	54163	4845	1510
13	行政部	李源	18302	45116	13132	100451
14	行政部	张珍	121245	2166	5411	484400
15	行政部	李铡	215311	12166	54612	487041
16	行政部	夏洁	21543	31541	456152	4120
17	行政部	曾婷	251133	3543	2154	1500
18	行政部	王东	45413	8513	2161	15460
19	广告部	周强	121213	15133	16512	18302
20	广告部	李鹏	453123	8132	45100	152400
21	广告部	谢志	51233	62220	1500	5421

步骤 03 切换至“页面布局”选项卡，在“页面设置”选项面板中单击“分隔符”下拉按钮，在弹出的列表框中选择“插入分页符”选项，如下图所示。

步骤 04 执行上述操作后，即可插入分页符，如下图所示。

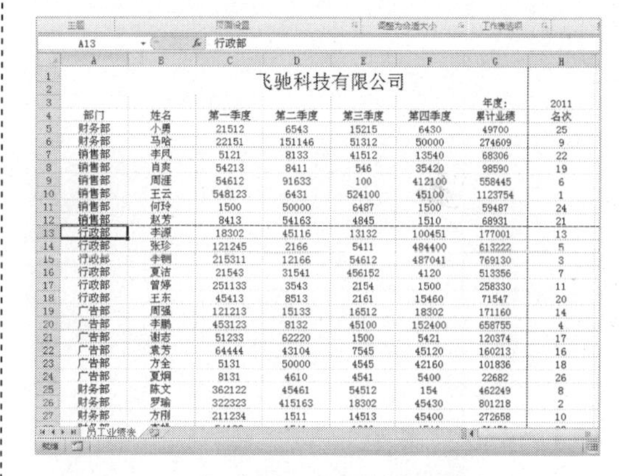

487 编辑分页符

在 Excel 2010 的工作表中插入分页符后，可以根据需要对插入的分页符进行编辑。

步骤 01 打开上一例效果文件，切换至“视图”选项卡，如下图所示。

	A	B	C	D	E	F
1	飞驰科技有限公司					
2						
3						
4	部门	姓名	第一季度	第二季度	第三季度	第四季度
5	财务部	小勇	21512	6543	15215	6430
6	财务部	马哈	22151	151146	51312	50000
7	销售部	李凤	5121	8133	41512	13540
8	销售部	肖爽	54213	8411	546	35420
9	销售部	周涯	54612	91633	100	412100
10	销售部	王云	548123	6431	524100	45100
11	销售部	何玲	1500	50000	6487	1500
12	销售部	赵芳	8413	54163	4845	1510
13	行政部	李源	18302	45116	13132	100451
14	行政部	张珍	121245	2166	5411	484400
15	行政部	李铡	215311	12166	54612	487041

步骤 02 在“工作簿视图”选项面板中，单击“分页预览”按钮 分页预览，如下图所示。

步骤03 进入"分页预览"模式，移动鼠标至分页符处，并将其拖曳至目标位置，如下图所示。

步骤04 释放鼠标左键，切换至普通视图，即可看到移动后的效果，如下图所示。

	飞驰科技有限公司							
部门	姓名	第一季度	第二季度	第三季度	第四季度	年度：累计业绩	2011 名次
财务部	小勇	21512	6543	15215	6430	49700	25
财务部	马哈	22151	151146	51312	50000	274609	9
销售部	李凤	5121	8133	41512	13540	68306	22
销售部	肖爽	54213	8411	546	35420	98590	19
销售部	周涯	54612	91633	100	412100	558445	6
销售部	王云	548123	6431	524100	45100	1123754	1
销售部	何玲	1500	50000	6487	1500	59487	24
销售部	赵芳	8413	54163	4845	1510	68931	21
行政部	李源	18302	45116	13132	100451	177001	13
行政部	张珍	121245	2166	5411	484400	613222	5
行政部	李锄	215311	12166	54612	487041	769130	3
行政部	夏洁	21543	31541	456152	4120	513356	7
行政部	曾婷	251133	3543	2154	1500	258330	11
行政部	王东	45413	8513	2161	15460	71547	20
广告部	周强	121213	15133	16512	18302	171160	14
广告部	李鹏	453123	8132	45100	152400	658755	4
广告部	谢志	51233	62220	1500	5421	120374	17
广告部	袁芳	64444	43104	7545	45120	160213	16
广告部	方全	5131	50000	4545	42160	101836	18
广告部	夏娟	8131	4610	4541	5400	22682	26
财务部	陈文	362122	45461	54512	154	462249	8
财务部	罗瑜	322323	415163	18302	45430	801218	2
财务部	方刚	211234	1511	14513	45400	272658	10

488 删除分页符

在Excel 2010中，如果不再需要分页符，可以根据需要将其删除。

步骤01 打开上一例效果文件，切换至"页面布局"选项卡，如下图所示。

步骤02 在工作表中选择插入分页符的单元格，如下图所示。

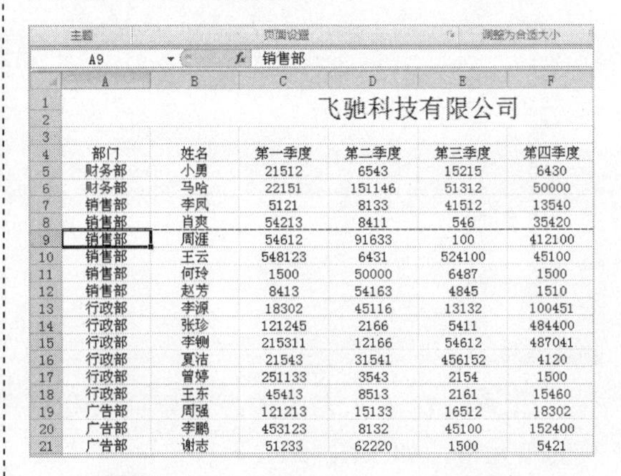

	飞驰科技有限公司				
部门	姓名	第一季度	第二季度	第三季度	第四季度
财务部	小勇	21512	6543	15215	6430
财务部	马哈	22151	151146	51312	50000
销售部	李凤	5121	8133	41512	13540
销售部	肖爽	54213	8411	546	35420
销售部	周涯	54612	91633	100	412100
销售部	王云	548123	6431	524100	45100
销售部	何玲	1500	50000	6487	1500
销售部	赵芳	8413	54163	4845	1510
行政部	李源	18302	45116	13132	100451
行政部	张珍	121245	2166	5411	484400
行政部	李锄	215311	12166	54612	487041
行政部	夏洁	21543	31541	456152	4120
行政部	曾婷	251133	3543	2154	1500
行政部	王东	45413	8513	2161	15460
广告部	周强	121213	15133	16512	18302
广告部	李鹏	453123	8132	45100	152400
广告部	谢志	51233	62220	1500	5421

步骤03 在"页面设置"选项面板中，单击"分隔符"下拉按钮，在弹出的列表框中选择"删除分页符"选项，如下图所示。

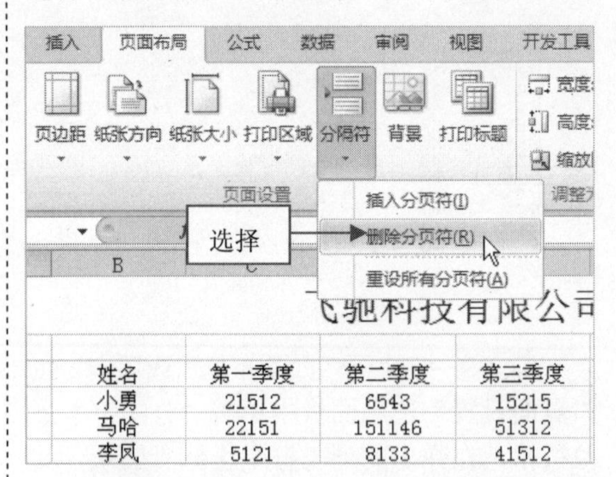

步骤04 执行上述操作后，即可删除分页符，如下图所示。

	A	B	C	D	E	F
1	飞驰科技有限公司					
2						
3						
4	部门	姓名	第一季度	第二季度	第三季度	第四季度
5	财务部	小勇	21512	6543	15215	6430
6	财务部	马哈	22151	151146	51312	50000
7	销售部	李凤	5121	8133	41512	13540
8	销售部	肖爽	54213	8411	546	35420
9	销售部	周涯	54612	91633	100	412100
10	销售部	王云	548123	6431	524100	45100
11	销售部	何玲	1500	50000	6487	1500
12	销售部	赵芳	8413	54163	4845	1510
13	行政部	李源	18302	45116	13132	100451
14	行政部	张珍	121245	2166	5411	484400
15	行政部	李铡	215311	12166	54612	487041
16	行政部	夏洁	21543	31541	456152	4120
17	行政部	曾婷	251133	3543	2154	1500
18	行政部	王东	45413	8513	2161	15460
19	广告部	周强	121213	15133	16512	18302
20	广告部	李鹏	453123	8132	45100	152400
21	广告部	谢志	51233	62220	1500	5421

489 设置页眉和页脚

在 Excel 2010 中，页眉是打印页顶部所显示的一行信息，可以用于表示名称或标注等内容；页脚是打印页最底端所显示的一行信息，可以用于表示页号、打印日期和时间等内容，用户可以根据需要设置打印页面的页眉和页脚。

步骤01 启动Excel 2010，打开一个Excel文件，如下图所示。

	A	B	C	D	E	F
1	职工档案表					
2	员工编号	姓名	性别	部门	职位	基本工资
3	0001	王刚	男	销售部	主管	1200
4	0002	孙洁	女	销售部	专员	1450
5	0003	李清化	男	行政部	助理	800
6	0004	杨明	男	销售部	经理	1200
7	0005	曾凤	女	人事部	主管	1300
8	0006	胡美美	女	人事部	专员	1450
9	0007	谢导强	男	人事部	主管	1800
10	0008	蒋玉华	男	财务部	经理	2050
11	0009	叶俏	男	行政部	专员	1950
12	0010	方辉	男	财务部	主管	1200
13	0011	范虹	女	财务部	经理	1450

步骤02 切换至“页面布局”选项卡，在“页面设置”选项面板中，单击右下角的“页面设置”按钮，如下图所示。

步骤03 弹出“页面设置”对话框，切换至“页眉/页脚”选项卡，如下图所示。

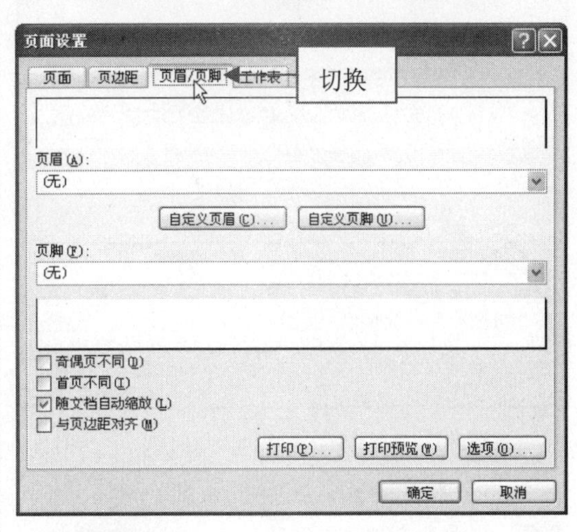

步骤04 单击“自定义页眉”按钮，如下图所示。

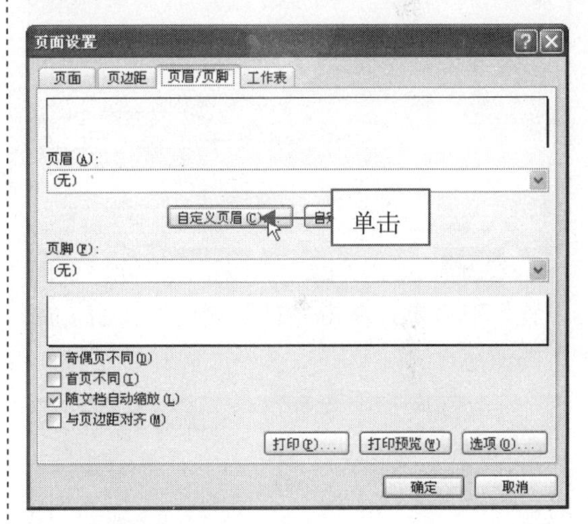

步骤05 弹出“页眉”对话框，在其中输入需要的页眉内容，如下图所示。

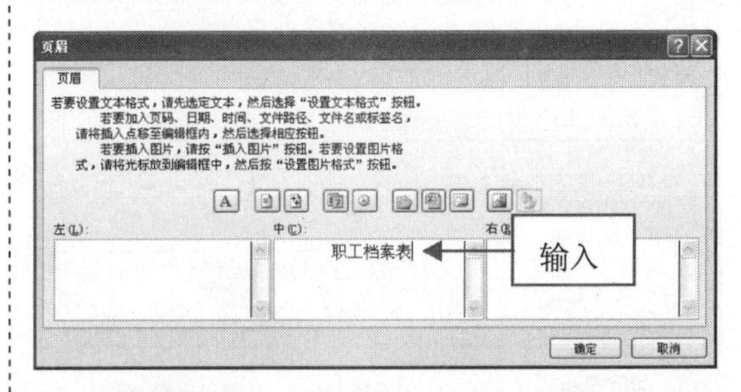

步骤06 单击“确定”按钮，返回“页面设置”对话框，单击“自定义页脚”按钮，如下图所示。

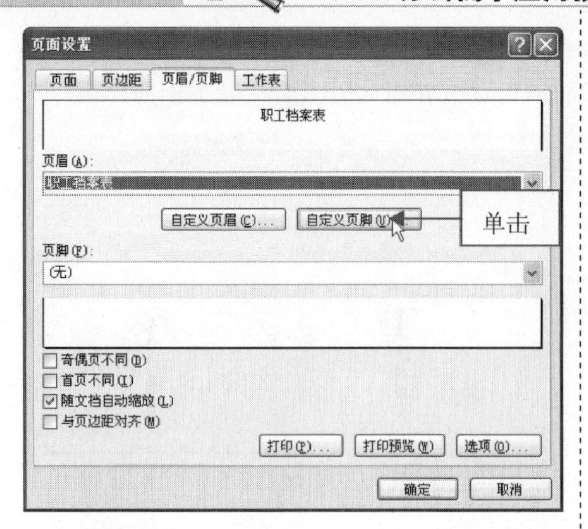

步骤 07 即可弹出"页脚"对话框，在"中"下方的文本框中输入需要的页脚内容，如下图所示。

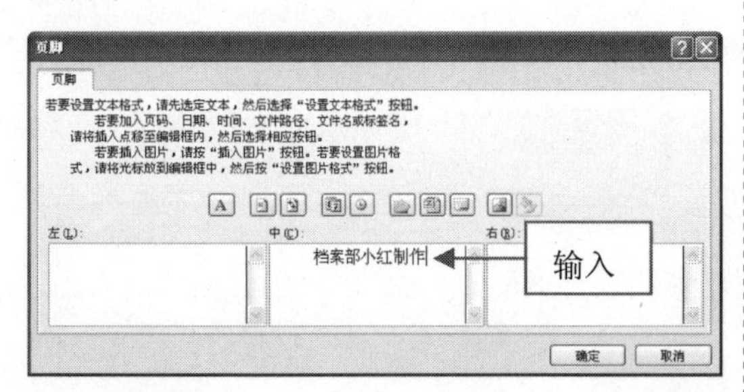

步骤 08 单击"确定"按钮，返回"页面设置"对话框，单击"打印预览"按钮，如下图所示。

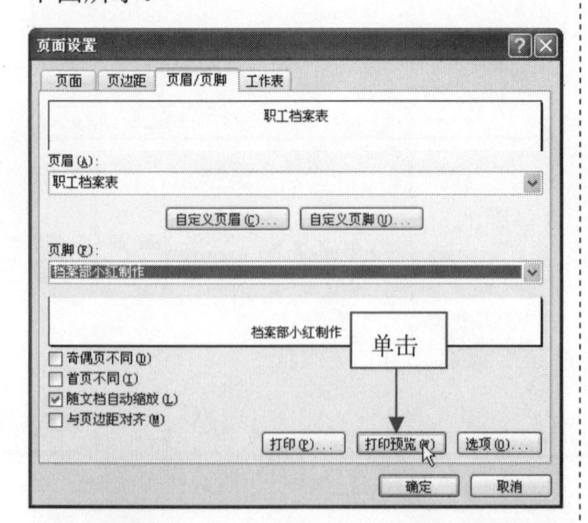

步骤 09 执行上述操作后，即可查看设置页眉和页脚后的效果，如下图所示。

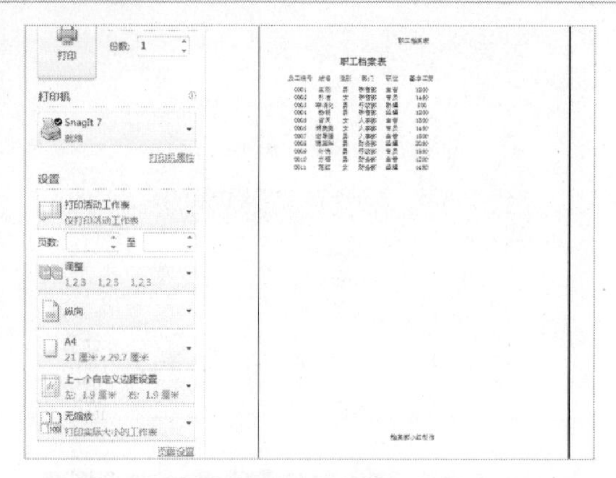

490 设置奇偶页不同的页眉和页脚

在 Excel 2010 中，可以根据需要设置奇数页和偶数页不同的页眉和页脚。

步骤 01 启动 Excel 2010，打开一个 Excel 文件，如下图所示。

	A	B	C	D
1	学生基本资料			
2	姓名	性别	出生日期	电话
3	杨明	男	1990-5-21	15369874210
4	周涯	男	1988-3-28	15869874852
5	陈芳	女	1990-12-2	15968412560
6	谢导烃	男	1991-11-7	13584520384
7	曾虹	女	1992-12-5	18756321069
8	田龙	男	1989-11-1	15843589523
9	段昭	男	1990-10-9	15569832564

步骤 02 切换至"页面布局"选项卡，在"页面设置"选项面板中，单击右下角的"页面设置"按钮，如下图所示。

步骤 03　弹出“页面设置”对话框，切换至“页眉/页脚”选项卡，在其中选中“奇偶页不同”复选框，如下图所示。

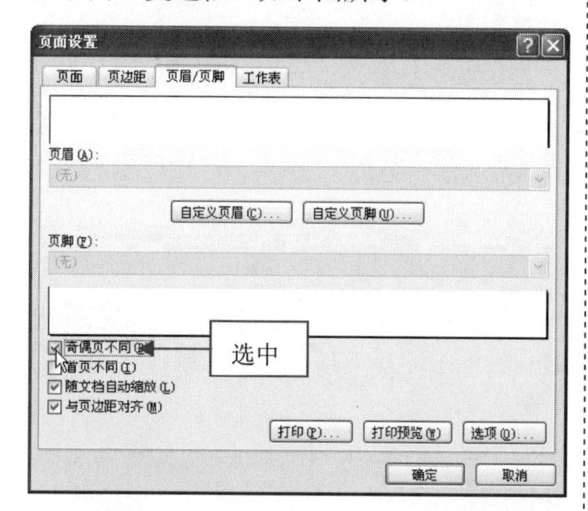

步骤 04　单击“自定义页眉”按钮，如下图所示。

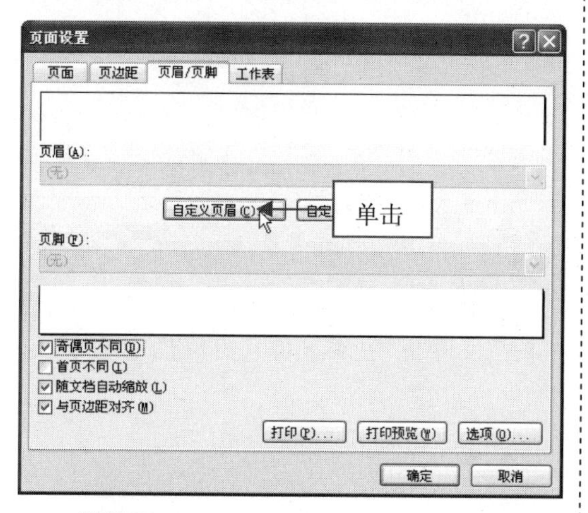

步骤 05　弹出“页眉”对话框，在其中输入需要的页眉内容，如下图所示。

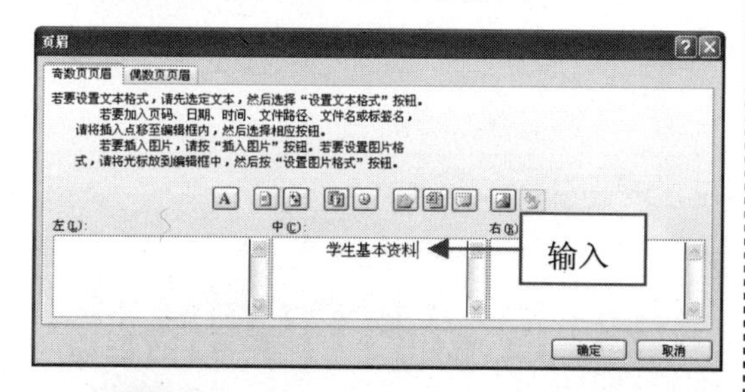

步骤 06　切换至“偶数页页眉”选项卡，在其中输入相应的页眉内容，如下图所示。

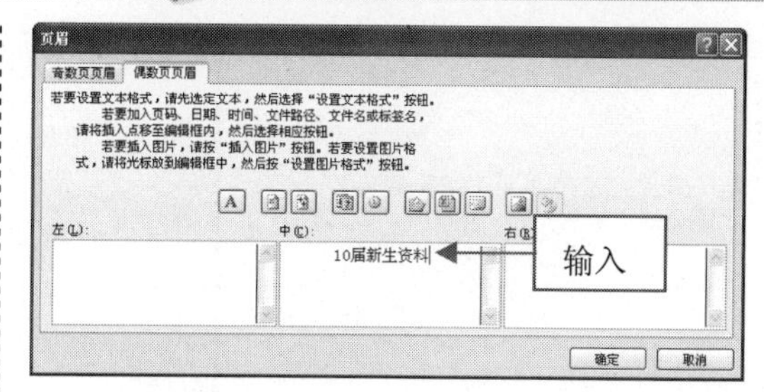

步骤 07　执行上述操作后，单击“确定”按钮，返回“页面设置”对话框，单击“确定”按钮（如下图所示），即可完成奇偶页不同页眉的设置。

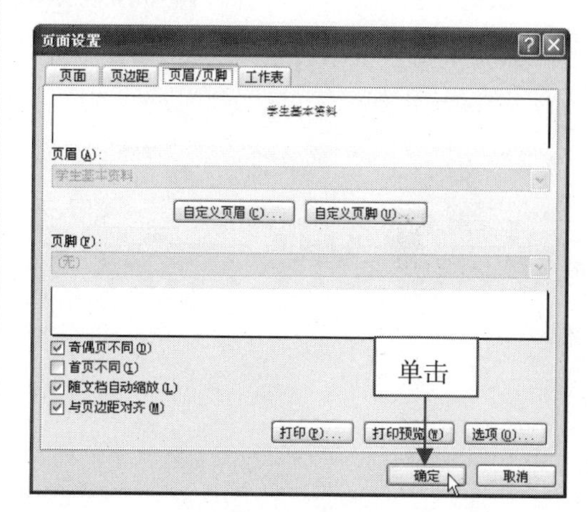

491 预览打印效果

在 Excel 2010 中，进行打印操作前，可以先对工作簿文件进行打印预览。

步骤 01　打开上一例效果文件，单击“文件”|“打印”命令，如下图所示。

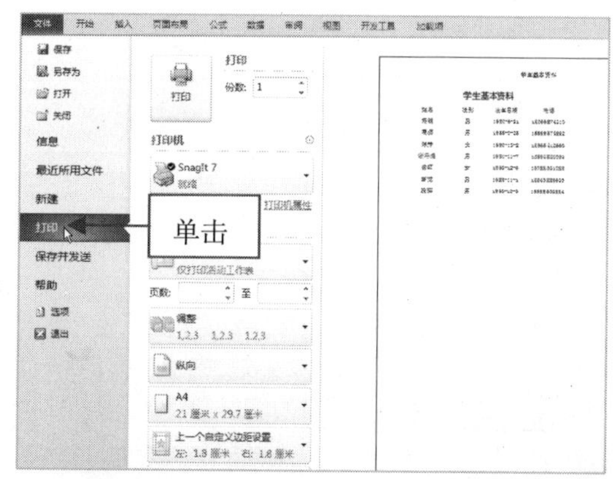

步骤 02　单击右下角的“缩放到页面”按钮，如下图所示。

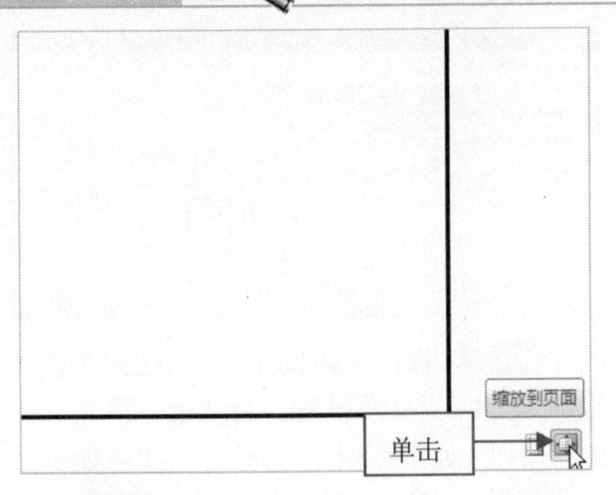

步骤 03 执行上述操作后，即可预览打印效果，如下图所示。

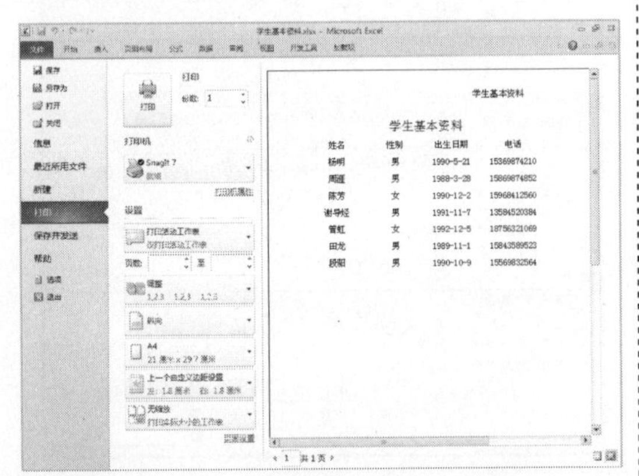

492 打印指定区域

在 Excel 2010 中，可以根据需要指定打印的区域。

步骤 01 打开一个 Excel 文件，选择需要打印的内容，如下图所示。

剪贴板 字体 对齐方式

A2 学号

	A	B	C	D	E	F	G	H
1	学生成绩表							
2	学号	姓名	语文	英语	数学	物理	化学	
3	0030	谢志	90	88	50	69	55	
4	0031	范军	61	77	85	95	100	
5	0032	曾虹	70	68	77	80	77	
6	0033	赵芳	100	61	98	90	69	
7	0034	游松	80	95	90	61	96	
8	0035	秦怡	90	94	99	90	20	
9	0036	孙洁	61	100	90	100	100	
10	0037	周源	34	77	80	44	61	
11	0038	田龙	90	60	75	50	60	
12								
13								
14								

步骤 02 单击“文件”|“打印”命令，如下图所示。

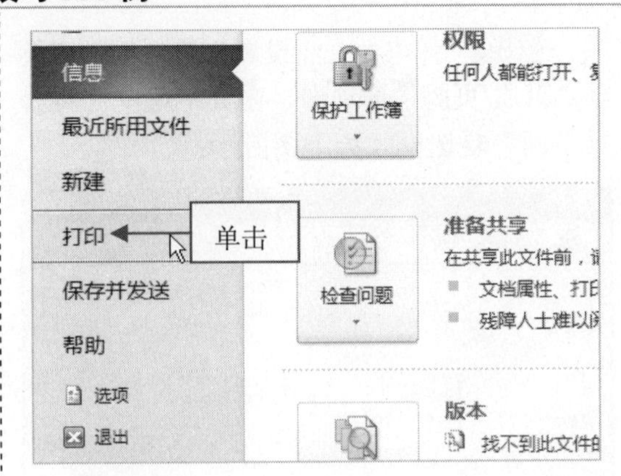

步骤 03 单击“设置”下拉按钮，在弹出的列表框中选择“打印选定区域”选项，如下图所示。

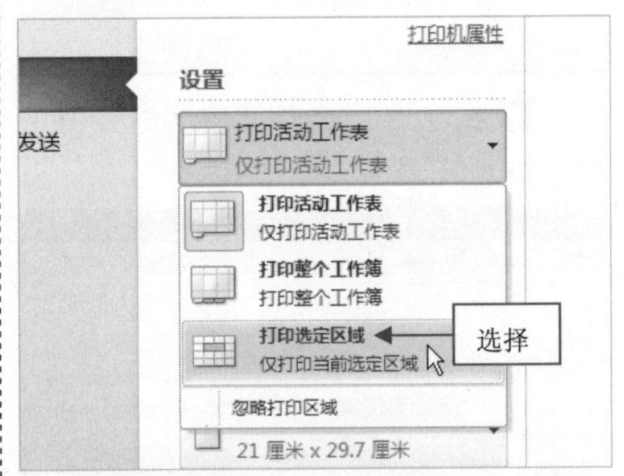

步骤 04 执行上述操作后，单击“打印”按钮（如下图所示），即可打印指定区域。

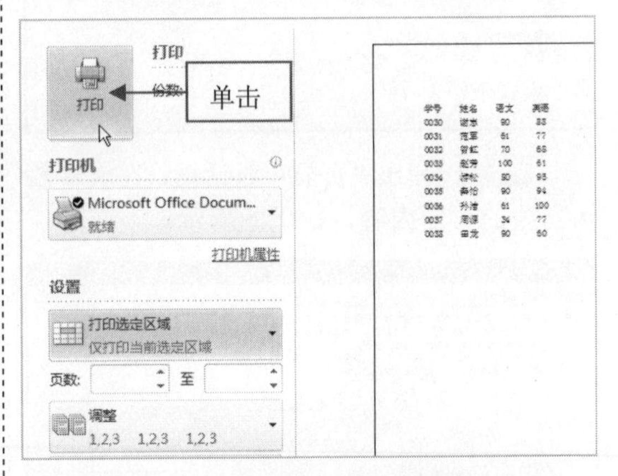

493 设置打印网格线

在 Excel 2010 中，默认情况下，工作表中的网格线是不会被打印出来的，用户可以根据需要设置打印网格线。

步骤01 启动Excel 2010，打开一个Excel文件，如下图所示。

	A	B	C
1	杂志书籍		
2	书名	出版社	定价
3	时尚味觉	时尚味觉杂志社	20元
4	中国画入门	湖南少年儿童出版社	9.8元
5	环境艺术设计考试	广西美术出版社	22.98元
6	室内设计制图基础	中国建筑工业出版社	14元
7	最小说	爱丫北京出版社	15元
8	新锐商业POP海报模板	福建科学技术出版社	35元

步骤02 单击“文件”|“打印”命令，然后在右侧单击“页面设置”超链接，如下图所示。

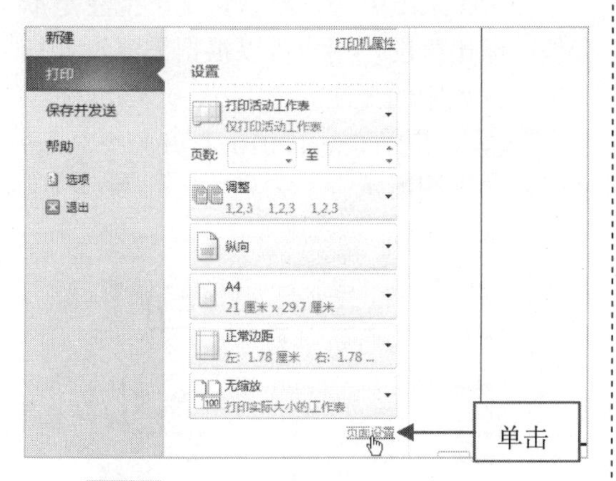

步骤03 弹出“页面设置”对话框，切换至“工作表”选项卡，在“打印”选项区中选中“网格线”复选框，如下图所示。

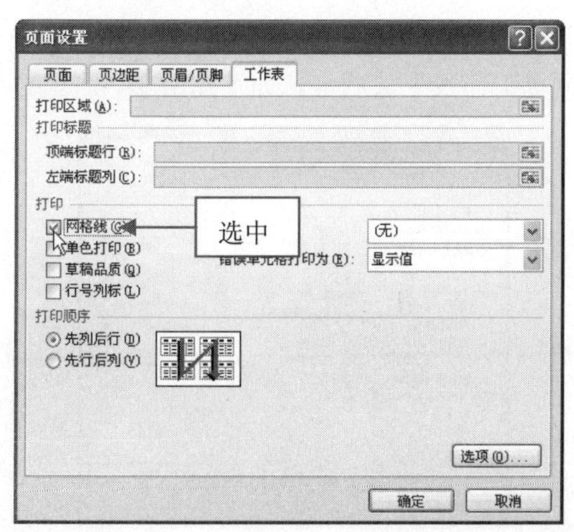

步骤04 执行上述操作后，单击“确定”按钮，即可设置打印网格线，预览打印效果，如下图所示。

杂志书籍		
书名	出版社	定价
时尚味觉	时尚味觉杂志社	20元
中国画入门	湖南少年儿童出版社	9.8元
环境艺术设计考试	广西美术出版社	22.98元
室内设计制图基础	中国建筑工业出版社	14元
最小说	爱丫北京出版社	15元
新锐商业POP海报模板	福建科学技术出版社	35元

494 设置单色打印

在Excel 2010中，如果工作表中设置了各种填充颜色，使用黑白打印机将其打印出来时，可能会使工作表的背景变得模糊，从而影响阅读，此时可设置单色打印，也就是打印出来的工作表只有黑白两色，这样不仅让工作表显示清晰而且整洁。

步骤01 启动Excel 2010，打开一个Excel文件，如下图所示。

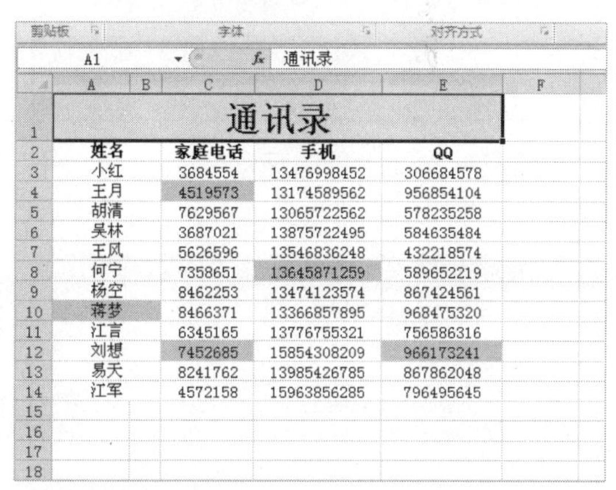

	B	C	D	E
1	通讯录			
2	姓名	家庭电话	手机	QQ
3	小红	3684554	13476998452	306684578
4	王月	4519573	13174589562	956854104
5	胡清	7629567	13065722562	578235258
6	吴林	3687021	13875722495	584635484
7	王风	5626596	13546836248	432218574
8	何宁	7358651	13645871259	589652219
9	杨空	8462253	13474123574	867424561
10	蒋梦	8466371	13366857895	968475320
11	江言	6345165	13776755321	756586316
12	刘想	7452685	15854308209	966173241
13	易天	8241762	13985426785	867862048
14	江军	4572158	15963856285	796495645

步骤02 调出“页面设置”对话框，切换至“工作表”选项卡，如下图所示。

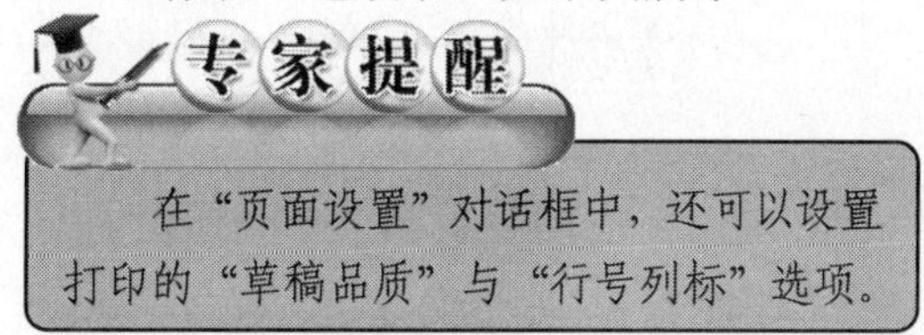

在“页面设置”对话框中，还可以设置打印的“草稿品质”与“行号列标”选项。

步骤03 在“打印”选项区中选中“单色打印”复选框，如下图所示。

步骤04 单击“打印预览”按钮，如下图所示。

步骤05 执行上述操作后，即可设置单色打印，预览打印效果，如下图所示。

通讯录

姓名	家庭电话	手机	QQ
小红	3684554	13476998452	306684578
王月	4519573	13174589562	956854104
胡清	7629567	13065722562	578235258
吴林	3687021	13875722495	584635484
王风	5626596	13546836248	432218574
何宁	7358651	13645871259	589652219
杨空	8462253	13474123574	867424561
蒋梦	8466371	13366857895	968475320
江言	6345165	13776755321	756586316
刘想	7452685	15854308209	966173241
易天	8241762	13985426785	867862048
江军	4572158	15963856285	796495645

495 打印工作表中的批注

在Excel 2010中，默认情况下批注是不会被打印出来的，用户可以根据需要设置打印出工作表中的批注。

步骤01 启动Excel 2010，打开一个Excel文件，如下图所示。

产品单价表

产品	一月	二月	三月
女式上衣	299	269	269
女式衬衣	199	159	
女式长裤	299	259	
男式上衣	399	499	499
男式衬衣	299	299	299
男式长裤	399	369	369
女式上衣	299	269	269

步骤02 调出“页面设置”对话框，切换至“工作表”选项卡，如下图所示。

步骤03　在“打印”选项区中单击“批注”右侧的下三角按钮，在弹出的列表框中选择“如同工作表中的显示”选项，如下图所示。

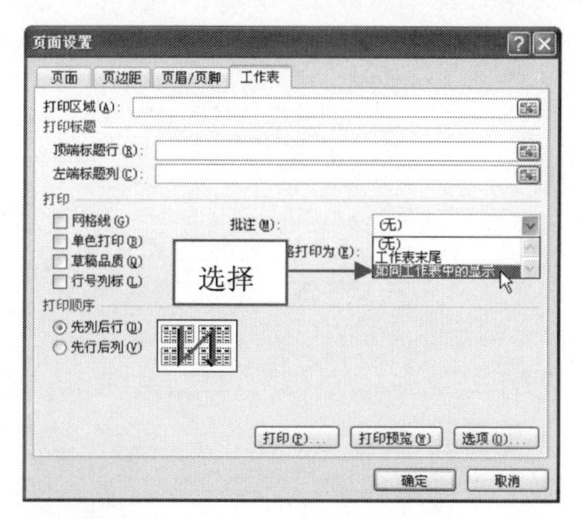

步骤04　单击“打印预览”按钮，即可预览打印工作表中批注的效果，如下图所示。

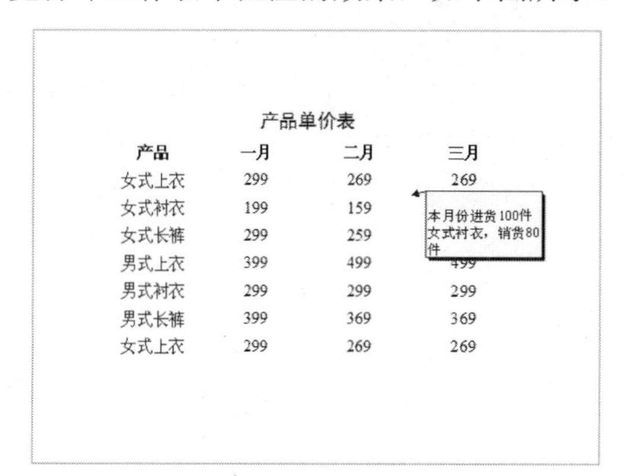

产品单价表

产品	一月	二月	三月
女式上衣	299	269	269
女式衬衣	199	159	
女式长裤	299	259	
男式上衣	399	499	499
男式衬衣	299	299	299
男式长裤	399	369	369
女式上衣	299	269	269

496 添加打印日期

在 Excel 2010 中，可以根据需要在页脚处添加打印日期。

步骤01　启动Excel 2010，打开一个Excel文件，如下图所示。

	A	B	C	D	E
1-2	职工表				
3	编号	姓名	年龄	部门	工龄
4	1010	杨凤	23	销售部	2
5	1011	曾小宁	25	广告部	4
6	1012	张依	34	生产部	5
7	1013	汪洋	26	生产部	6
8	1014	陈玲	27	生产部	3
9	1015	余山	31	销售部	9
10	1016	方林	30	生产部	6
11	1017	吕毅	24	生产部	2
12	1018	李一	25	广告部	3
13	1019	赵铁	27	销售部	5
14	1020	罗力	21	生产部	1

步骤02　调出“页面设置”对话框，切换至“页眉/页脚”选项卡，单击“自定义页脚”按钮，如下图所示。

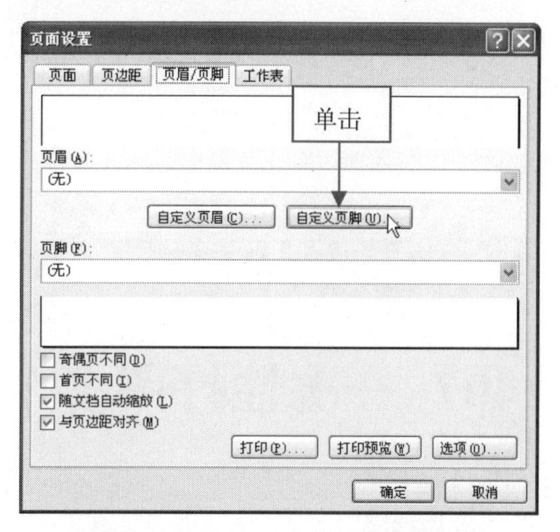

步骤03　弹出“页脚”对话框，将光标定位于“中”下方的文本框中，单击“插入日期”按钮，如下图所示。

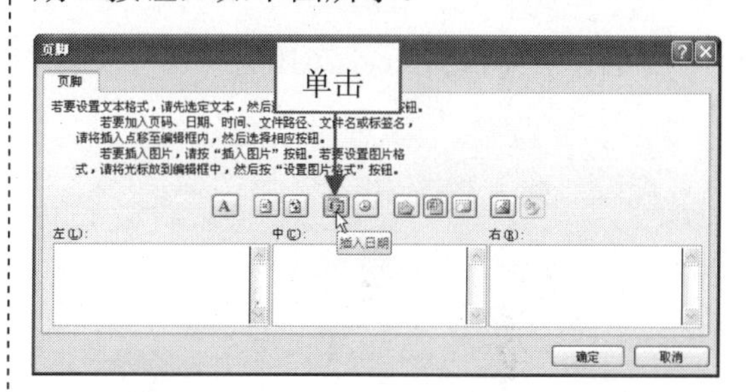

步骤04　单击“确定”按钮，返回“页面设置”对话框，然后单击“打印预览”按钮，如下图所示。

步骤05 即可预览添加日期的打印效果，如下图所示。

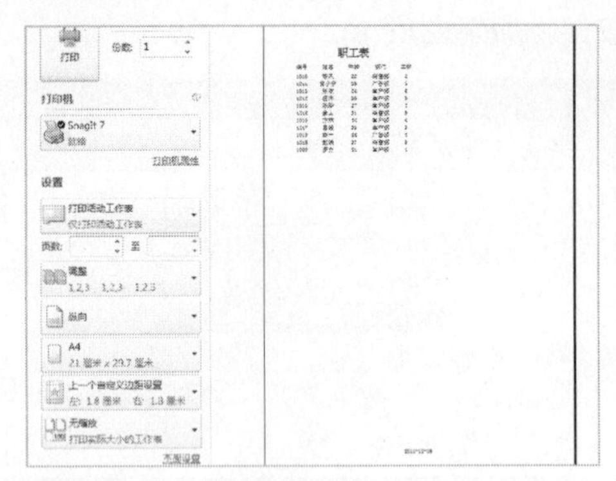

497 一次性打印多个工作簿

在 Excel 2010 中，为了提高工作效率，可以一次性打印多个工作簿，需要注意的是，必须将多个需要打印的工作簿文件存放在同一个文件夹中。

步骤01 启动 Excel 2010，单击“文件”|“打开”命令，如下图所示。

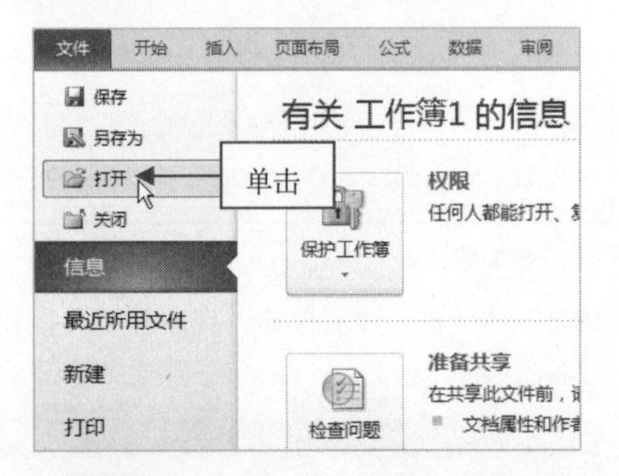

步骤02 弹出“打开”对话框，按住【Ctrl】键的同时，选择多个需要打印的工作簿，如下图所示。

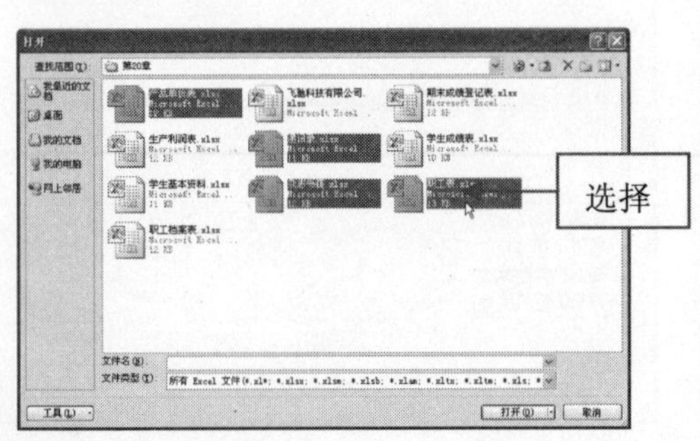

步骤03 单击左下角的“工具”按钮，然后在弹出的列表框中选择“打印”选项，如下图所示。

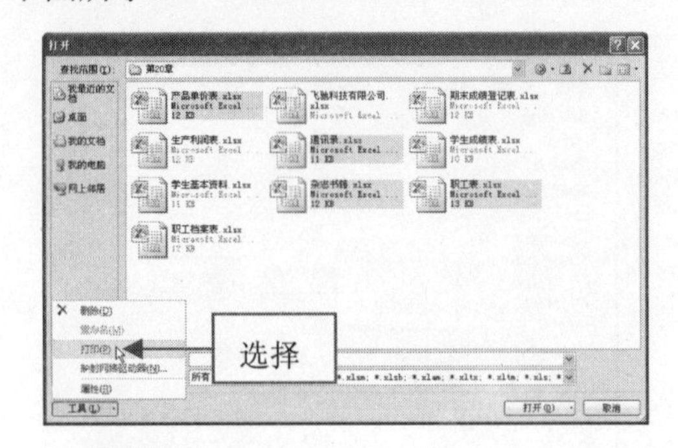

步骤04 执行上述操作后，即可一次性打印多个工作簿。

498 一次性打印多个工作表

在 Excel 中进行打印时，通常只会打印默认的工作表，此时用户可以根据需要设置一次性打印多个工作表。

步骤01 启动 Excel 2010，按住【Ctrl】键的同时，选择多个需要打印的工作表，如下图所示。

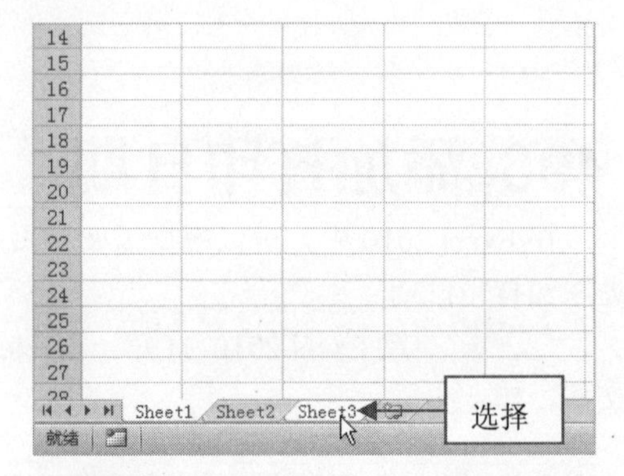

步骤02 单击“文件”|“打印”命令，在右侧单击“设置”下方的下拉按钮，在弹出的列表框中选择“打印活动工作表”选项，如下图所示。

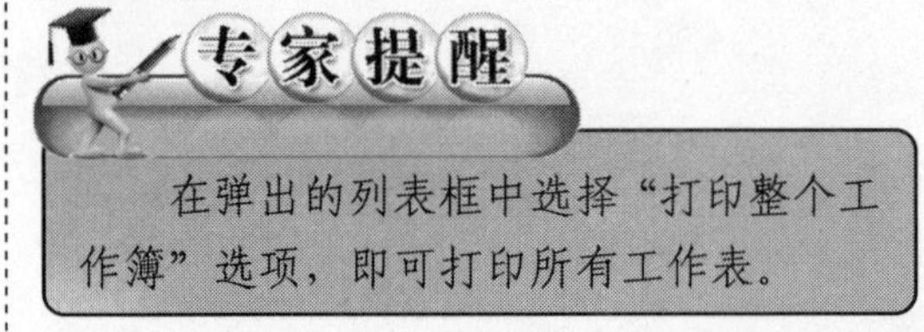

在弹出的列表框中选择“打印整个工作簿”选项，即可打印所有工作表。

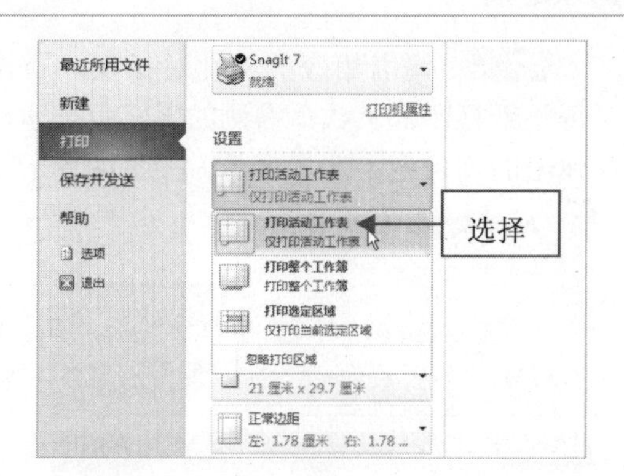

步骤 03　执行上述操作后，即可一次性打印多个工作表。

499 在工作表中添加 Logo

在打印公司文件时，有时需要将公司的 Logo 放在页眉处打印出来，这就需要将 Logo 添加到工作表中。

步骤 01　启动 Excel 2010，打开一个 Excel 文件，如下图所示。

步骤 02　调出“页面设置”对话框，切换至“页眉/页脚”选项卡，单击“自定义页眉”按钮，如下图所示。

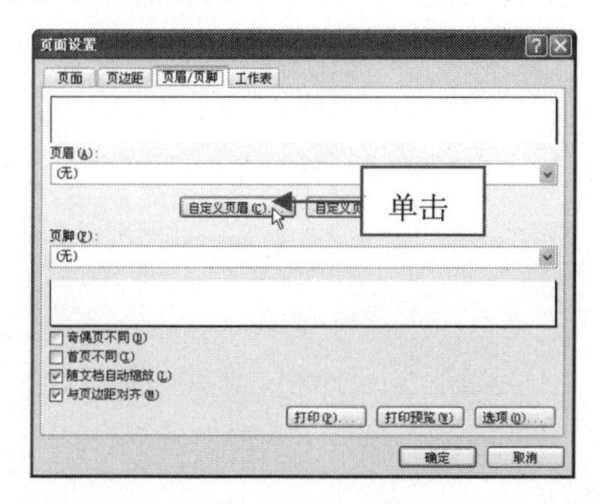

步骤 03　弹出“页眉”对话框，将光标定位于“中”下方的文本框中，单击“插入图片”按钮，如下图所示。

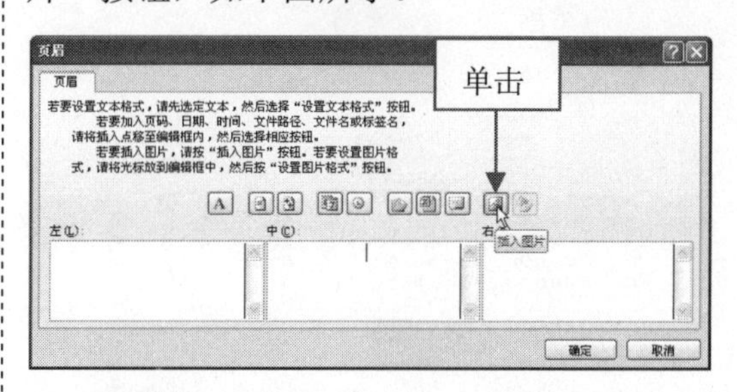

步骤 04　弹出“插入图片”对话框，在其中选择需要的 Logo 图片，如下图所示。

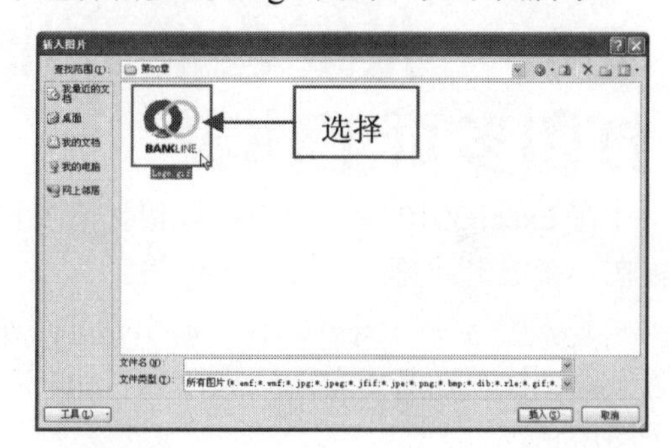

步骤 05　单击“插入”按钮，返回“页眉”对话框，单击“确定”按钮，如下图所示。

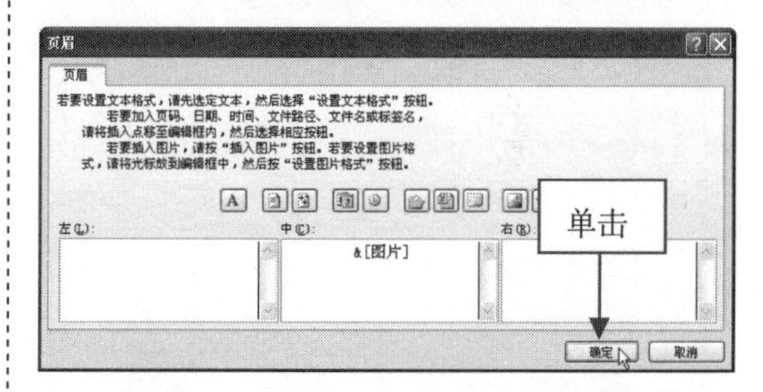

步骤 06　返回“页面设置”对话框，单击“打印预览”按钮，如下图所示。

步骤 07 执行上述操作后，即可预览添加 Logo 后的打印效果，如下图所示。

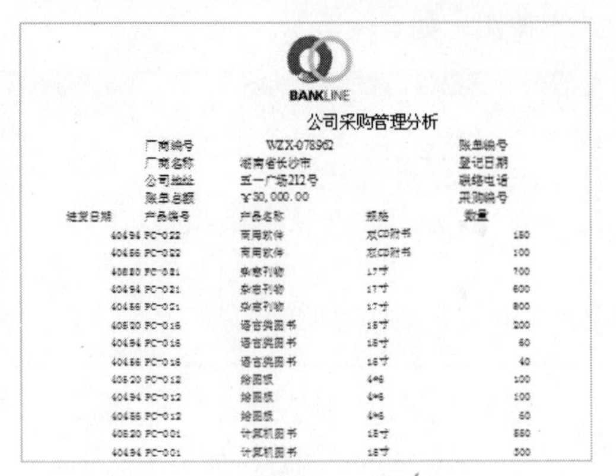

BANKLINE

公司采购管理分析

厂商编号	WZX-078962		账单编号
厂商名称	湖南省长沙市		登记日期
公司地址	五一广场212号		联络电话
账单总额	￥30,000.00		采购编号

进货日期	产品编号	产品名称	规格	数量
40494	PC-022	商用软件	双CD附书	150
40456	PC-022	商用软件	双CD附书	100
40520	PC-021	杂志刊物	17寸	700
40494	PC-021	杂志刊物	17寸	600
40456	PC-021	杂志刊物	17寸	800
40520	PC-016	语言类图书	15寸	200
40494	PC-016	语言类图书	15寸	60
40456	PC-016	语言类图书	15寸	40
40520	PC-012	绘图纸	4*6	100
40494	PC-012	绘图纸	4*6	100
40456	PC-012	绘图纸	4*6	60
40520	PC-001	计算机图书	15寸	550
40494	PC-001	计算机图书	15寸	500

500 一张纸也能并排打印多页工作表

在 Excel 2010 中，用户可以根据需要设置在一张纸上并排打印多页工作表。

步骤 01 启动 Excel 2010，调出“页面设置”对话框，在其中单击“选项”按钮，如下图所示。

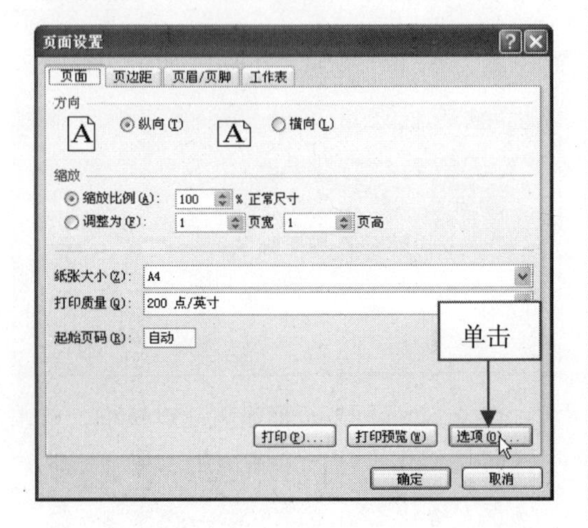

步骤 02 弹出相应的属性对话框，单击“每张纸打印的页数”右侧的下三角按钮，在弹出的列表框中选择页数，如下图所示。

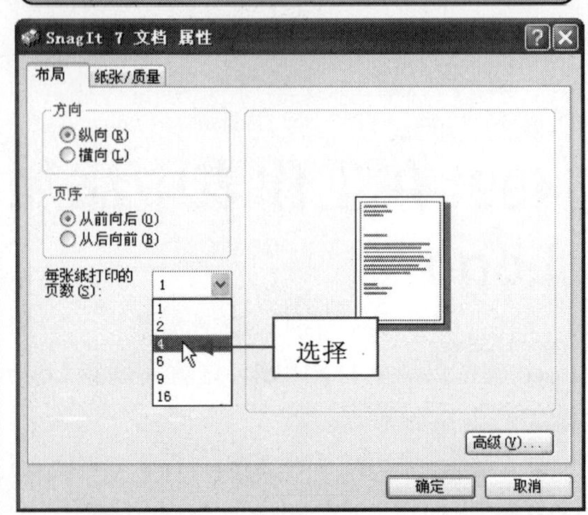

步骤 03 执行上述操作后，依次单击“确定”按钮，即可完成一张纸并排打印多页工作表的设置。